内容简介

本教材是一部简明实用的职业技术教育教材，理、法、方、药、针灸、病证防治具备，理论与实践并重，重视动手能力的培养，突出职业教育的特点，充分体现了专业课程教材的应用性和实用性。

全书包括绪论、基础理论、常用中草药及方剂、针灸术、辨证基础与病证防治等方面的内容。载有常用中药250多种，方剂92首，各种动物常用针灸穴位百余种，实训指导19个。为了便于自学，书中设置了指导自学的专门栏目，如"学习目标"、"思考与练习"等。

本书的特点是重点明确、条理清晰、通俗易懂，既注重继承了我国传统的中兽医（药）学，又广泛吸收了当代研究成果和实践经验。各章节力求图文并茂，以图释文；中药与方剂相结合，药物突出个性，方剂重在应用；八纲和脏腑辨证与病例紧密结合。既注意了学科的系统性，又充分考虑了临诊的实用性。因此，本教材不仅可作为高等职业技术教育的教材，亦可供中等职业学校师生和基层兽医技术人员、动物养殖专业户及广大农牧民学习中兽医基础知识与技能参考之用。

普通高等教育"十一五"国家级规划教材
21世纪农业部高职高专规划教材

中兽医学 第二版

姜聪文
陈玉库 主编

兽医、畜牧兽医专业用

中国农业出版社

图书在版编目（CIP）数据

中兽医学/姜聪文，陈玉库主编．—2版．—北京：中国农业出版社，2006.7（2007.8重印）（2013.8重印）
普通高等教育"十一五"国家级规划教材．21世纪农业部高职高专规划教材
ISBN 978-7-109-10676-5

Ⅰ．中… Ⅱ．①姜…②陈… Ⅲ．中兽医－高等学校：技术学校－教材 Ⅳ．S853

中国版本图书馆CIP数据核字（2006）第060274号

中国农业出版社出版
（北京市朝阳区农展馆北路2号）
（邮政编码 100125）
责任编辑 叶岚 张志

北京通州皇家印刷厂印刷　新华书店北京发行所发行
2001年8月第1版　2006年8月第2版
2013年8月第2版北京第10次印刷

开本：787mm×1092mm 1/16　印张：28.5
字数：602千字
定价：42.00元
（凡本版图书出现印刷、装订错误，请向出版社发行部调换）

主　　编	姜聪文　陈玉库
编　　者	（按姓氏笔画为序）
	李　志（北京农业职业学院）
	陈玉库（江苏畜牧兽医职业技术学院）
	张　涉（杨凌职业技术学院）
	姜聪文（甘肃畜牧工程职业技术学院）
	解跃雄（山西农业大学太原畜牧兽医学院）
主　　审	魏彦明（甘肃农业大学）
	刘永明（中国农业科学院兰州畜牧与兽药研究所）

第一版编写人员名单

主　　编　　姜聪文
编　者　　王学明　王子轼
　　　　　　胡池恩　李　志
　　　　　　唐建国
主　　审　　杨致礼

前　言

　　本教材是根据教育部《关于加强高职高专教育人才培养工作的意见》和《关于加强高职高专教育教材的若干意见》的精神，紧紧围绕以培养高等职业技术应用型人才为根本宗旨，充分体现专业课程教材的实用性、综合性、先进性原则而编写的一本高等职业技术教育教材，供全国高等职业技术学院、中等职业技术学校高职班畜牧兽医或兽医专业使用。

　　为了适应我国经济和科技的迅速发展以及对农业人才的需要，在编写过程中，我们尊重科学但不恪守学科性，尽量突破原有的学科和课程体系，重组教学内容，突出综合性和跨学科的特点，体现传统技术、现代技术和非技术要求的融合。既坚持突出基础理论知识的应用，又注重加强实践能力的培养，确保教材内容与现代科学技术"并行"。

　　全书由姜聪文修改统稿，甘肃农业大学魏彦明教授主审定稿。各章节的执笔人分别是：绪论、第六章第一至九节姜聪文；第一至五章张涉；第六章第十至十九节李志、姜聪文；第七章、第八章陈玉库；第九章、第十章解跃雄。

　　本教材紧密结合生产实际，突出重点、简明扼要、通俗易懂、强化技能训练，全面阐述了中兽医理、法、方、药的基本理论和基本技能。全书主要内容除绪论外，共分基础理论、常用中草药及方剂、针灸术、辨证基础与病证防治共四篇十章，并附有思考与练习题、实验实训、技能考核等内容。

　　本教材除编写组成员的通力协作、共同努力外，承蒙部分农业职业技术学院（校）的同行、专家的指导，特别是甘肃农业大学动物医学院临床兽医学系主任、博士生导师魏彦明教授、中国农业科学院兰州畜牧与兽药研究所刘永明研究员、甘肃农业大学动物医学院原中兽医教研室主任杨致礼副教授、甘肃畜牧工程职业技术学院中兽医专业的教师提出了宝贵的修改意见，对本教材的编写工作给予了大力支持，在此一并致谢。

由于编者水平有限，书中不当之处在所难免，诚恳希望各院（校）广大师生和读者不吝提出宝贵意见，以便再版时修订。

编 者
2006年2月

第一版前言

本教材是根据《教育部关于加强高职高专教育人才培养工作的意见》和《关于加强高职高专教育教材的若干意见》的精神，在农业出版社的主持下，按照 2000 年 12 月"农林类高等职业技术教育教材"编写会议的要求，紧紧围绕以培养高等职业技术应用型人才为根本宗旨，充分体现专业课程教材的实用性、综合性、先进性原则而编写的一本高等职业技术教育教材，供全国高等职业技术学院、中等职业技术学校高职班畜牧兽医或兽医专业使用。

为了适应我国经济和科技的迅速发展以及对农业人才的需要，在编写过程中，我们尊重科学但不恪守学科性，尽量突破原有的学科和课程体系，重组教学内容，突出综合性和跨学科的特点，体现传统技术、现代技术和非技术要求的融合。既坚持突出基础理论知识的应用，又注重加强实践能力的培养，确保教材内容与现代科学技术"并行"。

本教材是在拟定的《中兽医基础教学大纲》和编写提纲的指导下，分工编写，集体审定的。全书经由姜聪文、王学明修改、统稿，甘肃农业大学原中兽医教研室主任杨致礼副教授主审定稿。各章节的执笔人分别是：绪论、第 1～5 章——王学明；第 6 章第 1～4 节、13～19 节——胡池恩；第 6 章第 5～12 节——李志；第 7～8 章——姜聪文；第 9～11 章——王子轼；实训指导——唐建国。

本教材以西北高等农牧院校试用教材《中兽医学》和全国中等农业学校教材《中兽医学》为主要参考书（因而也包含了上述两书的部分劳动成果），紧密结合生产实际、教学经验和临诊实践，以突出重点、简明扼要、通俗易懂、强化技能训练为主旨，全面、系统、形象地阐述了中兽医理、法、方、药的基本理论和基本技能。全书主要内容除绪论外，共分基础理论、常用中草药及方剂、针灸术、辨证基础与病证防治、实训指导共五篇11章，并附有思考与练习题。

《中兽医基础》的问世，除编写组成员的通力协作、共同努力外，承蒙全国部分农业职业技术学院（校）的同行、专家的指导，特别是甘肃农业大学原中兽医教研室主任杨致礼副教授对初稿多次提出了宝贵修改意见，甘肃省畜牧学校领导和中兽医专业的教师对本教材的编写工作给予了大力支持，在此一并致谢。

由于编者水平所限，经验不足，加之时间仓促，书中不当之处在所难免，诚恳地希望各院（校）广大师生和读者不吝提出宝贵意见，以便再版时修订。

编　者
2001年3月于兰州

目 录

前言
第一版前言

绪论 1

第一篇 基础理论

第一章 阴阳五行学说 9
第一节 阴阳学说 9
一、阴阳的基本概念 9
二、阴阳变化的基本规律 11
三、阴阳学说在中兽医学中的应用 13
第二节 五行学说 17
一、五行的基本概念 17
二、五行的基本内容 17
三、五行学说在中兽医学中的应用 21
第三节 阴阳学说和五行学说的关系 23
思考与练习（自测题） 23

第二章 脏腑 25
第一节 脏腑功能 26
一、心与小肠（附：心包络） 26
二、肺与大肠 27
三、脾与胃 29
四、肝与胆 31
五、肾与膀胱（附：胞宫、三焦） 33
第二节 脏腑之间的关系 35
一、脏与脏之间的关系 36
二、腑与腑之间的关系 39
三、脏与腑之间的关系 40
第三节 气血津液 42
一、气 42
二、血 45
三、津液 47
四、气血津液的相互关系 48
思考与练习（自测题） 49

第三章 经络 ... 51
第一节 经络的基本概念 ... 51
一、经络的含义 ... 51
二、经络的组成 ... 51
三、十二经脉和奇经八脉 ... 52
第二节 经络的主要作用 ... 54
一、在生理方面 ... 54
二、在病理方面 ... 54
三、在治疗方面 ... 55
思考与练习（自测题） ... 57

第四章 病因与病机 ... 58
第一节 外感病因 ... 58
一、六淫 ... 58
二、疫疠之气 ... 65
第二节 内伤病因 ... 66
一、饥伤 ... 66
二、饱伤 ... 66
三、劳（役）伤 ... 66
四、逸伤 ... 67
第三节 其他病因 ... 67
一、外伤 ... 67
二、中毒 ... 67
三、寄生虫 ... 68
四、痰饮 ... 68
五、瘀血 ... 68
第四节 病机 ... 69
一、发病的基本原理 ... 69
二、基本病机 ... 70
思考与练习（自测题） ... 71

第二篇 常用中草药及方剂

第五章 中草药及方剂的基本知识 ... 75
第一节 中药的采集、加工与贮藏 ... 76
一、药材生长环境 ... 76
二、采收时机 ... 76
三、保护药源 ... 77
四、药材的加工和贮藏 ... 78
第二节 中药的炮制 ... 78
一、炮制的目的 ... 79
二、炮制方法 ... 79

第三节 中药的性能 ... 82
一、四气 ... 82
二、五味 ... 83
三、升降浮沉 ... 84
四、归经 ... 85

第四节 方剂的组成及中药的配伍 ... 85
一、方剂的组成 ... 85
二、中药的配伍 ... 87

第五节 中药的剂型、剂量及用法 ... 89
一、剂型 ... 89
二、剂量 ... 90
三、用法 ... 92

第六节 中药的化学成分简介 ... 93
一、生物碱 ... 93
二、苷类 ... 93
三、挥发油类 ... 94
四、鞣质类 ... 94
五、树脂类 ... 95
六、有机酸类 ... 95
七、糖类 ... 95
八、蛋白质、氨基酸与酶 ... 95
九、油脂和蜡 ... 95

第七节 中草药栽培技术要点 ... 96
一、栽培地的选择 ... 96
二、繁殖方法 ... 96
三、田间管理 ... 100
四、病虫害防治 ... 103

思考与练习（自测题） ... 104
实训一　中药采集 ... 105
实训二　中药栽培（1） ... 106
实训三　中药栽培（2） ... 106
实训四　中药炮制（1） ... 106
实训五　中药炮制（2） ... 108
实训技能考核（评估）项目 ... 109

第六章　常用中草药及方剂 ... 110
第一节　解表方药与汗法 ... 110
一、解表药 ... 111

麻黄	111	白芷	113
桂枝	111	柴胡	113
荆芥	112	薄荷	113
防风	112	菊花	114
紫苏	112	葛根	114

升麻 …………………………… 114
　二、解表方 ……………………………………………………………………… 115
　　　麻黄汤 …………………………… 115　　　银翘散 …………………………… 116
　　　荆防败毒散 ……………………… 116
第二节　清热方药与清法 ……………………………………………………………… 117
　一、清热药 ……………………………………………………………………… 118
　　　知母 ……………………………… 118　　　金银花 …………………………… 122
　　　石膏 ……………………………… 118　　　连翘 ……………………………… 122
　　　栀子 ……………………………… 119　　　蒲公英 …………………………… 122
　　　黄连 ……………………………… 119　　　板蓝根 …………………………… 123
　　　黄芩 ……………………………… 120　　　黄药子 …………………………… 123
　　　黄柏 ……………………………… 120　　　白药子 …………………………… 123
　　　龙胆草 …………………………… 120　　　穿心莲 …………………………… 124
　　　苦参 ……………………………… 121　　　香薷 ……………………………… 124
　　　生地黄 …………………………… 121　　　青蒿 ……………………………… 124
　　　牡丹皮 …………………………… 121
　二、清热方 ……………………………………………………………………… 125
　　　白虎汤 …………………………… 125　　　郁金散 …………………………… 127
　　　清营汤 …………………………… 126　　　仙方活命饮 ……………………… 127
　　　清肺散 …………………………… 126　　　龙胆泻肝汤 ……………………… 128
　　　白头翁汤 ………………………… 126　　　香薷散 …………………………… 128
　　　黄连解毒汤 ……………………… 127
思考与练习（自测题） ………………………………………………………………… 129
第三节　泻下方药与下法 ……………………………………………………………… 130
　一、泻下药 ……………………………………………………………………… 131
　　　大黄 ……………………………… 131　　　蜂蜜 ……………………………… 132
　　　芒硝 ……………………………… 131　　　大戟 ……………………………… 133
　　　火麻仁 …………………………… 132　　　牵牛子 …………………………… 133
　　　郁李仁 …………………………… 132
　二、泻下方 ……………………………………………………………………… 134
　　　大承气汤 ………………………… 134　　　当归苁蓉汤 ……………………… 135
　　　猪膏散 …………………………… 134　　　大戟散 …………………………… 135
第四节　消导方药与消法 ……………………………………………………………… 135
　一、消导药 ……………………………………………………………………… 136
　　　山楂 ……………………………… 136　　　神曲 ……………………………… 137
　　　麦芽 ……………………………… 136
　二、消导方 ……………………………………………………………………… 137
　　　曲麦散 …………………………… 137　　　胃肠活 …………………………… 138
　　　消积散 …………………………… 137
思考与练习（自测题） ………………………………………………………………… 138
第五节　和解方药与和法 ……………………………………………………………… 139
　一、和解药 ……………………………………………………………………… 139
　二、和解方 ……………………………………………………………………… 140

| 小柴胡汤 ································· 140 | 痛泻要方 ································· 140 |

第六节 止咳化痰平喘方药 ························· 140
一、止咳化痰平喘药 ····························· 141

半夏 ····································· 141	款冬花 ··································· 144
天南星 ··································· 142	紫菀 ····································· 144
贝母 ····································· 142	枇杷叶 ··································· 144
桔梗 ····································· 142	马兜铃 ··································· 145
前胡 ····································· 143	百部 ····································· 145
瓜蒌 ····································· 143	葶苈子 ··································· 145
杏仁 ····································· 143	

二、止咳化痰平喘方 ····························· 146

| 二陈汤 ··································· 146 | 止嗽散 ··································· 147 |
| 麻杏石甘汤 ······························· 146 | 理肺散 ··································· 147 |

第七节 温里方药与温法 ··························· 147
一、温里药 ····································· 148

附子 ····································· 148	小茴香 ··································· 149
肉桂 ····································· 148	吴茱萸 ··································· 150
干姜 ····································· 149	

二、温里方 ····································· 150

| 茴香散 ··································· 150 | 理中汤 ··································· 151 |

思考与练习（自测题） ······························· 151

第八节 祛风湿方药 ······························· 152
一、祛风湿药 ··································· 153

羌活 ····································· 153	猪苓 ····································· 156
独活 ····································· 153	泽泻 ····································· 156
木瓜 ····································· 154	车前子 ··································· 156
威灵仙 ··································· 154	滑石 ····································· 157
桑寄生 ··································· 154	木通 ····································· 157
五加皮 ··································· 155	藿香 ····································· 157
防己 ····································· 155	苍术 ····································· 158
茯苓 ····································· 155	

二、祛风湿方 ··································· 159

| 独活寄生汤 ······························· 159 | 五苓散 ··································· 160 |
| 滑石散 ··································· 159 | 藿香正气散 ······························· 160 |

第九节 理气方药 ································· 161
一、理气药 ····································· 161

陈皮 ····································· 161	香附 ····································· 163
青皮 ····································· 162	乌药 ····································· 163
枳壳 ····································· 162	砂仁 ····································· 164
木香 ····································· 163	槟榔 ····································· 164
厚朴 ····································· 163	

二、理气方 ····································· 165

| 橘皮散 ··································· 165 | 平胃散 ··································· 165 |

三香散 ·················· 166
第十节　理血方药 ·· 166
　一、理血药 ··· 167
　　　川芎 ·················· 167　　　莪术 ·················· 170
　　　桃仁 ·················· 167　　　乳香 ·················· 170
　　　红花 ·················· 168　　　没药 ·················· 170
　　　延胡索 ················ 168　　　地榆 ·················· 171
　　　丹参 ·················· 168　　　槐花 ·················· 171
　　　郁金 ·················· 169　　　侧柏叶 ················ 171
　　　牛膝 ·················· 169　　　蒲黄 ·················· 172
　　　三棱 ·················· 169
　二、理血方 ··· 172
　　　红花散 ················ 172　　　生化汤 ················ 173
　　　当归散 ················ 173　　　槐花散 ················ 173
　思考与练习（自测题） ·· 174
第十一节　补益方药与补法 ···································· 175
　一、补益药 ··· 176
　　　党参 ·················· 176　　　肉苁蓉 ················ 181
　　　黄芪 ·················· 177　　　淫羊藿 ················ 181
　　　白术 ·················· 177　　　益智仁 ················ 181
　　　山药 ·················· 178　　　杜仲 ·················· 182
　　　甘草 ·················· 178　　　续断 ·················· 182
　　　当归 ·················· 178　　　枸杞子 ················ 182
　　　白芍 ·················· 179　　　天门冬 ················ 183
　　　熟地黄 ················ 179　　　麦门冬 ················ 183
　　　阿胶 ·················· 179　　　沙参 ·················· 183
　　　何首乌 ················ 180　　　百合 ·················· 184
　　　巴戟天 ················ 180
　二、补益方 ··· 184
　　　四君子汤 ·············· 184　　　巴戟散 ················ 186
　　　四物汤 ················ 185　　　六味地黄汤 ············ 186
　　　补中益气汤 ············ 185　　　催情散 ················ 187
第十二节　固涩方药 ·· 187
　一、固涩药 ··· 188
　　　乌梅 ·················· 188　　　石榴皮 ················ 189
　　　诃子 ·················· 188　　　龙骨 ·················· 190
　　　肉豆蔻 ················ 188　　　牡蛎 ·················· 190
　　　五味子 ················ 189　　　罂粟壳 ················ 190
　二、固涩方 ··· 191
　　　乌梅散 ················ 191　　　牡蛎散 ················ 192
　　　四神丸 ················ 191　　　玉屏风散 ·············· 192
　思考与练习（自测题） ·· 192
第十三节　平肝方药 ·· 193

一、平肝药 ··· 194
　　　　石决明 ··················· 194　　　全蝎 ····················· 195
　　　　草决明 ··················· 194　　　僵蚕 ····················· 196
　　　　青葙子 ··················· 195　　　蜈蚣 ····················· 196
　　　　天麻 ····················· 195　　　钩藤 ····················· 196
　　二、平肝方 ··· 197
　　　　决明散 ··················· 197　　　千金散 ··················· 198
　　　　牵正散 ··················· 197

第十四节　安神与开窍方药 ·· 198
　　一、安神开窍药 ·· 199
　　　　朱砂 ····················· 199　　　石菖蒲 ··················· 200
　　　　酸枣仁 ··················· 199　　　皂角 ····················· 200
　　　　远志 ····················· 199
　　二、安神开窍方 ·· 201
　　　　朱砂散 ··················· 201　　　通关散 ··················· 201

第十五节　涌吐方药与吐法 ··· 201
　　涌吐方 ··· 202
　　　　瓜蒂散 ··················· 202

思考与练习（自测题）··· 202

第十六节　催乳方药 ·· 203
　　通乳散 ··················· 203

第十七节　驱虫方药 ·· 204
　　一、驱虫药 ··· 204
　　　　使君子 ··················· 204　　　贯众 ····················· 205
　　　　川楝子 ··················· 205　　　蛇床子 ··················· 205
　　二、驱虫方 ··· 206
　　　　万应散 ··················· 206　　　槟榔散 ··················· 206

第十八节　外用方药 ·· 207
　　一、外用药 ··· 207
　　　　冰片 ····················· 207　　　硼砂 ····················· 208
　　　　雄黄 ····················· 207　　　明矾 ····················· 208
　　　　硫磺 ····················· 208　　　儿茶 ····················· 208
　　二、外用方 ··· 209
　　　　生肌散 ··················· 209　　　青黛散 ··················· 210
　　　　桃花散 ··················· 209

第十九节　饲料添加方药 ·· 210
　　一、饲料添加药 ·· 212
　　　　松针 ····················· 212　　　艾叶 ····················· 213
　　　　杨树花 ··················· 212　　　蚕砂 ····················· 213
　　　　桐叶及桐花 ··············· 212
　　二、饲料添加方 ·· 213
　　　　壮膘散 ··················· 213　　　八味促卵散 ··············· 214
　　　　肥猪散 ··················· 213　　　苦枣粥 ··················· 214

  思考与练习（自测题） ... 214
   实训一 药用植物形态识别 ... 217
   实训二 药用植物标本制作 ... 219
   实训三 中药材识别 ... 220
   实训四 方剂验证 ... 221
   实训技能考核（评估）项目 ... 221

第三篇 针 灸 术

第七章 针灸的基本知识 ... 225
 第一节 针术 ... 225
  一、针具 ... 225
  二、施针前的准备 ... 229
  三、取穴定位方法 ... 230
  四、施针的基本技术 ... 232
  五、施针意外情况的处理 ... 238
  六、施针注意事项 ... 239
 第二节 灸烙术 ... 240
  一、艾灸 ... 240
  二、温熨 ... 242
  三、烧烙 ... 244
  四、拔火罐 ... 245
  五、刮痧 ... 247
  六、按摩 ... 248
 思考与练习（自测题） ... 251
 第三节 常用针灸穴位及针治 ... 252
  一、牛的针灸穴位及针治 ... 252
  二、猪的针灸穴位及针治 ... 260
  三、马的针灸穴位及针治 ... 267
  四、羊的针灸穴位及针治 ... 279
  五、犬的针灸穴位及针治 ... 285
  六、猫的针灸穴位及针治 ... 291
  七、禽的针灸穴位及针治 ... 294
 第四节 常用针刺疗法 ... 302
  一、白针疗法 ... 302
  二、血针疗法 ... 303
  三、火针疗法 ... 304
  四、电针疗法 ... 305
  五、水针疗法 ... 307
  六、气针疗法 ... 308
  七、埋植疗法 ... 309
  八、激光针灸疗法 ... 311

九、TDP 疗法 ……………………………………………………………… 313
　　十、穴位磁疗法 …………………………………………………………… 314
　思考与练习（自测题） ………………………………………………………… 314
　实训一　穴位的认定 …………………………………………………………… 317
　实训二　针灸技术（1） ………………………………………………………… 320
　实训三　针灸技术（2） ………………………………………………………… 321
　实训技能考核（评估）项目 …………………………………………………… 322

第四篇　辨证基础与病证防治

第八章　四诊技术 …………………………………………………………… 325
第一节　望诊 ……………………………………………………………… 325
　　一、望整体 ………………………………………………………………… 326
　　二、望局部 ………………………………………………………………… 328
　　三、察口色 ………………………………………………………………… 331
第二节　闻诊 ……………………………………………………………… 333
　　一、听声音 ………………………………………………………………… 333
　　二、嗅气味 ………………………………………………………………… 335
第三节　问诊 ……………………………………………………………… 335
　　一、问发病情况 …………………………………………………………… 335
　　二、问发病及诊疗经过 …………………………………………………… 335
　　三、问饲养管理及使役情况 ……………………………………………… 336
　　四、问既往病史和防疫情况 ……………………………………………… 336
　　五、问繁殖配种情况 ……………………………………………………… 336
第四节　切诊 ……………………………………………………………… 336
　　一、切脉 …………………………………………………………………… 337
　　二、触诊 …………………………………………………………………… 339
　思考与练习（自测题） ………………………………………………………… 342
　实训一　问诊与望诊 …………………………………………………………… 343
　实训二　闻诊与切诊 …………………………………………………………… 345
　实训技能考核（评估）项目 …………………………………………………… 346

第九章　防治法则 …………………………………………………………… 348
第一节　预防 ……………………………………………………………… 348
　　一、未病先防 ……………………………………………………………… 348
　　二、既病防变 ……………………………………………………………… 349
第二节　治则 ……………………………………………………………… 350
　　一、扶正与祛邪 …………………………………………………………… 350
　　二、治标与治本 …………………………………………………………… 351
　　三、正治与反治 …………………………………………………………… 352
　　四、同治与异治 …………………………………………………………… 353
　　五、三因制宜 ……………………………………………………………… 353

第三节 治法 ································ 354
一、内治法 ································· 354
二、外治法 ································· 355
思考与练习（自测题）······················· 355

第十章 辨证论治 ······························ 358
第一节 八纲辨证 ··························· 358
一、表证与里证 ····························· 359
 病例一 感冒 ········· 360   病例三 结症 ········· 362
 病例二 湿疹 ········· 361   病例四 乳痈 ········· 364
二、寒证与热证 ····························· 365
 病例一 冷痛 ········· 366   病例三 产后发热 ······ 367
 病例二 脾胃虚寒 ····· 366   病例四 中暑 ········· 368
三、虚证与实证 ····························· 368
 病例一 虚劳 ········· 369   病例三 宿草不转 ······ 371
 病例二 垂脱 ········· 370   病例四 肚胀 ········· 372
四、阴证与阳证 ····························· 373

第二节 脏腑辨证 ··························· 373
一、心与小肠病证 ··························· 374
 病例一 口舌生疮 ····· 375   病例三 肠黄 ········· 377
 病例二 脑黄 ········· 376   病例四 痢疾 ········· 378
二、肝与胆病证 ····························· 379
 病例一 肝经风热 ····· 381   病例三 月盲 ········· 382
 病例二 黄疸 ········· 381
三、脾与胃病证 ····························· 383
 病例一 慢草 ········· 385   病例三 脾虚不磨 ······ 387
 病例二 百叶干 ······· 386   病例四 泄泻 ········· 388
四、肺与大肠病证 ··························· 390
 病例一 咳嗽 ········· 392   病例三 便秘 ········· 394
 病例二 肺痈 ········· 393   病例四 便血 ········· 395
五、肾与膀胱病证 ··························· 396
 病例一 不孕 ········· 398   病例三 尿血 ········· 401
 病例二 淋浊 ········· 400   病例四 胎动 ········· 402

第三节 卫气营血辨证 ······················· 403
一、卫气营血证治 ··························· 403
二、卫气营血的转变规律 ····················· 406
 病例一 仔猪白痢 ····· 406   病例四 疮黄疔毒 ······ 408
 病例二 羔羊痢疾 ····· 407   病例五 犬瘟热 ······· 411
 病例三 流感 ········· 408

思考与练习（自测题）······················· 412
实训一 辨证（1）····························· 413
实训二 辨证（2）····························· 416
实训三 辨证施治（1）························· 417

实训四　辨证施治（2） …………………………………………………………… 419
实训五　辨证施治（3） …………………………………………………………… 420
实训技能考核（评估）项目 …………………………………………………………… 421
【附】　经济动物、观赏动物常见病证的辨证施治 …………………………………… 421

犬椎间盘突出症 ………………… 421	禽痘 ……………………………… 426
犬细小病毒病 …………………… 422	禽新城疫 ………………………… 427
犬猫绦虫病 ……………………… 423	禽流行性感冒 …………………… 428
犬螨病 …………………………… 424	鸽血变原虫病 …………………… 429
猫泛白细胞减少症 ……………… 425	鱼常见病 ………………………… 430
兔球虫病 ………………………… 425	蜜蜂病 …………………………… 431
兔流涎病 ………………………… 426	

主要参考文献 ………………………………………………………………………………… 434

绪 论

学习目标
1. 了解中兽医学的概念及发展概况。
2. 明确学习任务和方法。
3. 掌握中兽医学的基本特点。

一、中兽医学的概念

中兽医学即我国传统的兽医技术。它是我国历代劳动人民同动物疾病作斗争的经验总结，是我国宝贵的民族文化遗产的重要组成部分。它是在古代朴素的唯物论和自发的辩证法思想的影响下，通过长期的医疗实践，逐步形成了以整体观念为指导思想，以脏腑经络学说为核心，以阴阳五行学说为说理工具，以辨证论治为诊疗特点的独特的理论体系和丰富多彩的病证防治技术。几千年来，它对我国畜牧业的发展起着重要的保障作用，并对世界兽医学做出了巨大的贡献。中兽医学主要内容包括阴阳五行、脏腑、经络、病因、中草药、方剂、针灸、四诊、防治法则和辨证论治等。

二、中兽医学发展简史

中兽医学有悠久的历史、丰富的内容，在动物疾病的防治方面有着不少的创造发明。早在远古时代，便有不少有关医药起源的传说和从事畜牧业生产实践活动。在殷周时期，产生了带有自发的朴素性质的阴阳和五行学说，以后成为我国医学和兽医学的推理工具。从西周到春秋战国时期（公元前11世纪—前476），中兽医学知识又有了进一步的发展。西周时期已设有专职兽医诊治"兽病"和"兽疡"，并采用了灌药、手术及护养等综合兽医医疗措施。我国闻名于世的家畜去势术已广泛应用于猪、马及牛等多种动物。当时记载有不少对动物危害较大的疾病，如猪囊虫（米猪）、狂犬病、疥癣、传染性疾病（疫）、运动障碍（瘏）以及外寄生虫等，还记载有部分人兽共用的药物。

我国兽医学主要是在封建社会（公元前475—公元1840）形成了完整的体系，并有了更大的贡献。中兽医学的基本理论源于《黄帝内经》一书，该书记载"治未病"的以防为主的医疗思想，至今仍有很重要的意义。

中兽医学

秦汉时期（公元前 221—公元 220），中兽医学又有了新的发展，如在秦代制定的"厩苑律"（见《云梦秦简》）是我国最早的畜牧兽医法规，在汉代改为"厩律"。我国最早的一部人、畜通用的药学专著《神农本草经》，收载药物 365 种，其中特别提到"牛扁（草药名）疗牛病"、"桐叶治猪疮"以及"雄黄治疥癣"等。在汉代已知针药并用治疗兽病和用革制的马鞋（鞮）进行护蹄；汉简中还记载有兽医方剂，并已开始把药做成丸剂给马灌服。汉末名医华佗，在外科上首创全身麻醉剂"麻沸散"，用冲服后进行剖腹手术而"既醉无所觉"。这是世界上应用麻醉方法进行腹部手术的最早记载。汉代名医张仲景，著有《伤寒杂病论》等书，充实和发展了前人辨证施治的原则，一直为兽医临证所借鉴。

魏晋南北朝时期（220—581），晋人葛洪（281—341）所著《肘后备急方》，其中有治六畜的"诸病方"，并记有应用灸熨和"谷道入手"等诊疗技术，该书还记载有类似狂犬病疫苗，以防治狂犬病的方法。此外，还指出疥癣里有虫等。北魏（386—534）贾思勰所著《齐民要术》有畜牧兽医专卷，记有治疗动物疾病的方技 40 多种，其中掏结术、用削蹄法治漏蹄、猪羊的去势术，以及动物群发病的隔离措施等，直至现在临证仍在应用。由于造纸术的发明和应用，兽医诊疗技术得到广泛交流。在梁代（502—557）有《伯乐疗马经》的出现。

隋代（581—618），兽医学的分科已渐完善，对于病证的诊治、方药及针灸的应用等均有了专著。如当时已出现有《治马牛驼骡等经》、《伯乐治马杂病经》、《疗马方》以及《马经孔穴图》等。

唐代（618—907），我国已有了兽医教育。如当时的太仆寺中就有"兽医 600 人，兽医博士 4 人，学生 100 人"。这是我国官办兽医教育的开端。9 世纪初，日本派留学生平仲国等到我国学习兽医。唐人李石（约 9 世纪）编著的《司牧安骥集》为现存较完整的一部中兽医古籍，该书不仅在理论及技术方面均做了较全面的论述，而且也是我国最早的一部兽医教科书。公元 659 年，由朝廷颁布的《新修本草》是世界上最早的一部人、畜通用的药典。此外，我国少数民族地区的兽医技术也有较大发展，如《医牛方》和《医马方》等。

宋代（960—1279），从 11 世纪初开始，先后设有专门疗养马病的机构"病马监"和尸体解剖机构"皮剥所"，同时尚设立相当于兽医药房的"药蜜库"。当时还编著了不少兽医学专著，如《医马经》、《蕃牧纂验方》、《安骥方》等。

元代（1271—1368），著名兽医卞宝（卞管勾）著有《痊骥通玄论》，其中有"三十九论"、"四十六说"等，并对马的起卧症（包括掏结术）进行了总结性的论述。

明代（1368—1644），名兽医喻本元、喻本亨集以前和当时兽医的实践经验，编撰了著名的《元亨疗马集》（附牛驼经）一书，内容丰富，刊行于 1608 年，是国内外流传最广、影响最大的一部中兽医代表著作。16 世纪期间还陆续出版了《马书》和《牛书》，内容也较丰富。特别是著名医药学家李时珍（1518—1593）编著的《本草纲目》，系统总结了 16 世纪以前我国医药学的丰富经验，收入药物 1 892 种，方剂 11 092 个，对中外医药学的发展做出了巨大贡献。

鸦片战争以前的清代（1644—1840），我国兽医学已陷入停滞不前的状态。李玉书在 1736 年曾对《元亨疗马集》进行了改编，并根据其他兽医古籍删除和增加了一部分内容。

鸦片战争以后，我国沦为半殖民地半封建社会（1840—1949）；从鸦片战争到西兽医学有系统地传入为止的60多年中（1840—1904），存在着歧视中兽医为"医方小道"，"故无人学兽医者久矣"（见《猪经大全》序）的情况。在这一时期出现的中兽医著作有《活兽慈舟》（约1873）、《牛经切要》（1886）以及《猪经大全》（1891）等。

从西兽医学的传入到新中国成立前（1904—1949），北洋军阀在1904年开办了北洋马医学堂，此后派往日、美等国的留学生逐渐增多，从此西兽医学便开始系统地在我国传播。与此同时，反动统治对中医和中兽医采取了摧残及扼杀政策，如在1927年悍然通过了"废止旧医案"，遭到了全国人民的反对。这一时期仅有《驹儿编全卷》（1909）、《治骡马良方》（1933）以及《兽医实验国药新手册》（1940）等出现。

新中国成立后，从民间收集到湮没于这一时期的民间著作有《抱犊集》、《串雅兽医方》、《疗马集》、《养耕集》、《牛经备要医方》、《牛医金鉴》等。

1949年以后，中兽医得到了重视和提倡。新中国成立初期，人民政府及时发出了"保护畜牧业，防止兽疫"的指示，并重视发挥民间兽医的作用。1956年1月，国务院颁布了"加强民间兽医工作"的指示，对中兽医提出了"团结、使用、教育和提高"的政策。同年9月，在北京召开了第一届"全国民间兽医座谈会"，提出了"使中、西兽医密切配合，把我国兽医学术推向一个新阶段"。1958年，毛泽东指出"中国医药学是一个伟大的宝库，应当努力发掘，加以提高"，为中兽医药的发展指明了方向。在此情况下，先后有中兽医研究、教育和学术组织的建立，使濒临困境的中兽医学如枯木逢春，获得了前所未有的发展。1986年12月，农牧渔业部在北京召开了"国务院关于加强民间兽医工作指示30周年纪念暨座谈会"，提出了加强中兽医工作的若干措施，使从事中兽医临诊、科研、教学的同志备受鼓舞。自党的十一届三中全会以来，广大兽医工作人员在应用现代科学技术总结提高中兽医学术方面，取得了不少新成就。例如，动物针刺麻醉的试验成功，引起了国内外的重视；激光针灸、微波针灸、磁疗、应用电子计算机进行辨证和选针取穴、中草药饲料添加剂的筛选、电子捻针机的应用、应用电镜对针灸穴位组织学的观察以及利用各种自动分析手段对中草药的研究等，均出现了良好的开端。

中兽医学在漫长的发展过程中，通过不同历史时期传播到世界各地，特别是近些年来，引起了许多国家的高度重视，对中兽医（药）开展广泛地研究与应用。日、美等国的一些学校在兽医教育中增加了中兽医学内容或开设有关讲座。许多国家对中兽医针灸技术的研究应用、中草药饲料添加剂以天然无害的优势在动物饲养中的应用，令人瞩目。又如，近年来随着我国的改革开放，一方面国际交往增多，动物及其产品的进出口贸易日益频繁，各种动物疾病的传播机会也随之增多；另一方面，现代化畜牧业向集约化、工厂化发展，动物密集，疫病很容易传播流行。因此，中草药饲料添加剂的研究开发和应用，已受到国内外的关注。中草药饲料添加剂不仅能提高动物免疫功能，预防疾病，而且在提高动物产品产量、质量，减少药物残留方面都有显著效果，目前用中草药做饲料添加剂的药物有200余种，应用对象有猪、鸡、鸭、鹅、牛、羊、犬、猫、鹿、鱼及虾等27种之多。中兽医学在向国外传播的同时，也不断吸收世界各国先进的科学技术，加以充实与提高。中兽医学应用先进的科学知识和技术在宏观和微观上进行多层次的研究，并从西兽医学中吸取营养，最终将会使中、西兽医学融会贯通而形成世界上最先进的兽医学学术体系。

三、中兽医学的基本特点

中兽医学把动物体作为一个以脏腑经络为核心的有机整体,将机体和自然界一切事物都看成是阴阳对立统一的两个方面,认为疾病的发生是阴阳失调、正邪斗争的过程,强调机体的内因作用,故有"正气存内,邪不可干,邪之所凑,其气必虚"(见《素问·刺法论与评热论》)。所以,治病就是调整阴阳,扶正祛邪。重视预防,主张"未病而治"。在具体治疗上,强调"辨证求因"、"审因论治"、"治病求本",并提出"标本缓急"、"虚实补泻"等一系列治则。概括起来,主要有两个最基本的特点,即整体观念和辨证论治。

(一) 整体观念

整体,就是完整性和统一性。中兽医非常重视动物体本身的统一性、完整性及其与自然界的相互关系。认为动物体是一个有机的整体,同时认为它与外界环境之间也是紧密相关的,而且存在着一种矛盾统一的关系。如一年四季气候变化是春温、夏热、秋凉、冬寒,动物通过调节适应,即春夏阳气发泄,气血易趋于表,则皮肤松弛,疏泄多汗;秋冬阳气收藏,气血易趋于里,则皮肤致密,少汗多尿。但当气候异常或动物调节功能失常时,机体与外界环境失去平衡,就会发生疾病。这种内外环境的统一性和机体自身整体性思想,称为整体观念。因此,动物体各个组成部分之间,在结构上是不可分割的,在生理上是相互联系、相互制约的,在病理上是相互影响的。自然界既是动物正常的生存条件,同时也可成为疾病发生的外部因素。所以,在临诊实践中只要抓住主证,因时、因地、因动物体的不同而制宜,才能对病证做出正确的诊断,确定有效的防治措施。

(二) 辨证论治

所谓辨证,就是将四诊所获取的病情资料进行综合分析,以判断为某种性质的证候。所谓论治,又称施治,就是根据辨证的结果,确定相应的治疗方法。辨证是决定治疗的前提和依据,论治是治疗疾病的手段和方法。"证"的概念与"症状"和"症候群"有所不同,它不单纯是对疾病的一种或一群症状的识别或描述,而主要是对病因、病理、临诊症状和诊断的综合概括,比症状更全面、更深刻、更准确地反映疾病本质。根据辨证,为论治指出治疗目标。如"脾虚泄泻"证,既指出了病位在脾,正邪力量的对比属虚,症状是泄泻,致病原因推断为湿(脾恶湿、湿困脾阳则泄泻),从而也就提出了治疗方向应"健脾燥湿",方药可选用参苓白术散治疗。

辨证论治之所以成为中兽医学的特点之一,是因为它在中兽医学理论指导下,从整体出发,根据对证的判断来决定治疗措施,虽然在病原和患病部位上不够精确,但却比较全面而综合,因此便有"同病异治"和"异病同治"的情况。前者如同为外感疾病,有风寒风热的不同,治法各异;后者如脱肛、虚寒泄泻、子宫脱垂等是不同的病,若均以中气下陷为主证时,都可以用升提中气的方法治疗。由此可见,中兽医治病主要的不是着眼于"病"的异同,而是着眼于"证"的区别。相同的证,用基本相同的治法;不同的证,用基本不同的治法，即所谓"证同治亦同，证异治亦异"。这种针对疾病性质按证治疗的方法正是辨证论治的精神实质所在。

四、中兽医学发展趋势

中兽医学是随着我国畜牧业的发展而形成的一门动物病证防治的综合性学科。畜牧业生产的现代化和动物养殖业的发展，将推动中兽医学运用现代技术在中兽医理论的研究及疾病诊断、预防、治疗技术等方面进一步发掘、整理、研究提高，以适应畜牧业生产发展的需要。中兽医的防治对象也从过去的以马、牛为主转到大、中、小动物并重，从个体转向群体；防治方法由过去以治疗为主变为防治结合，防重于治。随着天然医学的发展和高效无害的要求，中兽医学将成为现代人需要的、高效无害的新兽医学，为人类做出更大贡献。

五、学习方法及注意问题

要用辩证唯物主义和历史唯物主义的观点，批判地吸取其精华，扬弃其糟粕，做到古为今用，推陈出新。

要理论联系实际，以"整体观念"和"辨证论治"为核心，对理、法、方、药及针灸逐步融会贯通。

重视实践，勇于创新，反复学习，认真体会，掌握其运用规律及实际操作技能。

要深刻理解"中西兽医结合"的意义，把中兽医医药知识和西兽医医药知识结合起来，取长补短，以创立我国统一的新兽医（药）学。

课堂教学应多采用教具、挂图、模型、标本和现代教学手段，以增强学生的感性认识，启迪学生的科学思维，注重理论联系实际。注意中兽医的发展动态，适时增加新的教学内容。根据不同的教学内容，采用讨论法、辩论法、演示法、案例分析、组织学生自学等灵活多样的方法进行教学，切实将培养学生实践能力放在突出位置。

注意改进考试、考核手段与方法，通过课堂提问、学生作业、技能单、作业单的完成及操作实训等情况综合评价学生成绩。

思考与练习（自测题）

一、选择题（每小题4分，共20分）

1. 首先提出"治未病"的以防为主的医疗思想，见于（　　）
   A.《伤寒杂病论》　B.《内经》　C.《神农本草经》　D.《本草纲目》

2. 设有专职兽医诊治"兽病"和"兽疡"是在（　　）
   A. 宋代　　　　B. 唐代　　　C. 西周　　　D. 秦汉之际

3. 我国最早的畜牧兽医法规的书籍名为（　　）
   A.《内经》　　B.《伤寒杂病论》　　C.《厩苑律》　　D.《新修本草》

4. 我国最早的一部兽医教科书是（   ）
   A.《元亨疗马集》 B.《新修本草》 C.《司牧安骥集》 D.《肘后备急方》
5. 国内外流传最广的一部中兽医古典著作是（   ）
   A.《肘后备急方》 B.《齐民要术》 C.《痊骥通玄论》 D.《元亨疗马集》

二、填空题（每空3分，共30分）
1. 中兽医的基本理论源于《_____》一书。
2. 我国最早的一部人兽通用的药学专著是《_____》，该书收载药物_____种。
3. 我国在_____代由朝廷颁布的《_____》是世界上最早的一部人兽通用的药典。
4. 中兽医学的基本特点是_____和_____。
5. 奠定了中医和中兽医辨证施治的基础，主要见于_____编著的《_____》一书。
6. 我国最早的官办兽医教育的开端是在_____。

三、简答题（每小题10分，共20分）
1. 什么是症、证、病？三者之间关系如何？
2. 什么是整体观念？其主要内容和意义是什么？

四、论述题（每小题15分，共30分）
1. 为什么说中国医药学是一个伟大的宝库？
2. 怎样理解辨证论治？

第一篇

基础理论

第一篇

基础理论

第一章

阴阳五行学说

学习目标
1. 理解阴阳五行的基本概念。
2. 掌握阴阳五行学说的基本规律。
3. 重点掌握阴阳五行学说在中兽医学中的应用。

阴阳五行学说是阴阳学说和五行学说的合称,是我国古代一种朴素的唯物论和自发的辩证法思想,是前人认识和解释自然界某些事物和现象的理论工具。约在二千多年以前的春秋战国时期,这一学说被引用到医药学中来,作为推理工具,借以说明动物体的组织结构、生理功能和病理变化,并指导临诊的辨证及病证防治,成为中兽医学基本理论的重要组成部分。对中兽医学理论的形成和发展起到了重要的促进作用,在医疗实践中具有一定的指导意义。

第一节 阴阳学说

阴阳是我国古代哲学中用以概括对立统一关系的一对范畴。阴阳学说是以阴和阳的相对属性及消长变化来认识自然、解释自然、探求自然规律的一种宇宙观和方法论。

一、阴阳的基本概念

(一) 阴阳的含义

阴阳,是对自然界相互关联又相互对立的两种事物,或同一事物内部对立双方属性的概括。它体现了事物对立统一的法则,所以说"阴阳者,一分为二也";它是抽象概念而不是具体的事物,所以说"阴阳者,有名而无形"。它是用来表示一切事物对立而统一的代名词,是事物的属性概念而不是事物的本体概念。

(二) 阴阳的基本特性

1. **规定性** 在相互对立而又相互联系的事物中,哪一方面属阴,哪一方面属阳,是根据事物本身的属性来确定的。阴阳的最初含义是指日光的向背,向日为阳,背日为阴,以日光的向背定阴阳。向阳的地方具有明亮、温暖的特性，背阳的地方具有黑暗、寒冷的特性，于是又以这些特性来区分阴阳。在长期的生产生活实践中，古人遇到种种似此相互联系又相互对立的现象，就不断地引申其义，将天地、上下、日月、昼夜、水火、升降、动静、内外、雌雄等，都用阴阳加以概括，阴阳也因此失去其最初的含义，成为一切事物对立而又统一的两个方面的代名词。

中兽医学以水火作为阴阳的征象，水为阴，火为阳，反映了阴阳的基本特性。如水性寒而就下，火性热而炎上。就其运动状态，水比火相对静，火较水相对动。寒热、上下、动静，如此推演下去，即可以说明事物的阴阳属性。划分事物和现象阴阳属性的标准是：凡是具有向上的、向外的、运动的、温热的、明亮的、兴奋的、亢进的、强壮的、功能的等特性者，都属于阳；反之，凡是具有向下的、向内的、静止的、寒凉的、晦暗的、抑制的、减退的、虚弱的、物质的等都属于阴。阴阳的基本特性是划分事物和现象阴阳属性的依据。阴阳既可以代表相互对立的事物或现象，也可以代表同一事物内部对立着的两个方面。前者如天与地、昼与夜、水与火、寒与热，后者如人和动物体内的气和血、脏和腑等。

2. **相关性** 所谓阴阳的相关性，也称关联性，是指用阴阳所分析的对象，应当是同一范畴、同一层面的事物或现象。只有相关的事物，或同一事物内部的两个方面，才可以用阴阳加以解释和分析。如方位中的上与下、天与地；温度的冷与热等均为同一层面的事物，绝不能把上与冷、下与热这样在不同范畴的事物进行阴阳定性。不同层面、不同范畴的事物，如果在阴阳属性上没有可比性，就不能进行阴阳属性的划分。

3. **普遍性** 所谓普遍性，也就是广泛性。虽说阴阳有其局限的一面，但从其形成之时，人们就试图用它来揭示宇宙万物形成之奥秘，广泛地用以认识宇宙万物的发展与联系，大到天和地，小到人和动物体性别及体内的气血、脏腑；从抽象的方位之上下、左右、内外，到具体事物的水火、药物的四性五味等，无一不是阴阳的体现。

4. **相对性** 所谓相对性，是指各种事物或现象以及事物内部对立双方的阴阳属性并不是绝对的、一成不变的，而是相对的。阴阳的相对性主要表现在以下三个方面：

（1）阴阳的可分性。阴阳的可分性是指属阴或属阳的事物中，可再分为阴和阳两个方面。这种阴阳中还可再分阴阳的特性，体现于"阴阳互藏"关系之中，即阴阳双方中的任何一方都蕴含有另一方。宇宙中的任何事物或现象都含有阴和阳两种不同属性的成分，如以昼夜而言，白昼为阳，黑夜为阴。属阳的白昼又有上午、下午之分，上午为阳中之阳，下午为阳中之阴；属阴的黑夜亦可再分阴阳，前半夜为阴中之阴，后半夜为阴中之阳。这就是《内经》中所说的"阴中有阴，阳中有阳"和"阳中有阴，阴中有阳"之意。

（2）事物的阴阳属性在一定条件下可以相互转化。在一定条件下阴阳之间可发生相互转化，阳可以转化为阴，阴可以转化为阳。例如，寒证和热证的转化，当病变的寒热性质改变了，证候的阴阳属性也随之改变。在机体气化活动过程中，生命的物质和脏腑的机能之间，物质属阴，机能属阳，二者是可以相互转化的，物质可以转化为机能活动，机能活动也可转化为物质，正因为二者的不断转化，才能维持机体生命运动的正常进行。

（3）当原来划分事物阴阳属性的前提改变时，事物的阴阳属性也随之改变。例如，以五脏部位的上下划分其属性，心、肺位于膈上为阳，肝、脾、肾位于膈下属阴。但如果以功能特征而论，肺气肃降，肝气升发，则肺属阴，肝属阳。

阴阳学说一方面把对立统一的一般法则运用于医学，另一方面将其特殊内容与医学紧密结合在一起，所以在学习阴阳学说时，既要注意其哲学的一般性，又要注重其在中（兽）医学领域的特殊性。

二、阴阳变化的基本规律

阴阳变化的基本规律，主要指阴阳的对立制约、相互依存、消长平衡及相互转化，是阴阳学说的核心内容。

（一）阴阳的对立制约

阴阳的对立制约，是指相互关联的阴阳双方彼此间存在着互相抑制、排斥、约束的关系。一切事物都存在着相互对立的阴和阳两个方面，阴阳双方始终处于差异、对抗、制约、排斥的矛盾运动之中。例如，事物的动与静、升与降、寒与热都是对立的两个方面，而对立的这一方则对另一方起着制约的作用。又如，夏季本来是阳热亢盛，但夏至以后，阴气却渐次萌生，用以制约炎热的阳气；冬季本来是阴寒偏胜，但冬至以后，阳气却随之而复，用以制约严寒的阴气。故《类经附翼·医易义》中说："动极者镇之以静，阴亢者胜之以阳"，这就充分说明了阴和阳是相互制约、相互斗争的关系。阴阳相互制约和相互斗争的结果取得了统一，即取得了动态平衡，这就是《素问·生气通天论》中所说的"阴平阳秘"。阴阳之间的相互对立制约关系是促进事物发展变化的内在动力。

阴阳双方的对立制约是有一定限度的。如果一方对另一方的制约太过或者不及，都属于异常，表现在机体内会发生疾病，即《内经》所说的"阴盛则阳病，阳盛则阴病"，即一方对另一方的制约太过而生病。"阳不胜其阴，阴不胜其阳"，则为一方对另一方的制约不足。中（兽）医学将阴阳对立制约的规律广泛用于指导疾病的治疗，如"寒者热之"、"热者寒之"等即是在这一规律指导下确定的治疗原则。

（二）阴阳的相互依存

阴和阳两个方面，既是相互对立的，又是相互依存的。阴阳的相互依存是指阴阳双方互为存在的条件和根据，任何一方都不能脱离对方而单独存在。阴阳的这种相互依赖的关系，又称阴阳互根。如上为阳，下为阴，没有上就无所谓下，没有下也无所谓上；热为阳，寒为阴，没有热也无所谓寒，没有寒也就无所谓热。所有相互对立的阴阳两方面都是这样，阳依存于阴，阴依存于阳，故《内经》说"孤阴不生，独阳不长"。

阴阳的相互依存还表现在阴阳双方的相互促进和相互资助。在动物生理活动中，精微物质属阴，脏腑的功能活动属阳，只有在脏腑功能活动（阳）的作用下，才能使饮食物转化为机体活动必需的精微物质（阴），这一过程即是阴利用阳；精微物质（阴）在特定脏腑组织器官中又以不同的形式释放出能量（阳），显然阳的产生又利用了阴，故有"无阴则阳无以生，无阳则阴无以化"之论。只有物质（阴）和功能（阳）相互促进，协调平衡，才能保证机体的正常生理活动。

阴阳的相互依存还表现在任何一方中都蕴含有另一方。凡属阳的事物，所涵属阳的成分多而属阴的成分少，又称阳中涵阴；凡属阴的事物，其所涵属阴的成分多而属阳的成分少，又称阴中涵阳。阳中藏阴，阴是阳生化之源；阴中藏阳，阳是阴生化之力。否则，阴便成为"孤阴"，阳便成为"独阳"，故有"无阴则阳无以生，无阳则阴无以化"之论。

（三）阴阳的消长平衡

阴阳的消长平衡是指阴阳双方不断运动变化，此消彼长，又力求维系动态平衡的关系。阴阳双方在对立制约、相互依存的情况下，不是静止不变，而是处于此消彼长的变化过程之中，即"阴消阳长，阳消阴长"的过程。阴阳的这种消长变化是不间断的、无休止的、绝对的，但也是有序的。例如，机体的各种机能活动（阳）的产生，必然要消耗一定的营养物质（阴），这就是"阴消阳长"。而各种营养物质（阴）的生化，又必须消耗一定的能量（阳），这就是"阳消阴长"。由于这种物质与功能的阴阳消长保持在一定的范围内，因此阴阳双方维持着一个动态平衡，保证了机体正常的生命活动，阴阳学说把它概括为"阴阳平衡"、"阴平阳秘"，也就是阴阳在量的变化上没有超出一定的限度，没有突破阴阳协调的界限而在一定范围内消长（图1-1）。

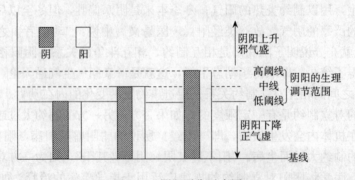

图1-1 阴阳平衡示意图

如果这种"消长"关系超过生理限度，导致了相对平衡关系的失调，就会出现阴阳某一方面的偏盛偏衰，称为"阴阳失调"。这时，机体就从生理状态进入病理过程。正如《素问·阴阳应象大论》中说："阴盛则阳病，阳盛则阴病"、"阳虚生外寒，阴虚生内热"，就是指由于阴阳消长的变化，使得阴阳平衡失调，引起了"阳气虚"或"阴液不足"的病证，其治疗应分别以温补阳气和滋阴增液使阴阳重新达到平衡为原则。

（四）阴阳的相互转化

阴阳的相互转化是指对立互根的阴阳双方，在一定的条件下彼此可以向其相反的方向转化，即阴可以转化为阳，阳可以转化为阴。阴阳转化是阴阳消长运动发展到一定阶段，事物内部双方的本质属性发生了改变。一般来说，阴阳消长是事物的量变过程，而阴阳转化则属于事物的质变过程。"重阴必阳，重阳必阴"，"寒极生热，热极生寒。"（《素问·阴阳应象大论》）这里的"重"、"极"就是指阴阳转化的条件（图1-2）。在疾病发展过程中，阴阳转化是经常可见的，如动物外感风寒，出现耳鼻发凉、肌肉颤抖等寒象，若治疗不及时或治疗失误，寒邪入里，郁久化热，又出现口干、舌红、气粗等热象，这就是由阴证转化为阳证。又如，患热性病的动物，由于持续高热，热甚伤津，气血两亏，呈现体弱无力、四肢发凉等虚寒症状，这就是由阳证转化为阴证。

就阴阳转化的形式而言，又分为渐变和突变。阴阳转化的渐变过程，是指对立互根的阴阳双方，伴随此消彼长过程，缓慢地发生着阳转化为阴，或阴转化为阳的过程。如机体物质与能量间的阴阳转化，一年四季寒暑更替的阴阳转化等都以渐变形式进行。阴阳转化的突变形式，是指阴阳在其消长过程中没有显著的质变特征，当消长变化发展到一定的限度，或者有某种条件的诱导，使阴阳双方迅速向其相反方面发生质的改变。如盛夏在天气极热时突然间骤冷而出现冰雹，急性热病在持续高热情况下突然出现体温下降、四肢厥冷等都属于突变的形式。

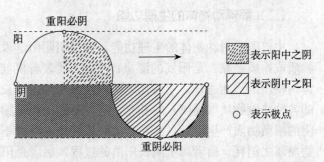

图 1-2 阴阳转化示意图

综上所述，阴阳的对立制约、相互依存、消长平衡、相互转化，是从不同角度来说明阴阳之间的相互关系及其运动规律，它们之间不是孤立的，而是互相联系、互相影响的。阴阳相互依存说明了阴阳双方互相促进，不可分离；对立制约是阴阳最普遍的规律，阴阳双方通过对立制约而取得平衡；阴阳消长和相互转化是阴阳运动的最基本的形式，阴阳消长稳定在一定范围内，则取得动态平衡，否则便出现阴阳的转化。阴阳的运动是永恒的，而平衡只是相对的。了解这些内容，有助于阴阳学说在中兽医学领域的灵活运用。

三、阴阳学说在中兽医学中的应用

阴阳学说贯穿于中兽医学理论体系的各个方面，用以阐述动物体的组织结构、生理功能、病理变化和病证防治等。

（一）说明动物体的组织结构

动物体是一个有机的整体，中兽医学根据阴阳对立统一的观点，把动物体组织结构划分为相互对立又相互依存的若干部分，根据结构层次的不同，对机体的部位、脏腑、经络、形气等阴阳属性都做了具体划分。就大体部位而言，躯壳为阳，内脏为阴；上部为阳，下部为阴；体表为阳，体内为阴。就腹背而言，背部为阳，胸腹部为阴。就肢体的内外侧而言，四肢的外侧面为阳，内侧面为阴。就筋骨与皮肤而言，筋骨在深层为阴，皮肤居表为阳。就脏腑而言，六腑传化物而不藏，故为阳；五脏化生和贮藏精气而不泻，故为阴。具体到每一脏腑，又有心阴、心阳，肝阴、肝阳，胃阴、胃阳，肾阴、肾阳等。可见动物体结构中的上下、内外、表里、前后各部分之间，以及体内的脏腑之间，都存在着对立、互根的阴阳关系，都可以用阴阳学说加以分析和认识。

(二)解释动物体的生理功能

中兽医学对动物体的生理功能,也是用阴阳学说来加以概括和说明的。"阴"代表着物质或物质贮藏,是阳气的源泉;"阳"代表着机能活动,起着卫外而固守阴精的作用。体内物质的代谢过程,主要是以阴阳互根互用的消长平衡方式进行。动物体生命活动所需的各种精微物质(属阴)的补充,是在不断消耗脏腑能量(属阳)的情况下完成的;但属阴的精微物质产生以后,又在相关脏腑转换为种种不同的能量,在能量产生的同时,精微物质随之消耗。前者属于阴长阳消的过程,后者是阳长阴消的过程。生命活动就在这种阴阳彼此不断消长过程中维持着动态平衡。所以说:"阴平阳秘,精神乃治"(《素问·生气通天论》)。

在属阴的物质中,气和血又可再分阴阳。属阳的气又具有生血、行血、摄血的功能;而属阴的血又具有载气、寓(藏)气、化生气的作用。可见气血之间又体现着阴阳关系的多个层面。此外,诸如营卫关系、气与津液关系、经络关系也是如此。

(三)阐述动物体的病理变化

疾病发生的根本原因是阴阳失去相对平衡而出现偏盛偏衰的结果,因此阴阳失调是疾病发生的基础。其病理变化虽然极为复杂,但可以用阴阳消长失调而形成的阴阳偏盛偏衰来加以概括。

1. 阴阳偏盛 阴阳偏盛是指阴阳任何一方高于正常水平,对另一方制约太过所导致的病理变化,概括为"阳盛则热"和"阴盛则寒"。

阳盛则热。阳盛指病理变化中阳邪亢盛,使机体呈现出机能亢奋,产热过剩的病机,临诊表现为一系列实热征象的病证。如热燥之邪(阳邪)侵犯机体,使"阳胜其阴",就会发生"热伤之证",症见发热汗出,唇舌鲜红,脉象洪数,耳耷头低,行走如痴等,其性质属热,所以称"阳盛则热"。因为阳盛往往可导致阴液的损伤,使阴液相对不足,如在高热、汗出的同时,必然出现因阴液耗伤而口渴贪饮的征象,称为"阳盛则阴病"。

阴盛则寒。阴盛指病理变化中阴邪亢盛,使体内机能受到阻滞而障碍,呈现出阴偏盛的病机,临诊表现为一系列实寒征象的病证。如寒湿之邪(阴邪)侵入机体,使"阴胜其阳",而发生"冷伤之证",症见鼻寒耳冷、身颤、肠鸣泄泻、不时起卧、口色青黄、脉象沉迟等,其性质属寒,所以称"阴盛则寒"。阴盛往往可以导致阳气的损伤,引起阳气相对不足,如在肠鸣泄泻、鼻寒耳冷的同时,必然会出现因阳气耗伤而形寒肢冷的征象,称为"阴盛则阳病"(图1-3)。

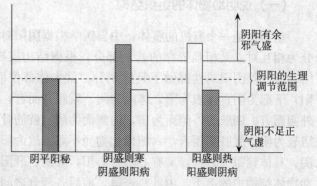

图1-3 阴阳偏盛示意图

2. 阴阳偏衰 即阴虚或阳虚，是指阴阳任何一方低于正常水平，无力制约对立的另一方，而导致另一方相对偏亢的病理状态，概括为"阳虚则寒"和"阴虚则热"。

阳虚则寒。阳虚是指机体内的阳气虚损，推动和温煦等功能下降，以及对阴的制约能力减退，导致阴的一方相对偏盛的病理状态。临诊常表现为虚寒证。如出现形寒肢冷、自汗、口色淡白、脉细等症状。

阴虚则热。阴虚是指机体内的阴气亏虚，滋润及抑制作用减退，以及对阳的制约作用下降，导致阳相对偏亢，产热相对过剩的病理状态。临诊常表现为虚热证。如出现潮热、盗汗、口干不贪水、脉细数等症状（图1-4）。

阴阳偏盛及阴阳偏衰是临诊寒热病证形成的基本病机，也是阴阳失调病机的基本病理状态，是由于阴阳的对立制约以及阴阳彼此消长

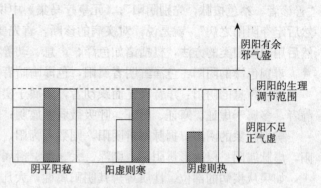

图1-4 阴阳偏衰示意图

的关系失调所致。阴阳偏盛，其矛盾的主要方面是阴或阳的绝对值增加，因而制约对方的力量太过，故所产生的寒证或热证均属于实性证候。阴阳偏衰，其矛盾的主要方面是阴或阳的绝对值减少，因而制约对方的力量减弱，使对方相对偏盛，故所产生的寒证或热证均属于虚性证候。

3. 阳损及阴，阴损及阳，阴阳俱损 根据阴阳互根的原理，机体的阴阳任何一方虚损到一定程度，必然会导致另一方出现不足。阳虚至一定程度时，无力促进阴的化生，使阴亦随之不足，临诊常出现先有阳虚的症状，继而又出现阴虚的病状，称"阳损及阴"。同样，阴虚至一定程度时，不能滋养于阳，使阳亦随之化生不足，临诊常出现先有阴虚的证候，继而又出现阳虚的临诊表现，称"阴损及阳"。"阳损及阴"或"阴损及阳"最终导致"阴阳两虚"（图1-5）。阴阳互损是以阴阳互根为前提的。由于阴和阳互为其根、互为其用，因此当阴或阳虚衰不足时，就会发生"阳消阴亦消"的"阳损及阴"，以及"阴消阳亦消"的"阴损及阳"的病理过程。

阴阳互损与阴阳偏衰不同。阴阳偏衰中的阴偏衰或者阳偏衰，是阴阳互损病理过程产生的前提，属于病理状态；而阴阳互损则是在阴

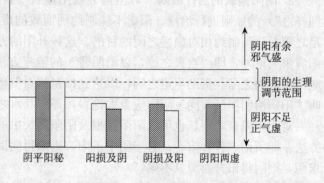

图1-5 阴阳两虚示意图

偏衰或阳偏衰的病理状态基础上进一步发展的病理过程，这个病理过程所产生的结局则是阴阳两虚的病理状态。

（四）指导疾病的诊断

阴阳失调是疾病发生、发展、变化的根本病因，由此所产生的各种错综复杂的病证都可以用阴阳加以说明。所以，在诊察疾病时，用阴阳两分法归纳种种临诊表现，有助于对病变的总体属性做出判断，从而把握疾病的关键。所以，《素问·阴阳应象大论》中说："善诊者，察色按脉，先别阴阳"；《元亨疗马集》中说："凡察兽病，先以色脉为主，……然后定夺阴阳之病"。就是说，对疾病的诊断，首先要用四诊的方法收集病史和临证资料，然后用阴阳归类的方法，概括诸如色泽、声息、动静状态及脉象等的阴阳属性。

辨别色泽的阴阳：色泽鲜明者属阳，色泽晦暗者属阴。

辨别声息的阴阳：声音高亢而躁动者，多属于实证、热证、阳证；声音低弱无力而沉静者，多属于虚证、寒证、阴证。呼吸微弱者属阴；呼吸有力，声高气粗者属阳。

辨别脉象的阴阳：据脉率辨阴阳，则数者为阳，迟者属阴；据脉力辨阴阳，则实脉为阳，虚脉属阴；以脉形辨阴阳，则浮、大、洪、滑属阳，沉、小、细、涩为阴。

如果从疾病的部位、性质等辨其阴阳属性，大凡表证、热证、实证者属于阳证；而里证、寒证、虚证者属阴证。只有在总体上把握了疾病的阴阳属性，才能沿着正确的方向对疾病进行更深层次的精细分析，抓住疾病的本质。

（五）指导疾病的防治

由于阴阳失调是疾病的基本病机，因而调理阴阳，补其不足，泻其有余，使之保持或恢复相对平衡，达到"阴平阳秘"状态，是防病治病的根本原则，所以《素问·至真要大论》说："谨察阴阳所在而调之，以平为期"。根据阴阳学说确定的治疗原则有：

1. 阴阳偏盛的治疗原则　针对阴或阳的偏盛所致的病证，要运用损其有余（即"实则泻之"）的原则进行治疗。阳偏盛所致的实热证，宜用寒凉药物抑制亢盛之阳，清除其热，此即"热者寒之"的方法，又叫"阳病治阳"；阴偏盛所致的实寒证，可用温热药物消除偏盛之阴，驱逐其寒，此即"寒者热之"，又叫"阴病治阴"。

2. 阴阳偏衰的治疗原则　对阴偏衰或阳偏衰所致的病证，要运用补其不足（即"虚则补之"）的原则进行治疗。阳虚不能制约阴而致的虚寒证，应当用补阳的药物，扶助不足之阳而达到制约相对偏盛之阴的目的。这种补阳的方法，又叫"阴病治阳"（《素问·阴阳应象大论》），即"益火之源，以消阴翳"的治疗方法。阴虚不能制约阳而致的虚热证，应当用滋阴之品，资助不足之阴，以达到抑制相对偏盛之阳的目的。这种滋阴的方法，又叫"阳病治阴"（《素问·阴阳应象大论》），即"壮水之主，以制阳光"的治疗方法。

对阴阳偏衰之证，也可以阴阳互根及阴阳消长中的此长彼亦长的理论为依据确立治疗方法。即所谓"善补阳者，必于阴中求阳，则阳得阴助而生化无穷；善补阴者，必于阳中求阴，则阴得阳升而源泉不竭。"

阴阳互损的病理过程，可导致阴阳两虚的病理状态。故治宜阴阳双补，但是应分清主次先后。由阳损及阴所导致的阴阳两虚证，是以阳虚为主，治宜在补阳的基础上兼补其阴；由阴损及阳所导致的阴阳两虚证，则是以阴虚为主，治宜在补阴的基础上兼以补阳。

另外，在预防方面，中兽医学认为机体与外界环境是密切相关的，必须适应四时阴阳的变化。若外界条件变化剧烈或机体适应能力降低，不能适应四时阴阳变化时，便会引起疾病的发生。因此，加强饲养管理，以增强其抗御疾病的能力，是预防疾病的关键。所以，《元亨疗马集·腾驹牧养法》中说："凡养马者，冬暖屋，夏凉棚"。中兽医学中还提出了用药"四时调理"等，都是从协调机体的阴阳出发，以期达到预防疾病的目的。

（六）归纳药物的性能

药物的性能也可按阴、阳来区分。如温热性的药物属阳，而寒凉性的药物属阴；辛、甘、淡味的药物属阳，而酸、咸、苦味的药物属阴；具有升浮、发散作用的药物属阳，而具有沉降、内潜作用的药物属阴。根据药物的阴阳属性，就可以灵活地运用药物的偏性以调整机体阴阳的偏盛偏衰，以期补偏救弊。如热盛用寒凉药以清热，寒盛用温热药以祛寒等。这便是《内经》中所说的"寒者热之，热者寒之，实者泻之，虚者补之"用药原则的具体运用。

第二节　五行学说

五行学说认为，自然界的万事万物可以在不同层面上分为木、火、土、金、水五个方面，从而构成不同级别的系统结构。五行之间的生克制化，维系着系统内部和系统之间的相对稳定。在中兽医学中，五行学说被用以说明动物体的生理功能、病理变化并指导临诊实践。

一、五行的基本概念

五行中的"五"是指木、火、土、金、水五种物质；"行"即运行和变化。五行就是指自然界中木、火、土、金、水五种物质所代表的事物属性的运行变化以及它们之间的相互关系。它不是单纯地指五种物质，而是以五行的抽象特性来归纳各种事物，认为事物之间不是孤立的、静止的，而是通过五行的生克制化关系在不断资生、制约的运动变化之中，以保持动态平衡，从而维持事物的生存和发展。

二、五行的基本内容

（一）五行的特性

五行的特性是古人在长期生产、生活实践中，对木、火、土、金、水五种物质观察的基础上，通过归纳和抽象逐渐形成的理性认识。根据五行的特性来演绎各种事物的属性，分析各类事物之间的相互联系。

"木曰曲直"，原指树木的枝条具有生长、柔和、能曲又能直的特性。引申为凡具有生长、升发、舒畅、条达等作用或特性的事物，其属性可用"木"进行归纳。

"火曰炎上"，"炎"，有焚烧、灼热之意；"上"，即向上，原指火具有温热、蒸腾向上的特性。引申为凡是具有温热、向上、升腾等作用或特性的事物，其属性可用"火"进行归纳。

"土爱稼穑"，指土地可供人类从事种植和收获等农事活动。引申为凡具有生化、承载、受纳等作用或特性的事物，其属性可用"土"进行归纳。

"金曰从革"，"从革"，用以说明金属是通过对矿石的冶炼，顺从变革，去除杂质从而纯净的变化过程。引申为凡是具有肃杀、收敛、清洁等作用或特性的事物，其属性可用"金"进行归纳。

"水曰润下"，"润"，滋润，指水可使物体保持湿润而不干燥；"下"，即向下，下行。引申为凡是具有寒凉、滋润、向下运动等作用或特性的事物，其属性可用"水"进行归纳。

综上所述，五行的特性虽然源于人们对木、火、土、金、水五种物质特性的具体观察，但经归纳和抽象以后的五行特性及其运用，已不再是原来所指的具体事物，而具有更广泛、更抽象的涵义，成为表示事物五行属性的标志性符号。

（二）五行的归类

五行学说根据五行特性，运用归类和推演的方法，阐述了事物的五行属性。其具体推理方法是：

1. 归类法 五行学说运用归类方法，对事物进行"取象类比"以得知事物的五行属性。例如：方位配五行，旭日东升，与木之升发特性相类，故东方归属于木；南方炎热，与火之炎上特性相类，故南方归属于火。又如五脏配五行，脾主运化而类于土之化物，故脾归属于土；肺主肃降而类于金之肃杀，故肺归属于金，等等。

2. 推演法 即根据已知的某些事物的属性，推演至其他相关的事物，以得知这些事物的五行属性。例如：已知肝属木，而肝合胆，主筋，开窍于目，故胆、筋、目皆属于木；已知肾属水，而合膀胱，主骨，开窍于耳及二阴，故膀胱、骨、耳、二阴皆属于水，等等（表1-1）。

表1-1 五行归类表

五行	动物体					自然界				
	脏	腑	五体	五窍	五脉	五季	五方	五化	五色	五体	五气
木	肝	胆	筋	目	弦	春	东	生	青	酸	风
火	心	小肠	脉	舌	洪	夏	南	长	赤	苦	暑
土	脾	胃	肌肉	口	缓	长夏	中	化	黄	甘	湿
金	肺	大肠	皮毛	鼻	浮	秋	西	收	白	辛	燥
水	肾	膀胱	骨	耳	沉	冬	北	藏	黑	咸	寒

（三）五行的调节机制

五行学说运用相生相克理论，解释事物之间的广泛联系。其中相生、相克、生克制化理论，用于分析事物正常状态下的调节机制；而母子相及、相乘、相侮理论，用于解释事物异常状态时的相互关系。

1. 五行的正常调节机制 五行之间不是孤立的，静止不变的，而是存在着生克制化的调节关系，从而维持着事物之间的动态平衡。

（1）相生规律。相生，是指一事物对另一事物的资生、促进、协同的作用，借以说明事物有相互协调的一面。五行相生的次序如下：

$$木 \xrightarrow{生} 火 \xrightarrow{生} 土 \xrightarrow{生} 金 \xrightarrow{生} 水 \xrightarrow{生} 木$$

在相生关系中，任何一行都存在着"生我"和"我生"两方面的关系，生我者为"母"，我生者为"子"。以木为例，水生木，水为木之母，木生火，火为木之子，余可类推。五行之间的相生关系，也称为"母子"关系。

（2）相克规律。相克，是指一事物对另一事物的制约、克制的作用，借以说明事物相互颉颃的一面。五行相克的次序如下：

$$木 \xrightarrow{克} 土 \xrightarrow{克} 水 \xrightarrow{克} 火 \xrightarrow{克} 金 \xrightarrow{克} 木$$

在相克关系中，任何一行都存在着"克我"和"我克"两方面的关系，"克我"者为我"所不胜"，"我克者"为我所胜。以土为例，土克水，则水为土之"所胜"，木克土，则木为土之"所不胜"，余可类推。五行之间的相克关系，也称为"所胜、所不胜"关系，余可类推。

在上述生克关系中，任何一行皆有"生我"和"我生"，"克我"和"我克"四个方面的关系（图1-6）。

（3）制化规律。五行中的制化关系，是五行生克关系的结合，指五行之间既有资助、促进，又存在着制约、颉颃的对立统一关系，从而维持事物间协调平衡的正常状态。没有生，就没有事物的发生和成长；没有克，就不能维持正常协调关系下的发展与变化。因此，必须生中有克（化中有制），克中有生（制中有化），只有这种相反相成，矛盾运动，才能维持和促进事物的平衡协调和发展变化。五行之间这种生中有制，制中有生，相互化生，相互制约的生克关系，谓之制化（图1-7）。

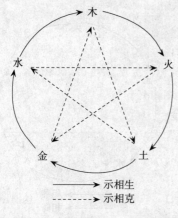

图1-6 五行相生相克示意图

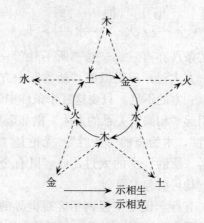

图1-7 五行制化关系示意图

当然，五行生的关系和克的关系之间是不平衡的，有时以生为主，克为次，称为生中有克；有时是以克为主，生为次，称为克中有生。五行学说正是通过这种生和克的关系来说明各个系统之间的复杂关系，从而防止任何一方的太过或不及，以维持五行整体系统的动态平衡。

2. 五行的异常调节机制 五行的异常状态是指五行的生克关系因某种因素的干扰而发生的失调状态。五行在失调状态下，相生、相克及生克制化关系要发生变化，于是就产生了子母相及和相乘、相侮关系。

（1）子母相及。"及"即影响所及之意。子母相及是指五行之间正常的相生关系遭到破坏后所出现的不正常的相生现象，包括母病及子和子病犯母两个方面。母病及子，是指母的一方出现异常时波及到子的一方，导致母子两行皆异常。其顺序和方向与正常调节中的相生关系一致。子病犯母，是指子的一方异常时就会波及到母的一方，导致母子两行皆异常。其顺序和方向与相生关系相反。如木发生异常时波及并影响到火，叫做母病及子，影响到水，则叫子病犯母。

（2）相乘相侮。相乘、相侮，实际上是反常情况下的相克现象。相乘，"乘"有乘虚侵袭之意。相乘即指相克太过，超过正常制约的范围，使事物间失去了正常的协调关系。如木气偏亢，金不能对木加以正常克制时，太过的木便去乘土，出现肝木亢盛及脾土虚弱的病证。五行之间的相乘规律与相克是一致的，其次序是：

$$木 \xrightarrow{乘} 土 \xrightarrow{乘} 水 \xrightarrow{乘} 火 \xrightarrow{乘} 金 \xrightarrow{乘} 木$$

相乘产生的条件有三：一是"所不胜"的力量太强；二是"所胜"的力量太弱；三是既有"所不胜"的太过，也有"所胜"的不足。以上三个条件中的任何一条存在时，均可导致"相乘"现象的生发。例如木克土，木为土的"所不胜"，土为木的"所胜"。如果木太过或者土不足，或者既有木太过，又有土不足，均可产生木乘土。

五行相侮，"侮"有恃强凌弱之意。相侮即反克，是事物间关系失去相对平衡的另一种表现。例如，正常的相克关系是金克木、木克土，如若金气不足，或木气偏亢，木就会反过来侮金，出现肺金虚损及肝木亢盛的病证（图1-8）。其次序是：

$$木 \xrightarrow{侮} 金 \xrightarrow{侮} 火 \xrightarrow{侮} 水 \xrightarrow{侮} 土 \xrightarrow{侮} 木$$

相侮产生的条件亦有三：一是"所不胜"一方不足；二是"所胜"一方太过；三是既有"所胜"一方的太过，又有"所不胜"一方的不足。只要这三个条件中的任何一条存在，均可引起"相侮"关系的发生。例如金克木，金为木的"所不胜"，木为金的"所胜"。无论是"所不胜"金的不足，或者"所胜"木的太过，或者既有金的不足，又有木的太过，均可引起木侮金。

综上所述，五行学说不仅强调了客观世界的物质性，而且可以说明物质之间的广泛联系。五行的生克制化，是

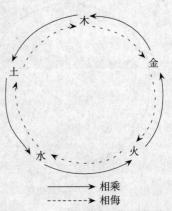

图1-8 五行相乘相侮示意图

正常情况下五行之间相互资生、促进和相互制约的关系，是事物维持正常协调平衡关系的基本条件；而五行的相乘、相侮和母子相及，则是五行之间生克制化关系失调情况下发生的异常现象，是事物间失去正常协调平衡关系的表现。

三、五行学说在中兽医学中的应用

五行学说在中兽医学中的应用，主要是运用五行的特性来分析和归纳动物体的形体结构特征，以及动物体与外界环境各要素间的联系；运用五行的生克及制化关系，阐明动物体五脏系统的局部与整体、局部与局部、整体与局部的相互关系；运用母子相及、相乘相侮，解释疾病的发生、发展。五行学说的这些广泛应用，不但具有理论价值，而且还有指导临诊诊断、判断或预测疾病的发展转归、指导治疗的实践意义。五行学说在中兽医学中的应用，加强了中兽医学关于动物体与外界环境是一个统一整体的论证，使中兽医学的整体理论更加系统化。

（一）说明脏腑的生理功能

五行学说将动物体脏腑分别归属于五行系统，用五行的特性来解释脏腑的部分主要生理功能。即就是采用"取象比类"的思维方法，用五行的特征与五脏的某些功能特点加以"比类"，将五脏及相关组织的功能表现，归类于五行系统之中，以确定其五行属性。如木性曲直，畅顺条达，有升发的特征，用以类比肝喜条达而恶抑郁、疏泄气机的特征和功能，故规定肝的五行属性为木；土性敦厚，生化万物，以此类比脾胃消化饮食、运送精微、营养全身的功能，故规定脾的五行属性为土；金性清肃、收敛、清洁，以此类比肺及大肠、皮毛对机体洁净的功能，故规定肺及大肠、皮毛的五行属性为金；水性润下，有闭藏特性，以此类比肾主藏精、主水液的功能，故规定肾的五行属性为水。同时，还把自然界的五方、五时、五气、五味等，和机体的五脏、五体、五窍等联系起来，分别归属于五行，这就把动物体和自然环境统一起来，并形成了以五脏为中心的生理病理系统。

（二）阐明脏腑之间的相互关系

中兽医学运用五行相生、相克，以及生克制化的理论，说明五脏之间的相互协同、互相制约的关系，进一步阐释动物体的整体联系。

用五行相生关系说明五脏之间的协同关系。如用木生火关系，可以解释肝贮藏血液，调节血流量、参与生血，辅助心完成推动血液循环运行的功能；用金生水关系说明肺主行水，协助肾完成水液代谢；用水生木关系解释肾精化生阴血，滋养于肝的功能等。

用五行相克关系说明五脏之间的制约关系。五脏之间不仅存在着相互协同的滋生关系，还存在着彼此制约的关系。如肾阴制约心阳，防止心阳偏亢，即可体现水克火的关系；肝气条达疏畅，可疏通脾胃之壅滞，即可体现木克土的关系；脾运化水液，防止肾所主的水液泛滥为患，即可体现土克水的关系等。

(三) 解释五脏病变的相互影响

疾病的发生及传变规律，可以用五行学说加以说明。根据五行学说，疾病的发生是五行生克制化关系失调的结果，五脏之间在病理上存在着生与克的传变关系。相生的传变关系包括母病及子和子病犯母两种类型，相克的传变关系包括相乘为病和相侮为病两条途径。

1. **母病及子** 指疾病从母脏波及到子脏的传变，如肝（木）病传心（火）、肾（水）病及肝（木）等。

2. **子病犯母** 指疾病从子脏波及到母脏的传变，如脾（土）病传心（火）、心（火）病及肝（木）等。

3. **相乘为病** 即相克太过而为病，其原因一是"太过"，一是"不及"。如肝气过旺，对脾的克制太过，肝病传于脾，则为"木旺乘土"；若先有脾胃虚弱，不能耐受肝的相乘，致使肝病传脾，则为"土虚木乘"。

4. **相侮为病** 即反向克制而为病，其原因亦为"太过"和"不及"。如肝气过旺，肺无力对其加以制约，导致肝病传肺（木侮金），称为"木火刑金"；又如脾土不能制约肾水，致使肾病传脾（水侮土），称为"土虚水侮"。

一般来说，按照相生规律传变时，母病及子病情较轻，子病犯母病情较重；按照相克规律传变时，相乘传变病情较重，相侮传变病情较轻。

(四) 指导临诊诊断

五行学说认为，动物的五脏、六腑与五官、五体、五色、五窍、五脉之间是存在五行属性联系的一个有机整体，脏腑的各种功能活动及其异常变化可以反映于体表的相应组织器官，即"有诸内，而必形诸外"。故脏腑发生疾病时就会表现出色泽、声音、形态、脉象诸方面的变化，把这些病变的外在表现收集起来，用五行生克制化规律加以分析、归纳，就可以作出诊断。如症见口色赤红，舌体肿胀生疮，脉象洪数，是心病火热亢盛。同时，已知某脏有病，还可以预测疾病的传变。如已知肾阴虚，根据水能生木的道理，预测有可能发生肝阳上亢。

(五) 指导疾病的治疗

疾病的发生和发展，同五脏相生相克的异常变化有关，治疗时，应处理本脏，又要考虑到相关的脏腑，有目的地调整其关系，控制其传变，从而形成了一系列的治疗原则和治疗方法。

1. **补母** 用于母子关系的虚证（即相生不及）。例如，肾虚导致肝虚，称为"水不涵木"，治以滋肾为主；或者肝虚影响肾虚，应在补肝的同时补肾。又如肺属金，土为金之母，用调理脾胃的方法，可治疗慢性虚损性肺病，叫做"培土生金"。但并不是说一切肺病，都用补脾的方法来治，只有在肺病及脾（子病及母）的时候，病久出现脾胃虚弱的证候，如食欲不振、日渐消瘦、泄泻等，才用培土的方法来补母生金，当然也可考虑脾肺同治。这些虚证利用母子关系来治疗，即所谓"虚则补其母"。

2. 泻子 这是用于母子关系的实证（即相生太过）。例如，动物在暑月炎天，使役过重，奔走太急，以致热积于心传入肝，肝受其邪，外传于眼，表现头低眼闭、眼泡肿胀、睛生翳膜，眵盛难睁等肝火偏旺的证候，治宜泻心火为主，清肝火为辅，这就是所谓"实则泻其子"。按五行学说，木火应相生，火盛犯木，属于"子病犯母"，根据"实则泻其子"的原则，故采用泻心火，平肝木法治疗。

3. 抑强 用于相克太过。例如，动物在热天长途负重，心火上炎，由于心肺同居上焦，心火灼肺，致肺津伤，这叫火乘金。治疗原则以降心火为主，清肺金为辅。

4. 扶弱 用于相克不及。例如，土本克水，但脾虚而水气亢盛时，土不仅不能克水，反为水所侮。治宜"培土制水"，即温运脾阳，渗湿利水，同时温补肾阳，以加强脾胃的机能。

综上，五行学说在中兽医学中的应用，加强了中兽医学关于动物体与外界环境是一个统一整体的论证，使中兽医学的整体理论更加系统化。

第三节 阴阳学说和五行学说的关系

阴阳学说和五行学说在形成时，本来是两种朴素的哲学思想，到春秋战国时期才逐步结合起来。阴阳学说主要说明事物本身的对立属性，五行学说则是说明事物与事物之间的相互关系。两种学说尽管不同，但往往是相互联系、相互渗透、相互补充的。在中兽医学中，阴阳学说是用对立互根，消长转化的观点来说明生理及病理变化，而五行学说是用五行归类及动物机体生克制化的观点来说明机体内部脏腑组织的性质及其相互关系。两者虽各有特点，但它们又是彼此印证，互相为用，不可分割的。正如张景岳所说："五行即阴阳之质，阴阳即五行之气。气非质不立，质非气不行。行气者，所以行阴阳之气也"。从本质上阐明了阴阳与五行之间的内在联系，即阴阳之中寓有五行，五行之中含有阴阳。所以，在实际运用过程中，论阴阳则往往联系到五行，言五行又往往离不开阴阳。

思考与练习（自测题）

一、选择题（每小题2分，共10分）

1. 事物阴阳两个方面的相互转化是（　　）
   A. 绝对的　　B. 有条件的　　C. 单方面的　　D. 量变的
2. "阴盛则阳病，阳盛则阴病"说明了（　　）
   A. 阴阳对立　B. 阴阳依存　　C. 阴阳消长　　D. 阴阳转化
3. 心病传变到肺属于五行的（　　）
   A. 相乘关系　　　　　　　　B. 母病及子关系
   C. 子病犯母关系　　　　　　D. 相侮关系
4. 按五行相生相克规律，以下哪项是错误的（　　）
   A. 水为火之所不胜　　　　　B. 金为土之子
   C. 木为水之子　　　　　　　D. 土为水之所胜

5. 以下哪种治法是根据五行相生规律制定的（　　）
   A. 抑木扶土　B. 培土制水　C. 滋水涵木　D. 佐金平木

二、填空题（每空2分，共30分）
1. 事物和现象五行归类的方法，主要有_____和_____两种。
2. 阴阳相互依存的关系又叫_____。在五行肝病传脾是属_____。
3. "重阴必阳，重阳必阴"，说明了阴阳之间的_____关系。
4. 阴阳的基本规律主要是指阴阳的_____、_____、_____及_____。
5. "阴在内，阳之守也；阳在外，阴之使也"说明了阴阳之间的_____关系。
6. 在相克关系中，任何一行都有"克我"、"我克"两个方面的关系。称之为"_____"与"_____"的关系。
7. 子母相及是指五行生克制化遭到破坏后所出现的不正常相生现象。包括_____和_____两个方面。
8. 疾病的发生是由于_____，而出现偏盛偏衰的结果。

三、简答题（每小题5分，共30分）
1. 如何确定自然界某些事物或现象的阴阳属性？
2. 阴阳失调的基本病理变化是什么？
3. 何谓五行的生、克、乘、侮，其生克乘侮规律如何？
4. 何谓五行的制化？其规律是什么？
5. 阴阳学说的基本内容有哪些？
6. 怎样理解"壮水之主，以制阳光；益火之源，以消阴翳"？

四、论述题（每小题15分，共30分）
1. 试述阴阳学说在中兽医学中的应用。
2. 试用五行学说说明五脏之间的生理关系和病理影响。

第二章

脏 腑

学习目标
1. 了解藏象的含义。
2. 理解脏腑、奇恒之腑的含义及其区别。
3. 重点掌握脏腑的生理功能及其与躯体官窍的关系。
4. 掌握脏腑之间的关系及其在生理病理上的意义。
5. 掌握气血津液的生成、功能、运动形式和常见病理表现。
6. 了解脏腑与气血津液之间的相互关系。

脏腑即内脏及其功能的总称,前人称脏腑为"藏象"。"藏"是指隐藏于体内的内脏,"象"是指可以从外部察知的现象、征象。所谓"藏象",是指藏于体内的内脏所表现于外的生理和病理现象。脏腑学说就是研究机体各脏腑的形态结构、生理功能、病理变化及其相互关系的理论,它主要是通过研究机体外部的征象来了解内脏活动的规律及其相互之间的关系,以"见其外即知其内"而指导兽医临诊实践,是中兽医学基本理论的重要组成部分。

脏腑学说的主要内容包括五脏、六腑、奇恒之腑及其相联系的组织、器官的功能活动以及它们之间的相互关系;同时也包括其物质基础精、气、血、津液等。

五脏,即心、肝、脾、肺、肾,其共同的生理功能是"藏精气",即生化和贮藏精、气、血、津液等精微物质,主持复杂的生命活动。由于五脏贮藏的精气是生命活动的重要物质,不能过度地耗散或失泻,所以《素问·五脏别论》说:"五脏者,藏精气而不泻也,故满而不能实"。

六腑,即胆、胃、小肠、大肠、膀胱、三焦,其共同的生理功能是"传化物",即受纳和腐熟水谷,传化和排泄糟粕。由于六腑必须及时地把代谢后的糟粕排泄于体外,所以《素问·五脏别论》说:"六腑者,传化物而不藏,故实而不能满也。"

奇恒之腑,即脑、髓、骨、脉、胆、胞宫。"奇"即异,"恒"是常的意思,因其形态似腑,功能似脏,即不同于一般的脏腑,故称为奇恒之腑。其中胆为六腑之一,但惟其所藏为清净之精汁,故又归于奇恒之腑。奇恒之腑的共同生理功能也是贮藏精气,"藏而不泻"。

脏与腑之间存在着阴阳、表里的关系。脏在里,属阴;腑在表,属阳;心与小肠、肝与胆、脾与胃、肺与大肠、肾与膀胱、心包络与三焦相表里。同时脏腑与肢体组织又称五体(筋、脉、肉、皮毛、骨)、五官九窍(目、舌、口、鼻、耳及前后阴)等也存在着密切的联系。五脏、五腑（不含三焦）、五体、五官等通过经络相连形成五个系统（如心与小肠相表里，并与血脉、舌等联络成为一个系统；脾与胃相表里，并与肌肉、口等联络成为一个系统等），进而构成了机体内部各部分功能上相互联系的统一的整体。五脏之间还存在着相互资生、相互制约的关系，六腑之间存在着承接配合的关系。这就是中兽医在辨证论治的实践中，始终从整体出发的根源所在。

中兽医学中脏腑的概念，除了指现代解剖学上的实质脏器外，更重要的是对机体某一系统生理功能和病理变化的概括，不同于现代解剖学中内脏的概念，二者所指的心、肝、脾、肺、肾，虽然名称相同，但生理病理的含义却不完全相同。脏腑学说中某一脏或腑的功能，可能包括了现代解剖学中几个脏器的生理功能；而现代解剖学中某个脏器的生理功能，可能又反映在脏腑学说中某几个脏腑的生理功能之中。例如，中兽医学所说的"心"，除了在解剖学上代表心脏外，还包括一部分神经系统（尤其是大脑）和循环系统的功能。因此，不能把脏腑学说中的脏或腑与现代兽医学的同名脏器完全等同起来。

第一节 脏腑功能

如前所述，脏腑即内脏及其功能的总称，根据其形态与功能的不同分为五脏、六腑和奇恒之腑。本节以脏腑的互为表里关系，对脏腑功能予以介绍。由于奇恒之腑与五脏的关系极为密切，在介绍五脏功能时，将对有关奇恒之腑加以叙述，不再另立章节。

一、心与小肠（附：心包络）

（一）心

心为神之居，血之主，脉之宗。心在脏腑中居于首要地位，为生命活动的主宰，故有"心者，五脏六腑之大主"的说法。心通过经脉的相互络属，与小肠构成表里关系。

1. 心的主要功能

（1）心主血脉。心气是推动血液运行的动力，脉是血液运行的管道。心主血脉，是指心有推动血液在脉管内运行，以营养全身的功能。心、血、脉三者密切相关，所以心的功能正常与否，可以从脉象、口色上反映出来。如心气旺盛、心血充足，则脉象平和，节律调匀，口色鲜明如桃花色。反之，心气不足，心血亏虚，则脉细无力，口色淡白。若心气衰弱，血行淤滞，则脉涩不畅，脉律不整或有间歇，出现结脉或代脉，口色青紫等症状。

（2）心藏神。"神"指精神活动，即机体对外界事物的反映。所谓"心藏神"，即心脏具有主管生命和一切精神活动的功能，又称为"心主神明"。五脏六腑必须在心的统一指挥下，才能进行统一协调的正常生命活动。

心主神明是以心血为基础的。血是神的主要物质基础，神是血的功能表现，故《灵枢·营卫生会》说："血者，神气也"。中兽医学将动物的精神活动归属于心，是依据心血充盈与否同精神健旺程度有密切关系而提出来的。因为精、血是精神活动的物质基础。血为心所主，所以心的气血充盈，则动物"皮毛光彩精神倍"；否则，心血不足，使神不能安藏，则出现活动异常或惊恐不安。同样，心神异常，也可导致心血不足，或血行不畅，脉络淤阻。

2. 心的系统联系

（1）心主汗。又称汗为心之液。汗为津液所化生，津液与血液同源于脾胃化生的水谷精微，两者又可以相互转化。故有"血汗同源"之说。心主汗，是指心与汗有着密切的关系，若心之阳气虚，则因气虚不能固摄而见自汗；心之阴血虚，则因阴虚内热不能内守而盗汗；又因血汗同源，津亏血少，则汗源不足；而发汗过多，又容易伤津耗血，故有"夺血者无汗，夺汗者无血"之说。

（2）心开窍于舌。舌为心之苗，是指舌为心之外候。在结构上，心经的别络上行于舌；在生理功能上，心的气血上通并营养于舌，因而心的生理功能及病理变化最易在舌上反映出来。若心阳不足，则舌质淡而胖嫩；心血不足，则舌质淡白；心阴不足，则舌红瘦瘪；心火上炎，则舌尖红赤或舌体糜烂；心血淤阻，则舌质紫暗或见淤点淤斑；心神失常，则舌卷、舌强。

[附] 心包络

心包络又称心包，它是心的外围组织，有"代心受邪"，保护心脏的作用。当诸邪侵犯心时，先侵犯心包络。心包受邪所出现的病证多表现为心神病变，且多属热证、实证；如热性病出现的神昏症状，实际上是热盛伤神，则称为"邪入心包"，在治法上可采用清心泄热之法。由此可见，心包络与心在病理及用药上基本相同。

（二）小肠

小肠上通于胃，下接大肠。有"受盛"、"化物"和"分清别浊"的功能。所谓"受盛"，是指接受、容纳来自胃已经初步消化的食物；所谓"化物"，是指将经初步消化的食物进一步加以消化，并将其糟粕部分下移大肠变成粪便；所谓"分清别浊"，是指把草谷中的精华和糟粕区别开来。清者为水谷精微，经其吸收后，通过脾的升清散精作用传输到身体各部；浊者为糟粕及多余的水液，下注大肠或肾，经二便排出体外。若小肠功能失常，清浊不分，水谷精微和食物残渣俱下于大肠，可见肠鸣泄泻；水液吸收障碍，尿的来源减少，则见小便短少等病症。因此，小肠分清别浊的功能失常，既影响大便，也影响小便，故疗泄泻常用利小便以实大便的分利方法。

心与小肠互为表里，若心火亢盛，动物除出现心经病证外，还兼见小肠病证（尿短、尿痛、尿赤），这是心移热于小肠的缘故。反之，小肠有热，也可引起心火亢盛，出现口舌生疮等症状。

二、肺与大肠

（一）肺

肺与心同居膈上，上通咽喉，为气之主。肺通过经脉的相互络属而与大肠构成表里关系。

1. 肺的主要功能

(1) 主气、司呼吸。

①主一身之气。是指全身的气都由肺所主。其含义有二：一是气的生成，特别是宗气的生成，主要依靠肺吸入的清气与脾胃转输来的水谷精气，在肺中合成，聚于胸中。如果这一功能失常，不但直接影响宗气的生成，而且会累及机体其他各种气的生成，出现气虚的病变。二是对全身的气机具有调节作用。呼吸运动本身就是气的升降出入运动，这种有节律的一呼一吸，对全身之气的升降出入运动起着重要的调节作用。因此，肺的呼吸异常时，必然导致全身气机的升降出入失常。其他脏腑的气机失调，也会引起肺气升降出入的异常变化。

②主呼吸之气。是指肺主持体内外气体的交换。肺是体内外气体交换的场所，通过呼吸运动，吸入自然界的清气，呼出体内浊气，这样反复不断地呼浊吸清，吐故纳新，促进气的生成，调节着气的升降出入运动，从而保证了机体新陈代谢的正常进行。肺气正常，则气道通畅，呼吸均匀；如果肺气不足，不但会引起呼吸功能减弱，还会使宗气生成障碍，导致呼吸无力，或少气不足以息，叫声低微，体倦无力等气虚症状。如果丧失呼吸功能，生命活动也就会终止。

(2) 主宣发、肃降。

①主宣发。是指肺气有向上向外宣布发散的功能。主要表现在：一是通过肺的气化，排出体内的浊气；二是将脾转输来的津液和水谷精微，布散到全身；三是宣发卫气以调节腠理的开合，将汗液排出体外。如果肺失宣发，则出现呼气不利、咳喘、鼻塞、喷嚏、无汗等症。

②主肃降。是指肺气有向下通降和保持呼吸道洁净的功能。其主要表现在：一是吸入自然界的清气；二是能将吸入的清气和脾转输来的津液与水谷精微向下布散；三是肃清肺和呼吸道中的异物，保持其洁净。如果肺失肃降，则见呼吸短促或呼多吸少、咳痰、咯血等症。

肺的宣发和肃降功能是相辅相成的，生理情况下相互依存和制约，病理情况下则相互影响。只有宣发和肃降都正常，才能气道通畅，呼吸调匀，体内外气体交换正常。如果宣降失调，就会出现咳嗽、喘息等症。如外邪袭表，肺气不宣，可导致咳喘等肺气不降的病症；若痰湿内阻，肺失肃降，同样可引起咳逆、痰鸣等肺气不宣的症状。

(3) 通调水道。是指肺的宣发肃降对体内水液输布、运行和排泄起着疏通和调节的作用。在体内水液代谢过程中，通过肺气的宣发作用，不但把津液和水谷精微布散到全身，而且还主司腠理的开合，调节汗液排泄；通过肺气的肃降作用，不但把吸入之清气下纳于肾，而且也把体内的水液不断地向下输送，经肾和膀胱气化之后，生成尿液排出体外。故有"肺为水之上源"之说。如果肺通调水道功能减退，就会发生水液停聚而症见痰饮或水肿。

(4) 朝百脉。是指肺具有将全身血液聚会之后，又输布到全身脉管中的作用。全身的血液都必须通过经脉聚会于肺，在肺中进行气体交换之后，再输布到全身的经脉中去。血和脉虽然属心所主，血液由心气推动而运行周身。但是，肺主一身之气，其呼吸运动调节着全身的气机，所以，血液的运行，也依赖肺气的敷布和调节。肺的功能正常，则血行正常。如果肺的功能失常，也会导致血行不畅。

2. 肺的系统联系

（1）肺主一身之表，外合皮毛。是指肺主气属卫，具有宣发卫气于皮毛的作用。皮毛，包括皮肤、汗腺、被毛等组织，是一身之表，由于得到肺宣发来的卫气和津液的温养和润泽，而成为抵御外邪入侵的屏障。肺的功能正常，则皮肤致密，被毛光泽，抗病力强。如果肺气虚弱，宣发卫气和输布精气于皮毛的功能减弱，则可导致卫气不固，抗病力低下，出现多汗，容易感冒，或皮毛枯焦等症。肺与皮毛有病，其影响是相互的，外邪侵犯皮毛，使腠理闭塞，卫气郁滞，可致肺气不宣；反之，外邪袭肺，使肺气不宣，也可引起腠理闭塞，卫气郁滞。此外，汗孔不但具有排泄汗液的功能，而且还可随着肺的宣降进行体内外气体的交换。因为汗孔能宣肺，所以又叫做气门。

（2）开窍于鼻。鼻与喉都和肺相连通，是呼吸的门户。

①鼻为肺之窍。鼻是呼吸的通道和门户，又能司嗅觉。二者都依赖于肺气的宣发。肺的功能正常，则鼻道通畅，嗅觉灵敏。鼻与外界相通，是外邪犯肺的门户，当风寒犯肺而致肺失宣降时，可致鼻塞流涕，嗅觉不灵；邪热壅肺，肺失宣降，则见喘咳气逆，鼻翼煽动；肺胃燥热，则鼻道干燥，甚或衄血。

②喉为肺之门户。喉是呼吸之气必由之路，又是发声器官。喉咙的通气与发声，均受肺气的直接影响。肺气充足，则咽喉通利，叫声洪亮。若风寒或风热犯肺，肺气失宣，则咽喉疼痛；肺气虚弱，则叫声低微；肺阴不足，则喉干涩痛，叫声嘶哑。

（二）大肠

大肠上接小肠，其下端为肛门，在五行中属金。大肠的生理功能是吸收饮食残渣中的水分和传送糟粕，排泄粪便。它把小肠传来的糟粕化为粪便，并排出体外，故称"大肠为传送之腑"。由于大肠具有吸收食物残渣中部分水分的功能，故有"大肠主津"之说。如果大肠的这种功能发生障碍，主要表现为排便异常。若大肠虚寒，无力吸收多余水分，则水粪俱下，可见肠鸣、泄泻等病症；若大肠实热，则消灼水津而肠道失润，可见腹痛、便秘等病症；若大肠湿热，则阻滞肠道而传导失司，可见下痢脓血、里急后重，或暴注下泻、肛门灼热等病症。

由于肺与大肠通过经脉构成表里关系，故肺气肃降则粪便通畅，肺若受病则易致便秘。如果动物大肠积滞不通，粪便秘结，也能反过来影响肺气的肃降，引起咳嗽、气喘等病症。

应该注意，大肠不仅与肺相表里，同时它又归属脾胃系统。故凡脾胃受病，运化、受纳失常，往往直接影响大肠传导糟粕的功能。

三、脾 与 胃

（一）脾

脾位于中焦。脾通过经脉的相互络属与胃构成表里关系。由于动物出生后所需要的营养物质，均依赖于脾化生的水谷精微供养，故称脾为"后天之本"，脾化生的水谷精微又是生成气血的主要物质,故又称脾为"气血生化之源"。

1. 脾的主要功能

(1) 脾主运化。"运"指运输,"化"即消化、吸收。脾主运化,是指脾有消化饮食、吸收水谷精微并将其运输到全身的功能。机体各脏腑组织、四肢百骸、筋肉、皮毛,均有赖于脾的运化以获取营养,故"脾为脏中之母"。

脾主运化的功能,主要包括两个方面:一是指运化水谷精微,即脾具有对饮食物的消化、吸收及运输精微物质的作用。脾的这种功能健旺,称为"脾气健运",常表现生机旺盛的状态;若脾主运化的功能减退,称为"脾失健运",则消化、吸收、运输功能失职,就会出现腹胀、腹泻、精神倦怠、消瘦、营养不良等症状。二是指运化水液,即脾在运化水谷精微的同时,还把水液吸收、输布到全身,以发挥其滋养濡润、维持和调节水液代谢的作用。这一过程,是由肺气的宣发与肃降、脾气的运化和肾与膀胱的气化作用而共同完成的。若脾运化水液的功能失常,就会出现水湿停留的各种病证。若水液凝聚体内则为痰饮,水液下注肠道则为泄泻,水液泛溢肌肤则为水肿。这就是脾虚生湿、脾虚生痰、脾虚泄泻、脾虚水肿的机理所在,故有"脾为生痰之源"、"诸湿肿满,皆属于脾"之说,因此说脾有"喜燥恶湿"的生理特性。健脾燥湿则是临诊治疗水、湿、痰、饮病证最常用的方法之一。

以上两方面运化的特点都是上升的,所以说:"脾主升清","清"即精微的营养物质,指脾气将消化吸收的水谷精微从中焦上输于心肺,通过心肺的作用化生为气血而营养全身;另外,脾气主升的运动特点还表现在脾气对内脏的升托,即所谓"举升"。若脾气不升反而下陷,除可导致泄泻外,也可引起内脏垂脱诸证。

(2) 脾主统血。是指脾气有控制血液在脉管内流行而不致溢出脉外的功能。脾气旺盛,就能控制血液按脉道正常运行,而不致外溢。否则,脾气虚弱,失去统摄之功,气不摄血,血液循行失控而溢于脉外,就会引起慢性出血性疾患。

2. 脾的系统联系

(1) 脾主肌肉及四肢。肌肉的生长发育及丰满程度,主要有赖于脾运化水谷精微的濡养。脾气健运,营养充足,则肌肉丰满有力,否则肌肉痿软,机体消瘦。四肢的功能活动亦有赖于脾运送的营养。若脾气健旺,清阳之气输布全身,营养充足时,则四肢步行轻健、活动有力;否则脾失健运,清阳不布,营养无源,必致四肢活动无力,步行倦怠。

(2) 脾开窍于口,外应于唇。所谓脾开窍于口,是指动物的味觉和食欲与脾的运化功能密切相关。脾气健运,则味觉敏锐,食欲旺盛,咀嚼有力;反之,则味觉迟钝,食欲减退或不食。

脾外应于唇,是指口唇的色泽变化能反映出脾的功能正常与否。这与脾主肌肉,能生化血液,其气通于口等作用是分不开的。若脾气健运,食欲旺盛,气血充足,则口唇红润光泽;否则脾失健运,食欲不振,气血衰少,则唇淡无华,甚至萎黄;脾有湿热,则口唇红肿;脾经热毒上攻,则口唇生疮糜烂。

(二) 胃

胃居中焦,上接食管,下通小肠。胃的主要生理功能是受纳和腐熟水谷,即容纳食物并对其初步消化形成食糜。由于脾主运化,胃主受纳和腐熟水谷,水谷在胃中可以转化为气血,而机体各脏腑组织都需要脾胃所运化气血的滋养,才能发挥正常的功能,因此常常将脾胃合称为"后天之本"。胃主受纳和腐熟水谷的功能,称为"胃气"。胃气和降,才能推动胃内容物下行入小肠。若胃气和降失常,则会出现食欲减退,肚腹胀满,胃内容物上逆或呕吐等病症。中兽医学特别重视胃气的作用,故有"有胃气则生,无胃气则死"的说法。所以,临诊治疗时,要时刻注意保护胃气,用药不可妄攻妄补,以免损伤胃气。

脾与胃通过经脉联系构成表里关系,在生理功能方面既相互合作,又各具特性。脾除前述的功能外,尚有两种特性:一是脾气主升,二是脾喜燥恶湿;而胃也有两种特性:一是胃气主降,二是胃喜润恶燥。两者相反相成,协调配合,共同完成消化水谷、吸收营养、输布津液的全过程。

从近几年对脾实质的研究来看,认为脾不仅概括了现代医学中消化系统的大部分功能,而且包括气管黏液腺的功能,同时与现代医学中的肝、胰、胃肠、肾上腺皮质以及免疫功能都有一定的关系,从而扩大了脾的概念。

四、肝 与 胆

(一)肝

肝位于膈后,归属于下焦。肝通过经脉的相互络属与胆构成表里关系。肝主动、主升、性喜条达而恶抑郁。

1. 肝的主要功能

(1) 肝藏血。是指肝有贮藏血液和调节血量的作用。贮藏血液包括了防止出血的含义,由于肝的本体属阴而功用为阳,即藏血而主疏泄,必须贮存一定的阴血,以制约肝的阳气升动太过。如果藏血失职,肝的阴血虚少,就会导致肝气升动太过,甚至出血。肝还能调节体内各部分特别是外周的血量,生理情况下,随着活动量大小和气温冷暖的变化,机体各部分的血量也会随之而改变。活动量大,气候温暖,肝把所藏的血输向外周,以供生理活动的正常需要;活动量小,气候寒冷,机体外周的需血量相对减少,部分血液便归藏于肝。由此可见,肝藏血的功能,直接影响着各脏腑组织的功能活动,如果肝藏血不足,就会引起多种病证。如目失血养,则两眼干涩,视力减退,甚至夜盲;血不养筋,则筋脉拘急,麻木不仁,屈伸不利;冲任失养,则发情紊乱,或子宫出血。肝调节血量是以贮藏血液为前提的,只有血液贮量充足,才能进行有效的调节。

(2) 肝主疏泄。指肝气具有疏通、调畅全身气机的功能。肝的疏泄功能正常则使全身气血运行、情志反应、津液输布及脏腑组织功能活动均处于协调和畅的状态。"肝喜条达而恶抑郁",主管全身气机的疏畅条达,气机调畅,升降正常,是维持脏腑生理活动的前提,否则便会引起脏腑的病理现象。肝主疏泄的功能,包括以下几个方面:

①肝气疏泄是保持脾胃正常消化功能的重要条件。主要体现在两个方面:一是协助脾升胃降。肝主疏泄,调畅气机有助于脾胃之气升降,只有脾升胃降,饮食物的消化、

吸收及排泄才能得以正常进行；二是分泌及排泄胆汁，胆汁有助食物的消化。若肝失疏泄，气机失调，累及脾胃，则引起消化吸收障碍。如肝气犯脾，导致脾气不升，可出现肚腹胀满、肠鸣、腹泻、痛泻频作等症状；如肝气犯胃，导致胃失和降，可出现呕吐等症状。

②肝气疏泄是保持精神活动正常、血流通畅的必要条件。动物的精神活动，除"心藏神"外，与肝的疏泄功能有密切关系。这是因为动物的精神活动是以五脏的精气和功能活动为基础，而五脏的功能活动又赖于气机的调畅和血液的正常运动，肝主疏泄功能正常则气机调畅，脏腑功能活动协调，动物的精神活动才能正常。若肝失疏泄，气机不调，可引起精神活动异常，呈现精神沉郁或亢奋两种病理状态。肝的疏泄功能正常与否，直接影响气机的调畅，而气之于血，如影随形，气行则血行，气滞则血淤。因此，肝的疏泄功能正常是保持血流通畅的必要条件。若肝失条达，肝气郁结则见气滞血淤；若肝气太盛，血随气逆，可见吐血、衄血。这就是临诊疏肝理气并称，理气活血并用的道理。

③肝主疏泄，还包括疏利三焦，通调水道的作用。机体的水液代谢虽主要由肺、脾、肾三脏完成，但与肝的疏泄功能也有关系。水液的运行依赖于气的推动作用，只有气机调畅，水液代谢才能维持正常的输布与排泄，即气行则水行。因此，肝失疏泄，气机不畅，也可引起水肿、腹水等水液代谢障碍的病症。

肝藏血和主疏泄是相辅相成，协调平衡的。肝主疏泄功能的正常发挥，要以肝藏血的功能为基础；肝要把所贮的血液输布于外周，也需要肝主疏泄的作用，气机调畅，血行才会通达。如果肝气升泄太过，就会引起各种出血证；疏泄不及，则可导致血淤。

2. 肝的系统联系

(1) 肝主筋，其华在爪。筋即筋膜（包括肌腱），是联系关节、约束肌肉、主司运动的组织。筋有赖于肝血的滋养，筋的功能的发挥，主要决定于肝血的盛衰。肝血充盈，使筋得到充分的濡养，才能维持其正常的活动。若肝血不足，血不养筋，可出现四肢拘急，或痿弱无力、伸屈不灵等症状。

爪即爪甲或蹄甲，是筋的外露部分，故有"爪为筋之余"之说。肝血的盛衰影响筋的营养，故可引起爪（蹄）甲的荣枯变化。肝血充足，则筋强力壮，爪（蹄）甲坚韧；肝血不足，则筋弱无力，爪（蹄）甲薄而软，甚至变形或易脆裂。

(2) 肝开窍于目。目主视觉，肝有经脉与之相连，其功能的发挥有赖于五脏六腑之精气，但同肝的关系最密切，其功能的发挥有赖肝血的滋养。所以，肝的功能状况，可以从眼目上反映出来。若肝血不足，不能濡养眼目，则两眼干涩，昏暗无光，视物不清；肝经风热，则目赤肿痛；肝火上炎，则目赤生翳；肝风内动，则两眼上翻等。

(二) 胆

胆附于肝（马和骆驼除外），内藏胆汁。胆的主要功能为贮藏和排泄胆汁，以助脾胃消化食物。

胆汁的化生和排泄，由肝的疏泄功能控制和调节。肝气疏泄，则胆汁排泄畅达，脾胃运化健旺。如果肝失疏泄，则胆汁排泄不利，脾胃运化失职，出现食纳减少，腹胀便溏等症；胆汁上逆，则呕吐黄水；胆汁外溢，则可出现黄疸。

五、肾与膀胱（附：胞宫、三焦）

（一）肾

肾位于下焦。肾通过经脉的络属而与膀胱构成表里关系。肾藏有先天之精，是机体脏腑阴阳的根本，生命的源泉，故称肾为"先天之本"。

1. 肾的主要功能

（1）肾主藏精。包括主封藏和主生殖生长。主封藏，是指肾能摄纳闭藏精气。即将精气封藏于肾中，促其不断充盛，防其无故流失，使精气在体内充分发挥生理效应。主生殖生长，是指肾中精气有促进机体生长发育和生殖能力的作用。

精气，是构成机体的基本物质，也是动物生长发育和各种功能活动的物质基础。肾中精气，是先天之精和后天之精的合称。先天之精来源于父母，是构成胚胎发育的原始物质，即生殖之精。胚胎的形成和发育均以肾精作为基本物质，同时它又是动物出生后生长发育过程中的物质根源。当机体发育成熟时，雄性则有精液产生，雌性则有卵子发育，出现发情周期，开始有了生殖能力；到了老年，肾精衰微，生殖能力也随之而下降，直至消失。后天之精来源于脾胃化生的水谷之精气，以及脏腑代谢平衡后的剩余精气。二者来源不同，但都归藏于肾，既相互依存，又相互为用，先天之精有赖于后天之精的不断充养，才能正常发挥作用；后天之精也须先天之精的资助，才能不断地摄纳与化生，在肾中密切结合而组成肾中精气，以维持动物的生命活动和生殖能力。

肾中精气是生命活动的根本，对动物体各方面的生理活动都起着重要的作用。通常将其概括为阴阳两个方面：能对各脏腑组织起滋养、濡润作用的方面叫肾阴，或元阴、真阴；能对各脏腑组织起推动、温煦作用的方面叫肾阳，或元阳、真阳。肾阴和肾阳概括了肾生理功能的两个方面，两者在机体内相互制约，相互依存，协调平衡，而且还共同维持着其他各脏腑阴阳的相对平衡。如果这种平衡遭到破坏而又不能自行修复，就会形成肾阴虚或者是肾阳虚。肾的阴阳失去平衡，会导致其他各脏的阴阳失调，如肝失去肾阴的滋养，则肝阳上亢，甚至肝风内动；心失去肾阴的滋养，则见心火上炎，甚则心肾阴虚；肺失去肾阴的滋养，则见肺肾阴虚；脾失去肾阳的温煦，则见脾肾阳虚；心失去肾阳的温煦，则见心肾阳虚。反之，其他各脏的阴阳失调，日久必然累及于肾，耗损肾中精气，导致肾的阴阳失调。

肾阴和肾阳，都是以肾中精气作为物质基础的，肾阴虚和肾阳虚，实质上是肾中精气不足，所以，任何一方虚损到一定程度，都会累及对方，最后发展成阴阳两虚。这就是阴损及阳，或阳损及阴。

（2）肾主水。是指肾有主持和调节体内水液代谢的作用。水液的代谢包括水液的生成、输布和排泄，主要由肺、脾、肾三脏共同完成，而肾的作用最为重要。肾主水，主要靠肾阳发挥以下三方面的作用：一是能温煦和推动参与水液代谢的肺、脾、三焦、膀胱等脏腑，使其发挥各自的生理功能；二是能将被脏腑组织利用后归于肾的水液，经肾阳的蒸腾气化作用再升清降浊，将大量的浊中之清者，吸收输布周身重新被利用，少量的浊中之浊者经肾阳气化为尿液下输膀胱；三是控制膀胱的开合，排出尿液，维持机体水液代谢的平衡（图2-1）。如果肾阳虚弱，气化失常，就会引起水液代谢障碍，发生水肿及泌尿失职等病证。

(3) 肾主纳气。所谓肾主纳气，是指肾具有摄纳肺所吸入的清气以防止呼吸表浅，协助肺完成呼吸的功能。呼吸虽由肺所主，但吸入之气必须下纳于肾，才能使呼吸保持一定的深度，维持体内外气体正常的交换。所以有"肺主呼气，肾主纳气"之说。从两者的关系来看，肺司呼吸，为气之本，肾主纳气，为气之根。只有肾气充足，元气固守于下，才能纳气正

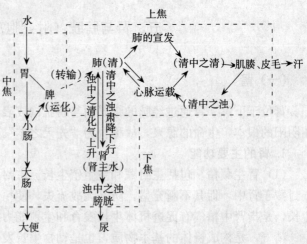

图2-1 肾主水示意图

常；若肾虚，元气不固，纳气失常，则影响肺气肃降，就会出现呼多吸少、吸气困难的喘息病证。

2. 肾的系统联系

(1) 肾主骨，生髓，通于脑。即肾有主管骨骼代谢，滋生和充养髓及大脑的功能。肾主藏精，而精能生髓，髓居骨中，滋养骨骼，故肾精能促进骨骼的生长发育。因此，肾精充足，髓的生化有源，则骨骼坚固有力；若肾精亏虚，骨髓化源不足，不能充养骨骼，就会出现骨痿无力，甚至发育不良、瘫痪不起等症。

肾主骨，"齿为骨之余"，故齿也赖肾精的充养。肾精充足则牙齿坚固，肾精不足则牙齿松动甚至脱落。

髓由肾精化生，有骨髓和脊髓之分，脊髓上通于颅，聚而成脑。故《灵枢·海论》说："脑为髓之海"。脑需要肾精的不断化生滋养，才能发挥"元神之府"的功能。肾中精气充足，脑髓充盈，则精神充沛，动作灵活；如果肾中精气亏少，髓海失养，则呼唤不应，目无所视，倦怠嗜睡。

腰为肾之府，所以肾病多有腰痛、腰脊强拘或痿软无力的症状。

(2) 肾开窍于耳，司二阴，司听觉。动物的听觉属脑的功能，脑为髓之海，髓又由肾精所化，故耳的听觉与肾精关系密切。耳为肾的外窍，耳有赖于肾精的充养，肾精充足，则听觉灵敏；若肾精不足，则见听力减退，两耳下垂等。

二阴，即前阴（外生殖器）和后阴（肛门）。分别主持着排尿、生殖和排泄粪便的功能。排尿虽由膀胱所主，但须赖肾的气化；粪便的排泄，也受肾功能的影响。肾中精气充盛，则大肠得到肾阳的温煦、推动和肾阴的滋润、濡养，表现为大肠排泄粪便正常。若肾之阴阳失调，使肠道失于濡润、温煦，可引起便秘、泄泻等大便异常。肾的气化失常，就会出现尿频、尿失禁或者尿少、尿闭等症。

[附] 胞宫

胞宫是子宫、输卵管和卵巢的总称，其主要功能是主发情和孕育胎儿。胞宫的生理功能与肾及经络中的冲、任二脉的关系最为密切，肾气充盛，冲、任二脉气血充足，则发情

正常，能发挥生殖及营养胞胎的作用；若肾气虚弱，冲、任二脉气血不足，则可出现发情不正常或引起不孕等症。

(二) 膀胱

膀胱的主要功能是贮留和排泄尿液。尿液为津液所化，即津液之浊在肾的气化作用下生成尿液，下输膀胱，尿液在膀胱内贮留到一定容量时即从尿道排出体外。膀胱的贮尿、排尿功能依赖肾的气化和固摄功能的控制。贮藏尿液赖肾气的固摄；排泄尿液赖肾阳的气化以及推动。膀胱有病则出现排尿异常，如尿频、尿少、尿闭、尿痛和尿血等症状。

[附] 三焦及三焦近代研究概况

三焦属中兽医学中的六腑之一，是上焦（前焦）、中焦、下焦（后焦）的合称。三焦有经脉络于心包，与心包相表里。

1. 三焦总的功能是通行元气，运行水液

(1) 通行元气。元气根于肾，是机体诸气之根本。三焦是气升降出入的通道、气化的场所。元气以三焦为通道，输布到五脏六腑，充沛全身，所以说三焦能主持诸气，总司全身的气机和气化。

(2) 运行水液。三焦有疏通水道、运行水液的作用，是水液升降出入的通路。全身的水液代谢，虽然由胃、脾、肺、小肠、大肠、肾、膀胱等脏腑协同完成，但必须以三焦为通道，才能正常地升降出入。这种功能又叫三焦气化。

通行元气和运行水液，都是以通道作为基础的，实际上是一个功能的两个方面。水液的运行需要气的推动；气的存在需要水液的运载，二者相互关联，不可分割。

2. 各自的功能

(1) 上焦。部位在横膈以上至头，包括心、肺和头面。功能是主气的升发和宣散，故谓上焦如雾（指弥散于胸中的宗气）。

(2) 中焦。部位在横膈以下至脐，包括脾和胃。功能是主运化，为升降之枢，气血生化之源，故谓中焦如沤（指水谷的消化和吸收）。

(3) 下焦。部位在脐以下，包括大小肠、膀胱、肝、肾。功能是传化水谷糟粕，排泄粪尿，故谓下焦如渎（指尿液的排泄）。

可见，三焦的功能，实际上是五脏六腑全部功能的一个重要侧面。在病理上，也都表现为有关脏腑的气化功能失常。

三焦是中兽医学脏腑组织中的一个特有名称，古典文献中记述不一，历代医家的看法也不一致。根据现代有关研究资料，有人认为三焦的实质近似淋巴系统，也有人认为是胸腹膜或体液调节系统，或植物性神经系统等，总之各说不一，有待进一步探讨。

第二节 脏腑之间的关系

动物体是一个有机的整体。构成机体的各脏腑组织，以五脏为中心，与六腑相配合，以气血津液为物质基础,通过经络的联络沟通,形成了一个协调统一的整体。任何一个脏腑的功能活动,都是机体整体活动的组成部分。中兽医学不仅注重每一个脏腑各自的生理功能,而且也非常重视脏腑之间的功能联系与协调,强调脏腑之间的制约、依存和协同关系。掌握它们之间的相互关系,对分析病理,确定诊断和治疗,都有重要的指导意义。

一、脏与脏之间的关系

(一) 心与肺

心与肺之间的关系主要体现为气和血之间的关系,即心主血液运行和肺主呼吸吐纳之间的协同调节关系。

气为血帅,气行则血行。肺主呼吸,朝百脉,助心行血,肺气的推动和敷布是确保心血正常运行的必要条件。只有肺气充沛,宣降适度,心才能发挥其推动血液运行的功能;血为气母,血是气的载体。心推动血液运行,气附于血而运行全身,只有心的功能正常,血行通利,肺才能有效地呼吸而主气。另外积于胸中的宗气,是联结心肺两脏功能的主要环节。宗气在肺的气化作用下形成,既能贯心脉而行气血,又可走息道而司呼吸,从而加强了血液循行和呼吸运动之间的协调平衡关系。

在病理情况下,心与肺的病变相互影响。若肺气虚弱,宗气生成不足,行血无力,或肺气壅滞,气机不畅,均可影响心的行血功能,使血行受阻,出现唇舌青紫等血淤症状;若心气不足,心阳不振,致使血行不畅,淤阻心脉,也会影响肺的宣发肃降,出现咳嗽、气喘等症,甚至咯出泡沫样血痰。

(二) 心与脾

心与脾的关系主要表现为血液生成及血液运行的相互协同关系。

在血液生成方面,心主血脉而又生血,血液环流转输脾运化生成的精微物质,维持和促进脾的正常运化;同时脾化生的水谷精微进入心脉,受心阳的温化而生成血液;脾主运化为气血生成之源,脾气健旺则血液化源充足,可保证心血充盈。

在血液运行方面,心气推动血液运行不息,心神调节气血正常有序地运行;脾气固摄血液在脉中运行而不外溢。心脾两脏相辅相成,共同维持血液的正常循行。若心血不足,不能荣养于脾,可使脾失健运;若脾气虚弱,运化失职,气血化源不足,或脾不统血,失血过多,均可导致心血不足。心脾两脏病变相互影响,最终导致心脾两虚。

(三) 心与肝

心与肝的关系主要表现为血液运行与神志活动方面的相互依存、协同关系。

在血液运行方面,心血充盈,心气旺盛,血运正常,则肝有所藏;肝藏血充足,疏泄有度,随动物动静的不同而进行血流量的调节,使脉道充盈,有利于心推动血液在体内循环运行,则心有所主。心肝相互协同,共同维护血液的正常循行。

在神志活动方面,肝主疏泄而调节情志。心神正常,则有利于肝主疏泄。两者配合则气血平和，有利于心主神志，共同维护正常的神志活动。

在病理情况下，心肝两脏血液和神志方面的病变常常相互影响。心血不足与肝血亏虚之间常互为因果，最终导致心肝血虚。

（四）心与肾

心与肾的关系主要表现在两个方面：一是心肾阴阳水火的互制互济，二是精、血互化，精、神互用。

心肾水火既济，阴阳互补。就阴阳水火升降理论而言，在上者宜降，心火必须下降于肾，温煦肾阳，使肾水不寒；在下者宜升，肾水必须上济于心，滋助心阴，制约心阳，使心阳不亢；肾阴也赖心阴的资助，心阳也赖肾阳的温煦。这种心肾水火既济，阴阳互补，维持着心肾两脏生理功能协调平衡的关系，被称为"心肾相交"、"水火既济"。

心肾精、血互化，精、神互用。心主血，肾藏精，两者都是维持机体生命活动的必要物质。血可以化而为精，精亦可化而为血。精血之间的相互资生为心肾相交奠定了物质基础。心藏神，肾藏精，精能生髓，髓聚于脑，脑为元神之府。所以精是神的物质基础，神是精的外在表现。心神肾精互用，体现了"心肾相交"的又一层内涵。在病理状态下，心肾之间的水火、阴阳、精血的动态平衡失调而出现的病证，称为心肾不交。

（五）肺与脾

肺与脾的关系表现在气和津液方面，主要体现为气的生成和水液代谢过程中两脏之间的协同关系。

气的生成方面，肺主呼吸，吸入自然界之清气；脾主运化，化生水谷之精，清气和谷气是生成宗气的主要物质。肺的功能活动需脾运化的水谷精微作为物质基础，脾运化的水谷精微靠肺气的宣降敷布全身。所以说："脾为生气之源，肺为主气之枢"。只有在肺脾两脏的协同作用下，才能保证气的正常生成和敷布。

水液代谢方面，肺脾两脏的协调是保证津液正常生成、输布和排泄的重要环节。脾主要参与水液的生成和输布；肺主通调水道，使水液正常地敷布与排泄。肺的通调水道，有助于脾运化水液的功能，从而防止内湿的产生；脾转输津液于肺，不仅是肺通调水道的前提，也为肺的生理活动提供了必要的营养，两脏在水液代谢方面相互为用，密切配合。

在病理情况下肺脾两脏常相互影响。如脾气虚弱，常导致肺气虚；或肺病日久，肺气虚弱，又常影响脾的运化，最终表现为肺脾气虚之证，出现食少、便溏、体倦喜卧、咳嗽等症状。又如脾气虚弱，水湿内停，聚而为痰为饮，则可影响肺的宣发肃降；肺气虚弱，宣降失常，水道不能通调，水湿内聚困脾，又可影响脾的运化，最终表现为肺脾气虚之证，出现食少、倦怠、便溏、气短、咳嗽痰多，甚则水肿等症。故有"脾为生痰之源，肺为贮痰之器"之说。

（六）肺与肝

肺与肝的关系主要表现为气机升降调节方面的对立制约关系。

肺主气，保证一身之气的充足与调节；肝疏泄气机，促使全身气机调畅。肺主肃降，其气以下降为顺；肝主升发，其气以上升为宜。肺气充足，肃降正常，制约并反向调节肝气的升发；肝气疏泄，升发条达，制约并反向调节肺气的肃降。肝升肺降，相互制约又互相协调配合，不但维持肝肺之间的气机活动，同时对全身气机的调畅也起着重要的调节作用。

在病理情况下，肝肺气机的升降失调常相互影响，互为因果。如肝郁化火，可灼伤肺阴，出现咳嗽胸痛，甚则咯血等症，称作"肝火犯肺"或"木火刑金"；反之燥热伤肺，肺失清肃，也可累及于肝，使肝失疏泄。

(七) 肺与肾

肺与肾的关系主要表现在水液代谢、呼吸运动和阴液互资三个方面。

水液代谢方面，肺为水之上源，肾为主水之脏，主管全身的水液代谢。肺通调水道的功能有赖于肾阳的蒸腾气化，而肾主水功能的正常发挥，也需借助肺的宣降。两者相互配合，在水液的输布和排泄过程中发挥着重要作用。故有"肾主一身之水，肺为水之上源"之说。

呼吸运动方面，肺主呼吸，肾主纳气，共同完成呼吸功能。呼吸虽为肺所主，但需肾主纳气的协助以维持呼吸的深度。肾气充盛，不但吸入之气能经肺之肃降而下纳于肾，而且有助于肺气的肃降，同时肺在主呼吸运动中，其气肃降也有利于肾之纳气。故有"肺为气之主，肾为气之根"之说。

阴液互资方面，肺肾两脏的阴液可以互相资生，肾阴为一身阴液之根本，肾阴充盛，上润于肺，则使肺阴不虚，肺气清宁，宣降正常，故水能润金；肺阴充足，输精于肾，则肾阴充盛，故金能生水。

肺肾两脏在病理上的也相互影响，如肺失宣降，水道不得通调，必累及于肾；肾阳不足，气化失司，水液内停，又可上泛于肺，肺肾同病，水液代谢障碍，可表现为咳嗽气喘、咳逆难卧、尿少水肿等症状。又如肺气久虚，肃降失司，久病及肾；或肾气不足，摄纳无权，均可出现呼多吸少、气短喘促、呼吸表浅、动则气喘的肾不纳气证，或称肺肾气虚证。此外，若肾阴不足，则肾虚火旺，可煎熬肺阴而导致肺阴虚，出现虚热、盗汗、干咳等症。

(八) 肝与脾

肝与脾的关系主要表现为血液生成、运行的协同关系和消化功能方面的依存关系。

在血液的生成、运行方面，肝贮藏血液并调节血流量，肝疏泄气机，使血行通畅，能促进脾之运化；脾主运化，生血统血，使肝血能有所藏。肝脾两脏相互协同配合，共同维持血液的生成和运行。

在消化功能方面，肝疏泄气机并分泌胆汁，有助于脾之运化；脾气健运，气血化源充足，肝得以滋养而有助于肝之疏泄。此外，脾胃为气机升降之枢纽，脾升胃降，也有利于肝之升发；肝气升发条达，又促进了脾升胃降。肝脾互用，消化功能才能正常。

在病理上，肝脾常相互影响。如肝不藏血，与脾不统血可同时并见，导致一系列出血病症；脾气虚弱，血液化生不足，或统摄无权而出血过多，均可导致肝血不足，表现为食欲不振、体倦喜卧、视物模糊、肢体麻木等症；若肝气郁结，肝失疏泄，则易致脾失健运，形成食欲不振、肚腹胀满、腹痛、泄泻等肝脾不调之症，称为"木不疏土"或肝脾不调；若脾失健运，水湿内停，湿热内生，熏蒸肝胆，使肝胆疏泄不利，胆汁不能泻入肠道，而致疏泄失常，则可见食欲不振、腹胀便溏、呕吐，甚或黄疸等症。

（九）肝与肾

肝与肾的关系主要表现在精血同源、藏泄互用及阴阳承制等方面。

在精血同源方面，肾精的充盛，有赖于肝血的滋养；肝血的充盈，有赖于肾精的化生。精与血之间可以相互滋生和转化，故有"肝肾同源"、"精血同源"之说。

在藏泄互用方面，肝气疏泄，可使肾之开合有度；肾之封藏则可制约肝之疏泄太过。封藏与疏泄，相互为用，相互制约，共同调节动物的生殖功能。

在阴阳承制方面，由于肝肾同源，肝肾的阴阳之间又息息相通，相互制约，相互滋生。肾阴充盛则能滋养肝阴，并制约肝阳不致偏亢；肝阴充足，疏泄功能正常，则能促进肾阴充盛。

在病理上两者也是互相影响的。如肾精不足，可导致肝血亏虚，肝血亏虚又可影响肾精的滋生。若肾阴不足，肝失滋养，可引起肝阴不足，导致肝阳偏亢，肝风内动，而出现痉挛抽搐等症。反之，肝阳亢动，也可下劫肾阴，导致肾阴不足。

（十）脾与肾

脾与肾的关系主要体现在先后天相互滋生和水液代谢过程中的相互协同等方面。

在先后天相互资生方面，脾运化水谷精微，化生气血，为后天之本；肾藏精主生殖繁衍，为先天之本。先天促后天，脾的运化必须依赖肾阳的温煦蒸化，方能健运；后天养先天，肾中精气必须依赖脾运化的水谷精微营养，才能不断充盛。

水液代谢方面，脾运化水液，有赖肾阳的温煦蒸化，脾阳根于肾阳；肾为主水之脏，通过肾气、肾阳的气化作用，保证水液的正常吸收和排泄，而肾之开合有度，又赖脾土的制约。脾肾两脏相互配合，共同维持机体的水液代谢平衡。

在病理上，脾肾常相互影响，互为因果。如脾气虚弱，水谷精气生成不足，可致肾精不足，表现为腹胀、便溏、消瘦、骨萎无力，或者生长发育迟缓等病症。若肾阳不足，火不暖土，或脾阳久虚，损及肾阳，可致脾肾阳虚之证，表现为体质虚弱、形寒肢冷、久泻不止、肛门不收等症；脾肾阳虚，脾不能运化水液，肾气化失司，还可导致水液代谢障碍，出现尿少、水肿、痰饮等病症。

二、腑与腑之间的关系

腑与腑之间的关系，主要是传化物的关系。水谷入于胃，经过胃的腐熟与初步消化，下传于小肠，由小肠进一步消化吸收以分清别浊，其中营养物质经脾转输于周身，糟粕则下注于大肠，经大肠的燥化、吸收和传导，形成粪便，从肛门排出体外。在此过程中，胆排泄胆汁，以协助小肠的消化功能；代谢的废物和多余的水分，下注膀胱，经膀胱的气化，形成尿液排出体外；三焦是水液升降排泄的主要通道。食物和水液的消化、吸收、传导、排泄是由各腑相互协调,共同配合而完成的。因六腑传化水谷,需要不断地受纳排空,虚实更替,故六腑以通为顺。一旦腑气不通或水谷停滞,就会引起各种病症,治疗时常以使其畅通为原则,故前人有"腑病以通为补"之说。

六腑在生理上相互联系,在病理上也相互影响。六腑之中一腑不通,必然会影响水谷的传化,导致他腑的功能失常。如胃有实热,消灼津液,可使大肠传导不利,引起大便秘结;而粪便不通,又能影响胃的和降,致使胃气上逆,出现呕吐等证。又如胃有寒邪,不能腐熟水谷,可影响小肠分清别浊的功能,致使清浊不分而注入大肠,成为泄泻之证;若脾胃湿热,熏蒸肝胆,使胆汁外溢,则发生黄疸等。

三、脏与腑之间的关系

五脏主藏精气,属阴,主里;六腑主传化物,属阳,主表。心与小肠、肺与大肠、脾与胃、肝与胆、肾与膀胱、心包与三焦,彼此之间有经脉相互络属,构成了一脏一腑,一阴一阳,一表一里的阴阳表里关系。它们之间不仅在生理上相互联系,而且在病理上也相互影响。

(一) 心与小肠

心与小肠的经脉相互络属,构成一脏一腑的表里关系。在生理情况下,心气正常,有利于小肠气血的补充,小肠才能发挥分清别浊的功能;而小肠功能的正常,又有助于心气的正常活动。在病理情况下,若小肠有热,循经上熏于心,则可引起口舌糜烂等心火上炎之证。反之,若心经有热,循经下移于小肠,可引起尿液短赤、排尿涩痛等小肠实热的病证。

(二) 肺与大肠

肺与大肠的经脉相互络属,构成一脏一腑的表里关系。在生理情况下,大肠的传导功能正常,有赖于肺气的肃降;而大肠传导通畅,肺气才能和利。在病理情况下,若肺气壅滞,失其肃降之功,可引起大肠传导阻滞,导致粪便秘结;反之,大肠传导阻滞,亦可引起肺气肃降失常,出现气短、咳嗽等症。在临诊治疗上,肺有实热时,常泻大肠,使肺热由大肠下泄。反之,大肠阻塞时,也可宣通肺气,以疏利大肠。

(三) 脾与胃

脾与胃都是消化水谷的重要场所,两者经脉相互络属,构成一脏一腑的表里关系。脾主运化,胃主受纳;脾气主升,胃气主降;脾喜燥而恶湿,胃喜润而恶燥。二者在生理上纳运相得、升降相因、燥湿相济、相辅相成,共同完成消化、吸收、输送营养物质的功能。

胃受纳、腐熟水谷是脾主运化的基础。胃将受纳、消磨的水谷及时传输小肠,保持胃肠的虚实更替,故胃气以降为顺。若胃气不降,可引起水谷停滞胃脘的胀满、腹痛等证;若胃气不降反而上逆,则出现嗳气、呕吐等症。脾主运化是为"胃行其津液",脾将水谷精气上输于心肺以形成宗气,并散布周身,故脾气以升为顺。若脾气不升,可引起食欲不振,食后腹胀,倦怠无力等清阳不升、脾不健运的病证;若脾气不升反而下陷,就会出现久泄、脱肛、子宫脱垂等病症。故有"脾宜升则健,胃宜降则和"之说。

由于脾胃关系密切,在病理上常常相互影响。如脾为湿困,运化失职,清气不升,可影响到胃的受纳与和降,出现食少、呕吐、肚腹胀满等症;反之,若饮食失节,食滞胃腑,胃失和降,亦可影响脾的升清及运化,出现腹胀、泄泻等症。

(四)肝与胆

胆附于肝,肝与胆有经脉相互络属,构成一脏一腑的表里关系。胆汁来源于肝,肝疏泄失常则影响胆汁的分泌和排泄;而胆汁排泄失常,又影响肝的疏泄,出现黄疸、消化不良等。故肝与胆在生理上关系密切,在病理上相互影响,常常肝胆同病,在治疗上也肝胆同治。

(五)肾与膀胱

肾与膀胱的经脉相互络属,构成一脏一腑的表里关系。肾主水,膀胱有贮存和排泄尿液的功能,两者均参与机体的水液代谢。肾气有助膀胱气化及司膀胱开合以约束尿液的作用,若肾气充足,固摄有权,则膀胱开合有度,尿液的贮存和排泄正常;若肾气不足,失去固摄及司膀胱开合的作用,则可出现多尿及尿失禁等症;若肾虚气化不及,则可导致尿闭或排尿不畅。

[附] 脏腑功能简表

脏与腑
- 脏
  - 共同功能:贮藏精气而不泻
  - 各自功能:
    - 心:主血脉,藏神;主汗,开窍于舌
    - 肺:主气,主宣降;主皮毛,开窍于鼻
    - 脾:主运化,统血;主肌肉四肢,外应于唇
    - 肝:主疏泄,藏血;主筋,开窍于目
    - 肾:主藏精;主命门之火,主水,主纳气,主骨、生髓、通于脑;开窍于耳,司二阴
    - 心包:为心之外围
- 腑
  - 共同功能:传化水谷而不藏
  - 各自功能:
    - 胃:主受纳和腐熟水谷
    - 小肠:主化物、分清别浊
    - 大肠:主燥化和传送糟粕
    - 膀胱:主贮藏尿液,排尿
    - 三焦:统领元气,疏通水道
- 奇恒之腑
  - 共同功能:兼藏精气,藏而不泻
  - 各自功能:
    - 胆:贮藏及排泄胆汁
    - 脑:为髓海,元神之府
    - 髓:充养脑、骨
    - 骨:髓之府,为身体支架
    - 脉:血之府,行气血
    - 胞宫:主母畜发情及孕育胎儿

第三节 气血津液

气、血、津液是构成动物体并维持其生命活动的最基本物质。中兽医学关于气、血、津液理论的形成和发展,不仅受到古代哲学思想中朴素唯物论的影响,而且与藏象学说的形成和发展有着十分密切的关系。

气、血、津液的生成及其在体内的代谢,有赖于脏腑经络等组织器官的生理活动;脏腑经络等组织器官功能的正常发挥,也离不开气、血、津液的营养。因此,气、血、津液既是动物体脏腑经络生理活动的产物,又是脏腑经络进行生理活动所必需的物质和能量基础。由于气、血、津液在生理上与脏腑经络等组织器官之间存在着密切联系,因而在病理上亦存在着互为因果的关系,故对临诊辨证论治起着十分重要的指导作用。

一、气

在中国古代哲学范畴中,气是构成世界的最基本的物质。而中兽医学所说的气,概括起来有两个含义:一是构成机体并维持其生命活动的精微物质,如水谷之精气、营气、卫气等;二是指脏腑组织的生理功能,如脏腑之气、经络之气等。但二者又是相互联系的,前者是后者的物质基础,后者为前者的功能表现。

(一) 气的生成

气的生成主要来源于两个方面:一是先天之气,又称先天之精气(禀受于父母,藏之于肾);二是脾胃所运化的水谷之精气和肺吸入自然界的清气,又称为后天之气。通过肺、脾、肾等的综合作用,将三者结合成机体之气。其生成如图 2-2。气生成后,运动于脏腑经络组织之间。

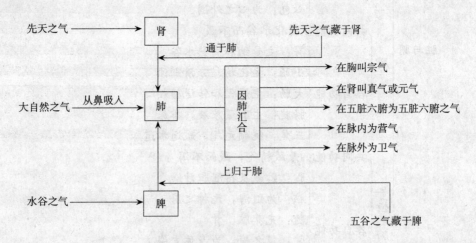

图 2-2 气的生成示意图

（二）气的运动

气是物质的，运动是物质的属性，气之所以能够发挥多种生理功能，是因为气在体内不断运动的结果。气的运动称为气机。气的基本运动形式是升、降、出、入，脏腑、经络等组织是气运动的场所。所谓升，是指气自下而上的运动，如脾将水谷精微物质上输于肺为升；所谓降，是指气自上而下的运动，如胃将腐熟后的食物下传小肠为降；所谓出，是指气由内向外的运动，如肺呼出浊气为出；所谓入，是指气由外向内的运动，如肺吸入清气为入。

气在体内依附于血、津液等载体，故气的运动，一方面体现于血、津液的运行，另一方面体现于脏腑器官的生理活动。升降运动是脏腑的特性，而其趋势则随脏腑的不同而有所不同。就五脏而言，心肺在上，在上者宜降；肝肾在下，在下者宜升；脾胃居中，通连上下，为升降的枢纽。就六腑而言，虽然六腑传化物而不藏，以通为用，宜降，但在食物的传化过程中，也有吸收水谷精微和津液的作用，故其气机的运动是降中寓升。

气机的升降，对于动物的生命活动至关重要。只有各脏腑器官的气机升降正常，维持相对平衡，才能保证机体内气体的交换，营养物质的消化、吸收，水谷精微之气以及血和津液的输布，代谢产物的排泄等新陈代谢活动的正常进行。

气的升降出入运动之间的协调平衡，叫作气机调畅；失去平衡，则叫作气机失调。气机失调可以有多种表现：运动受到阻碍的叫气机不畅；局部阻滞不通的叫气滞；上升不及或下降太过的叫气陷；上升太过或下降不及的叫气逆；不能内守而外逸的叫气脱；不能外达而内结的叫气结或气郁，甚者则叫气闭。

（三）气的生理功能

1. **推动作用** 气是活力很强的精微物质，能够激发、推动和促进机体的生长发育及各脏腑组织器官的生理功能，促进血液的生成、运行，以及津液的生成、输布和排泄。

2. **温煦作用** 是指阳气能够生热，具有温煦机体脏腑组织器官，以及血和津液的作用。动物的体温赖于气的温煦作用得以维持恒定；机体各脏腑组织器官正常的生理活动，依赖于气的温煦作用得以进行；血和津液等液态物质，也依赖于气的温煦作用才能环流于周身而不致凝滞。

3. **防御作用** 是指气有保卫机体，抗御外邪的作用。气一方面可以抵御外邪的入侵，另一方面还可以祛邪外出。气的防御功能正常，邪气就不易侵入；虽有邪气侵入，也不易发病；即使发病，也易于治愈。

4. **固摄作用** 是指气有统摄和控制体内液态物质，防止其无故散失的作用。气的固摄作用主要表现为三个方面：一是固摄血液，保证血液在脉中正常运行，防止其溢出脉外；二是固摄汗液、尿液、唾液、胃液、肠液等，控制其正常的分泌量和排泄量，防止体液散失；三是固摄精液，防止妄泄。气的固摄功能减弱，可导致体内液态物质的大量散失。

5. **气化作用** 是指通过气的运动而产生的各种变化。各种气的生成及其代谢，血、津液等的生成、输布、代谢及其相互转化等均属于气化的范畴。机体的新陈代谢过程，实际上就是气化作用的具体体现。如果气的气化作用失常，则影响机体的各种物质代谢过程，如食物的消化吸收，气、血、津液的生成、输布，汗液、尿液和粪便的排泄等。

6. 营养作用 是指脾胃所运化的水谷精微之气对机体各脏腑组织器官所具有的营养作用。水谷精微之气，可以化为血液、津液、营气、卫气，机体各脏腑组织器官无一不赖于这些物质的营养，才能发挥其正常的生理功能。

气的六种功能虽各不相同，但缺一不可，它们协调配合，相互为用，共同维持着机体正常的生理活动。其中推动、温煦、气化等三种作用，又是生命活动的原动力，是机体能量的来源；推动和固摄，则是相反相成的，由于二者的相互协调，对体内液态物质的正常运行、分泌、排泄，进行调节控制，才使其在体内处于一种代谢平衡状态。

(四) 气的分类

由于气的组成、分布和作用的不同，气又有各种不同的名称，就其生成及作用来说，主要有元气、宗气、营气、卫气。现分述如下：

1. 元气 又称原气、真气，包括元阴、元阳（即肾阴、肾阳）之气。

（1）组成。以肾中精气为主化生而成，所以说元气根于肾。肾中精气是先天之精和后天之精结合的产物，先天之精有赖于后天之精的培育和充养，二者在元气化生中起着同等重要的作用。

（2）分布。依附于血液和津液，以三焦为通道，流布全身，内至脏腑，外达皮毛，作用于机体各个部分。

（3）作用。维持机体正常的生长发育，温煦和激发各组织器官的生理活动，是生命活动的原动力和基本物质，所以，元气是最基本、最重要的气。元气充沛，各组织器官的活力就旺盛，机体的素质就强健。如果因为先天禀赋不足，或因后天失调，或因久病损耗，导致元气生成不足或耗损太过，则可引起多种病变，在治疗上就要培补元气，以固根本。

2. 宗气 是聚于胸中之气。胸中也叫膻中，是全身气最集中的地方，故又名气海。

（1）组成。由肺吸入自然界的清气与脾胃化生的水谷精气，在肺中结合而成。

（2）分布。聚集于胸中，贯注于心肺之脉。

（3）作用。一是走息道以行呼吸。呼吸和叫声的强弱，反映着宗气的盛衰。二是贯心脉以行气血。气血的运行，肢体的寒温与活动，心搏的强弱与节律，以及视听的能力等，都与宗气的盛衰有关。宗气充盛，动物的血液运行、呼吸、叫声和其他功能就正常。如果宗气虚少不足，则血脉凝滞，呼吸微弱，叫声低微。

3. 营气 是与血同行于脉中之气。因富有营养而叫营气。与血可分而不可离，故并称营血；与卫气相对而言属阴，故又叫营阴。

（1）组成。由水谷精气的精华部分化生而成。实际上是宗气中贯注心脉的部分。

（2）分布。在血脉之中，成为血液的组成部分，循脉上下，营运全身。

（3）作用。化生血液和营养全身。营气充足，则动物气血充盛，健壮丰满。若营气不足，则动物血液虚少，形体消瘦。

4. 卫气 是运行于脉外之气。与营气相对而言属阳，故称卫阳。

（1）组成。主要由水谷精气所化生，是水谷精气中雄厚强悍的部分。

(2) 分布。活力甚强，运动迅速，不受脉管约束，运行于脉外，外达皮肤肌肉，内至胸腹脏腑，遍及全身。

(3) 作用。一是护卫肌表，防御外邪入侵。二是温养脏腑、肌肉、皮毛等全身组织器官。三是调节控制腠理的开合，汗液的排泄。如果卫气不足，则见抗病力下降，肢体不温，排液失控等。

卫气和营气，生成来源相同，但是营在脉中，主内守而属阴；卫在脉外，主外卫而属阳。营卫协调，才能维持汗液和体温的正常。如果营卫不和，则见恶寒发热，无汗或多汗，以及抗病力低下。

至于脏腑之气和经络之气，实际上是由元气所派生的气。元气分布于某一脏腑或某一经络，就称为该脏腑或该经络之气。在中兽医学中，气是一个多义词。例如，把致病的六淫叫作邪气；把机体的整体功能和抗病能力叫作正气；把体内不正常的水液叫作水气；把中药的寒热温凉四性叫作四气等，它们各有不同的含义，和本节所说的构成机体基本物质的气是有区别的。

(五) 常见的气病

1. **气虚** 是指全身或某一脏腑出现机能衰退的病证。多因邪盛伤正，或元气不足，脏腑机能衰退所致。症见呼吸气短，神疲倦怠，四肢乏力，自汗，食纳减少，或泄泻不止，直肠或子宫脱出，舌淡胖嫩，脉虚无力。治宜补中益气。方用四君子汤（见补益方药）加味。

2. **气滞** 是指机体某一部分或某一脏腑，发生气机阻滞而运行不畅的病证。多因感受外邪，或饲养失宜，或跌扑角斗，引起脏腑经络气机运行不畅。症见胸腹胁痛，时轻时重，走窜不定，病在哪一部位则哪一部位疼痛。治宜行气活血止痛。方用当归散（见理血方药）加味。

3. **气逆** 是指气机上逆的病症。多见于肺胃。多因感受外邪，或痰浊壅肺而致肺气上逆；或因寒、热、痰、食积等犯胃而致胃气上逆。症见咳嗽、喘息；嗳气，呕吐。治宜降气止逆。方用苏子降气汤加味。

二、血

血是一种富含机体必需营养的红色液体，它通过气的推动，循着脉管运行周身。从五脏六腑到筋骨皮肉，都有赖于血的滋养才进行正常的生理活动。因此，血是构成机体并维持其生命活动的基本物质之一。

(一) 血的生成

血主要由营气和津液组成。营气和津液来源于饮食水谷，脾胃在消化过程中，将其中的水谷精微分别转化为机体所需的水谷精气和津液，水谷精气中的精专部分就是营气。营气和津液进入脉内，经肺的气化和心阳的温煦便化生为血液。归纳起来，血的生成有三个方面：第一，脾胃是血液生化之源，血液的生成主要来源于水谷精微。第二，营气入心脉有化生血液的作用。第三，精和血可以相互资生与转化，所以说精血同源。因而在临诊血耗与精亏往往相互影响。

（二）血的功能

血是生命活动的主要物质之一，对全身组织器官起着营养和濡润的作用，是精神活动的主要物质基础。

1. **濡养作用** 血具有营养和濡润全身的功能。血由水谷精微所化生，在脉中循行，运行不息，内至脏腑，外达皮肉筋骨，不断地对全身各脏腑组织器官发挥着营养作用，以维持其生理活动。血液的濡润作用，就是血液对于脏腑组织、皮毛孔窍、关节筋肉产生的滋濡滑润作用。

2. **运载作用** 一是吸入体内的清气与转输至肺的水谷精气，在肺的气化作用下渗注于肺脉之中，由血液将两者运载于全身，以发挥其营养作用。此即血能藏气、载气。二是脏腑组织代谢后所产生的浊气浊物，必须通过血液的运载才能到达于肺，在肺中进行清浊交换，呼出体外。因此，血的运载作用失常，机体之气的新陈代谢就会受到影响，甚至危及生命。

3. **血是精神活动的物质基础** 神是动物生命活动外在表现的总称。神不仅是脏腑生理功能的综合反映，而且对脏腑生理活动起着主宰和调节作用，神之功能的正常发挥离不开血液对脏腑的充分濡养，因此血是神的主要物质基础。血气充盛，血脉调和，才能神志清晰，感觉灵敏，活动自如。如果血虚，或血热，或血的运行失常，则可见精神衰退，躁扰不安，甚则可见惊狂不安、昏迷等。

（三）血的运行

血在脉管中运行，流布全身，环周不休。脉管是一个相对密闭的管道系统，血液属阴而主静，要能在这个密闭的管道系统中运行不息，主要靠气的推动；要能正常运行而不溢出脉外，又要靠气的固摄。气的推动和固摄作用之间协调平衡，是血液正常运行的重要保证。推动作用由心所主，还有肺朝百脉和肝气疏泄的参与；固摄作用则由脾统血和肝藏血来担当。可见，血液的正常运行，是以上四脏协同活动的结果。此外，脉管的通利与否，血液的或寒或热，也会直接影响血液运行的迟数。因此，推动和促进血液运行的因素增强，或固摄血液的作用减弱，就会出现血行加速，或溢出脉外而致出血；反之，则血行减慢，运行不利而致血淤。

（四）常见的血病

1. **血虚** 是指阴血不足，不能濡养机体的病证。多由失血过多，或脾胃虚弱，生化不足，或淤血阻滞，新血不能生化所致。症见心悸易惊，四肢麻木，精神不振，唇色萎黄，舌淡苔少，脉细无力。治宜补血。方用四物汤（见补益方药）加味。

2. **血淤** 是指机体某一局部或某一脏腑，因血行不畅或血液留滞所引起的病证。多因寒凝、气滞等，使血液运行不畅，或因邪热与血互结，或因跌扑损伤造成内出血而不能及时消散排出所致。症见局部疼痛或肿胀，痛处拒按，固定不移，口唇色紫，舌有淤斑，脉象细涩。体表淤血则见青紫淤斑；内脏淤血则有肿块。治宜活血祛淤。方用桃红四物汤（四物汤加桃仁、红花）加减。

3. **血热**　是指血分有热，或热邪侵犯血分的病证。多因外感热邪或气郁化火所致。症见心神躁扰不宁，或狂乱，或昏迷，口干不欲饮，口色红绛，脉象细数。或有发斑，出血。治宜清热凉血。方用犀角地黄汤加减。

4. **出血**　是指血液离开脉道，溢出脉外的病证。引起出血的原因很复杂，由于热邪侵犯血分，使血液的循行失去控制的叫作血热妄行；因脾虚不能统摄，血液离开脉道的叫作脾不统血；因淤血内积，阻碍血液正常运行而外溢的叫作淤血内阻；因外伤造成经脉受损而血溢脉外的叫作外伤出血。其临诊表现各有不同。血热妄行的症见血色鲜红，发热，口渴，躁扰不安，舌绛，脉数；脾不统血的症见便血或子宫出血，口色淡白，脉象细弱；淤血内阻的症见血色紫暗夹有血块，舌有淤斑，口色暗紫，脉涩；外伤出血的则常有创伤。治法也各异。血热妄行的应凉血止血，方用十灰散加减；脾虚不摄的宜补气摄血，方用归脾汤加减；淤血内阻的应祛淤止血，方用桃红四物汤加减；外伤出血的则宜收敛止血，方用桃花散（见外用方药）加减。

三、津　液

（一）津液的概念

津液是动物体内一切正常水液的总称，包括各脏腑组织的内在体液及其正常分泌物，如胃液、肠液、关节液以及涕、泪等。其中，质地清稀，流动性大的为"津"，质地稠厚，流动性小的为"液"。津和液虽有区别，但因其来源相同，又互相补充、互相转化，故一般情况下，不做严格区分，常统称为津液。同时，津液也是组成血液的物质之一。因此，津液不但是构成动物体的基本物质，也是维持动物生命活动的基本物质。

（二）津液的生成、输布和排泄

津液的生成、输布和排泄，是一个很复杂的生理过程，涉及多个脏腑的一系列生理活动。

1. **津液的生成**　津液的生成是由水谷所化生。水谷经脾胃的运化、吸收，再经三焦的气化而生成津液。其中一部分随卫气的运行而敷布于体表、皮肤、肌肉等组织间，这就是"津"。另一部分则注入经脉，随着血脉运行灌注于脏腑、骨髓、脑髓、关节以及五官等处，称为"液"。

2. **津液的输布**　津液的输布主要依靠脾、肺、肾、肝和三焦等脏腑的综合作用来完成。脾主运化水谷精微，将津液上输于肺。肺接受脾转输来的津液，通过宣发和肃降作用，将其输布全身，内注脏腑，外达皮毛，并将代谢后的水液下输肾及膀胱。肾对津液的输布也起着重要作用，一方面，肾中精气的蒸腾气化，推动津液的生成、输布；另一方面，由肺下输至肾的津液，通过肾的气化作用再次分清别浊，清者上输于肺而布散全身，浊者化为尿液下注膀胱，排出体外。此外，肝主疏泄，可使气机调畅，从而促进了津液的运行和输布；三焦则是津液在体内运行、输布的通道。由此可见，津液的输布依赖于脾的转输、肺的宣降和通调水道以及肾的气化作用，而三焦是水液升降出入的通道，肝的疏泄又保障了三焦的通利和水液的正常升降。其中任何一个脏腑的功能失调，都会影响津液的正常输布和运行，导致津液亏损或水湿内停等证。

3. **津液的排泄** 有三个途径：一是由肺宣发至体表皮毛的津液，被阳气蒸腾而化为汗液，由汗孔排出体外；二是代谢后的水液，经肾和膀胱的气化作用，形成尿液并排出体外；三是在大肠排泄粪便时，带走部分津液。此外，肺在呼气时，也会带走部分津液（水分）。

（三）津液的生理功能

津液主要有滋润营养和化生血液的功能。津较清稀，滋润作用大于液；液较浓稠，濡养作用大于津。具体地说，津有两方面的功能：一是随卫气的运行敷布于体表、皮肤、肌肉等组织间，起润泽和温养皮肤、肌肉的作用；二是进入脉中，起到组成和补充血液的作用。液也有两方面的功能：一是注入经脉，随着血脉运行灌注于脏腑、骨髓、脊髓和脑髓，起到滋养内脏，充养骨髓、脊髓、脑髓的作用；二是流注关节、五官等处，起到滑利关节，润泽孔窍的作用。液在目、口、鼻可转化为泪、涎、涕等。另外，津液还有调节机体的阴阳平衡，排泄废物、净化内环境等功能。

（四）常见的津液病

1. **津液不足** 是指机体的组织器官失去津液濡养的病证。多因高热、大泻、大汗、失血和失饮，或肺、脾、肾的功能失调所致。症见口干唇燥，鼻镜干裂，皮毛干枯，重则身热夜甚，躁扰不安，口渴不欲饮，口红苔少，脉象细数。治宜增补津液，或清热养阴。方用增液汤加味。

2. **水湿内停** 是指全身或局部停积过量水液的病证。多因肺、脾、肾对津液的输布和排泄功能发生障碍所致。症见咳嗽痰饮，腹胀纳减，粪溏尿短；或后肢与全身水肿，甚至腹水，苔腻脉濡。治宜通阳化饮，或健脾化湿，或温肾利水。方用五苓散加减（见祛风湿方）。

四、气血津液的相互关系

气、血、津液都是构成机体并维持其生命活动的最基本的物质，在生理功能方面各有其特点，但又相互依存、相互制约、相互为用。

（一）气与血

气属阳，血属阴；气主温煦，血主濡养；气为血帅，血为气母。二者关系密切，具体表现在以下四个方面。

1. **气能生血** 是指血的生成，依赖于气及其气化功能。组成血液的营气和津液，是在脏腑之气的作用下，由水谷精气化生而成，再转化成赤色的血，所以说气能生血。气旺则血液充盛，气虚则生血不足。故补血常配补气。

2. **气能行血**　是指气能推动血液运行。血属阴主静，不能自主运行。血液的循行，依赖于心气的推动，肺气的宣发布散和肝气的疏泄条达，所以说气行则血行。如果气的运行无力或阻滞，就会出现血的运行不利或淤滞，这就是气滞则血淤。若气机逆乱，血随气涌，则见吐血，昏厥；血随气陷，则见便血、尿血和子宫出血。故治疗血行失常时，多配补气、行气、降气或升提的药物。

3. **气能摄血**　是指气能统摄血液，使其行于脉中，不溢出脉外。这一功能是通过脾来完成的。如果气虚不能统摄血液，就可引起各种出血证，即气不摄血。故治疗时宜用补气摄血的方法，才能达到止血的目的。

4. **血为气母**　是指血是气的载体和营养来源。气的活力很强，易于逸脱，必须依附于血和津液，并得到血的滋养，才能存在于体内和发挥生理效应。所以，血虚气必虚，血脱气亦随之逸脱，这就叫气随血脱。治疗大出血常用益气固脱法，道理就在于此。

（二）气与津液

气无形主动属阳，津液有质主静属阴。二者的关系，同气与血的关系相似。

1. **气能生津**　指津液是由气的作用化生而成。水谷草料被摄入后，通过脾胃的运化而生成津液。脾胃之气健旺，则津液化生充盛。脾胃之气虚衰，则津液化生不足，故临诊常见气津两伤。

2. **气能行津**　是指气的升降出入运动能推动津液的输布和排泄，又叫气能化津。津液的代谢，是在多个脏腑参与下，通过升降出入的运动变化而完成的。如果气虚而推动和气化无力，或气滞而流通不畅，都会引起津液停聚，生成水湿、痰饮等病理产物；水湿、痰饮留滞体内，又可引起气机不利。气不行（化）水和水停气滞，互为因果。故治疗时常利水与行气两法并用。

3. **气能摄津**　是指气能固摄津液，防止其无故流失。气的固摄作用，可使津液的排泄得到控制，以维持其代谢平衡。如果气虚不能固摄，就会导致体内津液的无故流失，出现多汗、多尿等病症。

4. **津能载气**　是指气无形而动，必须依附于有形的津液，才能存在于体内。如果津液大量外泄，气就随之丧失，形成气随津脱之证。

（三）血和津液

二者来源相同，功能相似，又可相互渗透转化，都属于阴。生理上，津液渗入血脉而为血，成为血液的重要组成部分；血中的部分液体，如果渗出脉外，也就成了津液，所以说津血同源。病理上，严重的伤津脱液，会影响到血液而形成津枯血燥的病证；反复和大量出血，也会影响到津液而形成耗血伤津之证。故治疗时常采用保津以营血，或养血以生津的方法。

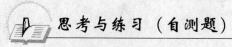

一、名词解释（每小题1分，共10分）

1. 藏象
2. 脉
3. 肾为先天之本
4. 肺为气海
5. 肾为水海
6. 纳气
7. 命门
8. 上焦如雾
9. 中焦如沤
10. 下焦如渎

二、填空题（每空2分，共30分）

1. 脏腑的病变，一般认为脏病多_____证，腑病多_____证。
2. 脏腑学说主要是通过研究_____来了解内脏活动的规律及其相互之间的关系。
3. 爪甲软薄，枯而色夭，多因_____虚。
4. 胃的特性是_____，脾的特性是_____。
5. 前人有"腑病以_____为补"的见解。
6. "水火既济"说明了_____两脏的联系；"精血同源"则说明了_____两脏的联系。
7. 后天的根本之气是指_____。
8. "夺汗者无血，夺血者无汗"，是说明了_____两者的关系。
9. 气运动的基本形式是_____。血液的组成包含_____气。_____气积聚于胸中。
10. 性质较清稀，布散于体表皮肤、肌肉、孔窍起滋润作用的是_____。

三、简答题（每小题5分，共30分）

1. 五脏六腑之间有何区别？
2. 宗气是怎样生成的？其分布和生理作用如何？
3. 为什么说脾为后天之本、气血生化之源？
4. 如何理解肺主气？为什么说肺主一身之气？
5. 什么叫肝主疏泄？肝主疏泄有哪些生理作用？
6. 怎样理解小肠的分清别浊功能？

四、论述题（每小题10分，共30分）

1. 试述津液的输布与排泄过程。
2. 五脏六腑各有何生理功能？其共同特点是什么？
3. 为何说"脾为生痰之源，肺为贮痰之器"？有何意义？

第三章

经　络

学习目标
1. 了解经络的基本概念。
2. 熟悉经络系统的组成。
3. 掌握十二经脉的走向和交接规律。
4. 重点掌握经络在生理、病理、诊断、治疗方面的作用。

经络学说是中兽医基础理论的重要组成部分，是研究机体生理功能和病理现象的依据，对辨证、用药以及针灸治疗具有重要的指导意义。

第一节　经络的基本概念

一、经络的含义

经络是动物体内经脉和络脉的总称，是机体运行全身气血，联络脏腑肢节，沟通上下内外的通路，是动物体组织结构的重要组成部分。经，即经脉，有路径的意思，是经络系统的主干，多循行于机体的深部；络，即络脉，有网络的意思，络脉是经脉的分支，在体内纵横交错，内外连接，遍布全身，多循行于机体较浅的部位。由于经络遍布全身，有规律地循行和复杂地交会联络，把动物体的五脏六腑、四肢百骸、肢体官窍及皮肉筋骨等组织紧密地联结成一个统一的有机体，从而保证了生命活动的正常进行。

二、经络的组成

经络系统由经脉、络脉及其连属部分构成（表3-1）。

1. **经脉**　分正经和奇经两大类，为经络系统的主要部分。正经有十二条，包括前肢三阴经、后肢三阴经、前肢三阳经和后肢三阳经，合称十二经脉，与体内脏腑有着直接的络属关系。奇经有八条，包括督、任、冲、带、阴跷、阳跷、阴维、阳维脉。此外，还有从十二经脉别出的十二经别，它们分别起自四肢，循行于体腔脏腑的深部，上出于颈项浅部。阳经的经别从本经别出循行于体内之后，仍回到本经；阴经的经别从本经出循行于体内之后，则与互为表里的阳经交合。十二经别的作用主要是加强十二经脉中互为表里的两经之间的联系，另外，还能通达某些正经未循行到的器官与部位，以补正经之不足。

表3-1 经络组成简表

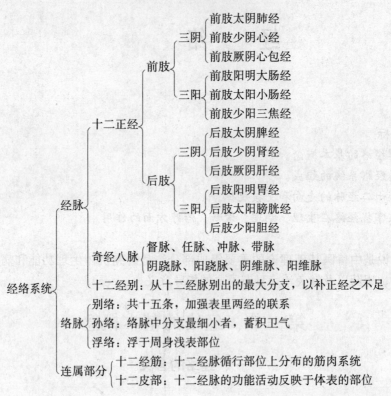

2. **络脉** 络脉有别络、浮络、孙络之分。别络是络脉的较大分支，共十五条。其中十二经脉和任、督二脉各有一支别络，再加上脾之大络，合为"十五别络"。其功能是加强互为表里的两经之间在体表的联系。浮络是浮行于浅表部位的络脉。孙络是络脉中最细小的分支，其功能是蓄积卫气以抗御外邪。

3. **经筋与皮部** 是指十二经脉与筋肉、体表相连属的部分。经筋是十二经脉之气"结、聚、散、络"于筋肉关节的体系，是十二经脉的附属部分，故称十二经筋，有联系四肢百骸，维络周身，主司关节运动的作用。十二皮部则是十二经脉功能活动反映于体表皮肤部位的反应区，同时也是经脉感受病邪的一个途径。

三、十二经脉和奇经八脉

（一）十二经脉的命名

五脏六腑加心包络，共十二脏腑，各系一经，在动物体构成十二条经络通路，分别运行于机体各部，并与所属的本脏、本腑相连。十二经脉是根据经脉运行的部位和所属脏腑命名的，分布于胸背、头面、四肢，均左右对称，共24条。循行于四肢外侧，内属腑者为阳经；循行于四肢内侧，内属脏者为阴经。每侧又分前、中、后3条线，其具体名称和循行部位见表3-2。

表3-2 十二经脉名称分类表

	阴经 （属脏络腑）	阳经 （属腑络脏）	循行部位 （阴经行于内侧、阳经行于外侧）	
前肢	太阴肺经 厥阴心包经 少阴心经	阳明大肠经 少阳三焦经 太阳小肠经	前肢	前　缘 中　线 后　缘
后肢	太阴脾经 厥阴肝经 少阴肾经	阳明胃经 少阳胆经 太阳膀胱经	后肢	前　缘 中　线 后　缘

（二）十二经脉的走向和交接规律

一般而言，前肢三阴经，从胸部开始，行于前肢内侧，到前肢末端止；前肢三阳经，由前肢末端开始，行于前肢外侧，抵于头部；后肢三阳经，由头部开始，经背部，循行于后肢外侧，止于后肢末端；后肢三阴经，由后肢末端开始，循行于后肢内侧，经腹达胸。这十二条经脉之间互相贯通，逐经相传，形成一个往复无端的整体循环（图3-1）。

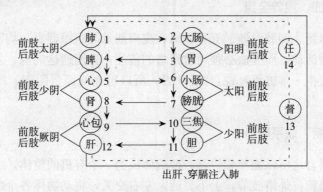

图3-1 经脉走向和交接规律示意图

归纳其走向和相互交接规律是：前肢三阴经从胸走前肢，交前肢三阳经；前肢三阳经从前肢走头，交后肢三阳经；后肢三阳经从头走后肢，交后肢三阴经；后肢三阴经从后肢走胸（腹），交前肢三阴经。

从十二经脉的运行来看，前肢三阳经止于头部，后肢三阳经又起于头部，所以称头为"诸阳之会"。后肢三阴经止于胸部，而前肢三阴经又起于胸部，所以称胸为"诸阴之会"。

营气在十二经脉运行时，还有一条分支，即由前肢太阴肺经起始，能传注于任脉，上行通连督脉，循脊背，绕经阴部，又连接任脉，到胸腹再与前肢太阴肺经衔接，这样就构成了十四经脉的循行通路。

（三）奇经八脉

奇经八脉是任、督、冲、带、阴维、阳维、阴跷、阳跷八条经脉的总称。由于它们不与脏腑直接连属，与十二正经有区别，故称为"奇经"。其中任脉行于腹正中线，总任一身之阴脉，故又称"阴脉之海"。任脉还有妊养胞胎的作用，所以又有"任主胞胎"之说。督脉行于背正中线，总督一身之阳脉，故有"阳脉之海"之称。十二经脉加上任、督二脉为经脉的主干，合称为"十四经"。冲脉是总领一身之气血的要冲，能调节十二经气血，故冲脉有"十二经之海"和"血海"之称。冲脉又与任、督同起于胞中，所以有"一源三歧"之说。总之，奇经八脉出入于十二经脉之间，它具有调节正经气血的功能。凡十二经脉中气血满溢时，则流注于奇经八脉，蓄以备用。李时珍在《奇经八脉考》中将十二正经比作江河，奇经八脉比作湖泽，相互间起着调节、补充的作用。

第二节　经络的主要作用

经络是动物体结构的重要组成部分，在动物体生理功能、病理变化和临诊用药及针灸治疗等方面有着重要的作用。

一、在生理方面

（一）运行气血，温养全身

动物的五脏六腑、四肢百骸、五官九窍、皮肉筋骨等组织器官，均需气血的温养，才能维持正常的生理活动，而气血必须通过经络的传注，方能通达周身，发挥其温养脏腑组织的作用。故《灵枢·本脏篇》说："经脉者，所以行血气而营阴阳，濡筋骨，利关节者也。"

（二）协调脏腑，联系周身

动物各组织器官之所以能互相协调，使机体成为一个有机的整体，主要依赖于经络的联系。经络内连脏腑，外络肢节，上下贯通，左右交叉，将动物体各个组织器官紧密地联系起来，从而起着协调脏腑功能的枢纽作用。

（三）保卫体表，抗御外邪

经络在运行气血的同时，卫气伴行于脉外，因卫气能温煦脏腑、腠理、皮毛，开合汗孔，因而具有保卫体表、抗御外邪的作用。同时，经络外络肢节、皮毛，营养体表，是调节防卫机能的要塞。

二、在病理方面

经络同疾病的发生与传变有着密切的联系，其主要表现在两方面：一方面表现为传导病邪。在病邪侵入机体时，动物体通过经络以调整体内营卫气血等来抵抗病邪。若机体正气虚弱，气血失调，病邪就会通过经络由表及里传入脏腑出现病证。如肺卫感受风寒，在表不解，可通过前肢太阴肺经传入肺引起咳喘。另一方面表现为反映机体的异常变化。脏腑有病，可通过经络反映到体表，临诊常应用经络的这种作用，作为辨证分析、诊断疾病的依据。如心火亢盛，可循心经上传于舌，出现口舌红肿糜烂的症状；肝火亢盛，可循肝经上传于眼，出现目赤肿痛，睛生翳膜等症状。

三、在治疗方面

（一）传递药物的治疗作用

中兽医学在长期的临诊实践中，发现某些药物对某些经络、脏腑起主要作用，具有一定的选择性，即药物进入机体后通过经络的传递都有一定的作用范围。将这些经验加以系统归纳，就产生了"药物归经"或"按经选药"的理论，对临诊用药有指导作用。例如，同为清热泻火药，由于归经不同，而有黄连泻心火，黄芩泻肺火，黄柏泻肾火等的不同。此外，还有所谓"引经药"，即某些药物不但本身能入某经，还可作为他药入经的向导。例如，桔梗可载药上行专入肺经，牛膝可引药下行专入肝、肾两经等。

（二）感受和传导针灸的刺激作用

经络具有感受和传导针灸刺激的作用。针刺体表穴位之所以能够治疗内脏的疾病，就是借助于经络的感受和传导作用。因此，在针灸治疗方面就提出了"循经取穴"的原则，即治疗某一经的病证，就在这一经上选取某些特定的穴位，对其施以一定的刺激，达到调理气血和脏腑功能的目的。目前临诊应用的针刺镇痛，以及电针、耳针、水针等各种新针疗法和激光针灸等，都是利用经络学说的理论发展起来的。再如胃热针玉堂穴（后肢阳明胃经），腹泻针带脉穴（后肢太阴脾经），冷痛针三江穴（后肢阳明胃经）和四蹄穴（前蹄头，属前肢阳明大肠经；后蹄头，属后肢阳明胃经）等。

总之，经络理论与中兽医临诊实践有着紧密的联系，特别是在针灸方面更为突出。根据经络理论，按经选药或循经取穴，通过用药物或针灸的方法治疗动物疾病，往往能取得较好疗效。

[附] 经络的研究概况

经络学说的创立，已有两千多年的历史，由于受历史条件的限制，没有得到应有的发展。近年来，许多医务人员和兽医科技人员运用现代科学知识和方法，对经络和穴位进行了大量的研究，并取得了一定的成绩，现简要介绍如下。

（一）经络穴位的形态学观察

经络穴位的解剖形态观察，主要在于说明经络穴位与已知的机体某些形态结构的关系，并借此来探讨经络的实质。

1. 经络穴位与神经的关系　在所有组织中，以神经与经络穴位的关系最为密切。有资料表明，十四经脉的穴位，大约有半数分布在神经上，其余少数穴位在其周围 0.5cm 内有神经通过。另外，经络在四肢的走向，与四肢神经的分布非常接近。

2. 经络穴位与血管、淋巴管的关系　据有关研究资料,除血针穴位外,白针或火针穴位分布在血管干者占少数,但穴旁有血管干者却占2/3以上。有人观察到有的穴位有一至数条淋巴管通过,而有的穴位则未发现有淋巴管通过。

(二) 穴位特异性的研究

穴位特异性是指穴位与非穴位,这一穴位与其他穴位在功能作用上所具有的不同特点。研究穴位特异性,对阐明经络的规律和指导临诊实践有重要意义。大多数研究资料证明,穴位的作用明显,非穴位大多无作用或作用较差。

据实验证明,刺激穴位对不同的机能状态起不同作用,即有双向调节作用。此外,从穴位表面电阻值的测定也可看出穴位的相对特异性。对马、骡常用穴位并在距穴位点3～5cm处或上下各测一点,发现穴位点的电阻平均值都较"非穴位点"低,并且差异显著。

(三) 经络实质的研究现状

1. 经络与周围神经系统相关　从形态与功能方面观察,认为经络穴位与周围神经的关系最为密切。其作用也与周围神经的分布及其与自主神经的相接有关。用现代解剖学的知识来看动、静脉等组织,也无非是被神经纤维所包绕的神经领域。因此认为,这些组织,特别是周围神经就是经络在外周的物质基础。实验证明,针刺作用原理是神经反射活动。针刺穴位有的刺在神经干上,有的刺激皮肤感受器,有的刺到肌肉和肌腱的感受器或血管感受器,这是反射活动的感受器部分;传入神经有躯干神经和自主神经;中枢神经部分有皮层的兴奋抑制过程,也有皮层下各级中枢的躯体内脏反射活动。穴位与内脏的反射性联系也是在自主神经参与下实现的。

2. 经络与神经节段相关　从经络与神经系统的分布来看,经络所表示的主要是纵行分布,而神经是横行分布,特别是躯干部分,这种差异更为明显。不少研究者从经络所属的穴位进行分析,认为穴位主治性能的分区情况符合神经阶段的划分,并由此说明经络与神经节段的一致性。这种分节的重要性说明,针刺的某一部位虽然与要治疗的脏器可以距离很远,但却同属一个体节。

3. 经络与中枢神经功能相关　有人认为,经络就是中枢神经系统内特殊功能排列在机体局部的投射。机体上任何一点受到刺激都可以在中枢发生一个兴奋点,在中枢内可能存在着一些功能上相互关联的细胞,只要其中一点兴奋,就会波及其他神经细胞,由此来解释针刺一个穴位能够引起一条感应线路的原因。

4. 经络与神经、体液调节机能相关　较多的研究认为,经络的实质是神经－体液的综合调节功能。实验证明,针灸能促进垂体前叶分泌卵泡刺激素和黄体生成素,影响排卵等。同时有人用实验动物采取交叉循环的方法证明,针刺供血者,可使受血动物的痛阈提高。以上均说明经络与神经－体液调节功能有着密切联系。

5. 经络与生物电相关　实验发现,当器官活动增强时,相应经络原穴电位增高,器官摘除或经络经过地方的组织破坏,则相应经络原穴电位降低,甚至为零。从组织器官发出的电源,依其强度和量等特性,沿着特殊导电通路行走,纵横交叉,遍布全身,这样形成了独立的经络系统,它与神经系统有紧密联系但并不等于是神经系统。

以上关于经络实质问题的几种主要观点,虽然来源于临诊实践和实验室的研究,都有一定的根据和参考价值,但是目前还不能全面、深刻、准确地揭露经络的本质问题。我们应当继续运用现代科学知识和方法，探讨经络的实质，为中兽医学现代化作出应有的贡献。

思考与练习（自测题）

一、选择题（每小题2分，共10分）

1. 从蹄走腹并上行至胸部的经脉是（　　）
   A. 后肢三阳经　B. 后肢三阴经　C. 前肢三阳经　D. 前肢三阴经
2. 奇经八脉中"一源三歧"是指（　　）
   A. 冲、任、带　B. 任、督、带　C. 督、任、冲　D. 督、冲、带
3. 分布于后肢内侧前缘的经脉是（　　）
   A. 后肢太阴脾经　B. 后肢厥阴肝经
   C. 后肢阳明胃经　D. 后肢少阴肾经
4. 有调节十二经脉气血作用的是（　　）
   A. 带脉　B. 任脉　C. 督脉　D. 冲脉
5. 有约束骨骼、维络周身，主司关节屈伸运动作用的是（　　）
   A. 十二经脉　B. 十二经别　C. 十二经筋　D. 十二皮部

二、填空题（每空3分，共30分）

1. ＿＿＿＿＿行于背正中线，总督一身之阳脉，故有"＿＿＿＿＿"之称。
2. ＿＿＿＿＿是总领一身气血的要冲，故有"＿＿＿＿＿"之称。
3. ＿＿＿＿＿行于腹正中线，总任一身之阴脉，故又称"＿＿＿＿＿"。
4. ＿＿＿＿＿为"诸阳之会"，＿＿＿＿＿为"诸阴之会"。
5. 经络系统主要是由＿＿＿＿＿、＿＿＿＿＿及其连属部分构成的。

三、简答题（每小题10分，共20分）

1. 什么叫经络？经络系统包括哪些内容？
2. 何谓奇经八脉？其特点是什么？

四、论述题（每小题20分，共40分）

1. 经络有哪些生理功能？在生理、病理、治疗上有何作用？
2. 试述十二经脉的走向和交接规律。

第 四 章

病因与病机

学习目标
1. 掌握病因的概念。
2. 重点掌握各种致病因素的性质、致病特点和常见病证。
3. 学会将现代兽医学的病因、病理与中兽医学的病因、病机联系起来,分析机体发病的病因及其规律。

病因即致病因素,又称为病原、病邪等,泛指能破坏机体相对平衡状态而导致疾病的原因。引起疾病的原因多种多样,概括起来有外感病因、内伤病因和其他病因三类,一般以外感内伤居多。

第一节 外感病因

外感病因是指来自外界,从皮毛肌腠或从口鼻等体表部位侵入动物体,引起外感病的致病因素,亦称为"外邪"。外感病一般发病较急,初起多表现为恶寒发热等表证症状。外感病因包括六淫和疫疠之气。

一、六 淫

风、寒、暑、湿、燥、热(火)六气,是自然界六种不同的正常气候变化,是万物生、长、化、收、藏的必要条件,也可以直接或间接地影响动物体之气的消长变化。动物在生存过程中逐渐适应了六气正常变化的规律,通过自身的调节机制产生一定的适应能力,因此正常的六气变化一般不会使动物致病。

六淫,即风、寒、暑、湿、燥、热(火)六种外感病邪的统称。当气候变化异常,六气发生太过或不及,或非其时而有其气,如春天当温而反寒,秋季当凉而反热;或气候变化过于急骤,如暴寒暴热,超过了一定的限度,使动物不能与之适应,就会导致疾病的发生。这种风、寒、暑、湿、燥、热(火)气候的异常变化,一旦作为外感病邪侵入机体而致病,便称之为"六淫"。"淫"有太过、浸淫之意,六淫就是超过限度的六气。当然,异常气候变化并非使所有的动物都会发病。动物正气充足,能抵抗这种异常的气候变化就不发病;动物因正气不足,不能抵抗这种异常的变化就会发病。另外,即使是基本正常的六气变化，有的动物因正气不足，体质较弱，适应能力低下，也会导致疾病发生。正如前人所说："正气存内，邪不可干"；"邪之所凑，其气必虚"。

六淫致病的共同特点：

①外感性。六淫之邪来源于自然界，多从肌表、口鼻侵犯机体而发病，故六淫所致之病称为外感病。六淫致病的初起阶段，每以恶寒发热、舌苔薄白、脉浮为主要临诊特征，称为表证。表证不除，多由表及里，由浅入深传变。

②季节性。六淫致病多与季节气候变化密切相关。例如，春季多风病，夏季多暑病，长夏多湿病，秋季多燥病，冬季多寒病等。

③环境性。六淫致病常与环境有关。例如，西北高原地区多寒病、燥病；东南沿海地区多热病、湿病。

④相兼性。六淫既可单独侵袭机体而发病，又可以两种以上邪气相兼同时侵犯机体而致病。例如，风热感冒、风寒湿痹、寒湿困脾等。

⑤转化性。六淫致病在一定的条件下，其证候的病理性质可发生转化。例如，感受风寒之邪一般可表现为风寒表证，但有的也表现为风热表证。在疾病的发展过程中也可以从初起的风寒表证转化为里热证。引起六淫致病发生转化的原因，主要是六淫侵入机体过久，失于治疗或治疗不当。

风、寒、暑、湿、燥、热（火）各有不同的性质和致病特点，中兽医常用"取象比类"的方法认识六淫的性质和致病特点。例如，自然界的风，轻扬开泄，善行数变，动摇不定，因此当动物出现汗出恶风、病位游移、发病迅速、变化无常、肢体动摇等症状时，则认为可能是感受了风邪；自然界的湿气，重浊黏滞、质重趋下，因此当动物出现排泄物和分泌物秽浊黏滞不爽、四肢水肿等症状时，则认为可能是感受了湿邪等。

六淫的性质和致病特点，常作为外感病辨证求因的理论依据。邪气性质反映其基本特征，由于邪气性质不同，致病特点因之而异，故分析病因时通常以性质变化来推论致病特点。

六淫致病从现代科学角度来看，除气候因素外，还包括病原微生物（如细菌、病毒等）、物理、化学等多种致病因素作用于机体所引起的病理反应。

另外，除感受风、寒、暑、湿、燥、热（火）六淫邪气引起相应的病证外，还有机体脏腑功能失常而产生的类似于风、寒、湿、燥、热（火）的病理现象。由于它们不是外来之邪，为病自内生，故称"内生五邪"即内风、内寒、内湿、内燥、内热（火）五种。尽管两者有所不同，但病状相似，并且互相联系。为了便于对照鉴别，故在相应的病因中一并叙述。

（一）风邪

风为春季的主气，故风邪致病，多见于春季，但四时皆有。风邪多从皮毛肌腠侵入机体而产生外风病证。相对于外风而言，风从内生者，称为"内风"，内风多由肝功能失调所致，故也称"肝风"。

1. 风邪的性质　风邪以轻扬开泄、善行数变、动摇不定、多兼他邪为基本特性。

风性轻扬开泄、善行数变、动摇不定，故为阳邪。风邪具有轻扬、上浮、外越和发散、疏通、透泄的特征，故有轻扬开泄之性。又来去迅速，易行而无定处，变幻无常，故表现为风性善行数变。风善动不居，其性动摇不定，故有"风胜则动"之说。风邪在六淫之中，四季皆有，常兼挟他邪共同侵袭机体。

2. **风邪的致病特点**

（1）易于侵袭阳位。阳位是指病位在上、在表，如头面、咽喉、皮肤、腰背等处。风为阳邪，其性轻扬开泄。阳邪易袭阳位，故风邪致病常易侵袭动物的头面、咽喉、皮肤、腰背等属于阳的部位。例如，风邪犯肺，则鼻塞流涕、咳嗽；风邪袭表，则见恶风、发热等表证症状。风性开泄，故风邪客于肤表，使腠理失于固密则出现汗出、恶风等症状。

（2）病位游移不定。风善行数变。善行，是指风邪致病，病位游走不定，变化无常；数变，是指风邪所致的病证变化较多而且迅速。如荨麻疹（又名遍身黄），表现皮肤瘙痒，散漫无定处，此起彼伏，再如行痹（风痹）之四肢关节游走性疼痛等症状，都是风性善行数变的具体表现。

（3）肢体异常运动。风性主动，风邪致病具有动摇不定的特点。如受外伤再感风邪，出现的四肢抽搐、角弓反张、直视上吊等"破伤风"症状和外感病中的热极生风等都是风邪动摇的表现。

（4）常为外邪致病的先导。六淫之中，风邪居于首位。由于风邪为患较多，致病极为广泛，因此在外感病邪中是主要的致病因素。风邪常为外邪致病的先导，寒、湿、燥、热等邪气，多依附于风而侵袭机体。例如风寒、风热、风湿、风燥、风火等，故又有"风为百病之长"、"风为百病之始"之称。

3. **常见的风证**

（1）外风证。是动物感受外界风邪所致，且多为兼证，如风寒、风热、风湿等。风寒所致病证，症见恶寒发热，耳鼻发凉，鼻流清涕，肢痛懒行，脉浮紧等。治宜疏风散寒。风热所致病证，症见发热重，恶风出汗，吞咽缓慢或有疼痛表现，鼻液黄稠，口红舌干，脉浮数等。治宜散风清热。风湿为病可见肌肉关节疼痛，游走不定，四肢交替疼痛。治宜祛风活血，除湿通络。

（2）内风证。由于脏腑本身机能失调而产生的风证称为内风。常见的有血虚生风和热极生风。血虚生风是由于肝血亏虚，肾精不足，筋失所养所致，症见肢体麻木、颤抖、抽搐等。治宜养血息风。热极生风是由于热盛伤阴，化火生风所致，症见发热，抽搐痉挛，颈项强直，角弓反张，肌肉震颤等。治宜清热息风。

（二）寒邪

寒为冬季的主气，故寒邪为病多见于冬季，但也可见于其他季节。外寒致病根据寒邪侵犯部位的深浅有伤寒、中寒之别。内寒是指机体机能衰退，阳气不足，寒从内生而致的病证。

1. **寒邪的性质**　寒邪具有寒凉、凝滞、收引的基本特征。

寒邪属于阴邪，其性寒凉。寒则凝结、停滞，犹如水过于寒凉则凝结成冰，流动停滞。收引，即收缩牵引。寒性有收缩牵引、收引拘急之特征，故有"寒则气收"之说。

2. **寒邪的致病特点**

(1) 易伤阳气，表现寒象。寒属阴邪，故寒邪偏盛即为阴邪偏盛，"阴盛则阳病"，阴寒偏盛，最易损伤机体阳气。感受寒邪，阳气受损，失于温煦，故全身或局部可出现明显的寒象。寒邪侵袭肌表，郁遏卫阳，出现恶寒怕冷，皮紧毛乍等表寒症状；寒邪直中于里，损伤脾阳，则运化升降失常，出现肢体寒冷、腹痛，下利清谷，尿液清长，口吐清涎等症状。

(2) 阻滞气血，多见疼痛。气血津液的运行，有赖阳气的温煦推动。寒性凝滞，寒邪侵入机体，阳气受损，经脉气血失于阳气温煦，则阻滞凝结，滞涩不通，不通则痛，故寒邪为病多见疼痛症状。感受寒邪所致疼痛的特点，多为局部冷痛，得温则减，遇寒加重。如寒邪伤表，则肢体疼痛，寒邪直中胃肠，则肚腹冷痛。

(3) 腠理、筋脉收缩拘急。寒性收引，故寒邪侵袭机体，可使气机收敛，腠理闭塞，筋脉收缩而挛急。例如，寒袭肌表，则毛窍收缩，故无汗；寒入经脉，则血脉挛缩，可见脉紧；寒客筋脉，则筋脉收引拘急，可使肢体关节屈伸不利。

3. 常见的寒证

(1) 外寒证。是动物感受外界的寒邪所致，有伤寒和中寒之别。伤寒是指寒邪伤于肌表，郁遏卫阳引起的病证。症见恶寒发热，无汗，鼻流清涕，肢体疼痛。治宜散寒解表。中寒是指寒邪直中于里，伤及脏腑阳气引起的病证。症见肠鸣泄泻，腹痛起卧等。治宜温中散寒。

(2) 内寒证。即阳虚里寒，指机体机能衰退，阳气不足，寒从内生所致。常见于脾、胃、肾的阳气不足。脾阳不足多见腹胀便溏，四肢不温；胃阳不足多见口流清涎，腹痛泄泻；肾阳不足多见肢冷无力，小便清长等。治宜温阳散寒。

(三) 暑邪

暑为夏季的主气，独见于夏令，具有明显的季节性。在夏至以后，立秋之前感受自然界中的火热外邪则为暑邪。暑邪纯属外邪，只有外感，而无内生，故无内暑之说。

1. 暑邪的性质 暑邪具有炎热、升散、挟湿的基本特性。

暑为盛夏火热之气，具有炎热之性，故为阳邪。升散，即上升发散。暑热之气上蒸，热蒸气泄，而向外发散，故其性升散。因夏季气候炎热，且多雨潮湿，暑蒸湿动，故暑邪多易兼挟湿邪。

2. 暑邪的致病特点

(1) 表现阳热之象。暑为火热之气，具有炎热之性，故暑邪致病多表现出一派阳热之象，如出现壮热、口渴、汗多、脉象洪大等症状。

(2) 上犯头目，扰及心神。暑邪具有炎热、升散之性。升，即暑邪易于上犯头目，热忧心神。暑热之邪，扰动心神，则躁动不安。

(3) 易于伤津耗气。暑性升散，暑邪为害易于发散，故常伤津耗气。暑邪侵犯机体多直入气分，使腠理开泄，津液发散于体表，而致大汗。汗出过多，一方面耗伤津液，出现口渴喜饮、唇干舌燥、尿少色黄等症；另一方面，在大量汗出的同时，往往气随津泄而导致气虚。故伤于暑者，常可见精神倦怠，四肢无力，甚至形似酒醉，神志昏迷等气随津脱之象。

(4) 多见暑湿夹杂。夏暑时节，多雨潮湿，感受暑邪常兼挟湿邪，故暑邪为病，多合湿邪而弥漫机体，见暑湿夹杂证候。临诊除发热、烦渴等暑热表现外，常兼见四肢困倦、少食、大便溏泄等湿阻症状。暑湿并存，一般以暑热为主，湿邪次之。暑多挟湿，但并非暑中必定有湿。

3. 常见的暑证

(1) 伤暑。为暑病的轻证。症见身热气喘，精神沉郁，口渴喜饮，四肢无力，粪干尿赤，口干舌红，脉数等。治宜清热解暑。

(2) 中暑。为暑病的重证，多突然发病。症见高热神昏，突然倒地，行走如醉，肌肉震颤，站立不稳，呼吸气喘，浑身出汗如油，口色红燥等。治疗宜先用针刺急救，药物治疗宜清热解暑，安神开窍。

(3) 暑湿。即暑邪挟湿的一种病证。症见四肢倦怠，食欲不振，便溏，尿短赤，舌苔黄腻，脉数。治宜清暑化湿。

(四) 湿邪

湿为长夏主气。长夏处于夏秋之交，湿气最盛，空气湿度加大，潮湿充斥，故一年之中长夏多湿病。但一年四季都有，如厩舍潮湿，动物久处湿地或被阴雨久淋，都能成为湿邪而致病，统称为外湿证。内湿是由于脾运化水湿的功能障碍，水湿蓄积停滞而致的一种病证。

1. 湿邪的性质 湿邪以重浊、黏滞、趋下为基本特性。

湿性类水，水性属阴，故湿为阴邪。湿邪多浑浊不清，故湿性重浊。湿乃水液弥漫浸渍的状态，多黏腻不爽，易于停滞留积，故湿性黏滞。水性趋下，故湿邪为病有下行趋低之势。

2. 湿邪的致病特点

(1) 易于损伤阳气。湿为阴邪，湿胜即阴胜，"阴胜则阳病"，故湿邪为害，易伤阳气，故有"湿胜则阳微"之说。脾为阴土，主运化水湿，却又喜燥而恶湿，对湿邪有着特殊的易感性。湿邪为病，常先困脾，使脾阳不振，运化无权，水湿不运溢于皮肤为水肿，流于肠胃而成泄泻，阻滞气机，气行不畅，故可见肚腹胀满、腹痛、里急后重等症状。当用化气利湿、通利小便的方法，使气机通畅，水道通调，则湿邪可从小便而去，湿去则阳气自通。

(2) 易于阻遏气机。湿邪侵及机体，由于其黏腻停滞的特性，故湿邪留滞于脏腑经络，最易阻滞气机，导致气机升降失常。湿困脾胃，脾胃纳运失职，升降失常，则见食欲不振、腹胀、便溏不爽、小便短涩等。

(3) 易于侵袭阴位。湿性重浊，其性趋下，致病具有伤及机体下部的特点。湿邪致病常见肢体沉重，困倦乏力；排泄物和分泌物秽浊不清，黏滞不爽，如大便溏泄黏腻不爽、下痢脓血黏液、小便浑浊涩滞不畅等。

(4) 病程缠绵难愈。湿性黏滞，胶着难解，故起病缓慢隐袭、病程较长、反复发作、缠绵难愈。如湿疹、着痹等。

3. 常见的湿证

（1）外湿证。指动物感受外界湿邪所致，因湿邪侵犯部位不同而症状有异。若湿滞经络，则动物表现四肢沉重，关节肿痛，屈伸不利，运动障碍等，治宜祛湿通络；若湿困脾胃，则表现为食欲不振，粪便清稀，肢体沉重，口色淡黄等，治宜化湿健脾；若湿溢皮肤则形成湿疹等，治宜祛湿解表。此外，外界湿邪还可以挟风、寒、热邪侵害机体而形成风湿、寒湿、湿热等证。

（2）内湿证。主要是由于脾运化水湿的功能减退，使湿由内生所致。症见食欲不振，草料不化，腹泻腹胀，水肿，尿少，舌苔白腻等。治宜温阳健脾，化湿利水。

（五）燥邪

燥为秋季主气。秋季天气收敛清肃，气候干燥，空气中水分减少，故燥邪多见于秋季，故又称秋燥。燥邪多从口鼻而入侵犯机体，从而产生外燥病证。内燥为燥从内生，是机体阴津亏损所表现的病证。

1. 燥邪的性质 燥邪具有干燥、涩滞的基本特性。

燥邪性质干燥，易使水分减少，失于润泽，因而涩滞。

2. 燥邪的致病特点

（1）易耗伤津液。燥性干涩，侵犯机体，最易耗伤津液，出现各种干燥、涩滞不利的症状。如口干唇燥、鼻咽干燥、皮肤干燥、被毛干枯不荣、小便短少、大便干结等，故有"燥胜则干"之说。

（2）易于伤肺。燥为秋令主气，与肺相应。肺为娇脏，喜润而恶燥。肺主呼吸，开窍于鼻，直接与自然界的大气相通，又外合皮毛，而燥邪多从口鼻而入，故燥邪最易伤肺。燥邪犯肺，使肺津受损，清肃失职，从而出现干咳少痰、鼻液黏稠或鼻衄等症状。

3. 常见的燥证

（1）外燥证。外燥证又分为温燥和凉燥。初秋有夏热之余气，久晴无雨，秋阳以曝，则燥与热相结合而侵犯机体者称温燥；深秋有近冬之气凉，西风肃杀，则燥与寒相结合而侵犯机体者称凉燥。

温燥：即燥而偏热的病证。症见发热微恶风寒，口鼻干燥，甚至鼻镜干裂，口干欲饮，粪便干结，口色红燥。治宜辛凉解表，清肺润燥。

凉燥：即燥而偏寒的病证。症见发热恶寒，无汗，皮肤干燥，唇干咽燥，干咳无痰等。治宜宣肺解表。

温燥与瘟病的病症较为相似，但温燥的伤津症状更为明显；凉燥与表寒的病症较为相似，但凉燥有伤津的症状。

（2）内燥证。多因热甚伤津或汗出太过，伤津化燥所致。症见皮毛干枯，干咳无痰，口干舌燥，鼻镜燥裂，粪干尿少，口色红绛等。治宜滋阴润燥。

（六）热（火）邪

热邪，又称温邪、温热之邪。热之极则为火。温、热、火邪三者仅程度不同，没有本质的区别。温邪与热邪多属外感，如风热、暑热、湿热等；火邪既可由外感引起，又可内生。内生的火多由脏腑阴阳气血失调所致，如心火上炎等。火证常见热象，但火证与热证又有些不同，火证的热象较热证更为明显，且表现出炎症的特征。

1. 热（火）邪的性质　热（火）邪具有燔灼、炎上、急迫的基本特性。

热（火）邪之性炎热燔灼，蒸腾向上，来势急骤，变化迅速猛烈，故热（火）为阳邪。

2. 热（火）邪的致病特点

（1）表现阳热之象。热（火）为阳邪，其性燔灼，故火热之邪侵犯机体表现为一派阳热之象，可见壮热，躁动不安，目赤肿痛，粪干尿少，舌红，脉洪数等症状。

（2）易于伤津耗气。热（火）邪侵犯机体，因其燔灼蒸腾而消灼煎熬阴津，又逼迫汗液外泄，从而耗伤机体的津液，故热（火）邪致病临诊表现除热象显著外，常伴有大汗、口渴喜饮、咽干舌燥、尿少色黄、粪便干燥，严重者出现眼窝凹陷等津液不足的症状。火热阳邪过盛，机体机能亢奋，还易于消蚀机体正气，故有"壮火食气"之说；同时火热之邪迫津外泄，也会导致气随津泄而耗气，因此临诊还可见倦怠喜卧等气虚的症状。

（3）易致生风动血。火热之邪侵犯机体，易于引起肝风内动和血液妄行的病证。火热之邪燔灼肝经，劫耗阴液，使筋脉失养，运动失常，可致肝风内动，称为"热极生风"，临诊表现为高热、四肢抽搐、颈项强直，角弓反张，狂暴不安等。火热之邪侵犯血脉，可扩张血脉，加速血行，甚则灼伤脉络，迫血妄行，引起各种出血病证，如吐血、衄血、便血、尿血、皮肤发斑等。

（4）易致阳性疮痈。火热之邪入于血分，可聚于局部，腐蚀血肉，形成阳性疮疡痈肿，故有"痈疽原是火毒生"之说。可见火热之邪是引起阳性疮疡的主要病因，其临诊表现以疮疡局部红、肿、热、痛为主要特征。

3. 常见的火证

（1）实火证。多因外感火热之邪或六淫入里化火而成。症见高热口渴，躁动不安，粪干尿赤，或口舌生疮，咽喉肿痛，严重者神昏狂躁，出血发斑等。治宜清热泻火。

（2）虚火证。多因脏腑机能失调而致阴津亏损，虚火内生所致。症见体瘦毛焦，午后发热，躁扰不安，舌红少津，尿短赤，脉细数。治宜滋阴降火。

现将六淫的性质和致病特点列简表如下（表4-1）

表4-1　六淫的性质和致病特点简表

六淫	性　质	致　病　特　点
风邪	轻扬开泄	易于侵袭阳位：病位在上，如鼻塞流涕、咳嗽 病位在表，腠理开张发泄，如发热、汗出、恶风
	善行数变	病位游移不定：如行痹之四肢关节游走性疼痛
	动摇不定	肢体异常运动：如破伤风之四肢抽搐、角弓反张、直视上吊
	多兼他邪	常为外邪致病的先导：寒、湿、燥、热等邪气，多依附于风邪而侵袭机体
寒邪	寒凉	易伤阳气，表现寒象：寒邪伤于肌表，郁遏卫阳——"伤寒"；寒邪直中于里，伤及脏腑阳气——"中寒"
	凝滞	阻滞气血，多见疼痛：局部冷痛，得温则减，遇寒加重
	收引	腠理、经脉、筋脉收缩拘急：如无汗、脉紧、筋脉拘急

(续)

六淫	性质	致病特点
暑邪	炎热	表现阳热之象：如壮热、口渴、多汗、脉象洪大
	升散	上犯头目，扰及心神：如烦躁不宁
		易于伤津耗气：伤津则口渴喜饮、唇干舌燥、尿少色黄耗气则气短无力、倦怠喜卧，甚至形似酒醉、昏迷
	挟湿	多见暑湿夹杂：除发热、烦渴等暑热表现外，常兼见四肢困倦、少食、大便溏泄
湿邪	重浊	易于损伤阳气：湿邪为病，常先困脾，使脾阳不振，运化无权，水湿停聚，发为泄泻、水肿
		湿邪致病常见肢体沉重，困倦乏力
		排泄物分泌物秽浊不清，黏滞不爽：如大便溏泄黏腻不爽、下痢脓血黏液、小便浑浊涩滞不畅
	黏滞	易于阻遏气机：如湿困脾胃，脾胃纳运失职，升降失常，而引起食欲不振、腹胀等
		病程缠绵难愈：起病缓慢隐袭、病程较长、反复发作、缠绵难愈
	趋下	易于侵袭阴位：如湿邪下注多见小便浑浊、泄泻、下痢等
燥邪	干燥涩滞	易于耗伤津液：如鼻镜干燥、被毛干枯不荣、小便短少、大便干结
		易于伤肺：干咳少痰，或痰中带血
热（火）邪	燔灼急迫	表现阳热之象：壮热、目赤红肿、舌红、脉洪数
		易于伤津耗气：热盛伤津则汗出、口渴喜饮、咽干舌燥、尿少便干，"壮火食气"则倦怠喜卧
		易致生风动血：热极生风则高热、四肢抽搐、两目上视、角弓反张，灼伤脉络，迫血妄行则出血
		易致阳性疮痈：疮疡局部红、肿、热、痛

二、疫疠之气

疫气，泛指一类具有强烈传染性和致病性的外感病邪。疫气又称为"疠气"、"疫疠之气"等。疫疠之气通过空气和接触传染，多从口鼻、皮肤侵入机体，亦可随饮食、蚊叮虫咬、血液等途径侵入动物体而致病。

疫疠之气引起的疾病称为"疫病"、"瘟病"或"瘟疫病"。疫疠之气致病的种类很多，如马的偏次黄（炭疽）、牛瘟、猪瘟等，实际上包括了许多烈性传染病。

（一）疫疠之气的性质及致病特点

1. 传染性强，易于流行 疫疠之气具有强烈的传染性和流行性，这是疫疠之气有别于其他病邪最显著的特征。处在疫疠之气流行地区的动物，无论体质强弱，只要接触疫疠之气，都可能发生疫病。当然，疫疠之气发病，既可大面积流行，也可散在发生。

2. 特异性强，症状相似 疫疠之气具有很强的特异性，一种疫疠之气只能导致一种疫病发生，所谓"一气一病"；疫疠之气对机体的作用部位具有特异性，因此每一种疫疠之气所致之疫病，均有较为相似的临诊特征和传变规律。

3. 发病急骤，病情危重 疫疠之气多属热毒之邪，其性疾速迅猛，致病具有发病急骤，来势凶猛，变化多端，病情险恶的特点，发病过程中常出现热盛、伤津、扰神、动血、生风等病变。某些疫病预后不良，死亡率高。

（二）疫疠之气发生和疫病流行的原因

1. 气候反常 自然气候的反常变化，如久旱、酷热、水灾、湿雾瘴气等，均可滋生疫疠之气而导致疫病发生。

2. 环境污染 环境污染是疫疠之气形成的重要原因，如水源、空气污染可能滋生疫疠之气。食物污染也可引起疫病发生。

3. 预防隔离工作不严格 由于疫疠之气具有强烈的传染性，故预防隔离工作不严格也会使疫病发生或流行。

第二节 内伤病因

内伤，主要是由于饲养失宜，管理不善所致。内伤多为动物发病的直接原因，常导致机体的正气不足，抗病力降低，容易感受外邪而发病。内伤包括饥、饱、劳（役）、逸四个方面。饥、饱之伤主要是饲养不当所致，而劳（役）、逸伤则是使役或管理不当所致。

一、饥　伤

凡由饥渴引起的病证皆为饥伤。饥伤是因饲养不当，营养不良，使动物饥不得食，渴不得饮，或时饥时饱，以致气血化源不足，久则气虚血亏而为病。动物表现日渐消瘦，毛焦肷吊，头低耳耷，四肢倦怠无力等。故《安骥集·八邪论》说"饥谓水草不足也，故伤脂"。饥伤易引起动物发育不良、生长缓慢、生产能力下降，甚则可因衰竭而死亡。对于饥伤轻证，一般不需要用药治疗，加强饲养即可。

二、饱　伤

凡饮喂太过所引起的病证皆为饱伤。饱伤多因饮喂失节，或动物乘饥暴食暴饮，使胃肠功能受损所致。胃虽为水谷之海，但其受纳能力是有限度的，如果超过胃肠的容纳限度，就会使胃肠的功能失常，以致草料停滞于胃肠而形成饱伤之证。故《安骥集·八邪论》说"水草倍，则肠胃伤"。饱伤之证，常见肚腹胀满，呼吸气粗，嗳气酸臭，站卧不安或泄泻等症状，如反刍动物的宿草不转等。治宜消积导滞。

三、劳（役）伤

劳（役）伤，是指劳役过度或使役不当所引起的病证。役畜突然作重剧劳动，多致劳伤；长时间劳动而缺乏休息，则多致役伤。故有"劳伤心，役伤肝"之说。久役过劳，则易耗伤精血，正气亏损，脾胃失调，脏腑失养而致体瘦毛焦，精神短少，四肢倦怠，力衰筋乏。故有"劳则气耗"之说。若奔走太急，可引起走伤，则见败血凝蹄及眼病等。治宜养心补脾。

四、逸 伤

逸伤，是指动物久不使役或缺乏运动所引起的病证。合理的使役和运动，对保证动物的健康具有积极意义。若役畜长期停止使役或运动，可使机体气血流通不畅，脏腑功能减弱，脂肪过度蓄积，以致生产力、抗病力下降；雄性动物缺乏运动，可使精子活力降低而不育；雌性动物缺乏运动，可因过肥而不孕或难产等；动物久逸不劳，则可引起劳力下降，如再突然劳役，也易引起心肺功能失调等。对于逸伤的病证，应加强运动及进行合理的使役。

第三节 其他病因

其他病因包括外伤、中毒、寄生虫、痰饮、淤血等。

一、外 伤

常见的外伤性致病因素有创伤、挫伤、烫火伤及虫兽伤。

创伤多为锋利刀刃、尖锐物体等造成肌肤不同程度的破损，引起出血、肿胀、疼痛等；挫伤多由钝力损伤所致，是一种没有外露伤口的损伤，如跌扑、撞击、角斗、蹴踢等。轻者造成淤滞肿胀，重则筋断骨折、脱臼等。

烫火伤包括烫伤和烧伤，造成皮肤、肌肉等组织损伤，严重者可引起昏迷或死亡。

虫兽伤是指虫兽咬伤或螫伤所致，如狂犬咬伤、毒蛇咬伤，蜂、虻、蝎子等蜇伤。虫兽伤除出现肌肤损伤，局部严重肿胀外，还可引起中毒，可使动物在短期内死亡。

外伤性致病因素所引起的病证，除可见患部损伤、出血、淤血、肿胀、疼痛，或者筋骨断裂等症状外，有时还可造成脏腑损伤，出现全身性症状。

二、中 毒

凡有毒物质进入机体，引起的脏腑功能失调和组织损伤称为中毒。凡能引起动物中毒的物质称为毒物。引起动物中毒的原因很多，如腐败、霉烂的饲料；青绿饲料在微生物的作用下，产生的氢氰酸、亚硝酸盐；棉籽饼未经高温或浸泡处理所含的棉酚；发芽变青的马铃薯；甘薯黑斑病；长期饲喂青杠叶；饲料中过量的矿物质；治疗用药过量以及农药、化肥、有毒气体等均可导致中毒。

动物中毒后，发病急剧，表现出一系列的中毒症状。轻则出现流涎、呕吐、磨牙、呼吸喘粗、腹泻、便血、体温下降、惊恐等症状；重则痉挛抽搐，呼吸困难，四肢麻木，瞳孔散大或缩小，出汗，脉结代等，甚至很快死亡。

三、寄生虫

凡寄生在动物体内外，以夺取动物机体营养来维持自身生命的寄生物称为寄生虫。中兽医学对内外寄生虫都有一定的认识。对外寄生虫如虱子、螨等，提出了有效的杀灭措施；对蛔虫、绦虫、蛲虫等肠道寄生虫，则认为是由于饮食不洁所致。外寄生虫主要寄生在动物皮肤，引起皮肤瘙痒，骚动不安，寄生虫吸取动物机体营养，日久使动物消瘦；内寄生虫主要寄生于肠道、肝、胆、肺等内脏组织，引起动物消瘦，虚弱，能吃不长膘，皮毛粗乱，泄泻，水肿；或引起肠管阻塞，或进入胆管、血管等。

四、痰　饮

痰饮是由津液凝聚变化而成的水湿，它既是脏腑功能失调的一种病理产物，又可成为其他病证的致病因素。一般而言，黏浊而稠的为痰，清稀如水者为饮。痰饮既可成为直接的致病因素，又可引发其他病因的出现，产生其他新的病证，故有"百病皆因痰作祟"之说。

痰饮多由脾、肺、肾功能失调，水液代谢障碍所致。脾主运化水湿，脾健运则水液得以正常运化和输布，脾失健运则水湿不化，聚而为痰或饮，故有"脾为生痰之源"之说。肺主肃降，通调水道，肺气宣降，津液得以输布，肺失宣降，则津液不布，聚为痰饮，壅滞于肺，阻碍肺气，故有"肺为贮痰之器"之说。肾主水而蒸化水气，肾阳不足，不能化气行水则水饮内停，致成痰饮。此外，邪热郁火煎熬津液，或气滞不畅，经脉不利，水湿结聚，也可形成痰饮。

痰饮所致病证繁多，症状各异。如痰液壅滞于肺，可见咳嗽喘息；痰迷心窍，可致神昏狂乱；饮在肌肤而成水肿；饮聚胸中而为胸水；饮留腹腔而为腹水；饮留肠中易致肠鸣水泻等。

五、淤　血

淤血是指血液运行不畅，局部血液停滞及体内存留离经之血。淤血既是一种病理产物，又可作为病因影响气血循行而引发许多疾病。

淤血多由血液运行不畅，或体内出血不能及时消散所致。如阳气虚损，鼓动无力；气滞郁结，疏泄不利；血热津枯，失于濡润；寒入经脉，血液凝塞等，都可导致淤血病证的发生。

淤血病证常随淤阻的部位不同而症状有异。如淤阻局部，可见局部肿块、淤痛或淤斑；淤阻脉道，血流不畅，可致血液外溢，引起出血；淤阻胞宫，可见腹痛，恶露不行等。

第四节 病　　机

病机，即疾病发生、发展、变化及转归的机理，又称"病理"。任何疾病的发生、发展、变化及其转归，与患病机体的正气强弱、感邪轻重和致病邪气的性质、邪气所伤部位等密切相关。当致病邪气作用于机体，机体的正气必然奋起抗邪，引起正邪斗争，因此正邪斗争就成为疾病全过程的基本矛盾。在疾病过程中，正邪之间的斗争必然导致双方力量的盛衰变化，从而导致机体阴阳的平衡状态失调，或气血津液的生理功能和相互关系失常，或脏腑经络机能的紊乱，产生一系列复杂的病理变化。

一、发病的基本原理

发病即指疾病的发生（包括疾病复发）。健康和疾病是相对而言的，正常情况下，机体内部各脏腑组织器官的生理活动和气血阴阳处于相对平衡状态，且动物体与自然界保持着协调统一状态，这是维持动物体正常生理活动的基础，这样动物就处于健康状态。动物体在一定的致病因素作用下，正气与致病邪气之间的斗争，使动物体的某些平衡协调状态遭到破坏，出现脏腑、经络等组织器官的功能活动或形态结构异常，或气、血、津液的耗损与代谢失常，表现出一定的临诊症状，便发生了疾病。

疾病发生的因素虽然十分复杂，但总其大要，不外乎动物体本身的正气和致病邪气两个方面。正气，简称"正"，与邪气相对而言，泛指机体的各种物质结构（脏腑、经络、气血津液等），是产生生理机能、抗病能力的物质基础。正气是随着动物的生长发育，及其在不断适应自然的过程中逐渐完善起来的，具有抵御、消除各种有害因素，使动物免受病邪伤害，而一旦受到损害则能促使其恢复的能力。邪气，简称"邪"，泛指各种致病因素，包括六淫、疫气、劳逸损伤及各种病理产物（如痰饮、淤血）等。这些因素都具有损伤机体的正气，破坏脏腑组织器官的功能活动及形态结构的特性。因此，疾病的发生，是在一定条件下正邪斗争的反映。

（一）正气不足是疾病发生的内在根据

中兽医学十分重视动物体的正气，强调动物体正气在发病过程中的主导作用，认为正气充足，卫外固密，病邪就难以侵犯机体，疾病则无从发生，或虽有邪气侵犯，正气亦能抗邪外出而免于发病。所以说"正气存内，邪不可干"（《素问·刺法论》）。只有在机体正气相对虚弱，卫外不固时，邪气方能乘虚而入，导致病理性损害，从而发生疾病。因此说"邪之所凑，其气必虚"（《素问·评热病论》）。可见正气不足是疾病发生的内在根据，是矛盾的主要方面；当然，机体正气的抗邪能力也是有一定限度的，若邪气过盛，或邪气的致病性较强，超过机体正气的抗邪能力，也可发病。

（二）邪气是疾病发生的重要条件

中兽医学强调正气在疾病发生过程中的主导地位，并不排除邪气对疾病发生的重要作用。任何邪气都具有不同程度的致病性,在正气相对不足的前提下,邪气的入侵则是疾病发生的重要条件,如六淫邪气为病,就是外感病发生的外在因素。因此,在一般情况下,邪气只是发病的条件,并非是决定发病与否的惟一因素。但在某些特殊的情况下,邪气也可以在发病中起主导作用,如疫疠之气。

(三)正邪斗争的胜负决定发病与否

邪气一旦入侵,机体的正气必然奋起抗邪而引起正邪相争,正气与病邪斗争的胜负,不仅决定疾病的发生与否,而且关系到发病的轻重缓急。

1. 正胜邪却则不病 自然界存在着各种各样的致病邪气,但并非所有接触的动物都会发病,这是因为正气充足,卫外固密,邪气不能侵入的缘故。即使有邪气侵犯机体,若正气强盛,抗邪有力,病邪入侵后亦能被正气及时消除,并不产生病理反应,可以不发病,此即正胜邪却。

2. 邪胜正负则发病 在正邪斗争的过程中,若邪气偏胜,正气相对不足,邪胜正负,便可导致疾病的发生。由于正气不足的程度、病邪的性质、感邪的轻重,以及邪气所中部位的深浅不同,疾病的发生也有轻重缓急之别。如感邪较重,邪气入深,则发病较急、较重;感邪较轻,邪在肌表,则发病较轻;正气不足,感邪较轻,则发病较缓等。

二、基本病机

中兽医学认为疾病的发生、发展虽然错综复杂,千变万化,但就其病机过程来讲,总不外乎邪正盛衰、阴阳失调、升降失常等几个方面。

(一)邪正盛衰

邪正盛衰,是指在疾病的发生、发展过程中,致病邪气与机体抗病能力之间相互斗争所发生的盛衰变化。邪正斗争的消长盛衰,不仅决定着疾病的虚实病理变化,同时还关系到疾病的发展与转归。从一定意义上说,任何疾病的发展演变过程,也就是邪正斗争及其盛衰变化的过程。

在疾病的虚实表现及变化方面,若邪气亢盛,正气未衰,疾病主要表现为以邪盛为矛盾主要方面的实性病机。此时由于邪气虽盛,但正气未衰,尚能积极与邪抗争,从而形成正邪激烈相争,病理反应强烈,表现一系列以亢奋、有余、不通为特征的实性病理变化,如壮热、狂躁、腹痛拒按、二便不通等。实性病机多见于外感病的初期和中期,或食、水、淤血等滞留于体内所引起的疾病。若正气不足,邪不太盛,疾病主要表现为以正气亏虚为矛盾主要方面的虚性病机。此时由于机体正气衰弱,而且邪亦不盛,正邪相争无力,难以出现剧烈的病理反应,表现为一系列以衰退、虚弱、不固为主要特征的虚性病理变化,如倦怠无力、动则气喘、畏寒肢冷、体瘦毛焦等。虚性病机多见于疾病后期,或多种慢性疾病的病理过程之中。另外,在疾病过程中,随着邪正双方力量的消长盛衰,还可以形成"虚实错杂"、"虚实转化"等多种复杂的病理变化。如邪去正伤,是由实转虚的情况;而病邪久留,损伤正气,或正气本虚,无力祛邪所致痰、食、水、血郁结,则是虚实错杂的证候。因此，应当动态地观察和分析疾病的虚实变化。

在疾病的发展和转归方面，若正气不甚虚弱，邪气亦不太强盛，邪正双方势均力敌，则为邪正相持，疾病处于迁延状态；若正气日益强盛或邪气日益衰弱，则为正胜邪退，疾病向好转或痊愈的方向发展；相反，如果正气日益衰弱，邪气日益亢盛，则为邪盛正虚，疾病向恶化或危重的方向发展；若正气虽然战胜了邪气，邪气被祛除，但正气亦因之而大伤，则为邪去正伤，多见于重病的恢复期。

（二）升降失常

气机的升降出入是动物体气化功能的基本运动形式，是脏腑功能活动的特点。在正常情况下，动物体各脏腑的机能活动都有一定的形式。如脾主升，胃主降。由于脾胃是后天之本，居于中焦，通达上下，是全身气机升降的枢纽。升则上归心肺，降则下归肝肾；而肝之升发，肺之肃降；心火下降，肾水上升；肺气宣发，肾阳蒸腾；肺主呼吸，肾主纳气，都要脾胃配合来完成升降运动。如果这些脏腑的升降功能失常，即可出现种种病理现象。例如，脾之清气不升，反而下降，就会出现泄泻甚至垂脱之证；若胃之浊阴不降，反而上逆，则出现呕吐、反胃；若肺失肃降，则咳嗽、气喘；若肾不纳气，则喘息、气短；若心火上炎，则口舌生疮；肝火上炎，则目赤肿痛。凡此种种，不胜枚举。虽然病证繁多，但究其病机，无不与脏腑经络以及营卫之气的升降失常有关。

（三）阴阳失调

中兽医学认为，动物体内阴阳两个方面既对立又统一，保持相对平衡状态，以维持动物体正常的生命活动。如果阴阳的相对平衡遭到破坏，就会导致阴阳失调，其结果决定了疾病的发生、发展和转归。

在疾病的发生方面认为疾病是阴阳失调，发生偏盛偏衰所致。在阴阳的偏胜方面，阳胜者必伤阴，故阳胜则阴病而见热证；阴胜者必伤阳，故阴胜则阳病而见寒证。在阴阳的偏衰方面，阳虚则阴相对偏胜，表现为虚寒证；阴虚则阳相对偏胜，表现为虚热证。由于阴阳互根互用，阴损及阳，阳损及阴，最终可导致阴阳俱损。

在疾病的发展方面认为在疾病过程中，阴阳总是处于不断变化之中，阴阳失调的病变，其病性在一定的条件下可以向相反的方向转化，即出现由阴转阳或由阳转阴的变化。此外，若阳气极度虚弱，阳不制阴，偏盛之阴盘踞于内，逼迫衰极之阳浮越于外，可出现阴阳不相维系的阴盛格阳之证；若邪热极盛，阳气被郁，深伏于里，不能外达四肢，也可发生格阴于外的阳盛格阴之证。严重者，还可以导致亡阴、亡阳的病变。

在疾病的转归方面若经过治疗，阴阳逐渐恢复相对平衡，则疾病趋于好转或痊愈；否则，阴阳不但没有趋向平衡，反而遭到更加严重的破坏，就会导致阴阳离决，疾病恶化甚至导致死亡。

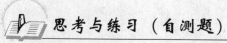

思考与练习（自测题）

一、选择题（每小题3分，共15分）

1. 六淫是指（　　）
    A. 六气
    B. 疠气、疫气、戾气、异气、毒气
    C. 内风、内寒、内湿、内燥、内火、内热
    D. 风、寒、暑、湿、燥、火六种外感病邪
2. 湿邪侵犯机体，常先影响（　　）
    A. 心　　B. 肺　　C. 脾　　D. 肾
3. 风邪的性质和致病特点之一是（　　）
    A. 凝滞　　　　B. 为百病之长
    C. 易耗气伤津　D. 重浊黏滞
4. 下列哪点不属于火邪的性质与致病特点（　　）
    A. 易伤阴津　B. 易于动血
    C. 易于生风　D. 其性干涩
5. 湿邪、寒邪的共同致病特征是（　　）
    A. 损伤阳气　B. 阻遏气机　C. 易袭阳位　D. 凝滞收引

二、填空题（每空3分，共30分）

1. 风为_____季的主气；风为百病之长，是指风邪常为_____。
2. 寒为_____的主气，湿为_____的主气。
3. 凡致病具有炎热升腾，无明显季节性的病邪，称为_____邪；易伤_____。
4. ____邪有明显的季节性，发病迅速。临诊病状变化无常的致病因素是_____邪。
5. 燥为_____季的主气，燥性干涩，最易伤_____。

三、简答题（每小题5分，共25分）

1. 何谓病因？包括哪些内容？
2. 什么叫疫疠之气？
3. 六气和六淫的联系与区别是什么？
4. 简述风邪的性质和致病特点。
5. 简述湿邪的性质和致病特点。

四、论述题（每小题15分，共30分）

1. 试述六淫的性质及致病特点。
2. 论述发病的基本原理。

第二篇

常用中草药及方剂

第二篇

常用中草药及方剂

第五章

中草药及方剂的基本知识

学习目标
1. 熟悉中草药的采集、贮存、加工、炮制等方法。
2. 掌握中药的四气、五味、升降浮沉、归经等基本性能。
3. 掌握方剂的组成、配伍、剂型、剂量及用法。
4. 了解中药主要有效成分及其药理作用。
5. 了解中草药栽培技术要点。

在我国，中药的应用有着悠久的历史，有其独特的理论体系和应用形式，充分反映了我国历史文化和自然资源的特点。所谓中药就是指在中（兽）医理论指导下，用于预防、治疗和诊断疾病的物质。中药主要来源于天然药物及其加工品，包括植物药、动物药、矿物药及部分化学药物。由于中药以植物药居多，因此自古相沿把中药称为本草。所谓草药，指广泛流传于民间，在正规中医院应用不太普遍，为民间医生所习用，且加工炮制尚欠规范的部分中药。所谓中草药，是指中药和草药的混称。由此可见，草药、中草药与中药没有本质的区别，为避免混淆，从其发展趋势来看，应统一于中药一词的概念中。由于古人把中药称为"本草"，故把记述中药的专著称为"本草经"。本草经即中药学，是研究中药的来源、产地、炮制、性能、功效和应用方法等知识的一门学科，是中（兽）医学的一个重要组成部分。

我国地域辽阔，药材资源丰富，仅典籍记载的药物即达3 000多种，现代出版的《中药大辞典》共收药5 767种。近几年，中药学专著收载的药物达万种。

方剂就是在辨证立法的基础上，根据病情需要，选择适宜的药物，按照组方原则并酌定用量和用法，配伍而成的药物有机群体。药物组成方剂后，能互相协调，加强疗效，更好地适应复杂病情，并能减少或缓和某些药物的毒性和烈性，消除其不利作用。方剂作为治疗疾病的一种医疗工具，被广泛应用于临诊实践。方剂的数量较多，仅《本草纲目》就附方11 000个，清《普济方》载方61 739个，《元亨疗马集》收载方剂400多个。根据方剂来源不同，有经方、时方、验方之别。

古今中药、方剂浩如烟海，我们之所以名其曰常用中草药及方剂，就是选择常用和有代表性的中药与方剂进行介绍、学习，以便掌握自学其他中药和方剂的基本方法。

第一节 中药的采集、加工与贮藏

中药的采集、加工和贮藏是否合理，直接影响药材的质量和临诊疗效，且无计划地滥采还会严重损害药源。因此，有计划合理采集和科学贮藏药材，是保证药材质量、保护药源和提高药材利用率的重要途径。

一、药材生长环境

中药的有效成分与其生长环境有着密切的联系。自古以来医家就非常重视"道地药材"，即指产地适宜、品种优良、产量丰富、炮制考究、疗效突出、带有明显地域特点的药材。了解中药的生长环境和分布规律，对指导临诊准确选药、开发新的药源有着重要的意义。例如：贝母、龙胆草、冬虫夏草等多生长在海拔2500m以上的高山；杜仲、鸡血藤等生长在高山森林或悬崖；升麻、玉竹、吴茱萸等生长在低山森林；淫羊藿、柴胡、党参等生长在林缘区；独活、茜草、益母草、续断等生长在河谷灌区；远志生长在干燥阳坡；羌活、马勃、大黄、防风、秦艽等生长在林缘草地；菖蒲、金钱草、芦根、蒲黄等生长在沼泽和沟边地区；车前草、大蓟等生长在路边、地埂或旷野；黄芪生长在灌木丛。为了发展优质高效的中药材，国家已制定了《中药材生产质量管理规范》（good agricultural practice，GAP），其核心就是选择优良品种，在最适宜生长的地域种植或饲养，并建立科学的采收加工制度。

二、采收时机

中药大都是生药，而且大多数是植物性生药。植物在其生长发育的各个时期，由于所含有效成分的量和质以及有害成分的不同，药物的疗效和毒副作用往往差异很大，因此，中药的采集，应该在有效成分含量最高时进行。若失去采集时机，不但影响药物的产量和质量，而且也直接影响疗效，正如孙思邈在《千金翼方》中所说："夫药采取，不知时节，不以阴干暴干，虽有药名，终无药实。故不依时采取，与朽木不殊，虚费人功，率无裨益"。近代药物化学研究也证实了这一点，如人参所含的人参皂苷在8月份含量最高，麻黄所含的生物碱在秋季含量最高，槐花所含的芦丁在花蕾时含量最高，青蒿所含的青蒿素以7~8月份花蕾出现前最高等。同时，由于入药的部位不同，采集的时间也有所不同。作为一名兽医工作者，利用传统的采药经验，根据药物药用部位的生长特点，把握最佳的采收时机是十分重要的。

1. **根和根茎类** 一般在秋末植物生长停止和花叶枯萎前或初春发芽前即2月、8月采收。现代研究表明，早春及深秋植物根茎中有效成分含量较高。此时采集则产量和质量都高，如天麻、葛根、玉竹、大黄、桔梗等。但也有例外，如延胡索和半夏多在谷雨和立夏之间采收。

2. **树皮和根皮类** 树皮多在春夏之交采收，因为这时植物生产旺盛，体内浆液充沛，有效成分含量较高,且易剥离。根皮多在秋季采收。树、根皮类的采收也可结合林木采伐进行。

3. **叶类** 应在花蕾将放或盛开时采收,此时叶片茂盛,药力雄厚,但桑叶须在霜后采收。

4. **花类** 一般在花含苞欲放时或刚开时采收,以免香气失散或花瓣脱落,使有效成分含量降低。但以花粉入药者,则须在花朵盛开时采收。

5. **全草类** 一般宜在植物生长最茂盛时或花朵初开时采收。因药用部位不同,有的要整株拔起,如小蓟、车前草、地丁等;有的要割取地上部分,如益母草、紫苏、荆芥等,但茵陈应于初春采收其嫩苗。

6. **果实和种子类** 果实类应在其完全成熟或将成熟时采收,但少数也在未成熟时采收,如枳实、青皮、乌梅等。种子类应在完全成熟后采收。有些种子成熟时易脱落,应在刚成熟时采收。

7. **树脂类** 一般应选择干燥季节采集,如乳香、没药等。

8. **菌、藻、孢粉类** 根据不同药物的生长情况采收。如茯苓在立秋后采收;马勃应在子实体刚成熟时采收,过迟则孢子飞散。

9. **动物类** 有的四季可采,有的也有一定季节。如鹿茸须在清明后及时采收,过时会角化;用卵鞘入药的桑螵蛸应在3月采收;用潜在地下的成虫入药的则于活动期捕捉,如蚯蚓、蜈蚣等宜在夏、秋季采收。

10. **矿物类** 不受季节限制,任何时候都可采收。

三、保护药源

我国中药资源虽然十分丰富,但天然药源毕竟有限,有些药用植物的分布和产量也很少。如果无计划地滥采,不但造成药材资源的损坏、浪费,甚至有灭种的可能,而且还会破坏生态平衡。所以,合理采集药材是保护药源的重要措施。国家已颁布了《野生药材资源保护管理条例》,该条例列出了国家重点保护的野生药材物种一级4种、二级27种、三级45种。并规定禁止采猎一级野生物种药材,采猎、收购二、三级野生物种药材必须持采药证或狩猎证,并按批准的计划执行。要保护好药源,必须注意以下几点:

1. **统一规划,计划采药** 从中央到地方都要对中药资源进行深入调查并制定出相应的发展和保护中药资源的规划和有效措施。各有关部门对采集中药要充分重视并给予科学指导,计划采药,防止乱采乱收,积压浪费,久贮失效等。

2. **合理采收** 用全草的,在不影响质量的条件下,最好在种子成熟落地后采收,以便留种接代。用根或地下茎的最好留一段地下部分,以便继续生长。用茎叶或地上部分的不要一次采完或连根拔起,以利再生。用树皮或根皮的最好采树枝或支根上的皮。对乔木类树皮要间隔地纵剥,不可环剥而造成死亡。总之,一般要采大留小,采密留稀,合理采收。动物药材的采收要留种接代,如以锯茸代砍茸、活麝取香、活体取牛黄等。

3. **加强人工种植药材** 不少重要药材都可根据其生长特点,采用人工栽培和繁殖的方法来获取,既能满足对药材的需求,又有利于天然药源的保护。如人工培植牛黄,人工栽培大黄、贝母、羌活、秦艽、红花等。

4. **分区轮采** 对野生资源要根据条件实行分区轮采，实行封山育药等办法，使贵重的天然动植物药材资源得到保护和繁衍生息。

四、药材的加工和贮藏

1. **产地加工** 中药采收后，除少数鲜用外，均须在产地进行初步加工。加工的方法如下：

（1）挑选，去除杂质及非药用部分。

（2）较粗大的全草类、根茎类药材刷洗后切成段、片或块。这样不但利于干燥，还可避免炮制时有效成分的损失。

（3）对一些富含浆汁、淀粉或糖分的药材须经蒸、烫加工，以利于干燥；对花类药材，蒸后可不散瓣；对含有虫卵的药材如桑螵蛸、五倍子等经蒸、煮后可杀死虫卵；有些药材因其花蕾含水量大，须用硫磺熏后再干燥，以防变质变色。

2. **干燥** 中药采收后应及时干燥，以除去新鲜药材中所含的大量水分，避免发霉、虫蛀、变质、有效成分的分解和破坏及外观颜色的改变，以保证药材质量，便于贮藏。药物干燥的方法一般有晒干、阴干、烘干三种。

（1）晒干。即利用阳光把药材晒干。这种方法简便经济，常用于皮类、根类和根茎类药材的干燥。叶花和全草类药材，尤其是含挥发油类的药材，长时间暴晒容易变色，甚至使有效成分损失，不宜采用此法。

（2）阴干。即将药材放置在阴凉通风的地方晾干。此法适用于全草类或具有芳香性的花类药材。

（3）烘干。即用人工加温的方法使药材干燥，可在通风良好的烘干室内或焙炕上进行。温度一般控制在50～60℃；对含维生素类、多汁类需迅速干燥的药材，温度可控制在70～90℃；对含挥发油或需保留酶作用的药材，温度宜控制在20～30℃。

3. **贮藏** 中药贮藏的重点是防止霉烂、虫蛀、变色、泛油、变味等，以保证药材的质量。其关键是要做到干燥、阴凉、通风和避光。防霉防蛀的关键是要控制库房内的相对湿度在70%以下，药材的含水量低于15%；对已生霉的药材，可以用撞刷、晾晒等方法除霉；霉迹严重的，可用醋或水等洗刷后再晾晒。防止虫蛀的方法除用药剂杀虫外，还可采用气调法、密封法、冷藏法等。另外，还有曝晒、烘烤、低温冷藏等。药材的其他变质情况，如变色多与温度、湿度、日光、氧气、杀虫剂等多种因素有关。防止变色的主要方法是干燥、避光、冷藏；防止泛油的主要方法是冷藏和避光保存。此外，对于剧毒药物，必须按有关规定严格保管。

第二节 中药的炮制

炮制，亦称炮炙，是根据药物自身的性质和用药需要，以及调剂、制剂的不同要求，对原药进行修制整理和特殊加工的过程。习惯上将经炮制后的药材成品称为饮片。

一、炮制的目的

（1）清除杂质及非药用部分，使药物纯净，用量准确。如杏仁去皮，远志去心，根茎类药物去粗皮。

（2）除去某些药物的腥臭气味，如制龟板、制鳖甲等。有些药物用蜜、酒、醋、麸制，除达到其他目的外，也起矫臭矫味的作用。

（3）增强药物的疗效和改变药物的性能。如切制可增加药物有效成分的溶出；醋制延胡索、柴胡可增强疏肝、止痛作用；姜制半夏可增强止呕作用；土炒白术可增强补脾止泻作用。有些药物经炮制后作用完全改变，如生地黄酒拌蒸后，则由性寒凉血转变为性温而补血；何首乌生用泻下通便，制熟后则失去泻下作用而专补肝肾。

（4）降低或消除药物的毒性、烈性和副作用。为了确保用药安全，对含有毒性成分的药物，必须经过适当的炮制才能降低或消除其毒性、烈性和副作用，如乌头、天南星、马钱子生用有毒，用甘草、黑豆煮或蒸后可显著降低其毒性；巴豆、续随子泻下作用剧烈，宜去油取霜，以缓和泻下作用。

（5）便于制剂、服用和贮藏。药物经过切片、粉碎后，既便于制剂和贮藏，又易于煎出有效成分以便服用。未经纯净、切制或应炮制而未炮制的药物，都不能作调剂和制剂药物使用。

二、炮制方法

（一）修制法

1. 纯净 借助一定工具，以手工或机械的方法，如挑、拣、簸、筛、刷、刮、挖、撞等去掉非药用部分以及药效作用不一致的部分，使药物纯净。如拣去合欢花中的枝、叶，刷除枇杷叶、石苇叶背面的绒毛，刮去厚朴、肉桂的粗皮，麻黄去根、山茱萸去核，筛选王不留行及车前子等。

2. 粉碎 以捣、碾、研、磨、镑、锉等方法，将药物粉碎到符合制剂和其他炮制要求的细度，以便有效成分的溶出和利用。如贝母、砂仁、郁李仁捣碎便于煎煮；犀角、羚羊角镑成薄片或锉成粉末，便于制剂和服用。现多用粉碎机直接粉碎成粉末，如人参粉、三七粉、黄连粉等，以供制剂使用。

3. 切制 采用刀具将药材切成段、片、块、丝等规格的"饮片"，使药物有效成分易于溶出，并便于调剂、制剂及其他炮制，也利于干燥、贮藏和调剂时称量。根据药材的性质和医疗需要，切片有很多规格。如天麻、槟榔切薄片，泽泻、白术切厚片，黄芪、鸡血藤切斜片，陈皮、桑白皮切丝，白茅根、麻黄切段，茯苓、葛根切块等。

（二）水制法

用水或其他辅料处理药材的方法称为水制法。其目的主要是清洁、软化药物（便于切制）和降低药物的毒性、烈性及调整药性等。常用的方法有洗、泡、漂、润、水飞等。

1. **洗** 将药材投入清水中，快速洗去泥沙等杂质并及时取出，使药材稍润或不润。由于药材与水接触时间短，故又称为抢水法。采用本法处理的药材通常为质地松软、水分易渗入者，如陈皮、桑白皮、五加皮等。大多数药材洗一次即可，但有些药材需水洗数遍，以洁净为准。除花类药物不宜用水洗外，一般含有泥沙的药物都可以水洗。

2. **泡** 将质地坚硬的药材用清水浸泡一定时间。某些不适合洗法处理的药材，软化时可采用泡法，使其变软以便去杂和切片。如桃仁、杏仁用沸水浸泡以便去皮；麦冬浸泡以便抽去木心等。应注意泡的时间不宜过长，防止药材有效成分的损失。

3. **润** 将渍湿的药材置于一定容器内或堆集于润药台上，以物遮盖，并定时喷水使药材外部的水分徐徐渗入其内部，使药材软化，便于切制。此法是水制法中最常用、最稳妥的一种方法。它的优点是操作比较简便，适应范围广泛，药物有效成分损失小，切制的饮片柔软、完整、新鲜、美观。

4. **漂** 将药物置于多量的清水中，经常换水，反复漂洗，以减少药物中的毒性成分、盐分或腥味。如天南星、半夏漂去毒，昆布、海藻等漂去咸味等。

5. **水飞** 即将药物置于研钵或碾槽内加水共研，经过多次研磨和搅拌，使极细而纯净者悬浮于上，较粗大颗粒及杂质沉淀于下，即可倾出混悬液。下沉的粗粒再加水研磨，如此反复操作，直至研细为止。将前后倾出的混悬液合并静置，待沉淀后，倾去上面的清水，将沉淀物干燥研磨成极细粉末。这种方法是利用某些不溶于水的矿物药，其粗细粉末在水中悬浮性不同而分离获取细粉的方法。本法能使药物更加细腻和纯净，便于内服和外用，并防止研磨药物时粉末飞扬。如水飞朱砂、炉甘石、滑石等。

（三）火制法

将药材直接或间接用火加热处理的方法称为火制法。根据加热的时间、温度和方法的不同，可分为炙、炒、烘、焙、炮、煨、煅等，现介绍几种常用的方法。

1. **清炒法**（直接炒） 将药物放在锅里加热，不断翻动，炒至一定程度取出。根据炒的时间和火力大小，可分为炒黄、炒焦和炒炭。

炒黄（炒香）：以将药物炒至表面呈淡黄色为度。种子类药材多炒黄，如杏仁、苏子等；有的药物则炒至有爆裂声为度，称为炒响，如王不留行须炒至爆花，葶苈子炒响等。炒后药材松脆破裂，便于煎透和有效成分的溶出。

炒焦：比炒黄的火候大，时间较久，以药物表面呈焦褐色，并可嗅到焦烟气味为度。炒焦可增强健脾助消化作用，如山楂、神曲等。

炒黑（炒炭）：将药物炒至大部分变黑或完全变黑（表面炭化，里面焦黄）。炒时火要大，但要注意存性，所谓存性，就是虽然炒成炭，但仍能尝出药物固有的味道，不能炒成灰烬。炒炭能缓和药物的烈性、副作用或增强收敛止血作用，如杜仲、地榆等。

2. **拌炒法**（加辅料炒） 是将某种辅料放入锅内加热至规定程度，投入药物共同拌炒的方法。如土炒白术、山药，麸炒枳壳、苍术，米炒党参、斑蝥等。与砂、滑石或蛤粉同炒的方法习称为烫，如砂炒穿山甲、蛤粉炒阿胶等。辅料有中间传热作用，能使药物受热均匀，炒后质变酥脆，降低毒性，缓和药性，增强疗效。

3. **炙法** 是将液体辅料与药物拌匀，闷润后炒干；或边炒边喷洒液体辅料，炒至液体辅料被吸干为止的炮制方法。前者多用于质地坚实的根茎类药材，后者则用于质地疏松的药材，对树脂类和动物粪便类药材则应先炒，再喷洒液体辅料。这种方法能使辅料渗入药物组织内部，以改变药性，增强疗效或减少副作用。常用的液体辅料有蜜、酒、醋、姜汁、盐水等。如蜜炙黄芪、甘草，可增强补中益气作用；蜜炙百部、款冬花，可增强润肺止咳作用；酒炙川芎，可增强活血之功；醋炙香附，可增强疏肝止痛之效；盐炙杜仲，可增强补肾功能；姜汁炙半夏、竹茹，可增强和胃止呕作用等。

4. **炮法** 先将砂置锅中炒热，然后加入药物炒至色黄鼓起，筛去砂即成。如炮穿山甲、干姜等。

5. **煨法** 将药物用面糊或湿纸包裹，埋于加热的滑石粉或热火灰中；或将药物直接埋于加热的麦麸中加热的方法。煨后可除去药物中部分挥发性及刺激性成分，以降低副作用，缓和药性，增强疗效。如煨肉豆蔻、煨诃子、煨木香等。

6. **煅法** 将药物直接放入无烟炉火中或适当的耐火容器内煅烧的方法。高温（300～700℃）煅烧，能改变药物的原有性状，使其质地变得疏松，有利于粉碎和煎熬；同时改变了药物的理化性质，减少或消除副作用，从而提高疗效。坚硬的矿物药或贝壳类药物多用火直接煅烧，以煅至红透为度，如石膏、龙骨、石决明、牡蛎等。间接煅是将药物置于耐火容器中密闭煅烧，以容器底部红透为度，如棕榈炭、血余炭等。

（四）水火共制

将药物通过水、火共同加热的炮制方法称为水火共制，其目的是改变药物的性能，降低毒性，增强疗效。

1. **蒸法** 将净选后的药物加辅料（酒、醋等）或不加辅料（清蒸）装入蒸制容器（笼屉）内以水蒸气加热蒸熟的方法。蒸法可改变药物性能，扩大用药范围，如蒸地黄、蒸何首乌等。

2. **煮法** 将药物加辅料（固体辅料需先捣碎）或不加辅料置于锅内，加适量清水煎煮的方法。此方法可消除或降低药物的毒性，改变药性。如水煮半夏、川乌，醋煮商陆、芫花等。

3. **淬法** 将药物煅烧至红透，趁热迅速投入冷水、醋或其他液体辅料中，骤然冷却，使之松脆的方法。多用于质地坚硬，经过高温仍不能酥脆的矿物类、贝壳类药物，如龟板、自然铜、代赭石等。

（五）其他制法（即非水火制法）

1. **法制** 又称复制法。此方法比较复杂。如半夏内加入辅料按照一定的规程进行炮制处理后，叫制半夏（法半夏）。

2. **发酵** 是指将药物经发酵的方法处理，使原药性改变，以达到一定的治疗目的。如神曲、淡豆豉等。

3. **发芽** 是指将药物置于适宜温度、湿度下，使其发芽后干燥入药。如麦芽、谷芽等。

4. **制霜** 是指把药物经去油或其他加工方法制成粉状物,目的是降低毒性和副作用,如巴豆霜、续随子霜、鹿角霜等。

[附] 中药炮制歌诀

芫花本利水,非醋不能通。绿豆本解毒,带壳不见功。草果消鼓胀,连壳反胀胸。黑丑生利水,远志苗毒逢。蒲黄生通血,熟补血运通。地榆医血药,连梢不住红。陈皮专理气,留白补胃中。附子救阴证,生用走皮风。草乌解风痹,生用使人朦。人言烧煅用,赭石火煅红,入醋堪研末,制度必须工。川芎炒去油,生用,痹痛攻。止血须炒黑,榆槐贯柏叶,茜芧荷杜栀,棕艾芥穗蒲。炒黄健脾胃,止泻著二术,白芍和扁豆,薏苡脾虚适。四仙内金膑,胃寒炒焦欢。盐炒走肾经,知柏茴附楝。醋炒止痛好,香附延胡索,芫花与大戟,醋炒减毒力。姜汁炒朴夏,止呕调胃皆。酒炒降阴火,知黄三黄栀。二术米泔炒,调养胃气好。乳没炒去油,肠寒炒二丑。肾寒故芦炒,杜仲并山药。水蛭炒尽烟,马钱炙更要。枣仁生滑肠,脾虚炒后欢。阿胶滑粉炒,腻降脾胃好。姜附山甲炮,蛎龙火煅烧,石决膏贝壳,松脆吸湿高。润肺用蜜炙,款苑桑枇部,补养也应用,黄芪与甘草。肉蔻诃子遂,煨熟去油要。然铜代赭淬,朱滑水飞妙。星夏有大毒,姜煮毒力消。凉血用生地,九蒸补血药。首乌和茯苓,蒸后温补饶。桑蛸系虫卵,蒸熟更重要。千巴制成霜,生用易中毒。蛤蚧酥油制,桃杏去皮尖。昆海水来漂,除腥减盐味。当归用油炒,润肠效更高。

知母桑皮天麦门,首乌生熟地黄分,偏宜竹片铜刀切,铁器临之便不驯。乌药门冬巴戟天,莲心远志五般全,并宜去心方为妙,不去令人添烦躁。厚朴猪苓与茯苓,桑皮更有外表生,四药最忌连皮用,去净方能不耗神。益智麻仁柏子仁,更加草果四般论,并宜去壳方为妙,不去令人心痞增。何还须汤浸泡之,苍术半夏与陈皮。更须酒洗亦三味,茯苓地黄与当归。

第三节 中药的性能

中药的性能,是指药物的性味和功效,又称为药性。它包括药物发挥疗效的物质基础和治疗过程中所体现出来的作用。中药的性能是研究药性形成的机制及其运用规律的理论,也称为药性理论,其主要内容包括四气、五味、升降浮沉、归经等。

一、四 气

是指药物具有寒、热、温、凉四种不同的药性,又叫四性。它是根据药物作用于机体后,所产生的不同反应和治疗效果而做出的概括性归纳。四气反映了药物对机体阴阳盛衰、寒热变化的作用倾向,是说明药物作用的主要理论依据之一。寒与凉、热与温没有本质上的区别,仅是程度上的差异,温次于热,凉次于寒。为了说明药性的峻缓,还常标以大寒、大热、微温、微凉之别。此外，尚有平性的药物，即既非寒凉，亦非温热，是所谓的中性药物。平性药实际上仍有偏凉、偏温之异，但习惯上仍称"四气"。现将四气的阴阳属性和作用列于表 5-1。

表 5-1 四气属性和作用

属 性	四 气	作 用	药物举例
阴	寒性药 凉性药	清热、泻火、凉血、解毒	如黄连、黄芩等 如柴胡、桑叶等
中性	平性药	缓和寒、热、温、凉	如甘草、大枣等
阳	温性药 热性药	温里、散寒、助阳、通络	如防风、独活等 如干姜、肉桂等

一般而言，寒凉性的药物属阴，具有清热泻火、凉血解毒等作用，常用以治热证、阳证。温热性的药物属阳，具有温里散寒、助阳通络等作用，常用以治寒证、阴证。

二、五　味

是指药物具有酸（含涩味）、苦（含焦味）、甘（甜）、辛（麻、辣）、咸五种不同的味道。此外，还有淡味药，是甘味中最淡薄者，为余甘之味，故古人有"淡附于甘"之说，所以，习惯上仍以五味来概括。药物的味与药理作用有着近乎规律性的联系，现分述如下：

酸味：有收敛固涩作用，多用治虚汗外泄、久泻脱肛、遗精遗尿等证。如乌梅、五味子等。

苦味：有清热燥湿、泻下降逆作用，多用治热性病、水湿病、二便不通及气血壅滞之证。如黄连、大黄、苍术、桃仁等。

甘味：有补养及缓和作用，多用治虚证，且能调和药性，和中缓急。如黄芪、甘草等。

辛味：能散能行，多用治外感表证及气滞血瘀的病证。如生姜、麻黄、木香、川芎等。

咸味：有软坚泻下及散结的作用。多用于痰核瘰疬、大便燥结、痞块等证。如芒硝、昆布等。

除以上五味外，还有淡味药，具有渗湿利尿作用，多用于小便不利、水肿淋浊等证。如茯苓、车前子等。

现将五味的阴阳属性和作用列于表 5-2。

表 5-2 五味属性和作用

属 性	五 味	作 用	药物举例
阴	酸味 苦味 咸味	收敛、固涩 清热、燥湿、泄降 泻下、软坚、散结	如乌梅、诃子等 如黄连、黄柏等 如芒硝、食盐等

(续)

属 性	五 味	作 用	药物举例
阳	甘味	缓和、滋补	如甘草、党参等
	辛味	发散、行气、行血	如防风、桂枝等
	淡味	利尿	如茯苓、猪苓等

需要指出的是，五味不仅仅是药物味道的真实反映，更重要的是对药物作用的高度概括。在长期的临诊实践中，不同味道的药物作用于机体，产生不同的反应，获得不同的疗效，从而总结归纳出五味的理论。所以说，五味的"味"已超出了味觉的范围，是建立在功效基础之上的，是药物味道之"味"和药物作用之"味"的结合。

四气和五味不是孤立的，每一种药物都有性和味，药物的性能是气和味的综合。因此，只有将两者结合起来，才能全面而准确地理解和使用中药。一般来说，气味相同的，作用也往往相似，气味不同的，作用也有所不同，至于性味均不相同，则作用极少有相似之处。我们只有在掌握四气五味的一般规律和熟悉每一种药物的特殊作用的基础上，才能在临诊实践中做到辨证用药，发挥药物应有的功效。

三、升降浮沉

升降浮沉是指药物在体内发生作用的趋向，是与疾病表现的趋向相对而言的。所谓升，就是上升、升提的意思；降，就是下降、降逆的意思；浮，就是向外、发散的意思；沉，就是向内、收敛的意思。升降浮沉也就是指药物对机体有向上、向下、向外、向内四种不同的作用趋向。

升与浮，沉与降，其作用趋向类似。凡升浮的药物，都主上行而向外，具有升阳、发表、祛风、散寒、温里等作用，归属为阳。常用以治疗表证和阳气下陷之证。凡沉降的药物都主下行而向内，具有清热利水、通便、潜阳、降逆、收敛等作用，归属为阴。常用以治疗里证和邪气上逆之证。此外，有些药物的升降浮沉性能不明显，个别药物还具有双向性，如麻黄既能发汗，又能平喘利水。

升降浮沉的性能与药物本身的气味和质地轻重、用药部位有一定的关系。一般来说，凡性温热，味辛甘淡的药物（即阳性药）多主升浮；凡性寒凉，味酸苦咸的药物（即阴性药）多主沉降等。正如李时珍所说"酸咸无升，辛甘无降，寒无浮，热无沉。"凡质地轻而疏松的药物，大多能升浮，凡质地重而坚实的药物，大多能沉降。上述情况仅是药物升降浮沉的共性，但也有例外，如"诸花皆升，旋复花独降"，"诸子皆降，牛蒡子独升"等。

药物的升降浮沉性能还与药物的炮制和配伍有关。药物的炮制不同，其作用也不同。如酒炒则升，姜汁炒则散，醋炒则收敛，盐水炒则下行。从配伍来讲，升浮药物在一组沉降药中能随之下降，沉降药在一组升浮药中也能随之上升。此外，还有少数药物还可以引导其他药物上升或下降，如桔梗能载药上行，牛膝能引药下行等。这就说明，药物的升降浮沉性能不是一成不变的。即所谓"升降在物，亦可在人"。所以，在临诊应用时不但要掌握它的一般规律，还要了解其中的变化，才能达到治疗疾病的目的（表5-3）。

表5-3 升降浮沉作用归纳表

类别	属性	四气	五味	炮制	病位	质地轻重	作用趋向	药物举例
升浮	阳	温热	辛甘淡	酒炒姜制	病在上在表宜升浮	轻而疏松，如植物的花叶、空心的根茎	上行升提发散散寒祛风等	桔梗升麻麻黄附子防风等
沉降	阴	寒凉	酸苦咸	盐炒醋制	病在下在里宜沉降	重而坚实，如植物的籽实、根茎及金石、贝壳等	下行泻下降逆清热渗利潜阳等	牛膝大黄代赭石黄连木通龟板等

四、归 经

归经是指药物对机体某部分的选择性作用，即某种药物对某些脏腑经络具有特殊的亲和作用。如麻黄能发汗平喘，治疗咳嗽气喘，故归肺经；芒硝能泻下软坚，治疗肠燥便秘，故归大肠经；天麻能祛风止痉，治疗四肢抽搐，则归肝经等。归经表明了药物的功效所在。但是，多数药物能治疗数经病变，如杏仁既能止咳平喘，治疗肺经咳喘；又能润肠通便，治疗大肠燥结，这说明一种药物可以归数经。所以，归经是药物作用与脏腑经络密切结合的一种用药规律。

归经虽然具体指出了药效所在，但疾病有寒热虚实的不同，治疗时宜相应地施以温清补消，故用药既要讲求归经，又要考虑四气五味与升降浮沉等性能。如同是归肺经的黄芩、干姜、百合、葶苈子，都能治疗肺病咳嗽，但作用却有温清补消的不同，黄芩清肺热，干姜温肺寒，百合补肺虚，葶苈子泻肺实。同样，用药讲求气味，也不能忽略归经。药物气味相同而归经不同，治疗作用的重点也就不同。如同为苦寒的龙胆、黄芩、黄连、黄柏，因其分别归于肝、肺、心、肾经，故用龙胆泻肝火、黄芩泻肺火、黄连泻心火、黄柏泻肾火。

第四节 方剂的组成及中药的配伍

一、方剂的组成

（一）方剂的概念

方剂，又称处方，古称汤头。方剂就是根据病情需要，在辨证立法的基础上，根据一定的配伍原则，选择合适的药物，并酌定用量和用法所组成的用以防治疾病的药物有机群体。

(二) 组方的目的

药物通过有机的配合组成方剂，其目的在于：

(1) 综合并增强药物的作用，提高治疗效果。所谓"药有个性之长，方有合群之妙"，正是这个意思。如黄柏与知母配伍，能提高滋阴降火的效果；木香与元胡同用，则调气活血的功效显著。这是配伍组方最重要的目的之一。

(2) 依据病情需要，随证配伍，扩大治疗范围，适应复杂病情。如四君子汤是治疗脾胃气虚的基础方剂，如果兼见气滞，加陈皮以理气，名"异功散"，从而扩大了治疗的范围。

(3) 控制某些药物的毒性和烈性，消除对机体的不利影响。如生姜或白矾与半夏同用，可以消除半夏之毒性；大枣与葶苈子同用，可以减缓葶苈子的烈性；槟榔与常山配伍，可减轻常山的致呕作用等。

(4) 控制多功用单味药物作用的发挥方向。这是方剂配伍中十分重要的一个方面。如柴胡有疏肝理气、升举阳气、发表退热的作用，但调肝多配芍药，升阳多配升麻，和解少阳则须配黄芩等。

(三) 方剂组成的原则

方剂的组成，并不是同类药物的简单罗列，更不是同效药物的相加堆砌，而是以治法为依据，选择适当的药物，按照主、辅、佐、使（前人称为君、臣、佐、使）的原则组织起来，使其能起到相辅相成的作用。现将其涵义分述如下：

主（君）药：是针对主病或主证起主要治疗作用的药物。

辅（臣）药：有两种含义：一是协助主药加强治疗作用的药物；二是针对重要兼病或兼证起主要治疗作用的药物。

佐药：有三种含义：一是佐助药，即配合主、辅药以加强治疗作用，或直接治疗次要兼证的药物；二是佐制药，即用以消除或减弱主、辅药的毒性或能制约主、辅药峻烈之性的药物；三是反佐药，即病重邪甚，可能拒药时，配用与主药性味相反而又能在治疗中起相成作用的药物，以防止药病格拒。如温热剂中加入少量寒凉药，或寒凉剂中加少许温热药，以消除寒热相拒现象。

使药：有两种含义：一是引经药，即能引领方中诸药至特定病所的药物；二是调和药，即能调和方中诸药作用的药物。

以平胃散为例，主治脾胃湿阻。方中苍术性温而燥，除湿运脾，故为主药；厚朴助苍术行气化湿，并能除满，故为辅药；陈皮理气化滞，故为佐药；甘草甘缓和中，调和诸药，加姜、枣调和脾胃，均为使药。

每个方剂，主药是必不可少的，但在简单的方剂中，辅、佐、使药并不一定俱全，有些方剂的主药或辅药本身就兼有佐、使的作用。也有一些方剂，由于组成较庞杂，则按药物的不同作用，以主药或辅助药，或以主要部分和次要部分来区别，而不分主、辅、佐、使。至于每个方剂中主辅佐使药味的多少，并无呆板规定，而应根据病证的复杂程度和辨证立法的需要而定。一般的方剂，应是药味少、药量大以及主药少、量大而辅佐药较多。总之，一个疗效确实的方剂，应该针对性强、组成严谨、方义明确、重点突出，达到多而不杂，少而精专的要求。

（四）方剂的加减变化

方剂的组成固然有一定的原则，但在临诊应用时，必须根据病情的变化、体质的强弱、年龄的老幼、气候的差异、地域的变更以及性别、饲养管理等不同情况，灵活地予以加减化裁，做到"师其法而不泥其方"。方剂的组成变化，大致有以下几种形式：

1. 药味的加减变化　即在方剂的主药、主证不变的情况下，随着病情的变化，加入某些与实际病情相适应的药物，或减去某些与实际病情不相适应的药物，亦叫随证加减。如郁金散是治疗肠黄的基础方，若热甚宜去诃子，加金银花、连翘以清热解毒；腹痛重须加乳香、没药、元胡以活血止痛；水泻不止应去大黄，加茯苓、猪苓、乌梅以利水止泻。

2. 药量的加减变化　即方中的药味不变，只增减药量，就可改变其功效和主治，甚至方名也因此而改变。如小承气汤是由大黄为主药，枳实、厚朴为辅药组成，功效荡热攻实，主治阳明腑实证。如果厚朴的药量增加，并变为主药，枳实为辅药，大黄为佐药，名为"厚朴三物汤"。功能行气通便，主治气滞肚腹胀满与便秘。

3. 数方相合的变化　就是将两个或两个以上的方剂合并成一个方剂使用，使方剂的作用更全面。如四君子汤补气，四物汤补血，两方合并后名为八珍汤，则成气血双补之剂。又如平胃散燥湿运脾，五苓散健脾利水，两方合用后名为胃苓汤，具有健脾燥湿、利水止泻之功，用治水湿泄泻，功效更好。

4. 剂型的更换　同一个方剂，由于剂型不同，作用也有变化。一般来讲，汤剂作用快而力峻，适用于病情较重或较急者；散剂作用慢而力缓，多用于病情较轻或较缓者。

二、中药的配伍

中药除少数单味应用外，多数都是配合起来应用。因此，必须掌握它配伍的宜忌，才能达到预期的疗效。

（一）配伍

配伍是指将两味以上的药物配合起来应用。对于复杂病情，治疗时需要分清主次，照顾全面，一般都要使用两味以上的药物。药物合用时，由于其相互作用，会使药物原有性能发生改变，有相互增强疗效的，有相互拮抗的，也有产生毒副作用的。为了控制和利用这些变化，便产生了药物的配伍关系。古人将药物的配伍关系归纳为"七情"，即单行、相须、相使、相畏、相杀、相恶、相反。现分述如下：

1. 单行　就是单用一味药物来治疗某种病情单一的疾病，又叫单方。如一味公英汤，即独用蒲公英治疗暴发火眼；清金散，即单用黄芩治疗轻度肺热。

2. 相须　指两种或两种以上功效相似的同类药物合用，发挥协同作用以增强疗效。

如麻黄配桂枝,其发汗解表功效大大增强。这种配伍在临诊中比较常用。

3. **相使** 指两种或两种以上功效相似的不同类药物合用,以一种药物为主,另一种药物为辅,辅药能增强主药的功效。如黄芪(补气利水)与茯苓(利水健脾)配合应用,茯苓能增强黄芪补气利水的作用;黄芩(清热泻火)与大黄(攻下泻热)同用,大黄能增强黄芩清热泻火的功效等。

4. **相畏** 指一种药物的毒副作用,能被另一种药物减弱或消除。如生姜能抑制生半夏、生南星的毒性,所以说生半夏、生南星畏生姜。这里的"畏"与"十九畏"中的"畏"在概念上并不相同。"十九畏"中的相畏药物不能同用,若在处方中配伍使用,往往会造成毒副作用增强或药效降低。

5. **相杀** 指两种药物合用,一种药物能消除或减弱另一种药物的毒性或副作用。如绿豆能杀巴豆毒,防风能解砒霜毒。相畏、相杀实际上都是利用药物的拮抗作用来消除或减弱药物的毒副作用,只是语言表述方式的不同而已。

6. **相恶** 指两种药物合用,能相互牵制而使疗效降低或丧失。如黄芩能降低生姜的温性,所以说生姜恶黄芩;莱菔子能削弱人参的补气功能,所以说人参恶莱菔子。

7. **相反** 指两种药物合用,能产生毒性反应或副作用。如"十八反"中的某些组对。

"七情"之中,除单行外,其余六种配伍关系,在处方用药时必须区别对待。相须、相使可以提高疗效,处方用药时要充分利用;相畏和相杀能减弱或消除毒副作用,在应用有毒药物或烈性药物时,常常应用;相恶的药物应避免配伍;相反的药物原则上禁止配伍。

(二) 配伍禁忌

大多数中药,配伍要求不甚严格,但对某些性能较特殊的药物也应注意。前人所总结的配伍禁忌有"十八反"和"十九畏",现介绍如下:

1. **十八反** 是指乌头反半夏、瓜蒌、贝母、白蔹、白芨;甘草反海藻、大戟、甘遂、芫花;藜芦反人参、沙参、丹参、玄参、苦参、细辛、芍药。

2. **十九畏** 是指硫磺畏朴硝,水银畏砒霜,狼毒畏密陀僧,巴豆畏牵牛,丁香畏郁金,川乌、草乌畏犀角,牙硝畏三棱,官桂畏赤石脂,人参畏五灵脂。

[附]

1. 十八反简歌:

本草明言十八反,半蒌贝蔹芨攻乌,
藻戟遂芫俱战草,诸参辛芍叛藜芦。

2. 十九畏简歌:

硫磺原是火中精,朴硝一见便相争,
水银莫与砒霜见,狼毒最怕密陀僧,
巴豆性烈最为上,偏与牵牛不顺情,
丁香莫与郁金见,牙硝难合荆三棱,
川乌草乌不顺犀,人参最怕五灵脂,
官桂善能调冷气,若逢石脂便相欺。

"十八反"和"十九畏"是前人在长期用药实践中总结出来的经验,也是中兽医临诊配伍用药应遵循的一个原则。自 20 世纪 80 年代以来,中(兽)医界对"十八反"作了大量的实验研究,认为不能把"十八反"绝对化,在特定条件下并非配伍禁忌。在古今配方中也不乏反畏同用的例子,如用甘草水浸甘遂后内服治疗腹水,可以更好地发挥甘遂的疗效;党参与五灵脂同用可以补脾胃,止疼痛;"猪膏散"中大戟、甘遂,与粉草(除去外皮的甘草)同用治牛百叶干;"马价丸"中巴豆与牵牛子同用治马结症等。尽管如此,"十八反"和"十九畏"仍有待现代科学进一步研究。一般来说,对于"十八反"、"十九畏"中的一些药物,若无充分实验根据和应用经验,仍应避免轻易配合应用。

(三)妊娠禁忌

有些药物具有破血、行气、逐水、峻泻等作用,有些药物作用猛烈,有滑胎、堕胎的作用,因此,对妊娠动物要忌用或慎用,以免发生事故。现摘录《元亨疗马集》妊娠禁忌歌诀如下:

蚖①斑②水蛭及虻虫,乌头附子及天雄,
野葛③水银并巴豆,牛膝薏苡与蜈蚣,
三棱代赭芫花麝,大戟蛇蜕黄雌雄④,
牙硝芒硝牡丹桂,槐花牵牛皂角同,
半夏南星与通草,瞿麦干姜桃仁通,
硇砂干漆蟹甲爪,地胆⑤茅根都不中。

[注①蚖——蚖青(青娘子)。②斑——斑蝥。③野葛——钩吻。④黄雌雄——雌黄、雄黄。⑤地胆——斑蝥之一种,生于石隙之中]

根据药物对妊娠的危害性不同,可将妊娠禁忌药分为禁用与慎用两大类。

禁用的药物:一般不宜使用,这部分药大多是毒性较强或药性峻猛之品。如巴豆、水蛭、虻虫、大戟、芫花、斑蝥、三棱、麝香、牵牛、莪术等。

慎用的药物:大多是破血、破气或辛热滑利沉降之品。如桃仁、红花、大黄、芒硝、附子、肉桂、干姜、瞿麦等。

第五节 中药的剂型、剂量及用法

一、剂 型

剂型是指根据临诊治疗需要和药物的不同性质,把药物制成一定形态的制剂。中药的传统剂型比较丰富,随着制药技术的发展,新的剂型还在不断出现。下面介绍几种常用剂型。

1. **汤剂** 是将药物饮片或粉末加水煎煮一定时间,去渣取汁而制成的液体剂型。汤剂是中药最常用的剂型,其优点是吸收快,疗效迅速,药量、药味加减灵活,所以能较好地发挥药效。汤剂适应面广，尤其适用于急、重病证。缺点是不易携带和保存，某些药物的有效成分不易煎出或易挥发散失。近年来将汤剂改制成合剂、冲剂等剂型，既保持了汤剂的特色，又便于工厂化生产和贮存。

2. **散剂** 是将药物粉碎并混合均匀，制成粉末制剂的一种剂型。散剂是中兽医临诊最常用的剂型，其优点是吸收较快，药效确实，便于携带，配制简便。急、慢性病证都可使用。

3. **酒剂** 是将药物浸泡在白酒或黄酒中，经过一定时间后取汁应用的一种剂型，故又称药酒。酒剂也是一种常用的传统剂型。药酒是以酒作溶剂，浸出药物的有效成分，而酒辛热善行，具有疏通血脉，驱除风寒湿痹的作用，因此，酒剂是一种混合性液体药剂。其药效发挥迅速，但不能持久，需要常服。适用于各种风湿痹痛、跌打损伤、寒阻血脉、筋骨不健等病证。

4. **膏剂** 是将药物用水或植物油煎熬去渣而制成的剂型。根据应用的不同，分内服和外用两种。内服膏剂是将药物煎汁后去渣，然后将药汁浓缩成黏稠状的一种剂型，内服膏剂中有时也加入适量的蜂蜜。外用膏剂是将药物细粉与适宜的基质制成具有适当稠度的半固体制剂，常用的基质主要有油类和黄蜡。外用膏剂又分为药膏及膏药两种。

药膏是在适宜的基质（麻油等）中加入中药，制成易涂布的一种外用半固体制剂。药膏具有解毒消肿、防腐杀虫、生肌止痛、保护创面的作用，多用于疮疡溃烂、久不收口及水火烫伤等，如生肌玉红膏。膏药是用适宜的基质经熬炼去渣，再加入中药熬炼成膏，摊贴于硬纸或布上，应用时将膏药温热溶化，贴于患处，膏药多用于皮肤、关节肿痛、局部未溃之肿胀、风寒湿痹、经脉淤阻等，如黑膏药。

5. **丸剂** 是将药物粉碎为粉末，加入适宜的赋形剂而制成的固体剂型。丸剂在中医临诊应用广泛，适用于多种急慢性病。如牛黄解毒丸、六味地黄丸、跌打丸等。由于赋形剂不同，常见的丸剂有蜜丸、水丸、糊丸等。近年来，丸剂在兽医临诊也常用于猪、犬等小动物疾病的治疗。

6. **注射剂** 是根据中药有效成分的不同，经过提取、精制、配制、精滤、灌封、灭菌等工艺，制成水溶液、混悬液或供配制的无菌粉末，供肌肉、静脉等注射用的一种制剂。中药注射剂是近年来发展起来的新型制剂，对动物常见病和多发病有良好效果。其优点是剂量小，疗效迅速，使用简便，便于携带。但一定要保证达到安全、有效、质量稳定、无副作用等要求。如柴胡注射液、当归注射液、红花注射液等。

二、剂　　量

剂量是指防治疾病时每一味药物所用的数量，也叫治疗量。在一定范围内，剂量越大作用越强，但剂量超过一定限度，就会引起毒性反应，此外，药物用量超过一定范围时，还会引起功效的改变。因此，必须严谨对待中药的剂量。确定药物剂量的一般原则是：

1. **根据药物的性能** 凡有毒的、峻烈的药物用量宜小，并从小剂量开始使用，逐渐增加，中病即止，谨防中毒或耗伤正气；对质轻或容易煎出的药物，用量较小；对质地重而无毒或不易煎出的药物，用量宜大；对新鲜药物，用量应比其干燥品适当大些。

2. **根据病情轻重** 一般病情轻浅或慢性病，剂量宜小，病情较重或急性病，剂量可适当加大。有些药物根据病情不同，应掌握用量差别，如红花轻用能养血，重用则能破血；黄连少用能健胃，重用反能败胃。

3. **根据配伍和剂型** 在一般情况下，同一药物在复方配伍中比单味应用时剂量要小，其配伍的药味越多，剂量越小。汤剂、酒剂等易于吸收，其用量较不易吸收的散剂、丸剂等用量应小。

4. **根据动物及环境** 由于动物种类、体质、年龄、性别及所在地区和季节等的不同，其用量亦有差异。一般幼龄动物和老龄动物的用量应小于壮年动物；雄性动物的用量稍大于雌性动物；体质强的动物用量可大于体质弱的动物。

总之，中药的剂量可根据临诊治疗的具体情况而有所增减，并不是一成不变的，在确定处方用量时应加以全面考虑。现将常用中药剂量选择表（表5-4）和各种动物用药剂量比例表（表5-5）附后，仅供参考。

表5-4 常用中药剂量选择表

用量（马、牛）	包 括 药 物
15～30g	甘遂、大戟、吴茱萸、胡椒、商陆、花椒、附子、白花蛇、南星、通草、柿霜、柿蒂、五倍子、沉香、檀香、三七、罂壳、鹤虱、灯芯、硼砂、硫黄、白矾、儿茶、芜荑、青黛、全蝎、水蛭、琥珀、芦荟
6～15g	羚羊角、犀角、细辛、乌头、大枫子、蛇蜕、樟脑、雄黄、木鳖子、槿皮、芫花
3～10g	朱砂、阿魏（牛可用30g）、冰片、蜈蚣、巴豆霜
1.5～3g	炙马钱子、麝香、牛黄、斑蝥、轻粉、胆矾
0.3～0.9g	珍珠、人言
10～15粒	鸦胆子
15～45g	除上述以外的一般常用中草药

表5-5 各种动物用药剂量比例表

动物种类	用药剂量比例
马（体重300kg左右）	1
黄牛（体重300kg左右）	1～1.25
水牛（体重500kg左右）	1～1.5
驴（体重150kg左右）	1/3～1/2
羊（体重40kg左右）	1/6～1/5
猪（体重60kg左右）	1/8～1/5
犬（体重15kg左右）	1/16～1/10
猫（体重4kg左右）	1/32～1/20
鸡（体重1.5kg左右）	1/40～1/20
鱼（每1kg体重）	1/30～1/20
虾蟹（每1kg体重）	1/300～1/200
蚕（5%熟蚕时，10 000只）	1/20～1/10
蜂（每1标准群）	1/100～1/50

根据国务院规定，中药的计量单位从1979年1月1日起以公制计量单位克（g）为主单位，毫克（mg）为辅助单位，取消过去的"两、钱、分"计量单位，并规定一两（16进位制）按30g的近似值进行换算（实际值为31.25g）。

三、用　　法

煎法与灌服是目前中兽医临诊最为常用的用药方法。现介绍如下：

（一）煎法

汤剂的煎法与药效密切相关，但在实际工作中又常被忽视。一般来说，煎药的用具以砂锅、瓷器为好，不宜使用铁、铜、铝等金属器具。煎药时应先用水将药物浸泡约15min，再加入适量水（以能浸没全部药物为度）后密闭其盖，然后煎煮。对于补养药，宜用文火久煎；对于解表药、攻下药、涌吐药，宜用武火急煎。煎药时一般应先用武火后用文火。煎药时间一般为20～30min，待煎至煎液为原加入水量的一半即可，去渣取汁，加水再煎一次，将前后两次煎液混合分两次服用。另外，对于矿石、贝壳类药物如代赭石、生石膏、石决明、龟板等宜打碎先煎；对芳香性药物如薄荷、木香、青蒿、砂仁等宜后下；对某些含有多量黏性物的药物如车前子、旋复花等宜包煎。

（二）服法

灌药时间应根据病情和药性而定，除治急性病和重病的药物需尽快灌服外，一般滋补药可在饲喂前灌服，驱虫药和泻下药应空腹灌服，治慢性病的药物和健脾胃药宜在饲喂后灌用。

灌药次数，一般是每天灌服1～2次，轻病可2d一次，但在急、重病时可根据病情需要，多次灌服。药的温度，发散风寒和治寒性病的药宜温服，治热性病的药物宜凉服；冬季宜温服，夏季宜凉服。

另外，对于某些贵重药或加热后有效成分易被破坏的药物如牛黄、朱砂、三七、麝香等，可采用另包冲服或单服的办法；对阿胶、鹿角胶等胶质、黏性大而且易溶的药物，可于去渣的药液中溶化（烊化）后服用。

[附]公制与旧市制计量单位换算

(1) 基本关系

　　1公斤（kg）＝2市斤＝1 000克（g）

　　1市斤＝500克（g）

　　1克（g）＝1 000（毫克）mg

(2) 十六进位旧制"两、钱、分"与公制"克"的关系

　　1两＝31.25g

　　1钱＝3.125g

　　1分＝0.312 5g＝312.5mg

1 厘＝0.031 25g＝31.25mg
(3) 十进位市制"两、钱、分"与公制"克"的关系
1 两＝50g
1 钱＝5g
1 分＝0.5g＝500mg
1 厘＝0.05g＝50mg

第六节　中药的化学成分简介

中药所含的化学成分种类很多，通常将其具有生物活性和治疗作用的成分称为有效成分，如生物碱、苷类、挥发油等。无生物活性不起治疗作用的成分称为无效成分，如色素、无机盐、糖类等。有些中药的无效成分在另外一些药物中则为有效成分，如五倍子和地榆中所含的鞣质以及白芨中所含的黏液质等。有效成分和无效成分的划分并不是绝对的，过去和现在认为是无效成分的，今后则有可能被证明是有效成分。如天花粉蛋白以前被认为是无效成分，后来经研究证明具有抗癌及引产作用。

了解中药化学成分的组成、性质、分布以及含量测定等知识，有助于阐明中药防治疾病的原理，加深对中药炮制和复方配伍原理的理解。现将植物性中药中几种主要的化学成分简介如下：

一、生 物 碱

是植物体中一类碱性含氮有机化合物的总称。具有显著的生物活性和特殊的生理作用，是中药的主要有效成分之一。如黄连中的小檗碱（黄连素）、麻黄中的麻黄碱等。大多数生物碱具有苦味，为无色结晶，游离的生物碱大多不溶或难溶于水，能溶于乙醇、乙醚、氯仿等有机溶剂中。生物碱在植物体内与有机酸结合成盐，其盐类则易溶于水和乙醇，但不溶于有机溶剂。含生物碱的中药很多，如延胡索、麻黄、苦参、罂粟、乌头、贝母、黄连、黄柏、洋金花、曼陀罗、山豆根等。含生物碱的中药大多具有镇痛、镇静、麻醉、解痉、镇咳、驱虫等作用。

二、苷　类

苷旧称甙，也称配糖体，是由糖类和非糖部分组成的化合物。苷类多为无色、无臭、有苦味的晶体，呈中性或酸性，易溶于水、乙醇和甲醇，难溶于乙醚、苯等有机溶剂。苷类易被稀酸或酶水解生成糖与苷元。水解成苷元后，在水中的溶解度与疗效往往会降低，故在采集、加工、贮藏与制备含苷类成分的中药时，必须防止水解。

苷是中药中分布很广的一类重要成分。由于苷元的不同，苷类可分为多种，常见的有以下几种：

1. **黄酮苷** 黄酮苷的苷元为黄酮类化合物。多为黄色结晶，一般易溶于热水、乙醇和稀碱溶液，难溶于冷水及苯、乙醚、氯仿等。黄酮苷广泛存在于植物中，含黄酮苷类的中药有橘皮、黄芩、槐花、甘草、紫菀、柴胡等。含黄酮苷类的中药大多具有抗菌、止咳、化痰、平喘、抗辐射、解痉等作用。

2. **蒽醌苷** 蒽醌苷是蒽醌类及其衍生物与糖缩合而成的一类苷。一般为黄色，呈弱酸性，能溶于水、乙醇和稀碱溶液，难溶于乙醚、氯仿等有机溶剂。含蒽醌苷类的中药有大黄、番泻叶、决明子、茜草、芦荟、何首乌等。含蒽醌苷类的中药大多具有泻下的作用，有些还有抑菌作用，如大黄素。其他还有解痉、平喘、利胆等作用。

3. **强心苷** 为甾体苷类，一般能溶于水、乙醇、甲醇等，易被酶、酸或碱水解。常见的含强心苷类中药有洋地黄、罗布麻、杠柳（香加皮）、万年青等。含强心苷类的中药大多具有兴奋心肌、增加心脏血液输出量和利尿消肿的作用。因强心苷易被酶、酸或碱水解，故在采集、贮藏及制备含强心苷类的中药时，要特别注意防止水解。

4. **皂苷** 皂苷为皂苷元和糖结合而成的一类化合物，又称皂素。多为白色或乳白色无定型粉末，富吸湿性，味苦而辛辣，能溶于水及有机溶剂，其水溶液经振摇后易起持久性的肥皂样泡沫。皂苷能刺激黏膜，对鼻黏膜尤甚，口服后能促进呼吸道和消化道分泌，但不能作注射剂。常见的含皂苷类的中药有桔梗、党参、南沙参、三七、甘草、山药、知母、皂角、麦冬、白附子等。含皂苷类的中药大多具有祛痰止咳、增进食欲和解热镇痛、抗菌消炎、抗癌等作用。

5. **香豆精苷** 是香豆精（或称香豆素）或其衍生物与糖结合而成的一类化合物。能溶于水、醇和稀碱溶液，难溶或不溶于亲脂性有机溶剂。常见的含香豆精苷的中药有白芷、独活、前胡、泽兰、秦皮等。含香豆精苷类的中药大多具有抗菌抗癌、扩张冠状动脉、镇痛、麻醉、止咳平喘、利胆、利尿等作用。

三、挥发油类

挥发油又称精油，是一类具有挥发性、可随水蒸气蒸馏出的油状液体。多为无色或淡黄色，具有芳香气味和辛辣味，难溶于水，能溶于无水乙醇、乙醚、氯仿和脂肪油。通常将其低温时的结晶称为"脑"，如薄荷脑、樟脑。含挥发油的中药有薄荷、紫苏、青蒿、藿香、金银花、白术、木香、菊花、当归、川芎、陈皮、花椒、肉桂、郁金、生姜、鱼腥草等。含挥发油类的中药大多具有发汗、祛风、抗病毒、抗菌、止咳、祛痰、平喘、镇痛、健胃等作用。

四、鞣 质 类

鞣质又称单宁或鞣酸，是一类结构复杂的多元酚类化合物。为无定型的淡黄棕色粉末，味涩，难于提纯，能溶于水、醇、丙酮、乙酸乙酯，不溶于苯、氯仿、乙醚。鞣质的水溶液遇石灰、重金属盐类、生物碱等产生沉淀，遇三氯化铁试剂产生蓝黑色沉淀，故在制备中药制剂时忌与铁器接触。常见的含有鞣质的中药有五倍子、没食子、石榴皮、儿茶、地榆、大黄等。含鞣质类的中药大多具有收敛、止血、止泻、抗菌等作用,还可作生物碱、重金属中毒的解毒剂。

五、树 脂 类

是由树脂酸、树脂醇、挥发油等组成的较为复杂的混合物。不溶于水而溶于乙醇、乙醚等有机溶剂。与挥发油共存的称油树脂,如松油脂;与树胶共存的称胶树脂,如阿魏;与芳香族有机酸共存的称香树脂,如安息香。乳香、没药、血竭等都含有树脂类。含树脂类的中药大多具有活血、止痛、消肿、防腐、芳香开窍、散痞块、祛风等作用。

六、有机酸类

是含有羧基的一类酸性有机化合物。大多数能溶于水和乙醇,难溶于其他有机溶剂。含有机酸类的中药大多具有抗菌、利胆、解热、抗凝血、抗风湿等作用。常见的有乌梅、山楂、五味子、覆盆子、山茱萸等。

七、糖 类

糖类是植物中最常见的成分,约占植物干重量的 50%～80%。分为单糖、低聚糖和多糖三类,其中单糖、低聚糖一般无特殊作用,可供制剂用;多糖包括植物多糖、动物多糖、微生物多糖,均有免疫促进作用,如茯苓多糖、黄芪多糖、人参多糖、竹叶多糖、香菇多糖等。

八、蛋白质、氨基酸与酶

蛋白质是由多种氨基酸结合而成的高分子化合物;酶是有机体内有特殊催化作用的蛋白质。中药中的蛋白质大多能溶于水,不溶于乙醇和其他有机溶剂。含蛋白质的中药有些具有治疗作用,如天花粉、南瓜子、板蓝根、天南星、半夏等,但一般都作为杂质除去。

九、油脂和蜡

油脂是由高级脂肪酸与甘油结合而成的脂类。蜡是高级脂肪酸与分子量较大的一元醇组成的酯。植物中的蜡主要存在于果实、幼枝和叶面。蜡的性质稳定,理化性质与油脂相似。油脂和蜡在医药上主要作为油注射剂、软膏和硬膏制备的赋形剂。有的油脂也具有治疗作用,如大枫子油有治麻风病的作用;薏苡仁中的薏苡仁酯有驱蛔虫及抗癌作用。常见的含油脂和蜡的中药有火麻仁、蓖麻子、巴豆、杏仁、薏苡仁、大枫子、鸦胆子等。

此外,中药的化学成分还有植物色素类,如萜类色素、叶绿素;无机成分,如钾盐、钙盐、镁盐和其他微量元素等。

第七节　中草药栽培技术要点

中药大多数为野生植物。随着中药用途的不断扩大，中药材的需要量也在不断增加，单靠野生资源很难满足医疗用药的需要，所以中草药的人工栽培有着广阔的前景。中草药栽培就是通过野生变家种的途径，建立和扩大中药材生产基地，实施优质高产栽培技术，不断扩大中药材的来源，改变供不应求的局面，特别是对保证稀贵药材和需要量较大的常用药材的供应，具有重要的意义。

一、栽培地的选择

栽培地的选择是药材基地建设中最重要的因素之一，要综合考察土地的位置、地表径流、走势、朝向、风向、土质以及排灌设施和地下水位的高度。具体包括要了解土地是生荒地还是熟地，前茬种植的是什么作物，有无同科同属重茬现象，前茬土地是否使用了有害除草剂及其种类和有效期；要了解当地的气候条件、年降雨量、无霜期、光照、气温等；要了解当地的自然植被，有无种药材的历史，有无道地药材及土特产等。这些情况应当查阅有关资料，并应向当地的药材公司、农技部门和专家咨询。一般都要在当地查看4～5块土地才能决定栽培地的选址。选好一块好地就等于种植药材成功了一半。

对大多数药用植物而言，土壤pH一般以中性和稍偏酸性为宜，土壤既不黏重，又不过轻，以黏壤土、壤土和沙壤土较为适宜，要求土壤肥沃，有机质含量高，土地平整，地下水位较低，不积水，便于灌溉，土壤中中药的病、虫害残留和碎石、废塑料薄膜等杂物少。

二、繁殖方法

药用植物的繁殖方法通常有两种：一是种子繁殖又叫有性繁殖，二是营养繁殖也称无性繁殖。

(一) 种子繁殖

种子繁殖技术简便，繁殖系数大，利于引种驯化和新品种培育。但是，种子繁殖的后代容易产生变异，开花结实较迟，尤其是木本的药用植物种子繁殖所需年限较长。

1. 种子处理　播种前进行种子处理，对预防病虫害，打破休眠，提高发芽率和发芽势，使苗全苗壮具有重要作用。种子处理的方法有：

(1) 晒种。能促进种子成熟，增强种子酶的活性，降低种子含水量，提高发芽率和发芽势；同时还可以杀死种子所带的病虫害。

(2) 温汤浸种。可使种皮软化，增强种皮的透性，促进种子萌发，并能杀死种子表面所带病菌。不同种子，浸种时间和水温有所不同。如颠茄种子要在50℃水中浸12h，才能提高种子发芽率和整齐度。

(3) 机械损伤种皮。对于皮厚、坚硬不易透水透气的种子利用擦伤种皮的方法，可以增强透性，促进种子萌发，如甘草种子；杜仲可剪破翅果，取出种仁播种，但要保持土壤适宜的湿度；对黄芪、穿心莲等种皮含有蜡质的种子，宜用细沙摩擦，使其略受损伤，再用35～40℃温水浸种24h，可使发芽率显著提高。

(4) 层积处理。选择地势高、不积水的地块，挖一个20～30cm深的坑，坑的四周挖好排水沟，防止雨水流入，把调好湿度的沙或腐殖土与种子按3∶1的比例拌好，放入坑内，覆土2cm左右，上面盖草，再用防雨材料搭荫棚，半个月左右检查1次，保持土壤湿润，2～3个月种子裂口，即可播种。如人参、西洋参、黄柏、黄连、芍药、牡丹等都可采用此法处理。这种方法又称为沙藏处理。

(5) 药剂处理。用化学药剂处理种子，必须根据种子的特性，选择适宜的药剂，严格掌握处理时间，才能收到良好的效果。如颠茄种子用浓硫酸浸渍1min，再用清水洗净后播种，可提高种子发芽率和整齐度。明党参种子在0.1%小苏打溶液、0.1%溴化钾溶液中浸30min，捞起立即播种，可提早发芽10～20d，发芽率提高10%左右。

(6) 生长素处理。常用的生长素有2,4-D、吲哚乙酸、α-萘乙酸、赤霉素等。在药用植物种子处理上应用较多的是用赤霉素溶液浸种。如用赤霉素10～20mg/L分别处理牛膝、白芷、桔梗等种子，均能提早1～2d发芽。番红花种子放在25mg/L赤霉素溶液中浸30min，翌年种球产量可提高3.72%。

2. 播种

(1) 播种期。一年生草本植物大部分春季播种；多年生草本植物适宜春播或秋播；核果类的木本植物适宜冬播，如银杏、核桃等；有些短命种子宜采后即播，如细辛、肉桂等。有些特殊种类如芍药、牡丹等则宜于夏播。播种期又因气候不同而有差异，热带、亚热带地区，多采用早春或雨季前后播种；北方寒冷地区多采用春播或夏播；温带多采用秋播或春播。春播在3～4月，秋播在9～10月。

(2) 播种的土壤条件。以土壤水分适度，天气晴朗为宜，这影响到种子周围的水分、氧气的供应，太干种子不能吸胀，太湿氧气不足，影响种子萌发，尤其小粒种子更应谨慎。土壤以富含有机质、疏松肥沃的沙壤土为好。

(3) 播种方法。有条播、点播、撒播三种。

①条播。按一定距离在畦面开小沟，把种子均匀地播在沟里，盖上细土。条播易于中耕、施肥等管理，在药材栽培上多被采用。

②点播。是按一定的株行距在畦面上挖穴，每穴播种2粒至数粒，然后盖上细土。这种方法适用于种子较大或种子量少，宜粗放管理的药材，如丁香、栝楼等。

③撒播。是把种子均匀的撒在畦面上，再盖一层细土。此法多在苗床育苗时应用，大田播种较少采用。

(4) 播种深度。播种深度常以下列几种情况确定：在寒冷、干燥、土质疏松（如沙质壤土）的地带，覆土应稍厚些；在气候温暖、雨量充沛、土质黏重的地带，覆土应薄些；种子千粒重较大，发芽率高的可播深些；种子粒小，发芽率低的宜播浅些。一般覆土厚度为种子直径的2～3倍，在不影响种子发芽的原则下，以浅播为宜。

(5) 播种后管理。主要是掌握适当水分，尤其是浸种催芽的种子不耐干旱，浇水时要避免土壤板结。出苗后适当控制水分，让根系下扎。

另外，大多数药用植物的种子可以直接播于田间，但有的药用植物，幼苗比较柔弱，为了延长生长期，提高产量和质量，往往需要提前在保护地育苗。常用的保护地设施主要有：地膜覆盖、塑料棚、改良阴畦、塑料温室和玻璃温室等。

（二）营养繁殖

营养繁殖即利用植物的根、茎、叶等营养器官进行繁殖，它在药用植物栽培中占有重要地位。有些药材收种子非常困难或不结种子，如雅连、川芎等，生产上一直用无性繁殖。有些虽然结籽，但种子发芽困难或植株生长年限长或产量低，如贝母用鳞茎繁殖一年一收，种子繁殖5年才能收获。又如地黄、玄参等均用无性繁殖，只是选育良种时才用有性繁殖。常用的方法有分株繁殖、压条繁殖、扦插繁殖和嫁接繁殖四种。

1. 分株繁殖 又叫分割繁殖，有以下五种：

（1）鳞（球）茎繁殖。鳞茎如贝母、百合，球茎如半夏、番红花等。在其地下茎周围长出的许多小的鳞（球）茎，可作为繁殖材料。

（2）块茎（根）繁殖。如地黄、山药（块根）、何首乌（块茎）等按块芽和芽眼位置切割成若干小块，每一小块必须保留一定表皮面积和肉质部分。

（3）根状茎繁殖。如款冬、薄荷、甘草等，其横走的根状茎可按一定长度和节数分割成若干小段，每段有3~5个节，作为繁殖材料。

（4）分根繁殖。如芍药、牡丹、玄参等多年生宿根草（木）本植物，植株地下部萌芽前将宿根挖出，分成若干小块作种栽培。

（5）珠芽繁殖。如百合、半夏、小根蒜等的叶腋或花序上生长的珠芽相当于种子，取下播种即可。

分株繁殖时间以休眠期到出苗前为好，新切割的繁殖材料以晾1~2d待伤口稍干或拌草木灰后种植为好，这样，可加强伤口愈合，减少腐烂。栽时土壤要适当踩紧，土壤干旱要及时浇水。

2. 压条繁殖 压条繁殖是将植物的枝条压入土中，生根后与母株分离，而形成新生个体的繁殖方法。常用的方法有：

（1）普通压条法。如金银花、连翘、辛夷等，从母株上选择靠近地面枝条的适当部位进行环割，然后将其割伤处弯曲压入土中，并用树杈钉桩加以固定，枝梢露出地面，生根后剪下移栽即可。

（2）空中压条法。如酸橙、佛手、山茱萸等在母株上选1~2年生枝条，在准备触土的部位刻伤或环割后，用牛粪或松软细碎肥土与苔藓缚裹于枝条环割处，外用塑料薄膜包扎，下口捆紧，上口稍松，要注意浇水保湿。

压条时间视植物的种类和气候条件而定。一般落叶植物多在秋季压条，这时枝条的营养物质积累较丰富，能充分满足生根的需要，长出的新个体也健壮；常绿植物一般宜在梅雨时期进行，此时压条易生根。

3. 扦插繁殖 即直接从母株上割取营养器官，如根、茎、叶进行扦插，生根成活后就成为独立的新个体。容易发根的植物，用扦插繁殖经济简便且能保持母体的本性，因而被广泛采用。

(1) 扦插方法。依扦插的材料可分为：①根插法，如山楂、大枣、大戟等可用根作插条。②枝插法，根据插条的成熟度及木质化程度又分为：硬枝扦插（如木槿、木瓜、银杏等）和软枝扦插（如菊花、藿香等）。生产上应用最多的是枝插法。其方法是将插条剪成15～20cm长的小段，每一段应有2～4个芽，剪时应注意插条下段紧靠芽的下边剪（容易发根），上段离第一个芽上端1cm处剪，以免上芽枯萎。常绿植物的插条应剪去叶片或只留顶端1～2片半叶，要边剪边插，在已备好的插床上按16～30cm的行距开横沟，将插条按6～18cm的株距斜靠沟壁，埋土深浅要依插条种类而定。休眠期或成熟枝条为12～20cm深，软枝插条为2.5～7cm深，覆土按紧，使插条与土密接，然后用喷壶浇水。经常保持湿润以利生根，常绿植物和嫩枝插条还应搭棚遮荫。

(2) 扦插时期。扦插时期因植物种类而异。草本植物的适应性较大，扦插时间要求不严格，凡温暖季节或地区都可进行；有温室温床设备的，四季都可以扦插。木本植物应选择树枝含养分较多的时期扦插。当落叶树开始落叶或经过几次霜后进入休眠期，树液流动减慢，树枝积累的养分多，容易产生愈合组织，生根较快，通常在此时将树枝进行贮藏或直接插入苗床。

4. 嫁接繁殖 将一株植物上的枝条或芽（接穗或接芽）接到另一株带有根系的植物（砧木）上，使它们愈合生长在一起而成为一个新个体。这种繁殖方法称为嫁接繁殖。如香橼、佛手接在柑橘上，猪牙皂接在皂角上，山楂接在山里红上等。嫁接不仅能加速植物的生长发育，保持植物品种的优质性状，增强植物适应环境的能力，还能选育新品种，加速优良品种的繁殖。常用的嫁接方法主要有枝接和芽接两类。

(1) 枝接法。用一定长短的一年生枝条为接穗。根据嫁接的形式可分为劈接、舌接、靠接、桥接等。其中最常用的方法是劈接法，多在早春树木开始萌动而尚未发芽前进行。先选取砧木，以横径2～3cm为宜，在离地面2～3cm或平地面处，将砧木横切，选皮厚纹理顺的部位劈深3cm左右，然后，取长5～6cm带有2～3个芽的接穗，在其下方两侧削成一平滑的楔形斜面，轻轻插入砧木劈口，使接穗和砧木双方的形成层对准，立即用塑料薄膜扎紧，用石蜡或黄泥浆封好接口，再行培土。

(2) 芽接法。芽接是在接穗上削取一个芽片，嫁接于砧木上，成活后由芽萌发育成植株。芽接法因接芽形状不同又可分芽片接、环状芽接和芽眼接等几种方法，目前应用最广的是芽片接。即在夏末秋初（7～8月），选直径0.5cm以上的砧木，在离地面2～3cm处，用芽接刀在树皮上纵横各切一刀，切成"T"字形切口，深达木质部，长1～1.2cm，并用刀柄轻轻将皮层与木质部分离。随即在接穗枝条上用刀削取盾形带有小片木质部的芽，由上而下将芽片嵌插入砧木的切口中，使芽片和砧木层紧接，用塑料膜条缚扎。

接芽后7～10d，轻触芽下叶柄，如叶柄脱落，芽片皮色鲜绿说明已经接活。叶柄脱落是因为砧木和接穗之间形成了愈伤组织以及叶柄上产生离层的缘故；反之，叶柄不落，芽片表皮呈褐色皱缩状，说明未接活，应重接。接芽成活后15～20d，应解除绑扎物，接芽萌发抽枝后，可在接处上方将砧木枝条剪除。

三、田间管理

不同种类的药用植物，由于生态特性、药用部位和收获时期不同，常需要分别加以特殊的管理。比如芍药、附子要修根，玄参、牛膝要打顶，白术、地黄要摘花，三七、黄连要遮荫，瓜蒌、罗汉果要设立支架等，以满足其对环境条件的要求，保证优质高产。田间管理既要做到及时而充分地满足植物生长发育对阳光、温度、水分、空气和养分的要求，又要综合利用各种有利因素，克服不利因素，使植物的生长发育朝着人类需要的方向发展。

（一）间苗与定苗

凡是用种子或块茎、根茎繁殖的药用植物，出苗、出芽都较多，为避免幼苗、幼芽之间相互拥挤、遮蔽、争夺养分，需适当拔除一部分过密、瘦弱和有病虫的幼苗，选留壮苗，使幼苗、幼芽保持一定的营养面积。间苗一般宜早不宜迟，避免幼苗由于过密，生长纤弱而易发生倒伏和死亡。间苗次数可视药用植物的种类而定，一般播种小粒种子，间苗次数可多些，可间2～3次；播种大粒种子，间苗次数可少些，如决明子、薏苡等，间苗1～2次即可；进行点播的如牛膝每穴先留2～3株幼苗，待苗稍长大后再进行第二次间苗。最后一次即为定苗。定苗后必须及时加强管理，才能达到苗齐、苗全、苗壮的目的，为药材优质高产打下了良好的基础。

（二）中耕、除草和培土

药用植物的生长过程中，对土壤进行耕耘，使土壤疏松的作业方式称为中耕。中耕能疏松土壤，流通空气，加强保墒，早春还可提高地温，中耕还可能除蘖或切断一些浅根来控制植物生长。除草能减少水肥消耗，保持田间清洁，防止病虫的滋生和蔓延。除草一般与中耕、间苗、培土等结合进行，以节省劳力。

中耕、除草一般在封行前，选晴天或阴天土壤湿度不大时进行。中耕深度视植株的大小、高矮、根群分布的深浅及地下部分生长情况而定。根群分布在土壤表层的，中耕宜浅；深根植物中耕可深些。如天冬、薄荷、玉竹、延胡索等浅根系植物宜浅耕；而桔梗、牛膝、白芷、芍药等主根长，入土深，中耕可适当深些。中耕的次数应根据当地气候、土壤和植物生长情况而定。苗期植株幼小，杂草容易滋生，土壤也易板结，中耕除草宜勤；成株期，枝叶生长茂盛，中耕除草次数宜少，以免损伤植株；天气干旱，土壤黏重，应多中耕；雨后或灌水后应及时中耕，避免土壤板结。

许多根茎类或多年生的药用植物，其地表层因受雨水冲刷，使根部暴露在地表外，很易受旱，影响根系及地上部分的生长发育。所以在给药用植物中耕除草时要结合进行培土，以保护植物越冬过夏，避免根部外露，防旱，增强支持能力，防止倒伏，保护芽头（如玄参），促进生根（如半夏）。地下部分有向上生长习性的药用植物如玉竹、黄连、大黄等，若不适当培土将影响药材的品质和产量。培土的时间视不同植物而异，一、二年生药材在生长中后期进行；多年生草本和木本药物，一般于入冬前结合防冻进行。

(三) 追肥

在药用植物栽培定苗后，为了满足植物生长发育对养分的需要，须在生长发育的不同时期进行追肥。追肥一般在萌发前、现蕾开花前、果实采收后和休眠前进行。追肥时应注意肥料种类、浓度、用量和施肥方法，以免引起肥害、植株徒长和肥料流失。为使追肥很快被植物吸收利用，常在生长前期施用人粪尿、尿素、氨水、硫酸铵、复合肥等含氮较高的液体速效性肥料；而在植物生长的中、后期多施用草木灰、过磷酸钙、厩肥、堆肥和各种饼肥与钾肥等肥料。在施用化学肥料时，可在行间开浅沟条施，但不可使化肥撒到叶面或幼嫩的各组织部位上，避免烧伤叶片或幼嫩枝芽，影响药材生长。对多年生药用植物于早春追施厩肥、堆肥和各种饼肥时多用穴施或环施法，把肥料施入植株根旁。追施磷肥，除施入土中外，还可以采用根外追肥法，常把磷肥配成水溶液，用喷雾器直接喷到植物的茎叶上。通过茎叶的吸收，满足植物的要求。

(四) 灌溉与排水

水分是药用植物生长发育的必需条件之一。土壤水分不足时，药用植物发生萎蔫，轻则减产，重则死亡；水分过量，引起茎叶徒长，延迟成熟期，甚至使根系窒息死亡。故灌溉与排水是调节植物对水分要求的重要措施。一般控制土壤水分的原则是：土壤含水少而药用植物需水多时，应注意灌水；土壤含水多而药用植物需水量少时应注意排水。灌溉时间须根据当地的气候、土壤和植物生长情况而定。苗期在注意浇水抗旱保证全苗的前提下，通常宜节制用水，促进根系下扎，以利培育壮苗；植株封行以后，达到旺盛生长阶段，耗水量增大，不能缺水；花期对水分要求较严，过多常引起落花，过少则影响授粉受精；果期在不造成落果的情况下，可适当偏湿一些；接近成熟期应停止灌水。水生植物也要根据不同的生长发育期和需水条件不同而进行适当的灌水和排水。

灌溉的方法很多，有沟灌、浇灌、喷灌和滴灌等，一般多采用畦灌和沟灌。夏季灌水，因土温高，宜在清晨或傍晚进行。旱生药用植物的灌水时间不能过长，一般灌到土壤已经充分湿润时即应排水。盐碱成分过高和有害废水不能用于灌溉。灌水次数也因药用植物种类和天气降雨情况而定，一般在药用植物生长期要进行多次灌水。灌溉水温和土温不能相差太大。在地下水位高、土壤潮湿、田间有积水时，应及时排水。

(五) 摘蕾与打顶

其作用是根据栽培目的，及时控制植物体某一部分的无益徒长，而有意识地诱导或促进另一部分生长发育健壮，使之减少养分消耗，提高产量和质量。

打顶通常采用摘心、摘芽或直接去顶等方式来实现。植物打顶后可抑制地上部分的生长，促进地下部分的生长，或抑制主茎生长，促进分枝。如栽培乌头（附子），为了抑制地上部分的生长，促进地下块根迅速生长膨大，不仅要打顶，还要不断去侧芽。又如红花、菊花等花类或叶类药用植物，常采用打顶的措施来促进多分枝，增加单株开花数或产叶量。打顶的时间视植物种类和栽培目的而定，一般宜早不宜迟。

植物开花结果会消耗大量的养分，为了减少作物养分的消耗，对于根及地下茎类药用植物，常把摘除花蕾作为一项重要的技术措施。摘蕾一般宜早不宜迟，过迟摘蕾，已消耗了养分，效果不显著。根据药用植物的发育特性不同，摘除花蕾的要求也不同，如玄参、牛膝于现蕾前剪掉花序和顶尖；而白术、地黄则在抽出枝时再摘蕾，但可以适当摘除过密过多的花蕾，因为疏花、疏果也可促进果实发育和增加种子的饱满和重量。打顶与摘蕾都要注意保护植株，不能损伤茎叶，牵动根部。打顶不宜在有雨露时进行，以免引起伤口腐烂，感染病害。

（六）整枝与修剪

整枝是通过人工修剪来控制幼树生长，合理配置和培养骨干枝条，以便形成良好的树体结构与冠幅；而修剪则是在土、肥、水管理的基础上，根据各地自然条件，树种的生长习性和生产要求，对树体内养分分配及枝条的生长势进行合理调整的一种管理措施。通过整枝修剪可以改善通风透光条件，加强同化作用，增加植物抵抗力，减少病虫危害；同时能合理调节养分和水分的运转，减少养分的无益消耗，增强树体各部分的生理活性，恢复老龄树的生活力，从而使植物按照人类所需要的方向发展，不断提高产品的质量和产量。

修剪包括修枝与修根。修枝主要用于木本药材，但有的草本植物也要进行修枝，如瓜蒌主蔓开花结果迟，侧蔓开花结果早，常摘除主蔓留侧蔓。不同的药用植物及同一种药物的不同年龄，对修枝的要求也各有不同。一般对以树皮入药的木本植物如肉桂、杜仲、厚朴等，应培养直立粗壮的主干，剪除下部过早的分枝与残弱枝；以果实种子入药的木本植物，可适当控制树体高度，增加分枝数量，并注意调整各级主侧枝的从属关系，以利促进开花结实。对幼龄树一般宜轻剪以培育一定的株形，如圆锥形、杯形、塔形、伞形等，促进早成形、早丰产；但对于部分灌木类如枸杞、玫瑰等幼树则宜重剪。对于成年树的修剪多用疏删并结合短截，以维持树势健壮和各部分之间的相对均衡，促使每年都能抽生强壮充实的营养枝和结果枝，提高结实能力。对于衰老的植株，应着重于枝条的更新，以恢复树体生长和结果。修枝时间一般在冬、夏两季。冬季修剪，主要修剪主、侧枝，剪除病虫枝、枯枝、纤弱枝等；夏季修剪，主要除赘芽、摘梢和摘心等。

修根只在少数药用植物中进行，如乌头（附子）修去过多的侧生块根，使留下的块根生长肥大，以利加工；芍药修除去侧根，保证主根肥大生长，促进增产。

（七）覆盖、遮荫与支架

1. **覆盖** 覆盖是利用稻草、落叶、谷壳、废渣、马粪、草木灰或泥土等覆盖地面，调节土温。冬季覆盖可防寒，使根部不受冻害；夏季覆盖可降温，如浙贝母留种，地用稻草覆盖保种越夏。覆盖也可以防止或减少土壤中水分的蒸发，保持土壤湿度，避免杂草滋生，有利于植物生长。覆盖的时期应根据药用植物生长发育阶段及其对环境条件的要求而定。如三七在生长期宜在畦面上用稻草和草木灰覆盖；秋播白芷需在冬前用马粪、土壤覆盖。

2. **遮荫** 对于许多阴生药用植物如人参、三七、黄连等，由于长期生长在高大的植物下面，形成了喜阴湿、怕强光直射的生态习性，故在栽培时必须保证荫蔽。还有一些苗期喜阴的药用植物，如肉桂、五味子等，为避免高温和强光为害，也需要搭棚遮荫。由于各种药用植物对光的反应不同，要求荫棚内的透光度也不一样，故必须根据植物的种类及其各个生长发育时期,调节棚内的透光度。至于荫棚的高度、方向,应根据地形、气候和药用植物生长习性而定,棚料可就地取材,选择经济耐用的材料。除搭棚遮荫以外,生产上还常用间种、套种、混作、林下栽培等立体种植方法来为阴生药用植物创造良好的荫蔽环境。

3. **支架** 栽培的攀缘、缠绕和蔓生药用植物生长到一定高度时,茎不能直立,往往需要设立支架,以利支持或牵引藤蔓向上伸长,使枝条生长分布均匀,增加叶片受光面积,促进光合作用,使株间空气流通,降低湿度,减少病虫害的发生。一般对于株型较小的药用植物,如天门冬、鸡骨草、党参、蔓生百部、山药等,只需在株旁立竿作支柱;而株型较大的药物,如金银花、罗汉果、五味子、瓜蒌、木鳖子等,则应搭设棚架,让藤蔓匍匐在棚架上。为节省棚架和少占耕地,应因地制宜,就地取材,或在这类药用植物栽培地上间种高粱、玉米等高秆作物作支架。

四、病虫害防治

中草药在生长期间,常会受到一些虫害与病害的侵害和不良环境因素的影响,使其在生理和形态上发生一系列不正常的变化,甚至死亡,这不仅降低了中草药的产量,而且也可使其品质降低。因此,在栽培中草药的过程中,一定要"预防为主、综合防治",以加强对病虫害的防治。

(一)病虫害发生的原因

1. **病害发生的原因** 一是外界环境不良,包括温度过高或过低,水分不足或过多,光照过强或过弱,养分不足或过多以及营养比例失调等;二是病原微生物致病,常见的有细菌、真菌和病毒等。

2. **虫害发生的原因** 引起虫害发生的原因主要是昆虫对中草药植株的危害,还有一些螨类、鼠害等。

(二)病害与虫害的识别

中草药发生病害后出现的异常表现有变色、腐烂、斑点、肿大、畸形、枯萎和粉霉等,每一种病害的表现各不相同。凡是遭受虫害的中草药,常可见到害虫咬食过的痕迹,如空洞、缺刻和残裂等。有时还可以看到植株上的害虫。经过害虫侵袭过的中草药,也往往出现一些异常现象,如叶片变色、植株萎黄和根部腐烂等。

(三)病虫害的防治方法

在防治病虫害时,首先要了解发生原因和病虫害种类,掌握病虫害发生的规律,适时防治。

1. **农业防治方法** 就是通过选育抗病虫害能力强的品种,实行科学轮作,冬前深翻土地,调节播种时期,合理施肥,适时排灌和及时清除田间杂草等农业技术措施,以防治病虫害。

2. 物理防治方法 就是利用光、热、电等物理作用和各种器械来防治病虫害。

3. 生物防治方法 就是利用自然界中某些生物来消灭或抑制有害生物，进行中草药病虫害防治。生物防治主要是利用以虫治虫、以菌治虫、以菌治病及以鸟治虫的方法进行。

4. 化学防治方法 就是通过化学药剂来防治病虫害。常用的药剂按其毒杀作用可分为杀虫剂和杀菌剂两类，此外还有除草剂、植物生长调节剂等。常用的杀虫剂有敌百虫、除虫菊等；常用的杀菌剂有退菌特、敌锈钠等。

思考与练习（自测题）

一、名词解释（每小题3分，共15分）

1. 四气
2. 五味
3. 归经
4. 妊娠禁忌
5. 使药

二、选择题（每小题2分，共10分）

1. 中药炮制的目的下列哪项是错误的（   ）
   A. 清除杂质及非药用部分，使药物纯净，用量准确
   B. 除去某些药物的腥臭气味
   C. 为了使药物外形美观，便于观赏
   D. 增强药物的疗效和改变药物的性能

2. 中药的性能下列哪种说法欠妥（   ）
   A. 是指药物的性味和效能
   B. 是指中药的药性和功能
   C. 是指中药具有寒热温凉四种不同的性质和功能
   D. 中药性能的主要内容包括四气五味、升降浮沉、归经等内容

3. 平性药是指（   ）
   A. 毒性不显著的药物   B. 寒热偏胜之性不显著的药物
   C. 药性平和的药物   D. 无毒之药

4. 按升降浮沉的药性理论，下述哪一项是错误的（   ）
   A. 辛甘温热药主升浮，如桂枝
   B. 矿物类质重的药主沉降，如礞石
   C. 性味苦寒的药主降，如大黄
   D. 花类质轻的药主升，如旋覆花

5. 小承气汤与厚朴三物汤两方的组成变化属于（   ）
   A. 药味增减的变化
   B. 药量增减的变化
   C. 剂型更换的变化

D. 数方相合加减的变化

三、填空题（每小题3分，共21分）
1. 现代出版的《中药大辞典》共收药_____味。仅《本草纲目》就附方_____个。
2. 一般中药的常用剂量（马、牛）为_____克。
3. 中药配伍的"七情"是：_____。
4. 方剂的组成是按照_____的原则组织起来的。
5. 中药常用的剂型有_____。
6. 主药是针对_____或_____起主要治疗作用的药物。
7. 辛味药的作用是_____，酸味药的作用是_____。

四、简答题（每小题8分，共24分）
1. 什么叫配伍？药物为什么要配伍？药物"七情"中哪些属于配伍范畴，哪些属于禁忌范畴？
2. 什么叫方剂？为什么要组成方剂？它与中药有什么区别？
3. 下列各组病证，应选用什么性味的中药治疗？
(1) 热病高热，狂躁不安，舌红、苔黄、脉洪数。
(2) 热病后期，余热未清，口干舌燥，舌红少苔，脉细数。
(3) 小便短赤，舌红，苔黄，脉数。
(4) 脾胃虚寒，久泻不止，舌淡，苔白，脉沉迟弱。

五、论述题（每小题10分，共30分）
1. 什么叫中药炮制？中药为什么要进行炮制？常用的炮制方法有哪些？
2. 中药的性能是什么？对指导临诊用药有何意义？
3. 中药的化学成分中何谓有效成分，何谓无效成分？主要的化学成分有哪几种？

实训一　中药采集

[实训目的]
1. 能够识别部分常用中药的形态，明确入药部位。
2. 掌握中药采集的方法及注意事项。

[材料用具]　药锄8把，枝剪8把，柴刀8把，标本架8付，草纸、麻绳若干；资料单、技能单人手1份，笔记本人手1本。

[方法步骤]　本次实训应安排在中药讲授前期，以班级为单位，由教师和实验员带领学生在野外进行。分别采集10种以上当地的药用植物，并进行观察，选择性地压入标本夹中，可选作标本。

[注意事项]　实训前，指导教师应作考察准备，并根据当地药用植物的分布情况，拟定实训计划、资料单、技能单，选择最佳时机。采集时按根、茎、花、叶、果、实、种子、全草，有代表性地进行。

[分析讨论]　如何合理采集中药？采集时注意什么？（学生分组讨论，教师进行总结）。

[作业]　写出实训报告。

实训二　中药栽培（1）

［实训目的］　使学生初步掌握常用中药的栽培种植方法。

［材料用具］　一块翻耕过的地块；锄、锹、耙等工具齐备；技能单人手1份，笔记本人手1本。

［方法步骤］

1. **整地**　将选好的地块平整、碾压、加埂、作畦（根据当地气候、土壤条件和所种植中药的种类确定作畦或作垄）。

2. **分组种植**　将选好的种子、块茎、枝条分别进行种子繁殖和营养繁殖（包括分株繁殖、压条繁殖、扦插繁殖和嫁接繁殖）。根据种子的大小，掌握好播种深度，按不同的中药进行撒播、条播或点播。以植株的大小，掌握好播种的密度。

［注意事项］　本次实训安排在春、秋季进行，种植前教师编印好技能单，做好选种等准备工作。要求学生做好记录。

［分析讨论］　分析种植的方法是否正确，还应注意什么？（学生分组讨论，教师进行总结）。

［作业］　写出实训报告。

实训三　中药栽培（2）

［实训目的］　初步掌握中药栽培中田间管理的方法。

［材料用具］　已种植的中药地块；田间管理用的各种工具；技能单人手1份，笔记本人手1本。

［方法步骤］　选择适当的时机，以班为单位分组进行。实训中根据自己种植的中药生长情况，选定中耕培土、间苗定苗、摘蕾打顶、追肥、灌溉与排水、整枝修剪、搭棚架及病虫害防治等项目，按教材要求进行操作。

［注意事项］　根据已种植的中药或本校中药圃栽培的药物情况，教师编印资料单和技能单，选定相应的实训项目，按教材要求进行。

［分析讨论］　分析田间管理的方法是否恰当？应注意什么问题？（学生分组讨论，教师进行总结）。

［作业］　写出实训报告。

实训四　中药炮制（1）

［实训目的］

1. 进一步明确中药炮制的意义。
2. 初步学会炒、炙、炮、煨的基本操作技能。

［材料用具］

1. **药材** 莱菔子 200g，地榆片 200g，白术片 600g，山楂 200g，党参 200g，穿山甲 200g，阿胶 200g，象皮片 200g，黄柏片 200g，净草果仁 200g，香附子 200g，甘草片 200g，干姜 200g，诃子 300g。

2. **辅料** 麦麸 1kg，大米 1kg，灶心土 2kg，中粗河沙 2kg，蛤粉 2kg，滑石粉 2kg，食用醋 1kg，食盐 1kg，黄酒 1kg，生姜 1kg，蜂蜜 1kg，植物油 1kg，面粉 1kg。

3. **用具** 火炉 4个，木炭 10kg，铁锅及锅铲 4套，铁网药筛 4只，带盖瓷盘 8只，搪瓷量杯 8只，脸盆 4个，量杯 4只，天平 4台，棕刷子 4把，火钳 4把，乳钵 4套，笔记本人手 1本，技能单人手 1份。

[内容与方法] 指导教师示范后，将学生分成 4组，按照下述方法依次轮流进行。

1. 清炒

（1）炒黄（含炒爆）。取净莱菔子 50g 置于锅内，用文火加热，不断翻动，炒至微鼓，并有爆裂声和香气时取出，放凉，用时捣碎。

（2）炒焦。取净白术片 50g 置于锅内，用中火加热，不断翻动，炒至表面焦黄，内部微黄，并有焦香气味时取出，放凉。

（3）炒炭。取净地榆片 50g 置于锅内，用武火加热，不断翻动，炒至表面焦黑，内部棕褐，取出放凉。注意掌握火候，做到炒炭存性。

2. 加辅料炒

（1）麸炒。先将锅烧热，取麦麸 5~8g 撒入锅内，待其冒烟时，倒入白术片 50g，不断翻动，炒至深黄色时，取出筛去麦麸，放凉。

（2）米炒。先将锅烧热，取已浸湿的大米 10g 撒入锅内，使其平贴于锅壁上，待冒烟时，倾入党参段 50g，并不断翻动，炒至大米呈老黄色时取出，筛去大米放凉。

（3）土炒。先将碾细筛过的灶心土 0.5kg 置于锅内，用中火加热炒动，使土粉呈松活状态后，倾入白术片 50g，并不断地翻动，炒至白术片表面挂土，并透出土香气时取出，筛去土粉，放凉。

（4）沙炒。先取纯净中粗河沙 0.5kg 置于锅内加热炒动至干，加入 1%~2% 的植物油，武火加热，拌炒至河沙色泽均匀，滑利而易于翻动时，倾入大小均匀的净山甲片，继续炒至山甲片发泡鼓起，边缘向内蜷曲，表面色黄时，取出筛去沙子，放凉。

（5）滑石粉炒。先将滑石粉 0.5kg 置于锅内，用中火加热，炒至滑石粉呈松活状态时，倾入象皮片 50g，炒至鼓起并呈黄褐色时取出，筛去滑石粉，放冷后碾碎。

（6）蛤粉炒。先将蛤粉 0.5kg 置于锅内，用中火乃至文火加热，炒至蛤粉松活时，倾入经文火烘软切制的阿胶丁 50g，并不断翻动，炒至阿胶鼓起呈圆球形，内无溏心时取出，筛去蛤粉，放凉。

3. 炙

（1）酒炙。先取 10ml 黄酒与 50g 净黄柏片充分拌匀，放置闷润，待酒被药吸尽后，置锅内用文火加热，炒干或炒至微黄色，取出。也可以先将药物炒至一定程度，再喷洒定量的黄酒，炒干，取出。前者多用于质地坚实的根茎类药材，后者则用于质地疏松的药材。

（2）醋炙。先取食醋 15ml 与净香附子 50g 充分拌匀，放置闷润，待醋被药物吸尽后，置于锅内用文火炒至颜色变深时取出，晾干。对树脂类、动物粪便药材则应先炒，再喷洒定量的米醋,炒至微干,起锅后继续翻动,摊开放凉。

(3) 盐炙。先取食盐 1g 加适量水溶化,与净黄柏丝或片 50g 拌匀,放置闷润,待盐水被药物吸尽后,文火微炒干,取出放凉。如果是含黏液多的药材如知母、车前子,则可先将药材炒至一定程度,再喷洒盐水,用文火炒干取出,放凉。盐炙法火力宜小,要控制恰当火力,如果火力过大,喷洒的盐水,由于水分迅速蒸发,食盐即黏附在锅上,而达不到盐炙的目的。

(4) 姜汁炙。先取生姜 5g 洗净,切片捣碎,加适量清水,压榨取汁,残渣再加水共捣,压榨取汁,反复 2~3 次,合并姜汁共约 5ml;再取净草果仁 50g,加入姜汁拌匀,并充分闷润,置于锅内用文火微炒至深黄色,稍有裂口时取出,放凉。

(5) 蜜炙。先取炼蜜 15g 左右,加适量开水稀释,与净甘草片 50g 拌匀,放置闷润,使蜜汁逐渐渗入药材组织内部,置于锅内用文火炒至深黄色且不黏手时,取出摊晾,凉后及时收贮。

4. 炮法 取干姜 50g,细沙 200g,先将细沙置于锅中炒热,然后加入干姜片,炒至色黄干姜鼓起,筛去沙即成。

5. 煨法 取诃子 75g,并逐个用和好的面团包住,放置在火口旁(或柴草火灰中)煨,至面皮焦黄,用筷子夹住,剥去面皮即可。

中药炮制的关键在于火候,应使学生掌握好文火、中火和武火的运用和审视药物黄、焦、黑等炒炙程度,对炒制中出现的太过或不及者,应及时予以指导纠正。同时,还应注意用火安全。

[观察结果] 观察所炮制的药物,是否符合要求。

[分析讨论] 分析讨论炮制药物的目的意义,操作方法是否得当。

[作业] 写出地榆炭、土炒白术、盐炙黄柏、蜜炙甘草、沙炮干姜、煨诃子的炮制过程。

实训五 中药炮制(2)

[实训目的]
1. 初步学会中药材的水飞、煅、淬、制霜等炮制方法。
2. 进一步掌握炮制的要领和技巧。

[材料用具]

1. 药材 炉甘石 200g,自然铜 200g,生石膏 600g,巴豆 200g,明矾 400g,朴硝 1kg,杏仁 100g,赤小豆 100g,鲜青蒿 200g,鲜辣蓼 200g,鲜苍耳草 200g。

2. 辅料 食醋 1kg,萝卜 0.5kg,面粉 1kg,麦麸 3kg,淀粉 500g。

3. 用具 火炉、木炭、铁锅、锅铲、火钳、瓷量杯、天平等数量同实训一。铁碾槽 1套,铁药臼 4 套,乳钵 4 套,烧杯 8 只,小盖锅 4 只,坩埚 4 只,草纸若干张,笔记本人手 1 本,技能单人手 1 份。

[内容方法] 指导教师示范后,将学生分成 4 组,按照下述方法进行。

1. 水飞 将炉甘石碾碎,置乳钵内,加适量清水,研磨成糊状,再加水搅拌,待粗粉下沉时，倾出上层混悬液，下沉的粗粉再行研磨、沉淀、倾出，如此多次反复，至研细为止，最后弃去杂质。将多次取得的混悬液合并静置，待完全沉淀后，倾去上清液，沉淀物干燥后，研为极细末。

2. **煅** 取生石膏100g放在炉火上直接煅烧；或者取明矾置于锅内加热，煅至水分完全蒸发，无气体逸出，全部泡松呈肉色蜂窝状时取出，放凉。前者叫直接煅，后者叫间接煅。直接煅虽多用于矿石贝壳类药材，仍应根据药材质地而掌握好火候，而且要一次煅透，中间不得停火，火力也不宜太过，否则有些药材就会灰化而失去药效。药材的大小也应分开，使其基本一致。有些药材则不可在煅烧时加以搅拌，否则不易煅透。

3. **煅淬** 取自然铜50g置于坩埚内，放在炉火中煅至红透，取出立即倾入盛有食醋的瓷烧杯中浸淬，如此反复多次，使药料煅淬至颜色黑褐，外表脆裂，光泽消失，质地酥脆为度，干燥后碾碎。用醋量一般为自然铜的30%，在反复煅淬中，使醋液被药材吸尽。其他药材煅制所用淬液种类和数量，则应视药物性质和炮制的目的而定。

4. **制霜** 取巴豆去杂，暴晒，搓去壳，将净巴豆仁捣成泥状，细纸包裹后，夹于数层草纸中，置于炉台上烘热，压榨去油。并反复几次即成。

5. **提净** 先取萝卜50g洗净切片，加适量水煎煮，再加入朴硝50g，共煮至全部溶化，多层纱布过滤，滤液放在阴凉处，环境温度最好为10~15℃，至大部分形成结晶时取出，置避风场所自然干燥，即得芒硝。剩下的溶液与沉淀可重复煮提，至无结晶生成为止。

本实训内容多而繁，指导教师可根据实际情况，灵活掌握，以教方法为主。实训场地最好选择宽敞明亮、通气良好的地方，要注意防火。

[观察结果] 观察所炮制的药物，是否符合要求。

[分析讨论] 分析讨论药物炮制的成败经验，炮制过程中的注意事项。

[作业] 写出淬自然铜、煅石膏的炮制过程和要领。

实训技能考核（评估）项目

序号	项目	考核方式	考核要点	评分标准
1	中药采集	由教师和实验员带队在野外进行	识别当地10种以上常用中药的形态、特征，明确入药部位。掌握根、茎、花、叶、果、实、种子、全草等有代表性中药的采集方法及注意事项。	正确完成90%以上考核内容评为优秀 正确完成80%考核内容评为良好 正确完成60%考核内容评为及格 完成不足50%考核内容评为不及格
2	中药栽培	在校园内或实训基地选一翻耕过的地块进行	掌握种子繁殖和营养繁殖方法；掌握中耕培土、间苗定苗、摘蕾打顶、追肥、灌溉、整枝修剪、搭棚架及病虫害防治等技能，达到实训指导要求的标准。	正确完成90%以上考核内容评为优秀 正确完成80%考核内容评为良好 正确完成60%考核内容评为及格 完成不足50%考核内容评为不及格
3	中药炮制	选择10味中药在实验室或任一宽敞场地进行	正确运用炒、炙、炮、煨、煅和润、漂、水飞等方法，有目的进行炮制，达到实训指导所要求的标准。	正确完成90%以上考核内容评为优秀 正确完成80%考核内容评为良好 正确完成60%考核内容评为及格 完成不足50%考核内容评为不及格

第六章

常用中草药及方剂

学习目标

1. 理解各类中药的概念、共性及使用注意事项。
2. 掌握常用中药的性味、功效、主治及在畜牧兽医生产中的应用；重点掌握200味常用中药的功效与应用。
3. 明确常用方剂的组成、功效、主治及加减应用；重点掌握60首代表方剂的组成、主证及临诊应用。
4. 了解中药免疫作用及中草药饲料添加剂的基本知识，初步掌握中草药饲料添加剂的合理应用。

第一节 解表方药与汗法

凡能发散表邪，解除表证的药物（方剂），称为解表药（方）。用发汗的方药发散表邪，治疗表证的方法称解表法，属于治疗"八法"（汗、吐、下、和、温、清、补、消）中的"汗法"。

解表药（方）大多辛散轻宣，具有发汗解肌，止咳平喘，利水消肿等作用，适用于外感表证。症见恶寒发热，肢体疼痛，有汗或无汗，舌苔薄白，脉浮等。此外，某些解表方药兼有利水消肿，止咳平喘，透发斑疹，宣痹止痛等作用。

汗法是根据《内经》"其在皮者，汗而发之"的原则提出来的，是应用具有发散作用的药物组方来治疗表证的一种方法。

本类药（方）按其功用分为以下两类：

辛温解表药（方）：多味辛性温，能发散风寒，发汗作用强，适用于风寒表证。症见恶寒重，发热轻，无汗，口不渴，苔薄白，脉浮紧等。常用药有麻黄、桂枝等，代表方剂如麻黄汤。

辛凉解表药（方）：多味辛性凉，能发散风热，发汗作用较弱，而退热镇痛作用较强，适用于风热表证。症见发热重，恶寒轻，无汗，口渴，口色红，舌苔黄，脉浮数等。常用药有柴胡、薄荷等，代表方剂如银翘散。

现代药理研究证明，解表药具有发汗、镇痛、解痉、镇咳、抗过敏、收缩鼻黏膜血管、扩张支气管、抗菌或抗病毒等作用。

使用解表药（方）时应注意以下几点：
(1) 发汗不宜过度，中病即止，否则汗出过多，可耗气伤津，造成大汗亡阳。
(2) 对体虚、泄泻、失血的动物慎用，或配合补益药以扶正祛邪。
(3) 本类药（方）不宜久煎，以防药效挥发耗散，降低疗效。
(4) 发热无汗的患病动物以及寒冬季节，用量宜重，且服药后，注意保暖；而温暖季节，用量宜轻。

一、解表药

（一）辛温解表药

麻黄（麻黄草）

【性味归经】温，辛、微苦。入肺、膀胱经。
【功效】发汗解表，宣肺平喘，利水消肿。
【主治】外感风寒，恶寒无汗，咳喘，关节肿痛，水肿等。
【用量】马、牛 15～30g；猪、羊 6～12g。
【附注】"麻黄表汗以疗咳逆"。麻黄茎枝入药，辛温散寒，专疏肺郁，为治外感风寒表实无汗的要药，也是宣肺平喘的主药，麻黄生用发汗力强，炙用发汗力弱。故发汗宜生用，平喘宜炙用。

附药：麻黄根　性平味甘，能止一切虚汗，作用与麻黄相反，多治自汗盗汗。

图6-1　麻　黄

本品含麻黄碱、假麻黄碱及挥发油等，所含挥发油能刺激汗腺分泌，故能发汗，使表邪从汗而解；麻黄碱能松弛支气管平滑肌，故有平喘作用；假麻黄碱有显著的利尿作用，故能利水消肿。

桂　枝（桂尖）

【性味归经】温，辛、甘。入心、肺、膀胱经。
【功效】发汗解肌，温阳利水，温经通络。
【主治】外感风寒，水肿，风寒湿痹等。
【用量】马、牛 15～45g；猪、羊 3～10g。
【附注】"桂枝解肌利关节之酸痛"。因寒性凝滞，表寒证常致项背肌肉及关节酸痛。桂枝嫩枝入药，辛甘温，辛能行气活血，甘能和缓，温能散寒，表寒既除，则诸症自愈。

麻黄、桂枝均为解表要药。前者治毛窍闭塞，汗不外达，能解表中表，后者治营卫不和，虽汗出而邪不去，能解表中

图6-2　桂　枝

之里，且可达肢节，常作前肢引药。

本品含挥发油等，油中桂皮醛能扩张皮肤血管，刺激汗腺分泌，故有发汗解热作用；桂皮油有强心利尿、解肌镇痛、健胃祛风等作用；桂枝醇对葡萄球菌、炭疽杆菌、沙门氏杆菌均有抑制作用。

荆 芥（荆芥穗、芥穗）

【性味归经】微温，辛。入肺、肝经。
【功效】祛风解表，透疹疗疮，止血。
【主治】外感表证，风疹，湿疹，便血，衄血等。
【用量】马、牛15～45g；猪、羊6～12g。

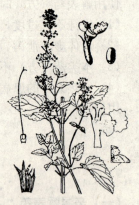

图6-3 荆 芥

【附注】"荆芥穗清头目便血疏风散疮之用"。荆芥茎叶入药，辛散清扬，发汗力强，无汗者多用；炒炭走血分，能去血分之寒而止血，而无发汗之力。

本品含挥发油等，油中含右旋薄荷酮、消旋薄荷酮能促进汗腺分泌，增加皮肤血液循环而发汗解热；炒炭后能缩短凝血时间而起止血作用。

防 风（屏 风）

【性味归经】微温，辛、甘。入膀胱、肝、脾经。
【功效】发表祛风，胜湿止痛。
【主治】外感表证，风寒湿痹，破伤风等。
【用量】马、牛15～45g；猪、羊6～12g。
【附注】"防风祛风"。为治外感风寒、风湿、皮肤风痒、破伤风等证的要药。防风根入药，为风证的主药，防者御也，其疗风最佳，故名防风，无论外风、内风均为相宜。

图6-4 防 风

本品含挥发油、有机酸等，具有发汗解热、镇痛、抑菌等作用。

紫 苏（赤 苏）

【性味归经】温，辛。入肺、脾经。
【功效】发散风寒，行气宽中，安胎。
【主治】外感风寒咳嗽，肚腹胀满，食欲减少，胎动不安等。
【用量】马、牛15～45g；猪、羊6～12g。
【附注】"理气安胎用苏梗，紫苏叶发表行气"。紫苏茎、叶、子均可入药，叶主发表散寒，梗茎主顺气安胎；其果实苏子，性味辛温，具降气定喘，化痰止咳之功能，

图6-5 紫 苏

主治气喘、咳嗽等症。

本品含紫苏油，具有扩张皮肤血管，刺激汗腺分泌，减少支气管分泌，缓解支气管痉挛，促进消化液分泌，增强胃肠蠕动，抑菌等作用。

白芷（香白芷）

【性味归经】温，辛。入肺、胃经。

【功效】祛风止痛，消肿排脓。

【主治】风寒感冒，风湿痹痛，疮黄肿痛等。

【用量】马、牛15～30g；猪、羊5～10g。

【附注】"白芷发表止痛疗疮痈"。白芷根入药，辛温芳香，辛能发散，温可除寒，芳香通窍，为疗风止痛之上品。

本品含白芷素、白芷醚、白芷毒素、挥发油等，具有扩张冠状动脉、抑菌等作用。

图6-6 白 芷

（二）辛凉解表药

柴胡（北柴胡）

【性味归经】微寒，苦。入肝、胆经。

【功效】和解退热，疏肝解郁，升举阳气。

【主治】感冒发热，寒热往来，胸胁疼痛，久泻脱肛，子宫脱垂等。

【用量】马、牛15～45g；猪、羊3～10g。

【附注】"疗肌解表干葛先而柴胡次之"。柴胡根茎入药，为扶正达邪，和解少阳之主药，轻清升散，善于退热，又能疏肝解郁，治肝胃不和的消化不良，酒炒则升发力更强，醋制则活血止痛，鳖血拌能退虚热。银柴胡无升散之力，能退虚劳发热。

本品含挥发油、植物甾醇等，具有解热、镇静、镇痛、利胆、促进肠蠕动、抑菌等作用。

图6-7 柴 胡

薄荷（苏薄荷）

【性味归经】凉，辛。入肺、肝经。

【功效】疏散风热，清头目，利咽喉。

【主治】风热感冒，目赤肿痛，咽喉肿痛等。

【用量】马、牛15～45g；猪、羊5～10g。

【附注】"薄荷叶宜消风清肿之施"。无汗用薄荷叶，有汗用炒薄荷，如兼肚胀则宜理气，宜用薄荷梗；如肝热上扰于目，发生目赤肿痛则用薄荷炭。

图6-8 薄 荷

薄荷茎叶入药，轻清凉散，芬芳开郁，上清头目，下疏肝气，既可表散风热之邪，又能疏解气分之滞，为肺与肝经之药。

本品含薄荷油，具发汗解热，抑菌等作用。其中主要含薄荷醇、薄荷酮等，内服少量能兴奋中枢神经，使皮肤毛细血管扩张，促进汗腺分泌，故有解热发汗的作用；有抑制肠内异常发酵及健胃祛风作用；外用能麻痹末梢神经，故有止痛止痒作用。

菊花（杭菊、甘菊）

【性味归经】微寒，甘、苦。入肺、肝经。
【功效】疏散风热，清肝明目，解毒。
【主治】外感风热，目赤肿痛，热毒疮疡等。
【用量】马、牛15～60g；猪、羊5～15g。
【附注】"菊花能明目而清头风"。头风源于肝阳上亢，目赤肿痛乃由肝火上冲，菊花能清肝火，平抑肝阳，肝目相连，故眼目明而头风自清。菊花有黄、白之分，前者长于发散风热，后者长于养肝明目。

附药：野菊花 性凉味苦辛，能清热解毒，适用于风火目赤，咽喉肿痛，疔疮肿毒等。

本品含菊苷、胆碱等，具有解热镇静作用，并有抗流感病毒、抑菌等作用。

图6-9 菊 花

葛根（干葛、甘葛、粉葛）

【性味归经】凉，辛、甘。入脾、胃经。
【功效】解肌退热，透发痘疹，生津止渴，升阳止泻。
【主治】外感表证，项背强拘，发热口渴，泄泻痢疾，痘症初起等。
【用量】马、牛20～60g；猪、羊5～12g。
【附注】"疗肌解表干葛先而柴胡次之"。葛根为阳明胃经之药，善清阳明腑热，生津止渴，解表生用，煨治泻痢。柴胡、葛根都是解表药，但葛根走阳明经，治热遏于肌表、无汗、口渴、项背强直等；柴胡为少阳经药，治邪在半表半里而呈现寒热往来的症候。故阳明肌表用葛根，少阳半表半里用柴胡，阳明肌表稍外，少阳半表半里稍内，而外邪入侵则先表而后里，所以说："干葛先而柴胡次之"。

本品含葛根苷及黄酮类衍生物，具有很强的解热、镇静和解痉的作用。

图6-10 葛 根

升麻（黑升麻、周麻）

【性味归经】微寒，甘、辛。入肺、脾、胃、大肠经。

【功效】发表透疹，清热解毒，升阳举陷。

【主治】风热感冒，痘疹透发不畅，咽喉肿痛，脱肛，泻痢，子宫脱垂等。

【用量】马、牛15～45g；猪、羊5～12g。

【附注】"升麻消风热肿毒发散疮痈"。升麻根茎入药，升轻降浊，能发散风热（但力较弱），清热解毒以除疮肿。

本品含苦味素、升麻碱等，有解热、镇静、降压及抗惊厥的作用；能兴奋肛门及膀胱括约肌；对结核杆菌、皮肤真菌、疟原虫均有一定的抑制作用。

图6-11 升麻

其他解表药

药名	性味	归经	功效	主治
细辛	温，辛	入心、肺、肝、肾经	发散风寒，温肺化痰，祛风止痛	风寒感冒，肺寒气逆，痰多咳喘，风湿痹痛，头痛身痛
生姜	温，辛	入脾、肺、胃经	散寒发汗，温肺止咳，温中止呕	风寒表证，肺寒咳嗽，胃寒呕吐，解半夏、天南星之毒
葱白	温，辛	入胃、肺	发汗解表，散寒通阳	外感风寒初起，四肢厥冷，阴寒腹痛
桑叶	寒，苦、甘	入肺、肝经	疏风清热，清肺润燥，清肝明目	外感风热初起，肺热燥咳，目赤肿痛、流泪
蝉蜕	寒，甘、咸	入肝、肺经	散风热，定惊，退翳	外感风热，痉挛，破伤风，风疹
牛蒡子	寒，辛、苦	入肺、胃经	疏散风热，解毒消肿	外感风热，咽喉肿痛，疔疮肿毒

二、解 表 方

麻黄汤（《伤寒论》）

【组成】麻黄45g、桂枝30g、杏仁45g、炙甘草15g，水煎灌服。

【功效】发汗解表，宣肺平喘。

【主治】外感风寒表实证。症见发热恶寒，无汗咳喘，苔薄白，脉浮紧。

【方解】本方是辛温解表的代表方。方中麻黄发汗解表、宣肺平喘为主药；桂枝发汗解肌、温经通阳，与麻黄相须为用，助麻黄发汗解表，解除肢体疼痛为辅药；杏仁宣降肺气，助麻黄止咳平喘为佐药；炙甘草甘平既能调和麻、杏之宣降，又能缓和麻、桂之峻烈，使邪去而不伤正气，又可和中化痰止咳为使药。四药配伍，共凑发汗解表，宣肺平喘之功。

【临诊应用】本方主用于外感风寒表实证。加减可治疗风寒咳嗽，风湿痹证。本方去桂枝名三拗汤，治疗外感风寒症见恶寒轻而咳嗽较重者。

【方歌】麻黄汤中用桂枝，杏仁甘草四味施，发热恶寒流清涕，风寒无汗服之宜。

荆防败毒散（《摄生众妙方》）

【组成】荆芥 30g、防风 30g、羌活 25g、独活 25g、柴胡 30g、前胡 25g、桔梗 30g、枳壳 25g、茯苓 30g、甘草 15g、川芎 20g，研末服。

【功效】发汗解表，散寒祛湿。

【主治】外感挟湿的表寒证。症见发热无汗，恶寒发抖，流清涕，咳嗽，皮紧肉硬，肢体疼痛，苔白腻，脉浮；或痈疮初起有恶寒发热者。

【方解】本方是为外感风寒挟湿证而设的辛温解表剂。方中以荆芥、防风发散肌表风寒，羌活、独活祛风胜湿共为主药；川芎散风止痛，柴胡协助荆芥、防风疏散表邪，茯苓渗湿健脾，均为辅药；枳壳理气宽胸，前胡、桔梗宣肺止咳为佐药；甘草益气和中，调和诸药为使药。

【临诊应用】用于外感风寒挟湿而正气未虚的感冒、流感以及下痢、疮疡初起兼有表寒症状者。体虚者可去荆芥、防风，加党参以扶正祛邪；流感则加板蓝根以清瘟解毒；疮疡初起者去荆芥、防风，加金银花、连翘以清热解毒。

本方加大黄、芒硝，方名硝黄败毒散（《医方集解》）。解表散寒，清热通便，主治表寒证兼内热便秘。

【方歌】荆防败毒二活同，柴前枳壳配川芎，茯苓桔梗甘草使，风寒挟湿有奇功。

银翘散（《温病条辨》）

【组成】金银花 45g、连翘 45g、淡豆豉 30g、桔梗 25g、荆芥穗 25g、竹叶 20g、牛蒡子 30g、薄荷 30g、芦根 60g、甘草 20g，研末服。

【功效】疏散风热，清热解毒。

【主治】外感发热无汗或微汗，口渴咽痛，咳嗽，脉浮数等。

【方解】本方适用于瘟病初起，风热表证，是辛凉解表的主要方剂。方中金银花、连翘清热解毒，辛凉透表为主药；薄荷、荆芥穗、淡豆豉发散表邪，透热外出为辅药；桔梗、牛蒡子宣泄肺气，清利咽喉为佐药；芦根、竹叶、甘草清热生津，且甘草又能调和诸药共为使药。

【临诊应用】本方由清热解毒药与解表药组成，是辛凉解表的代表方。可用于风热感冒或温病初起、流行性感冒、急性咽喉炎、支气管炎、肺炎及某些感染性疾病初期而兼有表热证者。发热盛者加栀子、黄芩、石膏以清热；津伤口渴甚者重用芦根，并加天花粉以生津止渴；咳嗽重者加杏仁、贝母或枇杷叶以清肺化痰；咽喉痛甚者加马勃、射干、板蓝根以利咽消肿；疮疡初起，有风热表证者，应酌加紫花地丁、蒲公英等以增强清热解毒之力。

【方歌】银翘散主上焦疴，竹叶荆牛豉薄荷；甘桔芦根凉解法，风温初起此方卓。

其他解表方

方名	组成	功效	主治
桂枝汤	桂枝 白芍 炙甘草 生姜 大枣	解肌发表，调和营卫	外感风寒表虚证，症见恶风发热，汗出，流清涕，舌苔薄白，呼吸喘粗，脉浮缓

(续)

方名	组成	功效	主治
防风通圣散	防风 荆芥 连翘 麻黄 薄荷 当归 炒白芍 川芎 白术 山栀 黄芩 酒大黄 生石膏 桔梗 滑石 甘草 芒硝	解表通里，疏风清热	外感风邪，内有蕴热，表里俱实之证，症见恶寒发热，口干舌燥，目赤，咽喉不利，便秘尿赤，舌苔黄腻，脉洪数或弦滑，以及遍身黄兼有上述症状者
九味羌活汤	羌活 防风 苍术 细辛 川芎 白芷 生地 黄芩 甘草 生姜 葱白	发汗解表，祛湿清热	寒湿在表兼有内热的病证，症见恶寒发热，无汗，口渴，鼻流清涕，四肢痹痛，舌苔白滑，脉浮。常用于流感以及牛流行热

第二节 清热方药与清法

凡能清解里热的药物（方剂），称为清热药（方）。用其治疗里热证的方法，属"八法"中的"清法"，兽医临诊最为常用。

清热药性属寒凉，具有清热泻火、解毒、凉血、燥湿、解暑等功能，主要用于高热、热痢、湿热黄疸、热毒疮肿、热性出血及暑热等里热病证。清热方以寒凉药为主组成，用于治疗急性热性病和热毒疮疡等证。

清热法是根据"热者寒之"、"温者清之"的原则提出来的，用味苦性寒（凉）的药物为主，以清除体内热邪的一种治疗方法。

里热证有在气分、血分之别，实热、虚热之分，脏腑偏盛之殊，以及湿热、暑热之不同。因此，清热药（方）又可分为清热泻火、清热燥湿、清热凉血、清热解毒、清热解暑等五类。

清热泻火药（方）：能清解气分实热，有直折其火势的作用。适用于高热火盛所致的里热证。如高热、大汗、口渴、脉洪大等。常用药物有石膏、知母、栀子等。代表方剂如白虎汤。

清热燥湿药（方）：能清热燥湿，适用于湿热诸证。如黄疸，痢疾，疮黄肿毒等。常用药物有黄连、黄芩、黄柏等。代表方剂如白头翁汤等。

清热凉血药（方）：能清解营血分热邪，适用于血分热证。如高热、神昏、发斑、出血等。常用药物有生地、牡丹皮、玄参等。代表方剂如清营汤。

清热解毒药（方）：能清热解毒，适用于各种热毒证。如咽喉肿痛，目赤肿痛，疮黄疔毒等。常用药物有金银花、连翘、蒲公英、板蓝根、穿心莲等。代表方剂如黄连解毒汤。

清热解暑药（方）：能解暑热，清热利湿，适用于暑热、暑湿等证。常用药物有香薷、青蒿、绿豆等。代表方剂如香薷散。

清热药（方）的临诊应用很广。现代医学的各科疾病，不论是病毒感染或细菌感染、霉菌感染、原虫病、蠕虫病，还是物理化学因素疾病等，只要出现上述证型者，均可辨证选用。

现代药理研究证明，清热药分别具有下列作用：抑制体温中枢而解热；降低神经系统的兴奋性,制止抽搐;对病原体(包括病毒、细菌、真菌、寄生虫等)的直接抑制和杀灭;增强吞噬细胞的吞噬功能,提高机体的抗病力;改善微循环,促进炎症的吸收;降低血管的通透性,防止出血;调整机体因疾病而致的功能紊乱;排除病原体产生的代谢产物;补充机体在病态时缺乏的物质等。

使用清热药(方)时应注意以下几点:

(1) 一般应在表证已解,而热已入里,或里热炽盛的情况下使用。

(2) 使用清热药(方),应根据病情轻重及体质强弱来选药定量,以免用量太过或使用过早,造成脾胃阳气受损。

(3) 清热药性寒凉,多服久服易伤阳气,故对阳气不足、脾胃虚寒、食少、泄泻者慎用。

(4) 对屡用清热剂而热仍不退者,可考虑改用滋阴壮水的方法,使阴复则其热自退。

(5) 对于真寒假热证禁用。

一、清 热 药

(一) 清热泻火药

知 母(肥知母)

【性味归经】寒,苦。入肺、胃、肾经。

【功效】清热泻火,滋阴润燥。

【主治】热病口渴,肺热咳嗽,盗汗,肠燥便秘等。

【用量】马、牛 20～45g;猪、羊6～15g。

【附注】"知母止咳而骨蒸退"。知母根茎入药,上能清肺火,滋阴润肺治咳喘,去咽喉之痛;在中则退胃火,止烦渴;在下则利二便,滋肾阴,去膀胱湿热,治腰肢肿痛。骨蒸,即午后或夜间定时低热,也称为潮热,为阴虚所致。

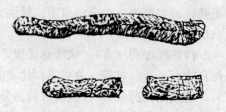

图6-12 知 母

知母生用泻胃火,盐炒滋肾养阴,炒炭可止血。常与石膏配伍同用,知母重在清润,用于里热盛而伤津者,石膏重在清解,用于里热而未伤津者。

本品含知母苷、黄酮苷等,能解热、镇静,并有广谱抗菌作用和祛痰作用。

石 膏(白 虎)

【性味归经】大寒,辛、甘。入肺、胃经。

【功效】清热泻火,生津止渴,收湿敛疮。

【主治】高热口渴,肺热咳嗽,咽喉肿痛,牙龈肿痛,火伤,湿疹等。

【用量】马、牛 30~250g；猪、羊 15~30g。

【附注】"石膏治头痛解饥而清烦渴"。石膏为单斜晶系矿石，能清阳明胃火及气分实热，生用主治热在肺、胃气分，长于解肌退热；煅后外敷，有收敛之功。

石膏粉治鸡啄羽癖：石膏粉，每天 1~3g。拌入饲料内喂服，连服一周。

本品含硫酸钙等，可抑制发热中枢而起解热作用并有抑制汗腺分泌作用。此外还能降低血管的通透性和抑制骨骼肌的兴奋性，故有解热、镇静、镇痉等作用。

栀子（山栀、枝子）

【性味归经】寒，苦。入心、肺、三焦经。

【功效】清热泻火，利湿退黄，止血凉血。

【主治】热病狂躁，湿热黄疸，热淋尿血，疮肿等。

【用量】马、牛 15~45g；猪、羊 6~12g。

【附注】"栀子凉心肾鼻衄最宜"。栀子果实入药，为泻三焦实火之要药，又能凉血止血，善治因血热妄行而引起的鼻衄。栀子气薄而上浮，能清上焦心肺之火；味厚下沉，能清下焦肝肾膀胱之火；气味相合能清中焦脾胃之火。新鲜栀子可解闹羊花中毒，采集鲜品捣烂灌服。

本品含栀子素、栀子苷、果酸、鞣酸等成分，能增加胆汁分泌，故有利胆作用；能抑制体温调节中枢，故有解热、镇静作用；此外还有止血、利尿、抑制真菌等作用。

图 6-13　栀　子

（二）清热燥湿药

黄连（川连、鸡爪连）

【性味归经】寒，苦。入心、肝、胃经。

【功效】清热燥湿，泻火解毒，清心除烦。

【主治】湿热泻痢，黄疸，目赤肿痛，热毒痈肿，口舌生疮等。

【用量】马、牛 10~35g；猪、羊 5~15g。

【附注】"黄连泻火燥湿又治舌疮目赤"。黄连根茎入药，苦寒，苦能燥湿，寒能泻火，且苦能入心，心开窍于舌，故能治疗下痢、目赤、舌疮等湿热为患或心火过旺所致的病证。黄连生用泻心火，姜炒清胃止呕，酒炒清上焦心肺火，盐水炒清下焦火，胆汁炒清肝胆实火，又为治痢要药。

本品含小檗碱及黄连碱等多种生物碱，其中小檗碱被现代临证大量应用（即黄连素），有广谱抗菌作用；能增强白细胞的吞噬能力，并有利胆、扩张末梢血管、降

图 6-14　黄　连

压以及和缓的解热作用。

黄芩（条芩、子芩、枯芩）

【性味归经】寒，苦。入心、肺、肝、胃经。

【功效】清热燥湿，泻火解毒，安胎。

【主治】肺热咳嗽，湿热下痢，黄疸，热毒痈疮，胎动不安等。

【用量】马、牛15～60g；猪、羊6～10g。

【附注】"黄芩治诸热兼治五淋"。黄芩根入药，苦能燥湿，寒能清热，能清脏腑诸热，善清泄肺火，治肺热咳嗽，咽喉不利；又善清肝胆，治寒热往来；更能清大肠，治下痢脓血；清心与小肠并有利尿作用，故常用其治热淋、血淋等证。

本品含黄芩素、黄芩苷等，有解热、利尿、止血和广谱抗菌作用。

图6-15 黄芩

黄柏（黄檗、川柏、元柏）

【性味归经】寒，苦。入肾、膀胱经。

【功效】清湿热，泻火毒，退虚热。

【主治】湿热泻痢，热淋，黄疸，疮痈肿毒，阴虚发热等。

【用量】马、牛20～60g；猪、羊10～12g。

【附注】"黄柏疮用"。黄柏树皮入药，泻火解毒，善治下焦火热。治疗痈疽疮肿，内服外敷均可。黄柏与黄芩、黄连功效相似，常配伍应用，但黄柏偏治下焦湿热，黄连长于泻心火而止呕，黄芩则长于泻肺火而和解退热。

本品亦含小檗碱、黄柏酮等，有保护血小板、利胆、利尿、扩张血管、降低血压及退热作用。抑菌功效与黄连相似。

图6-16 黄柏

龙胆草（龙胆、胆草）

【性味归经】寒，苦。入肝、胆经。

【功效】泻肝胆实火，除下焦湿热。

【主治】黄疸，湿疹，目赤肿痛等。

【用量】马、牛15～45g；猪、羊6～15g。

【附注】"龙胆泄肝胆火除下焦湿热"。龙胆草根茎入药，苦寒，善泄肝胆实火，治肝胆湿热所致多种疾患。"下焦湿热"系指湿热下注所致的下痢、关节肿胀、阴部

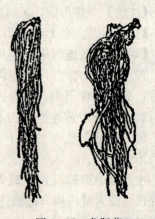

图6-17 龙胆草

湿痒以及小便淋浊等多种疾病。

本品含龙胆苦苷、龙胆碱等，能刺激胃液分泌，帮助消化，有消炎、解热和抑菌作用。

苦参（野槐、苦骨）

【性味归经】寒，苦。入心、肝、胃、大肠、膀胱经。
【功效】清热燥湿，祛风杀虫，利尿。
【主治】湿热泻痢，湿热黄疸，水肿，皮肤瘙痒，疮肿湿毒，疥癣等。
【用量】马、牛 15～45g；猪、羊 6～15g。
【附注】"苦参主恶疮杀虫又治热毒便血"。苦参根入药，苦能燥湿，寒能清热，善治湿热性疾患。牛羊用之更能进食增膘。"热毒"也叫火毒，指火热病邪郁结成毒，如疮疡肿毒或烧伤烫伤感染，因苦参有清热解毒作用，故能治之。

本品含苦参碱、金雀花碱、黄酮类等，对葡萄球菌、绿脓杆菌及多种皮肤真菌有抑制作用，苦参碱有明显的利尿作用。

图 6-18　苦　参

（三）清热凉血药

生地黄（生地）

【性味归经】寒，甘、苦。入心、肝、肾经。
【功效】清热凉血，滋阴生津。
【主治】身热口干，津亏便秘，血热出血，阴虚发热等。
【用量】马、牛 20～45g；猪、羊 6～12g。
【附注】"生地黄凉血而更医眼疮"。眼疮多由血热壅滞所致，生地有凉血益阴之功，故临诊常与清肝明目药配伍治疗肝热传眼、目赤肿痛。地黄根茎入药，鲜、干、熟三种地黄同为一物，但功效侧重不同。鲜地黄清热生津力大，干地黄滋阴退热力强，熟地黄则补血养阴。

图 6-19　生地黄

本品含地黄素、甘露醇等，有止血、强心利尿、抑菌等作用。

牡丹皮（丹皮）

【性味归经】寒，苦、辛。入心、肝、肾经。
【功效】清热凉血，活血散瘀。
【主治】血热出血，瘀血积滞，跌打损伤等。
【用量】马、牛 25～45g；猪、羊 6～12g。
【附注】"除血热破瘀血牡丹皮之用同"。牡丹根皮入药，既能去瘀又能止血，止血但又不致淤塞，血行而不致过妄，故为凉血药中之上品。生用凉血，炒用散淤，炒炭则用于止血。

本品含有丹皮酚、挥发油、生物碱等，有降压、镇静、镇痛、解热、抗惊厥、抗过敏、降低毛细血管通透性等作用，并有抑菌作用。

（四）清热解毒药

金银花（二花、双花）

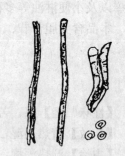

图6-20 牡丹皮

【性味归经】寒，甘。入肺、胃经。

【功效】清热解毒，凉血止痢。

【主治】外感风热，温病初起，痈疮肿毒，热毒血痢或便血等。

【用量】马、牛30～60g；猪、羊6～12g。

【附注】"二花能清热而解毒"。金银花花蕾入药，甘寒芳香，善于宣透上行，善治上焦风热，头面诸疾，可治一切疮黄肿毒。

本品含环己六醇、忍冬苷等，有广谱抗菌作用，对流感病毒也有抑制作用。

连翘（连召）

【性味归经】微寒，苦。入心、肺经。

【功效】清热解毒，消痈散结。

【主治】外感风热，温病初起，痈疮肿毒等。

【用量】马、牛15～60g；猪、羊6～12g。

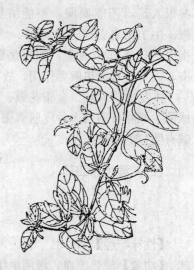

图6-21 金银花

【附注】"连翘排疮脓与肿毒"。连翘果实入药，苦寒能清泻络脉之热，并能疏通气血郁结，消肿排脓，故能疗痈肿疮疡。连翘与金银花常相须为用，连翘善于散结，金银花善于解毒，均为风热表证及疮黄要药。但二花专于宣透上行，使邪由口鼻向外发散，上焦热重者用之为佳；连翘偏于宣透横行，使邪由体表而解，对肌表热重者用之为宜。如二者相须配伍，相辅相成，则药力大增。

本品含连翘酚、齐墩果酸等，抑菌作用与金银花相似，并具有强心利尿作用。

蒲公英（公英、黄花地丁）

【性味归经】寒，苦、甘。入脾、胃、肝、肾经。

图6-22 连翘

【功效】清热解毒，消痈散结。
【主治】乳痈，疮黄，黄疸，尿血热淋等。
【用量】马、牛30～90g；猪、羊10～30g。
【附注】"蒲公英解毒消痈尤治五淋"。蒲公英全草入药，清热解毒为治疮黄痈毒之要药，并能利尿通淋。

本品含蒲公英甾醇、蒲公英素等，有抑菌、解热、利胆、利尿等作用。

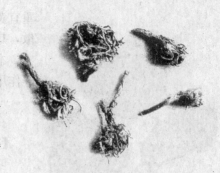
图6-23 蒲公英

板蓝根（板兰根、大青根）

【性味归经】寒，苦。入肝、胃经。
【功效】清热解毒，凉血利咽。
【主治】各种热毒证，瘟疫，痈肿疮毒，咽喉肿痛，口舌生疮，血痢等。
【用量】马、牛15～60g；猪、羊3～12g。
【附注】"板蓝解毒"。板蓝根根入药，可用于各种热毒疫病。板蓝根叶称大青叶，性味功效均与根相同，清热凉血，兼行肌表；大青叶经加工后可制成青黛，性寒，味咸，功效与板蓝根相同，多外用治口舌生疮。

本品含靛苷、板蓝根素等，具有广谱抗菌作用，并具有抗病毒作用。

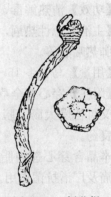
图6-24 板蓝根

黄药子（黄药）

【性味归经】平，苦。入心、肺、脾经。
【功效】清热凉血，解毒消肿。
【主治】肺热喘咳、咽喉肿痛、疮黄肿毒、衄血等。
【用量】马、牛6～35g；猪、羊3～12g。
【附注】"和脾胃凉血解毒于黄药"。黄药子散瘀解毒，善清肺胃之火，为清热解毒之要药。

本品含呋喃去甲二萜类化合物，黄药子萜A、B、C等，具有止血、抑菌等作用。

图6-25 黄药子

白药子（白药）

【性味归经】寒，苦，辛。入心、肺、脾经。
【功效】清热解毒，散瘀消肿。
【主治】咽喉肿痛，疮黄肿毒，肺热咳嗽，吐血，衄血，瘰疬，风湿等。
【用量】马、牛6～35g；猪、羊3～12g。
【附注】"白药有凉血疗痈毒之力"。黄、白药子块茎入药，功用基本相同，但内部热

重宜黄药子，外部热重宜白药子。二者常同用，一降一散，疗效更高。

本品含多种生物碱，具有消炎、镇痛、退热、抑菌等作用。

穿心莲（一见喜）

【性味归经】寒，苦。入肺、胃、心、大肠经。

图6-26 白药子

【功效】清热解毒，消肿止痛。

【主治】急性热痢，肠黄，外感发热，咽喉肿痛，肺热喘咳等。

【用量】马、牛15～45g；猪、羊6～12g。

【附注】穿心莲全草入药，既能清解肺胃之热毒，又可苦燥大肠、膀胱之湿热，为治热毒、湿热之良药。

本品含穿心莲内脂、生物碱等，有解热、消炎止痛及广谱抗菌作用。

（五）清热解暑药

香薷（香茹）

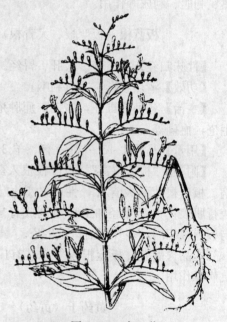

图6-27 穿心莲

【性味归经】微温，辛。入肺、胃经。

【功效】祛暑解表，利湿行水。

【主治】暑湿外感，腹痛吐泻，水肿等。

【用量】马、牛15～45g；猪、羊3～12g。

【附注】"香薷散汗散暑利湿行水"。香薷全草入药，温辛无毒，能散水肿去风热，下气除烦热，调中温胃，可治一切伤暑。

本品含挥发油，具有发汗、解热、利尿、镇咳祛痰等作用。

青蒿（香蒿、黄花蒿）

【性味归经】寒，苦。入肝、胆经。

【功效】清热解暑，退虚热，杀虫。

【主治】外感暑热，阴虚发热；鸡、兔球虫病等。

图6-28 香薷

【用量】马、牛20～45g；猪、羊6～12g。

【附注】"骨蒸劳热用青蒿"。青蒿全草入药，对缠绵难解的阴虚发热和寒热往来病证用之较好。"劳热"一方面指阴虚发热，多见于某些慢性消耗性疾病（如结核、原虫病等）中出现的低热现象；另一方面也指因中气不足，肺气虚弱，稍有劳累即出现低热的症状。

本品含有青蒿菊酯、青蒿素、青蒿酮等。对鸡的球虫病、牛焦虫病都有较好的疗效。

图6-29 青 蒿

其他清热药

药 名	性味	归经	功效	主治
天花粉	寒，甘、苦	入肺、胃经	清热生津，排脓消肿	肺热燥咳，胃热口渴，热毒痈肿
芦根	寒，甘	入肺、胃、肾经	清热生津，清胃止渴	热病伤津，胃热口渴，小便不利
淡竹叶	寒，甘、淡	入心、小肠经	清心除烦，清胃止呕，利小便	心热烦躁，口渴，口舌糜烂，中暑，小便不利
茵陈	微寒，苦	入肝、胆、膀胱经	清热利湿，利胆退黄	湿滞黄疸，胃纳少，尿赤便秘
秦皮	寒，苦、涩	入肝、胆、大肠经	清热燥湿，明目	湿热下痢，目赤肿痛
玄参	寒，苦、咸	入肺、肾经	滋阴降火，软坚散结	热病伤阴，燥热口渴，便秘，咽喉肿痛
败酱草	微寒，辛、苦	入肝、胃、大肠经	清热解毒，消痈	疮黄肿毒，肺痈，肠痈，乳痈，血淤胸腹疼痛
山豆根	寒，苦	入心、肺、大肠经	清热解毒，清利咽喉	咽喉肿痛，口舌生疮
射干	寒，苦	入肺经	清热利咽，宣肺清痰	咽喉肿痛，肺热咳嗽痰多
绿豆	寒，甘	入心、胃经	清热解毒，消暑止渴	伤暑中暑，痈疮肿毒
紫草	寒，甘	入肝、心经	清热凉血，清热透疹	痈疮肿毒，出血
马齿苋	寒，酸	入心、大肠经	清热解毒，消肿，止血	湿热下痢，痈疮肿毒，出血
白头翁	寒，苦	入大肠、胃经	清热解毒，凉血止痢	肠黄作泻，下痢脓血、里急后重等

二、清 热 方

白虎汤（《伤寒论》）

【组成】石膏（打碎先煎）250g、知母60g、甘草45g、粳米100g，水煎至米熟，去渣用汤灌服。

【功效】清热生津。

【主治】气分实热证。症见高热，大汗，口干喜饮，舌红苔黄，脉洪大有力。

【方解】本方是治疗阳明经证及气分实热的代表方剂。方中以石膏辛甘大寒，善清阳明气分实热为主药；知母苦寒质润，清热生津止渴以助石膏清热除烦为辅药；甘草、粳米甘平和胃，使大寒之剂而无损伤脾胃之虑共为佐使药。四药相和，则具有清热养阴，生津止渴之效。

【临诊应用】本方加减可治疗中暑、肺炎、脑炎等病的高热期，常能收到较好效果。

【方歌】石膏知母白虎汤，再加甘草粳米良，津伤口渴兼烦热，大热大渴功效强。

清营汤（《温病条辩》）

【组成】犀角6g（可用10倍量水牛角锉成细末代替）、竹叶心15g、金银花60g、连翘35g、丹参45g、玄参45g、黄连30g、生地60g、麦冬40g，水煎灌服。

【功效】清营解毒，透热养阴。

【主治】温热病邪传入营分证。症见高热，烦躁或时有神昏眼闭，舌绛而干，或见斑疹隐现，脉细数。

【方解】本方为清营透气的代表方。方中犀角清解营分热毒为主药；生地、玄参、麦冬（增液汤）清热养阴为辅药；黄连、金银花、连翘、竹叶心清解气分热毒，透热邪转气分而解为佐药；丹参协助主药清热凉血，活血散瘀，以防血瘀热结，并引药入心经为使药。

【临诊应用】本方加大青叶治乙脑、流脑、败血症而有上述症状者，疗效较好。

【方歌】清营汤治热邪方，热入心包营血伤，犀角丹玄连地麦，银翘竹叶服即康。

清肺散（《元亨疗马集》）

【组成】板蓝根90g、葶苈子60g、浙贝母45g、甘草30g、桔梗45g，为末加蜂蜜调服。

【功用】清泻肺火，止咳平喘。

【主治】肺热咳喘证。症见气促喘粗，咳嗽，口干，舌红，脉洪数。

【方解】本方为肺热气喘而设。方中以贝母、葶苈子清热定喘为主药；辅以桔梗开宣肺气而祛痰使升降调和则喘咳自消；板蓝根、甘草清热解毒，蜂蜜清肺止咳润燥解毒，均为佐使药。诸药和用，共奏清肺平喘之效。

【临诊应用】本方可加减治疗上呼吸道感染、肺炎等。热盛痰多，加知母、瓜蒌、桑白皮、黄白药子等；喘甚，加苏子、杏仁、紫菀；肺燥干咳，加沙参、麦冬、天花粉等。

【方歌】清肺散用蓝根贝，甜葶甘桔共相随，蜂蜜为引同调灌，肺热喘粗此方贵。

白头翁汤（《伤寒论》）

【组成】白头翁90g、黄柏45g、黄连45g、秦皮45g，水煎灌服。

【功效】清热解毒，凉血止痢。

【主治】湿热痢疾，热泻等。

【方解】本方是治疗湿热泻痢的主方。方中白头翁清热解毒，清大肠血热而专治热痢为主药；黄连清化湿热而固大肠，黄柏清后焦湿热，秦皮清肝经湿热以凉血，三药合用能助主药清热解毒，燥湿止痢，均为辅佐药。四药合用，具有清热解毒，凉血止痢之效。

【临诊应用】本方主要用于大肠热毒伤于血分的湿热泻痢证，体弱血虚者加阿胶、甘草。本方去秦皮加黄芩、枳壳、砂仁、厚朴、苍术、猪苓、泽泻名三黄加白散，其清热燥湿功能更强。若高热、粪少且带黏液脓血者，可减砂仁、苍术，加生地、天花粉、大黄、芒硝等。

本方治疗仔猪白痢，牛、羊痢疾，鸡白痢等有良好疗效。

【方歌】白头翁汤治热痢，黄连黄柏加秦皮，味苦性寒清肠热，坚阴止痢最相宜。

黄连解毒汤（《外台秘要》）

【组成】黄连 45g、黄芩 45g、黄柏 45g、栀子 60g，水煎灌服。

【功效】泻火解毒。

【主治】三焦火毒证。症见火热烦躁，甚则发狂，或见衄血，发斑，疮疡肿毒等。

【方解】本方为泻火解毒之基础方。以黄连泻心火兼泻中焦之火为主药；黄芩泻肺火于上焦为辅药；黄柏泻肾火于下焦为佐药；栀子通泻三焦之火，导热下行从膀胱而出为使药。四药共同组成强有力的泻火解毒之剂，适用于里热壅盛而尚未伤阴的病证。

【临诊应用】本方是泻火解毒之要方。许多清热剂均是从本方加减而来，适用于各种急性炎症属于热毒盛者。本方去黄柏、栀子，加大黄名泻心汤，适用于口舌生疮，胃肠积热。本方还可用于治疗疮疡肿毒，不但可以内服，还可以外用调敷。

【方歌】黄连解毒汤四味，黄柏黄芩栀子配，三焦热炽阴未伤，火热疮黄此方先。

郁金散（《元亨疗马集》）

【组成】郁金 45g、诃子 30g、黄芩 30g、大黄 45g、黄连 30g、栀子 30g、白芍 20g、黄柏 30g，研末服。

【功效】清热解毒，涩肠止泻。

【主治】肠黄。症见泄泻腹痛，荡泻如水，赤秽腥臭，发热黄疸，舌红苔黄，渴欲饮水，脉数。

【方解】本方是治疗热毒炽盛，积于大肠而引起肠黄的主方。方中郁金凉血散瘀，行气解郁为主药；黄连、黄芩、黄柏、栀子（黄连解毒汤）清三焦郁火兼化湿热共为辅药；白芍、诃子敛阴涩肠而止泻，更以大黄清血热、下积滞、推陈致新，共为佐使药。诸药合用，共奏清热解毒，涩肠止泻之功。

【临诊应用】本方是治肠黄的基础方剂，临诊应根据病情辨证加减使用。肠黄初期有积滞者，应本着通因通用的原则，重用大黄，加芒硝、枳壳、厚朴，减芍药、诃子，以防留邪于内；热毒盛者加金银花、连翘、乳香、没药以解毒止痛；后期热毒已解，泄泻不止者，须去大黄，并重用白芍、诃子，加乌梅、石榴皮，以涩肠止泻。

【方歌】郁金黄连解毒汤，芍药、诃子与大黄。

仙方活命饮（《外科发挥》）

【组成】金银花 45g、当归 25g、陈皮 25g、防风 20g、赤芍 20g、白芷 20g、浙贝母 20g、天花粉 20g、乳香 15g、没药 15g、皂角刺 15g、穿山甲 30g、甘草节 15g，水煎加黄酒灌服。

【功效】清热解毒，消肿溃结，活血止痛。

【主治】阳证痈疮肿毒。症见局部红肿热痛，或发热恶寒，脉数而有力。

【方解】方中金银花清热解毒，消散疮肿为主药；当归、赤芍、乳香、没药活血散淤止痛为辅药；陈皮理气行滞，防风、白芷辛散疏风，贝母、天花粉清热排脓，穿山甲、皂角刺消肿活血皆为佐药；甘草节清热解毒，调和诸药，黄酒活血，可使药力直达病所为使药。

【临诊应用】本方为外科疮疡要方。对于脓肿，蜂窝织炎，乳房炎，外科手术后感染等属于热毒实证者，均可加减应用。红肿痛甚者，减白芷、陈皮，加蒲公英、连翘以清热解毒；血热甚者加丹皮、大青叶以凉血散淤；大便秘结者加大黄、芒硝以泻下通便。

【方歌】仙方活命金银花，防芷归赤陈草加，贝母蒌根兼乳没，山甲皂刺黄酒佳。

龙胆泻肝汤（《医宗金鉴》）

【组成】龙胆草 45g（酒炒）、黄芩 30g（炒）、栀子 30g（酒炒）、泽泻 30g、木通 30g、车前子 20g、当归 25g（酒炒）、柴胡 30g、甘草 15g、生地 30g（酒炒），水煎灌服。

【功效】泻肝胆实火，清下焦湿热。

【主治】肝胆实热而致的目赤肿痛；肝经湿热下注的尿淋浊涩痛，外阴肿痛等。

【方解】方中以龙胆草泻肝胆实火，除下焦湿热为主药；以栀子、黄芩泻火清热，助龙胆草清肝胆实火，泽泻、木通、车前子利尿、引湿热从尿而出，从而可助龙胆草清利肝胆湿热为辅药；然方中主辅药皆为苦寒之品，为使不致苦燥伤阴，并防止肝胆火盛耗伤阴液，故加当归、生地养血益阴以和肝，以达泻中有补，使邪去而不伤正，均为佐药；甘草和中协调诸药，柴胡疏肝胆之气，并用作引经药，皆为使药。诸药合用，共奏泻肝火利湿热之功。

【临诊应用】本方对于急性结膜炎，急性黄疸，尿道感染属于本证者，均可加减应用。

【方歌】龙胆泻肝栀芩柴，生地车前泽泻来，木通甘草当归合，肝经湿热力能排。

香薷散（《元亨疗马集》）

【组成】香薷 40g、黄芩 30g、黄连 20g、甘草 20g、柴胡 30g、当归 30g、连翘 45g、天花粉 30g、栀子 30g，研末加蜂蜜 120g 调服。

【功效】清心解暑，养血生津。

【主治】马、牛伤暑。症见精神沉郁，发热气促，四肢无力，眼闭头低，口干舌红，大便干燥，小便短赤，喜凉恶热，脉洪数。

【方解】方中以香薷清暑化湿为主药；柴胡、黄芩、黄连、栀子、连翘通泻诸经之火为辅药；当归、天花粉养血生津为佐药；甘草和中解毒，蜂蜜清心肺而润肠，皆为使药。诸药合用共奏清心解暑，养血生津之效。

【临诊应用】本方适用于中暑，若高热不退加石膏、知母、百合、菊花；昏迷抽搐加石菖蒲、茯神、钩藤；津液大伤加生地、玄参、麦冬等。

【方歌】香薷散中芩连草，栀子花粉归柴翘，蜂蜜为引相合灌，暑伤脉洪此方好。

其他清热方

方名	组成	功效	主治
洗心散	天花粉 黄芩 黄连 连翘 茯神 黄柏 桔梗 栀子 木通 牛蒡子 白芷 鸡蛋清	泻火解毒，散淤消肿	心热舌疮。症见舌红，舌体肿胀溃烂，口内垂涎，草料难咽
普济消毒饮	黄芩 黄连 牛蒡子 玄参 甘草 桔梗 板蓝根 升麻 柴胡 连翘 陈皮 僵蚕 马勃 薄荷	清热解毒，疏风散邪	马腺疫，血斑病，咽喉炎，头面肿胀，目赤肿痛等
清瘟败毒饮	石膏 生地 栀子 知母 连翘 黄连 牡丹皮 黄芩 赤芍 玄参 桔梗 淡竹叶 犀角 甘草	清热泻火，凉血解毒	一切火热之证。症见气血两燔，高热烦躁，神昏发狂，斑疹舌绛等
公英散	蒲公英 金银花 连翘 丝瓜络 通草 木芙蓉 穿山甲	清热解毒，通络消肿	乳痈初起，红肿热痛，兼有发热症状者

思考与练习（自测题〈第1~2节〉）

一、填空题（每小题3分，共15分）

1. 辛温解表方药适用于_____证，辛凉解表方药适用于_____证。
2. 清热燥湿药适用于_____证。
3. 荆防败毒散适用于外感_____证，亦可用于流感、_____等。
4. 生地的功效是_____，_____。
5. 清热解暑的常用药有_____、_____等。

二、选择题（每小题3分，共30分）

1. 清热药的主要作用是（ ）
   A. 发散表热   B. 清热泻下   C. 解表清里   D. 清解里热
2. 治疗外感风寒表虚有汗者，当与白芍同用，以调和营卫的药物是（ ）
   A. 麻黄   B. 紫苏   C. 桂枝   D. 荆芥
3. 能升阳举陷，又能疏肝解郁的药物是（ ）
   A. 升麻   B. 柴胡   C. 白芷   D. 葛根
4. 知母不能（ ）
   A. 清肺热   B. 清实热   C. 清肝热   D. 清虚热
5. （ ）项不是栀子的功效。
   A. 滋阴润燥   B. 消肿止痛   C. 凉血解毒   D. 清热利湿
6. 善清心经实火，又善除脾胃大肠湿热，为治湿热泻痢的要药是（ ）
   A. 葛根   B. 黄连   C. 黄芩   D. 大黄
7. 下述（ ）项不是黄芩的适应证
   A. 热病烦渴   B. 胎热不安   C. 血热吐衄   D. 咽喉肿痛
8. 既可治疗肝胆湿热，又可治疗肝胆火热的药是（ ）
   A. 黄芩   B. 黄连   C. 黄柏   D. 龙胆草

9. 既能清热解毒，又能凉血止痢的药物是（　　）
   A. 连翘　　　　B. 金银花　　　　C. 板蓝根　　　　D. 蒲公英
10. 既可用于热毒壅盛的咽喉肿痛，又可用于阴虚火旺的咽喉肿痛的药是（　　）
    A. 玄参　　　　B. 板蓝根　　　　C. 山豆根　　　　D. 射干

三、判断题（每小题3分，共15分）
1. 石膏辛寒可疏散风热，甘寒可清热解毒。　　　　　　　　　　　　　（　　）
2. 栀子味苦，寒。苦能燥湿，寒能清热，故可治疗湿热黄疸。　　　　（　　）
3. 牛蒡子、薄荷均有疏肝风热清利头目之功。　　　　　　　　　　　　（　　）
4. 荆芥、防风均有发表散风，透疹，清疮之功。　　　　　　　　　　　（　　）
5. 黄连解毒汤由黄芪、黄连、黄柏、栀子组成。　　　　　　　　　　　（　　）

四、简答题（每小题4分，共20分）
1. 使用清热药时，应注意哪些事项？
2. 银翘散有哪些药物组成？如何应用？
3. 黄芩、黄连、黄柏有哪些异同点？
4. 清热解毒药适用于哪些疾病？
5. 龙胆泻肝汤适用于什么病证？

五、论述题（每小题10分，共20分）
1. 分析银翘散的组方特点及适应证。
2. 分析清肺散的组方特点及适应证。

第三节　泻下方药与下法

凡能攻积、逐水，引起腹泻或润肠通便的药物（方剂），称泻下药（方）。用其治疗里热积滞的方法，属于"八法"中的"下法"。

泻下法是根据"实则泻之"的原则所设立的。其主要作用有三：①清除肠道内的宿食燥粪以及其他有害物质，使其从粪便排出；②清热泻火，使实热壅滞通过泻下得到缓解或消除；③逐水退肿，使水邪从粪尿排出，以达到祛除水饮，消退水肿的目的。

根据泻下药（方）的强度和应用范围不同，一般分为以下三类：

攻下药（方）：性味多属苦寒，泻下作用强，又能清热泻火，适用于实热壅滞，粪便燥结而体质较好的里实证。应用时多辅以行气药，以行气导滞，消胀除满。常用药物有大黄、芒硝等，代表方剂如大承气汤等。

润下药（方）：多为植物种仁或果仁，富含油脂，具有润燥滑肠的作用，泻下作用缓和，适用于老弱、怀孕、血虚津枯的肠燥便秘证。常用药物有火麻仁、郁李仁、蜂蜜等。代表方剂如当归苁蓉汤等。

峻下逐水药（方）：多有毒，能引起剧烈腹泻，可消肿除胀，适用于水肿，胸腹积水等证。常用药物有大戟、甘遂、芫花等。代表方剂如大戟散等。

现代药理研究证明，泻下药能加强胆囊收缩，增加胆汁分泌有利于胆结石的排除；能改善局部血液循环，促进组织器官的代谢，有利于炎症的消除，使病态机体恢复正常；能刺激肠黏膜，增加蠕动，一方面促进血液循环和淋巴循环，另一方面能排除水分使胸水腹水消退。此外，有些药物还具抗菌消炎、镇痛、解痉、润肠及调整胃肠机能的作用。

使用泻下药（方）应注意以下几点：

（1）攻下和峻下逐水药（方），其作用峻烈，凡虚证及怀孕动物慎用，必要时可适当配伍补益药，攻补兼施。此外，峻下逐水药多具有毒性，要注意炮制和剂量，防止中毒。

（2）表证未解，里实未成者，不宜用泻下法；如表邪未解而里实已成者，可配合解表方进行表里双解；如积滞内停，兼有淤血者，可配合活血祛淤药。

（3）泻下药的作用与剂量、配伍有关，量小则力缓，量大则力峻；如大黄配厚朴、枳实则力峻，大黄配甘草则力缓；又如大黄是寒下药，如与附子、干姜配合，又可用于寒实闭结之证。因此，应根据病情掌握用药的剂量与配伍。

一、泻 下 药

（一）攻下药

大黄（川军、生军）

【性味归经】寒，苦。入脾、胃、大肠、肝经。

【功效】攻积导滞，泻火通便，凉血行淤，清热退黄，解毒消肿。

【主治】热结便秘，目赤肿痛，热毒疮肿，湿热黄疸，烧烫伤等。

【用量】马、牛 20～90g；猪、羊 6～12g。

【附注】"通秘结导淤血必资大黄"。大黄根茎入药，苦寒善泄，号称将军，性猛善走，能直达下焦，荡涤胃肠积滞，清泻血分实热，是苦寒攻下之要药。生用泻下力强，酒炒清上焦热邪，炒炭能化淤止血。大黄又能清上部火热，如目赤齿痛用之皆效，还能解疮疡之毒，入血分宣导一切淤血诸证。

本品含大黄蒽醌衍生物、鞣质等，有较强的抗菌作用，口服后能刺激肠道，增加分泌并使其蠕动加强而致泻。此外，还有利胆、止血、利尿、解痉、降低血压和胆固醇、抑制肿瘤等作用。

图 6-30 大 黄

芒硝（朴硝、皮硝）

【性味归经】寒，咸、苦。入胃、大肠经。

【功效】泻火导滞，软坚泻下。

【主治】实热便秘，百叶干，咽喉肿痛，口舌生疮等。

【用量】马、牛 60～150g；猪、羊 30～45g。

【附注】"朴硝通大肠破血而止痰癖"。芒硝咸苦可软坚降下，寒能除热，故能荡涤肠胃实热除燥粪；外治热毒痈疮；顽痰停积不散而成痰癖，可随芒硝泻火软坚之力而解。

芒硝为含有硫酸钠的天然矿物，经精制而成的结晶体。煎炼后结于盆底者，称为"朴硝"；结于上面的细芒如针状者，称为"芒硝"；将芒硝与萝卜同煮待溶解后，去萝卜，倾于盆中，冷却后的结晶物称为"元明粉"。元明粉质地较纯，泻下力弱，但解毒力强，故多作眼科、口腔疾病的外用药。

本品含硫酸钠及少量的氯化钠、硫酸镁等，硫酸钠经口服后，在肠内溶解形成高渗溶液，使肠内水分增多，扩张肠管，刺激黏膜，引起肠蠕动而致泻。

（二）润下药

火麻仁（麻子仁、大麻仁）

【性味归经】平，甘。入脾、胃、大肠经。

【功效】润燥滑肠，滋养补虚。

【主治】肠燥便秘，百叶干，虚劳等。

【用量】马、牛120～180g；猪、羊15～30g。

【附注】"麻仁润肺利六腑之燥坚"。火麻仁种仁入药，性味甘平，富含油脂，故能润燥滑肠通便，因其兼有滋养补虚之功，故老、弱及怀孕动物最为适宜。

本品含脂肪油、挥发油、维生素等，脂肪油能润滑肠道，同时遇碱性肠液后，产生脂肪酸，刺激肠黏膜，增强肠蠕动，故能通便。

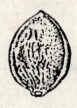

图6-31 火麻仁

郁李仁（李仁）

【性味归经】平，苦、辛、甘。入大肠、小肠、脾经。

【功效】润肠通便，利水退肿。

【主治】大便燥结，小便不利，水肿等。

【用量】马、牛15～60g；猪、羊6～12g。

【附注】"郁李仁润肠宣水去浮肿之疾"。郁李仁种仁入药，既能润肠通便又能下气利水，所以对浮肿而有大小便不畅者用之最为合适。

本品含苦杏仁苷、脂肪油、挥发油等，具有利尿及明显的泻下作用。

图6-32 郁李仁

蜂蜜（蜜糖）

【性味归经】平，甘。入肺、脾、大肠经。

【功效】润肠通便，润肺止咳，缓急止痛，解毒，补中。

【主治】肠燥便秘，肺燥干咳，虚劳，烫火伤，皮炎，湿疹等。

【用量】马、牛120～240g；猪、羊9～30g。

【附注】"蜂蜜润肺滑肠解毒生津"。蜂蜜甘平无毒，益气补中，止痛解毒，和百药，润脏腑。常以引药配伍于多种方剂中应用。

本品含有糖、蛋白质等，具有祛痰、缓泻、抑菌、促进疮疡愈合等作用。

（三）峻下逐水药

大戟（京大戟）

图 6-33 大戟

【性味归经】寒，苦，有毒。入肺、大肠、肾经。

【功效】泻下逐水，消肿散结。

【主治】水肿喘满，宿草不转，胸腹积水等。

【用量】马、牛 10～15g；猪、羊 2～6g。

【附注】"通便滑胎大戟先而冬葵次之"。大戟根入药，性猛有毒，能逐水化饮，使用不当易伤元气。只可用于实证体壮者，而体弱、怀孕动物忌用。大戟、芫花、甘遂、商陆均为逐水药物，用于水肿痰滞实证。"四物异性同功，而大戟泄脏腑水湿，甘遂行经逐水湿，芫花消伏饮痰癖，商陆专除水肿"。

本品含大戟苷和橡胶样物质，有泻下及抑菌作用。

牵牛子（二丑、黑丑、白丑）

图 6-34 牵牛子

【性味归经】苦，寒，有小毒。入肺、肾、大肠经。

【功效】泻下去积，逐水消肿，杀虫。

【主治】水肿腹胀，二便不通，虫积腹痛。

【附注】"消肿满逐水于牵牛"。牵牛子种子入药，性滑，通泻为其特长，走气分通三焦，顺气逐淤，通调水道，使水液从二便排出。"逐水"是指泻下作用峻烈的药物，使体内（胸腔、腹腔积水和皮下水肿）大量水分从二便排出，从而使肿满的症状得以解除。过去有白丑入肺治胸膈，黑丑入肾治水肿的说法，但实践证明，黑、白丑的作用无明显差异。

本品含有牵牛子苷。脂肪油，牵牛子酯在肠内遇胆汁及肠液则分泌成牵牛子素。对肠道有强烈刺激性。能增加肠蠕动，引起肠黏膜充血，分泌增加，呈泻下作用。本品对蛔虫和绦虫有一定杀灭作用。

其他泻下药

药 名	性 味	归 经	功 效	主 治
番泻叶	寒，甘、苦	入大肠经	泻热导滞，通便	食积腹胀，便秘腹痛，牛、羊宿草不转
芫花	温，辛，有毒	入肺、脾、肾经	泻水逐饮，杀虫治癣	胸腹积水，疥癣，疮毒

(续)

药 名	性味	归经	功效	主治
甘遂	寒,苦,有毒	入肺、脾、肾、大肠经	泻水逐饮,消肿散结	胸腹积水,痈疮肿毒,二便不通
续随子	温,辛,有毒	入肺、胃、膀胱经	峻泻利尿,破血散淤	水肿,二便不通
巴豆	温,辛,有大毒	入胃、大肠经	峻下寒积,逐水消肿	水肿,寒积腹痛,水肿,外治恶疮、疥癣

二、泻下方

大承气汤（《伤寒论》）

【组成】大黄 60～90g（后下）、厚朴 45g、枳实 45g、芒硝 150～300g（冲），水煎灌服。

【功效】泻热攻下，消积通肠。

【主治】结症。症见粪便秘结，腹胀腹痛，二便不通，津干舌燥等。

【方解】本方为攻下的基础方。方中大黄苦寒泻热通便为主药；芒硝咸寒软坚润燥为辅药；枳实消积导滞为佐药；厚朴行气除满为使药。四药同用能通结泻热，软坚而存阴，为寒下中之峻剂。

【临诊应用】常用于马属动物之大结肠便秘，以痞、满、燥、实为其临证特点。本方加槟榔和油类泻药则效果更佳。其他动物热结便秘亦可随证加减应用。

本方去芒硝名"小承气汤"，适用于胃肠积滞，便秘，胸腹胀满；去枳实、厚朴加甘草名"调胃承气汤"，治胃肠实热不恶寒反恶热，口渴便秘，腹满拒按，中下焦燥实之证；本方加玄参、生地、麦冬（增液汤）名"增液承气汤"，适用于津亏便秘。

【方歌】大承气汤用硝黄，枳实厚朴共成方，去硝乃是小承气，调胃硝黄甘草尝。

猪膏散（《中兽医诊疗经验·第五集》）

【组成】滑石 200g、牵牛子 50g、大黄 60g、大戟 30g、甘草 15g、芒硝 200g、油当归 150g、白术 40g，研末，加猪油 500g，调服。

【功效】消积通肠，润燥泻下。

【主治】牛百叶干。症见身瘦毛枯，食欲反刍逐渐停止，腹缩便干，鼻镜无汗，口色淡红，脉象沉涩等。

【方解】方中芒硝、大黄荡涤胃肠为主药；大戟、滑石、二丑破坚消积，通利二便，猪油、油当归润燥滑肠，皆为辅药；白术、甘草益胃扶脾，均为佐使药。方中大戟、甘草虽为反药，但用之无妨。

【临诊应用】百叶干为本虚标实之证。本方以润燥攻下为主，待瓣胃积滞通下后，再根据病情，施以补法。本方剂量较原方为大。

【方歌】猪膏散用硝黄草，归术戟滑二丑饶。

当归苁蓉汤（《中兽医诊疗经验·第二集》）

【组成】当归 200g（油炒）、肉苁蓉 100g（酒炒）、番泻叶 60g、广木香 15g、厚朴 30g、炒枳壳 30g、醋香附 30g、瞿麦 15g、通草 10g、六曲 60g，水煎加麻油调灌。

【功效】润燥滑肠，理气通便。

【主治】老弱、久病、体虚动物之结症。

【方解】本方为治疗血虚津亏，肠燥便秘的常用方剂。方中以当归补血润肠，肉苁蓉补肾润肠增液行舟为主药；番泻叶攻结泻下为辅药；木香、香附、六曲、厚朴、枳壳通滞行气，瞿麦、通草利尿共为佐药；麻油润滑肠道为使药。

【临诊应用】气虚加黄芪、党参，津亏者加麦冬、生地，血虚甚者加何首乌。

【方歌】当归苁蓉广木香，泻叶枳朴瞿麦尝，神曲通草醋香附，麻油为引润下良。

大戟散（《元亨疗马集》）

【组成】大戟 30g、滑石 60g、甘遂 30g、牵牛子 45g、黄芪 45g、芒硝 100g、大黄 60g、巴豆霜 5g，为末加猪油 250g，调灌。

【功效】峻下逐水。

【主治】牛水草肚胀。症见肚腹胀满，口中流涎，舌常吐出口外。

【方解】本方为治疗牛水草肚胀方。方中以大戟、甘遂、牵牛子峻泻逐水为主药；大黄、芒硝、猪油、滑石、巴豆助主药攻下逐水为辅药；黄芪扶正祛邪，以防攻逐太过、损伤正气为佐药。

【临诊应用】本方减甘遂，加黄芩、三仙治疗牛宿草不转；加黄芩，增加黄芪用量，名为"穿肠散"，用来治疗草伤脾胃。

【方歌】大戟散用牵牛硝，滑石甘遂黄芪饶，大黄巴豆油调灌，水草肚胀用可消。

第四节 消导方药与消法

凡能消食开胃，行积导滞的药物（方剂）称消导药（方）。用以消积导滞的方法属"八法"中的"消法"。

消法也叫消散法或消导法，其应用范围较广，凡气、血、痰、湿、食等壅滞而致的积滞均可应用。本节内容仅讨论消食导滞和消痞化积的药（方），其他可参见理气、理血、祛湿、化痰等节。

本类药（方）多具有芳香解郁，顺气宽中，降逆止呕，行气止痛，健胃消食等功效。适用于草料停滞不化所致的肚腹胀满，腹痛腹泻，食欲减退，粪便失常，苔腻口臭等症。常用药物有山楂、麦芽、神曲等。代表方剂如曲蘖散。

消导方（法）与泻下方（法）均有解除有形实邪的作用，但具体运用有所不同，泻下方（法）着重解除粪便燥结，其目的在于攻逐，适用于病势较急的实证；而消导方（法）则具有运化的作用，适用于草料停滞及逐渐形成的痞块积聚，多属渐消缓散之方（法）。

现代药理研究证明，消食药大多能促进胃液分泌和胃肠蠕动，增加胃液中消化酶，激发酵活性,防止过度发酵,恢复消化吸收功能,故能开胃消滞而治消化不良之症。

使用消导药(方)时应注意以下几点:

1. 使用时不可单纯依靠消导药物取效,应根据不同病情配伍其他药使用。如食滞多与气滞有关,常与理气药同用;便秘常与泻下药同用;食积兼脾胃虚弱者,可配健胃补脾药;脾胃有寒者,可配温中散寒药;湿浊内阻者,可配芳香化湿药;积滞化热者,可配清热药。

2. 消导药(方)虽较泻下药(方)作用缓和,但总属克伐之品,过度使用亦可使动物气血亏耗。因此,对怀孕、虚弱动物要慎用或配合补气养血药,以期消积不伤正,扶正以祛积。

一、消导药

山楂(红果子、酸楂)

【性味归经】微温,酸、甘。入脾、胃、肝经。

【功效】消食化积,活血散瘀。

【主治】食积不化,伤食泄泻,肚腹胀满,产后瘀血等。

【用量】马、牛20~45g;猪、羊10~15g。

【附注】"山楂有消食止泻之能"。山楂果实入药,酸温,破气消食,主消油腻、肉食积滞,善治消化不良之腹泻;山楂炒焦长于消食化滞,炒炭则长于散瘀活血。

本品含枸橼酸、山楂酸、鞣质,有扩张血管、强心、收缩子宫、增加胃液消化酶、抑菌等作用。

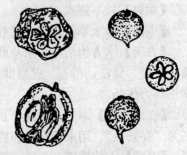

图6-35 山 楂

麦芽(大麦芽、麦蘖)

【性味归经】平,甘。入脾、胃、肝经。

【功效】消食健胃,疏肝和中,回乳。

【主治】草料积滞,食欲不振,乳房肿胀等。

【用量】马、牛20~60g;猪、羊10~15g。

【附注】"大麦芽有助脾化食之功"。麦芽为大麦生芽(1~2cm)入药,消食和中尤以消麸料食积见长。麦芽生用消食,熟用回乳。麦芽多与山楂、神曲相须配伍(通常称为三仙,炒焦后称为焦三仙,再加槟榔为四仙),治食积消化不良。

本品含淀粉酶、麦芽糖酶、蛋白质分解酶、维生素B和维生素C等,嫩短的麦芽含酶量较高,质量最好。

图6-36 麦 芽

神曲（建曲、六曲）

【性味归经】温，辛、甘。入脾、胃经。
【功效】行气消食，健脾开胃。
【主治】草料积滞，消化不良，食欲不振，肚腹胀满，脾虚泄泻等。
【用量】马、牛 24～60g；猪、羊 6～15g。
【附注】"神曲健脾胃而进饮食"。神曲是用鲜青蒿、鲜苍耳、鲜辣蓼各6kg（切碎）；杏仁、赤小豆各3kg研末，混合均匀，加入面粉30kg，麸皮50kg，用水适量，揉成团，压平后用稻草覆盖，使之发酵，至外表长出黄色菌丝时取出，切成3cm见方的小块，晒干即成，用时加麸皮炒成黄色，筛去麸皮即可。具有健胃、消食兼解表的作用。尤以消谷食见长。凡发酵之品都有健脾胃助消化的功效，神曲生用健胃，炒用消食。

本品含乳酸菌、酶类等，故有促进消化，增进食欲等作用，对单纯性消化不良有较好疗效。

其他消导药

药名	性味	归经	功效	主治
莱菔子	辛、甘，平	入肺、脾经	消食导滞，理气化痰	肚腹胀满，嗳气酸臭，腹痛腹泻，痰涎壅盛，气喘咳嗽等
鸡内金	甘，平	入肺、胃、膀胱经	健胃，消食，化石止遗	宿食停滞，脾虚泄泻，石淋，滑精等
谷芽	甘、咸，温	入脾、胃经	健脾消食，开胃行气	食积腹胀，主消谷料积食

二、消 导 方

曲麦散（《元亨疗马集》）

【组成】六曲60g、麦芽45g、山楂45g、甘草15g、厚朴30g、枳壳30g、青皮30g、苍术30g、陈皮30g，为末加生油、白萝卜调服。
【功效】消积化谷，破气宽肠。
【主治】治料伤。症见水谷停滞，精神倦怠，肚腹胀满，口色鲜红，脉洪大。
【方解】本方由三仙合平胃散加枳壳、青皮、麻油、萝卜组成。方中三仙消食化谷为主药；青皮、厚朴、枳壳、萝卜行气宽肠，助主药消胀为辅药；陈皮、苍术理气健脾，使脾气能升，胃气能降，运化复常，皆为佐药；甘草和中，协调诸药为使。诸药合用，共奏消积化谷，破气宽肠之功。
【临诊应用】本方用于消化不良，脾虚加参术，食积加槟榔、二丑。
【方歌】曲麦散中有曲芽，二皮苍朴枳草楂，生油萝卜同调灌，马牛料伤服之佳。

消积散（《中华人民共和国兽药典》）

【组成】炒山楂15g、麦芽30g、神曲15g、炒莱菔子15g、大黄10g、元明粉15g，研末开水冲服。

【功效】消积导滞，下气消胀。

【主治】猪伤食积滞。

【方解】本方所治乃因喂饮过多，超过胃腑正常容纳，不能及时消化而发生肚胀、呕吐之证。治宜消积导滞，故用山楂、神曲、麦芽消积化滞为主药；莱菔子下气消胀，助主药健脾导滞为辅药；大黄、芒硝泻食积，导滞气，荡涤胃肠为佐药。

【临诊应用】本方适用于猪因喂饮过多而致伤食积滞。症见精神不振，食少或者不食，肚腹胀满，立卧不安，呼吸加快，有时呕吐、嗳气并带有酸臭味等。此外，其他动物的消化不良，也可选用本方加减治疗。

【方歌】消积散中炒山楂，麦芽神曲莱菔加，再入大黄元明粉，伤食积滞此方佳。

胃肠活（《中华人民共和国兽药典》）

【组成】黄芩20g、陈皮20g、青皮15g、大黄25g、白术15g、木通15g、槟榔10g、知母20g、元明粉30g、神曲20g、菖蒲15g、乌药15g、牵牛子20g，水煎灌服。

【功效】理气消食，清热通便。

【主治】消化不良，胃肠积滞，便秘等。

【方解】本方适用于治疗胃肠积滞及大便秘结。方中大黄、元明粉泻下清热，攻积导滞为主药；陈皮、青皮、乌药理气宽肠，神曲、菖蒲、白术消积化食，健脾助运为辅药；槟榔、木通、牵牛子下气利水，消积除满，黄芩、知母清肺胃热共为佐使。诸药合用，具有通秘结、消积滞、除胀满、清热邪的作用。

【临诊应用】本方广泛应用于猪的胃肠积滞及大便秘结。对其他动物的消化不良、胃肠炎等证均可用本方加减治疗。

【方歌】胃肠活中大黄硝，知芩木通槟榔饶，乌药曲术菖青陈，再加牵牛积滞消。

思考与练习（自测题〈第3~4节〉）

一、填空题（每小题3分，共15分）

1. 芒硝的功用是_____，主用于_____便秘。
2. 山楂有_____之功，凡见食积不化、肚腹胀满证时，常与____同用。
3. 火麻仁既能_____，又能_____。
4. 麦芽既能_____，又有_____之功。
5. 泻下方的适应证是_____。

二、选择题（每小题2分，共10分）

1. 治老、弱、孕动物肠燥便秘宜用（　　）
   A. 牵牛子　　　B. 芒硝　　　C. 火麻仁　　　D. 番泻叶
2. 下列哪项不是郁李仁的功效（　　）
   A. 润肠通便　　B. 利水消肿　　C. 利气消胀　　D. 泻下通肠
3. 既能润肠通便，又能利水消肿的药物是（　　）
   A. 牵牛子　　　B. 甘遂　　　C. 芒硝　　　D. 郁李仁

4. 大黄、芒硝均有的功效是（　　）
   A. 泻下，清热　　B. 泻下，解毒　C. 泻下，软坚　D. 泻下，祛淤
5. 甘遂、大戟均有的功效是（　　）
   A. 软坚泻下　　　B. 峻下寒积　　C. 润肠通便　　D. 泻下逐饮

三、简答题（每小题10分，共30分）
1. 何谓消导药？有何共同点？
2. 二丑、蜂蜜的功效、主治是什么？
3. 试述大承气汤的组方、主证及加减应用。

四、论述题（每小题15分，共45分）
1. 分析当归苁蓉汤与大戟散其组方、主证有何不同？
2. 曲麦散的组方主要突出了哪些方面，简要分析。
3. 分析消积散与胃肠活组方、主证的异同点。

第五节　和解方药与和法

凡以和解少阳，调和脏腑为主要作用的药物（方剂），称和解药（方）。运用和解药（方），调整动物机体表里、脏腑不和，达到祛邪扶正目的的方法属于"八法"中的"和法"。其适用范围是半表半里，肝胃不和，肝脾不和，肠胃不和等。

和法是根据《医学心悟》中说的"伤寒在表者可汗，在里者可下，其在半表半里者，惟有和之一法焉"而提出的。根据和解方药的不同作用，一般分为和解表里、调和肝脾、调和肠胃等。

和解表里药（方）：适用于邪在少阳。症见寒热往来，胸胁胀满，慢草不食，咽干，目眩，脉弦等，病位于半表半里，既不能发汗，又不能攻下，惟有和解表里。常用的和解药如柴胡、青蒿、半夏、黄芩等。代表方如小柴胡汤。

调和肝脾药（方）：适用于因肝气郁结，影响脾胃而致的病证。常见肚腹胀满，腹痛泄泻，食少等肝脾、肝胃不调和的证候。常用舒肝理气，养血活血的柴胡、枳壳、陈皮、当归、白芍、香附及健脾助运的白术、甘草、茯苓等配伍组成。代表方如逍遥散（柴胡、当归、白芍、白术、茯苓、甘草、生姜、薄荷）。

调和胃肠药（方）：适用于邪在胃肠，寒热错杂，升降失常而致腹痛呕吐，肠鸣泄泻等。常用干姜、黄连、黄芩、半夏、党参、甘草等组合成方。

使用和解剂时应注意以下几点：
（1）凡邪在肌表未入少阳或已入里而阳明热盛之证，不宜使用。
（2）凡虚劳内伤，饮喂失调，气血虚弱而症见寒、热者，亦不宜使用。

一、和　解　药

常用的和解药如柴胡、青蒿、半夏、黄芩、黄连、白芍、白术、甘草等，已分别在各

节中叙述，本节中不再一一赘述。

二、和 解 方

小柴胡汤（《伤寒论》）

【组成】柴胡 45g、黄芩 45g、党参 30g、制半夏 25g、炙甘草 15g、生姜 20g、大枣 60g，水煎灌服。

【功效】和解少阳，扶正祛邪。

【主治】少阳病证。症见寒热往来，食欲不振，口干色淡红，苔薄白，脉弦。

【方解】本方为治伤寒之邪传入少阳的代表方剂。少阳位于半表半里，治疗上既不宜发汗，又不宜泻下，惟采用和解法为好。方中柴胡透达少阳之邪，疏解气机壅滞为主药；黄芩清泄少阳之郁热为辅药；党参扶正和中，半夏、生姜和胃止呕，同为佐药；甘草、大枣和中为使药。综观全方，能升能降，能开能合，去邪而不伤正，扶正而不留邪，故前人喻为"少阳枢机之剂，和解表里之总方"。

【临诊应用】本方还可以用于黄疸，产后发热等证。若寒重于热加大生姜用量；热重于寒加大黄芩用量。凡感冒、流感、急性支气管炎、肺炎、胸膜炎、肝炎、黄疸、胃炎、急性胃肠炎、肾炎、乳房炎以及产后诸疾等疾患而见有往来寒热者，均可酌情用本方加减治疗。

【方歌】小柴胡汤和解共，半夏党参甘草从，更用黄芩加姜枣，少阳经病此方宗。

痛泻要方（《景岳全书》）

【组成】白术 60g（土炒）、白芍 45g（炒）、防风 45g、陈皮 30g，水煎灌服。

【功效】疏肝补脾。

【主治】肝郁脾虚所致的痛泻。症见肠鸣腹痛，泄泻，苔薄白，脉弦缓，而以泄泻与腹痛并见，且泻后痛不减和口渴但不欲饮水为特点。

【方解】本方证系由肝旺脾虚、木郁乘土所致的腹痛泄泻。方中白术健脾补中为主药；辅以白芍平肝缓急止痛；佐以陈皮理气醒脾；使以防风散肝舒脾。四药相合，泻肝补脾，调和气机。

【临诊应用】用于肝旺脾虚的痛泻或慢肠黄。若泄泻如水，可加升麻、车前子、茯苓；便带脓血，加白头翁、黄芩；腹痛甚，倍白芍，加青皮、香附、厚朴；发热，加黄连、黄芩。

【方歌】痛泻要方防陈皮，白术补土芍泻木。

第六节 止咳化痰平喘方药

凡能消除痰涎，制止或减轻咳嗽和气喘的药物（方剂）称为化痰止咳平喘药（方）。本类药（方）味多辛、苦，主入肺经，具有宣通肺气，化痰止咳平喘的作用，适用于咳嗽痰多、气喘及呼吸困难等症。

引起咳嗽、气喘、痰多的病因病机较复杂，治疗时既要考虑发病的原因，还应考虑痰、咳、喘三者在病机上的因果关系，恰当配伍相应药物。

本类药（方）根据其作用不同分为三类。

温化寒痰药（方）：性多温燥，能温肺燥湿化痰，适用于寒痰、湿痰所致的咳嗽气喘。常用药物有半夏、天南星等。代表方如二陈汤等。

清化热痰药（方）：性多寒凉，能清肺润燥化痰，适用于痰热壅肺所致的咳喘。常用药物有贝母、桔梗等。代表方如麻杏石甘汤等。

止咳平喘药（方）：味多苦辛，能止咳，下气平喘，适用于咳嗽气喘。但由于引起咳嗽气喘的原因和临证表现不同，在临证处方时，应对证配伍其他适合的药物。如外感咳喘应配解表药；热性咳喘应配清热药；寒性咳喘应配辛温祛寒药等，一般不单独使用。常用药物有杏仁、款冬花、葶苈子等。代表方如止嗽散。

凡外感、内伤均可引起咳喘或多痰，在应用时除根据各药的特点加以选择外，还须根据致病的原因和证型作适当的配伍。如兼有表证者配解表药；兼有里热者配清热药；兼有里寒者配温里药；虚劳咳喘者配补益药。

现代药理研究证明，本类药物有扩张支气管，促进或抑制黏膜分泌，镇咳、镇吐、镇静、抗菌、抗病毒、抗惊厥，促进病理产物的吸收，使病变组织崩溃溶解，抑制甲状腺机能，补充碘质及抗组织胺等作用。以上药理作用，均能缓解或消除"痰症"产生的各种症状。

前人有"见痰休治痰"之论，这是治病求本之意。脾为生痰之源，肺为贮痰之器，如脾虚生湿，湿聚成痰，则重点应健脾燥湿，脾健而湿化，痰无由生。又如肾虚水泛为痰，治疗重点应该温补肾阳，气化则水不上泛，痰亦自消。痰与咳喘互为因果，所以古人有"咳嗽必挟有痰，痰为津液停聚而成"，指出治痰之要在于调气。故有"治咳嗽者，治痰为先，治痰者，下气为上"和"善治痰者，不治痰而治气，气顺则一身之津已随气而顺矣"的说法。因此，祛痰之剂常加理气药，并注重治其发病之本。

一、止咳化痰平喘药

（一）温化寒痰药

半　夏

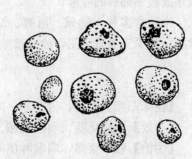

【性味归经】温，辛，有毒。入脾、胃、肺经。
【功效】燥湿祛痰，降逆止呕，消肿散结。
【主治】痰喘咳嗽，胃寒吐草，肺寒吐沫等。
【用量】马、牛15～30g；猪、羊3～10g。
【附注】"半夏主于湿痰"。半夏块茎入药，辛燥善治寒痰、湿痰，由于炮制方法不同，功效有别：姜半夏

图6-37　半　夏

偏于和胃止呕；清半夏偏于燥湿化痰；法半夏介于两者之间；生半夏有毒，多外用治痈疮肿毒。

本品含挥发油、皂苷、生物碱等，能抑制咳嗽中枢和呕吐中枢，故有镇咳、镇吐作用。

天南星（南星、胆南星）

【性味归经】温，苦、辛，有毒。入肺、肝、脾经。

【功效】燥湿化痰，祛风解痉，消肿止痛。

【主治】湿痰咳嗽，风痰壅滞，癫痫，破伤风等。

【用量】马、牛 15～25g；猪、羊 3～10g。

【附注】"南星醒脾去惊风痰吐之忧"。天南星块茎入药，苦温燥烈，性善开泄，治痰功效同于半夏。天南星、半夏均为治痰之品，常配伍使用。但两者各有侧重，天南星善治经络风痰与顽痰又治惊风；半夏善治脾胃湿痰寒痰又治呕吐。

图 6-38 天南星

天南星经胆汁炮制，为胆南星，功能清热化痰，息风定惊，适用于热痰惊风抽搐。本品含三萜皂苷、生物碱等，有祛痰、镇静、镇痛等作用。

（二）清化热痰药

贝母（川贝、浙贝）

【性味归经】川贝母微寒，甘；浙贝母寒，苦。均入肺、心经。

【功效】化痰止咳，清热散结。

【主治】咳嗽，气喘，痰多，肺痈，疮痈肿毒等。

【用量】马、牛 15～30g；猪、羊 3～10g。

【附注】"贝母清痰止咳而利心肺"。贝母鳞茎入药，川贝性凉而甘，有润肺之功，多用于阴虚及肺燥之咳嗽；浙贝苦寒较重，开泄力大，清火散结作用较强，多用于外感风热或痰热郁肺的咳嗽。

图 6-39 贝母

本品含多种生物碱、甾醇、淀粉等，能扩张支气管平滑肌，减少支气管分泌，故有镇咳祛痰作用。

桔梗（苦桔梗）

【性味归经】微温，苦、辛。入肺经。

【功效】止咳化痰，利咽排脓。

【主治】咳嗽痰多，咽喉肿痛等证。

【用量】马、牛 15～45g；猪、羊 3～10g。

【附注】"桔梗下气利胸膈而治咽喉"。桔梗根入药，为肺经气分病证的主药，长于升提肺气，宽胸利膈，能载诸药上行，故常用作引药。

本品含桔梗皂苷、植物甾醇等，有镇咳祛痰的作用。

前　胡

【性味归经】微寒，苦、辛。入肺、脾经。

【功效】宣散风热，降气祛痰。

【主治】外感风热咳嗽，肺热壅塞，咽喉肿痛等。

【用量】马、牛 15～45g；猪、羊 6～12g。

【附注】"前胡除内外之痰实"。前胡根入药，因其解表祛痰，治外感痰喘，使表解而喘定，并有降气作用，也常用于治肺气不降的痰稠喘满之症，因而说它"除内外之痰实"。

前胡和柴胡均能解表治外感发热，但作用不同，前胡主祛痰而下降，外感有痰咳者使用；柴胡主和解舒肝而升阳，外感有寒热往来和清阳下陷时使用。

本品含前胡素、挥发油等，具有抗菌祛痰等作用。

图 6-40　桔　梗

图 6-41　前　胡

瓜蒌（栝蒌）

【性味归经】寒，微苦、甘。入肺、胃、大肠经。

【功效】清热化痰，利气散结，润肠通便。

【主治】肺热咳喘，乳痈，肺痈，肠燥便秘。

【用量】马、牛 30～60g；猪、羊 12～15g。

【附注】"瓜蒌子下气润肺喘兮又且宽中"。"宽中"（宽胸）即疏郁理气，是治疗气滞引起的胸膈痞闷、胀痛、积食不消的一种疗法。瓜蒌入药部位不同作用各异，其根称天花粉，有清热止渴，养阴生津作用；瓜蒌皮宽中利气，清热化痰；瓜蒌仁滑肠通便。

本品含皂苷、脂肪油等，有祛痰、抑菌作用。

（三）止咳平喘药

杏仁（苦杏仁、甜杏仁）

【性味归经】温，苦。有小毒。入肺、大肠经。

【功效】止咳平喘，润肠通便。

【主治】各种咳喘证，肠燥便秘等。

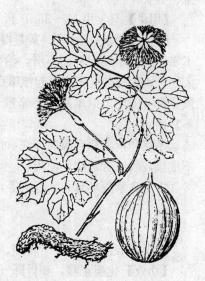

图 6-42　瓜　蒌

【用量】马、牛 25~45g；猪、羊 5~15g。

【附注】"杏仁润肺燥止嗽之疾"。苦杏仁苦泄降气，善于宣肺除痰，润燥下气，凡外邪侵袭，引起痰浊内蕴，肺气阻塞，以致上逆，出现痰多咳喘证，用杏仁最为适宜。

图 6-43 杏 仁

杏仁有苦、甜之分。苦杏仁善治咳喘；甜杏仁善治便秘。

本品含苦杏仁苷、苦杏仁油等，对呼吸中枢有抑制作用，故可止咳平喘。

款冬花（冬花）

【性味归经】温，甘、辛。入肺经。

【功效】润肺下气，止咳化痰。

【主治】气喘，咳嗽，痰多。

【用量】马、牛 15~45g；猪、羊 3~10g。

【附注】"款冬花润肺去痰嗽以定喘"。款冬花花蕾入药，为治肺经病的和平之药，不论寒热虚实都可配伍使用，生用温肺，炙用补肺，善治久嗽久咳。

图 6-44 款冬花

本品含有皂苷、款冬醇等，有镇咳祛痰等作用。

紫菀（紫菀茸）

【性味归经】辛，温。入肺经。

【功效】止咳化痰，降气平喘。

【主治】寒咳、劳咳久嗽不止、肺痈气喘、鼻流脓血、咽喉肿痛。

【用量】马、牛 15~35g；猪、羊 6~12g。

【附注】"紫菀治嗽"。紫菀根茎或须根入药，温而不寒，润而不燥，补而不滞，治肺既能入血分，又能入气分，故凡肺气不宣引起咳嗽痰血之症，不论风寒、风热皆可应用。但本品偏于辛散苦温，肺中有实火者不宜用。

图 6-45 紫 菀

冬花和紫菀都有温润肺气，止咳化痰的作用，但冬花长于止咳，紫菀重在祛痰，无痰不成咳，故二者常配伍使用。

本品含紫菀皂苷、紫菀酮等，具有抑菌、利尿、增加呼吸道腺体的分泌等作用。

枇杷叶（杷叶）

【性味归经】平，苦。入肺、胃经。

【功效】化痰止咳，和胃降气。

【主治】肺热咳嗽，气粗喘促，胃热呕吐。

【用量】马、牛 15~30g；猪、羊 3~10g。

【附注】"枇杷叶下逆气哕呕可医"。枇杷叶善下气，气下则

图 6-46 枇杷叶

火降痰顺，而逆者不逆，呕者不呕，渴者不渴，咳者不咳，为治咳喘、哕呕等病的常用药物。止咳用蜜炙，治呕则姜汁制。"哕呕"指干恶心与呕吐，多为胃热所致。

本品含苦杏仁苷、鞣质等。有镇咳祛痰作用。

马兜铃（斗苓、斗铃、马斗铃）

【性味归经】苦、微辛，寒。入肺、大肠经。
【功效】清肺降气，止咳平喘。
【主治】肺热咳嗽、干咳无痰、痈肿等。
【用量】马、牛 15～30g；猪、羊 3～10g。
【附注】"斗铃嗽医"。马兜铃果实入药，气寒清肺热，胃苦降肺气，故常用其治肺热痰喘。斗铃与紫菀均有止咳作用，但药性一寒一温，前者治热咳，后者治寒咳。斗铃根名青木香，有理气止痛、解毒消肿等作用；斗铃茎名天仙藤，有行气活血、利水止痛等作用。

图 6-47 马兜铃

本品含马兜铃酸、生物碱等，具有抑菌、祛痰平喘等作用。

百　部

【性味归经】微温，甘、苦，有小毒。入肺经。
【功效】润肺止咳，杀虫灭虱。
【主治】咳嗽，蛲虫，外用治疥癣、虱、蚤。
【用量】马、牛 15～30g；猪、羊 6～12g。
【附注】"百部治肺痨咳嗽可止"。百部块根入药，善治久嗽久咳而杀虫灭疥，杀虫宜生用，治肺痨止咳宜炙用。

本品含百部碱等，具有抑菌、镇咳、杀虫等作用。

图 6-48 百　部

葶苈子（苦葶苈、甜葶苈、丁苈）

【性味归经】辛、苦，寒。入肺、膀胱经。
【功效】泻肺平喘，利水消肿。
【主治】痰饮咳嗽，喘急胀满，实证水肿，胸腹积水。
【用量】马、牛 15～30g；猪、羊 6～12g。
【附注】"葶苈泻肺喘而通水气"。葶苈子种子入药，善逐水，主泻肺中水气，水饮去则喘息停。因其性峻烈，易伤肺气，故虚证不宜用。

本品含挥发油、脂肪油、苷等，具有强心利尿作用。

图 6-49 葶苈子

其他止咳化痰平喘药

药 名	性 味	归 经	功 效	主 治
白芥子	温，辛	入肺经	温肺祛痰，利气散结	咳喘，阴疽
白前	微温，辛、苦	入肺经	降气化痰止咳	肺气壅实，痰多咳喘
桑白皮	寒，甘	入肺经	清肺止咳平喘，行水消肿	肺热咳嗽气喘，水肿腹胀，尿闭
旋复花	微温，辛、苦、咸	入肺、脾、大肠经	消痰行水，降气止呕	胃寒呕吐，风寒咳嗽
白果	平，甘、苦、涩	入肺经	敛肺定喘，收涩除湿	肺虚咳喘，湿热尿浊
天竺黄	寒，甘	入肝、心经	清热豁痰，凉心定惊	神昏，痰多咳喘

二、止咳化痰平喘方

二陈汤（《和剂局方》）

【组成】制半夏45g、陈皮45g、茯苓60g、炙甘草25g，水煎灌服。

【功效】燥湿化痰，理气和中。

【主治】湿痰咳嗽。症见咳嗽痰多，痰色白，舌苔白润，脉滑。

【方解】本方是治疗湿痰的基础方。湿痰多因脾胃不和，脾失健运，湿邪凝聚，气机阻滞而成。脾为生痰之源，肺为贮痰之器，湿邪犯肺，则咳嗽痰多。方中半夏辛温性燥，善燥湿化痰，且可降逆和胃而止呕，故为主药；陈皮理气燥湿，使气顺而痰消为辅药；茯苓健脾燥湿，使湿去脾旺，痰无由生为佐药；甘草调和诸药为使药。方中半夏、陈皮以陈久者良，故以"二陈"名之。

【临诊应用】本方是治疗多种痰证的基础方。寒痰加吴萸、生姜；风痰加南星、白附子；湿痰加白术；热痰加瓜蒌等；食痰加山楂、神曲、麦芽；老痰加枳实、海浮石、芒硝。

【方歌】二陈汤用半夏陈，益以茯苓甘草成；利气祛痰兼去湿，诸病痰饮此方珍。

麻杏石甘汤（《伤寒论》）

【组成】麻黄30g、杏仁45g、石膏250g、甘草45g，水煎灌服。

【功效】宣肺，清热，平喘。

【主治】肺热咳喘。症见发热咳喘，气急鼻扇，口渴欲饮等。

【方解】本方是治疗肺热气喘的常用方剂。方中麻黄宣肺平喘为主药；用重剂量石膏辛凉宣泄，发散肺经郁热为辅药；杏仁苦降肺气，助麻黄以止咳平喘为佐药；甘草协调诸药为使药。

【临诊应用】用于肺热气喘，如上呼吸道感染、急性气管炎、肺炎等。热甚者加黄芩、栀子、金银花、连翘；痰多者加枇杷叶、葶苈子；咳重者加贝母、款冬花。

【方歌】喘咳麻杏石甘汤，四药组成有擅长。

止嗽散（《医学心悟》）

【组成】荆芥 30g、桔梗 30g、紫菀 30g、百部 30g、白前 30g、陈皮 25g、甘草 15g，研末服。

【功效】止咳化痰，疏风解表。

【主治】外感咳嗽。症见咳嗽痰多，久而不愈，苔薄白，脉浮缓。

【方解】本方所治之症，为外感咳嗽，以止咳为主，化痰、解表为辅。方中紫菀、百部、白前止咳化痰为主；桔梗、陈皮宣肺理气、化痰为辅；荆芥祛风解表为佐；甘草调和诸药为使。

【临诊应用】本方为治外感咳嗽的常用方。若恶寒发热，偏表证者，可加防风、苏叶；热重者，去荆芥，加黄芩、栀子、连翘、石膏、知母等。

【方歌】止嗽散中有桔甘，白前百部陈荆菀；化痰止咳散表邪，随证加减功效全。

理肺散（《元亨疗马集》）

【组成】知母 20g、栀子 20g、蛤蚧 1 对、贝母 20g、秦艽 20g、升麻 20g、天门冬 20g、麦门冬 25g、百合 30g、马兜铃 25g、防己 20g、枇杷叶 20g、苏子 30g、天花粉 20g、山药 20g、白药子 20g，研末加蜂蜜调灌。

【功效】滋阴润肺，化痰止咳。

【主治】肺燥咳嗽，鼻流脓涕。

【方解】本方是防治秋燥伤肺之调理方。方中百合、贝母、天花粉、麦冬、天冬滋阴清热，润肺化痰为主药；知母、枇杷叶、升麻止咳平喘，白药子、栀子清解肺热为辅药；苏子、马兜铃降气止嗽，秦艽、防己除湿利水，山药、蛤蚧补脾益肾为佐药；蜂蜜润肺调和诸药为使药。

【临诊应用】本方为治燥邪犯肺的常用方，又是秋季调理之剂，有预防和治疗肺经病证的作用。

【方歌】理肺蛤蚧二母粉，兜铃苏己杷栀升，二冬百合艽山药，白药加蜜肺燥能。

其他止咳化痰平喘方

方 名	组 成	功 效	主 治
苏子降气汤	苏子 半夏 陈皮 前胡 厚朴 肉桂 当归 甘草 生姜	降气平喘，温化寒痰	上实下虚之咳喘
苍耳辛夷散	苍耳 辛夷 知母 黄柏 沙参 木香 郁金 明矾	清热滋阴，疏风通窍	脑颡鼻脓
款冬花散	款冬花 黄药子 僵蚕 郁金 白芍 玄参 蜂蜜	滋阴降火，止咳平喘	阴虚肺热引起的咳嗽气急、咽喉肿痛

第七节　温里方药与温法

凡药性温热，能够祛除寒邪，治疗里寒病证的药物（方剂）称为温里药（方），亦称祛寒药（方）。运用这类方药治疗里寒证的方法为"八法"中的"温法"。

温法也叫祛寒法，是根据"寒则热之"的原则提出的。因为里寒的轻重致病原因不同，温法多又分为温中散寒和回阳救逆两类。

本类药（方）性味多辛、温，具有温中散寒，益火助阳和回阳救逆等作用。适用于里寒证，即《内经》"寒者温之"的原则。里寒包括两个方面：一为寒邪内侵，阳气受困，而见肚腹冷痛，肠鸣泄泻，食欲减退，呕吐，口色青白，脉沉迟等脏寒证，必须温中散寒，以消阴翳；一为心肾阳虚，阴寒内生，而见汗出恶寒，口鼻俱冷，四肢厥逆，脉微欲绝等亡阳证，必须益火助阳，回阳救逆。常用药有附子、肉桂、干姜、小茴香、吴茱萸、高良姜、丁香等。代表方如理中汤、四逆汤等。

此外，温里药中一部分还有健运脾胃之功能，应用温里药时当按实际情况配伍，如里寒而兼表证者，则与发表药配伍；若脾胃虚寒，呕吐下利者，当选用健运脾胃作用的温里药物。

现代药理研究证明，温里药分别具有强心、促进血液循环、扩张血管、增强外周血循的作用，故能温中散寒，回阳救逆。有的能促进胃液分泌，加强消化吸收功能，从而改善能量代谢；有的能解除胃肠痉挛，止呕制泻，镇痛；有的能制止食物的酸败发酵，排除胃肠积气；有的能兴奋垂体-肾上腺素皮质功能。以上这些作用能消除寒邪所致的症状，治愈里寒证。

温里药（方）多辛温燥烈，易于伤津耗液，凡属真热假寒证及阴虚者忌用。

一、温 里 药

附子（附片、黑附片）

【性味归经】大热，辛、甘，有毒。入心、脾、胃经。

【功效】回阳救逆，温肾助阳，散寒止痛。

【主治】四肢厥冷，脉微欲绝，肾虚水肿，肚腹冷痛，冷泻，风寒湿痹等。

【用量】马、牛 15~30g；猪、羊 3~10g。

【附注】"附子疗虚寒翻胃壮元阳之力"。附子为乌头块状子根，辛热燥烈，能行十二经，善于峻补下焦元阳，祛逐在里之寒湿，又可驱散外表之风寒。附子可恢复失散之元阳，故为亡阳亡阴的急救药。

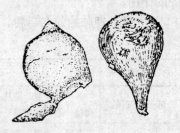

图 6-50 附 子

本品含有乌头碱、去甲基乌药碱等，具有明显的强心、改善血液循环、兴奋副交感神经、镇痛和消炎等作用。

肉桂（桂心、桂皮）

【性味归经】大热，辛、甘。入肝、肾、脾经。

【功效】温肾壮阳，祛寒止痛。

【主治】脾肾虚寒，冷痛，冷泻，风湿痹痛等。

【用量】马、牛 25～30g；猪、羊 3～10g。

【附注】"肉桂行血而疗心痛助阳如神"。肉桂为大热重阳之品，能鼓舞气血运行，为治疗寒性疾病的重要药物。

肉桂与附子均能温阳散寒，但肉桂主入血分，直达下焦，守而不走，能引火归元，补火持久，治局部之寒。附子主入气分，行十二经走而不守，能回阳于顷刻，治全身之寒。

桂皮由于生长部位和质地不同，故有不同名称。肉桂是近树根处的最厚树皮，走下焦温补命门，温中散寒力强；官桂皮薄色黄而少脂，走上焦调冷气；桂心是去外层粗皮与内面薄皮后留下的皮心，多作活血、补阳药。

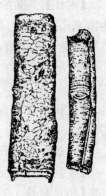

图 6-51 肉桂

本品含桂皮醛等，具有促进胃液分泌、增加食欲、增强血液循环以及缓解胃肠痉挛等作用。

干姜（干生姜、白姜）

【性味归经】热，辛。入心、肺、脾、胃、肾经。

【功效】温中散寒，回阳救逆。

【主治】脾胃虚寒，四肢厥冷，胃冷吐涎，腹痛泄泻等证。

【用量】马、牛 15～45g；猪、羊 10～15g。

【附注】"干姜暖中"。干姜与附子同用，可增强回阳救逆之功，故有"附子无姜不热"之说。干姜长于温脾阳，附子长于温肾阳。

生姜、干姜、炮姜均为一物，生姜为新鲜的子姜，干姜为干燥的母姜，炮姜为干姜放锅内急火爆炒到焦黑（存性）而成。由于老嫩和加工炮制不同，三者功用有异：生姜辛温长于发散止呕，为走而不守之药；干姜性热，温中治里寒，为能走能守之药；炮姜苦温，无辛散之力，重在温里，并兼止血，为守而不走之药。

本品含挥发油、姜辣素及多种氨基酸，能反射性的兴奋血管运动中枢，对大脑皮层也呈兴奋作用，能促进胃肠蠕动和分泌，抑制异常发酵，促进气体排出。

图 6-52 干姜

小茴香（茴香）

【性味归经】温，辛。入肝、肾、脾、胃经。

【功效】理气止痛，温中散寒。

【主治】寒滞腹痛，肚腹胀满，泄泻，腰胯痛等证。

【用量】马、牛 15～60g；猪、羊 10～15g。

图 6-53 小茴香

【附注】"茴香治疝气肾痛之用"。茴香果实入药，疏肝理气，温中开胃，暖肾祛寒，为治寒疝之要药。得盐能入肾经，与附子配伍，能助阳益火，多用于下焦虚寒之证。

本品含挥发油，能刺激胃肠、增强胃肠蠕动、促进消化及排除肠道中腐败气体。

吴茱萸（吴萸）

【性味归经】温，辛、苦，有小毒。入肝、肾、脾、胃经。

【功效】温中散寒，理气止呕。

【主治】脾虚慢草，虚寒腹痛，呕吐冷泻等。

【用量】马、牛 10～30g；猪、羊 3～10g。

图 6-54 吴茱萸

【附注】"吴萸疗心腹之冷痛"。吴茱萸果实入药，疏肝暖脾，和中止呕，善治肝气郁滞，寒浊下踞而致的腹痛、疝、瘕等疾。外用治口舌生疮。

本品含吴茱萸甲、乙碱等，有健胃、镇痛、止呕、抑菌等作用；另对蛔虫、水蛭有显著的杀灭作用。

其他温里药

药 名	性味	归经	功效	主治
高良姜	热，辛	入脾、胃经	温中祛寒，暖胃止痛	冷痛，反胃吐食，伤水泄泻
花椒	热，辛	入脾、胃、肾经	温中止痛，杀虫，止痒	胃寒腹痛，关节疼痛，寒湿吐泻，蛔虫
丁香	温，辛	入脾、胃、肾经	温中降逆，暖肾助阳	胃寒腹痛，气逆呕吐，冷肠泄泻
草果	温，辛	入脾、胃经	温中祛寒，芳香健脾	脾胃寒湿，呕吐泄泻，食积腹胀
荜澄茄	温，辛	入脾、胃、肾经	温中散寒，下气消食	肚腹冷痛，食欲不振，肠鸣泄泻

二、温里方

茴香散（《元亨疗马集》）

【组成】茴香30g、肉桂20g、槟榔10g、白术25g、巴戟天25g、当归30g、牵牛子10g、藁本25g、白附子15g、川楝子25g、肉豆蔻15g、荜澄茄20g、木通20g，研末加炒盐、醋，调服。

【功效】暖腰肾，祛风湿，理气活血止痛。

【主治】寒伤腰胯痛。症见腰背紧硬，胯跛腰拖，卧地难起。

【方解】本方为治寒伤腰胯之剂。方中茴香暖腰肾祛寒为主药；肉桂、肉豆蔻、巴戟天、荜澄茄助主药温肾祛寒为辅药；白附子、藁本祛风，牵牛子、木通、槟榔、川楝子、白术利水、行气健脾，当归活血止痛共为佐药；盐、醋引药归经为使药。

【临诊应用】本方对风寒湿痹寒重多用，可随证加减。

【方歌】茴香散用桂附楝，槟榔澄茄醋与盐，归术牵牛加藁本，巴戟木通豆蔻全。

理中汤（《伤寒论》）

【组成】党参90g、白术45g、干姜45g、炙甘草30g，水煎灌服。

【功效】补气健脾，温中散寒。

【主治】脾胃虚寒证。症见慢草不食，腹痛泄泻，不渴，舌苔淡白，脉象沉细或沉迟。

【方解】本方为治疗脾胃虚寒的要方。干姜温中散寒为主药；党参补中益气，强壮脾胃为辅药；脾虚生湿，故以白术苦温燥湿健脾为佐药；甘草和中健脾，调和诸药为使药。

【临诊应用】本方加附子，名为"附子理中汤"，适用于脾肾阳虚之阴寒重证；再加肉桂名为"附桂理中汤"，更增回阳祛寒之功。

【方歌】温中散寒理中汤，参草白术并干姜，腹痛泄泻阴寒盛，再加附子可扶阳。

其他温里方

方名	组成	功效	主治
桂心散	桂心、青皮、益智仁、白术、厚朴、干姜、当归、陈皮、砂仁、五味子、肉豆蔻、炙甘草	温脾暖胃，和血顺气	脾胃阴寒所致的吐涎不食，腹痛，泄泻等
温脾散	当归、厚朴、陈皮、青皮、苍术、益智仁、牵牛子、细辛、甘草	温中散寒，理气活血	伤水起卧腹痛
丁香散	丁香、茴香、官桂、麻黄、当归、乌头、延胡索、羌活、防己	温肾壮阳，祛风除湿	肾经寒冷，腰胯疼痛

思考与练习（自测题〈第5～7节〉）

一、填空题（每小题3分，共15分）

1. 和解方药主用于_____，_____证。
2. 半夏、南星温肺化痰，半夏善治_____痰，南星善治_____痰。
3. 苦杏仁_____作用强，甜杏仁_____作用强。
4. 干姜、生姜均散寒，干姜_____作用强，生姜_____力大。
5. 温里药主要是温中_____，回阳_____。

二、选择题（每小题3分，共15分）

1. 和解少阳的主药是（　　）
   A. 桂枝　　　　B. 柴胡　　　　C. 黄芩　　　　D. 半夏
2. 贝母不具备的功效是（　　）
   A. 润肺化痰　　B. 清肺化痰　　C. 燥湿化痰　　D. 止咳化痰
3. 下列哪项不属和解方的治疗范围（　　）
   A. 病在半表半里　B. 肝脾不和　C. 胃肠不和　D. 表里同病
4. 冬花、紫菀均有的功效是（　　）
   A. 润肺止咳　　B. 敛肺止咳　　C. 清肺止咳　　D. 泻肺止咳
5. 温中暖脾止呕的药物是（　　）

A. 附子　　　B. 吴萸　　　C. 肉桂　　　D. 干姜

三、判断题（每小题3分，共15分）

1. 凡温热性的药均可治里寒证。　　　　　　　　　　　　　　　　（　　）
2. 小柴胡汤治寒热往来，黄疸，产后发热。　　　　　　　　　　　（　　）
3. 枇杷叶、葶苈子均能泻肺、退肿。　　　　　　　　　　　　　　（　　）
4. 瓜蒌仁善于生津止渴，瓜蒌根善于润肠通便。　　　　　　　　　（　　）
5. 附子辛甘有毒，主要归心肾肺经，为回阳救逆的要药。　　　　　（　　）

四、简答题（每小题5分，共25分）

1. 清肺化痰与止咳平喘药的作用有何异同？
2. 二陈汤的组方主要突出了哪些作用？
3. 与肉桂同出一物的药是什么，各有何特性？
4. 茴香散、止嗽散各主治什么病证？
5. 简述温里方药的适应证和使用注意事项。

五、论述题（每小题15分，共30分）

1. 从理肺散的组成，分析该方具备哪些功用，如何运用。
2. 分析理中汤、二陈汤组方、主证的特点。

第八节　祛风湿方药

凡具有化湿利水，祛风胜湿的作用，以治疗水湿和风湿病证的药物（方剂），称为祛风湿药（方）。

本类药（方）多辛温，具有祛风除湿，利水渗湿，芳香化湿作用。适用于风湿之邪而致的风寒湿痹，泄泻，水肿，黄疸，小便不利，淋浊等证。引起风湿证的原因不同，发病部位各异，所以应用时要辨别风湿的部位、性质而选择相应的药物，故祛风湿药（方）可分为祛风胜湿药（方）、渗湿利水药（方）和芳香化湿药（方）三类。

祛风胜湿药（方）：多味辛性温燥烈，能祛风除湿，散寒止痛，通经活络。适用于四肢拘急，颈项腰肢屈伸不利，肢节疼痛等风寒湿痹证。常用药物有羌活、独活、木瓜、五加皮、威灵仙、桑寄生等。代表方如独活寄生汤等。

渗湿利水药（方）：多味淡性平，能利尿通淋，渗除水湿，消水肿，止水泻，还能引导湿热下行。适用于尿闭，淋浊，水肿，水泻等证。常用药物有茯苓、猪苓、车前子、滑石、木通等。代表方如五苓散等。

芳香化湿药（方）：多辛温芳香，能运化水湿，助脾运，辟秽除浊。适用于湿浊内阻，脾为湿困，运化失调而出现的胸腹胀满，粪便溏泄，四肢无力，舌苔白腻等证。常用药物有藿香、苍术、佩兰等。代表方如藿香正气散等。

现代药理研究证明，祛风胜湿药分别具有抗炎、抗过敏、镇痛、镇痉、镇静、解热、抗菌、强心、扩张血管、改善血液循环等作用，这都有利于风湿症状的改善；渗湿利水药分别具有利尿、排石、利胆、抗菌、抗过敏、强心、止血、镇静、镇痛、扩张血管、改善微循环的作用，因而有利于水肿的消除、结石的排除、黄疸的消退，从而改善上述疾病的症状，促进疾病的痊愈；芳香化湿药分别具有止呕、止泻健胃、解痉、镇静、促进胃肠蠕动、排除肠内积气、调整胃肠功能、解热、发汗、利尿等功能，因而有利于湿邪的排出。

湿邪为病，常与脾、肺、肾膀胱等脏腑密切相关。因脾弱则湿生，肾虚则水冷，肺气不能通调，膀胱气化不利，都能生湿停水。所以在治疗过程中，必须注意增强上述脏腑的功能，使脾健则湿除，且能利水；肾能化气，则水有所主；肺气肃降，则水道通调；膀胱气化，则小便通利，水湿均有去路。因此，使用祛湿剂时，如何联系脏腑，实为关键问题。

本类药（方），易于伤阴耗液，故对阴虚津亏者慎用。虚证水肿，应以健脾补肾为主，不能片面强调利水。

一、祛风湿药

（一）祛风胜湿药

羌活（蚕羌）

【性味归经】温，辛、苦。入膀胱、肾经。
【功效】解表散寒，祛风止痛。
【主治】四肢拘挛，关节肿痛，外感风寒，风寒湿痹等。
【用量】马、牛 25~30g；猪、羊 3~10g。
【附注】"羌活明目驱风除湿毒肿痛"。羌活根茎入药，气雄辛散，主理游风，发表祛寒，利周身关节疼痛，为太阳经风湿相搏的要药。羌活善治外感风寒湿而致的头痛、身痛、目眩等症，所以说它"明目驱风"。湿毒，指湿气郁积日久成毒，羌活有祛湿作用，故可治之。

本品含生物碱、挥发油等，能兴奋汗腺而解热，可扩张脑血管并有抑菌作用。

图 6-55 羌 活

独活（香独活）

【性味归经】温，辛、苦。入肾、膀胱经。
【功效】祛风胜湿，散寒止痛。
【主治】风湿痹痛，腰膝疼痛，外感风寒挟湿，关节疼痛等。
【用量】马、牛 30~45g；猪、羊 3~10g。
【附注】"独活疗诸风不论新旧"。独活根茎入药，善治在下在里之风湿，适用于腰膝疼痛。本品与羌活常配伍使用，但羌活气味雄烈，发散力强，善治在表风邪；独活气味较淡，性和缓，善治筋骨间风湿。

图 6-56 独 活

本品含挥发油等,有抗风湿,镇痛,镇静等作用。

木瓜(宣木瓜、木桃)

【性味归经】温,酸。入肝、胃、脾经。

【功效】祛风湿,舒筋活络,和胃化湿。

【主治】风湿痹痛,关节肿痛,腰胯无力,水肿,泄泻等。

【用量】马、牛15～30g;猪、羊6～12g。

【附注】"木瓜入肝疗脚气并水肿"。木瓜果实入药,味酸入肝,能舒筋活络,祛风止痛,疗湿痹;气香入脾,能理脾化湿和胃,治腹痛泄泻。

本品含皂苷、黄酮等,对关节炎有明显的消肿作用,对腓肠肌痉挛和吐泻所致的抽搐有效。

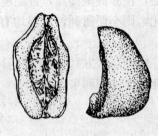

图6-57 木瓜

威灵仙(灵仙)

【性味归经】辛,温。入膀胱经。

【功效】祛风通络,消肿止痛,利湿退黄。

【主治】风湿痹痛,关节屈伸不利,水肿,黄疸。

【用量】马、牛15～60g;猪、羊3～12g。

【附注】"威灵仙宣风通气"。威灵仙根茎入药,宣散风寒湿邪,善除经络中之风湿,多用在血淤气滞而属实证者,因行散气滞,故说其"宣风通气"。古人曰:"此能治中风、头风、痛风、顽痹、黄疸、浮肿、便秘、风湿痰气、一切冷痛"。

本品含白头翁素、甾醇、皂苷等,具有解热、镇痛、抑菌等作用。

图6-58 威灵仙

桑寄生(寄生、寄生草)

【性味归经】平,苦。入肝、肾经。

【功效】补肝肾,强筋骨,祛风湿,养血安胎。

【主治】腰脊无力,四肢痿软,血虚风湿,胎动不安。

【用量】马、牛30～60g;猪、羊6～12g。

【附注】"桑寄生益血安胎且止腰痛"。桑寄生茎枝入药,补肝肾阴血,通调血脉。肾强血旺,血脉通调则腰痛自除,胎动即安,风湿也愈。

本品含桑寄生苷等,有抑菌、利尿等作用。

图6-59 桑寄生

五加皮（北五加、香五加、南五加）

【性味归经】温，辛、苦。入肝、肾经。

【功效】祛风湿，壮筋骨，利水消肿。

【主治】风湿痹痛，腰膝疼痛，筋骨痿软，水肿等。

【用量】马、牛15～45g；猪、羊6～12g。

【附注】"五加皮坚筋骨以立行"。五加皮根皮入药，为祛风湿，强筋骨之要药。且有镇痛作用，能治痹痛，强筋骨，化水湿。

本品含有挥发油、生物碱等，具有增强抵抗力、抗炎、镇痛、利尿等作用。

图6-60 五加皮

防己（汉防己、木防己）

【性味归经】辛、苦，寒。入肺、膀胱经。

【功效】利水退肿，祛风止痛。

【主治】水肿，小便不利，湿热痹症。

【用量】马、牛15～45g；猪、羊6～12g。

【附注】"防己宜消肿去风湿之施"。防己根入药，有汉防己、木防己之分，功用相似，但汉防己功主利水，木防己功主祛风止痛。

本品含多种生物碱、挥发油等，具有镇痛、退热、消炎等作用。

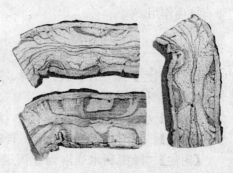

图6-61 防 己

（二）渗湿利水药

茯苓（云苓、白茯苓）

【性味归经】平，甘、淡。入心、肺、脾、胃、肾经。

【功效】利水渗湿，健脾补中，安神宁心。

【主治】水肿，小便不利，慢草不食，痰饮，腹泻等。

【用量】马、牛15～60g；猪、羊6～12g。

【附注】"白茯苓补虚劳多在心脾之有眚"。茯苓菌核入药，补益心脾，利水渗湿，补而不滞，利不伤正，为脾虚湿困和水湿内滞等证的必用药。茯苓皮专行皮肤水湿；去皮后呈淡红色部分，称赤茯苓，长于清湿热，用于水肿尿赤，尿不利；内层色白者称白茯苓，能健脾利水，长于补心益脾；抱木而生的部分称茯神，长于宁心安神。另外还有一种叫土茯苓，其功用长于解毒。

"眚"音shěng，单个字当"病"、"小病"解释。

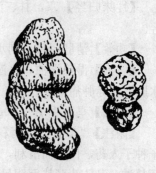

图6-62 茯 苓

本品含有茯苓酸、胆碱钾盐等，其利尿作用可能是由于抑制肾小管重吸收机能，并有镇静及促进细胞免疫与体液免疫的作用。

猪苓（朱苓、地乌桃）

【性味归经】平，甘、淡。入肾、膀胱经。

【功效】利水通淋，除湿消肿。

【主治】湿热淋浊，水肿，泄泻，小便不利等。

【用量】马、牛 15～30g；猪、羊 6～12g。

【附注】"木通、猪苓尤为利水之多"。猪苓菌核入药，甘淡性平，专通水道，主渗湿，利水渗湿功效比茯苓强，但补益作用不及茯苓。与泽泻合用能增强利水效果。

本品含有麦角甾醇、糖分、蛋白质等，能促进钠、氯、钾等电解质的排出，有较强的利尿作用，其利尿机理可能是抑制了肾小管对电解质和水的重吸收。此外，猪苓聚糖Ⅰ有抗癌作用。

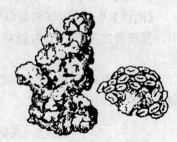

图 6-63 猪 苓

泽泻（水泽）

【性味归经】寒，甘、淡。入肾、膀胱经。

【功效】利水渗湿，泻肾火。

【主治】小便不利，水肿，泄泻，湿热淋浊等。

【用量】马、牛 15～45g；猪、羊 9～15g。

【附注】"泽泻利水通淋而止泻退肿"。泽泻块茎入药，性寒味甘淡，能清热渗湿，故能泄肾经火，泻膀胱热，为利尿、祛湿、泻热之良药。

本品含挥发油等，有利尿、抑菌等作用。

图 6-64 泽 泻

车前子（车前实）

【性味归经】寒，甘、淡。入肝、肺、肾、小肠经。

【功效】清肝明目，利水通淋。

【主治】湿热淋浊，水湿泻痢，小便不利，尿赤，水肿，目赤肿痛等证。

【用量】马、牛 15～90g；猪、羊 6～12g。

【附注】"车前子止泻利小便兮尤能名目"。车前子种子入药，性寒而滑利，有利水通淋作用，善治尿闭热淋。又能清肝热而明目。

图 6-65 车前子

车前草功同车前子，但利尿作用较弱，而清热解毒作用较强，主治血淋、下痢、咳嗽。

本品含有车前子碱等,有显著利尿作用,还有止咳、抑菌作用。

滑石(化石)

【性味归经】寒,甘。入胃、肺、膀胱经。

【功效】清热解暑,利水通淋,收敛解毒。

【主治】暑热,暑湿泄泻,尿赤涩疼痛,淋证,水肿,湿疹等证。

【用量】马、牛 25~60g;猪、羊 6~18g。

【附注】"滑石利六腑之涩结"。滑石性寒而滑,故能泄热利窍,通利水道,又能清热解暑,为解暑利尿之要药。滑石粉 200~500g 内服,可通肠胃积滞,有通便止痛作用,广泛应用于马冷痛、结症、肠臌气和轻微胃扩张以及牛前胃弛缓、瘤胃积食、瘤胃臌气、便秘、泄泻等胃肠病的治疗。

本品含有硅酸镁、氧化铝等,有吸附收敛作用,内服能保护肠壁、止泻,外用能敛疮收湿、保护创面、吸收分泌物,促进创伤干燥结痂。

木通(川木通)

【性味归经】寒,苦。入心、小肠、膀胱经。

【功效】清热利水,下乳。

【主治】小便不利,湿热淋浊,产后缺乳等。

【用量】马、牛 25~40g;猪、羊 3~10g。

【附注】"木通、猪苓尤为利水之多"。木通茎藤入药,苦寒,能通利而清降,上清心肺之火,下导膀胱小肠之湿热,使邪从小便而出,并有通乳作用。

木通、泽泻皆有利水泻火之功,而木通主泻心经实火,泽泻主泻肾经虚火。

本品含木通苷等,具有利尿、强心、抑菌作用。

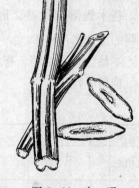

图 6-66 木 通

(三)芳香化湿药

藿香(伙香)

【性味归经】温,辛。入肺、脾、胃经。

【功效】芳香化湿,和中止呕,解表散寒。

【主治】肚腹胀满,食少,反胃呕吐,外感风寒,泄泻等。

【用量】马、牛 15~35g;猪、羊 6~10g。

【附注】"藿香叶辟恶气而定霍乱"。藿香全草入药,芳香化湿,辛散发表,为治内伤湿滞、外感风寒之要药。

本品含挥发油和黄酮类化合物,能促进胃液分泌助

图 6-67 藿 香

消化，大剂量时可抑制胃的排空，从而调整消化系统功能紊乱；黄酮类物质有抗病毒、抑菌作用并略有发汗作用。

苍术（茅术）

【性味归经】温，苦、辛。入脾、胃、肝经。
【功效】燥湿健脾，祛风湿，发汗解表。
【主治】腹痛泄泻，风寒湿痹，外感风寒等。
【用量】马、牛 15～60g；猪、羊 9～15g。
【附注】"苍术治目盲燥脾去湿宜用"。苍术根茎入药，温燥辛散，故内能化湿辟浊，外可解风湿之邪，不仅是祛风燥湿健脾之专药，又是治疗四时疫疠之气的要品。

图6-68 苍术

苍术与白术其健脾燥湿功能相同，白术健脾力较强，苍术燥湿力尤甚。因此，湿甚的实证多用苍术，脾弱的虚证多用白术。

本品含有苍术醇、苍术酮、胡萝卜素、维生素A等，对胃肠运动有调节作用并有明目、抑菌等作用。

其他祛风湿药

药名	性味	归经	功效	主治
乌梢蛇	平，甘、咸	入肝经	祛风止痛，疗惊定搐	风湿痹痛，四肢拘挛，惊痫抽搐，破伤风，歪嘴风等
秦艽	平，辛、苦	入肝、胆、肺经	祛风除湿，止痛退虚热	风湿肢节疼痛，湿热黄疸，尿血，虚劳发热等
伸筋草	温，苦、辛	入肝经	祛风除湿，舒筋活络	风湿痹痛，筋骨拘挛，跌打损伤等
狗脊	温，苦、甘	入肝、肾经	补肝肾，强腰膝，祛风湿	腰脊痿软，四肢无力，关节疼痛等
千年健	温，辛、微甘	入肝、肾经	祛风湿，通经络，健筋骨	风寒湿痹，筋骨疼痛，四肢拘挛，腰脊痿软等
乌头	热，辛、苦，有毒	入心、肝、肾、脾经	祛风湿，温经止痛	风湿痹痛，四肢拘挛，阴疽肿毒等
金钱草	平，微咸、甘	入肝、肾、膀胱经	利水通淋，清热消肿	湿热黄疸，结石，疮疖肿毒等
海金沙	寒，甘	入小肠、膀胱经	清湿热，利水排石，消肿	膀胱湿热，热淋疼痛，尿道结石等
通草	寒，甘、淡	入肺、胃经	清热利水，下乳	湿热淋痛，小便不利，产后缺乳等
灯心草	寒，甘、淡	入心、小肠经	利水渗湿，清心降火	下焦湿热，小便不利等
萹蓄	微寒，苦	入膀胱经	利尿通淋，杀虫止痒	湿热下注，小便淋涩、短赤，皮肤湿疹等

(续)

药　名	性　味	归　经	功　效	主　治
瞿麦	寒，苦	入心、小肠、膀胱经	清热，利水，通淋	小便不利，水肿淋证等
萆薢	平，苦	入肾、膀胱经	除风湿，利湿浊	风寒湿痹，尿浊、尿淋等
佩兰	平，辛	入脾经	解暑生津，醒脾化湿	肚腹胀满，暑湿表证，暑热内蕴等证
草豆蔻	温，辛，气香	入脾、胃经	燥湿健脾，温中止呕	脾胃湿滞，呕吐，食欲不振等
白豆蔻	温，辛，气香	入脾、胃、肺经	化湿健脾，温中止呕，行气化滞	脾胃湿滞，呕吐，食欲不振等

二、祛风湿方

（一）祛风胜湿方

独活寄生汤（《千金方》）

【组成】独活30g、防风25g、桑寄生45g、细辛12g、当归30g、白芍25g、桂心20g、杜仲30g、秦艽30g、川芎15g、熟地35g、牛膝30g、党参30g、茯苓30g、甘草20g、白酒60g，水煎灌服。

【功效】益肝肾，祛风湿，止痹痛。

【主治】腰腿四肢疼痛，关节屈伸不利。

【方解】本方所治痹证乃风寒湿三邪痹着日久，肝肾不足，气血两虚所致。故宜祛风散寒止痛以祛邪，补益肝肾以扶正，邪证兼顾，标本同治。方中独活、桑寄生祛风除湿，活络通痹为主药；熟地、杜仲、牛膝补肝肾，壮筋骨，当归、白芍、川芎养血活血，党参、茯苓益气健脾，扶正祛邪共为辅药；细辛、桂心，温经散寒，防风、秦艽除风湿而舒筋骨为佐药；甘草调和诸药为使药。

【临诊应用】本方适用于气血两虚，肝肾不足的风寒湿痹，风重者加白芷、千年健，寒重者加麻黄、乌头，湿重者加苍术、黄柏。

《抱犊集》独活寄生汤（独活、羌活、防风、桑寄生、防己、当归、桂枝、五加皮、杜仲、秦艽、川芎、续断、车前子、白酒）功用、主治与上方相同。

【方歌】独活寄生艽防辛，四物桂心加茯苓，杜仲牛膝党参草，冷风顽痹曲能伸。

（二）渗湿利水方

滑石散（《元亨疗马集》）

【组成】滑石60g、泽泻25g、灯心草15g、茵陈25g、知母25g、酒黄柏20g、猪苓

20g，研末服。

【功效】清热，化湿，利尿。

【主治】马胞转证。症见肚腹胀满，欲卧不卧，蹲腰踏地，打尾刨蹄等。

【方解】本方证是由于湿热积滞，膀胱气化功能受阻所致。方中滑石泻热、渗湿利水为主药；猪苓、泽泻、茵陈清利湿热助主药利水为辅药；知母、黄柏清热泻火为佐药；灯芯疏通尿道引药下行。诸药相和有通调水道清热利湿之功。

【临诊应用】本方用于膀胱热结或排尿不利。热淋带血加瞿麦、萹蓄、小蓟、茅根。若尿血涩痛而短赤，口干舌红者则用八正散（木通、瞿麦、萹蓄、车前子、滑石、栀子、大黄、甘草梢、灯心草）治之。

【方歌】滑石散治尿闭结，猪苓泽泻知柏偕，茵陈再加灯芯草，膀胱湿热服之宁。

五苓散（《伤寒论》）

【组成】猪苓30g、茯苓30g、泽泻45g、白术30g、桂枝25g，研末服。

【功效】健脾除湿，利水化气。

【主治】小便不利，水肿，泄泻等。

【方解】本方是利水消肿的常用方剂。方中重用泽泻甘淡性寒，直达膀胱，利水渗湿为主药；茯苓、猪苓淡渗利水为辅药；白术健脾以运化水湿为佐药；桂枝一药二用，既解太阳之表，又助膀胱气化为使药。

【临诊应用】本方合平胃散（陈皮、苍术、厚朴、甘草）名"胃苓汤"，治寒湿泄泻，小便不利。

【方歌】五苓散治水湿停，白术泽泻猪茯苓，通阳化气加桂枝，除湿利水此方行。

（三）芳香化湿方

藿香正气散（《和剂局方》）

【组成】藿香60g、紫苏叶45g、茯苓30g、白芷30g、大腹皮30g、陈皮30g、桔梗25g、白术30g、姜汁制厚朴30g、半夏20g、甘草15g，研末，生姜、大枣煎水冲调灌服。

【功效】解表化湿，理气和中。

【主治】外感风寒，内伤湿滞。症见发热恶寒，肚腹胀满，泄泻，舌苔白腻，或见呕吐。

【方解】本方治证乃外感风寒，内伤湿滞所致。方中藿香辛散风寒，芳香化湿，和胃醒脾为主药；半夏燥湿降气，和胃止呕，厚朴行气化湿，宽胸除满为辅药；苏叶、白芷助藿香外散风寒，兼化湿浊，陈皮理气燥湿，并能和中，茯苓、白术健脾运湿，大腹皮行气利湿，桔梗宣肺利肠均为佐药；甘草、生姜、大枣调脾胃为使药。

【临诊应用】本方适用于内伤湿滞，复感风寒，而以湿滞脾胃为主之证。凡夏季感冒、流行性感冒、胃肠型流感、胃肠不和、急性胃肠炎，证属外感风寒，内伤湿滞者均可用。

【方歌】藿香正气大腹苏，甘桔陈苓厚朴术，夏曲白芷加姜枣，感伤岚瘴并能除。

其他祛风湿方

方　名	组　　成	功　　效	主　　治
八正散	木通、瞿麦、车前子、萹蓄、滑石、大黄、栀子、灯心、甘草	清热泻火，利水通淋	热淋、石淋、血淋等证
羌活胜湿汤	羌活、独活、藁本、防风、川芎、蔓荆子、甘草	祛风胜湿	风湿痹痛

第九节　理气方药

凡能调理气分，疏畅气机，以治疗气滞、气逆病的药物（方剂），称为理气药（方）。

本类药（方）性味多辛温芳香，具有行气健脾，疏肝解郁，降气平喘等作用，从而达到气机疏畅，升降通达而消除疼痛的目的，即"结者散之"、"木郁达之"。主要用于脾胃气滞，肝气郁滞及肺气壅塞证。此外，部分理气药还有健脾胃，祛痰，散结作用。适用于各种气滞引起的胸胁疼痛、食欲不振、肚腹胀满、嗳气呕吐、粪便失常，以及肺气壅滞所致的咳喘等。常用的理气药有：青皮、陈皮、枳壳、枳实、香附、木香、厚朴、乌药、川楝子等。代表方剂如橘皮散等。

现代药理研究证明，理气药有的能兴奋肠管，促进胃肠呈节律性收缩蠕动，以利于肠内气体的排除；有的能降低肠管紧张度，以解除痉挛；有的能调整胃肠的功能，增进食欲。这些都有利于消除上述气滞病症。

应用本类方药时，应辨明病证，针对病情，并根据药物的不同特点作出适宜的选择和配伍。如湿邪困脾兼见脾胃气滞，可将理气药同燥湿、温中等药配伍；食欲减退，宿草不转，可将理气药同消食药或泻下药同用；脾胃虚弱，运化无力所致的气滞，可配伍健胃、助消化药；如痰饮、瘀血而兼有气滞者，应分别配伍祛痰药或活血祛瘀药。

本类药物多辛燥，易于耗气伤阴，故气虚、阴亏的动物慎用，必要时可配伍补气、滋阴药同用。

一、理　气　药

陈皮（橘皮）

【性味归经】温，苦、辛。入脾、肺经。

【功效】理气健脾，燥湿化痰。

【主治】肚腹胀满，消化不良，泄泻，咳喘等。

【用量】马、牛15～60g；猪、羊6～20g。

【附注】"橘皮开胃去痰导壅滞之逆气"。陈皮为橘的成熟果皮，辛散苦降，芳香醒脾，温和不峻，偏于理肺脾之气。不但有理气燥湿之功，而且有和百药之效，各随配伍而有补、泻、升、降之力，故有通五脏而治百病之说。

附药：橘红　为化州柚和柚的干燥成熟果皮，又名化红。能燥湿化痰，利气，治湿痰，外感风寒，咳嗽痰多。

橘络　系橘瓤上的筋膜。苦，平。能通络化痰，治咳嗽痰多，虚劳，咳血。

橘核　本品之果核。苦，温。理气散结，止痛，治疝气，睾丸肿痛，脘胁疼痛。

图6-69　陈　皮

青皮（青皮子）

【性味归经】温，苦、辛。入肝、胆经。

【功效】疏肝解郁，破气消积。

【主治】腹胀腹痛，食积不化，便秘等。

【用量】马、牛15～30g；猪、羊6～10g。

【附注】"橘皮开胃去痰导壅滞之逆气"。青皮、陈皮同为一物，只是一嫩一老，功效、归经不同而有区别，青皮性峻，偏于疏肝破气，陈皮性缓，偏于健脾理气。陈皮多用于上中二焦，青皮多用于中下二焦，若肝、脾同病或肝脾不和者，常二者同用。

本品含有挥发油、橙皮苷、维生素B_1等，能促进胃肠排出积气、增加胃液分泌故有助消化作用，能刺激呼吸道黏膜增加分泌，有利于痰液的排出，祛痰作用明显。

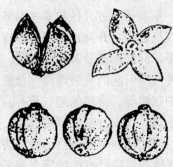

图6-70　青　皮

枳壳（川枳壳）

【性味归经】微寒，苦、辛、酸。入脾、胃经。

【功效】宽中理气，除胀散满。

【主治】肚腹胀满，大便秘结，痰湿阻滞等。

【用量】马、牛30～60g；猪、羊9～12g。

【附注】"宽中下气枳壳缓而枳实速也"。枳壳和枳实同为酸橙的果实，前者为成熟果实、性缓，后者为幼果、性烈。枳壳偏于理气消胀，多治上；枳实长于破气，化痰，消积，多治下。

附药：枳实　破气消积，通肠。主用于食积，便秘，腹胀腹痛等。

本品含有挥发油、黄酮苷、生物碱、皂苷等，对胃肠有兴奋作用，能使胃肠运动收缩节律增强；可使子宫平滑肌张力增大，并有改善心肌代谢，加强心肌收缩的作用。

图6-71　枳　壳

木香（广木香、川木香）

【性味归经】温，辛、苦。入脾、胃、大肠、胆经。
【功效】行气止痛，温胃和中。
【主治】气滞肚胀，食欲不振，腹痛，冷泻，痢疾，气逆胎动等。
【用量】马、牛 10~20g；猪、羊 2~5g。
【附注】"木香理乎气滞"。木香根入药，长于行肠胃气滞，凡脾胃运化失调，胃肠气滞不利而致的腹胀腹痛，泄泻下痢均可应用。但本品耗散力强，不宜重用久用。

本品含有挥发油、二十种氨基酸及木香碱等，具有解除平滑肌痉挛、促进胃肠蠕动与分泌，并有兴奋心脏及抑菌作用。

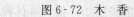
图 6-72 木香

厚朴（川朴）

【性味归经】温，苦、辛。入脾、胃、肺、大肠经。
【功效】健脾燥湿，行气宽中。
【主治】肚腹胀满，腹痛，呕吐，便秘等。
【用量】马、牛 25~45g；猪、羊 6~10g。
【附注】"厚朴温胃而去呕胀消痰亦验"。厚朴树皮入药，苦能下气，辛能散结，温能燥湿，长于散满除胀，善除胃中滞气，燥脾中湿邪，既可下有形之实满，又能散无形之湿满，对湿浊阻滞者最适用。

本品含挥发油、生物碱等，有解痉、健胃、平喘、抗菌等作用。

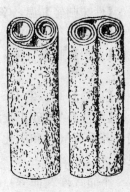
图 6-73 厚朴

香附（香附子）

【性味归经】平，微苦、辛。入肝、三焦经。
【功效】理气解郁，活血止痛。
【主治】肝气郁滞，食积腹胀，产后淤血腹痛等。
【用量】马、牛 15~45g；猪、羊 6~15g。
【附注】"香附子理血气之用"。香附根茎入药，主一身之气解六郁，又入血分，"为血中之气药"是治胎前产后疾病的要药。凡一切血淤气滞之证均可选用。

本品含有挥发油等，有抑制子宫平滑肌收缩，提高机体痛阈，降低肠管紧张性等作用；并有抑菌作用。

图 6-74 香附

乌药（天台乌、台乌）

【性味归经】温，辛。入脾、肺、肾、膀胱经。

【功效】理气宽中，散寒止痛，温肾缩尿。

【主治】脾胃气滞，冷痛，疝气，尿频数等。

【用量】马、牛 15～40g；猪、羊 6～15g。

【附注】"乌药有治冷气之理"。乌药根入药，辛可散气，温则祛寒，能行诸气，为理气止痛要药。

乌药、木香、香附子均为治诸气疼痛要药。乌药长于散寒止痛，用于肝肾膀胱冷气痛；木香长于理气宽胸，用于胃肠气滞之痉挛痛；香附子长于开郁散结活血，治血淤气滞疼痛。

本品主要成分含有乌药烷、乌药烯等，有解除胃肠痉挛，增进肠蠕动，促进气体排出等作用。

图 6-75　乌　药

砂仁（缩砂仁、春砂仁）

【性味归经】温，辛。入脾、胃、肾经。

【功效】行气和中，温脾止泻，安胎。

【主治】脾胃气滞，肚腹胀满，冷痛泄泻。胎动不安等。

【用量】马、牛 15～30g；猪、羊 3～9g。

【附注】"缩砂止吐泻安胎化酒食之剂"。砂仁果实入药，芳香行气，和中化湿，善理脾胃气滞，为醒脾活胃良药。

本品含挥发油等，具有健胃作用，能促进消化液的分泌，并可排除肠道积气。

图 6-76　砂　仁

槟榔（玉片）

【性味归经】温，辛、苦。入胃、大肠经。

【功效】破气消积，利水杀虫。

【主治】食积气滞，腹胀便秘，水肿，肠道寄生虫等。

【用量】马、牛 15～60g；猪、羊 6～12g。

【附注】"槟榔豁痰而逐水杀寸白虫"。槟榔果实入药，能降能散，故可降气破滞，通行导滞，利水杀虫。古人有：以其味苦主降，是以无坚不破，无胀不消，无食不化，无痰不行，无水不下，无气不降，无虫不杀，无便不开。盖气降则痰行水消，滞

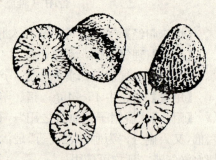

图 6-77　槟　榔

破则积除食化，用以治虫积腹痛，食积不化，腹胀后重，泻痢不畅，水肿脚气以及瘴气疟疾诸症，均能奏效。

附：大腹皮　槟榔果皮称大腹皮，善于下气利水，多用于皮肤水肿等证。

本品含有槟榔碱等，具有促进胃肠蠕动和分泌，抑制流感病毒，麻痹虫体等作用。

其他理气药

药名	性味	归经	功效	主治
沉香	温，辛、苦	入肝、脾、肾经	行气止痛，温肾纳气	肚腹胀痛，咳喘等
佛手	温，辛、苦	入肝、脾、肺经	行气止痛，健脾化痰	肝脾不和，肚腹胀痛，食欲不振，痰多咳喘等
薤白	温，辛、苦	入肺、胃、大肠经	理气宽胸，通阳止痛	胸腹疼痛，气滞腹胀等
柿蒂	温，苦	入脾、胃经	降气止呕	反胃吐食等

二、理气方

橘皮散（《元亨疗马集》）

【组成】青皮25g、陈皮30g、厚朴30g、桂心15g、细辛5g、茴香30g、当归25g、白芷15g、槟榔15g，研末加葱、盐、醋调服。

【功效】理气活血，暖肠止痛。

【主治】马伤水腹痛起卧证。症见回头观腹，起卧，肠鸣如雷，口色青淡，脉象沉涩。

【方解】伤水腹痛起卧证，伤水是本，腹痛是标，急则治其标，故方中陈皮、青皮辛温理气为主药；厚朴温中下气，槟榔行气消导，当归活血顺气均为辅药；水为阴邪，阴盛则寒，用桂心温中回阳，细辛、茴香、白芷散寒止痛共为佐药；葱、酒引经为使。

【临诊应用】本方主治伤水冷痛起卧，如尿不利加滑石、木通，肠鸣重者加苍术、皂角。气滞腹胀，起卧不安用丁香散（丁香、木香、陈皮、青皮、槟榔、二丑、麻油）治之。

【方歌】橘皮散中青陈归，桂辛芷朴槟榔茴，飞盐苦酒葱三茎，伤水腹痛首方推。

平胃散（《太平惠民和剂局方》）

【组成】苍术60g、陈皮45g、厚朴45g、甘草20g、生姜20g、大枣30g，研末服。

【功效】燥湿健脾，行气和胃。

【主治】湿滞脾胃，慢草。

【方解】脾主运化，喜燥恶湿，若湿浊困阻脾胃，则运化失司，水草难消，治宜燥湿健脾。方中苍术苦温性燥，最善除湿健脾为主药；厚朴行气燥湿，消胀除满为辅药；佐以陈皮，理气化滞；甘草甘缓和中，调和诸药，生姜、大枣调和脾胃共为使药。

【临诊应用】本方为治湿滞脾胃之主方，随证加减，可用于治疗多种脾胃病症。湿热者加黄芩、黄连；寒湿者加干姜、肉桂；食滞不化者加山楂、神曲、麦芽；便秘者加大黄、芒硝；脾虚者加党参、黄芪。

如本方以白术易苍术，加山楂、香附、砂仁，即为"消积平胃散"，主治马料伤不食。

【方歌】平胃苍朴陈甘草，除湿散满姜枣好。

三香散（《中华人民共和国兽药典》）

【组成】丁香25g、木香45g、藿香45g、青皮30g、陈皮45g、槟榔15g、牵牛子45g，水煎灌服。

【功效】破气消胀，宽肠通便。

【主治】胃肠臌气。

【方解】方中丁香温中散寒下气消胀为主药；木香行气止痛，行滞消胀，藿香化湿开胃理气宽中，青皮疏肝解郁，陈皮理气健脾，四药合用共为辅药；槟榔、牵牛子消胀通便、行水为佐药；麻油通便润肠引药下行为使药。诸药合用共奏下气消胀之功。

【临诊应用】本方适用于马属动物原发性胃扩张，肠臌气，牛羊瘤胃臌气。症见腹痛，起卧不安，肚胀，呼吸迫促。

【方歌】藿木丁香合三香，青陈二丑共槟榔，麻油调和通便使，气滞肚胀服之康。

其他理气方

方名	组成	功效	主治
健脾散	当归、白术、甘草、菖蒲、泽泻、厚朴、官桂、青皮、陈皮、干姜、茯苓、五味子	温中行气，健脾利水	脾气痛。症见褰唇似笑，泻泻肠鸣，摆头打尾，卧地蹲腰等
旋复代赭汤	旋复花、代赭石、党参、生姜、半夏、甘草、大枣	降逆化痰，益气和胃	胃气虚弱，痰浊内阻

第十节 理血方药

凡能调理和治疗血分疾病的药物（方剂），称为理血药（方）。

血分病分为血虚、血溢（即出血）、血热和血瘀四种。血虚宜补血，血溢宜止血，血热宜凉血，血瘀宜活血。故理血方药有补血、活血祛瘀、清热凉血和止血四类。清热凉血药已在清热药中叙述，补血药将在补益药中叙述，本节只介绍活血祛瘀药和止血药两类。

活血祛瘀药（方）：具有活血祛瘀、疏通血脉的作用，适用于瘀血疼痛，痈肿初起，跌打损伤，产后血瘀腹痛，肿块及胎衣不下等病证。常用药有川芎、桃仁、益母草、延胡索、牛膝、乳香、没药、三棱、莪术等。代表方如当归散等。

止血药（方）：具有制止内外出血的作用，适用于各种出血证，如咯血、便血、衄血、尿血、子宫出血及创伤出血等。治疗出血，必须根据出血的原因和不同的症状，选择适当药物进行配伍，以增强疗效。如出血属于血热妄行者，应与清热凉血药同用；属阴虚阳亢者，应与滋阴潜阳药同用；属于气虚不能摄血者，应与补气药同用；属于瘀血内阻者，应与活血祛瘀药同用。常用药有蒲黄、侧柏叶、地榆、槐花等。代表方如秦艽散等。

现代医学对中医的活血化瘀原理进行了多方面的探讨，初步认为：瘀血的本质是血流缓慢、血液停积以及血液循环障碍（特别是微循环障碍）等病理过程；而活血化瘀则是改善心脏功能、纠正微循环障碍、改善血液性质、调整血流分布、促进组织修复与再生以及调整免疫功能与代谢作用等的综合过程。

使用理血药应注意以下几点：

（1）根据"气行血亦行，气滞血亦滞"的道理，多配行气药同用。

（2）活血祛瘀药兼有催产下胎作用，对怀孕动物要忌用或慎用。

（3）在使用止血药时，除大出血应急救止血外，还须注意有无瘀血，若瘀血未尽（如出血暗紫），应酌加活血祛瘀药，以免留瘀之弊，若出血过多，虚极欲脱时，可加用补气药以固脱。

一、理血药

（一）活血祛瘀药

川 芎

【性味归经】温，辛。入肝、胆、心包经。

【功效】活血行气，祛风止痛。

【主治】血瘀气滞作痛，胎衣不下，跌打损伤，疮痈肿毒，风湿痹痛等。

【用量】马、牛 20～40g；猪、羊 6～10g。

【附注】"川芎祛风湿补血清头"。川芎根茎入药，辛温香窜，走而不守，能上行头顶，下达血海，外彻皮毛，为血中之气药，故为理血行气要药。补血剂中用川芎，目的乃防补血药之呆滞黏腻，使之有守有走，互相协调。

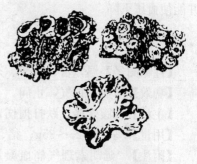

图 6-78 川 芎

本品含挥发油、川芎内酯、生物碱及酚性物质等，有镇痛、镇静、镇痉、降低血压作用，少量能刺激子宫的平滑肌使之收缩，大量则反使子宫麻痹而停止收缩，并有抑菌作用。

桃 仁（桃仁泥）

【性味归经】平，辛，苦。入肝、肺、大肠经。

【功效】破血祛瘀，润燥滑肠。

【主治】产后瘀血疼痛，跌打损伤，瘀血肿痛，肠燥便秘等。

【用量】马、牛 25～30g；猪、羊 6～10g。

【附注】"桃仁破瘀血兼治腰痛"。桃仁味苦性平，为行血破瘀的常用药。有破血祛瘀，润燥滑肠的功效。瘀血引起的腰痛，用桃仁破血行瘀，瘀血去则腰痛也除。

本品含苦杏仁苷和苦杏仁酶、脂肪油、挥发油、维生素 B_1 等，有显著的抑制血凝，止咳，润肠通便的作用。

红花（红兰花、草红花）

【性味归经】温，辛。入心、肝经。

【功效】活血通经，祛瘀止痛。

【主治】产后瘀血疼痛，胎衣不下，跌打损伤，痈肿疮疡等。

【用量】马、牛 25～30g；猪、羊 6～10g。

【附注】"红兰花通经治产后恶血之余"。红花活血之中而长于通经，多量活血破血，少量养血，为治疗胎产血瘀的常用药。红花有川红花及藏红花两种。藏红花为鸢尾科植物，二者均能活血祛瘀，但藏红花性味甘寒，主要有凉血解毒作用，多用于血热毒盛的斑疹之证。

本品含红花苷、红花黄色素、红花油等，有兴奋子宫、肠管、血管和支气管平滑肌，使之加强收缩作用，小剂量对心肌有轻度兴奋作用，大剂量则抑制，并能使血压下降。

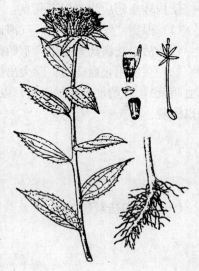

图 6-79 红 花

延胡索（玄胡、元胡）

【性味归经】温，苦、微辛。入肝、脾经。

【功效】活血，行气，止痛。

【主治】胸腹疼痛，跌打损伤，产后腹痛等。

【用量】马、牛 25～35g；猪、羊 5～10g。

【附注】"延胡索理气痛血凝调经有助"。延胡索球状茎入药，辛散温通，行气活血，血活则通，"通则不痛"。故用于气血凝滞之各种疼痛症最为适宜。

本品含甲、乙、丑等多种生物碱，其中较重要的是延胡索乙素、丑素和甲素。延胡索醋炒可使生物碱溶解度大大提高。内服后产生类似吗啡及可卡因的效果，能显著提高痛阈，有镇痛作用，并有镇静、催眠、松弛肌肉、解痉等作用。

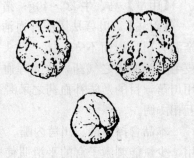

图 6-80 延胡索

丹参（紫丹参、血参根）

【性味归经】微寒，苦。入心、肝经。

【功效】活血祛瘀，凉血消痈，养血安神。

【主治】产后恶露不尽，瘀滞腹痛，疮痈肿毒，血虚心悸，躁动不安等证。

【用量】马、牛 15～45g；猪、羊 6～10g。

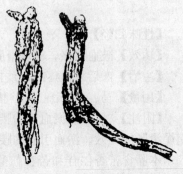

图 6-81 丹 参

【附注】"丹参破淤生新烦热亦除"。丹参根入药,过去有"丹参一味,功同四物"之说。但丹参补血养血作用很弱,以活血祛淤和镇静安神为特长。因苦寒清热,对于血淤兼热者尤为相宜。

本品含丹参酮、丹参酚和维生素 E 等,有镇静安神作用。实验证明,丹参能明显改善心肌功能,改善微循环,对细菌及皮肤真菌有抑制作用。

郁金（玉金）

【性味归经】寒,辛、苦。入肝、心、肺经。

【功效】行气解郁,祛淤止痛,利胆退黄。

【主治】气滞血淤的胸腹疼痛,肝胆结石痛,急慢肠黄,黄疸,跌打损伤,疮黄肿毒,鼻衄,尿血等。

【用量】马、牛 15～45g；猪、羊 6～12g。

【附注】"行郁止痛用郁金"。郁金块根入药,入气分以行气解郁,入血分以凉血破淤,为利胆、止痛要药。

郁金分广郁金和川郁金两种,色黑者为广郁金,色黄者为川郁金。一般认为川郁金活血祛淤功效较好,广郁金行气解郁作用较强。

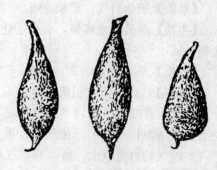

图 6-82 郁 金

本品含姜黄素、挥发油等,具有促进胆汁分泌和排泄的作用。

牛膝（川牛膝、怀牛膝）

【性味归经】平,苦、酸。入肝、肾经。

【功效】活血通经,引血下行,补肝肾,强筋骨。

【主治】肾虚腰胯无力,跌打跛行,胎衣不下,四肢疼痛等。

【用量】马、牛 15～45g；猪、羊 6～12g。

图 6-83 牛 膝

【附注】"牛膝强足补精兼疗腰痛"。牛膝根入药,味苦甘酸性平,能补肝肾,强腰膝,治腰痛脚弱,又善滑利下行,故凡下部疾患及病势上逆之证,每多使用,并常作引使药用。

本品含生物碱、多种钾盐及黏液质等,具有抗炎、降压及轻度利尿作用,并能增强子宫收缩。

三棱（荆三棱、京三棱）

【性味归经】平,苦。入肝、脾经。

【功效】破血行气,消积止痛。

【主治】产后淤滞腹痛,淤血结块,食积气滞,肚腹胀满疼

图 6-84 三 棱

痛等证。

【用量】马、牛15～45g；猪、羊6～12g。

【附注】"三棱破积除血块气滞之症"。三棱块茎入药，味苦性平，功能破血行气，消积止痛。多用于血淤积块之证。

本品含挥发油及淀粉等，能显著抑制血小板聚集，并对子宫有兴奋作用。

莪术（蓬莪术）

【性味归经】温，苦、辛。入肝、脾经。

【功效】破血行气，消积止痛。

【主治】产后淤血疼痛，食积不化，肚腹胀满，气滞腹痛等证。

【用量】马、牛20～60g；猪、羊6～12g。

【附注】"疗心痛破积聚用蓬莪术"。莪术根茎入药，辛散温通，香烈行气通窍，为气中之血药。三棱、莪术均有行气活血作用，但三棱活血、破血作用较强；莪术理气、破气的力量较大。所以有"三棱破血中之气，莪术破气中之血"之说。行气破血时，两者常同用。

图6-85 莪术

本品含挥发油、黏液质等，对体内血栓形成有显著抑制作用，可改善局部微循环。莪术不仅能直接抑杀癌细胞，具有主动免疫保护作用，并有抑菌作用。

乳香（奶香、天泽香）

【性味归经】温，苦、辛。入心、肝、脾经。

【功效】活血止痛，消肿生肌。

【主治】气血郁滞作痛，跌打损伤，痈疽疼痛等证。

【用量】马、牛15～30g；猪、羊3～6g。

【附注】"疗痈止痛于乳香"。乳香树脂入药，味辛性温，气香而窜，活血止痛，治疗痈肿内服外用均宜，为伤科要药。

本品含树脂、挥发油、树胶等，有镇痛作用。

图6-86 乳香

没药（末药、明没药）

【性味归经】平，苦。入肝经。

【功效】活血祛淤，止痛生肌。

【主治】跌打损伤，风湿痹痛，疮黄肿痛，外用生肌敛疮。

【用量】马、牛15～45g；猪、羊6～10g。

【附注】"没药乃治疮散血之科"。没药树脂入药，味苦性平，功能活血止痛，消肿生肌，故为常用的外科药及跌打损伤药。

图6-87 没药

乳香与没药作用相似，均为行气活血、止痛要药，常同时应用。没药苦平，偏于活血散瘀，破泄力大，长于活血；乳香辛温，长于行气活血，止痛力强，偏于理气。

本品含树脂、挥发油、树胶等，有抗关节炎、利尿、抑菌等作用。

（二）止血药

地榆（地于、赤地榆）

【性味归经】微寒，苦、酸。入肝、胃、大肠经。

【功效】凉血止血，收敛解毒。

【主治】各种出血，烧伤烫伤，疮疡等。

【用量】马、牛15～45g；猪、羊6～15g。

【附注】"地榆疗崩漏止血止痢"。地榆块根入药，味苦酸性微寒，有凉血止血的功效，多用于下焦血热所致的便血、痔血、血痢、崩漏等证。

本品含大量鞣质、皂苷、糖及维生素A等，有止血、降压、收敛、抑菌、抗炎作用。

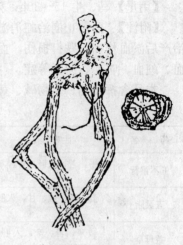

图6-88 地 榆

槐花（槐蕊、槐花米）

【性味归经】微寒，苦。入肝、大肠经。

【功效】凉血止血，清肝明目。

【主治】各种出血，目赤肿痛等。

【用量】马、牛20～45g；猪、羊10～15g。

【附注】"槐花治肠风亦医痔痢"。槐花为清下焦血热出血之主药。

本品含云香苷、槐花甲、乙、丙素等，具有改善毛细血管功能，防治因毛细血管脆性过大、渗透性过高而引起的出血，并有抗炎作用。

图6-89 槐 花

侧柏叶（侧柏）

【性味归经】微寒，苦、涩。入肝、肺、大肠经。

【功效】凉血止血，清肺止咳。

【主治】各种出血，肺热咳嗽等。

【用量】马、牛15～45g；猪、羊6～15g。

【附注】"侧柏叶治血出崩漏之疾"。侧柏叶味苦涩性微寒，功能凉血止血，炒炭用治崩漏等各种出血证，尤以血热出血用之为宜。

本品含挥发油、生物碱、树脂等，有止咳、祛痰、平喘作用。

蒲黄（香蒲）

【性味归经】平，甘。入肝、脾、心包经。
【功效】活血祛淤，收敛止血。
【主治】各种出血证。
【用量】马、牛15～30g；猪、羊6～10g。
【附注】"蒲黄止崩治衄消淤调经"。蒲黄花粉入药，味甘性平，生用行淤血，利小便，治产后淤血作痛，跌打损伤，血淋，小便不利，尿道作痛等症；炒炭用能收涩止血，治吐血、衄血、咯血、尿血等症。

本品含挥发油、生物碱、黄酮苷等，有收缩子宫作用，能缩短凝血时间。

其他理血药

药　名	性味归经	功　效	主　治
王不留行	平，苦，入肝、胃经	活血通经，下乳消淤	产后腹痛，乳痈肿痛，痈肿疮疡
五灵脂	温，苦、咸、甘，入肝经	通利血脉，活血止痛，散淤止血	淤血阻滞，胸腹诸痛，经脉不通，吐血，便血，胎衣不下
益母草	微寒，苦、辛，入肝、心、膀胱经	活血祛淤，利水消肿	产后淤血，恶露不尽，胎衣不下，水肿
自然铜	平，苦，入肝经	散淤止痛，续筋接骨	跌打损伤，骨折伤筋
穿山甲	微寒，苦，入心、肝经	活血通络，消肿排脓，通窍下乳	痈疮肿毒，乳汁不通，风湿痹证
白芨	寒，苦、甘、涩，入肺、胃、肝经	收敛止血，消肿生肌	肺胃出血，外伤出血，痈肿疮疡
茜草	寒，微苦、辛，入肝经	凉血止血，活血祛淤	吐血、衄血、便血，跌打淤血
仙鹤草	微温，苦、涩，入肝、脾、肺经	收敛止血，补虚，杀虫	各种出血，劳伤，外寄生虫
血余炭	微温，苦，入肝、胃经	止血消淤，利尿	各种出血，小便不利
大蓟	凉，甘、苦，入肝、脾经	凉血止血，解毒消肿	热病出血，如吐血、衄血、便血及疮黄肿毒
藕节	平，甘、涩，入肝肺经	凉血消淤，收敛止血	各种出血，跌打淤血

二、理 血 方

红花散（《元亨疗马集》）

【组成】红花20g、没药20g、桔梗20g、神曲30g、枳壳20g、当归30g、山楂30g、厚朴20g、陈皮20g、甘草15g、白药子20g、黄药子20g、麦芽30g，研末服。
【功效】活血理气，消食化积。
【主治】料伤五攒痛。

【方解】方中红花、没药、当归活血祛淤为主药；枳壳、厚朴、陈皮、三仙行气宽中，消积化食为辅药；桔梗开胸隔滞气，黄白药子凉血解毒均为佐药，甘草和中缓急为使药。

【临诊应用】马料伤五攒痛（料伤蹄叶炎），可随证加减应用。

【方歌】红花归没朴三仙，枳陈草桔二药煎。

当归散（《元亨疗马集》）

【组成】当归30g、天花粉20g、黄药子20g、枇杷叶20g、桔梗20g、白药子20g、丹皮20g、白芍20g、红花15g、大黄15g、没药20g、甘草10g，共为末加童便100ml，候温灌服。

【功效】和血止痛，宽胸顺气。

【主治】马胸膊痛。症见胸膊疼痛，束步难行，频频换足，站立困难，口色深红，脉象沉涩。

【方解】马闪伤胸膊，致使血凝气滞，治宜活血顺气，宽胸止痛。方中当归、没药、红花活血祛淤止痛为主药；大黄、丹皮助主药活血行淤为辅药；桔梗、枇杷叶宽胸利气，黄白药子、天花粉清解郁热，白芍、甘草缓急止痛，甘草调和诸药，共为佐使药。

【临诊应用】本方主要用于马、牛胸膊痛。治疗时结合放胸堂血或蹄头血，疗效更好。本方去桔梗、白药子、红花名止痛散（《元亨疗马集》），治马肺气把膊，即胸膊痛。

【方歌】当归黄药与枇杷，丹芍桔梗共天花，军红没药生甘草，胸膊疼痛效堪夸。

生化汤（《傅青主女科》）

【组成】当归120g、川芎45g、桃仁45g、炮姜10g、炙甘草10g，煎汤加黄酒250ml、童便250ml，调服。

【功效】活血化淤，温经止痛。

【主治】产后腹痛，恶露不尽，难产，死胎等。

【方解】本方主治产后血虚，寒邪乘虚而入，寒凝血淤，留阻胞宫，致恶露不行，肚腹冷痛，故方以温经散寒，养血化淤为主。方中重用当归补血活血，化淤生新为主药；川芎活血行气，桃仁活血祛淤均为辅药；炮姜入血散寒，温经止痛，黄酒温通血脉，以助药力共为佐药；炙甘草调和诸药为使药。

【临诊应用】本方为治疗产后淤血阻滞，恶露不行之基础方，以产后受寒而致淤滞者为宜。如产后腹痛，恶露中血块较多者，加蒲黄、五灵脂（失笑散）；寒甚者，加肉桂；产后恶露已去，仅腹痛，去桃仁，加延胡索、益母草；产后体热，去炮姜，加黄芩、柴胡。

【方歌】生化汤是产后方，归芎桃草加炮姜，黄酒童便共为引，配合失笑效更良。

槐花散（《本事方》）

【组成】炒槐花100g、炒侧柏叶50g、荆芥炭30g、炒枳壳30g，共为末，开水冲，候温灌服。

【功效】清肠止血，疏风下气。

【主治】肠风下血，血色鲜红或晦暗，粪中带血。

【方解】本方为治肠风下血的常用方剂。方中用槐花专清大肠湿热，凉血止血，为主药；侧柏叶助槐花凉血止血，荆芥炒用理气疏风并入血分而止血，共为辅药；枳壳理气宽肠为佐使药。各药合用，既能凉血止血，又能清肠疏风。

【临诊应用】用于大肠湿热所致的便血。若大肠热盛，加黄连、黄芩以清肠热；下血多者，加地榆凉血止血；便血已久而血虚者，加熟地黄、当归、川芎等。本方药性寒凉，不宜久服。

【方歌】槐花散用治肠风，荆芥枳壳侧柏从，用时诸药须炒黑，疏风清肠止血功。

其他理血方

方　名	组　　成	功　　效	主　治
血府逐瘀汤	当归、生地、牛膝、红花、桃仁、柴胡、赤芍、枳壳、川芎、桔梗、甘草	活血行瘀，理气止痛	跌打损伤及血瘀气滞诸证
跛行散	当归、红花、骨碎补、土鳖虫、自然铜、地龙、制南星、大黄、血竭、乳香、没药、甘草	活血祛瘀，消肿止痛	跌打损伤
秦艽散	秦艽、炒蒲黄、瞿麦、车前子、天花粉、黄芩、大黄、红花、当归、白芍、栀子、甘草、淡竹叶	清热祛瘀，通淋止血	马尿血

思考与练习（自测题〈第8～10节〉）

一、填空题（每小题3分，共15分）

1. 祛风湿药大多辛温而燥，有_____之弊，故_____应慎用。
2. 厚朴燥湿行气，善消胀满，主用于_____，_____，_____等证。
3. 枳壳为_____的果实，枳实为_____的果实；性味、功用相同，但枳壳善于_____，枳实善于_____。
4. 川芎具有_____，_____作用，前人称之为_____。
5. 活血祛瘀药具有_____作用，主治_____证。

二、判断题（每小题3分，共15分）

1. 积滞便秘，肚腹胀满，宜用枳实配大黄以通导积滞。　　　　　　　　　（　）
2. 祛风湿药的主治病症是风湿痹痛及破伤风。　　　　　　　　　　　　　（　）
3. 桃仁、红花活血祛瘀，润肠通便，治肠燥便秘诸证。　　　　　　　　　（　）
4. 茯苓健脾利湿，猪苓功专利水。　　　　　　　　　　　　　　　　　　（　）
5. 陈皮偏于疏肝气，青皮偏于行脾胃气滞。　　　　　　　　　　　　　　（　）

三、选择题（每小题3分，共15分）

1. 治痹证腰部及后肢疼痛的首选药物是（　　）
　　A. 威灵仙　　　　B. 独活　　　　C. 羌活　　　　D. 桑枝
2. 破血兼行气的药物是（　　）
　　A. 丹参　　　　　B. 延胡索　　　C. 枳实　　　　D. 莪术
3. 既能行气又能降气的药物是（　　）

A. 紫苏叶　　　B. 砂仁壳　　　C. 苍术　　　D. 厚朴
4. 下列哪组药物治产后淤血最适宜（　　）
   A. 红花、香附、陈皮　　　　B. 川芎、丹参、火麻仁
   C. 桃仁、大黄、厚朴　　　　D. 当归、红花、炮姜
5. 桔皮与青皮的作用区别是（　　）
   A. 桔皮理脾胃之气，消积化滞；青皮理肝气，散寒止痛
   B. 桔皮理脾胃之气，燥湿化痰；青皮理肝气，散结消滞
   C. 桔皮理脾胃之气，燥湿化痰；理皮理肝气，活血止痛
   D. 桔皮理脾胃之气，青皮理肝气，活血调经

四、简答题（每小题5分，共25分）
1. 藿香与苍术的功效及主治有何异同？
2. 三棱与莪术的功效及主治有何异同？
3. 应用活血祛淤药时，需要注意什么？
4. 如何理解止血药炒炭应用？
5. 活血祛淤剂为什么要配伍理气药？

五、论述题（每小题10分，共30分）
1. 止血剂为何常配伍活血祛淤药？试举例说明。
2. 分析独活寄生汤的组方及适应症？
3. 分析红花散与当归散的异同点。

第十一节　补益方药与补法

　　凡能补益气血阴阳不足，治疗各种虚证的药物（方剂），称为补益药（方）。这种消除虚弱的治疗方法属"八法"中的"补法"。

　　虚证是动物机体正气虚弱的表现，多因使役不当，饮喂失调，久病体弱或大汗、大泻、大出血等原因所致。虚证一般分为气虚、血虚、阴虚、阳虚四种，故补虚药也分为补气、补血、滋阴、助阳四类。但在生命活动中，气、血、阴、阳是密切联系的，一般阳虚多兼气虚，而气虚也常导致阳虚；阴虚多兼血虚，而血虚也常导致阴虚。所以，在应用补气药时，常与助阳药配伍，使用补血药时常与滋阴药并用。同时，在临诊又往往数证兼见，如气血两亏、阴阳俱虚等。因此，补气、补血、滋阴、助阳药常常相互配伍应用。此外，脾胃为后天之本，肺主一身之气，故应以补脾、胃、肺为主；又肾既主一身之阳，又主一身之阴，故使用助阳药、滋阴药时应以补肾阳及滋肾阴为主。

　　补气药（方）：药味多甘，性平或偏温，主入脾、胃、肺经，能补益脾气、肺气、心气，以消除或改善气虚证，适用于脾气虚引起的食欲减退，精神倦怠，体瘦无力，肚腹胀满，泄泻，脱肛或子宫脱垂等；肺气虚引起的气短气少，动则气喘，自汗无力等；心气虚引起的心悸，脉微无力等。由于气为血帅，气旺可以生血，故补血、止血时也常配伍补气药。常用药有党参、黄芪、山药、白术、甘草等。代表方如四君子

汤、参苓白术散等。

补血药（方）：味多甘，性平或偏温，大多入心、肝、脾经，能改善或消除血虚证候，适用于体瘦毛焦，口色淡白，心悸脉弱等。常用药有当归、阿胶、熟地黄等。代表方如四物汤等。

助阳药（方）：味甘或咸，性温或热，多入肝、肾经，能扶助阳气，消除或改善阳虚证，适用于形寒肢冷，腰胯无力，不孕，筋骨不健，尿频，阳痿滑精，肾虚泄泻等证。常用药有巴戟天、肉苁蓉、淫羊藿、补骨脂、骨碎补、益智仁等。代表方如巴戟散等。

滋阴药（方）：味多甘，性平或凉，主入肺、胃、肝、肾经，能滋养阴液，改善或消除阴虚证，适用于肺阴虚，口干舌燥，干咳痰少，体弱易汗；胃阴虚，舌红少苔，津少口渴，肠燥便秘；肝阴虚，眼干目昏，烦躁不安；肾阴虚，腰胯无力，遗精盗汗等。常用药有沙参、天门冬、麦门冬、百合、女贞子、枸杞子、山茱萸等。代表方如六味地黄汤等。

现代药理研究证明，补益药具有以下作用：兴奋中枢神经系统，增强机体的抗病能力或修复能力；刺激造血器官，增强造血机能；保护肝脏，防止肝糖原的减少；保护肾脏，防止蛋白流失；改善机体血液循环及营养状况，促进性腺机能等。

使用补益药（方）时应注意以下几点：

（1）补虚药虽能扶正，但应用不当会产生留邪的副作用，所以当实邪未尽时，不宜早用。若病邪未解，正气已虚，则以祛邪为主，酌加补虚药扶正，以增强抵抗力，达到既祛邪又扶正的目的。

（2）因脾胃为水谷之海，营卫、气血生化之源，所以补气血应以补中焦脾胃为主。又由于脾胃为后天之本，故治疗虚证必须时时照顾脾胃，为了使补而不碍脾胃运化，常配少量理气药如木香、陈皮等以舒肝和脾，起到补而不滞的作用。

（3）肾为先天之本，为真阴真阳生化之源，所以滋阴助阳应以肾为主。肾阳有温煦全身阳气的作用，肾阳不足往往引起脾阳虚衰，所以补肾时又需兼顾脾阳。

（4）补法是为虚证而设。若正气不虚，或表证未解，或真实假虚时，禁用补法，以免引邪入里或犯"实实之戒"。对于纯虚证，一般不宜峻补，而应利用平补之法，以免"虚不受补"。在正虚邪盛的情况下，可采用攻补兼施之法，以起到扶正祛邪之功效。另外，补气、助阳药性多温热，素体阳盛、阴虚火旺者不宜应用；而补血、滋阴药性多寒凉、滋腻，阳虚阴盛、食少便溏者不宜应用。

一、补 益 药

（一）补气药

党参（潞党参、台党参）

【性味归经】平，甘。入脾、肺经。

【功效】补中益气，健脾生津。

【主治】久病气虚，倦怠乏力，肺虚喘促，脾虚泄泻等。

【用量】马、牛 20～60g；猪、羊 10～20g。

【附注】"党参润肺宁心健脾助胃"。党参根入药，甘平，功同人参而力薄，因其健脾而不燥，滋胃而不湿，润肺而不寒凉，养血而不滋腻，且鼓舞清阳、振奋中气而无刚燥之弊，为治虚证要药，尤以气血两虚之证最相适宜。

附药：人参甘温大补元气，补脾益肺，生津安神。适用于气虚欲脱，脉微欲绝之重危病证。对于贵重动物出现虚证者可试用。

本品含皂苷、蛋白质、维生素 B_1 和维生素 B_2、生物碱、菊糖等。有降压作用，能增强网状内皮系统的吞噬功能，能增强机体的抵抗力，有升高血糖的作用，可促进凝血。

黄芪（黄耆、北芪）

图 6-90 党 参

【性味归经】微温，甘。入脾、肺经。

【功效】补气升阳，固表止汗，托里生肌，利水退肿。

【主治】脾肺气虚，食少倦怠，气短，泄泻，器官下陷，疮疡溃后久不收口等。

【用量】马、牛 20～60g；猪、羊 10～20g。

【附注】"补虚弱排疮脓莫若黄芪"。黄芪根入药，生用重在走表而达皮肤，能固表止汗，托里透脓，敛疮生肌收口；炙用重在走里而补中益气，升提中气，补气生血，利尿消肿，为补气助阳之要药。

黄芪与党参均为补气的要药。但党参甘平，补气兼能养阴，守而能走，长于补益脾气；黄芪甘温，补气兼能扶阳，走而不守，偏于升提中气。故气虚津液不足之证多用党参，气虚并有阳虚寒象者多用黄芪。两者一偏益阴，一偏扶阳，凡气虚证宜相须为用，以增强疗效。

图 6-91 黄 芪

本品含糖类、胆碱、氨基酸、甜菜碱、葡萄糖醛酸及微量叶酸等，能兴奋中枢神经系统，增强网状内皮系统的吞噬功能，提高抗病能力；对正常心脏有加强其收缩的作用，对因中毒或疲劳而陷于衰竭的心脏，有显著的强心作用；并有扩张血管，改善皮肤血液循环及抑菌作用。

白术（冬术）

【性味归经】温，甘、苦。入脾、肾经。

【功效】补脾益气，燥湿利水，固表止汗。

【主治】脾虚泄泻，食少，水肿，自汗，胎动不安等。

【用量】马、牛 15～45g；猪、羊 10～15g。

【附注】"白术消痰壅温胃兼止吐泻"白术根茎入药，甘温补中，苦能燥湿，为补脾燥湿之要药。生用偏于燥

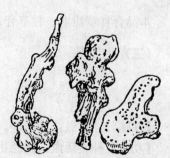

图 6-92 白 术

湿，炒用偏于健脾。白术与苍术均有较强的燥湿健脾作用，白术补多于散，故能止汗；苍术燥湿之力优，散多于补，故能发汗。

本品含挥发油、维生素A样物质等，有利尿、保肝作用，有轻度降血糖作用，对于因化学疗法或放射疗法引起的白细胞下降，有使其升高的作用。

山药（淮山药）

【性味归经】平，甘。入脾、肺、肾经。

【功效】健脾胃，益肺肾。

【主治】脾胃虚弱，食少，泄泻，肺虚久咳，肾虚尿频等。

【用量】马、牛20～60g；猪、羊10～30g。

【附注】"山药而脾湿能医"。山药块根入药，渗湿健脾，治脾虚泄泻，怠惰嗜卧，四肢困倦；入肺能补肺益气，治虚劳咳嗽，虚喘多汗；入肾补肾填精，精足则阴强、目明、耳聪。本品甘平偏温，补而不滞，温而不燥，为培补脾胃肺肾虚之要药。

本品含皂苷、胆碱等，有止泻，助消化及祛痰等作用。

图6-93 山药

甘草（国老、甜草）

【性味归经】平，甘。入十二经。

【功效】补中益气，清热解毒，润肺止咳，缓和药性。

【主治】脾胃虚弱，疮痈肿痛，咳喘，咽喉肿痛，中毒等。

【用量】马、牛15～45g；猪、羊10～15g。

【附注】"甘草和诸药而解百毒"。甘草根入药，虽有入十二经之说，实为脾胃之正药。甘草生用泻火，炙用温中，并能调和诸药，以缓和他药的烈性和刺激性。汪昂说："甘草有补有泻，能表能里，可升可降，味甘，生用气平，补脾胃不足而泻心火；炙用气温，补三焦元气而散表寒。入和剂则补益，入汗剂则解肌，入凉剂则泻邪热，入峻剂则缓正气，入润剂则养阴血。能调和诸药，使之不争，生肌止痛，通行十二经，解百毒药。"故称"国老"。

图6-94 甘草

生甘草梢有利尿作用，治热淋或火盛而致的尿短赤、尿道作痛，即所谓甘草梢治茎中痛。

本品含甘草甜素、甘草苷、挥发油等，有解毒，抗炎，抗过敏，镇咳等作用。

（二）补血药

当归（全当归、归尾、归身）

【性味归经】温，甘、辛、苦。入肝、脾、心经。

【功效】补血活血，调经止痛，润肠通便。

【主治】血虚劳伤，跌打损伤，淤血肿痛，胎产诸疾，风湿痹痛，肠燥便秘等。

【用量】马、牛15～60g；猪、羊10～15g。

【附注】"当归补虚而养血"。当归根入药，辛甘温润，芳香行散，既能补血，又能活血，还能逐瘀生新，是治疗血分疾病的要药，能使气血各归其所，故名。当归酒浸则活血，盐水炒则下行，醋炒则止血，油炒则润肠。此外，传统用法还有：止血当归头，养血当归身，行血当归尾，活血全当归。这些可作为临诊应用时参考。

本品含挥发油、水溶性生物碱、维生素B_{12}、维生素E、烟酸，蔗糖等，对子宫有"双向性"调节作用；能保护肝脏；有镇静、镇痛和抗炎作用；对机体免疫功能有促进作用。

图6-95 当归

白芍（杭芍、芍药）

【性味归经】微寒，苦、酸。入肝经。

【功效】养血敛阴，平肝止痛，安胎。

【主治】营血不足，躁动不安，腹痛泻痢，发热盗汗，胎动等。

【用量】马、牛15～45g；猪、羊10～15g。

【附注】"白芍药补虚而生新血退热尤良"。芍药根入药，有赤白两种，白补而赤泻，白收而赤散。白芍有养血敛阴柔肝止痛之功，赤芍有活血行滞之效。肝为刚脏其气最易横逆，横逆则腹痛，白芍能缓肝之气，而使之柔和，肝柔则痛止，所以有抑肝作用。

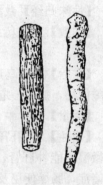

图6-96 白芍

本品含芍药苷、挥发油、芍药碱等，有解痉止痛及广谱抗菌作用。

熟地黄（熟地、九地、大熟地）

【性味归经】微温，甘。入心、肝、肾经。

【功效】补血滋阴，补肾益精。

【主治】血虚诸证，肝肾阴虚所致的潮热、盗汗、腰胯疼痛等。

【用量】马、牛15～45g；猪、羊10～15g。

【附注】"熟地黄补血且疗虚损"。熟地以补血滋阴为主要功效，阴血两虚者最宜应用。又可益精补髓壮骨，为补益肝肾之要药。

熟地为生地加酒反复九次蒸晒而成，所以又名九地。与生地相比，一温一凉，熟地偏于补血养阴；生地偏于凉血，如阴虚血热，两者可同用。地黄不论生、熟，均具黏稠腻滞之性，多服久服容易影响消化，如与少量砂仁、枳壳等理气药同用即可克服其弱点。

图6-97 熟地黄

本品含地黄素、葡萄糖及多种氨基酸等，有强心利尿，保肝，降低血糖、防止肝糖原减少等作用。

阿胶（驴皮胶、阿胶珠）

【性味归经】平，甘。入肺、肾、肝经。

【功效】补血止血，滋阴润肺，安胎。

【主治】血虚体弱，多种出血证，阴虚肺燥咳嗽，妊娠胎动、下血等。

【用量】马、牛 15~60g；猪、羊 10~15g。

【附注】"阿胶而痢嗽皆止"。阿胶味甘性平质润，为补血养阴要药，阴虚血虚无不宜。本品又善止血，一切失血之症亦常应用。因其能滋阴润肺，故在喘咳症用之尤为适宜。

本品含骨胶原，水解生成多种氨基酸，有加速血液中红细胞和血红蛋白生成的作用，能改善动物体内钙的平衡，促进钙的吸收，有助于血清中钙的存留，并有促进血液凝固作用，故善于止血。

何首乌（首乌、地精）

【性味归经】微温，甘、苦、涩。入肝、肾经。

【功效】制首乌：补肝肾，益精血；生首乌：通便，解疮毒。

【主治】制首乌用于阴虚血少，腰膝痿弱等；生首乌用于血虚便秘，瘰疬，疮疡，皮肤瘙痒等。

【用量】马、牛 15~60g；猪、羊 10~15g。

【附注】"补肝肾消肿于首乌"。何首乌块根入药，味苦甘性微温，能补肝肾，壮筋骨，润肠通便。用治肝肾亏损，血虚诸症，肠燥便秘及瘰疬，瘰疬，疮疥等。

本品含蒽醌衍生物、大黄酸、大黄素甲醚等，能促进细胞的新生和发育，促进肠管蠕动，有缓和泻下作用。

图 6-98 何首乌

（三）助阳药

巴戟天（巴戟、巴戟肉）

【性味归经】微温，辛、甘。入肾经。

【功效】补肾阳，强筋骨，祛风湿。

【主治】肾虚阳萎，腰膝疼痛，风湿痹痛等。

【用量】马、牛 15~30g；猪、羊 5~10g。

【附注】"巴戟天治阴疝白浊补肾尤滋"。巴戟天根入药，壮阳益精，强筋健骨，善治肾阳虚诸证。"白浊"以尿液混浊、白如泔浆、尿时不痛（痛者名膏淋）为主症，多因脾胃湿热下注，脾虚气陷，肾阴亏损，下元虚衰而引起。巴戟天补肾治下元虚衰，故能治肾虚白浊。"阴疝"指虚寒性疝气，多因下焦虚寒引起，巴戟天温肾补虚，故能治之。

本品含维生素C、糖类及树脂等，有降低血压作用，能增加体重和抗疲劳，具有明显的促肾上腺皮质

图 6-99 巴戟天

激素样作用，对枯草杆菌有抑制作用。

肉苁蓉（苁蓉、大芸）

【性味归经】温，甘、咸。入肾、大肠经。

【功效】补肾壮阳，润肠通便。

【主治】肾虚阳萎，滑精早泄及肝肾不足，筋骨痿弱，腰膝疼痛，老弱血虚及病后、产后津液不足、肠燥便秘等。

【用量】马、牛15～45g；猪、羊5～15g。

【附注】"肉苁蓉填精益肾"。苁蓉肉质茎入药，质润多液，温补不燥，滋而不腻，补而不峻，有从阴生阳之功，从容和缓之性，故能温补肾阳又润肠通便。

本品含微量生物碱和结晶性中性物质，可增强免疫力。

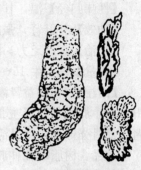

图6-100 肉苁蓉

淫羊藿（仙灵脾）

【性味归经】温，辛。入肾经。

【功效】补肾壮阳，强筋骨，祛风除湿。

【主治】肾虚阳痿，腰膝冷痛、肢冷恶寒，风湿痹痛、四肢不利、筋骨痿弱等。

【用量】马、牛15～30g；猪、羊5～10g。

【附注】"淫羊藿疗风寒之痹且补肾虚而助阳"。淫羊藿全草入药，为补命门的要药，有壮阳益气的功能。治阳痿，母畜不发情，或配种不受胎等。

本品主要成分为黄酮类化合物、生物碱、挥发油等，可促进犬的精液分泌，明显提高性机能，增加附性器官重量，并促进蛋白质的合成，调节细胞代谢，明显增加动物体重及耐冻时间，有抑菌作用。

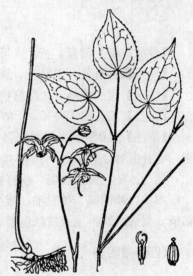

图6-101 淫羊藿

益智仁（益智、益仁）

【性味归经】温，辛。入肺、心、肾经。

【功效】温肾助阳，涩精缩尿，暖脾止泻，摄涎。

【主治】脾胃虚寒，翻胃吐草，冷痛吐涎，冷泻肾虚遗尿，尿频，白浊，滑精，胎动不安。

【用量】马、牛15～35g；猪、羊5～10g。

【附注】"益智安胎治小便之频数"。益智仁果实入药，胃冷而见涎唾，用益智收摄；脾虚而见不食，用益智温脾；肾寒肾虚多尿、崩带、胎动、滑精诸症，用益智补肾固气，则诸证皆愈。

本品含挥发油等，有健胃、抗利尿及减少唾液分泌

图6-102 益智仁

的作用。

杜仲（绵杜仲、木绵）

【性味归经】温，甘、微辛。入肝、肾经。
【功效】补肝肾，强筋骨，安胎。
【主治】腰胯乏力，阳痿，风寒湿痹，尿频，胎动不安。
【用量】马、牛15～45g；猪、羊5～12g。
【附注】"杜仲益肾添精去腰膝重"。杜仲树皮入药，功能补肝养肾，肝主筋，肾主骨，肾充则骨强，肝充则筋健。补肝滋肾，筋骨强健则行动灵活，故为治肝肾不足或风湿痹痛的要药。

本品含树脂、杜仲胶、糖苷、有机酸等，具有调节细胞免疫功能的作用。

图6-103 杜仲

续断（川断、接骨草）

【性味归经】微温，苦。入肝、肾经。
【功效】补肝肾，强筋骨，续伤折，安胎。
【主治】腰胯疼痛，风湿痹痛，跌打损伤，胎动不安等。
【用量】马、牛15～45g；猪、羊5～12g。
【附注】"续断治崩漏益筋强脚"。续断根入药，味苦性温，有补肝肾，行血脉，续筋接骨的功效，适用于崩漏下血，胎动欲坠，腰痛脚弱，跌打损伤，金疮痈疡等症。

本品含续断碱、挥发油、维生素E等，有排脓，止血，镇痛，促进组织再生及抗维生素E缺乏症等作用。

图6-104 续断

（四）滋阴药

枸杞子（杞果、贡果）

【性味归经】平，甘。入肝、肾经。
【功效】滋阴补血，益肝明目。
【主治】肝肾亏损，腰胯无力，滑精，不孕，视物不清等。
【用量】马、牛15～45g；猪、羊5～12g。

图6-105 枸杞子

【附注】"补肾明目枸杞桑椹之神速"。枸杞子为平补之药，不寒不热，平补肝肾，故对阴虚、血虚及阳虚诸证，皆可使用。枸杞子与山茱萸均能补血滋阴，但枸杞子滋养肝肾兼益精明目；山茱萸补益肝肾兼涩精缩尿。

本品含甜菜碱、胡萝卜素、核黄素、抗坏血酸及氨基酸等，有增强机体免疫功能的作用，有保肝、抗脂肪肝作用，可轻微抑制脂肪在肝细胞内沉积和促进肝细胞新生的作用。

天门冬（天冬）

【性味归经】寒，甘、微苦。入肺、肾经。

【功效】养阴清热，润肺滋肾。

【主治】干咳少痰，阴虚内热，口干痰稠，肺肾阴虚，津少口渴等。

【用量】马、牛15～35g；猪、羊10～15g。

【附注】"天门冬止嗽补阴涸而润肝心"。天门冬块根入药，能清肺热，壮肾水，滋阴解渴，用于上焦，能清心热，降肺火而化热痰，以治肺热喘咳；用于下焦，能滋阴壮肾，润燥利便。

本品含天冬酰胺（即天冬素）、维生素A及少量β-固甾醇等，有镇咳祛痰作用，能提高免疫功能，提高机体适应性，水煎剂对溶血性金黄色葡萄球菌、绿脓杆菌、大肠杆菌、肺炎双球菌有抑制作用。

图6-106　天门冬

麦门冬（麦冬、寸冬）

【性味归经】凉，甘、微苦。入肺、胃、心经。

【功效】清心润肺，养胃生津。

【主治】阴虚内热，热病伤津，干咳少痰，口渴贪饮，肠燥便秘等。

【用量】马、牛20～45g；猪、羊10～15g。

【附注】"麦门冬清心解烦渴而除肺热"。麦冬块根入药，甘寒质润，能养阴生津润燥，不仅润肺养胃，且能清心除烦，故用治阴虚内热，肺胃阴伤，津枯肠燥。二冬皆滋阴，但天冬油脂厚，滋阴力大，多用于肺阴虚；麦冬油脂薄，生津力大，补阴而不黏腻，多用于胃阴虚或肺胃阴虚，二者常同用。

图6-107　麦门冬

本品含黏液质、多量葡萄糖、维生素A及少量β-固甾醇等，有镇咳祛痰、强心利尿作用，对葡萄球菌、大肠杆菌、伤寒杆菌等均有较强的抑制作用。

沙参（南沙参、北沙参）

【性味归经】微寒，甘、微苦。入肺、胃经。

【功效】养阴清肺，益胃生津。

【主治】肺热咳喘，口干舌燥，便秘等。

【附注】"沙参补中益肺"。沙参根入药，味甘苦性寒，为清热保肺之药。甘补肺气，苦寒清肺热，凡肺有虚热、咳嗽、衄血等证，用之甚佳。若热证犯肺，气逆多痰，用鲜沙参药力更大。本品为寒凉之品，故肺寒痰湿咳嗽者不宜选用。南沙参祛痰作用较

图6-108　沙参

好，北沙参养阴功效较强。

本品含挥发油、生物碱及多种香豆素化合物等，能刺激支气管黏膜，使分泌物增多，故有祛痰作用。

百合（白百合、药百合）

【性味归经】微寒，甘。入心、肺经。

【功效】润肺止咳，清心安神。

【主治】肺燥干咳，肺虚久咳，躁动不安，心神不宁等证。

【用量】马、牛 30～60g；猪、羊 5～20g。

【附注】"百合敛肺劳之嗽萎"。百合肉质鳞茎入药，味甘性寒，善治阴虚咳喘。

本品含酚酸甘油酯、甾体糖苷和甾体生物碱等，有止咳祛痰作用。

图 6-109 百 合

其他补益药

药名	性味归经	功效	主治
大枣	温，甘，入脾、胃经	补中益气，养血安神，缓和药性	脾胃虚弱，食少便溏
白扁豆	微温，甘，入脾、胃经	健脾，化湿，消暑	脾虚泄泻，食少便溏，暑湿伤中
补骨脂	温，辛、苦，入肾、脾经	补肾壮阳，固精缩尿，温脾止泻	肾阳不足，命门火衰，阳痿不举，腰膝冷痛，跌打损伤，久泻久痢
骨碎补	温，苦，入肝、肾经	活血续筋，补肾壮骨	跌打损伤，肾虚腰痛，肾虚久泻
胡芦巴	温，苦，入肾经	温肾助阳，散寒止痛	寒疝腹痛，寒湿下注，阳痿滑泄
菟丝子	温，甘，入肝、肾、脾经	补益肝肾，固精缩尿	阳痿不举，宫冷不孕，肾虚滑精
山茱萸	微温，酸、涩，入肝、肾经	补益肝肾，涩精缩尿	腰膝酸软，阳痿不举，滑精，体虚欲脱
石斛	微寒，甘，入胃、肾经	养阴清热，益胃生津	津伤烦渴，阴虚发热
女贞子	凉，甘、苦，入肝、肾经	滋补肝肾	久病虚损，腰酸膝软，阴虚发热

二、补益方

四君子汤（《和剂局方》）

【组成】党参 60g、炒白术 60g、茯苓 45g、炙甘草 15g，共为末，开水冲调，候温灌服，或水煎服。

【功效】益气健脾。

【主治】脾胃气虚。症见体瘦毛焦，精神倦怠，四肢无力，食少便溏，舌淡苔白，脉虚无力。

【方解】本方为补气基础方。脾胃为后天之本，气血生化之源，补气必须从脾胃着手。方中党参补中益气为主药；白术苦温，健脾燥湿为辅药；茯苓甘淡，渗湿健脾为佐药，白术、茯苓合用健脾除湿之功更强。炙甘草甘温，益气和中，调和诸药为使药。

【临诊应用】用于脾胃虚弱证。补气健脾的许多方剂，都是从本方演化而来。以干姜代替茯苓，成为理中丸，功能温中祛寒。本方加陈皮为异功散（《小儿药证直诀》），主治脾虚兼有气滞者；加陈皮、半夏为六君子汤（《和剂局方》），功能健脾止呕，主治脾胃气虚兼有痰湿；六君子汤加木香、砂仁为香砂六君子汤（《和剂局方》），功能健脾和胃，理气止痛，主治脾胃气虚，寒湿滞于中焦；本方加诃子、肉豆蔻，名加味四君子汤（《世医得救效方》），功能健脾益气，收涩止泻，主治脾虚泄泻。

【方歌】四君子汤中和义，参术茯苓甘草比。

四物汤（《和剂局方》）

【组成】熟地黄 60g、白芍 50g、当归 45g、川芎 25g，共为末，开水冲调，候温灌服，或水煎服。

【功效】补血调血。

【主治】血虚、血瘀及各种血分病证。

【方解】本方为治疗血虚血瘀的基础方。方中熟地滋阴补血为主药；当归补血活血为辅药；白芍养血敛阴为佐药；川芎活血行气为使药。本方补血而不滞血，行血而不破血，补中有散，散中有收，遂成治血要剂。

【临诊应用】本方加桃仁、红花，名桃红四物汤（《医宗金鉴》），功能养血活血逐瘀，用于治疗瘀血阻滞所致的四肢疼痛；本方合四君子汤名八珍汤（《正体类要》），气血双补，用于病后、产后气血两虚之证；八珍汤加黄芪、肉桂，名十全大补汤（《和剂局方》），大补气血，温阳散寒，用于气血双亏兼阳虚有寒者。

【方歌】四物地芍与归芎，血家百病此方通，八珍合入四君子，气血双疗功独崇，再加黄芪与肉桂，十全大补补方雄。

补中益气汤（《脾胃论》）

【组成】炙黄芪 90g、党参 60g、白术 60g、当归 60g、陈皮 30g、炙甘草 30g、升麻 30g、柴胡 30g，水煎灌服。

【功效】补中益气，升阳举陷。

【主治】脾胃气虚及气虚下陷诸证。症见体瘦毛焦，精神倦怠，四肢无力，草料减少，脱肛，子宫脱垂，久泻久痢，自汗，口渴喜饮，舌质淡，苔薄白等。

【方解】本方为治疗脾胃气虚及气虚下陷诸证的常用方。方中以黄芪补中益气，升阳固表为主药；党参、白术、炙甘草温补脾胃，助主药补中益气为辅药；陈皮理气，当归补血，使补而不滞为佐药；升麻、柴胡升阳举陷，为补气方中的使药。诸药合用，一是补气健脾以治气虚之本；一是升提下陷阳气，以求浊降清升，使脾胃调和，水谷精微生化有源，则脾胃气虚诸证自愈。

【临诊应用】本方是补气升阳的代表方，主要用于脾胃气虚以及脾虚下陷引起的久泻久痢、脱肛、子宫脱垂等症。本方去当归、白术，加木香、苍术，名调中益气汤（《脾胃论》），功效相近。

【方歌】补中参草术归陈，芪得升柴用更神，劳倦内伤功独擅，气虚下陷亦堪珍。

巴戟散（《元亨疗马集》）

【组成】巴戟天 45g、肉苁蓉 45g、补骨脂 45g、胡芦巴 45g、小茴香 30g、肉豆蔻 30g、陈皮 30g、青皮 30g、肉桂 20g、木通 20g、川楝子 20g、槟榔 15g，共为末，开水冲调，候温灌服，或水煎服。

【功效】温补肾阳，通经止痛，散寒除湿。

【主治】肾阳虚衰所致的腰胯疼痛，后肢难移，腰脊僵硬等症。

【方解】命门火衰，不能温暖下焦，寒湿侵犯于腰胯，则腰脊僵硬、疼痛，后肢难移，治以温补肾阳为主。方中用巴戟天、肉苁蓉、胡芦巴、小茴香、肉桂温补肾阳，强筋骨，散寒，以治下元虚冷、肾阳不振所致的腰胯疼痛，运步不灵为主药；辅以陈皮、青皮、槟榔健胃温脾行气，肉豆蔻温中暖脾肾；佐以少量的川楝子止痛；使以木通通经利湿，引药归肾。

【临诊应用】临诊对于寒伤腰胯疼痛或肾痛后肢难移等证，均可随证加减应用。

【方歌】巴戟暖肾除寒湿，芦巴苁蓉桂故纸，川楝槟榔青陈皮，肉蔻茴香木通使。

六味地黄汤（《小儿药证直诀》）

【组成】熟地黄 80g、山萸肉 40g、山药 40g、泽泻 30g、茯苓 30g、丹皮 30g，水煎服。

【功效】滋阴补肾。

【主治】肝肾阴虚。症见体瘦毛焦，腰胯无力，盗汗，耳鼻四肢温热，滑精早泄，粪干尿少，舌红苔少，脉细数等。

【方解】本方所治诸证，皆因肾阴亏虚，虚火上炎所致。方中熟地补肾滋阴，养血生津为主药；山萸肉酸温滋肾益肝，山药滋肾补脾均为辅药；共成肾、肝、脾三阴并补，这为"三补"。泽泻配熟地而泻肾降浊，丹皮配山茱萸而泻肝火，茯苓配山药而渗脾湿，此即所谓"三泻"，或称"三开"，泽泻、丹皮、茯苓共为佐药。本方补中有泻，寓泻于补，以补为主，泻是为防止滋补之品产生滞腻之弊。

【临诊应用】本方是滋阴补肾的代表方剂，适用于肝肾阴虚诸证。凡慢性肾炎，肺结核，周期性眼炎，甲状腺机能亢进等，以及其他慢性消耗性疾病，属于肝肾阴虚者，均可加减使用。本方加知母、黄柏，名知柏地黄汤，功能滋阴降火，用于阴虚火旺；本方加五味子，名都气丸，功能滋阴纳气，用于阴虚气喘；本方加麦冬、五味子，名麦味地黄丸，功能敛肺纳肾，用于肺肾阴虚；本方加枸杞子、菊花，名杞菊地黄汤，功能滋肾养肝，用于肝肾阴虚。本方由纯阴药物组成，凡气虚脾胃弱，消化不良，大便溏泻者忌用。

【方歌】地八山山四，丹苓泽泻三。

催情散（《中华人民共和国兽药典·二部》2000年版）

【组成】淫羊藿 6g、阳起石（酒淬）6g、当归 4g、香附 5g、益母草 6g、菟丝子 5g，共为末，按每只猪 30～60g 拌料饲喂。

【功效】补肾壮阳，活血催情。

【主治】母猪不发情及血虚不孕。

【方解】本方乃治肾虚阳衰及血虚所致的不孕。治宜补肾壮阳，活血催情。方中淫羊藿、阳起石，补肾壮阳为主药；当归、香附、益母草相伍，气血并治，有活血理气通经之功为辅佐药；菟丝子补肾益精为使药。全方温肾壮阳催情之功尤良。

【临诊应用】本方为治母猪及其他动物不发情、迟发情方。临证可根据具体情况，酌情加减，如阴血不足，加当归、熟地、阿胶；虚弱不孕加党参、黄芪、山药；宫寒不孕，加艾叶、肉桂、吴茱萸。

【方歌】淫羊起石配益母，菟丝当归和香附，催情配种首当选，精心饲喂不可比。

其他补益方

方名	组成	功效	主治
参苓白术散	党参、白术、茯苓、炙甘草、山药、扁豆、莲肉、桔梗、薏苡仁、砂仁	益气健脾，和胃渗湿	脾胃气虚，食欲减退，久泻不止
生脉散	党参、麦门冬、五味子	补气生津，敛阴止汗	暑热伤气，气津两伤

第十二节　固涩方药

凡具有收敛固涩作用，能治各种滑脱证的药物（方剂），称为固涩药（方）。

本类方药味多酸、涩，分别具有敛汗、止泻、固精、缩尿、止带、止血、止嗽等作用，适用于子宫脱出、滑精、自汗、盗汗、久泻、久痢、粪尿失禁、脱肛、久咳虚喘等各种滑脱证。

脱证的原因是正气虚弱，而收敛固涩属于治标应急的方法，不能消除病因，故临诊应用时常与补益药同用，以期标本兼顾。如气虚自汗、阴虚盗汗可分别与补气方药、滋阴方药同用；脾肾虚弱，久泻不止，应与补脾固肾药同用；肾虚遗精、遗尿，应配补肾药；久嗽不止，应配伍补肺益肾、止咳化痰之品。

由于脱证的表现各异，本类方药分为涩肠止泻和敛汗涩精两类。

涩肠止泻药（方）：具有涩肠止泻作用，适用于脾肾虚寒所致的久泻久痢，二便失禁，脱肛，子宫脱等证。常用药有乌梅、诃子、肉豆蔻等，代表方如乌梅散。

敛汗涩精方药（方）：具有固肾涩精或缩尿的作用，适用于肾虚气弱所致的自汗盗汗，阳痿滑精，尿频等证。常用药有五味子、龙骨、牡蛎等。代表方如牡蛎散。

现代药理研究认为：收涩药分别具有止汗，镇咳，促进胃液分泌，帮助消化或抑制胃液分泌，收敛或保护胃肠黏膜，抑制肠的蠕动等作用，还具有止血、强心、抗菌、抗过敏等作用。这些作用对于多种滑脱证有改善症状的效果。

凡表邪未解或内有实邪者,应当忌用或慎用,以免留邪;相火过旺的滑精和湿热未清的久泻,亦应忌用。

一、固 涩 药

(一)涩肠止泻药

乌梅(乌梅肉、酸梅)

【性味归经】平,酸、涩。入肝、脾、肺、大肠经。
【功效】敛肺涩肠,生津止渴,驱虫止痢。
【主治】肺虚久咳,久泻久痢,口渴贪饮,蛔虫等。
【用量】马、牛15~30g;猪、羊6~10g。
【附注】"乌梅主便血疟疾之用"乌梅果实入药,酸涩收敛,治久泻久痢,又能生津止渴,安蛔杀虫,乌梅之功全在于酸。

图6-110 乌 梅

本品含苹果酸、枸橼酸、酒石酸、琥珀酸、蜡酸、β-谷甾醇、三萜成分等,能使胆囊收缩,促进胆汁分泌并对多种球菌、杆菌、真菌有抑制作用。

诃子(柯子)

【性味归经】温,苦、酸、涩。入肺、大肠经。
【功效】涩肠止泻,敛肺止咳。
【主治】久泻久痢,肺虚咳喘等证。
【用量】马、牛20~45g;猪、羊6~15g。
【附注】"诃子生津止渴兼疗滑泄之疴"。诃子果实入药,味苦降气,酸涩收敛,止咳宜生用,涩肠宜煨用,为肺虚久咳,久泻久痢之要药。

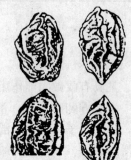

图6-111 诃 子

本品含鞣质等,有收敛止泻及抑菌作用。

肉豆蔻(肉蔻、肉果、玉果、肉叩)

【性味归经】温,辛。入脾、胃、肾经。
【功效】收敛止泻,温中行气。
【主治】久泻不止,肚腹胀痛,食欲不振等。
【用量】马、牛15~30g;猪、羊6~10g。
【附注】"肉豆蔻温中止霍乱而助脾"。肉豆蔻种仁入药,辛温芳香,为中下焦之药,因能散能涩,醒脾涩肠,为治脾虚肠寒泄泻之要药。《本草经疏》:

图6-112 肉豆蔻

"肉豆蔻辛味能散能消，温气能和中通畅。其气芬芳，香气先入脾，脾主消化，温和而辛香，故开胃，胃喜暖故也。故为理脾开胃、消宿食、止泄泻之要药。"

本品含挥发油（豆蔻油）、脂肪油等，生肉豆蔻有滑肠作用，经煨去油后则有涩肠止泻作用；少量服用，可增加胃液分泌，增进食欲、促进消化，并有轻微制酵作用，但大量则对胃肠道有抑制作用。

（二）敛汗涩精药

五味子（五味、北五味子）

【性味归经】温，酸、甘。入肺、心、肾经。

【功效】敛肺滋阴，敛汗涩精，止泻。

【主治】肺虚或肾虚不能纳气所致的久咳虚喘，津少口渴，体虚多汗，脾肾阳虚所致之泄泻，滑精及尿频数等。

【用量】马、牛 30～60g；猪、羊 10～20g。

图 6-113　五味子

【附注】"五味子止嗽痰且滋肾水"。五味子果实入药，酸涩甘温，为补肺益肾之药，能敛肺气以止咳，固肾精以止滑，生津液止渴，为治阴虚证的要药。

本品含挥发油（内含五味子素为有效成分之一）、维生素 C、鞣质及大量糖分等，对中枢神经系统有双向调节作用，能增强中枢神经系统的兴奋与抑制过程，并使之趋于平衡，减轻疲劳感；有抗病毒作用，能增加细胞免疫功能；能调节胃液及促进胆汁分泌，煎剂对人型结核杆菌有完全抑制作用。

石榴皮（石榴壳）

【性味归经】温，酸、涩。入肝、胃、大肠经。

【功效】收敛止泻，杀虫。

【主治】虚寒所致的久泻久痢，蛔虫、蛲虫等。

【用量】马、牛 30～45g；猪、羊 6～12g。

【附注】"石榴皮涩肠驱虫"。石榴的果皮入药，石榴皮的性味功用与乌梅相似，而乌梅有生津之功，石榴皮有驱虫之效。

图 6-114　石榴皮

石榴皮是藏医治消化系统疾病的重要药物之一，不但用其皮，还用其子。如治吐黄水、胃酸过多、胃出血、胃溃疡、胃痉挛、胃下垂、肝胆疾病、胃肠炎等方内多配有本品。

本品含鞣质及微量生物碱等，对痢疾杆菌、绿脓杆菌、伤寒杆菌、结核杆菌及各种皮肤真菌有抑制作用。

龙骨（花龙骨、白龙骨）

【性味归经】平，甘、涩。入心、肝、肾经。

【功效】安神镇惊，平肝潜阳，收敛固涩。

【主治】心神不宁，躁动不安，滑精，盗汗，久泻不止，湿疹及疮疡溃后久不收口等。

【用量】马、牛30～60g；猪、羊6～15g。

【附注】"龙骨止汗住泄更治血崩"。龙骨为动物骨骼化石，味甘涩性平，生用镇惊安神，平肝潜阳，收敛固涩，治心神不安，心悸失眠，惊痫癫狂；煅用研末外敷又有吸湿敛疮、生肌的功效，用治湿疹及疮疡久溃不愈等。

图6-115 龙 骨

本品含碳酸钙、磷酸钙及钾、钠、镁、铝等等，所含钙盐吸收后有促进血液凝固，降低血管壁的通透性，抑制骨骼肌的兴奋性等作用。其抗惊厥作用与铜、锰元素含量有关。

牡蛎（牡蛤、蛎蛤）

【性味归经】微寒，咸、涩。入肝、胆、肾经。

【功效】平肝潜阳，软坚散结，敛汗涩精。

【主治】阴虚阳亢引起的躁动不安之证，瘰疬，自汗盗汗，滑精等。

【用量】马、牛30～60g；猪、羊10～20g。

【附注】"牡蛎涩精而虚汗收"。牡蛎贝壳入药，生用益阴潜阳，退虚热，软坚痰，煅用则固涩下焦，涩精道、治滑精，除湿浊、敛虚汗、治脱证，多与龙骨配用。

牡蛎、龙骨都为潜降收敛之药，而牡蛎偏于滋补肾阴，软坚散结；龙骨偏于平肝潜阳，安神镇惊。

图6-116 牡 蛎

本品含碳酸钙、磷酸钙及硫酸钙，并含铝、镁、硅及氧化铁等，有降血脂，抗凝血，抗血栓作用，牡蛎多糖可促进机体免疫功能和抗白细胞下降的作用。

罂粟壳（粟壳）

【性味归经】平，酸、涩、微苦。入肺、大肠、肝、肾经。

【功效】敛肺涩肠，止痛固精。

【主治】久咳不止，久泻久痢，脱肛，急性或慢性肠黄腹痛，马滑精等证。

【用量】马、牛15～45g；猪、羊5～15g。

【附注】"罂壳止痛泻而涩精"。罂粟果实外壳入药，酸涩，为止痛止泻的良药。用于肠黄腹痛、久痢、久泻均有良效。时珍曰："罂子粟壳，酸主收涩，故初病不可

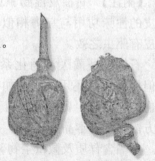

图6-117 罂粟壳

用之。泄泻下痢既久，则气散不固而肠滑肛脱；咳嗽诸病既久，则散气不收而肺胀剧痛。故俱宜此涩之、固之、收之、敛之"。

本品含罂粟酸、吗啡、可待因、那可汀、罂粟碱及罂粟壳碱等，能抑制中枢神经系统对于疼痛的感受性而止痛；能降低咳嗽中枢的兴奋性，弛缓气管平滑肌的痉挛作用，能减少呼吸频率而止咳；能松弛胃肠平滑肌使肠管蠕动减少而止泻。

其他固涩药

药 名	性味归经	功 效	主 治
五倍子	温，酸、涩，入大肠经	敛肺止咳，涩肠止泻，杀虫止血	肺虚久咳，久泻久痢，出血
浮小麦	凉，甘，入心经	敛汗，退虚热	自汗，盗汗，虚劳发热
莲子	平，甘、涩，入脾、肾、心经	补脾止泻，益肾固精，养心安神	脾虚泄泻，肾虚滑精，虚烦，心悸
芡实	平，甘、涩，入脾、肾经	健脾止泻，益肾固精	脾虚泄泻，肾虚滑精

二、固 涩 方

乌梅散（《元亨疗马集》）

【组成】乌梅（去核）15g、干柿 25g、黄连 20g、姜黄 15g、诃子肉 15g，共为末，开水冲调，候温灌服，或水煎服。

【功效】清热燥湿，涩肠止泻。

【主治】幼小动物奶泻及其他动物湿热下痢。症见肚腹胀痛，泻粪如浆，卧地不起，回头观腹，口色赤红。

【方解】本方是治幼小动物奶泻的收敛性止泻方剂。方中乌梅涩肠止泻为主药；黄连清热燥湿为辅药；姜黄破血行气而止痛，干柿、诃子涩肠止泻共为佐使药。

【临诊应用】凡幼小动物奶泻或其他动物湿热泄泻，均可加减应用。热盛者，可加金银花、蒲公英、黄柏等清热药；水泻重者，可加猪苓、泽泻等利水渗湿药；体虚者，加党参、白术、茯苓、山药等以益气健脾。

【方歌】乌梅诃子和姜黄，干柿黄连奶泻方。

四神丸（《证治准绳》）

【组成】补骨脂 40g、肉豆蔻 40g、五味子 40g、吴茱萸 25g、生姜 30g、大枣 30g，研末服。

【功效】温肾健脾，涩肠止泻。

【主治】脾肾虚寒泄泻。症见久泻不止，泻粪清稀，完谷不化，夜重昼轻，腰寒肢冷。

【方解】本证是因肾阳虚衰，命门之火不能上温脾土，以致运化失职而泄泻。方中补骨脂补肾阳为主药；肉豆蔻、五味子温肾暖脾，涩肠止泻为辅药；吴茱萸温中散寒为佐药；生姜散寒行水，大枣养脾和中为使药。诸药合用，使脾虚得以温养，大肠得以固涩，则泄泻止，诸症自除。

【临诊应用】本方多用于脾肾虚寒之泄泻，也可用于马冷肠泄泻、慢性肠炎、慢性结肠炎。兼见脱肛者，可加黄芪、升麻、柴胡以升阳益气；寒重者，加附子、肉桂以温阳补肾。

【方歌】四神故脂与吴萸，肉蔻除油五味需，大枣须同姜煮烂，肾虚泄泻此方宜。

牡蛎散（《和剂局方》）

【组成】煅牡蛎80g、麻黄根45g、生黄芪45g、浮小麦200g，共为末，开水冲调，候温灌服，或水煎服。

【功效】固表止汗。

【主治】体虚自汗。症见自汗、盗汗，夜晚尤甚，脉虚等。

【方解】方中牡蛎益阴潜阳，兼以除烦敛汗为主药；黄芪益气固表止汗为辅药；麻黄根专于止汗，浮小麦益心气、止汗共为佐使药。

【临诊应用】本方可随证加减，用于阳虚、气虚、阴虚、血虚之虚汗证。若属阳虚，可加白术、附子以助阳固表；若属阴虚，可加干地黄、白芍以养阴止汗；若属气虚，可加党参、白术以健脾益气；若属血虚，可加熟地黄、何首乌以滋阴养血。若大汗不止，有阳虚欲脱症状者，则本方不能胜任，应用参附汤加龙骨、牡蛎，以回阳固脱止汗。

【方歌】牡蛎黄芪麻黄根，体虚多汗浮小麦。

玉屏风散（《世医得效方》）

【组成】黄芪90g、白术60g、防风30g，共为末，开水冲调，候温灌服，或水煎服。

【功效】益气固表止汗。

【主治】表虚自汗及体虚易感风邪者。证见自汗，恶风，苔白，舌淡，脉浮缓。

【方解】黄芪益气固表为主药；白术健脾益气，助黄芪益气固表为辅药；防风疏表祛风为佐使药。黄芪得防风，固表而不留邪；防风得黄芪，祛邪而不伤正，皆系补中有散，散中有补之意。

【临诊应用】本方主要适用于气虚自汗，用本方加牡蛎、浮小麦、大枣，治阳虚自汗，固表止汗功能更强。

【方歌】玉屏风散芪术防，表虚自汗用之良。

思考与练习（自测题〈第11～12节〉）

一、填空题（每小题3分，共15分）

1. 补气药能补益_____气、_____气、_____等。
2. 补血、养阴药多_____，故_____慎用。
3. 白术与苍术均能燥湿健脾，但白术善_____，能_____汗；苍术_____，能_____汗。
4. 八珍汤加_____、_____组成十全大补汤，具有_____之功用。

5. 牡蛎散，用于自汗、盗汗。自汗常配_____、_____；盗汗常配_____，_____，_____。

二、判断题（每小题3分，共15分）
1. 无论动物机体正气如何，凡是有实邪的病证皆不能应用补虚药。（　）
2. 脾为后天之本，水谷之海，补气血，应主补脾胃。（　）
3. 龙骨、牡蛎生用平肝潜阳，煅用敛汗固脱。（　）
4. 收涩药因其有敛邪之弊，治疗正虚滑脱证时，常配发散药。（　）
5. 固涩剂是治疗气血精津滑脱散失之证的方剂，故适用于各种原因而致的滑脱证。（　）

三、选择题（每小题3分，共15分）
1. 下列哪项不是黄芪的功效（　）
   A. 补气生血　　B. 消肿止痛　　C. 升阳固表　　D. 利水消肿
2. 治气虚下陷、久泻脱肛，首选下列哪组药物（　）
   A. 党参、白术、升麻　　　　B. 党参、升麻、柴胡
   C. 黄芪、升麻、柴胡　　　　D. 黄芪、桔梗、升麻
3. 表虚自汗证最宜用（　）
   A. 桂枝、白芍　　　　　　　B. 黄芪、麻黄根
   C. 甘草、白术　　　　　　　D. 五味子、麦冬
4. 六味地黄汤中"三泻"的药物是（　）
   A. 泽泻、茯苓、丹皮　　　　B. 泽泻、猪苓、丹皮
   C. 茯苓、猪苓、车前子　　　D. 泽泻、茯苓、车前子
5. 固涩剂多以固涩药配伍下列哪一类药物组成（　）
   A. 补益药　　B. 理气药　　C. 消导药　　D. 活血祛淤药

四、简答题（每小题5分，共25分）
1. 比较乌梅、诃子、肉豆蔻功用的异同点。
2. 补肺、胃、肝、肾之阴的药物有哪些？适用于哪些病证？
3. 补中益气汤与参苓白术散在组成、功效和主治方面有何异同？
4. 补血剂为何常配补气药？
5. 固涩剂与补益剂有何异同之处。

五、论述题（每小题10分，共30分）
1. 试分析虚证的致病原因，如何合理选用补益方药。
2. 分析黄芪、白术、白芍、麻黄根、五味子止汗作用的特点与应用。
3. 分析四君子汤与四物汤的组方、主证。

第十三节　平肝方药

凡能清肝热、息肝风的药物（方剂），称平肝药（方）。多属于"八法"中"清法"的

范畴。

本类方药具有清泻肝火，平肝潜阳，镇痉息风的功能，用以治疗肝受风热外邪侵袭引起的目赤肿痛，云翳遮睛及肝风内动所致的抽搐痉挛，甚至猝然倒地等证。

根据本类方药的性能和功用不同，可分为平肝明目方药和平肝息风方药两类。

平肝明目药（方）：具有清降肝火，退翳明目的功效，适用于肝火亢盛，肝经风热所致的目赤肿痛，睛生翳膜，流泪生眵，内外障眼等。常用药有石决明、草决明、木贼等。代表方如决明散。

平肝息风药（方）：具有潜降肝阳，平息肝风及制止痉挛的作用，适用于肝阳上亢，肝风内动，温病热盛风动等。症见惊痫癫狂，角弓反张，痉挛抽搐等。常用药有天麻、全蝎、僵蚕等。代表方如牵正散。

平肝息风方药主要治标，应用时应标本兼顾，并以治本为主，才能收到明显疗效。如因热邪引起者，应与清热泻火药同用；因风痰引起者，应与祛风化痰药配伍；因肾阴虚引起者，应与滋肾阴药配伍；因血虚生风者，应与补血养肝药配伍。

一、平 肝 药

（一）平肝明目药

石决明（九孔镖、鲍鱼壳）

【性味归经】平，咸。入肝经。
【功效】平肝潜阳，清肝明目。
【主治】目赤肿痛，羞明流泪，睛生翳障等。
【用量】马、牛 20~60g；猪、羊 6~15g。
【附注】"石决明潜阳明目"。石决明为鲍贝壳入药，咸寒质重，为凉肝镇肝要药，凉肝则肝火自清，重镇则无上冲之弊，目为肝之上窍，故能明目。"潜阳"是指石决明能镇肝肾上浮之虚阳。

图 6-118 石决明

本品含碳酸钙、胆素等，为拟交感神经药，可治视力障碍及眼内障，故为眼科明目退翳的常用药。

草决明（决明子）

【性味归经】微寒，甘、苦。入肝、胃经。
【功效】清肝明目，润肠通便。
【主治】目赤肿痛，羞明流泪，粪便燥结等。
【用量】马、牛 15~45g；猪、羊 6~15g。
【附注】"决明和肝气治眼之剂"。草决明种子入药，和肝气，治肝郁胁痛，消化不良，目赤肿痛，除肝热则胁

图 6-119 草决明

痛止、食欲增、目疾自愈。

本品含大黄素、芦荟大黄素、大黄酚等多种成分，有泻下作用，降压作用，收缩子宫及催产作用。

青葙子

【性味归经】微寒，苦。入肝经。

【功效】清肝火，退翳膜。

【主治】目赤肿痛，怕光流泪，睛生翳膜。

【用量】马、牛 15～35g；猪、羊 6～12g。

【附注】"清肝散风用青葙"。青葙子种子入药，为眼科专药，用于肝火上亢的目赤肿痛为好。

青葙子、决明子功用相似，但青葙子偏于下降，用于肝火上亢引起的目赤，主清而不补；决明子长于宣散，用于风热外袭引起的目赤，略带补性。

图 6-120 青葙子

本品含青葙子油等，有散瞳和降低血压的作用，对绿脓杆菌有抑制作用。

（二）平肝息风药

天麻（定风草、明天麻）

【性味归经】微温，甘。入肝经。

【功效】平肝息风，镇痉止痛。

【主治】中风惊痫，抽搐拘挛，破伤风，偏瘫麻木等。

【用量】马、牛 15～45g；猪、羊 6～15g。

【附注】"天麻主头眩祛风之药"。天麻根茎入药，性温而燥，凡肝阳上亢风痰入于经络，肢体麻木，四肢拘挛等症用之均有疗效。《元亨疗马集》载有"是药皆治病，灌风却用蛇，防风并半夏，最急是天麻。"可见天麻是治风的要药。

图 6-121 天麻

本品含香草醇、黏液质、维生素 A，苷类及微量生物碱等，有镇痛和抑制癫痫样发作的作用，有促进胆汁分泌的作用。

全蝎（全虫、蝎子、蝎尾）

【性味归经】温，辛、甘。有毒。入肝经。

【功效】息风止痉，解毒散结，通络止痛。

【主治】惊痫及破伤风等痉挛抽搐，恶疮肿毒，风湿痹痛等。

【用量】马、牛 15～25g；猪、羊 3～6g。

【附注】"全蝎主风瘫"。全蝎功专入肝，治肝经诸风，能息

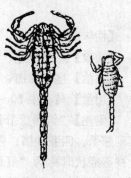

图 6-122 全蝎

风解痉，散结，通络，则风瘫可除。入药用全者，故称全蝎，其尾药力最强，称蝎尾。

本品含蝎毒素（为一种毒性蛋白，与蛇毒中的神经毒类似），并含蝎酸、卵磷脂及铵盐等，能使血压上升，且有溶血作用，对心脏、血管、小肠、膀胱、骨骼肌等有兴奋作用，有抗惊厥作用。

僵蚕（白僵蚕、僵虫）

【性味归经】平，辛、咸。入肝、肺经。

【功效】息风止痉，祛风止痛，化痰散结。

【主治】惊风癫痫，痉挛抽搐，目赤肿痛，咽喉肿痛，瘰疬结核。

【用量】马、牛 30～60g；猪、羊 10～15g。

【附注】"僵蚕治诸风之喉痹"。"痹"者，闭塞不通也，"喉痹"为咽喉肿痛感到阻塞不利、吞咽困难的咽喉疾病。僵蚕能祛风止痛，化痰散结，故喉痹可愈。

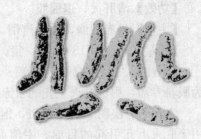

图 6-123 僵 蚕

本品含蛋白质、脂肪等，能解热、祛痰、抗惊厥，有刺激肾上腺皮质的作用。

蜈 蚣

【性味归经】温，辛。有毒。入肝经。

【功效】息风止痉，解毒散结，通络止痛。

【主治】破伤风，痉挛抽搐，疮疡肿毒，瘰疬溃烂，风湿痹痛等。

【用量】马、牛 10～20g；猪、羊 2～5g。

图 6-124 蜈 蚣

【附注】"驱风定惊使蜈蚣"。蜈蚣性善走窜，内行脏腑，外走经络，开气血凝聚，并能以毒攻毒，治金疮肿毒；更能搜风定惊，不论内风外风皆能定之。药力较钩藤、僵蚕、地龙、全蝎为强，用于重症抽搐痉挛。蜈蚣中毒时可用地龙、桑皮或盐解之。

本品含两种类似蜂毒的有毒成分，即组织胺样物质及溶血蛋白质，尚含酪氨酸、亮氨酸、蚁酸等，有抗惊厥作用，对结核杆菌及皮肤真菌均有抑制作用。

钩 藤

【性味归经】微寒，甘。入肝、心包经。

【功效】息风止痉，平肝清热。

【主治】痉挛抽搐，目赤肿痛，破伤风，外感风热等。

【用量】马、牛 20～45g；猪、羊 10～15g。

【附注】"钩藤疗肝风惊搐心热可解"。在疾病过程中出现眩晕、四肢抽搐、强直、突然昏扑、口眼歪斜、两目上视等症状时称为"肝风"。肝风有虚实之分，虚者由于阴血亏损引起，称虚风内动；实者由于阳热亢盛引起，称

图 6-125 钩 藤

为热盛风动或热极生风。钩藤茎枝入药，治虚风内动时常与滋阴补血药同用；治热盛风动时常与清热、潜阳药同用。

本品含钩藤碱和异钩藤碱等，能兴奋呼吸中枢，抑制血管运动中枢，扩张外周血管，使麻醉动物血压下降；有明显镇痛作用，对癫痫有抑制作用。

其他平肝药

药 名	性味归经	功 效	主 治
密蒙花	微寒，甘，入肝经	清肝明目退翳	肝热目赤肿痛，羞明流泪，睛生翳障
木贼草	平，甘，微苦，入肺、肝、胆经	疏风清热，退翳明目	外感风热，目赤肿痛
白附子	温，辛，甘，有毒，入脾、胃经	燥湿化痰，祛风止痉，解毒散结	用于中风痰壅，口眼歪斜，破伤风，风湿痹痛，瘰疬痈疽，毒蛇咬伤等
地 龙	寒，咸，入肝、脾经	清热定惊，平喘利尿	高热惊风，气喘水肿

二、平肝方

决明散（《元亨疗马集》）

【组成】煅石决明 45g、草决明 45g、栀子 30g、大黄 30g、白药子 30g、黄药子 30g、黄芪 30g、黄芩 20g、黄连 20g、没药 20g、郁金 20g，共为末加蜂蜜 100g、鸡蛋清 4 个，同调灌服。

【功效】清肝明目，退翳消淤。

【主治】肝热传眼。症见目赤肿痛，眵盛难睁，云翳遮睛，口色赤红，脉象弦数。

【方解】本方为明目退翳之剂。方中石决明、草决明清肝明目为主药；黄连、黄芩、栀子、白药子、黄药子清热泻火，凉血解毒为辅药；大黄、郁金、没药活血散淤，通便消肿，黄芪托毒外出为佐药；蜂蜜、鸡蛋清缓急调和诸药为使药。

【临诊应用】本方对于急性结膜炎、角膜炎、周期性眼炎等属于肝经实热者，均可随证加减应用。若云翳较重者，可酌加蝉蜕、木贼草、青葙子等；若目赤多泪者，可加白蒺藜；外伤性眼炎可加入桃仁、红花、赤芍等活血祛淤之药。

【方歌】决明散用二决明，芩连栀军蜜蛋清，芪没郁金二药入，外障云翳服之宁。

牵正散（《杨氏家藏方》）

【组成】白附子 20g、僵蚕 20g、全蝎 20g，共为末，开水冲，加黄酒 100ml，候温灌服。

【功效】祛风化痰。

【主治】歪嘴风。症见口眼歪斜，或一侧耳下垂，或口唇麻痹下垂等。

【方解】本方主证，素称面瘫，系由风痰阻滞头面经络所致。方中白附子祛风化痰祛头面之风为主药；僵蚕化痰，祛络中之风，全蝎祛风通络止痉，均为辅佐药；黄酒助药力，宣通血脉，引诸药入经络，直达病所为使药。全方祛风痰，通经络，止痉挛，使风去痰消，经络通畅，则诸症自愈。

【临诊应用】临诊应用时可酌加防风、白芷、红花等，以加强疏风活血的作用；若用于风湿性或神经性颜面神经麻痹，可酌加蜈蚣、天麻、川芎、地龙等祛风通络止痉药物，以加强疗效。

【方歌】口眼歪斜牵正散，白附全蝎酒僵蚕。

千金散（《元亨疗马集》）

【组成】天麻25g、乌蛇30g、蔓荆子30g、羌活30g、独活30g、防风30g、升麻30g、阿胶30g、何首乌30g、沙参30g、天南星20g、僵蚕20g、蝉蜕20g、藿香20g、川芎20g、桑螵蛸20g、全蝎20g、旋复花20g、细辛15g、生姜30g，水煎取汁，化入阿胶，灌服，或共为末，开水冲调，候温灌服。

【功效】散风解痉，息风化痰，养血补阴。

【主治】破伤风。

【方解】破伤风是风毒由表而入，故重用疏风之药。方中蝉蜕、防风、羌活、独活、细辛、蔓荆子解表散风为主药；风已入内，引动肝风，用天麻、僵蚕、乌蛇、全蝎息风解痉，以治内风为辅药；"治风先治血，血和风自灭"，用阿胶、沙参、何首乌、桑螵蛸、川芎养血滋阴，"去风先化痰，痰去风自安"，用天南星、旋复花化痰息风，藿香、升麻升清降浊，醒脾开胃均为佐药。诸药相合，散风解痉，息风化痰，补血养阴。

【临诊应用】用治破伤风时，可根据病情随证加减。

【方歌】千金散治破伤风，牙关紧闭反张弓，天麻蔓荆蝉二活，防风蛇蝎蚕藿同，芎胶首乌辛沙参，升星旋复螵蛸功。

第十四节　安神与开窍方药

凡能安定心神，通关开窍，以治疗心神不宁，神昏窍闭病证的药物（方剂），称为安神开窍药（方）。由于药物性质及功用的不同，故本类药又分为安神药与开窍药两类。

安神药（方）：具有镇静安神作用，适用于发热惊悸，狂躁不安等病证。常用药有朱砂、酸枣仁、柏子仁、远志等。代表方剂如朱砂散等。

开窍药（方）：具有走窜通窍，启闭祛邪作用，适用于热陷心包或痰浊蒙阻清窍所致的突然昏倒，癫痫，惊风，惊厥等证证。也适用于急性肚胀的病例。常用药有石菖蒲、皂角、冰片、麝香、樟脑等。代表方如通关散。

现代药理研究证明，安神药能降低大脑中枢的兴奋性，有镇静、催眠、降压作用，有的尚有补血强壮、调整植物神经功能作用，能缓解或消除惊恐、狂躁不安等证候。

芳香开窍药多走窜伤气，故大汗、大泻、大吐、大失血和久病体虚及脱证者禁用。

一、安神开窍药

(一) 安神药

朱砂（辰砂、丹砂）

【性味归经】凉，甘。有毒。入心经。
【功效】镇心安神，解毒。
【主治】心神不宁，躁动不安，惊痫，疮疡肿毒，口舌生疮，咽喉肿痛。
【用量】马、牛 3~10g；猪、羊 0.9~1.5g。
【附注】"朱砂镇心而有灵"。朱砂性寒质重，寒能清热，重可去怯，色赤入心，故为清镇心火之要药。

本品含硫化汞（HgS）、氧化铁等，有镇静作用，外用能抑杀皮肤细菌、寄生虫。

酸枣仁（枣仁）

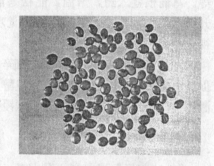

图 6-126 酸枣仁

【性味归经】平，甘、酸。入心、肝、胆、脾经。
【功效】养心安神，益阴敛汗。
【主治】虚火上炎，心神不宁，躁动不安，虚汗。
【用量】马、牛 15~45g；猪、羊 6~15g。
【附注】"酸枣仁去怔忡之病"。"怔忡"、"惊悸"是人病名，原意皆指病人自觉心动过速，忐忑不安，甚至不能自主的一种症候，多因受惊、血虚、阳虚等原因而引起。动物则表现立卧不安，不时颤抖，胆小易惊，甚至大小便失禁等症状。一般惊悸多因惊恐等外因所引起，其证较为短暂；怔忡每由内因而成，其病较为深重。酸枣仁药性和缓，在安神的同时，又兼有一定的滋养强壮作用。生用镇静作用较好，凡虚热、精神恍惚、烦躁、疲乏者用之；熟则收敛津液，胆虚不安，体虚自汗，脾胃虚弱者用之。

本品含桦木素、桦木酸及丰富的维生素C等，有显著而持久的镇静作用，有降压的作用，对子宫有兴奋作用。

远志（远志肉）

图 6-127 远 志

【性味归经】温，苦、辛。入心、肾、肺经。
【功效】宁心安神，祛痰开窍，消痈散肿。
【主治】心虚惊恐，烦躁不安，咳嗽痰多，痈毒等。
【用量】马、牛 12~35g；猪、羊 6~15g。
【附注】"茯神远志具有宁心之妙"。痰涎为患，壅塞心窍，可致神昏惊悸，精神恍惚，立卧不宁；如痰湿壅滞经络，则气血受阻而成结肿。远志根或根皮入药，苦温，苦能入心，使心气开通，则神志自宁；气温行血，且能化痰，故可消肿散结。所以本品实为安神，化痰，消肿散结之良药。

本品含远志皂苷、远志素等，具有较强的祛痰、镇静、催眠作用，对子宫有促进收缩和增强张力的作用，有抑菌作用。

（二）开窍药

石菖蒲（菖蒲、九节菖蒲）

【性味归经】温，辛。入心、肝、胃经。

【功效】宣窍豁痰，化湿和中。

【主治】神昏窍闭，食欲不振，肚腹胀满等。

【用量】马、牛 15~45g；猪、羊 6~15g。

【附注】"菖蒲开心气散冷更治耳聋"。"开心气"指开窍醒脑，治痰气郁结和湿浊蒙蔽清窍等。菖蒲根茎入药，辛温，能祛寒散冷，且芳香开窍，能兴奋神经，增强耳的听觉功能以及眼的视觉功能。

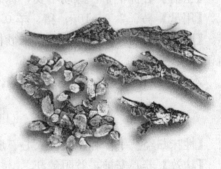

图 6-128 石菖蒲

本品含丁香油酚、细辛醛、细辛酮等。内服可促进消化液分泌，制止胃肠异常发酵，并有弛缓肠管平滑肌痉挛的作用；外用对皮肤微有刺激作用，能改善局部血液循环；水浸剂（1∶3）对多种皮肤真菌有不同程度的抑制作用。

皂角（皂荚、大皂）

【性味归经】温，辛。有小毒。入肺、大肠经。

【功效】豁痰开窍，消肿排脓。

【主治】顽痰风痰，破伤风，伤水冷痛。

【用量】马、牛 9~25g；猪、羊 3~6g。

【附注】"皂角治风痰而响应"。皂角果实入药，研细末吹鼻喉，能通上窍，提神醒脑，治中风牙关紧闭。内服能祛风除湿，消胀杀虫；外涂肌肤，则清风止痒，散肿消毒。皂角、牙皂同出一物，前者治风痰更佳，后者治湿痰较好。

图 6-129 皂角

本品含皂苷、生物碱、黄酮苷等，对呼吸道黏膜有刺激作用，对离体子宫有兴奋作用，并有溶血作用，对大肠杆菌、痢疾杆菌、绿脓杆菌及皮肤真菌等有抑制作用。

其他安神开窍药

药 名	性味归经	功 效	主 治
柏子仁	平，甘，入心、肾、大肠经	养心安神，润燥，止汗	惊悸，出虚汗，肠燥便秘

(续)

药 名	性味归经	功 效	主 治
合欢皮（花）	平，甘，入心、肝经	安神解郁，活血消肿	心烦不宁，跌打损伤，疮痈肿毒
牛 黄	凉，苦、甘，入心、肝经	豁痰开窍，清热解毒，息风定惊	热病神昏，癫痫，狂躁，咽喉肿痛，口舌生疮，痈疽疔毒，痉挛抽搐

二、安神开窍方

朱砂散（《元亨疗马集》）

【组成】朱砂（另研）10g、茯神45g、党参45g、黄连30g，研末服。
【功效】安神清热，扶正祛邪。
【主治】心热风邪。症见全身出汗，肉颤头摇，气促喘粗，左右乱跌，口色赤红，脉洪数。
【方解】本方证由外感热邪，热积于心，扰乱神明所致。方中朱砂镇心安神，茯神宁心安神，二药相配，增进安神作用为主药；黄连清降心火，宁心除烦为辅药；党参益气宁神，固卫止汗，扶正祛邪为佐药。
【临诊应用】随证加减，可用于心热风邪所致中暑等证。对火盛伤阴者，可加生地、竹叶、麦冬；正虚邪实者，加栀子、大黄、郁金、天南星、明矾等。
【方歌】心热风邪朱砂散，党参茯神加黄连。

通关散（《丹溪心法附余》）

【组成】猪牙皂角、细辛各等份，共为极细末，和匀，吹少许入鼻取嚏。
【功效】通关开窍。
【主治】高热神昏，痰迷心窍。症见猝然昏倒，牙关紧闭，口吐涎沫等。
【方解】本方为回苏醒神的急救之剂。方中皂角味辛散，性燥烈，祛痰开窍；细辛辛香走窜，开窍醒神，二者合用有开窍通关的作用。因鼻为肺窍，用于吹鼻，能使肺气宣通，气机畅利，神志苏醒而用于急救。
【临诊应用】本方为临时急救方法，苏醒后应根据具体病情进行辨证施治。本方只适用于闭证。脱证忌用。
【方歌】皂角细辛通关散，吹鼻醒神又豁痰。

第十五节 涌吐方药与吐法

凡能引起呕吐的药物（方剂），称为涌吐药（方）。（法）。属"八法"中的"吐法"。
涌吐方药的作用，主要是使停蓄在咽喉、胸膈、胃脘的痰涎、宿食、毒物从口中吐出，常用于中风癫狂，喉痹之痰涎壅盛，宿食停留胃脘，毒物尚留胃中等，属于病情急迫，汗之不可，下之不能，而又急需吐出之证。常用药有甜瓜蒂、藜芦、胆矾等。方剂如瓜蒂散。

使用涌吐药（方）和吐法注意事项：

(1) 吐法是一种急救法，作用迅猛，应中病即止，如用之得当，收效迅速；如用之不当，则伤元气，损伤胃气。因此，老弱体虚、怀孕、产后、失血和喘息等患病动物，不宜使用。若服后呕吐不止者，可服用姜汁少许以止之。

(2) 吐法多用于猪、犬、猫等小动物，牛、马不易呕吐，则不宜使用。

涌吐药（从略）。

涌 吐 方

瓜蒂散（《金匮要略》）

【组成】甜瓜蒂、赤小豆各等份，分别研末混匀备用。

【功效】涌吐风热痰涎，宿食。

【主治】适用于痰涎，宿食，毒物停聚胃中。

【临诊应用】宿食、痰涎停于胃脘，或误食毒物尚留胃中。使用时，先用豆豉 15g，加开水 300ml 煮成稀粥状，去渣，用瓜蒂散 10g，调入豆豉汤内，候温灌服，可加喂砂糖 30g，以助药力。如不吐可将瓜蒂散稍加份量再服。

凡积滞在下或误食毒物时间过长，则不宜用此法。

【方歌】涌吐痰涎宿食方，瓜蒂小豆用之良。

思考与练习（自测题〈第13～15节〉）

一、填空题（每小题3分，共15分）

1. 凡能_____的方、药，称为平肝方、药，多属"八法"中_____的范畴。
2. 芳香开窍药多入_____经，具有_____等作用。
3. 安神药多入_____经，具有_____等作用。
4. 凡能_____的方、药，称为涌吐方、药（法），属于"八法"中的_____。
5. 平肝明目的代表方是_____、安神的代表方为_____、_____等。

二、选择题（每小题3分，共15分）

1. 吐法多适用于（　　）
   A. 牛　　　　B. 马　　　　C. 猪　　　　D. 羊
2. 平肝明目药是（　　）
   A. 白附子　　B. 香附子　　C. 草决明　　D. 全蝎
3. 治疗破伤风首选哪几味药（　　）
   A. 钩藤　　　B. 地龙　　　C. 天麻　　　D. 蜈蚣
4. 属于开窍的药有（　　）

A. 远志　　　　B. 朱砂　　　　C. 冰片　　　　D. 牛黄
5. 全蝎有毒，应控制用量，马、牛常用量为（　　）
A. 150～250g　　B. 15～25g　　C. 3～6g　　D. 30～60g

三、判断题（每小题 2 分，共 10 分）

1. 柏子仁、夜交藤、石菖蒲、樟脑、酸枣仁、合欢花都是安神药。（　　）
2. 镇心散善治心热风邪。（　　）
3. 通关散适用于闭证和脱证。（　　）
4. 牙皂治湿痰较好，皂角治风痰更佳。（　　）
5. 石菖蒲能芳香开窍，和中辟浊，明目通淋。（　　）

四、简答题（每小题 6 分，共 30 分）

1. 比较全蝎、僵蚕、蜈蚣的异同点。
2. 酸枣仁与朱砂的功用有何异同？
3. 比较密蒙花、木贼、青葙子的异同点。
4. 天麻与钩藤的功用有何异同？
5. 皂角、皂刺、皂子的功用有何差异？

五、论述题（每小题 10 分，共 30 分）

1. 试述朱砂散的组成、功用及主治。
2. 试述决明散的药物组成、功用及临诊应用。
3. 试论平肝息风药的灵活运用。

第十六节　催乳方药

凡能促使母畜下乳，增加泌乳量的药物（方剂），称为催乳药（方）。

催乳方药适用于母畜产后乳汁不下，或乳量不足的病症。常用药有王不留行、穿山甲、通草、路路通等。代表方剂如通乳散。

现代医学认为，乳汁分泌不足，是由于内分泌功能障碍、乳腺发育不良、各种乳房疾患、贫血、植物性神经功能失调或某些刺激等引起。

引起乳汁不下或乳量不足的原因很多，故应根据病因进行审因论治。如因饲养管理不善、动物衰弱引起时，应配合补气养血药，更应加强饲管，给足营养丰富、品质优良的草料；因消化不良引起时，应与健脾益气药同用；因惊吓受刺激时，应与舒肝解郁药同用；因气滞引起时，应与行气药同用；因乳房炎引起的更应治疗乳房炎。隐性乳房炎是引起乳量逐渐减少的主要疾病，应引起重视。

常用药物有王不留行、通草、穿山甲、路路通等。

通乳散（江西省中兽医研究所方）

【组成】黄芪 60g、党参 40g、通草 30g、川芎 30g、白术 30g、川断 30g、川甲珠 30g、当归 60g、王不留行 60g、木通 20g、杜仲 20g、甘草 20g、阿胶 60g，共为末加黄酒 100g，调服。

【功效】补气血，通乳汁。

【主治】气血不足所致的缺乳证。

【方解】方中以黄芪、党参、白术、甘草、当归、阿胶双补气血为主药；杜仲、川断、川芎补肝益肾，行气活血，木通、山甲、通草、王不留行通经下乳，为辅佐药；黄酒助药力为使药。

【临诊应用】本方用于瘦弱缺乳证。症见体瘦毛焦，精神倦怠，乳房萎缩而柔软。如体肥臕满，乳房坚实胀满者属于气血淤滞所致，则加活血通络，疏肝理气之药。

【方歌】通乳黄芪参术草，通草归杜芎断胶，木通山甲王不留，黄酒为引催乳好。

第十七节 驱虫方药

凡能驱除或杀灭动物体内、外寄生虫的药物（方剂），称为驱虫药（方）。

本类方药主要具有驱除或杀灭蛔虫、蛲虫、钩虫、绦虫、姜片虫、疥癣虫等动物体内外寄生虫的作用。适用于寄生虫所引起的被毛粗乱，食少体弱，食异物，喜伏卧，磨牙，腹痛肚大，粪中带虫，口色及结膜淡白，皮肤疥癣等症状。常用药有使君子、槟榔、川楝子、贯众、雷丸、鹤虱等。代表方如槟榔散、化虫汤等。

虫证一般具有毛焦肷吊、腹胀或大便失调等症状。使用驱虫药时，必须根据寄生虫的种类，病情的缓急和体质的强弱，采取急攻或缓驱。对于体弱脾虚的动物，可采用先补脾胃后驱虫的办法。

应用驱虫方药时，应根据患病动物体质的强弱及寄生虫的种类，选用适宜的方药，如治蛔虫病选用使君子、苦楝皮，驱绦虫时适用槟榔等。有条件时，可先做粪便检查，发现虫卵或虫体，再服驱虫药，更为妥当。一般宜在空腹时服用，使药物与寄生虫容易接触，也可配伍适当的泻下药，以加速虫体的排除。并应严格掌握药物剂量和服药时间，不宜多次反复使用。服药后应注意检查粪便中有无虫体排除，但也有的不易见到虫体。由于驱虫药都具有一定的毒性，应用时应控制用量，并可采取先补后攻，先攻后补或攻补兼施的方法，以免虚脱或中毒。驱虫后要加强饲养管理，适当休息，使驱虫而不伤正，迅速恢复健康。

一、驱 虫 药

使君子（使君肉、留求子）

【性味归经】温，甘。入脾、胃经。

【功效】健脾燥湿，杀虫消积。

【主治】蛔虫，蛲虫引起的腹胀腹痛。

【用量】马、牛18～60g；猪、羊6～15g。

【附注】"消积杀虫用使君"。使君子种子入药，

图6-130 使君子

能助脾运化和导肠中积滞，又能驱杀肠道寄生虫，故能消积，为驱除寄生虫及脾胃不和之要药。

本品含使君子酸钾、胡芦巴碱、脂肪油等，对蛔虫有麻痹作用，对皮肤真菌有抑制作用。

川楝子（金铃子、苦楝子）

【性味归经】寒，苦，有小毒。入肝、心包、小肠、膀胱经。

【功效】杀虫，理气，止痛。

【主治】蛔虫、蛲虫，湿热气滞所致的肚腹胀痛。

【用量】马、牛 15～40g；猪、羊 6～10g。

【附注】"金铃子治疝气而能止痛"。川楝子果实入药，所治疝气是指睾丸鞘膜积液、睾丸与附睾炎、小肠疝气等所引起的疼痛；对可复性小肠疝气（阴囊赫尔尼亚）所引起的局部疼痛、牵引痛有缓解作用。

图 6-131　川楝子

附药：苦楝皮　寒，苦，有毒。入脾、肝、胃经。杀多种肠道寄生虫，但驱杀蛔虫效力强。

本品含川楝素、生物碱、楝树碱、鞣质及香豆树的衍生物等，有杀虫作用，有抑菌作用。

贯众（贯仲、管众）

【性味归经】寒，苦，有小毒。入肝、胃经。

【功效】杀虫，清热解毒。

【主治】绦虫，蛲虫，钩虫，湿热毒疮，外用治疥癣。

【用量】马、牛 20～60g；猪、羊 6～15g。

【附注】"除热毒杀虫于贯众"。贯众鳞茎入药，为常用的解毒辟疫杀虫药。对流感、痘疹、血斑等热性病和绦虫、蛲虫等多种寄生虫均有效验。

图 6-132　贯　众

贯众因其有抑菌防病和驱虫壮膘作用，常作为中草药饲料添加剂应用。

本品含绵马酸、绵马酚等，有驱虫作用，其煎剂对流感病毒、脑膜炎双球菌、痢疾杆菌均有抑制作用。

蛇床子（蛇米）

【性味归经】温，辛、苦，有小毒。入肾、三焦经。

【功效】燥湿杀虫，温肾壮阳。

图 6-133　蛇床子

【主治】湿疹瘙痒，肾虚阳痿，腰胯冷痛，宫冷不孕等。

【用量】马、牛 15～30g；猪、羊 5～10g。

【附注】"蛇床壮阳杀虫、外擦阴部湿痒"。蛇床子种子入药，功能与菟丝子、巴戟天相似，惟补肾之力较弱，而有杀虫止痒作用。

本品含蛇床子素及挥发油等，对皮肤真菌、流感病毒有抑制作用。

其他驱虫药

药　名	性味归经	功　效	主　治
雷　丸	寒，苦，有小毒，入胃、大肠经	杀虫	绦虫，蛔虫，钩虫
鹤　虱	平，苦、辛，有小毒，入脾、胃经	杀虫，止痒	蛔虫，蛲虫，绦虫，钩虫，疥癣等
南瓜子	平，甘，入胃、大肠经	驱虫	绦虫，血吸虫

二、驱　虫　方

万应散（《医学正传》）

【组成】槟榔 30g、大黄 60g、皂角 30g、苦楝根皮 30g、黑丑 30g、雷丸 20g、沉香 10g、木香 15g，共为末，开水冲调，候温灌服。

【功效】攻积杀虫。

【主治】蛔虫、姜片吸虫、绦虫等虫积证。

【方解】方中雷丸、苦楝根皮杀虫为主药；黑丑、大黄、槟榔、皂角既能攻积，又可杀虫为辅药；木香、沉香行气温中为佐药。合而用之，具有攻积杀虫之功。

【临诊应用】用于驱除蛔虫、姜片吸虫、绦虫等虫积症。本方攻逐力较强，对怀孕动物及体弱者慎用。

【方歌】万应散中槟丑黄，苦楝根皮和木香，沉香皂角雷丸入，驱虫化积用此方。

槟榔散（《全国中兽医经验选编》）

【组成】槟榔 24g、苦楝根皮 18g、枳实 15g、朴硝（后下）15g、鹤虱 9g、大黄 9g、使君子 12g，共为末，开水冲调，候温灌服。

【功效】攻逐杀虫。

【主治】猪蛔虫病。

【方解】方中槟榔、苦楝根皮、鹤虱、使君子驱杀蛔虫；大黄、芒硝、枳实攻逐通肠，各药合用，攻逐杀虫力较强。

【临诊应用】本方是比较安全的驱蛔剂。若病猪体质较好，食欲正常者，还可加雷丸 9g，以增强其驱蛔效力；若体弱、食欲差者，可加麦芽、神曲以健胃增食。

【方歌】槟榔散中硝黄枳，苦楝根皮鹤君子。

第十八节　外用方药

凡以外用为主，通过涂敷、喷洗等方式治疗动物外科疾病的药物（方剂），称为外用药（方）。

本类方药一般具有清热解毒，活血散瘀，消肿止痛，去腐排脓，敛疮生肌，收敛止血，续筋接骨及体外杀虫止痒等作用。适用于痈疽疮疡，跌打损伤，骨折，蛇虫咬伤，皮肤湿疹，水火烫伤，眼、耳、口鼻、喉部疾患及疥癣等。以局部涂擦，外敷，喷淋，熏洗，吹喉，点眼，滴鼻等使用方法为主。常用药有冰片、硫磺、雄黄、轻粉、硼砂等。代表方如冰硼散、青黛散等。

外用药多具有毒性，甚至有剧毒，故用量宜慎，对毒性较大的方药，涂敷面积不宜过大，也不宜长期使用，要防止动物舔食。

一、外用药

冰片（梅片、片脑、龙脑香）

【性味归经】微寒，辛、苦。入心、肝、脾、肺经。

【功效】宣窍除痰，消肿止痛。

【主治】神昏、惊厥诸证，各种疮疡，咽喉肿痛，口舌生疮及目疾等。

【用量】马、牛 3～6g；猪、羊 1～2g。

【附注】"冰片通窍"。冰片为龙脑香树脂的加工品，芳香走窜，善能通窍，一般外用；内服可入丸、散，不入煎剂。

本品含挥发油等，能兴奋中枢神经，有抑菌作用。

雄黄（明雄、雄精、腰黄）

【性味归经】温，辛，有毒。入肝、胃经。

【功效】杀虫解毒。

【主治】各种恶疮疥癣及毒蛇咬伤，湿疹等。

【用量】马、牛 3～9g；猪、羊 0.3～1.5g。

【附注】"解毒杀虫于雄黄"。雄黄为含硫化砷的矿石，赤如鸡冠色者称为雄精，品质最好；色黄质轻者称腰黄，品质较次；较腰黄色红，透明度较差者，称雄黄（一般采于山之阳面）；其色较暗者称雌黄（一般采于山之阴面），品质最次。市售雄黄有的含砒霜（大毒），应选择以红黄色如鸡冠色者质较纯。

本品含三硫化二砷及少量重金属盐，对常见化脓性球菌、肠道致病菌、人型和牛型结核杆菌、皮肤真菌均有抑制作用。

硫磺（石硫磺）

【性味归经】温，酸，有毒。入肾、心包、大肠经。

【功效】外用解毒杀虫，内服补火助阳。

【主治】皮肤湿烂，疥癣阴疽，命门火衰，宫寒不孕，阳痿等。

【用量】马、牛10~30g；猪、羊3~6g。

【附注】"石硫磺暖肾杀虫"。硫磺系纯阳之品，大补命门真火不足，治一切阳虚衰惫之证，用后可使食欲增加，体质强壮，故可作为猪、禽等动物的饲料添加剂，作为催肥之用，但应严格控制剂量，马、牛10~30g；猪、羊3~6g。一般常用作丸、散、膏剂。

本品含硫及杂有少量砷、铁、石灰、黏土、有机质，能杀灭皮肤寄生虫，对皮肤真菌有抑制作用，对疥虫有杀灭作用。

硼砂（月石、蓬砂）

【性味归经】凉，辛、甘、咸。入肺、胃经。

【功效】解毒防腐，清热化痰。

【主治】口舌生疮，咽喉肿痛，目赤肿痛，肺热痰嗽，痰液黏稠，砂石淋等。

【用量】马、牛10~25g；猪、羊2~3g；外用适量。

【附注】"硼砂消炎生肌"。硼砂色白而体轻，味辛甘咸性凉，辛能散热，咸能软坚，甘能和缓，故能消上焦痰。临诊常用其治胸膜肺炎，大叶性与小叶性肺炎，肺坏疽，脓性鼻卡他等。但本品以外用为主，为口腔、咽喉疾病常用药。

本品含四硼酸二钠，能刺激胃液的分泌，能促进尿液分泌及防止尿道炎症，外用对皮肤、黏膜有收敛保护作用，并能抑制某些细菌的生长，故可治湿毒引起的皮肤糜烂。

明矾（白矾）

【性味归经】寒，酸。入脾经。

【功效】杀虫，止痒，燥湿祛痰，止血止泻。

【主治】痈肿疮毒，湿疹疥癣，口舌生疮，风痰壅盛或癫痫，久泻不止等。

【用量】内服则生用，外治多煅用。马、牛15~30g；猪、羊3~10g。

【附注】"涌吐风痰明矾之功效"。明矾味酸气寒，性专收涩，能清肃秽浊，涤脏腑，既能燥湿化痰，又可杀虫解毒。配成5%的溶液冲洗创伤、子宫脱出部及直肠脱出部、皮肤湿疮，有收湿止痒之功。明矾煅用又名枯矾，多作外用。

本品含硫酸钾铝，内服有止泻之效，能刺激胃黏膜而反射地引起呕吐，促进痰液排出；外用于局部创伤出血，对人型、牛型结核杆菌、金黄色葡萄球菌、伤寒杆菌、痢疾杆菌均有抑制作用。

儿茶（孩儿茶）

【性味归经】微寒，苦、涩。入肺经。

【功效】外用收湿，敛疮，止血；内服清热，化痰。

【主治】疮疡多脓，久不收口及外伤出血，泻痢便血，肺热咳嗽等。

【用量】马、牛 10~25g；猪、羊 5~10g。

【附注】"孩儿茶清热收涩止血敛疮"。孩儿茶为儿茶树煎汁浓缩的加工品，善于收湿敛疮，为外伤疮疡的常用药。

本品含鞣质、脂肪油、树胶、蜡等，有止泻作用，对金黄色葡萄球菌、痢疾杆菌、伤寒杆菌及常见致病性皮肤真菌均有抑制作用。

其他外用药

药 名	性味归经	功 效	主 治
炉甘石	温，甘，入胃经	明目去翳，收敛生肌	目赤肿痛，羞明多泪，睛生翳膜，湿疹，疮疡多脓或久不收口
木鳖子	温，苦，微甘，有毒，入肝、大肠经	散瘀消肿，拔毒生肌	疮痈肿痛，瘰疬槽结，跌打损伤
硇 砂	温，咸、苦、辛，入肝、脾、胃经	软坚散结，消积去瘀	外伤痈疽疮毒，脓未成者使消，脓已成者使溃

二、外 用 方

生肌散（《外科正宗》）

【组成】煅石膏 50g、轻粉 50g、赤石脂 50g、黄丹 10g、龙骨 15g、血竭 15g、乳香 15g、冰片 15g，共为细末，混匀装瓶备用。用时撒患部。

【功效】去腐，敛口，生肌。

【主治】外科疮疡。

【方解】方中轻粉、黄丹、冰片清热解毒，防腐消肿为主药；乳香、血竭活血化瘀，消肿止痛，煅石膏、龙骨、赤石脂收湿敛疮生肌为辅佐药。

【临诊应用】用于疮疡破溃后流脓恶臭，久不收口者。

【方歌】生肌石膏黄丹藏，石脂轻粉竭乳香，龙骨冰片一同研，去腐敛疮效力强。

桃花散（《医宗金鉴》）

【组成】陈石灰 500g、大黄片 90g，陈石灰用水泼成末，与大黄同炒至石灰呈粉红色为度，去大黄，将石灰研细过筛备用。

【功效】止血定痛，清热解毒，敛口结痂。

【主治】新鲜创伤出血。

【方解】方中陈石灰敛伤止血并有较强的解毒作用为主药；大黄清热解毒，凉血止血，消肿为辅药，二药同炒能增强敛伤、止血、定痛的功效。

【临诊应用】常用于新鲜创伤出血。对于化脓创、溃疡、皮肤霉菌病及久治不愈的创口，亦有较好的疗效。用时以药粉撒患处或凉开水调服。

【方歌】桃花石灰炒大黄，外伤出血速撒上。

青黛散（《元亨疗马集》）

【组成】青黛、黄连、黄柏、薄荷、桔梗、儿茶各等份。共为极细末，混匀，装瓶备用。用时可装入纱布袋内口噙，或吹撒于患处。

【功效】清热解毒，消肿止痛。

【主治】舌疮。

【方解】方中诸药多具寒凉之性，有清热解毒作用。其中儿茶、青黛又可收湿敛疮，止痛生肌；薄荷还能散风热，利咽喉；桔梗利咽清肺。诸药相合，清热解毒，消肿止痛。

【临诊应用】用于心热舌疮。咽喉肿痛。

【方歌】青黛散用治舌疮，黄柏黄连薄荷襄，桔梗儿茶共为末，口噙吹撒可安康。

其他外用方

方名	组成	功用	主治
冰硼散	冰片、朱砂、硼砂、玄明粉，共为细末，拌匀，用时吹撒患处	清热解毒，消肿止痛	口舌生疮，咽喉肿痛
雄黄散	雄黄、白芨、白蔹、龙骨、大黄各等份，共为细末备用	拔毒消肿，活血止痛	体表各种急性黄肿，初中期而见红、肿、热、痛之症，以温醋或水调敷
接筋散	没药、儿茶、血竭、白芨、紫金锭、麝香（原方有生象皮、虎骨），分别研细混合装瓶密封备用	续筋生肌，活血消肿	用于外伤性筋腱断裂，先用水胶绷带固定伤处，再用旋复花水洗净，涂以白芨白糖液，敷包接筋散
接骨散	归尾、栀子、刘寄奴、秦艽、杜仲、仙鹤草、透骨草、木香、自然铜、补骨脂、儿茶、川芎、牛膝、红花、乳香、没药、紫草、木瓜、骨碎补、血竭、乌鸡骨、黄丹、植物油，熬膏备用	活血接骨	骨折，用时将药膏化开，摊于纱布上，贴敷在整复好的骨折处，外用夹板固定

第十九节 饲料添加方药

中药饲料添加剂，是指在饲料加工、贮存、调配或饲喂过程中，根据不同的生产目的，人工另行加入一些中草药或中药的提取物。添加中草药的目的，在于补充饲料营养成分的不足，防止和延缓饲料品质的劣化，提高动物对饲料的适口性和利用率，预防和治疗某些疾病，促进动物生长发育，改善畜产品的产量和质量，或定向生产畜产品等等。

【组方原则】中药饲料添加剂既可单味应用，也可以组成复方。复方添加剂的配伍规律，原则上与传统的中兽医方剂相同。就目前研究和应用中草药饲料添加剂来看，用于促进动物生长、增加产品产量的添加剂，多采用健脾开胃，补养气血的法则；用于防病治病的添加剂，往往采用调整阴阳，祛邪逐疫的法则。在必要时还可中西结合，取长补短，从而完善或增强添加剂的某些功能。

【剂型】目前的中草药饲料添加剂绝大多数为散剂。有的也可采用预混剂的形式，也就是中药或其提取物预先与某种载体均匀混合而制成的添加剂，如颗粒剂、液体制剂等。

【用量】一般占日粮的 0.5%～2%，单味药作添加剂用量宜大，但有毒及适口性差的中草药单味作为添加剂时，用量宜轻。

【使用间隔时间】根据中草药吸收慢、排泄慢、显效在后的特点，在使用中草药添加剂的间隔上，开始每天喂一次，以后应逐渐过渡到间隔 1～3d 一次，既不影响效果，又可降低成本。

【中草药添加剂的日程添加法】根据中草药添加剂的作用和生产需要，大体可分为长程添加法、中程添加法和短程添加法三种。长程添加法，持续时间一般在 4 个月以上；中程添加法，持续时间一般为 1～4 个月；短程添加法，持续时间在 2～30d，有的甚至在 1d 之内。每种日程内，又可采用间歇式添加法，如三二式添加法（添 3d，停 2d）、五三式添加法（添 5d，停 3d）和七四式添加法（添 7d，停 4d）等。对反刍动物的添加方式可采取饮水的方式给予。

【分类】中草药饲料添加剂按其作用和应用目的，大体上可分为增加畜产品产量、改进畜产品质量和保障动物健康等三大类。

按中草药来源可分为植物、矿物和动物三大类。其中植物类所占比例最大。植物类有：麦芽、神曲、山楂、苍术、松针、苦参、贯众、陈皮、何首乌、黄芪、党参、甘草、当归、五加皮、大蒜、龙胆草、金荞麦、羊红膻、蜂花粉、艾叶、女贞子等。矿物类主要有麦饭石、沸石、芒硝、滑石、雄黄、明矾、食盐、石灰石、石膏、硫磺、阳起石等。动物类主要有蚯蚓、蚕蛹、蚕砂、牡蛎、蚌、骨粉、鱼粉、僵蚕、乌贼骨、鸡内金、猪小肠等。

【展望】纵观当前中草药作为饲料添加剂的状况，一方面日益受到国内外的重视，正在开展广泛的探索性应用与研究；另一方面这种应用的研究还处在较低水平，亟待进一步总结和提高。主要应加强以下几方面的研究。

(1) 微量化。当前，中药作为饲料添加剂，剂量普遍偏大，因而运输不便，饲料的适口性有时也受到影响。解决的办法，除寻找用量小、效果好的中草药外，主要应对某些中草药有效成分进行提取和精制。如用松针粉作为饲料添加剂，须在饲料中添加5%～10%甚至更多；而用其提取物（松针活性物），则只需在饲料中添加 0.03%～0.05%即可。

(2) 系列化。中草药作为饲料添加剂的种类和配方虽然报道很多，但功用往往综合庞杂，很少是精专方剂，而且大同小异。今后应在吸取中西两者之长的基础上，根据动物的不同特性和生理需要，研制具有不同功用特点的添加剂，逐步形成中药饲料添加剂系列。有研究指出，鸡的基础代谢高，对饲料的消化吸收及排泄快，故添加剂宜选用平补消导类中药。

(3) 标准化。在进一步鼓励开发应用的同时，有关研制、生产和监察部门，应根据中草药饲料添加剂的特点，制定定型产品的质量标准，使其有规可循，便于管理。

一、饲料添加药

松　针

【性味及功用】温，苦。有补充营养，健脾理气，祛风燥湿，杀虫等功效。

【用途及用法】

（1）用于猪。育肥猪，在日粮中添加 2.5%～5% 的松针粉，可替代部分玉米等精料，添加松针粉喂的猪，皮毛光亮红润，可改变猪肉的品质，提高增重率和瘦肉率；用于种公猪可提高采精量。

（2）用于禽。在日粮中添加 1.5%～3%，能提高其产蛋率和饲料报酬。

（3）用于兔。能提高孕兔的产仔率、仔兔的成活率、幼兔的增重率，并且有止泻、平喘等功效。

（4）用于鱼。在鱼饲料中添加 4% 松针叶粉制成颗粒饵料，可使渔业增产、增收。

（5）用于奶牛。在日粮中添加 10% 的松针粉，可使产奶量提高。

如果使用松针活性物质添加剂，在动物饲料中的添加量为 0.05%～0.4%。

松针叶粉不仅含有蛋白质中十几种氨基酸以及十几种常量和微量元素等，而且富含大量的维生素、激素样物以及杀菌素等。特别是胡萝卜素含量极为丰富。

杨　树　花

【性味及功用】微寒，苦、甘。有补充营养，健脾养胃，止泻止痢等功用。

【用途及用法】用杨树花代替 36% 豆饼进行鸡饲喂试验，不论增重还是料肉比都与豆饼没有明显差别。用于喂猪，可提高增重。

【附】杨树叶作用与花相似，用杨树叶粉喂猪，完全可代替麸皮，从而降低饲料成本，增加效益。添加量可达日粮量的 20%。另用 5%～7% 饲喂蛋鸡可提高产蛋率、种蛋受精率、孵化率及雏鸡成活率，还可增加蛋黄色泽。

本品营养成分较丰富，各种氨基酸含量比较齐全，此外还含有黄酮、香豆精、酚类及酚酸类、苷类等。

桐叶及桐花

【性味及功用】寒，苦。有补充营养，清热解毒之功效。《博物志》："桐花及叶饲猪，极能肥大，而易养"。

【用途及用法】泡桐叶粉在饲料中的添加量以 5%～10% 为宜。用于猪可提高增重率和饲料报酬；用于鸡有促进鸡的发育、促进产蛋、提高饲料利用率、缩短肉鸡饲养周期。

本品含粗蛋白质、粗脂肪、粗纤维、无氮浸出物、熊果酸、糖苷、多酚类以及钙、磷、硒、铜、锌、锰、铁、钴等元素。

艾　叶

【性味及功用】温，苦、辛。有温经止痛，逐湿散寒，止血安胎等功效。

【用途及用法】

(1) 用于猪育肥。能明显提高日增重及饲料效率，一般按日粮的 2% 添加。

(2) 用于蛋鸡。可提高产蛋率，降低死亡率，一般按 0.5%～2% 添加。

(3) 用于肉鸡和兔。能提高饲料利用率，节省饲料。

艾粉中不仅含有蛋白质、脂肪、各种必需氨基酸、矿物质、叶绿素，而且含有大量维生素 A、维生素 C 和硫胺素、核黄素、烟酸、泛酸、胆碱等 B 族维生素，以及龙脑、樟脑挥发油、芳香油和未知生长素等成分。

蚕　砂

【性味及功用】温，甘、辛。有祛风除湿功效。

【用途及用法】

(1) 用于猪。以 15% 的干蚕砂代替麦麸喂猪是可行的。从适口性来看，前期加 10% 的蚕砂、后期加 15% 蚕砂，适口性无明显变化。一般添加以 5%～10% 效果较好。添加比例越高，饮水越多，所以添加的同时应给予充足的饮水。

(2) 用于鸡。在饲料中添加 5% 的蚕砂，可提高鸡的增重率，饲料报酬高。据分析这与蚕砂中尚含有未知促生长因子有关。

蚕砂含有蛋白质、脂肪、糖、叶绿素、类胡萝卜素、维生素 A、维生素 B 等，还含有 13 种氨基酸，尤以亮氨酸含量最高。据分析，其所含的各种营养成分比早稻谷营养成分的含量还要高。

二、饲料添加方

壮膘散（《中兽医方剂学》）

【组成】牛骨粉 200g，糖糟、麦芽各 1500g，黄豆 2250g，共为细末。每次用 30g，混于料中饲喂。

【功效】开胃进食，强壮添膘。

【应用】本方是比较全面的营养补充剂。适用于牛马体质消瘦、消化力弱。

肥猪散（《中华人民共和国兽药典·二部》2000 年版）

【组成】绵马贯众、何首乌（制）各 30g，麦芽、黄豆各 500g，共为末，按每只猪 50～100g 拌料饲喂。

【功效】开胃，驱虫，补养，催肥。

【应用】食少，瘦弱，生长缓慢。

八味促卵散（《中兽医方剂学》）

【组成】当归、生地、苍术、淫羊藿各 200g，阳起石 100g，山楂、板蓝根各 150g，鲜马齿苋 300g，为末加白酒 300g，水适量制成颗粒，在鸡饲料中加入 3%，饲喂 43 日龄母鸡至开产。

【功效】助阳，促进产卵。

【应用】本方有明显的促进母鸡性成熟作用，实验结果表明，开产日期比对照组提前 20d，产蛋日期也相对集中、整齐，平均蛋重比对照组多 11.1g。

苦枣粥（《中国实用技术科研成果大辞典》）

【组成】苦参 250g，红枣 250g，糯米 500g，先将苦参、红枣加水煎至 3～5 沸，取出药液，加水再煎，如此三次。将三次药液混合，加入糯米粥，分 2 次灌服。隔天一剂，连用 3～5 剂即可。

【功效】杀虫健脾，滋阴补虚，加快复膘。

【应用】慢性拉稀，皮肤瘙痒，瘦弱等。

思考与练习（自测题〈第 16～19 节〉）

一、填空题（每小题 3 分，共 15 分）

1. 冰片的功用是_____，贯众的功用是_____。
2. 中草药饲料添加剂主要作用是_____。
3. 槟榔散主治_____病。
4. 通乳散的功用是_____，蚕砂作为猪的添加剂一般添加_____效果较好。
5. 肥猪散由_____组成，每天混饲_____g。

二、选择题（每小题 3 分，共 15 分）

1. 下列除哪味药物皆是"猪长散"的药物组成（   ）
   A. 女贞子   B. 艾叶   C. 陈皮   D. 麦饭石

2. 松针中什么成分含量极为丰富（   ）
   A. 淀粉酶   B. 维生素 A   C. 转化糖酶   D. 胡萝卜素

3. 下列药物中除哪项均可作为驱虫药（   ）
   A. 贯众   B. 木别子   C. 川楝子   D. 使君子

4. 壮膘散的功用是（   ）
   A. 补充营养   B. 强壮添膘   C. 帮助消化   D. 杀虫

5. 冰硼散的适应症为（   ）
   A. 口舌生疮、咽喉肿痛   B. 无名肿毒   C. 下肢湿疮   D. 跌打损伤

三、判断题（每小题 2 分，共 10 分）

1. 硫磺外用杀虫疗疮，常制成 30%～50% 的软膏外涂。（   ）
2. 王不留行、穿山甲、木通、通草、黄芪、当归、路路通均有通乳作用。（   ）

3. 桐叶及桐花加入饲料5％～10％为宜。 （　　）
4. 中草药添加剂中程添加法持续时间在2～4个月；短程添加法持续时间在2～3天。
 （　　）
5. 艾叶善于温经散寒，又能安胎。 （　　）

四、简答题（每小题6分，共30分）
1. 常用驱虫药有哪些？
2. 应用外用药要注意些什么？
3. 催吐方药适用于什么病证？哪种动物不宜用？
4. 仔猪白痢用什么中草药添加剂？
5. 体瘦缺乳者用何方治疗？由哪些药物组成？

五、论述题（每小题10分，共30分）
1. 试述驱虫药和外用药的使用注意事项。
2. 试述使用中草药添加剂的目的、组方原则及配伍运用。
3. 分析生肌散与冰硼散的组方、主证。

[附] 一、五经治疗药性须知
疗心
疗心惊悸：龙脑　天门冬
镇心：朱砂　远志　黄连　龙脑　雄黄　麦门冬　茯神　巴戟　郁金　金箔
疗肝明目
镇肝：铁华粉　夜明砂
凉肝：龙胆草　黄柏
凉胆：海桐皮
泻肝：牛蒡子　威灵仙　蒺藜
凉肝血：五灵脂
祛翳：谷精草　茺蔚子　炉甘石　干地黄　秦皮　青葙子　草决明　石决明　蛇蜕
　　　羊肝　枸杞子　干菊花　蝉蜕　木贼　乌贼鱼骨
温脾和中
健脾：厚朴　陈皮　白术　白茯苓　苍术　青皮　砂仁　益智仁
温脾：干姜　木香　丁香　糯米　厚朴　肉豆蔻　良姜　草果　白扁豆　附子　白豆
　　　蔻
开胃：生姜　大枣
凉脾：枇杷叶　美水草　黄药子　白药子
疗肺咳喘
润肺：天门冬　栝楼根　知母　贝母　人参　杏仁
清肺：紫苏　甜葶苈　鸡子清
泻肺：紫菀　白芥子　桑白皮
补肺：葳蕤　黄蜡

凉肺：黄药子　荷叶　枇杷叶
定喘：诃子　麻黄　兜铃
止哕：款冬花　五味子　旋覆花
化痰：白矾　半夏　南星　砒霜　硼砂　桔梗
止咳：乌梅　乾葛（葛根）

腰肾小肠

暖腰肾：猪腰子　补骨脂　肉苁蓉　胡芦巴　川楝子　延胡索　茴香　青盐　山药
　　　　鹿茸　杜仲　巴戟
利小肠：木通　车前子　滑石　赤茯苓　葵子　甜瓜子　萹竹　石燕子　瞿麦　海金
　　　　砂　猪苓　泽泻
缩小便：龙骨　石菖蒲　川草薢

大肠草结

通肠：大黄　朴硝　蝼蛄　蜣螂　通草　酥油　巴豆
润肠：麻子仁　郁李仁　续随子
滑肠：生猪脂　腻粉　麻油　芸薹子　滑石
宽肠：枳壳
化谷草：麦蘖　神曲　山楂子
温肠止泻：桑螵蛸　五倍子　诃子　石榴皮　罂粟壳

诸风解表

疗风：川附子　川乌　白附子　防风　汉防己　独活　蔓荆子　葱白　荆芥　麻黄
　　　麝香　全蝎　天麻　乌蛇　川芎　牙皂　藁本　柴胡　川升麻　豆豉　生姜
　　　地龙　羌活　僵蚕

五劳七伤

劳伤：秦艽　鳖甲　百合　黄芪　阿胶　没药　白芨　白蔹　柏脂　自然铜　虎骨
　　　地龙　血竭　狗脊　木鳖子　骨碎补　乳香
　　　红曲　山药　童便

导热凉三焦

解热：茵陈　连翘　犀角　地浆　薄荷　玄参　茶清　香薷　青黛　瓜蒂　黄芩　天
　　　仙子　寒水石　地骨皮　山栀子　栝楼子　天花粉　米泔水

导积滞气

去积：巴豆　乌药　槟榔　藿香　莪术　萝卜　川椒　半夏　青木香　京三棱　香附
　　　子

疗血活血

生血：当归首　白芷　肉桂
散血：黄丹　紫矿　油发
行血：当归尾　白芍　生地黄　榆白皮　牡丹皮　草薢　桃仁
化血：斑蝥　蛇虫　水蛭　蒲黄
和血：当归全

杀虫治疥
虫疥：硫磺　贯众　芫荑　鹤虱　轻粉　锡灰　藜芦根　蛇床子　苦楝子　石榴皮　使君子　鹁鸪粪

避瘟疫气
避瘟：獭肝　獭粪　苍术　猢狲　雄黄

和药解毒
解毒：甘草　兰汁　黑豆　地浆　绿豆粉　绿豆汤　人粪汁

[附] 二、引经泻火疗病须知

引经

少阴心经、少阴肾经，独活官桂引。

太阴肺经，白芷、葱白引。

太阴脾经、阳明胃经，葛根、白芷、升麻引。

少阳三焦经、少阳胆经、厥阴肝经、厥阴心包络经，柴胡引。

太阳小肠经、太阳膀胱经、阳明大肠经，藁本、羌活引。

泻火

黄连泻心火，知母泻肾火，栀子、黄芩泻肺火，白芍泻脾火，黄芩泻大肠火，黄柏泻膀胱火，柴胡、黄芩泻肝胆火，知母、黄柏酒炒降阴火。

和血

破血用桃仁，活血用当归，补血用川芎，调血用延胡索，逐血用红花，止血用当归首，化血用蒲黄，养血用当归身，行血用当归尾，和血用当归全。

理气

顺气用乌药，补元气用人参，破滞气用枳壳、青皮，调郁气用木香，正气用藿香，降气用沉香。

（《元亨疗马集》）

实训一　药用植物形态识别（4学时）

[实训目的]

1. 初步学会识别药用植物的基本方法。

2. 基本掌握最常用中药的形态、特征、颜色、生长特性等，为学习运用中药打下基础。

[材料用具]　药锄8把，柴刀8把，枝剪8把，标本夹4副，吸水纸若干，照相机1台，彩色胶卷1卷，钢卷尺8把，游标卡尺8把，扩大镜8只，笔记本人手1本，技能单人手1份。

[内容方法]

1. 根与根茎类药用植物

丹参　选取有代表性的植株，进行下列项目的观察。

（1）根。形状、外皮颜色、长度、直径、断面颜色、气味。
（2）茎。形状、分枝、皮色、株高、茎粗。
（3）叶。质地、组成、形状、叶缘、表面及背面颜色与被毛。
（4）花。萼片、花冠、花序的形状与颜色。
（5）果。形状、颜色。

2. **皮类药用植物**

厚朴　审视树冠后，挖取侧根1支，剪取完整树枝1支，进行以下项目的观察。
（1）根。形状、外皮颜色和气味。
（2）茎。观察树皮颜色、皮孔，树枝上的托叶与叶痕。
（3）叶。叶形、顶端与基部形状、叶脉的对数、表面及背面颜色和被毛。
（4）花。蕾位大小、花被数量与排列形状、颜色、雄蕊与雌蕊。
（5）果。果实与种子的形状和颜色。

3. **花类药用植物**

红花　选取具有代表性的植株，进行下列项目的观察。
（1）茎。株高、形状、分枝、颜色。
（2）叶。着生、形状、叶缘与齿端、表面与背面的颜色。
（3）花。花序、花冠的形状与颜色、气味、雄蕊、子房与柱头。
（4）果。形状、颜色。

4. **果实与种子类药用植物**

薏苡　拔取有代表性的植株，进行下列项目的观察。
（1）茎。茎高、形状、茎基部。
（2）叶。形状、长度、宽度、中脉、叶缘。
（3）花。苞序、总苞、雄花穗的形状。
（4）果。形状、颜色。

5. **全草类药用植物**

薄荷　选取有代表性的植株，进行下列项目的观察。
（1）茎。茎的形状、颜色和气味。
（2）叶。形状、叶缘、叶柄。
（3）花。花序、苞叶、花萼、花冠的形状与颜色、雄蕊、花柱。
（4）果。形状、颜色。

由教师和实验人员带领，利用学校苗圃或到校园附近的野外进行，在现场由指导老师边讲边看，讲解后将学生分成小组，实地观察当地能见到的野生药用植物和苗圃种植的药用植物，数量不少于20种，仔细观察、识别药用植物的根、茎、叶、花、果实；根据需要分别刨根、剪枝、采花、摘果，详细识别、记录。

[**注意事项**]　教师在实训前应先作一次考察备课，并编印技能单，应选在植物开花、结果的盛期进行。标本的根、茎、叶、花、果尽量齐全。为防止中毒，应禁止任意品尝。强调学生作好实训笔记，尽量能绘图画出植物的形态特征。

利用自习、课外第二课堂等活动，组织学生到中药苗圃参加劳动及管理，到中药标本室观察识别压制标本,观看中药录像,巩固所学知识,达到较熟练掌握。

[分析讨论] 分析讨论植物药物生长的基本特点,各小组交流识别药物的方法;指导教师作出总结。

[作业]
1. 描述所见药用植物的形态特征;
2. 绘出 1~2 张药用植物图(选作)。

实训二 药用植物标本制作(2学时)

[实训目的]
1. 了解药用植物标本制作的基本方法、程序。
2. 掌握蜡叶压制标本制作的操作技能。

[材料用具] 植物标本若干种,枝剪 8 把,剪刀 8 把,细草纸 1 令,粗草纸 2 令,台纸(24cm×26cm)若干张,标签若干张,小麻绳若干条,标本夹 8 副,透明胶纸 8 卷,耐热搪瓷盆 4 个,电炉 4 台,铝桶 4 只,冰醋酸 4 瓶,醋酸铜 4 小瓶,蒸馏水 10kg,竹制夹钳 8 只,喷雾器 1 具,敌杀死 1 瓶,亚硫酸 1 瓶,浓硫酸 1 小瓶,标签瓶若干个,长玻璃片若干,丝线 8 卷,笔记本人手 1 本,技能单人手 1 份。

[内容方法]

(一)蜡叶标本压制

1. 修剪 将采得的新鲜药用植物,在保持其完整形态的前提下,齐小枝基部和叶柄处把重叠的枝叶剪掉。去尽根部泥沙。标本整体不得大于台纸的尺寸。

2. 压制 用稍大于两份台纸的细草纸 1 张和粗草纸 3 张,折为夹层,细草纸置于最内层,备用。将修剪好的植物标本,使其大部分叶面向上,少数叶背向上,平展地铺放在双层细草纸的夹层之间。平端着移入标本夹中,用小麻绳将标本夹加压捆紧,使植物组织中的水分,能迅速压出而被草纸吸收。勤加换晒粗草纸,换纸时,不得将标本直接取出,应连同细草纸一起移入干燥的粗纸夹层中,以免损坏标本。

3. 上台纸 植物标本压至全干后取出,喷洒适量的敌杀死溶液,以防虫蛀。阴干后,仔细地移置于台纸上,用透明胶纸带加以固定。在标本的右下角贴上正式标签,最后用塑料薄膜封盖,收藏。标签内容一般包括:名称、别名、学名、科属、功效、产地、采集时间、采集人、鉴定人等。

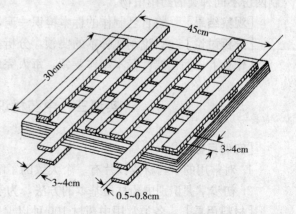

图 6-134 标本夹

（二）彩色蜡叶标本制作

1. 溶液制备　取冰醋酸0.5kg，蒸馏水或凉开水0.5kg，置耐热搪瓷盆中混匀。电炉上文火缓慢加热，取醋酸铜结晶，少量多次地加入冰醋酸溶液中，边加边搅动，促其溶解，直至不能溶解时为止，制成饱和溶液备用。

2. 煮制标本　将上述醋酸铜饱和溶液，加4倍蒸馏水，置电炉上加热。再按（一）法修剪过的药用植物标本，摘下花果，洗净泥沙，投入加热的醋酸铜溶液中，煮至植物的茎叶由绿色变黄，再由黄色转绿，变成原植物的色调时取出，在流水中反复冲洗，除去附着于茎叶表面的铜离子，沥干水分。

3. 压制上台　均同（一）法，但因标本的含水量更高，故更应勤换吸水纸，第一天多换几次，并增加吸水草纸的张数，干后上台纸。

（三）彩色浸制标本制作

1. 溶液制备

（1）50%醋酸铜溶液。取冰醋酸1kg置耐热容器中，间接加热至80～90℃，逐渐加入醋酸铜至不溶解为止。冷却后加等量蒸馏水，制成50%醋酸铜溶液。

（2）0.3%～0.5%亚硫酸溶液。取亚硫酸3～5ml置量筒或容量瓶中，加蒸馏水至1 000ml，滴加浓硫酸数滴，充分混匀。随配随用。

2. 煮制　取50%醋酸铜溶液适量，置耐热搪瓷盆中，文火上缓慢加热，再取经过修剪整理的植物标本，置溶液中煮制。叶质菲薄柔嫩的加热至30～50℃，叶质厚实坚老的加热至70～80℃。加热时间不拘，以植物茎叶由绿色变白，再由白色转绿，恢复到原有色调时取出，置流水中洗净表面的铜离子，沥去过多的水分。

3. 浸制　将沥过水分的煮制标本，视标本缸的大小，以丝线捆缚固定于事先准备好的玻璃条上，浸入盛有0.3%～0.5%亚硫酸溶液的玻璃或有机玻璃标本缸中，加注浸液，使缸里尽量少留空间，然后加盖密封，贴上标签。

本实训以蜡叶标本制作为主。指导教师示范后，学生分组活动，按照上述要求每人压制两份不同种类的药用植物。

［观察结果］　将自己制作的标本检识一遍，并与他人互相校对。

［分析讨论］　讨论制作标本的要领，分析其原理所在。

［作业］　写出蜡叶标本制作要领，每人完成两份不同品种蜡叶标本的制作。

实训三　中药材识别（6学时）

［实训目标］
1. 对常用的中药材或饮片有一个大致的了解。
2. 初步掌握识别中药材最基本的方法，为学习运用中药打下基础。

［材料用具］　各类常用中药材100种以上。笔记本人手1本，技能单人手1份。

［内容方法］　识别中药材最基本的方法，一般有眼观、手摸、鼻闻、口尝四种，所

以，把它叫做性状鉴别。眼观在必要时可借助于放大镜，还可折断以观其断面；手摸以区分其质地的轻重软硬；鼻闻以区别其气味的辛香腥臭；口尝以鉴别其味道的甘、淡、辛、酸、涩、苦、咸。口尝时应折断或揉碎后，用舌尖舐尝，切忌不顾有毒或无毒，随意放入口中咀嚼或吞咽。

实施时指导教师先予示范，讲清要领，然后，学生在教师的指导下，有秩序地分别进行识别。

识别中药材不可能通过1~2次标本观察就可以掌握。本实训以学习中药材的性状鉴别方法为主要内容，看、摸、闻、尝应综合运用，不可偏废。教材所收的各种常用药物的识别，则应开放标本室，利用专业实践课或课余时间进行，以期掌握常用药材的形态、特征、颜色等。

[分析讨论]　分析讨论中药的形态、颜色、气味与其功用有何关系；互相交流辨认识别中药材的要领。

[作业]　写出5~10种中药的形态特征。

实训四　方剂验证（4学时）

[实训目的]　通过实训，使学生学会常用方剂的加减运用方法，结合临诊不同的病证，加减化裁出最适宜的方剂，为合理运用方剂进行临诊训练。

[材料用具]　技能单、资料单人手1份，笔记本人手1本，动物医院就诊患病动物2~3头。

[方法步骤]　本次实训安排在学习方、药知识的后期，以班为单位组织，有1~2位教师带领，到学校动物医院进行。分2~3组轮流对患病动物进行诊断，确定病证及治则，然后由学生独立写出治疗的方剂，交教师评判。

[注意事项]　实训前教师应到动物医院选定典型病例，以便于学生进行诊断；实训结束前留20min时间组织学生讨论，教师进行总结。

[作业]　每个学生写出实训报告，说明对所开方剂及加减化裁药物的理由。

实训技能考核（评估）项目

序号	项目	考核方式	考核要点	评分标准
1	中药形态识别	由教师和实验员带队在野外或标本园内分组进行	在教学大纲范围内任意抽取10种中草药全株标本，能回答出药名及入药部位	正确完成90%以上考核内容评为优秀
				正确完成80%考核内容评为良好
				正确完成60%考核内容评为及格
				完成不足50%考核内容评为不及格
2	中药药材识别	由教师和实验员分组在中药标本室内进行	在教学大纲范围内任意抽取10种中药材饮片（商品药材），能回答出药名及功用	正确完成90%以上考核内容评为优秀
				正确完成80%考核内容评为良好
				正确完成60%考核内容评为及格
				完成不足50%考核内容评为不及格

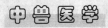

(续)

序号	项目	考核方式	考核要点	评分标准
3	方剂验证	由教师带队在动物医院分组进行	能根据具体病证恰当选方用药	正确完成90%以上考核内容评为优秀
				正确完成80%考核内容评为良好
				正确完成60%考核内容评为及格
				完成不足50%考核内容评为不及格

第三篇

针 灸 术

第三篇

朱炎诗

第七章

针灸的基本知识

学习目标
1. 了解针灸的作用原理。
2. 掌握针术的基本知识和操作技能。
3. 掌握灸烙术的基本知识和操作技能。
4. 掌握常用针刺疗法的特点及操作技能。
5. 掌握常用穴位的位置、针法及适应证,学会常见病、多发病的针灸治疗方法。

兽医针灸学,是研究和运用针灸技术防治动物疾病的科学,是中兽医学的重要组成部分。兽医针灸技术包括针术和灸术两种治疗技术。它们都是在中兽医理论指导下,根据辨证施治和补虚泻实等原则,运用针灸工具对穴位施以物理刺激以促使经络通畅、气血调和,达到扶正祛邪、防治病证的目的。因为二者常常合并使用,又同属于外治法,所以自古以来就把它们合称为针灸。它具有治病范围广,操作方便、安全,疗效迅速,易学易用,节省药品,便于推广等优点。

第一节 针　术

运用各种不同类型的针具或某种刺激源(如激光、电磁波等)刺入或辐射动物机体一定的穴位或患部,予以适当刺激来防治疾病的技术称为针术。

针术有多种分类方法:①按照针刺时出血与不出血,可分为血针术和白针术;②按照针刺前针具是否加热,可分为火针术和冷针术;③按照针刺后导入的物质,可分为气针术、水针术等;④按照针具的名称,可分为毫针术、宽针术、三棱针术、夹气针术、穿黄针术等。

一、针　具

(一) 白针用具

白针用具包括毫针和圆利针。基本构造分为针柄、针体和针尖。

1. **毫针**　用不锈钢或合金制成。特点是针尖圆锐,针体细长。针体直径0.64~

1.25mm，长度有 3cm、4cm、5cm、6cm、9cm、12cm、15cm、18cm、20cm、25cm、30cm等多种。针柄主要有盘龙式和平头式两种（图7-1）。多用于白针穴位或深刺、透刺和针刺麻醉。

2. **圆利针** 用不锈钢制成。特点是针尖呈三棱状，较锋利，针体较粗。针体直径1.5～2mm，长度有2cm、3cm、4cm、6cm、8cm、10cm数种。针柄有盘龙式、平头式、八角式、圆球式4种（图7-2）。短针多用于针刺马、牛的眼部周围穴位及仔猪、禽的白针穴位；长针多用于针刺马、牛、猪的躯干和四肢上部的白针穴位。

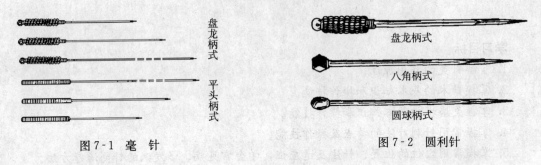

图7-1 毫针　　　　　　　　　　图7-2 圆利针

（二）血针用具

血针用具包括宽针、三棱针、眉刀针和痧刀针。基本构造分为针体和针头两部分。

1. **宽针** 用优质钢制成。针头部如矛状，针刃锋利；针体部呈圆柱状。分大、中、小三种。大宽针长约12cm，针头部宽8mm，用于放大动物的颈脉、肾堂、蹄头血；中宽针长约11cm，针头部宽6mm，用于放大动物的胸堂、带脉、尾本血；小宽针长约10cm，针头部宽4mm，用于放马、牛的太阳、缠腕血（图7-3）。中、小宽针有时也用于牛、猪的白针穴位。

2. **三棱针** 用优质钢或合金制成。针头部呈三棱锥状，针体部为圆柱状。有大小两种，大三棱针用于针刺三江、通关、玉堂等位于较细静脉或静脉丛上的穴位或点刺分水穴，小三棱针用于针刺猪的白针穴位；针尾部有孔者，也可做缝合针使用（图7-4）。

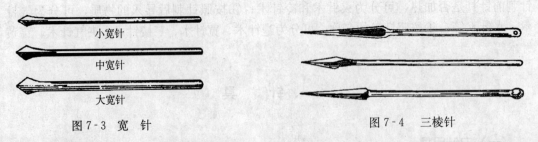

图7-3 宽针　　　　　　　　　　图7-4 三棱针

3. **眉刀针和痧刀针** 均用优质钢制成。眉刀针形似眉毛，故名；全长10～12cm。痧刀形似小眉刀，长4.5～5.5cm。两针的最宽部约0.6cm，刀刃薄而锋利，主要用于猪的血针放血，也可代替小宽针使用（图7-5）。

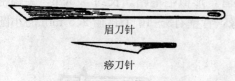
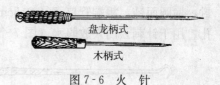

图 7-5 眉刀针和痧刀针　　　　　　　图 7-6 火　针

（三）火针用具

火针用不锈钢制成。针尖圆锐，针体光滑、比圆利针粗。针体长度有 2cm、3 cm、4 cm、5 cm、6 cm、8 cm、10 cm 等多种。针柄有盘龙式、螺旋式、双翅式、拐子式多种，也有另加木柄、电木柄的，以盘龙式、针柄夹垫石棉类隔热物质为多。用于动物的火针穴位（图 7-6）。

以上针具主要用于大、中型动物，对于宠物和小动物，也可采用人用针具。

（四）巧治针具

1. **穿黄针**　与大宽针相似，但针尾部有一小孔，可以穿马尾或棕绳，主要用于穿黄穴，也可作大宽针使用，或用于穿牛鼻环（图 7-7）。

2. **夹气针**　竹制或合金制。扁平长针，长 28～36 cm，宽 4～6mm，厚 3mm，针头钝圆，专用于针刺大动物的夹气穴（图 7-8）。

图 7-7 穿黄针　　　　　　　　　　　图 7-8 夹气针

3. **三弯针**　又名浑睛虫针或开天针。用优质钢制成。长约 12cm，针尖锐利，距尖端约 5 mm 处呈直角双折弯。专用于针马的开天穴，治疗浑睛虫病（图 7-9）。

4. **玉堂钩**　用优质钢制成。尖部弯成直径约 1 cm 的半圆形，针尖呈三棱针状，针身长 6～8 cm，针柄多为盘龙式。专用于放玉堂血（图 7-10）。

图 7-9 三弯针　　　　　　　　　　　图 7-10 玉堂钩

5. **姜牙钩**　用优质钢制成。针尖部半圆形，钩尖圆锐，其他与玉堂钩相似。专用于姜牙穴钩取姜牙骨（图 7-11）。

6. **抽筋钩**　用优质钢制成。针尖部弯度小于姜牙钩，钩尖圆而钝，比姜牙钩粗。专用于抽筋穴钩拉肌腱（图 7-12）。

图 7-11 姜牙钩　　　　　　　　　　　图 7-12 抽筋钩

7. **骨眼钩**　用优质钢制成。钩弯小，钩尖细而锐，尖长约 0.3cm。专用于马、牛的骨眼穴钩取闪骨（图 7-13）。

8. **宿水管** 用铜、铝或铁皮制成的圆锥形小管，形似毛笔帽。长约5.5cm，尖端密封，扁圆而钝，粗端管口直径0.8cm，有一唇形缘，管壁有8～10个直径2.5 mm的小圆孔。用于针刺云门穴放腹水（图7-14）。

图7-13 骨眼钩　　　　　　　　　　　　图7-14 宿水管

（五）持针器

1. **针锤** 用硬质木料车制而成。长约35 cm，锤头呈椭圆形，通过锤头中心钻有一横向洞道，用以插针。沿锤头正中通过小孔锯一道缝至锤柄上段的1/5处。锤柄外套一皮革或藤制的活动箍。插针后将箍推向锤头部则锯缝被箍紧，即可固定针具；将箍推向锤柄部，锯缝松开，即可取下针具。主要用于安装宽针，放颈脉、胸堂、带脉和蹄头血（图7-15）。

2. **针杖** 用硬质木料车制而成。长约24 cm，粗4 cm，在棒的一端约7cm处锯去一半，沿纵轴中心挖一针沟即成。使用时，用细绳将针紧固在针沟内，针头露出适当长度，即可施针。常用于持宽针或圆利针（图7-16）。

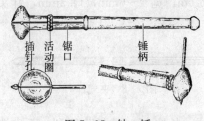
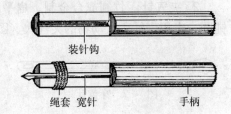

图7-15 针　锤　　　　　　　　　　　　图7-16 针　杖

（六）现代针灸仪器

1. **电针治疗机** 电针机种类很多，现在广泛应用的是半导体低频调制脉冲式电针机，这种电针机具有波型多样、输出量及频率可调、刺激作用较强、对组织无损伤等特点。由于是用半导体元件组装而成，故具有体积小、便于携带、操作简单、交直流电源两用、一机多用等优点，可做电针治疗、电针麻醉、穴位探测等（图7-17）。

2. **微波针灸仪** 目前使用的是国内生产的扁鹊-A型微波针灸仪，是利用半导体电子管产生微波，通过导线与毫针相连，输出频率约1GC，正弦波，功率约2W（图7-18）。

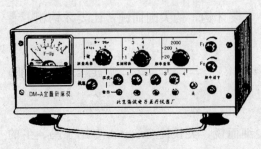
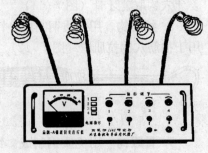

图7-17 电针机　　　　　　　　　　　　图7-18 微波针灸仪

3. 激光针灸仪 医用激光器的种类很多，按受激物质分类，有固体（如红宝石、钕玻璃等）激光器、气体（如氦、氖、氢、氮、二氧化碳等）激光器、液体（如有机染毡若丹明）激光器、半导体（如砷化镓等）激光器等。目前在兽医针灸常用的有氦氖激光器和二氧化碳激光器两种。氦氖激光器能发出波长 632.8nm 的红色光，输出功率 1～40mW，由于功率低，常用于穴位照射，称为激光针疗法。二氧化碳激光器发出波长 10.6μm 的无色光，输出功率 5～30W，由于功率高，常用于穴位灸灼、患部照射或烧烙，因而又称激光灸疗法（图 7-19、图 7-20）。

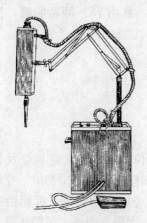

图 7-19 5WCO_2激光机

图 7-20 30WCO_2激光机

4. 磁疗机 有特定电磁波谱治疗机（TDP）、旋磁疗机、电动磁按摩器、磁电复合式机等多种。TDP 有落地式、移动式、台式和手摆式几种。移动式由照射头、自由平衡支架、电器控制盒和底座四部分构成。照射头是安装 TDP 辐射板、实现受热激发而产生 2～25μm 的电磁波谱的主要部分，外有铅丝网罩，以保护辐射头和避免烫伤，内装有辐射板、电热总成、铝罩、过渡板以及电气联结、机械紧固件等。自由平衡支架的主要作用是承受和平衡照射头的质量，以使其平衡和稳定。电器控制盒，盒内设置保险丝、工作开关、电源指示灯、电路及插接件等。底座由球型脚轮铸铁底座、固定管、滑动管和滑动紧锁装置组成，具有支撑、升降、平衡和移动等功能。

二、施针前的准备

（一）用具准备

针灸治疗前必须制定治疗方案，确定使用何种针灸方法和穴位，准备适当的针灸工具和材料。使用针术时，应检查针具是否有生锈、带钩、针柄松动或损坏等现象，若有应修理好；如发现有折断危险时，则不得使用。使用灸术时，应准备好灸烙器材。使用针灸仪器时应预先调试好，若使用交流电应准备好接线板。同时，还要准备好消毒、保定器材和其他辅助用品，如血针时应准备止血用品，火针时准备碘酊、橡皮膏等。

（二）动物保定

在施行针灸术时，为了取穴准确，顺利施术，保证术者和动物安全，对动物必须进行确实保定，并保持适当的体位以方便施术。

（三）消毒准备

针具消毒一般用75%酒精擦拭，必要时用高压蒸气灭菌。术者手指亦要用酒精棉球消毒。针刺穴位选定后，大动物宜剪毛，先用碘酊消毒，再用75%酒精脱碘，待干后即可施针。

三、取穴定位方法

（一）穴位的主治特性

1. **近治作用** 这是一切穴位的共同特性。即每个穴位都能治疗穴位局部及邻近部位的病证。例如，睛俞、睛明、三江、太阳、垂睛等位于眼睛周围的穴位都能治疗眼病。

2. **远治作用** 这是经穴的共同特性。分布在同一条经络上的穴位，都能治疗该经及其所属脏腑的病证。例如，后肢阳明胃经的玉堂、三江、太阳、曲池、后蹄头等穴，虽所在部位距胃较远，但都能治疗胃经的病证。

3. **双向调整作用** 同一穴位，对处于不同病理状态的脏腑和不同性质的疾病有不同的治疗作用。例如，后海穴，用于便秘时能泻下通便，而用于泄泻时则能收敛止泻。

4. **相对特异性作用** 同一经络上的穴位，既具有共同的主治特性，又有各自的相对特异性。例如，后肢阳明胃经的玉堂、三江穴，都能治疗胃经病证，但是玉堂穴善治胃热，而三江穴长于理气止痛又能治疗眼病。所有的巧治穴位，特异性则更为专一。

（二）穴位的定位及取穴方法

穴位各有一定的位置，针灸治疗时取穴定位是否正确，直接影响到治疗效果。自古以来中兽医就非常强调准确定位的重要性，如《元亨疗马集》说："针皮勿令伤肉，针肉勿令伤筋伤骨，隔一毫如隔泰山，偏一丝不如不针"。要做到定位准确，就必须掌握一定的定位方法。临诊常用的定位方法有以下几种：

1. **解剖标志定位法** 穴位多在骨骼、关节、肌腱、韧带之间或体表静脉上，可用穴位局部解剖形态作定位标志。其中又可分为静态和动态标志定位法。

（1）静态标志定位法。以动物不活动时的自然标志为依据。

①以器官作标志。例如，口角后方取锁口穴，眼眶下缘取睛明穴，耳廓顶端取耳尖穴，尾巴末端取尾尖穴，蹄匣上缘取蹄头穴等。

②以骨骼作标志。例如，顶骨外矢状嵴分叉处取大风门穴，肩胛骨前角取膊尖穴，腰荐十字部取百会穴等。

③以肌沟作标志。例如，桡沟内取前三里穴，腓沟内取后三里穴，臂三头肌长头、外

头与三角肌之间的凹陷中取抢风穴，股二头肌沟中取邪气、汗沟、仰瓦、牵肾等穴。

（2）动态标志定位法。以摇动肢体或改变体位时出现的明显标志作为定位依据。

①摇动肢体定位法。例如，上下摇动头部，在动与不动处取天门穴；上下摇动尾巴，在动与不动处取尾根穴；左右拉起上唇，在鼻翼外侧取姜牙穴；前拉上唇，在中间凸起处取抽筋穴等。

②改变体位定位法。血针穴位大都在体表浅静脉上，取穴时一般要改变动物体位使局部紧张，并在血管的近心端按压使血管怒张，从而出现明显标志。例如，取颈脉穴，必须将头牵向另一侧，在颈静脉沟下段按压。取三江穴必须压低头部，在穴位下方按压；取胸堂穴必须抬高头部，在穴位上方按压，此即所谓的"抬头看胸堂，低头看三江"。

2. 体躯连线比例定位法　在某些解剖标志之间画线，以一线的比例分点或两线的交叉点为定穴依据。例如，百会穴与股骨大转子连线中点取巴山穴，胸骨后缘与肚脐连线中点取中脘穴等，髋关节最高点到臀端的连线与股二头肌沟的交叉点取邪气穴等。

3. 指量定位法　以术者手指第二节关节处的横宽作为度量单位来量取定位。指量时，食指、中指相并（二横指）为1寸（约3cm），加上无名指三指相并（三横指）为1.5寸（约4.5cm），再加上小指四指相并（四横指）为2寸（约6cm）（图7-21）。例如，肘后四指血管上取带脉穴，邪气穴下四指取汗沟穴，耳后一指取风门穴，耳后二指取伏兔穴等。指量法适用于体型和营养状况中等的动物，如体型过大或过小，术者的手指过粗或过细，则指间距离应灵活放松或收紧一些，并结合解剖标志弥补。

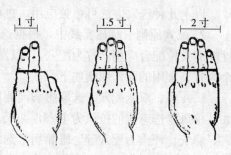

图7-21　指量定位法

4. 同身寸定位法　以动物某一部位（多用骨骼）的长度作为1寸（同身寸）来量取穴位。动物的体大则寸大，体小则寸小，度量比较科学。

（1）尾骨同身寸。以动物坐骨结节相对的一节尾椎骨（马为第4尾椎骨，牛、猪为第3尾椎骨）的长度作为1寸，以此为单位度量定穴。

（2）肋骨同身寸。以动物髋结节水平线与倒数第3肋骨交叉点处的肋骨宽度作为1寸，以此为单位度量定穴。

5. 骨度分寸定位法　是人体穴位的定位法，也可用于动物特别是小动物四肢穴位的定穴。方法是将身体不同部位的长度和宽度分别规定为一定的等份（每一等份为一寸），作为量取穴位的标准。如前臂规定为12寸，在上3寸处桡沟中取前三里穴；小腿规定为16寸，在上3寸处腓沟中取后三里穴。

（三）穴位的选配原则

1. 选穴原则　穴位的主治各不相同，一穴可治多种疾病，一种病又可选用多个穴位相互配合。针灸治病必须以脏腑经络学说为指导，结合临证经验，按照辨证论治的原则，选取一定的穴位，组成针灸处方施术，才能取得较好的治疗效果。主穴的选穴原则如下。

(1) 局部选穴。在患病区内选穴，即哪里有病就在哪里选穴。例如，眼病选睛明、太阳穴，浑睛虫病选开天穴，舌肿痛选通关穴，低头难选九委穴，蹄病选蹄头穴等。阿是穴的选取也属局部选穴。

(2) 邻近选穴。在病变部位附近选穴。这样既可与局部选穴相配合，又可因局部不便针灸（如疮疖）而代替之。例如，蹄痛选缠腕穴，膝黄（腕关节炎）选膝脉穴，尾斜选尾端穴等。

(3) 循经选穴。根据经脉的循行路线选取穴位。如脏腑有病，就在其所属经脉上选取穴位。如心经积热选心经的胸堂穴，肺热咳喘选肺经的颈脉穴，胃气不足选胃经的后三里穴等。

(4) 随证选穴。主要是针对全身疾病选取有效的穴位。例如，发热选大椎、降温穴，腹痛选三江、姜牙、蹄头穴，中暑、中毒选颈脉、耳尖、尾尖穴，急救选山根、分水穴等。

以上几种选穴方法可单独应用，也可互相配合应用。

2. **配穴原则** 临诊实践中，根据选穴原则选定主穴以后，还必须选取具有共同主治性能的穴位配合应用（称为配穴），以发挥穴位的协同作用。配穴应少而精，一般以 3～6 个为宜。常用的配穴原则如下。

(1) 单、双侧配穴。选取患病同侧或两侧的穴位配合使用。四肢病常在单侧施针，例如，抢风痛选患侧的抢风为主穴，冲天、肘俞为配穴；股胯扭伤选患侧的大胯、小胯为主穴，邪气、汗沟为配穴等。脏腑病常选双侧穴位，例如，结症选双侧的关元俞，中风选两侧的风门。有时，也可以病侧穴位为主穴，健侧穴位为配穴，例如，歪嘴风选患侧锁口、开关为主穴，健侧的相同穴位为配穴等。

(2) 远近、前后配穴。选取患病部位附近和远隔部位或体躯前部和后部具有共同效能的穴位配合使用。例如，歪嘴风选锁口为主穴、开关为配穴，心热舌疮选通关为主穴、胸堂为配穴等，胃病选胃俞为主穴、后三里为配穴，冷痛选三江为主穴、尾尖为配穴，结症选脾俞为主穴、后海为配穴，脑黄选风门为主穴、百会为配穴等。

(3) 背腹、上下配穴。选取背部与腹部或体躯上部和下部的穴位配合使用。例如，脾胃虚弱选脾俞为主穴、中脘为配穴，气胀选肷俞为主穴、关元俞为配穴，血尿选断血为主穴、阴俞为配穴，膊尖痛选膊尖为主穴、抢风为配穴，腹痛选姜牙为主穴、蹄头为配穴等。

(4) 表里、内外配穴。选取互为表里的两条经络上的穴位或体表与体内的穴位配合使用。例如，脾虚慢草选脾经的脾俞为主穴、胃经的后三里为配穴，肺热咳嗽选肺经的肺俞为主穴、大肠经的血堂为配穴，食欲不振选六脉为主穴、玉堂为配穴，便秘选后海为主穴、通关为配穴等。

四、施针的基本技术

针刺操作须有正确的方法和术式，才能得心应手，提高疗效。因针具的种类不同，所以施针的方法各异，现将针刺的基本手法介绍如下。

（一）持针法

针刺时多以右手持针施术，称为刺手，要求持针确实，针刺准确。

1. 毫针的持针法 普通毫针施术时，常用右手拇指对食指和中指夹持针柄，无名指抵住针身以辅助进针并掌握进针的深度（图7-22）。如用长毫针，则可捏住针尖部，先将针尖刺入穴位皮下，再用上述方法捻转进针（图7-23）。

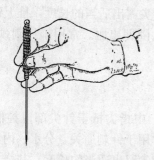
图7-22 毫针的持针法（普通毫针）

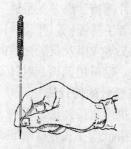
图7-23 毫针的持针法（长毫针）

2. 圆利针的持针法 与地面垂直进针时，以拇、食指夹持针柄，以中指、无名指抵住针身（图7-24）。与地面水平进针时，则用全握式持针法，即以拇、食、中指捏住针体，针柄抵在掌心（图7-25）。进针时，可先将针尖刺至皮下，然后根据所需的进针方向，调好针刺角度，用拇、食、中指持针柄捻转进针达所需深度。

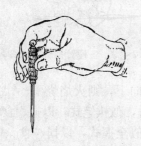
图7-24 圆利针持针法（平行）

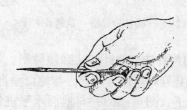
图7-25 圆利针持针法（垂直）

3. 宽针的持针法

（1）全握式持针法。以右手拇、食、中指持针体，根据所需的进针深度，针尖露出一定长度，针柄端抵于掌心内（图7-26）。进针时动作要迅速、准确。使针刃一次穿破皮肤及血管，针退出后，血即流出。常用于针刺缠腕、曲池、尾本等穴位。

（2）手代针锤持针法。以持手的食指、中指和无名指握紧针体，用小指的中节，放在针尖的内侧，抵紧针尖部，拇指抵压在针的上端，使针尖露出所需刺入的长度（图7-27）。针刺时，挥动手臂，使针尖顺血管刺入，随即出血。此法与针锤持针法相同，但比用针锤更为方便准确。

图7-26 宽针持针法（全握式）　　图7-27 宽针持针法（手代针锤）

（3）针锤持针法。先将针具夹在锤头针缝内，针尖露出适当的长度，推上锤箍，固定针体。术者手持锤柄，挥动针锤使针刃顺血管刺入，随即出血。常用于针刺颈脉、胸堂、肾堂、蹄头等穴以及黄肿处散刺。

此外，也可用针棒、射针器持针。

4. 三棱针的持针法

（1）执笔式持针法。以拇、食、中三指持针身，中指尖抵于针尖部以控制进针的深度，无名指抵按在穴旁以助准确进针（图7-28）。常用于针刺通关、分水、内唇阴等穴。

（2）弹琴式持针法。以拇、食指夹持针尖部，针尖留出适当的长度，其余三指抵住针身（图7-29）。常用于平刺三江、大脉等穴。

 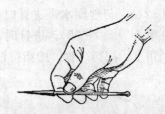

图7-28 三棱针持针法（执笔式）　　图7-29 三棱针持针法（弹琴式）

5. 火针的持针法　烧针时，必须持平。若针尖向下，则火焰烧手；针尖朝上，则热油流在手上。扎针时，因穴而异。与地面垂直进针时，似执笔式，以拇、食、中三指捏住针柄，针尖向下（图7-30）；与地面水平进针时，似全握式，以拇、食、中三指捏住针柄，针尖向前（图7-31）。

6. 三弯针持针法　常用执笔式水平进针（图7-32）。

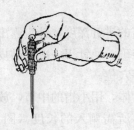 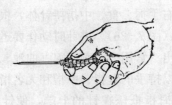 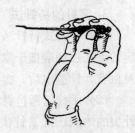

图7-30 火针持针法（垂直）　　图7-31 火针持针法（平行）　　图7-32 三弯针持针法

(二）按穴（押手）法

针刺时多以左手按穴，称为押手。其作用是固定穴位，辅助进针，使针体准确地刺入穴位，还可减轻针刺的疼痛。常用押手法，有下列四种：

1. **指切押手法** 以左手拇指指甲切压穴位及近旁皮肤，右手持针使针尖靠近押手拇指边缘，刺入穴位内。适用于短针的进针（图7-33）。

2. **骈指押手法** 用左手拇指、食指夹捏棉球，裹住针尖部，右手持针柄，当左手夹针下压时，右手顺势将针尖刺入。适用于长针的进针（图7-34）。

图7-33 指切押手法

图7-34 骈指押手法

3. **舒张押手法** 用左手拇指、食指，贴近穴位皮肤向两侧撑开，使穴位皮肤紧张，以利进针。适用于位于皮肤松弛部位或不易固定的穴位（图7-35）。

4. **提捏押手法** 用左手拇指和食指将穴位皮肤捏起来，右手持针，使针体从侧面刺入穴位。适用于头部或皮肤薄、穴位浅等部位的穴位，如锁口、开关穴。施穿黄针时也常用此法（图7-36）。

图7-35 舒张押手法

图7-36 提捏押手法

（三）进针法

针刺时依所用的针具、穴位和针治对象的不同，可采用不同的进针方法。

1. **捻转进针法** 毫针、圆利针多用此法。操作时，一般是一手切穴，一手持针，先将针尖刺入穴位皮下，然后缓慢捻转进针。如用细长的毫针可采用骈指押手法辅助进针。

2. **速刺进针法** 多用于宽针、火针、圆利针、三棱针的进针。用宽针时，使针尖露出适当的长度，对准穴位，以轻巧敏捷手法，刺入穴位，即可一针见血。用火针时，则可一次刺入所需的深度，再作短时间的留针。用圆利针时，可先将针尖刺入穴位皮下，再调整针向，随手刺入。

3. **飞针法** 类似于速刺进针法，适用于不太老实的动物。其特点是不用押手，以刺手点穴并施针；辅助动作多，能分散动物注意力；进针速度快，可减轻进针时的疼痛；针刺入穴位后动物多安然不动，或略有回避动作。具体操作分三步，即"一呼、二拍、三扎针"。

一呼，即术者接近动物时，高声呼号（按地区习惯呼"得儿……或呼……"），使动物消除戒心，然后左手在动物适当部位按握，作为支点；右手持针，用手背抚摸动物，并趋向穴位，再用无名指正确取穴定位。二拍，随着呼号，以刺手的指背轻拍穴位一下，动物受到了轻微的振动，但不痛不痒，注意力进一步分散。三扎针，刺手轻拍穴位后，随即翻手进针，一次刺入所需深度。上述三步要连贯而行，紧密衔接，全部施针过程仅需几秒钟完成，故有"飞针"之称。

4. **管针进针法** 主要用于短针的进针。将特制的针管置于穴位上，把针放入管内，用右手食指或中指弹击或叩击针尾，将针刺入皮内。然后退出针管，再将针捻入或直接刺入穴中（图7-37）。

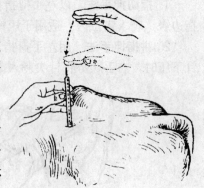

图7-37 管针进针法

5. **针头套针法** 对皮肤硬而厚的动物施毫针术时采用。即先用一较毫针粗的注射针头速刺入穴位，再将毫针顺针孔刺入。

（四）针刺角度和深度

1. **针刺角度** 针刺角度是指针体与穴位局部皮肤平面所构成的夹角，它是由针刺方向决定的，常见的有三种（图7-38）。

（1）直刺。针体与穴位皮肤呈垂直或接近垂直的角度刺入。常用于肌肉丰满处的穴位，如巴山、路股、环跳、百会等穴。

（2）斜刺。针体与穴位皮肤约呈45°角刺入，适用于骨骼边缘和不宜于深刺的穴位，如风门、伏兔、九委等穴。

（3）平刺。针体与穴位皮肤约呈15°角刺入，多用于肌肉浅薄处的穴位，如锁口、肺门、肺攀等穴。有时在施行透刺时也常应用。

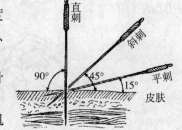

图7-38 针刺角度

2. **针刺深度** 针刺时进针深度必须适当，不同的穴位对针刺深度有不同的要求，一般以穴位规定的深度作标准。如开关穴刺入2～3cm，而夹气穴一般要刺入30cm左右。但是，随着畜体的胖瘦、病证的虚实、病程的长短以及补泻手法等的不同，进针深度应有所区别。正如《元亨疗马集·伯乐明堂论》中指出："凡在医者，必须察其虚实，审其轻重，明其表里，度其浅深"。针刺的深浅与刺激强度有一定关系，进针深，刺激强度大；进针浅，刺激强度小。应注意的是，凡靠近大血管和深部有重要脏器处的穴位，如胸壁部和肋缘下针刺不宜过深。

（五）行针与得气

1. **得气** 针刺后，为了使患病动物产生针刺感应而运行针体的方法，称为行针。针刺部位产生了经气的感应，称为"得气"，也称"针感"。得气以后，动物会出现提肢、拱腰、摆尾、局部肌肉收缩或跳动，术者则手下亦有沉紧的感觉。

2. **行针手法** 包括提插、捻转两种基本手法和搓、弹、摇、刮等四种辅助手法。

(1) 提插。纵向的行针手法。将针从深层提到浅层，再由浅层插入深层，如此反复地上提下插。提插幅度大、频率快，刺激强度就大；提插幅度小、频率慢，刺激强度就小（图7-39）。

(2) 捻转。横向的行针手法。将针左右、来回反复地旋转捻动。捻转幅度一般在180°～360°之间。捻转的角度大、频率快，所产生的刺激就强；捻转角度小、频率慢，所产生的刺激就弱（图7-40）。

(3) 搓。单向地捻动针身。有增强针感的作用，也是调气、催气的常用手法之一。大幅度的搓针，使针体自动向回退旋，称为"飞"（图7-41）。

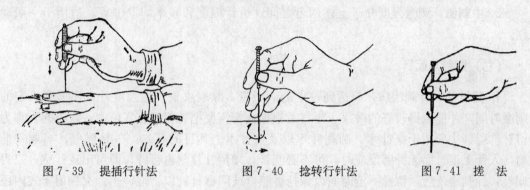

图7-39 提插行针法　　图7-40 捻转行针法　　图7-41 搓法

(4) 弹。用手指弹击针柄，使针体微微颤动，以增强针感（图7-42）。

(5) 刮。以拇指抵住针尾、食指或中指指甲轻刮针柄，以加强针感、促进针感的扩散（图7-43）。

(6) 摇。用手捏住针柄轻轻摇动针体。直立针身而摇可增强针感，卧倒针身而摇可促使针感向一定方向传导，使针下之气直达病所（图7-44）。

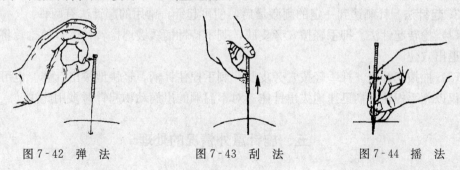

图7-42 弹法　　图7-43 刮法　　图7-44 摇法

临诊大多采用复式行针法，尤以提插捻转最为常用。行针法虽然用于毫针、圆利针术，但对有些穴位（如睛俞、睛明穴）则禁用或少用，火针术在留针期间也可轻微捻转针体，但禁用其他行针手法。

3. **行针间隔** 也分为三种。

(1) 直接行针。当进针达一定深度并出现了针感后，再将针体均匀地提插捻转数次即出针，不留针。

(2) 间歇行针。针刺得气后，不立即出针，把针留在穴位内，在留针期间反复多次行针。如留针 30min，可每隔 10min 行针 1 次，每次行针不少于 1min。

(3) 持续行针。针刺得气后，仍持续不断地行针，直至症状缓解或痊愈为止。

(六) 刺激强度

针刺后，必须施以恰当的刺激，才能获得满意的治疗效果。一般可分为三种。

1. 强刺激　进针较深，较大幅度和较快频率的行针。一般多用于体质较好的动物，针刺麻醉时也常应用。

2. 弱刺激　进针较浅，较小幅度和较慢频率的行针。一般多用于老弱年幼的动物，以及内有重要脏器的穴位。

3. 中刺激　刺激强度介于上述两者之间，行针幅度和频率均取中等。适用于一般动物。

(七) 留针与起针

1. 留针法　针刺治病，要达到一定的刺激量，除取决于刺激强度外，还需要一定的刺激时间，才能取得较好的效果。得气后根据病情需要把针留置在穴位内一定时间，称为留针。留针主要用于毫针术、圆利针术以及火针术。其目的有二：一是候气，当取穴准确，入针无误，而无针感反应时，可不必起针，须留针片刻再行针，即可出现针感；二为调气，针刺得气后，留针一定时间以保持针感，或间歇行针以增强针感。火针留于穴内还有加强温经散寒的功用。

留针时间的长短要依据病情、得气情况以及患病动物具体情况而定。《灵枢·经脉》曰："热则疾之，寒则留之"。一般情况下，表、热、实证多急出针，里、寒、虚证以及经久不愈者多需留针。得气慢者，则需长时间留针；患病动物骚动不安可不留针。留针时间一般为 10～30min，火针留针 5～10min，而针刺麻醉要留针到手术结束。

2. 起针法　针刺达到一定的刺激量后，便可起针，常用的起针法有两种。

(1) 捻转起针法。押手轻按穴旁皮肤，刺手持针柄缓缓地捻转针体，随捻转将针体慢慢地退出穴位。

(2) 抽拔起针法。押手轻按穴旁皮肤，刺手捏住针柄，轻快地拔出针体。也可不用押手，仅以刺手捏住针柄迅速地拔出针体。对不温顺的患病动物起针时多用此法。

五、施针意外情况的处理

(一) 弯针

原因　弯针多因动物肌肉紧张，剧烈收缩；或因跳动不安；或因进针时用力太猛，捻转、提插时指力不匀所致。

处理　针身弯曲较小者，可左手按压针下皮肤肌肉，右手持针柄不捻转、顺弯曲方向将针取出；若弯曲较大，则需轻提轻按，两手配合，顺弯曲方向，慢慢地取出，切忌强力猛抽，以防折针。

（二）折针

原因　多因进针前失于检查，针体已有缺损腐蚀；进针后捻针用力过猛；患病动物突然骚动不安所致。

处理　若折针断端尚露出皮肤外面，用左手迅速紧压断针周围皮肤肌肉，右手持镊子或钳子夹住折断的针身用力拔出；若折针断在肌肉层内，则行外科手术切开取出。

（三）滞针

原因　多因肌肉紧张，强力收缩，肌纤维夹持针体，使针体无法捻转或拔出。

处理　停止运针，轻揉局部，待动物安静后，使紧张的肌肉缓解，再轻轻捻转针体将针拔出。

（四）晕针

在针刺过程中，有时个别动物突然出现站立不稳、昏迷、出汗等情况，多为晕针。

原因　多因针刺过猛或行针过强所致，常发生于体质虚弱的动物。

处理　立即停针，使患病动物安静，如症状重者，可针分水、通关等穴。

（五）血针出血不止

原因　多因针尖过大，或用力过猛刺伤附近动脉；或操作时动物突然骚动不安误断血管所致。

处理　轻者用消毒棉球或蘸止血药压迫止血，或烧烙止血，或用止血钳夹住血管止血；重者施行手术结扎血管。

（六）局部感染

原因　多因针前穴位消毒不严，针具不洁，火针烧针不透；针刺或灸烙后遭雨淋、水浸或患病动物啃咬所致。

处理　轻者局部涂擦碘酒，重者根据不同情况进行全身和局部处理。

六、施针注意事项

（一）术者态度

古人曰："持针者手如缚虎，势若擒龙，心无外慕，如待贵宾"。《元亨疗马集·伯乐明堂论》也说："凡用针者，必须谨敬严肃，当先令兽停立宁静，喘息调匀……然后方可施针"。这都说明了术者的态度，必须严肃认真，操作谨慎。如举止轻浮，动作粗鲁，草率从事，很容易引起患病动物惊恐不安，不仅施针困难，且易发生事故。

（二）诊断确实

针灸前，应对患病动物作详细的检查，在辨证的基础上确定针灸处方。辨证是取穴与组方施术的依据，也是针灸能否有效的关键。若辨证不清，即行治疗，不但不能发挥针灸效果，反而增加动物痛苦，贻误病机，增加治疗困难。

（三）针灸时机

针灸施术，最好选择晴朗而温和的天气进行。在大风、大雨、光线阴暗等情况下，都不宜施术。同时，动物在过饱、过饥及大失血、大出汗、劳役和配种后，也不宜立即施术。妊娠后期，腹部及腰部不宜施术，或不宜多针；而刺激反应强烈的穴位也不宜施针，特别是火针，更应谨慎。

（四）施术顺序

对性情温顺的患病动物，一般情况下多是先针前部再针后部，先针背部再针腹部，先针躯干部再针四肢部。如果动物躁动不安，为了避免施针困难或发生事故，亦可先针四肢下部再针上部，先针腹部再针背部。总之，要依据动物的性格而灵活处理，原则上应以针治安全方便，不影响治疗效果为宜。

（五）施术间隔

随针灸的种类而异，一般情况下，白针、电针、艾灸、醋麸灸可每日或隔日施术一次，血针、火针、醋酒灸每隔3～5d一次，夹气针、火烙一般不重复施术。对急性或特殊病例，则可灵活掌握。

（六）术后护养

"三分治病，七分护养"，足见护理工作的重要。针灸后应对动物加强护理，役畜停止使役，休养4～6d（重病要多延长几天）。避免雨淋或涉水，特别是针刺背腰部与四肢下部穴位，更应预防感染。治疗颈风湿针刺抽筋穴后，要不断调整饲槽高度，以患病动物能勉强够得着为准，以后根据病情好转情况，把饲槽逐渐放低，直至到地面患病动物也能采食，则病告痊愈。烧烙术后的"跳痂期"，术部发痒，要用"双缰拴马法"，防止其啃咬术部。醋酒灸后患畜要加盖毡被，以防汗后再感风寒等。

第二节 灸 烙 术

一、艾 灸

用点燃的艾绒在患病动物体的一定穴位上熏灼，借以疏通经络，驱散寒邪，达到治疗疾病目的所采用的方法，叫做艾灸疗法。

艾绒是中药艾叶经晾晒加工捣碎，去掉杂质粗梗而制成的一种灸料。艾叶性辛温、气味芳香、易于燃烧，燃烧时热力均匀温和，能窜透肌肤直达深部，有通经活络，祛除阴寒，回阳救逆的功效，有促进机能活动的治疗作用。常用的艾灸疗法分为艾炷灸和艾卷灸两种，此外还有与针刺结合的温针灸。

（一）艾灸用具

主要是艾炷和艾卷，都用艾绒制成。

1. **艾炷** 呈圆锥形，有大小之分，一般为大枣大、枣核大、黄豆大等，使用时可根据动物体质、病情选用（图 7-45）。

2. **艾卷** 是用陈旧的艾绒摊在棉皮纸上卷成，直径1.5cm，长约20cm。目前在中药店或中医院都有成品艾卷出售，其制作材料除艾绒外，还加入了其他中药（图 7-45）。

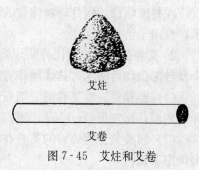

图 7-45 艾炷和艾卷

（二）艾灸方法

1. **艾炷灸** 艾炷是用艾绒制成的圆锥形的艾绒团，直接或间接置于穴位皮肤上点燃。前者称为直接灸，后者称为间接灸。艾炷有小炷（黄豆大）、中炷（枣核大）、大炷（大枣大）之分。每燃尽一个艾炷，称为"一炷"或"一壮"。治疗时，根据动物的体质、病情以及施术的穴位不同，选择艾炷的大小和数量。一般来说，初病、体质强壮者，艾炷宜大，壮数宜多；久病、体质虚弱者艾炷宜小，壮数宜少；直接灸时艾炷宜小，间接灸时艾炷宜大。

（1）直接灸。将艾炷直接置于穴位上，在其顶端点燃，待烧到接近底部时，再换一个艾炷。根据灸灼皮肤的程度又分为无疤痕灸和有疤痕灸两种。

①无疤痕灸。多用于虚寒轻证的治疗。将小艾炷放在穴位上点燃，动物有灼痛感时不待艾炷燃尽就更换另一艾炷。可连续灸3～7壮，至局部皮肤发热时停灸。术后皮肤不留疤痕。

②有疤痕灸。多用于虚寒痼疾的治疗。将放在穴位上的艾炷燃烧到接近皮肤、动物灼痛不安时换另一艾炷。可连续灸7～10壮，至皮肤起水泡为止。术后局部出现无菌性化脓反应，十几天后，渐渐结痂脱落，局部留有疤痕。

（2）间接灸。在艾炷与穴位皮肤之间放置药物的一种灸法。根据药物的不同，常用方法有以下几种。

①隔姜灸。将生姜切成0.3cm厚的薄片，用针穿透数孔，上置艾炷，放在穴位上点燃，灸至局部皮肤温热潮红为度（图 7-46）。利用姜的温里作用，来加强艾灸的祛风散寒功效。

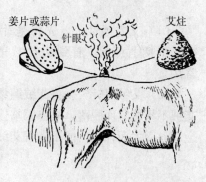

图 7-46 隔姜灸、隔蒜灸

②隔蒜灸。方法与隔姜灸相似，只是将姜片换成用独头大蒜切成的蒜片施灸（图7-46），每灸4～5壮须更换蒜片一次。隔蒜灸利用了蒜的行气解毒作用，常用于治疗痈疽肿毒证。

③隔附子灸。以附子片或将附子研末加其他药物混合做成附子药饼作为隔灸物。由于附子辛温大热，有温补肾阳的作用，本法主要用于多种阳虚证。

在兽医临诊，因受动物体位的限制，动物站立保定时，艾炷灸一般多在腰背部穴位施术，常用于治疗风湿症。

2. 艾卷灸　用艾卷代替艾炷施行灸术，不但简化了操作手续，而且不受体位的限制，全身各部位均可施术。具体操作方法可分下列三种。

（1）温和灸。将艾卷的一端点燃后，在距穴位0.5～2cm处持续熏灼，给穴位一种温和的刺激，每穴灸5～10min（图7-47）。适于风湿痹痛等证。

（2）回旋灸。将燃着的艾卷在患部的皮肤上往返、回旋熏灼，用于病变范围较大的肌肉风湿等证。

（3）雀啄灸。将艾卷点燃后，对准穴位，接触一下穴位皮肤，马上拿开，再接触再拿开，如雀啄食，反复进行2～5min（图7-48）。多用于需较强火力施灸的慢性疾病。

3. 温针灸　是针刺和艾灸相结合的一种疗法，又称烧针柄灸法。即在针刺留针期间，将艾卷或艾绒裹到针柄上点燃，使艾火之温热通过针体传入穴位深层，而起到针和灸的双重作用（图7-49）。适用于既需留针，又需施灸的疾病。

图7-47 温和灸

图7-48 雀啄灸

图7-49 温针灸

（1）艾卷温针灸。先将毫针或圆利针刺入穴位，行针，待得气后，再将一节艾卷套于针柄上点燃，直到艾卷燃完为止。此法操作简便，疗效确实，在兽医临诊较为常用。

（2）艾绒温针灸。将艾绒缠裹在针柄上点燃，以加热针柄的方法。使用本法时，常因艾绒不易缠紧而脱落，故兽医临诊常用特制的"艾灸针"。艾灸针与火针相似，惟盘龙柄金属丝圈大而稀疏，便于嵌着艾绒。

二、温　熨

温熨，又称灸熨，是指应用热源物对动物患部或穴位进行温敷熨灼的刺激，以防治疾病的方法。温熨包括醋麸灸、醋酒灸和软烧三种，主要针对较大的患病部位，如背腰风湿、腰胯风湿、破伤风、前后肢闪伤等。

（一）温熨用具

有软烧棒，麻袋，毛刷等。软烧棒可临时制作，用圆木一根（长 40cm，直径 1.5cm），一端为木柄，另一端用棉花包裹，外用纱布包扎，再用细铁丝结紧，使之呈鼓槌状，锤头长约 8cm，直径 3cm。

（二）温熨方法

1. 醋麸灸 是用醋拌炒麦麸热敷患部的一种疗法，主治背部及腰胯风湿等证。用于马、牛等大动物时，需准备麦麸 10kg（也可用醋糟、酒糟代替），食醋 3～4kg，布袋（或麻袋）2 条。先将一半麦麸放在铁锅中炒，随炒随加醋，至手握麦麸成团、放手即散为度。炒至温度达 40～60℃时即可装入布袋中，平坦地搭于患病动物腰背部进行热敷。此时再炒另一半麦麸，两袋交替使用。当患部微有汗出时，除去麸袋，以干麻袋或毛毯覆盖患部，调养于暖厩，勿受风寒。本法可一日一次，连续数日。

2. 醋酒灸 又称火鞍法，俗称火烧战船。是用醋和酒直接灸熨患部的一种疗法。主治背部及腰胯风湿，也可用于破伤风的辅助治疗，但忌用于瘦弱衰老、高热及妊娠动物。施术时，先将患病动物保定于六柱栏内，用毛刷蘸醋刷湿背腰部被毛，面积略大于灸熨部位，以 1m 见方的白布或双层纱布浸透醋液，铺于背腰部；然后以橡皮球或注射器吸取 60°的白酒或 70%以上的酒精均匀地喷洒在白布上，点燃；反复地喷酒浇醋，维持火力，即火小喷酒，火大浇醋，直至动物耳根和肘后出汗为止。在施术过程中，切勿使敷布及被毛烧干。施术完毕，以干麻袋压熄火焰，抽出白布，再换搭毡被，用绳缚牢，将患畜置暖厩内休养，勿受风寒（图 7-50）。

图 7-50　醋酒灸

此外，尚有单用酒灸法，即以面团捏成边厚底薄的面碗，黏着在穴位（如百会穴）部皮肤表面，碗内加入白酒或酒精，点燃，燃尽再加，每次灸 20～30min（图 7-51），适应症同上。

3. 软烧法 是以火焰熏灼患部的一种疗法。适用于体侧部的疾患，如慢性关节炎，屈腱炎，肌肉风湿等。

（1）术前准备。软烧棒，作火把用；长柄毛刷，为蘸醋工具，也可用小扫帚代替；醋椒液，取食醋 1kg，花椒 50g，混合煮沸数分钟，滤去花椒候温备用；60°白酒 1kg，或用 95%酒精 0.5kg。

（2）操作方法。将患病动物妥善保定于柱栏内，健肢向前方或后方转位保定，以毛刷蘸醋椒液在患部大面积涂刷，使被毛完全湿透。将软烧棒棉槌浸透醋椒液后拧干，再喷上白酒或酒精后点燃。术者摆动火棒，使

图 7-51　酒灸

火苗呈直线甩于患部及其周围。开始摆动宜慢、火苗宜小（文火）；待患部皮肤温度逐渐升高后，摆动宜快、火苗加大（武火）。在燎烤中，应随时在患部涂刷醋椒液，保持被毛湿润；并及时在棉槌上喷洒白酒，使火焰不断。每次烧灼持续30～40min（图7-52）。

（3）注意事项。烧灼时，火力宜先轻后重，勿使软烧棒槌头直接打到患部，以免造成烧伤。术后动物应注意保暖，停止使役，每日适当牵遛运动。术后1～2d患畜跛行有所加重，待7～15d后会逐渐减轻或消失。若未痊愈，1个月后可再施术一次。

图7-52 软烧

三、烧烙

使用烧红的烙铁在患部或穴位上进行熨烙或画烙的治疗方法，称为烧烙疗法。烧烙具有强烈的烧灼作用，所产生的热刺激能透入皮肤肌肉组织，深达筋骨，对一些针药久治不愈的慢性顽固性筋骨、肌肉、关节疾患以及破伤风、脑黄、神经麻痹等具有较好的疗效。常用的烧烙疗法有直接烧烙（画烙）和间接烧烙（熨烙）两种。

（一）烧烙用具

烙铁 用铁制成。头部形状有刀形、方块形、圆柱形、锥形、球形等多种。刀形又有尖头、方头之分，长约10cm。柄长约40cm，有木质把手（图7-53）。

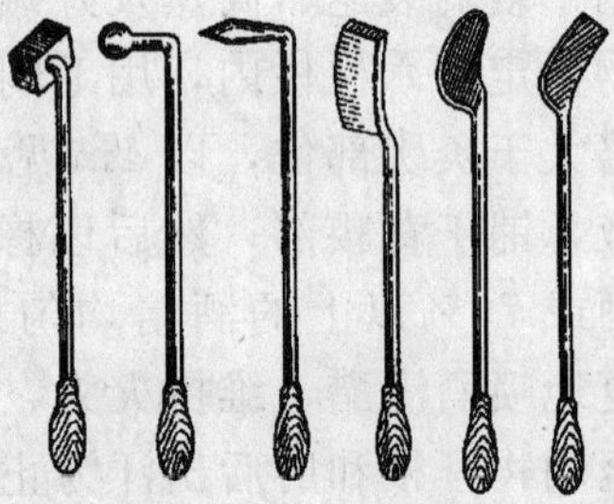

（二）烧烙方法

1. 直接烧烙 又称画烙术，即用烧红的烙铁按一定图形直接在患部烧烙的方法。常用的画烙图形如图7-54。适用于慢性屈腱炎、慢性关节炎、慢性骨化性关节炎、骨瘤、外周神经麻痹、肌肉萎缩等。

图7-53 各种烙铁

（1）术前准备。尖头刀状烙铁和方头烙铁各数把（有条件的可用电热烧烙器），小火炉1个，木炭、木柴或煤炭数千克，陈醋500g，消炎软膏1瓶。患病动物术前绝食8h，根据烧烙部位不同，可选用二柱栏站立保定，或用缠缚式倒马保定法横卧保定。

（2）操作方法。将烙铁在火炉内烧红，先取尖头烙铁画出图形，再用方头烙铁加大火力继续烧烙。开始宜轻烙，逐渐加重，且边烙边喷洒醋。烙铁必须均匀平稳地单方向拉动，严禁拉锯式来回运动。烧烙的顺序一般是先内侧、后外侧，先上部、后下部。如保定绳妨碍操作，也可先烙下部，再烙上部，以施术方便为宜。烧烙程度分轻度、中度、重度三种。烙

图7-54 画烙图

线皮肤呈浅黄色，无渗出液为轻度；烙线呈金黄色，并有渗出液渗出为中度；达中度再将渗出液烙干为重度。一般烙至中度即可，对慢性骨化性关节炎可烙至重度。烙至所需程度后，再喷洒一遍醋，轻轻画烙一遍，涂擦薄薄一层消炎软膏，动物解除保定。

（3）注意事项。

①幼龄、衰老、妊娠后期不宜施术。严冬、酷暑、大风、阴雨气候不宜烧烙。

②烧烙部位要避开重要器官和较大的神经和血管。患部皮肤敏感，或有外伤、软肿、疹块及脓疡者，不宜烧烙。

③同一形状的烙铁要同时烧2～3把，以便交替使用。烙铁烧至杏黄色为宜，过热呈黄白色则易烙伤皮肤；火力小呈黑红色，不仅达不到烧烙要求，且极易黏带皮肤发生烙伤。

④烧烙时严禁重力按压皮肤或来回拉动烙铁，以免烙伤患部。

⑤烧烙后应擦拭患畜身上的汗液，以防感冒。有条件的可注射破伤风抗毒素，以防发生破伤风。术后不能立即饮喂，注意防寒保暖，保持术部的清洁卫生，防止患畜啃咬或磨蹭，并适当牵遛运动。

⑥同一患病动物需多处画烙治疗时，可先烙一处，待烙面愈合后，再烙他处。同一部位若需再次烧烙，也须在烙面愈合后进行，且尽可能避开上次烙线。

2. 间接烧烙 是用大方形烙铁在覆盖有用醋浸透的棉花纱布垫的穴位或患部上进行熨烙的一种治疗方法，又称熨烙法（图7-55）。适用于破伤风、歪嘴风、脑黄、癫痫、脾虚湿邪、寒伤腰胯、颈部风湿、筋腱硬肿和关节僵硬等病患的治疗。

（1）术前准备。方形烙铁数把，方形棉花纱布垫数个，陈醋、木炭、火炉等。患畜妥善保定在二柱栏或四柱栏内，必要时可横卧保定。

（2）操作方法。将浸透醋液的方形棉纱垫固定在穴位或患部。若患部较大，可将棉纱垫缠于该部并固定。术者手持烧红的方形铬铁，在棉纱垫上熨烙，手法由轻到重，烙铁不热及时更换，并不断向棉垫上加醋，勿让棉垫烧焦。熨烙至术部皮肤温热，或其周围微汗时（大约需10min）即可。施术完毕，撤去棉纱垫，擦干皮肤，解除保定。若病未愈，可隔一周后，再次施术。

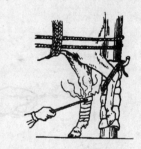

图7-55 间接烧烙

（3）注意事项。

①烙铁以烧至红褐色为宜，过热易烫伤术部皮肤。

②熨烙时，烙铁宜不断离开术部棉垫，不应长时间用力强压熨烙，以免发生烫伤。

③术后应加强护理，防止风寒侵袭，并经常牵遛运动。

四、拔火罐

借助火焰排除罐内部分空气，造成负压吸附在动物穴位皮肤上来治疗疾病的一种方法。古代火罐多用牛角制作，故古称角法。负压可造成局部淤血，具有温经通络、活血逐痹的作用。适用于各种疼痛性病患，如肌肉风湿，关节风湿，胃肠冷痛，急、慢性消化不良，风寒感冒，寒性喘证，阴寒疡疽，跌打损伤以及疮疡的吸毒、排脓等。

（一）拔火罐用具

火罐用竹、陶瓷、玻璃等制成，呈圆筒形或半球形，也可以用大口罐头瓶代替（图7-56）。

图7-56 拔火罐

（二）拔火罐方法

1. **术前准备** 准备火罐1至数个，患畜妥善保定，术部剪毛，或在火罐吸着点上涂以不易燃烧的黏浆剂。

2. **操作方法**

（1）拔罐法。根据排气的方法，常用的方法有以下几种。

①闪火法。用镊子夹一块酒精棉点燃后，伸入罐内烧一下再迅速抽出，立即将罐扣在术部，火罐即可吸附在皮肤上（图7-57）。此法火不接触患病动物，故无烧伤之弊。

②投火法。将纸片或酒精棉球点燃后，投入罐内，不等纸片烧完或火势正旺时，迅速将罐扣在术部（图7-58）。此法宜从侧面横扣，以免烧伤皮肤。

③架火法。用一块不易燃烧而导热性很差的片状物（如姜片、木塞等），放在术部，上面放一小块酒精棉，点燃后，将罐口烧一下，迅速连火扣住（图7-59）。

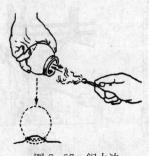
图7-57 闪火法

图7-58 投火法

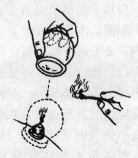
图7-59 架火法

④贴棉法。用酒精棉一块贴在罐内壁接近底部，点燃，待其烧到最旺时，扣在术部，即可吸附在皮肤上。

⑤滴酒法。往罐内滴入少量的白酒或酒精，转动火罐，使酒或酒精均匀地布于罐的内壁，用火点燃后，速将罐扣在术部。

（2）复合拔罐法。拔罐疗法可单独应用，也可与针刺等疗法配合应用。常用的有以下三种：

①走罐法。先在施术部位或火罐口涂一层润滑油，将罐拔住后，向上下或左右推动，至皮肤充血为止（图7-60）。适用于面积较大的施术部位。

②针罐法。即白针疗法与拔罐法的结合。先在穴位

图7-60 走罐法

上施白针，留针期间，以针为中心，再拔上火罐，可提高疗效（图7-61）。

③刺血拔罐法。即血针疗法与拔罐法的结合。先用三棱针在穴位局部浅刺出血，再行拔罐，以加强刺血疗法的作用。可使局部的淤血消散，或将积脓、毒液吸出，常用于疮疡初期吸除瘘管脓液、毒蛇咬伤排毒。

图7-61 针罐法

（3）留罐和起罐法。留罐时间的长短依病情和部位而定，一般为10~20min，病情较重、患部肌肤丰厚者可长，病情较轻、局部肌肤瘦薄者可短。起罐时，术者一手扶住罐体，使罐底稍倾斜，另一手下按罐口边缘的皮肤，使空气缓缓进入罐内，即可将罐起下（图7-62）。起罐后，若该部皮肤破损，可涂布消炎软膏，以防止感染。

图7-62 起罐法

3. 注意事项

（1）局部有溃疡、水肿及大血管均不宜施术。患病动物敏感，肌肤震颤不安，火罐不能吸牢者，应改用其他疗法。

（2）根据不同部位选用大小合适的火罐，并检查罐口是否平整、罐壁是否牢固无损。凡罐口不平、罐壁有裂隙者皆不能使用。

（3）拔罐动作要做到稳、准、轻、快。使用贴棉法时，罐壁内的棉花不应吸收过多的酒精；使用滴酒法时，勿使酒精流附于罐口，以免火随酒精流下而灼伤皮肤。起罐时，切不可硬拉或旋动，以免损伤皮肤。

（4）术中若患病动物感到灼痛而不安时，应提早起罐。拔罐后局部出现紫绀色为正常现象，可自行消退。如留罐时间过长，皮肤会起水泡，泡小不需处理，大的可用针刺破，流出泡内液体，并涂以龙胆紫，以防感染。

五、刮 痧

是用刮痧器在患病动物体表一定部位按刮，以治疗疾病的方法，又称刮灸，也是一种淤血疗法。具有疏通经络，祛邪外出的作用。常用于猪。刮治部位多在颈的腹侧（从喉头到胸骨部）、胸壁、腹侧以及胯膝内侧、肘、腕、跗关节内侧等处，常用于治疗肺炎、喉头炎、关节炎及感冒、中暑、中毒等病。

（一）刮痧用具

刮痧器　用铁板制成，形如屠猪用的刮毛刀，但比刮毛刀钝得多。也可用旧锄头、铜钱、瓷碗片、旧铁勺等代替（图7-63）。

（二）刮痧方法

1. **术前准备**　猪倒卧保定，暴露刮治部位。
2. **操作方法**　先将棉花用白酒或盐水浸湿，用力涂擦施术部皮肤，再取刮痧器逆毛刮约 10min，以刮至皮肤有淤血斑为度。注意不要刮破皮肤（图 7-64）。

图 7-63 刮痧器

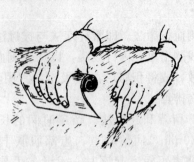
图 7-64 刮痧法

六、按　摩

又称推拿，是运用不同手法在患病动物体表一定的经络、穴位上施以机械刺激而防治疾病的方法。其特点是不用针、药和医疗器械，经济简便，疗效确实，治疗范围较广。主要用于中、小动物和幼龄动物的消化不良、泄泻、痹证、肌肉萎缩、神经麻痹、关节扭伤等。

（一）基本手法

目前比较常用的有如下几种手法。

1. **按法**　用手指或手掌在穴位或患部由轻到重、由上向下反复地揿压。适用于全身各部，有通经活络、调畅气血的作用。

2. **摩法**　用手掌面附着于患部，以腕关节连同前臂做轻缓而有节律地盘旋摩擦。有理气和中、活血止痛、散淤消积等作用。

3. **推法**　术者用手掌根部（必要时戴手套）在动物体穴位处或患部，用力向一定方向反复推动。有疏通经络、行气散淤等作用（图7-65）。

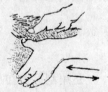
图 7-65　指推法

4. **拿法**　用拇指和食、中指或其余四指的指腹，相对用力紧捏筋脉或穴位，如提物状。如用五指捏拿，又称抓法。有疏通经络、镇痉止痛、开窍醒神等作用。

5. **捋法**　常用于耳、尾、四肢部穴位。术者以手紧握耳、尾、肢等器官的一端，反复向另一端滑动。有散聚软坚的作用。

6. **拽法**　用手拽拉肢体关节等一定部位，具有活动脉络、排除障碍的功能。

7. **揉法**　用拇指指腹或手掌掌面在治疗部位上反复地回旋揉动。用轻缓手法（柔法）为补，重快手法（刚法）为泻。有祛淤活血、消肿散结等作用（图7-66、图7-67、图7-68）。

8. **搓法**　以两手相对来回搓动患肢。有调和气血等作用。

9. **掐法**　用拇指和食指的指甲相对，揿压穴位，为开窍解痉的强刺激手法。

图 7-66 单指揉

图 7-67 双指揉

图 7-68 掌揉法

10. **捏法** 用拇指和食指的指腹相对，夹提穴位或患部皮肤，双手交替操作，缓缓向前推进，捏至皮肤发热变红为度。有疏通经络、宣通气血的作用（图 7-69）。

11. **捶法** 手握空拳轻轻捶击患部或穴位处。有宣通气血、祛风散寒的作用。

12. **拍法** 用虚掌或平滑鞋底，有节律地平稳拍打动物体表的一定部位。有松弛肌肉、调整机能的作用。

图 7-69 捏 法

13. **分法** 用两手拇指的指腹或手掌掌面，反复由穴位中心向两边分开移动。有行气活血作用。

14. **合法** 用两手拇指的指腹或手掌掌面，分别从患部两侧或两个穴位向中间合拢。有疏通经络作用。

15. **滚法** 空握掌，手心向上，用手掌背面和指关节突出部在患部来回滚动。有疏松肌肉、行气活血等作用。

（二）注意事项

1. 有传染病、皮肤病者忌用。动物怀孕期间，不能按摩其腹部诸穴。

2. 根据病情选用不同的按摩手法，如瘤胃积食、瘤胃臌气等可选按法；神经麻痹、肌肉劳损可选用捶法等。

3. 按摩时间，一般为每次 5～15min，每日或隔日 1 次，7～10 次为一疗程。间隔 3～5d 进行第二个疗程。

4. 按摩后避免风吹雨淋。

[附] 针灸的作用原理

经络学说是针灸治疗疾病的理论基础。经络内属于脏腑，外络于肢节，通达表里，运行气血，使动物体各脏腑之间以及动物体与外界环境之间构成一个有机整体，以维持动物体正常生理功能。在经络的径路上分布有许多经气输注、出入、聚集的穴位，与相应的脏腑有着密切的联系。

传统学说认为，疾病的本质是体内邪正交争，阴阳失调，伴随经络阻塞，气血淤滞，清浊不分，营卫不和等一系列病理变化。针刺疗法就是通过刺激穴位，激发经络功能，产生扶正祛邪，调和阴阳，疏通经络，调和营卫，活血散淤，宣通理气，升清降浊等治疗作用。

现代研究证明，动物体的一切生命活动，都受神经系统的支配与调节，针灸疗法的作用在于激发与调节神经机能,从而达到治疗目的。关于针灸的作用机理,主要有以下几个方面。

一、针灸的止痛作用

针刺具有良好的止痛效果,已被大量的临诊资料和实验结果所证实。如针刺家兔两侧的"内庭穴"、"合谷穴",以电极击烧兔的鼻中隔前部,以头部的躲避性移动为指标,结果30只家兔中有15只的痛阈较针前提高。据此,有人提出这是由于针刺穴位的传入信号传入中枢后,可在中枢段水平抑制或干扰痛觉传入信号。这种抑制或干扰的物质,能降低或阻止缓激肽和5-羟色胺对神经感受器的刺激,这是外周反应。

又有研究证明,针刺或电针后能使脑内释放出一种内啡肽的物质,由于这种物质的存在,抑制了丘脑和大脑痛觉中枢的兴奋性,从而产生镇痛作用,这是中枢反应。并证实这种内啡肽物质存在于脑脊液中,并可进入血液,通过甲、乙、丙动物的交叉循环试验,不仅受针刺的甲动物可呈现镇痛作用,接受甲血的未受针刺的乙动物也可产生镇痛作用。内啡肽物质通过针刺产生后,要经过1～2h才能完全在血液中消失,故起针后1～2h内仍有镇痛作用。有人把这种现象称作"后效应"。

因为针灸具有良好的止痛效果,所以被广泛应用于治疗风湿性关节炎、肌肉疼痛、胃肠痉挛性疼痛、气胀性疼痛和食滞性疼痛、肠道梗阻性疼痛、膀胱尿路炎性疼痛、产后宫缩性疼痛,以及手术后疼痛等等,针刺麻醉就是在针刺止痛的基础之上发展起来的。

二、针灸的防卫作用(防御作用)

针灸不仅有效地治疗许多疾病,而且还有增强体质,预防疾病的作用。

实验表明,针刺家兔一侧足三里,针后2～3h白细胞总数增加,中性白细胞增加,淋巴细胞减少,24h后恢复正常。针对某些慢性疾病,针刺足三里出现杆状核比例增多的白细胞左移现象。针刺足三里和合谷穴,观察到血液白细胞吞噬能力显著加强。

有报道,激光照射家兔交巢穴对白细胞总数有显著影响,照射前后对比差异非常显著。电针可提高和调整淋巴细胞转化率、活性E-玫瑰花和辅助性T淋巴细胞的绝对值和百分率。说明针刺能调动机体免疫生理功能,防御外界致病因素的侵袭。

三、针灸的双向调整作用

同一穴位,对处于不同病理状态的脏腑和不同性质的疾病有不同的治疗作用。如针灸后海穴,对腹泻的动物可以止泻,对便秘的动物则可通便;针刺马三江、大脉、蹄头等穴,既可治疗脾胃虚寒的冷痛,也可治疗肠脐结实的便秘结症;针刺对各种急慢性实验性高血压有良好效果,对休克治疗,针刺素髎、内关等穴,有升压作用。

针刺对呼吸也有调整作用。针刺治疗支气管哮喘有较好效果,针刺可使迷走神经的紧张度降低,交感神经兴奋性增高,解除支气管痉挛,收缩支气管黏膜血管,减少渗出,使气管通气功能改善。

同样，针灸既能使各类炎症的白细胞过多症减少，又能使各类白细胞减少性疾患的白细胞增多；对各类贫血可使红细胞增多，血红蛋白也上升；而对红细胞过多症又可使之下降等等。这种良性的双向调整作用，使失衡的阴阳趋于平衡，从而达到治疗目的。

思考与练习（自测题）

一、选择题（每小题3分，共15分）

1. 针灸的优点是（　　）
   A. 操作简便　　B. 适应症广　　C. 疗效显著　　D. 经济安全
2. 现代主要的俞穴定位与主要的取穴方法有（　　）
   A. 骨度分寸　　B. 解剖标志　　C. 手指同身寸　　D. 简便取穴法
3. 画烙时烙铁烧为（　　）
   A. 黄白色　　B. 杏黄色　　C. 黑红色　　D. 红色
4. 给动物扎针，术者用力部位是（　　）
   A. 手指　　B. 手腕　　C. 手掌　　D. 前臂
5. 针刺的深度是根据（　　）而定
   A. 体质　　B. 部位　　C. 体形　　D. 病情

二、填空题（每空1分，共20分）

1. 针和灸是方法不同作用_____的两种治疗技术，主要通过刺激动物体的_____，达到治疗目的。
2. 施针前主要做_____的准备，_____准备及_____准备。
3. 进针方法通常有_____和_____两种。
4. 进针角度斜刺为_____度，平刺为_____度。
5. 艾卷灸法有_____灸，_____灸，_____灸三种。
6. 按穴的方法有_____，_____，_____和_____四种。
7. 穴位的主治特性有_____，_____，_____和_____四个方面。

三、辨析题（辨析正误，简要分析，每小题10分，共20分）

1. 现代医学认为，针灸的作用在于激发与调节神经机能，因为动物机体的一切生命活动，都受神经系统的支配与调节。
2. 通过针灸产生止痛作用，防卫作用，双向调节作用。

四、简答题（每小题5分，共25分）

1. 常用的针具有哪几种？
2. 简述醋酒灸的操作方法。
3. 按摩的基本手法有哪些？
4. 拔火罐疗法适用于哪些病证？
5. 简述选穴的基本规律。

五、论述题（每小题10分，共20分）

1. 什么叫穴位？常用的取穴方法有哪几种？何谓得气？
2. 以5～6cm毫针针刺牛抢风穴为例，简述施针的基本操作步骤。

第三节　常用针灸穴位及针治

一、牛的针灸穴位及针治

（一）头部穴位

穴　名	定　位	针　法	主　治
山　根	主穴在鼻唇镜上缘正中有毛与无毛交界处，两副穴在左右两鼻孔背角处，共三穴	小宽针向后下方斜刺1cm，出血	中暑，感冒，腹痛，癫痫
鼻　中	两鼻孔下缘连线中点，一穴	小宽针或三棱针直刺1cm，出血	慢草，热证，唇肿，衄血，黄疸
唇　内	上唇内面，正中线两侧约2cm的血管上，左右侧各一穴	外翻上唇，三棱针直刺1cm，出血；也可在上唇黏膜肿胀处散刺	唇肿，口疮，慢草，热证
顺　气	口内硬腭前端，齿板后切齿乳头上的两个鼻腭管开口处，左右侧各一穴	将去皮、节的鲜细柳、榆树条，端部削成钝圆形，徐徐插入20～30cm，剪去外露部分，留置2～3h或不取出	肚胀，感冒，睛生翳膜
通　关	舌体腹侧面，舌系带两旁的血管上，左右侧各一穴	将舌拉出，向上翻转，小宽针或三棱针刺入1cm，出血	慢草，木舌，中暑，春秋季开针洗口有防病作用
承　浆	下唇下缘正中、有毛与无毛交界处，一穴	中、小宽针向后下方刺入1cm，出血	下颌肿痛，五脏积热，慢草
锁　口	口角后上方约3cm凹陷处，左右侧各一穴	小宽针或火针向后上方平刺3cm，毫针刺入4～6cm，或透刺开关穴	牙关紧闭，歪嘴风
开　关	口角向后的延长线与咬肌前缘相交处，左右侧各一穴	中宽针、圆利针或火针向后上方刺入2～3cm，毫针刺入4～6cm，或向前下方透刺锁口穴	破伤风，歪嘴风，腮黄
鼻　俞	鼻孔上方4.5cm处（鼻颌切迹内），左右侧各一穴	三棱针或小宽针直刺1.5cm，或透刺到对侧，出血	肺热，感冒，中暑，鼻肿
三　江	内眼角下方约4.5cm处的血管分叉处，左右侧各一穴	低拴牛头，使血管怒张，用三棱针或小宽针顺血管刺入1cm，出血	疝痛，肚胀，肝热传眼
睛　明	下眼眶上缘，两眼角内、中1/3交界处，左右眼各一穴	上推眼球，毫针沿眼球与泪骨之间向内下方刺入3cm，或三棱针在下眼睑黏膜上散刺，出血	肝热传眼，睛生翳膜
睛　俞	上眼眶下缘正中的凹陷中，左右眼各一穴	下压眼球，毫针沿眶上突下缘向内上方刺入2～3cm，或三棱针在上眼睑黏膜上散刺，出血	肝经风热，肝热传眼，眩晕
太　阳	外眼角后方约3cm处的颞窝中，左右侧各一穴	毫针直刺3～6cm；或小宽针刺入1～2cm，出血；或施水针	中暑，感冒，癫痫，肝热传眼，睛生翳膜

(续)

穴名	定位	针法	主治
通天	两内眼角连线正中上方6～8cm处，一穴	火针沿皮下向上平刺2～3cm，或火烙；治脑包虫可施开颅术	感冒，脑黄，癫痫，破伤风，脑包虫
耳尖	耳背侧距尖端3cm的血管上，左右耳各三穴	捏紧耳根，使血管怒张，中宽针或大三棱针速刺血管，出血	中暑，感冒，中毒，腹痛，热性病
耳根	耳根后方，耳根与寰椎翼前缘之间的凹陷中，左右侧各一穴	中宽针或火针向内下方刺入1～1.5cm，圆利针或毫针刺入3～6cm	感冒，过劳，腹痛，风湿
天门	两耳根连线正中点后方，枕寰关节背侧的凹陷中，一穴	火针、小宽针或圆利针向后下方斜刺3cm，毫针刺入3～6cm，或火烙	感冒，脑黄，癫痫，眩晕，破伤风

（二）躯干部穴位

穴名	定位	针法	主治
喉门	下颌骨后，喉头下，左右侧各一穴	中宽针、圆利针或火针向后下方刺入3cm，毫针刺入4.5cm	喉肿，喉痛，喉麻痹
颈脉	颈静脉沟上、中1/3交界处的血管上，左右侧各一穴	高拴牛头，徒手按压或扣颈绳，大宽针刺入1cm，出血	中暑，中毒，脑黄，肺风毛燥
健胃	颈侧上、中1/3交界处的颈静脉沟上缘，左右侧各一穴	毫针向对侧斜下方刺入4.5～6cm，或电针	瘤胃积食，前胃弛缓
丹田	第一、二胸椎棘突间的凹陷中，一穴	小宽针、圆利针或火针向前下方刺入3cm，毫针刺入6cm	中暑，过劳，前肢风湿，肩痛
鬐甲	第四、五胸椎棘突间的凹陷中，一穴	小宽针或火针向前下方刺入1.5～2.5cm，毫针刺入4～5cm	前肢风湿，肺热咳嗽，脱膊，肩肿
苏气	第八、九胸椎棘突间的凹陷中，一穴	小宽针、圆利针或火针向前下方刺入1.5～2.5cm，毫针刺入3～4.5cm	肺热，咳嗽，气喘
安福	第十、十一胸椎棘突间的凹陷中，一穴	小宽针、圆利针或火针直刺1.5～2.5cm，毫针刺入3～4.5cm	腹泻，肺热，风湿
天平	最后胸椎与第一腰椎棘突间的凹陷中，一穴	小宽针、圆利针或火针直刺2cm，毫针刺入3～4cm	尿闭，肠黄，尿血，便血，阉割后出血
关元俞	最后肋骨与第一腰椎横突顶端之间的髂肋肌沟中，左右侧各一穴	小宽针、圆利针或火针向内下方刺入3cm，毫针刺入4.5cm；亦可向脊椎方向刺入6～9cm	慢草，便结，肚胀，积食，泄泻
六脉	倒数第一、二、三肋间，髂骨翼上角水平线上的髂肋肌沟中，左右侧各三穴	小宽针、圆利针或火针向内下方刺入3cm，毫针刺入6cm	便秘，肚胀，积食，泄泻，慢草
脾俞	倒数第三肋间，髂骨翼上角水平线上的髂肋肌沟中，左右侧各一穴	小宽针、圆利针或火针向内下方刺入3cm，毫针刺入6cm	同六脉穴
食胀	左侧倒数第二肋间与髋结节下角水平线相交处，一穴	小宽针、圆利针或毫针向内下方刺入9cm，达瘤胃背囊内	宿草不转，肚胀，消化不良
通窍	倒数第四、五、六、七肋间，髂骨翼上角水平线上的髂肋肌沟中，左右侧各四穴	小宽针、圆利针或火针向内下方刺入3cm，毫针刺入6cm	肺痛，咳嗽，过劳，风湿

(续)

穴 名	定 位	针 法	主 治
肺俞	倒数六肋间，髂骨翼上角水平线上的髂肋肌沟中，左右侧各一穴	小宽针、圆利针或火针向内下方刺入3cm，毫针刺入6cm	肺热咳喘，感冒，宿草不转
后丹田	第一、二腰椎棘突间的凹陷中，一穴	小宽针、圆利针或火针直刺3cm，毫针刺入4.5cm	慢草，腰胯痛，尿闭
命门	第二、三腰椎棘突间的凹陷中，一穴	小宽针、圆利针或火针直刺3cm，毫针刺入3～5cm	腰痛，尿闭，血尿，胎衣不下，慢草
安肾	第三、四腰椎棘突间的凹陷中，一穴	小宽针、圆利针或火针直刺3cm，毫针刺入3～5cm	腰胯痛，肾痛，尿闭，胎衣不下，慢草
百会	腰荐十字部，即最后腰椎与第一荐椎棘突间的凹陷中，一穴	小宽针、圆利针或火针直刺3～4.5cm，毫针刺入6～9cm	腰胯风湿、闪伤，二便不利，后躯瘫痪
肾俞	百会穴旁开6cm处，左右侧各一穴	小宽针、圆利针或火针直刺3cm，毫针直刺4.5cm	腰胯风湿，腰背闪伤
雁翅	髋结节最高点前缘到背中线所作垂线的中、外1/3交界处，左右侧各一穴	圆利针或火针直刺3～5cm，毫针刺入8～15cm	腰胯风湿，不孕症
气门	髂骨翼后方，荐椎两侧约9cm的凹陷中，左右侧各一穴	圆利针或火针直刺3cm，毫针刺入6cm	后肢风湿，不孕症
肷俞	左侧肷窝部，即肋骨后、腰椎下与髂骨翼前形成的三角区内	套管针或大号采血针向内下方刺入6～9cm，徐徐放出气体	急性瘤胃膨气
穿黄	胸前正中线旁开1.5cm处，一穴	拉起皮肤，用带马尾的穿黄针左右对穿皮肤，马尾留置穴内、两端拴上适当重物，引流黄水	胸黄
胸堂	胸骨两旁，胸外侧沟下部的血管上，左右侧各一穴	用中宽针沿血管急刺1cm，出血	心肺积热，中暑，胸膊痛，失膊
带脉	肘后10cm的血管上，左右侧各一穴	中宽针顺血管刺入1cm，出血	肠黄，腹痛，中暑，感冒
前槽	带脉穴上方，左右侧各一穴	胸腔穿刺术	胸水
滴明	脐前约15cm，腹中线旁开约12cm处的血管上，左右侧各一穴	中宽针顺血管刺入2cm，出血	奶黄，尿闭
云门	脐旁开3cm，左右侧各一穴	治肚底黄，用大宽针在肿胀处散刺；治腹水，先用大宽针破皮，再插入宿水管	肚底黄，腹水
阳明	乳头基部外侧，每个乳头一穴	小宽针向内上方刺入1～2cm，或激光照射	奶黄，尿闭
阴俞	肛门与阴门（♀）或阴囊（♂）中间的中心缝上，一穴	毫针、圆利针或火针直刺1～2cm	阴道脱，子宫脱（♀）；阴囊肿胀（♂）
阴脱	阴唇两侧，阴唇上下联合中点旁开2cm，左右侧各一穴	毫针向前下方刺入4～8cm，或电针、水针	阴道脱，子宫脱
肛脱	肛门两侧旁开2cm，左右侧各一穴	毫针向前下方刺入3～5cm，或电针、水针	直肠脱

(续)

穴名	定位	针法	主治
后海	肛门上、尾根下的凹陷中，一穴	小宽针、圆利针或火针沿脊椎方向刺入3~4.5cm，毫针刺入6~10cm	久痢泄泻，胃肠热结，脱肛，不孕症
开风	尾根穴前一节，即第四、五荐椎棘突间的凹陷中，一穴	小宽针稍向前斜刺1cm，毫针刺入2cm	中暑，尿闭，风湿症
尾根	荐椎与尾椎棘突间的凹陷中，即上下摇动尾巴，在动与不动交界处，一穴	小宽针、圆利针或火针直刺1~2cm，毫针刺入3cm	便秘，热泻，脱肛，热性病
尾本	尾腹面正中，距尾基部6cm处的血管上，一穴	中宽针直刺1cm，出血	腰风湿，尾神经麻痹，便秘
尾尖	尾末端，一穴	中宽针直刺1cm或将尾尖十字劈开，出血	中暑，中毒，感冒，过劳，热性病

（三）前肢部穴位

穴名	定位	针法	主治
轩堂	鬐甲两侧，肩胛软骨上缘正中，左右侧各一穴	中宽针、圆利针或火针沿肩胛骨内侧向内下方刺入9cm，毫针刺入10~15cm	失膊，夹气痛
膊尖	肩胛骨前角与肩胛软骨结合处，左右侧各一穴	小宽针、圆利针或火针沿肩胛骨内侧向后下方斜刺3~6cm，毫针刺入9cm	失膊，前肢风湿
膊栏	肩胛骨后角与肩胛软骨结合处，左右侧各一穴	小宽针、圆利针或火针沿肩胛骨内侧向前下方斜刺3cm；毫针斜刺6~9cm	失膊，前肢风湿
肩井	肩关节前上缘，臂骨大结节外上缘的凹陷中，左右侧各一穴	小宽针、圆利针或火针向内下方斜刺3~4.5cm；毫针斜刺6~9cm	失膊，前肢风湿，肩胛上神经麻痹
抢风	肩关节后下方，三角肌后缘与臂三头肌长头、外头形成的凹陷中，左右肢各一穴	小宽针、圆利针或火针直刺3~4.5cm，毫针直刺6cm	失膊，前肢风湿、肿痛、神经麻痹
肘俞	臂骨外上髁与肘突之间的凹陷中，左右肢各一穴	小宽针、圆利针或火针向内下方斜刺3cm，毫针刺入4.5cm	肘部肿胀，前肢风湿，闪伤、麻痹
夹气	前肢与躯干相接处的腋窝正中，左右侧各一穴	先用大宽针向上刺破皮肤，然后以涂油的夹气针向同侧抢风穴方向刺入10~15cm，达肩胛下肌与胸下锯肌之间的疏松结缔组织内，出针消毒后前后摇动患肢数次	肩胛痛，内夹气
腕后	腕关节后面正中的凹陷中，左右侧各一穴	中、小宽针直刺1.5~2.5cm	腕部肿痛，前肢风湿
膝眼	腕关节背外侧下缘的陷沟中，左右肢各一穴	小宽针向后上方刺入1cm，放出黄水	腕部肿痛，膝黄
膝脉	掌骨内侧，副腕骨下方6cm处的血管上，左右肢各一穴	中、小宽针沿血管刺入1cm，出血	腕关节肿痛，攒筋肿痛

(续)

穴 名	定 位	针 法	主 治
前缠腕	前肢球节上方两侧，掌内、外侧沟末端内的指内、外侧静脉上，每肢内外侧各一穴	中、小宽针沿血管刺入1.5cm，出血	蹄黄，球节肿痛，扭伤
涌泉	前蹄叉前缘正中稍上方的凹陷中，每肢一穴	中、小宽针沿血管刺入1～1.5cm，出血	蹄肿，扭伤，中暑，感冒
前蹄头	第三、四指的蹄匣上缘正中，有毛与无毛交界处，每蹄内外侧各一穴	中宽针直刺1cm，出血	蹄黄，扭伤，便结，腹痛，感冒

（四）后肢部穴位

穴 名	定 位	针 法	主 治
居髎	髋结节后下方臀肌下缘凹陷中，左右侧各一穴	圆利针或火针直刺3～4.5cm，毫针直刺6cm	腰胯风湿，后肢麻木，不孕症
环跳	髋关节前上缘，股骨大转子前方臀肌下缘的凹陷中，左右侧各一穴	小宽针、圆利针或火针直刺3～4.5cm，毫针直刺6cm	腰胯痛，后肢风湿、麻木
大转	髋关节前缘，股骨大转子前下方约6cm处的凹陷中，左右侧各一穴	小宽针、圆利针或火针直刺3～4.5cm，毫针直刺6cm	后肢风湿、麻木，腰胯闪伤
大胯	髋关节上缘，股骨大转子正上方9～12cm处的凹陷中，左右侧各一穴	小宽针、圆利针或火针直刺3～4.5cm，毫针直刺6cm	后肢风湿、麻木，腰胯闪伤
小胯	髋关节下缘，股骨大转子正下方约6cm处的凹陷中，左右侧各一穴	小宽针、圆利针或火针直刺3～4.5cm，毫针直刺6cm	后肢风湿、麻木，腰胯闪伤
邪气	股骨大转子和坐骨结节连线与股二头肌沟相交处，左右侧各一穴	小宽针、圆利针或火针直刺3～4.5cm，毫针直刺6cm	后肢风湿、闪伤、麻痹，胯部肿痛
仰瓦	邪气穴下12cm处的同一肌沟中，左右侧各一穴	小宽针、圆利针或火针直刺3～4.5cm，毫针直刺6cm	后肢风湿、闪伤、麻痹，胯部肿痛
肾堂	股内侧，大腿褶下方约9cm的血管上，左右肢各一穴	吊起对侧后肢，以中宽针顺血管刺入1cm，出血	外肾黄，五攒痛，后肢风湿
掠草	膝关节前外侧的凹陷中，左右肢各一穴	圆利针或火针向后上方斜刺3～4.5cm	掠草痛，后肢风湿
阳陵	膝关节后方，胫骨外踝后上缘的凹陷中，左右肢各一穴	圆利针或火针直刺3cm，毫针直刺4.5～6cm	掠草痛，后肢风湿、麻木
后三里	小腿外侧上部，腓骨小头下部的肌沟中，左右肢各一穴	毫针向内后下方刺入6～7.5cm	脾胃虚弱，后肢风湿、麻木
曲池	跗关节背侧稍偏外，中横韧带下方，趾长伸肌外侧的血管上，左右肢各一穴	中宽针直刺1cm，出血	跗骨肿痛，后肢风湿
后缠腕	后肢球节上方两侧，跖、外侧沟末端内的血管上，每肢内外侧各一穴	中、小宽针沿血管刺入1.5cm，出血	蹄黄，球节肿痛，扭伤

（续）

穴名	定位	针法	主治
滴水	后蹄叉前缘正中稍上方的凹陷中，每肢各一穴	中、小宽针沿血管刺入1～1.5cm，出血	蹄肿，扭伤，中暑，感冒
后蹄头	第三、四趾的蹄匣上缘正中，有毛与无毛交界处，每蹄内外侧各一穴	中宽针直刺1cm，出血	蹄黄，扭伤，便结，腹痛，中暑，感冒

牛常发病针灸治疗简表

病名（西兽医病名）	穴位及针法
风寒感冒	水针：百会为主穴，苏气、肺俞为配穴 血针：山根、耳尖、通关为主穴，尾尖、蹄头为配穴 白针：肺俞、苏气为主穴，睛明、百会、丹田为配穴
风热感冒	血针：鼻俞、山根为主穴，通关、尾尖、耳尖为配穴；重者放颈脉血 水针：丹田为主穴，苏气、肺俞为配穴 电针：天门为主穴，肺俞、百会为配穴
肺热咳喘（肺炎）	血针：鼻俞为主穴，胸堂、颈脉、耳尖、通关为配穴 水针：丹田为主穴，苏气、肺俞为配穴 白针：肺俞为主穴，百会、苏气为配穴
鼻血	白针：天平穴，并将头高吊，凉水喷头 水针：天平为主穴，后丹田为配穴
肺黄（大叶性肺炎）	白针：苏气、肺俞为主穴，丹田、睛明、百会、六脉为配穴 血针：胸堂、颈脉为主穴，耳尖、通关、山根为配穴 水针：丹田为主穴，肺俞为配穴
嗓黄（喉炎）	血针：颈脉为主穴，鼻俞、玉堂、通关、山根、蹄头为配穴 白针：喉门为主穴，肺俞为配穴 巧治：软肿者用火针刺核，出脓即愈；硬肿者，切开皮肤，割掉其核；有窒息危险时切开气管
脾虚慢草（消化不良）	白针：脾俞为主穴，六脉、关元俞、食胀、后三里为配穴 水针：健胃为主穴，脾俞、后三里为配穴 电针：百会为主穴，关元俞、脾俞为配穴 血针：通关、玉堂为主穴，山根、蹄头为配穴 巧治：顺气穴插枝
草噎（食道梗塞）	水针：健胃穴 巧治：肷俞穴，瘤胃臌气时，套管针穿刺放气 外治法：阻塞物在咽部或靠近咽部时，以开口器开口，用手直接取出；阻塞物靠近胃部食管时，用胃管推送法或结合打水、打气法；阻塞物较柔软时，用按摩法；阻塞物为细粉饲料时，用胃管灌水反复冲洗
肚胀（瘤胃臌气）	白针：脾俞、关元俞为主穴，百会、后海、苏气为配穴 血针：滴明、通关为主穴，山根、蹄头、尾尖、耳尖为配穴 电针：关元俞为主穴，食胀、后海为配穴
宿草不转（瘤胃积食）	电针：关元俞为主穴，食胀为配穴 白针：脾俞为主穴，百会、后海、关元俞为配穴 水针：健胃为主穴，关元俞为配穴 火针：脾俞为主穴，百会、后海、食胀为配穴 血针：通关为主穴，蹄头、滴明、耳尖、尾尖、山根为配穴 巧治：肷俞穴，瘤胃臌气时，用套管针穿刺放气

(续)

病名（西兽医病名）	穴位及针法
百叶干（瓣胃秘结）	白针：脾俞为主穴，百会、后丹田为配穴 血针：通关为主穴，蹄头、耳尖、山根为配穴 水针：后海穴
泄泻	白针：后海为主穴，脾俞、关元俞、后三里为配穴 血针：带脉为主穴，蹄头、三江、通关、玉堂为配穴 水针：后海穴
肠黄（肠炎）	白针：脾俞为主穴，后三里为配穴 血针：带脉为主穴，玉堂、山根、尾尖为配穴 穴位埋线：脾俞为主穴，后海、膀胱俞为配穴
便秘	白针：脾俞、后海为主穴，后三里、尾根、睛明为配穴 水针：关元俞为主穴，后三里为配穴 电针：关元俞、脾俞，或两侧关元俞 巧治：谷道入手，隔肠轻轻按捏粪结处，使其变形软化后逐渐排出。如粪结在直肠，缓缓掏出
便血	白针：天平、脾俞为主穴，后海、后三里、百会、大肠俞、后丹田为配穴 水针：天平穴
宿水停脐（腹水）	白针：脾俞为主穴，百会、六脉为配穴 火针：脾俞为主穴，百会为配穴 巧治：云门穴，插入宿水管（或套管针）放出腹水
心热舌疮（舌炎）	血针：通关穴，放血后用食盐擦针眼
中暑	血针：颈脉为主穴，太阳、耳尖、尾尖、通关、山根为配穴。并用冷水浇头 白针：百会为主穴，尾根、丹田为配穴
脑黄（脑炎）	血针：太阳为主穴，颈脉、耳尖、尾尖、山根、蹄头为配穴 水针：百会为主穴，丹田为配穴
肝热传眼（角膜、结膜炎）	血针：太阳为主穴，三江、睛俞、睛明（睑结膜散刺）为配穴 水针：睛明、睛俞穴 巧治：顺气穴插枝；瞬膜脱出者，用骨眼钩钩住，三棱针点刺出血
红眼病（传染性角膜结膜炎）	血针：太阳为主穴，三江、颈脉为配穴 水针：太阳穴
胞转（尿闭）	白针：命门、云门为主穴，百会、肾俞、后海为配穴 血针：肾堂为主穴，三江、尾尖、尾本、滴明、山根为配穴 电针：百会为主穴，尾根、大胯为配穴 火针：百会为主穴，安肾为配穴
胞黄（膀胱炎）	血针：肾堂为主穴，尾本、尾尖为配穴 水针：百会为主穴，肾俞、命门为配穴
乳痈（乳房炎）	血针：滴明穴为主穴，颈脉、滴水为配穴 水针：阳明、百会穴 激光针：阳明穴 TDP：患区照射
不孕症	电针：百会为主穴，后海、雁翅、关元俞为配穴 激光针：阴蒂为主穴，后海为配穴 白针：后海为主穴，百会、雁翅为配穴 TDP疗法：后海穴、阴门区照射 水针：百会为主穴，雁翅为配穴

（续）

病名（西兽医病名）	穴位及针法
胎风（产后瘫痪）	电针：百会为主穴，气门、大胯、小胯为配穴 火针：百会为主穴，大胯、小胯、抢风、邪气、仰瓦为配穴 水针：抢风、大胯为主穴，肘俞、小胯、后三里为配穴
破伤风	水针：百会穴 火针：百会为主穴，锁口、开关为配穴 血针：颈脉为主穴，山根、蹄头、耳尖为配穴，初期应用 醋麸灸：背腰部
痹证（风湿证）	火针：全身性风湿，百会为主穴，安肾、抢风、气门为配穴；前肢风湿，抢风为主穴，冲天、肩外俞、肘俞为配穴；后肢风湿，气门为主穴，大胯、小胯、邪气、仰瓦、阳陵、掠草为配穴；腰部风湿，百会为主穴，肾俞为配穴 灸法：醋酒灸或醋麸灸，软烧法；艾灸 血针：缠腕、曲池、蹄头、涌泉、滴水穴，重者配胸堂、肾堂、尾本穴 TDP疗法：病区照射
外黄	水针：百会为主穴，鬐甲、丹田为配穴 血针：颈脉、带脉、胸堂为主穴，通关、鼻俞、耳尖、膝脉、缠腕、涌泉、滴水、蹄头、尾尖为配穴 火针：封闭硬黄肿胀部周围，或肿胀部中心部放出黄水 巧治：穿黄穴
烂甘薯中毒	血针：颈脉为主穴，耳尖、山根为配穴 白针：百会为主穴，苏气、肺俞、脾俞为配穴 水针：百会穴
霉玉米中毒	血针：颈脉为主穴，通关、太阳为配穴 白针：百会为主穴，鬐甲为配穴

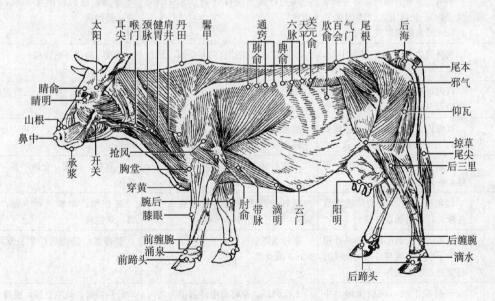

图7-70 牛的肌肉及穴位

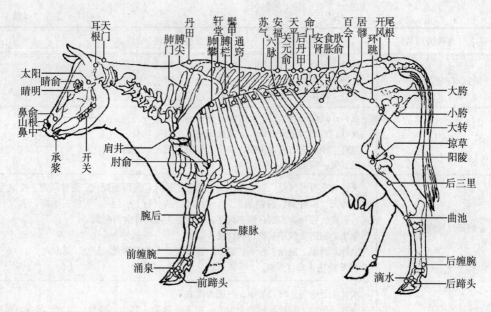

图 7-71 牛的骨骼及穴位

二、猪的针灸穴位及针治

(一) 头部穴位

穴 名	定 位	针 法	主 治
山 根	拱嘴上缘弯曲部向后第一条皱纹上,正中为主穴;两侧旁开1.5cm处为副穴,共三穴	小宽针或三棱针直刺0.5~1cm,出血	中暑,感冒,消化不良,休克,热性病
鼻 中	两鼻孔之间,鼻中隔正中处,一穴	小宽针或三棱针直刺0.5cm,出血	感冒,肺热等热性病
顺 气	口内硬腭前部,第一腭褶前的鼻腭管开口处,左右侧各一穴	用去皮、节的细软树条,徐徐插入9~12cm,剪去外露部分,留于穴内	少食,咳喘,发热,云翳遮睛
玉 堂	口腔内,上腭第三棱正中线旁开0.5cm处,左右侧各一穴	用木棒或开口器开口,以小宽针或三棱针从口角斜刺0.5~1cm,出血	胃火,食欲不振,舌疮,心肺积热
承 浆	下唇正中,有毛与无毛交界处,一穴	小宽针或三棱针直刺0.5~1cm,出血;白针向上斜刺1~2cm	下唇肿,口疮,食欲不振,歪嘴风
锁 口	口角后方约2cm的口轮匝肌外缘处,左右侧各一穴	毫针或圆利针向内下方刺入1~3cm,或向后平刺3~4cm	破伤风,歪嘴风,中暑,感冒,热性病
开 关	口角后方咬肌前缘,即从外眼角向下引一垂线与口角延长线的相交处,左右侧各一穴	毫针或圆利针向后上方刺入1.5~3cm,或灸烙	歪嘴风,破伤风,牙关紧闭,颊肿
睛 明	下眼眶上缘,两眼角内、中1/3交界处,左右眼各一穴	上推眼球,毫针沿眼球与泪骨之间向内下方刺入2~3cm	肝热传眼,睛生翳膜,感冒

(续)

穴 名	定 位	针 法	主 治
睛俞	上眼眶下缘正中的凹陷中，左右眼各一穴	下压眼球，毫针沿眼球与额骨之间内上方刺入2～3cm	肝热传眼，睛生翳膜，感冒
太阳	外眼角后上方、下颌关节前缘的凹陷处，左右侧各一穴	低头保定，使血管怒张，用小宽针刺入血管，出血；或避开血管，用毫针直刺2～3cm	肝热传眼，脑黄，感冒，中暑，癫痫
脑俞	下颌关节前上缘的凹陷中，左右侧各一穴	毫针或圆利针斜向前下方（对侧眼球方向）刺入1～2cm	癫痫，脑黄，感冒
耳根	耳根正后方、寰椎翼前缘的凹陷处，左右侧各一穴	毫针或圆利针向内下方刺入2～3cm	中暑，感冒，热性病，歪嘴风
卡耳	耳廓中下部避开血管处（内外侧均可），左右耳各一穴	用宽针刺入皮下成一皮囊，嵌入适量白砒或蟾酥，再滴入适量白酒，轻揉即可	感冒，热性病，猪丹毒，风湿症
耳尖	耳背侧，距耳尖约2cm处的三条血管上，每耳任取一穴	小宽针刺破血管，出血，或在耳尖部剪口放血	中暑，感冒，中毒，热性病，消化不良
天门	两耳根后缘连线中点，即枕寰关节背侧正中点的凹陷中，一穴	毫针、圆利针或火针向后下方斜刺3～6cm	中暑，感冒，癫痫，脑黄，破伤风

（二）躯干部穴位

穴 名	定 位	针 法	主 治
大椎	第七颈椎与第一胸椎棘突间的凹陷中，一穴	毫针、圆利针或小宽针稍向前下方刺入3～5cm，或灸烙	感冒，肺热，脑黄，癫痫，血尿
身柱	第三、四胸椎棘突间的凹陷中，一穴	毫针、圆利针或小宽针向前下方刺入3～5cm	脑黄，癫痫，感冒，肺热
苏气	第四、五胸椎棘突间的凹陷中，一穴	毫针或圆利针顺棘突向前下方刺入3～5cm	肺热，咳嗽，气喘，感冒
断血（悬枢）	最后胸椎与第一腰椎棘突间的凹陷中，为主穴；向前、后移一脊椎为副穴，共三穴	毫针或圆利针直刺2～3cm	尿血，便血，衄血，阉割后出血
关元俞	最后肋骨后缘与第一腰椎横突之间的肌沟中，左右侧各一穴	毫针或圆利针向内下方刺入2～4cm	便秘，泄泻，积食，食欲不振，腰风湿
六脉	倒数第一、二、三肋间、距背中线约6cm的肌沟中，左右侧各三穴	毫针、圆利针或小宽针向内下方刺入2～3cm	脾胃虚弱，便秘，泄泻，感冒，风湿症，腰麻痹，膈肌痉挛
脾俞	倒数第二肋间、距背中线6cm的肌沟中，左右侧各一穴	毫针、圆利针或小宽针向内下方刺入2～3cm	脾胃虚弱，便秘，泄泻，膈肌痉挛，腹痛，腹胀
肺俞	倒数第六肋间、距背中线约10cm的肌沟中，左右侧各一穴	毫针、圆利针或小宽针向内下方刺入2～3cm，或刮灸、拔火罐、艾灸	肺热，咳喘，感冒
肾门	第三、四腰椎棘突间的凹陷中，一穴	毫针或圆利针直刺2～3cm	腰胯风湿，尿闭，内肾黄

（续）

穴 名	定 位	针 法	主 治
百 会	腰荐十字部，即最后腰椎与第一荐椎棘突间的凹陷中，一穴	毫针、圆利针或小宽针直刺3～5cm，或灸烙	腰胯风湿，后肢麻木，二便闭结，脱肛，痉挛抽搐
肾 俞	百会穴旁开3～5cm处，左右侧各一穴	圆利针或毫针向内下方刺入2～3cm	后肢风湿，便秘，不孕症
六 眼	第一、二、三荐椎棘突间旁开约4.5cm（荐结节水平线）处，左右侧各三穴	毫针或圆利针向内下方刺入3～5cm	腰胯痛，后肢风湿，阳痿，尿闭
刮 喉	咽喉部至胸骨突部的皮肤上	先擦以盐水，然后用金属刮痧器逆毛刮至有淤血斑为度	咽喉肿痛，感冒，肺热
膻 中	两前肢正中，胸骨正中线上，一穴	毫针、圆利针或小宽针向前上方刺入2～3cm，或艾灸5～10min，或刮灸、埋线	肺火，咳嗽，气喘
刮 肋	第二至第九肋间的皮肤上	同刮喉	感冒，中暑
三 脘	胸骨后缘与脐的连线四等份，分点依次为上、中、下脘，共三穴	毫针或圆利针直刺2～3cm，或艾灸3～5min	胃寒，腹痛，泄泻，咳喘
肚 口	肚脐正中，一穴	艾灸3～5min	胃寒，泄泻，肚痛
乳 基	近脐部的一对乳头及其前后各隔一对乳头的外侧基部，左右侧各三穴	毫针或圆利针向内上方斜刺2～3cm，或艾灸	乳房炎，子宫内膜炎，热毒证
阳 明	最后两对乳头基部外侧旁开1.5cm处，左右侧各二穴	毫针或圆利针向内上方斜刺2～3cm，或激光灸	乳房炎，不孕症，乏情，乳闭
阴 俞	肛门与阴门（♀）或阴囊（♂）中间的中心缝上，一穴	毫针、圆利针或火针直刺1～2cm	阴道脱，子宫脱（♀）；阴囊肿胀，垂缕不收（♂）
阴 脱	母猪阴唇两侧，阴唇上下联合中点旁开2cm，左右侧各一穴	毫针或圆利针向前下方刺入2～5cm，或电针、水针	阴道脱，子宫脱
肛 脱	肛门两侧旁开1cm，左右侧各一穴	毫针或圆利针向前下方刺入2～6cm，或电针、水针	直肠脱
莲 花	脱出的直肠黏膜上	温水洗净，去除坏死皮膜，用2%明矾水、生理盐水冲洗，涂上植物油，缓缓整复	脱肛
后 海	尾根与肛门间的凹陷中，一穴	毫针、圆利针或小宽针稍向前上方刺入3～9cm	泄泻，便秘，少食，脱肛
尾 根	荐椎与尾椎棘突间的凹陷中，即摇动尾根时，动与不动交界处，一穴	毫针或圆利针直刺1～2cm	后肢风湿，便秘，少食，热性病
尾 本	尾部腹侧正中，距尾根部1.5cm处的血管上，一穴	将尾巴提起，以小宽针直刺1cm，出血	中暑，肠黄，腰胯风湿，热性病
尾 尖	尾巴尖部，一穴	小宽针将尾尖部穿通，或十字切开放血	中暑，感冒，风湿症，肺热，少食，饲料中毒

（三）前肢部穴位

穴 名	定 位	针 法	主 治
膊尖	肩胛骨前角与肩胛软骨结合部的凹陷中，左右侧各一穴	毫针向后下方、肩胛骨内侧斜刺6～7cm，小宽针刺入2～3cm	前肢风湿，膊尖肿痛，闪伤
膊栏	肩胛骨后角与肩胛软骨结合部的凹陷中，左右侧各一穴	毫针、圆利针向前下方、肩胛骨内侧刺入6～7cm；小宽针斜刺2～4cm	膊膊麻木，闪伤跛行
抢风	肩关节与肘突连线近中点的凹陷中，左右侧各一穴	毫针、圆利针或小宽针直刺2～4cm	肩臂部及前肢风湿，前肢扭伤、麻木
肘俞	臂骨外上髁与肘突之间的凹陷中，左右肢各一穴	毫针或圆利针直刺2～3cm	肘部肿胀，前肢风湿
七星	腕后内侧的黑色小点上，取正中或近正中处一点为穴，左右肢各一穴	将前肢提起，毫针或圆利针刺入1～1.5cm，或刮灸	风湿症，前肢瘫痪，腕肿
前缠腕	前肢内外侧悬蹄稍上方的凹陷处，每肢内外侧各一穴	将术肢后曲，固定穴位，用小宽针直刺1～2cm	寸腕扭伤，风湿症，蹄黄，中暑
前灯盏	前肢两悬蹄后下方正中的凹陷中，每肢各一穴	小宽针或圆利针向内下方刺入2～3cm，或艾灸3～5min	风湿症，蹄黄，瘫痪，感冒，热性病
涌泉	前蹄叉正中上方约2cm的凹陷中，每肢各一穴	小宽针向后上方刺入1～1.5cm，出血	蹄黄，前肢风湿，扭伤，中毒，中暑，感冒
前蹄叉	前蹄叉正上方顶端处，每肢各一穴	小宽针向后上方刺入3cm，圆利针或毫针向后上方刺入9cm，以针尖接近系关节为度	感冒，少食，肠黄，扭伤，瘫痪，跛行，热性病
前蹄头	前蹄甲背侧，蹄冠正中有毛与无毛交界处，每蹄内外各一穴	小宽针直刺0.5～1cm，出血	前肢风湿，扭伤，腹痛，感冒，中暑，中毒
前蹄门	前蹄后面，蹄球上缘、蹄软骨端的凹陷中，每蹄左右侧各一穴	中宽针直刺1cm，出血	中暑，蹄黄，扭伤，腹痛

（四）后肢部穴位

穴 名	定 位	针 法	主 治
大胯	髋关节前缘，股骨大转子稍前下方3cm处的凹陷中，左右侧各一穴	毫针或圆利针直刺2～3cm	后肢风湿，闪伤，瘫痪
小胯	大胯穴后下方，臀端到膝盖骨上缘连线的中点处，左右侧各一穴	毫针或圆利针直刺2～3cm	后肢风湿，闪伤，瘫痪
汗沟	股二头肌沟中，与坐骨弓水平线相交处，左右侧各一穴	毫针或圆利针直刺3cm	后肢风湿，麻木
掠草	膝关节前外侧的凹陷中，左右肢各一穴	毫针或圆利针向后上方斜刺2cm	膝关节肿痛，后肢风湿
后三里	髌骨外侧后下方约6cm的肌沟内，左右肢各一穴	毫针、圆利针或小宽针向腓骨间隙刺入3～4.5cm，或艾灸3～5min	少食，肠黄，腹痛，仔猪泄泻，后肢瘫痪

(续)

穴　名	定　位	针　法	主　治
曲池	跗关节前方稍偏内侧凹陷处的血管上，左右肢各一穴	小宽针直刺血管，出血；毫针或圆利针避开血管直刺1～2cm	风湿症，跗关节炎，少食，肠黄
后缠腕	后肢内外侧悬蹄稍上方的凹陷处，每肢内外侧各一穴	将术肢后曲，固定穴位，用小宽针直刺1～2cm	球节扭伤，风湿症，蹄黄，中暑
后灯盏	后肢两悬蹄后下方正中的凹陷中，每肢各一穴	小宽针或圆利针向内下方刺入2～3cm，或艾灸3～5min	风湿症，蹄黄，瘫痪，感冒，热性病
滴水	后蹄叉正中上方约2cm的凹陷中，每肢各一穴	小宽针向后上方刺入1～1.5cm，出血	后肢风湿，扭伤，蹄黄，中毒，中暑，感冒
后蹄叉	后蹄叉正上方顶端处，每肢各一穴	同前蹄叉穴	同前蹄叉穴
后蹄头	后蹄甲背侧，蹄冠正中稍偏外有毛与无毛交界处，每蹄内外各一穴	小宽针直刺0.5～1cm，出血	后肢风湿，扭伤，腹痛，感冒，中暑，中毒
后蹄门	后蹄后面，蹄球上缘、蹄软骨后端的凹陷中，每蹄左右侧各一穴	中宽针直刺1cm，出血	中暑，蹄黄，扭伤，腹痛

猪常发病针灸治疗简表

病名（西兽医病名）	穴位及针法
中暑	血针：尾尖、耳尖、山根为主穴，尾本、涌泉、滴水、蹄头为配穴；或剪耳、劈尾放血 白针：天门、百会、开关为主穴，蹄叉、尾根为配穴 水针：百会、苏气穴 刮灸：以旧铜钱或瓷碗片蘸清油，在病猪腕、膝及脊背两侧刮灸，刮至皮肤见紫红斑块为度
感冒	白针：百会、苏气为主穴，大椎、七星为配穴 血针：山根为主穴，耳尖、尾尖、涌泉、滴水为配穴 水针：大椎、苏气、百会穴 巧治：顺气穴插枝
肺热咳嗽（肺炎）	血针：山根为主穴，玉堂、耳尖、尾尖为配穴 白针：苏气、肺俞为主穴，百会、膻中、大椎为配穴 水针：苏气、肺俞穴
气喘病	水针：苏气、肺俞、膻中、六脉穴 埋植疗法：卡耳穴，或肺俞、苏气、膻中穴 白针：苏气、肺俞为主穴，膻中、睛明、六脉为配穴 血针：山根为主穴，尾尖、蹄头为配穴
脾胃虚弱（消化不良）	温针：百会、脾俞为主穴，海门、后三里为配穴 电针：两侧关元俞穴，或百会配脾俞穴，或后海配后三里穴，或左右蹄叉穴 水针：脾俞、耳根、后三里穴 血针：山根、玉堂为主穴，尾尖、耳尖或蹄头为配穴
伤食（胃食滞）	白针：后海、脾俞为主穴，后三里、七星为配穴 水针：关元俞、六脉穴 电针：关元俞为主穴，六脉为配穴 血针：玉堂、山根为主穴，蹄头、鼻中为配穴
便秘	电针：两侧关元俞穴，或百会配后三里穴，或后海配脾俞穴 白针：脾俞、后海为主穴，后三里、七星、六脉、关元俞为配穴 血针：山根、玉堂为主穴，蹄头、尾本、尾尖为配穴

(续)

病名（西兽医病名）	穴位及针法
泄泻	水针：后海穴 激光针：照射后海穴 艾灸：海门、脾俞、百会、后三里穴
仔猪下痢	白针：后海、脾俞、后三里为主穴，六脉、尾根、百会为配穴 水针：后海、后三里、脾俞穴 激光针：照射后海、后三里穴 埋线：后海为主穴，后三里、脾俞为配穴 艾灸：海门、三脘穴
脱肛	巧治：莲花穴，整复回纳之 水针：肛脱穴 电针：百会、后海或阴俞穴；或后海、肛脱穴
尿闭	白针：百会、肾门、断血、海门、阳明为主穴，关元俞、大椎、六脉、开风为配穴 电针：百会、肾门或阴俞穴 水针：肾俞、海门、百会、阴俞等穴
不孕症	电针：两侧肾俞穴；或百会、后海穴 白针：百会为主穴，后海为配穴
阴道脱和子宫脱	巧治：横卧保定，或提起两后肢，使其体躯前低后高。用消毒药液洗净脱出物，除去异物及坏死组织，涂布明矾粉后，缓缓回纳。脱出物长且水肿严重者，取宽幅绷带，由脱出物末端开始做螺旋形缠绕，直至阴门口，使脱出物呈棒状，然后向阴门内推送，边送入边松解绷带，直至脱出物全部回纳。整复后为防止再脱，应施针灸 电针：两侧阴脱穴，或百会、后海穴 水针：阴脱穴
母猪瘫痪	电针：百会为主穴，大胯、小胯、抢风、开风、三台、肾门、脾俞、后三里、蹄叉等为配穴，根据病肢所在部位，选择相应穴位 火针：百会、风门、肾门为主穴，肩井、抢风或大胯、后三里为配穴 水针：百会、肾门、三台、开风、风门、肩井、抢风、大胯、后三里穴，根据病肢所在部位，选择相应穴位
风湿症	灸熨：百会、肾门、三台穴施隔姜灸，腰背部施酒糟灸、醋酒灸，体侧部施软烧术 火针：百会、肾门、开风为主穴，肩井、抢风、膊尖、大胯、小胯、后三里为配穴 电针：前肢风湿，三台或大椎为主穴，抢风或蹄叉为配穴；后肢风湿，百会或肾门为主穴，大胯、小胯或后三里为配穴；四肢风湿，抢风、大胯为主穴，蹄叉为配穴；腰背风湿，百会为主穴，三台、肾门或开风为配穴 水针：前肢风湿取三台、抢风、前蹄叉穴；后肢风湿取百会、后三里、后蹄叉穴；全身风湿取三台、百会、蹄叉穴 血针：关节肿痛者，针涌泉（滴水）、山根、尾尖、蹄头、缠腕等穴
破伤风	火烙：伤口彻底清创、开放后施术 水针：天门、百会穴 埋植：尾根穴 电针：天门、三台、百会、肾门、开关、风门穴 火针：风门、百会为主穴，开关、尾根为配穴
癫痫	水针：天门穴 电针：百会配天门穴，或大椎配耳根穴，或六脉配天门穴 白针：脑俞、天门、百会为主穴，大椎为配穴 血针：太阳、耳尖为主穴，玉堂、尾尖为配穴

(续)

病名（西兽医病名）	穴位及针法
脑 黄	血针：太阳、山根、尾尖为主穴，玉堂、耳尖、蹄头为配穴 水针：大椎、天门、百会穴 白针或电针：天门、百会为主穴，大椎、尾根、肾门为配穴

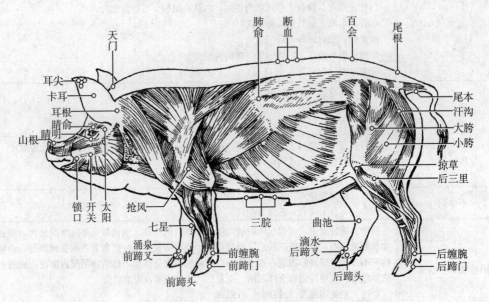

图 7-72 猪的肌肉及穴位

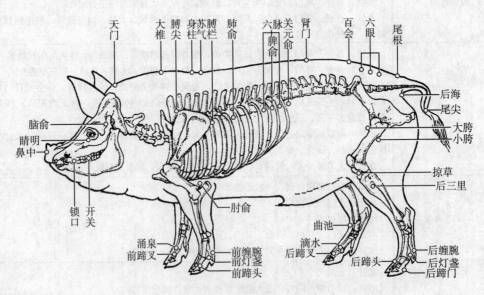

图 7-73 猪的骨骼及穴位

三、马的针灸穴位及针治

(一) 头部穴位

穴 名	定 位	针 法	主 治
分 水	上唇外面旋毛正中点，一穴	小宽针或三棱针直刺1~2cm，出血	中暑，冷痛，歪嘴风
唇 内	上唇内面，正中线两侧约2cm的血管上，左右侧各一穴	外翻上唇，三棱针直刺1cm，出血；也可在上唇黏膜肿胀处散刺	唇肿，口疮，慢草
玉 堂	口内上腭第三棱上，正中线旁开1.5cm处，左右侧各一穴	开口拉舌，以拇指顶住上腭，用玉堂钩钩破穴点，或用三棱针或小宽针向前上方斜刺0.5~1cm，出血，然后用盐擦之	胃热，舌疮，上腭肿胀
通 关	舌体腹侧面，舌系带两旁的血管上，左右侧各一穴	将舌拉出，向上翻转，以三棱针或小宽针刺入0.5~1cm，出血	木舌，舌疮，胃热、慢草、黑汗风
承 浆	下唇正中，距下唇边缘3cm的凹陷中，一穴	小宽针或圆利针向上刺入1cm	歪嘴风，唇龈肿痛
锁 口	口角后上方约2cm处，左右侧各一穴	毫针向后上方透刺开关穴，火针斜刺3cm，或间接烧烙3cm长	破伤风，歪嘴风，锁口黄
开 关	口角向后的延长线与咬肌前缘相交处，左右侧各一穴	圆利针或火针向后上方斜刺2~3cm，毫针刺入9cm，或向前下方透刺锁口穴，或灸烙	破伤风，歪嘴风，面颊肿胀
抱 腮	腮中部，口角向后的延长线与内眼角至下颌骨角连线的交点处，左右侧各一穴	毫针向前下方透刺开关穴，火针向后上方刺入3cm	破伤风，歪嘴风，腮肿胀
外唇阴	两鼻孔下缘连线中点，一穴	中宽针直刺1.5cm	唇肿，脾虚湿邪，少食，胃寒
鼻 前	两鼻孔下缘连线上，鼻内翼内侧1cm处，左右侧各一穴	小宽针或毫针直刺1~3cm，毫针刺入2~3cm，捻针后可适当留针	发热，中暑，感冒，过劳
鼻 管	鼻孔内，距鼻孔外侧缘约3cm的鼻泪管开口处，左右鼻各一穴	巧治，用细胶管或泪管针(磨钝针尖的注射针头)插入，接上注射器，注入胡黄连水等洗眼液，药水从内眼角流出。	异物入睛，肝经风热，睛生翳膜
姜 牙	鼻孔外侧缘下方，鼻翼软骨(姜牙骨)顶端处，左右侧各一穴	将上唇向另一侧拉紧，使姜牙骨充分显露，用大宽针挑破软骨端，或切开皮肤，用姜牙钩钩拉或割去软骨尖	冷痛及其他腹痛
抽 筋	两鼻孔内侧之间，外唇阴上方3cm处，一穴	拉紧上唇，以大宽针切开皮肤，用抽筋钩钩出上唇提肌腱，用力牵引数次	肺把低头难(颈肌风湿)
鼻 俞	鼻梁两侧，距鼻孔上缘3cm的鼻颌切迹内，左右侧各一穴	小宽针横穿鼻中隔，出血(如出血不止可高吊马头，用冷水、冰块冷敷或采取其他止血措施)	肺热，感冒，中暑，鼻肿痛

(续)

穴名	定位	针法	主治
血堂	鼻俞上方3cm处，左右侧各一穴	同鼻俞穴	同鼻俞穴，病重者用之
三江	内眼角下方约3cm处的血管分叉处，左右侧各一穴	低拴马头，使血管怒张，用三棱针或小宽针顺血管刺入1cm，出血	冷痛，肚胀，月盲，肝热传眼
睛明	下眼眶上缘，两眼角连线的内、中1/3交界处，左右眼各一穴	上推眼球，毫针沿眼球与泪骨之间向内下方刺入3cm，或在下眼睑黏膜上点刺出血	肝经风热，肝热传眼，睛生翳膜
睛俞	上眼眶下缘正中，左右眼各一穴	下压眼球，毫针沿眼球与额骨之间向内后上方刺入3cm，或在上眼睑黏膜上点刺出血	肝经风热，肝热传眼，睛生翳膜
骨眼	内眼角，瞬膜外缘，左右眼各一穴	用骨眼钩钩破或割去瞬膜一角	骨眼症
开天	眼球角膜与巩膜交界处，一穴	将头牢固保定，冷水冲眼或滴表面麻醉剂使眼球不动，待虫体游至眼前房时，用三弯针轻手急刺0.3cm，虫随眼房水流出；也可用注射器吸取虫体或注入3%精制敌百虫杀死虫体	浑睛虫病
太阳	外眼角后方约3cm处的血管上，左右侧各一穴	低拴马头，使血管怒张，用小宽针或三棱针顺血管刺入1cm，出血；或用毫针避开血管直刺5～7cm	肝热传眼，肝经风热，中暑，脑黄
眼脉	太阳穴后方1.5cm处的血管上，左右侧各一穴	同太阳穴	同太阳穴
垂睛	眶上突上缘上方3cm的颞窝中，左右侧各一穴	小宽针向后下方刺入2cm，毫针刺入3～6cm	肝热传眼，肝经风热，睛生翳膜
上关	下颌关节后上方的凹陷中，左右侧各一穴	圆利针或火针向内下方刺入3cm，毫针刺入4.5cm	歪嘴风，破伤风，下颌脱臼
下关	下颌关节下方，外眼角后上方的凹陷中，左右侧各一穴	圆利针或火针向内上方刺入2cm，毫针刺入2～3cm	歪嘴风，破伤风
大风门	头顶部，门鬃下缘、顶骨嵴分叉处为主穴，沿顶骨外嵴向两侧各旁开3cm为二副穴，共三穴	毫针、圆利针或火针沿皮下向上方平刺3cm，艾灸或烧烙	破伤风，脑黄，脾虚湿邪，心热风邪
耳尖	耳背侧尖端的血管上，左右耳各一穴	握紧耳根，使血管怒张，小宽针或三棱针刺入1cm，出血	冷痛，感冒，中暑
天门	两耳根连线正中，即枕寰关节背侧的凹陷中，一穴	圆利针或火针向后下方刺入3cm，毫针刺入3～4.5cm	脑黄，黑汗风，破伤风，感冒

（二）躯干部穴位

穴名	定位	针法	主治
风门	耳后3cm、寰椎翼前缘的凹陷处，左右侧各一穴	毫针向内下方刺入6cm，火针刺入2～3cm，或灸烙	破伤风，颈风湿，风邪证

(续)

穴 名	定 位	针 法	主 治
伏 兔	耳后6cm，寰椎翼后缘的凹陷处，左右侧各一穴	毫针向内下方刺入6cm，火针刺入2～3cm，或灸烙	破伤风，颈风湿，风邪证
九 委	颈两侧弧形肌沟内，左右侧各九穴。伏兔穴后下方3cm、鬃下缘约3.5cm为上上委，膊尖穴前方4.5cm、鬃下缘约5cm为下下委，两穴之间八等分，分点处为其余七穴	毫针直刺4.5～6cm，火针刺入2～3cm	颈风湿，破伤风
颈 脉	颈静脉沟上、中1/3交界处的颈静脉上，左右侧各一穴	高拴马头，颈基部拴一细绳，打活结，用装有大宽针的针锤，对准穴位急刺1cm，出血。术后松开绳扣，血流停止	脑黄，中暑，中毒，遍身黄，破伤风
迷交感	颈侧，颈静脉沟上缘的上、中1/3交界处，左右侧各一穴	水针，针头向对侧稍下方刺入4～6cm，针尖抵达气管轮后，再稍退针，连接注射器，回抽无血液时注入药液。也可毫针同法刺入，或电针	腹泻，便秘，少食
大 椎	第七颈椎与第一胸椎棘突间的凹陷中，一穴	毫针或圆利针稍向前下方刺入6～9cm	感冒，咳嗽，发热，癫痫，腰背风湿
鬐 甲	鬐甲最高点前方，第三、四胸椎棘突间的凹陷中，一穴	毫针向前下方刺入6～9cm，火针刺入3～4cm，治鬐甲肿胀时用宽针散刺	咳嗽，气喘，肚痛，腰背风湿，鬐甲痛肿
断 血	最后胸椎与第一腰椎棘突间的凹陷中，为主穴；向前、后移一脊椎为副穴	毫针、圆利针或火针直刺2.5～3cm	阉割后出血，便血，尿血等各种出血症
关元俞	最后肋骨后缘，距背中线12cm的髂肋肌沟中，左右侧各一穴	圆利针或火针直刺2～3cm，毫针直刺6～8cm，可达肾脂肪囊内，常用作电针治疗	结症，肚胀，泄泻，冷痛，腰脊疼痛
大肠俞	倒数第一肋间，距背中线12cm的髂肋肌沟中，左右侧各一穴	圆利针或火针直刺2～3cm，毫针向上或向下斜刺3～5cm	结症，肚胀，肠黄，冷肠泄泻，腰脊疼痛
气海俞	倒数第二肋间，距背中线12cm的髂肋肌沟中，左右侧各一穴	圆利针或火针直刺2～3cm，毫针向上或向下斜刺3～5cm	大肚结，气胀，便秘
脾 俞	倒数第三肋间，距背中线12cm的髂肋肌沟中，左右侧各一穴	圆利针或火针直刺2～3cm，毫针向上或向下斜刺3～5cm	胃冷吐涎，肚胀，结症，泄泻，冷痛
三焦俞	倒数第四肋间，距背中线12cm的髂肋肌沟中，左右侧各一穴	圆利针或火针直刺2～3cm，毫针向上或向下斜刺3～5cm	脾胃不和，水草迟细，过劳，腰脊疼痛
肝 俞	倒数第五肋间，距背中线12cm的髂肋肌沟中，左右侧各一穴	圆利针或火针直刺2～3cm，毫针向上或向下斜刺3～5cm	黄疸，肝经风热，肝热传眼
胃 俞	倒数第六肋间，距背中线12cm的髂肋肌沟中，左右侧各一穴	圆利针或火针直刺2～3cm，毫针向上或向下斜刺3～4cm	胃寒，胃热，消化不良，肠臌气，大肚结
胆 俞	倒数第七肋间，距背中线12cm的髂肋肌沟中，左右侧各一穴	圆利针或火针直刺2～3cm，毫针向上或向下斜刺3～4cm	黄疸，脾胃虚弱

(续)

穴 名	定 位	针 法	主 治
膈俞	倒数第八肋间，距背中线12cm的髂肋肌沟中，左右侧各一穴	圆利针或火针直刺2～3cm，毫针向上或向下斜刺3～4cm	胸膈痛，跳脓，气喘
肺俞	倒数第九肋间，距背中线12cm的髂肋肌沟中，左右侧各一穴	圆利针或火针直刺2～3cm，毫针向上或向下斜刺3～5cm	肺热咳嗽，肺把胸膊痛，劳伤气喘
督俞	倒数第十肋间，距背中线12cm的髂肋肌沟中，左右侧各一穴	圆利针或火针直刺2～3cm，毫针向上或向下斜刺3～5cm	过劳，跳脓，伤水起卧
厥阴俞	倒数第十一肋间，距背中线12cm的髂肋肌沟中，左右侧各一穴	圆利针或火针直刺2～3cm，毫针向上或向下斜刺3～5cm	冷痛，多汗，中暑
命门	第二、三腰椎棘突间的凹陷中，一穴	毫针、圆利针或火针直刺3cm	闪伤腰胯，寒伤腰胯，破伤风
阳关	第四、五腰椎棘突间的凹陷中，一穴	毫针、圆利针或火针直刺3cm	闪伤腰胯，腰胯风湿，破伤风
腰前	第一、二腰椎棘突之间旁开6cm处，左右侧各一穴	圆利针或火针直刺3～4.5cm，毫针刺入4.5～6cm，亦可透刺腰中、腰后穴	腰胯风湿、闪伤，腰痿
腰中	第二、三腰椎棘突之间旁开6cm处，左右侧各一穴	圆利针或火针直刺3～4.5cm，毫针刺入4.5～6cm，亦可透刺腰前、腰后穴	腰胯风湿、闪伤，腰痿
腰后	第三、四腰椎棘突之间旁开6cm处，左右侧各一穴	圆利针或火针直刺3～4.5cm，毫针刺入4.5～6cm，亦可透刺腰中、肾俞穴	腰胯风湿、闪伤，腰痿
小肠俞	第一、二腰椎横突间，距背中线12cm的髂肋肌沟中，左右侧各一穴	圆利针或火针直刺2～3cm，毫针刺入3～6cm	结症，肚胀，肠黄，腰痛
膀胱俞	第二、三腰椎横突间，距背中线12cm的髂肋肌沟中，左右侧各一穴	圆利针或火针直刺2～3cm，毫针刺入3～6cm	泌尿系统疾病，结症，肚胀，肠黄，泄泻
肷俞	肷窝中点处，左右侧各一穴	巧治，剖腹术（左侧）；或穿肠放气（右侧），用套管针穿入盲肠放气	盲肠臌气，急腹症手术
百会	腰荐十字部，即最后腰椎与第一荐椎棘突间的凹陷中，一穴	火针或圆利针直刺3～4.5cm，毫针刺入6～7.5cm	腰胯闪伤，风湿，破伤风，便秘，肚胀，泄泻，疝痛
肾俞	百会穴旁开6cm处，左右侧各一穴	火针或圆利针直刺3～4.5cm，毫针刺入6cm，亦可透刺肾棚、肾角穴	腰痿，腰胯风湿，闪伤
肾棚	肾俞穴前方6cm处，左右侧各一穴	火针或圆利针直刺3～4.5cm，毫针刺入6cm，亦可透刺腰后、肾俞穴	腰痿，腰胯风湿、闪伤
肾角	肾俞穴后方6cm处，左右侧各一穴	火针或圆利针直刺3～4.5cm，毫针刺入6cm，亦可透刺肾俞穴	腰痿，腰胯风湿、闪伤

（续）

穴 名	定 位	针 法	主 治
雁 翅	髋结节到背中线所作垂线的中、外1/3交界处，左右侧各一穴	圆利针或火针直刺3～4.5cm，毫针刺入4～8cm	腰胯痛，腰胯风湿，不孕症
丹 田	髋结节前下方4.5cm处凹陷中，左右侧各一穴	圆利针或火针直刺2～3cm，毫针刺入3～4cm	腰胯痛，雁翅痛，不孕症
尾 根	尾背侧，第一、二尾椎棘突间，一穴	火针或圆利针直刺1～2cm，毫针刺入3cm	腰胯闪伤、风湿，破伤风
八 窌	各荐椎棘突间、正中线旁开4.5cm，左右侧各四穴	火针或圆利针向椎间孔方向斜刺2.5～3cm，毫针刺入3～6cm；或同侧四穴相互透刺	腰胯风湿，腰挫伤，腰痿，垂缕不收
巴 山	百会穴与股骨大转子连线的中点处，左右侧各一穴	圆利针或火针直刺3～4.5cm，毫针刺入10～12cm	腰胯风湿、闪伤，后肢风湿、麻木
路 股	荐结节与股骨大转子连线的中、后1/3交界处，左右侧各一穴	圆利针或火针直刺3～4.5cm，毫针刺入8～10cm	腰胯风湿、闪伤，后肢麻木
穿 黄	胸前正中线旁开2cm，左右侧各一穴	拉起皮肤，用穿黄针穿上马尾穿通两穴，马尾两端拴上适当重物，引流黄水；或用宽针局部散刺	胸黄，胸部浮肿
胸 堂	胸骨两旁，胸外侧沟下部的血管上，左右侧各一穴	拴高马头，用中宽针沿血管急刺1cm，出血（泻血量500～1 000ml）	心肺积热，胸膊痛，五攒痛，前肢闪伤
带 脉	肘后6cm的血管上，左右侧各一穴	大、中宽针顺血管刺入1cm，出血	肠黄，中暑，冷痛
理 中	胸骨后缘两侧、与第八肋（倒数第十一）软骨交界处的凹陷中，左右侧各一穴	小宽针直刺1cm，毫针稍向前斜刺3cm	胸膈痛
黄 水	胸骨后、包皮前，两侧带脉下方的胸腹下肿胀处	避开大血管和腹白线，用大宽针在局部散刺1cm	肚底黄，胸腹部浮肿
云 门	脐前9cm，腹中线旁开2cm，任取一穴	以大宽针刺破皮肤及腹黄筋膜，插入宿水管放出腹水	宿水停脐（腹水）
阴 俞	肛门与阴门（♀）或阴囊（♂）中点的中心缝上，一穴	火针或圆利针直刺2～3cm，毫针直刺4～6cm；或艾卷灸	阴道脱，子宫脱，带下（♀）；阴肾黄，垂缕不收（♂）
阴 脱	阴唇两侧，阴唇上下联合中点旁开2cm，左右侧各一穴	毫针向前下方斜刺6～9cm，或电针、水针	阴道脱，子宫脱
肛 脱	肛门两侧旁开2cm，左右侧各一穴	毫针向前下方刺入4～6cm，或电针、水针	直肠脱
莲 花	脱出的直肠黏膜。脱肛时用此穴	巧治。用温水洗净，除去坏死风膜，以2%明矾水和硼酸水冲洗，再涂以植物油，缓缓纳入	脱肛

(续)

穴 名	定 位	针 法	主 治
后海	肛门上、尾根下的凹陷中，一穴	火针或圆利针沿脊椎方向刺入6～10cm，毫针刺入12～18cm	结症，泄泻，直肠麻痹，不孕症
尾本	尾腹面正中，距尾基部6cm处血管上，一穴	中宽针向上顺血管刺入1cm，出血	腰胯闪伤、风湿，肠黄，尿闭
尾尖	尾末端，一穴	中宽针直刺1～2cm，或将尾尖十字劈开，出血	冷痛，感冒，中暑，过劳

（三）前肢部穴位

穴 名	定 位	针 法	主 治
膊尖	肩胛骨前角与肩胛软骨结合处，左右侧各一穴	圆利针或火针沿肩胛骨内侧向后下方刺入3～6cm，毫针刺入12cm	前肢风湿，肩膊闪伤、肿痛
膊栏	肩胛骨后角与肩胛软骨结合处，左右侧各一穴	圆利针或火针沿肩胛骨内侧向前下方刺入3～5cm，毫针刺入10～12cm	前肢风湿，肩膊闪伤、肿痛
肺门	膊尖穴与膊中穴连线中点，左右肢各一穴	圆利针或火针沿肩胛骨内侧向后下方刺入3～5cm，毫针刺入8～10cm	肺气把膊，寒伤肩膊痛，肩膊麻木
肺攀	膊栏穴前下方，肩胛骨后缘的上、中1/3交界处，左右侧各一穴	圆利针或火针沿肩胛骨内侧向前下方刺入3～5cm，毫针刺入8～10cm	肺气痛，咳嗽，肩膊风湿
弓子	肩胛冈后方，肩胛软骨（弓子骨）上缘中点直下方约10cm处，左右侧各一穴	用大宽针刺破皮肤，再用两手提拉切口周围皮肤，让空气进入；或以16号注射针头刺入穴位皮下，用注射器注入滤过的空气，然后用手向周围推压，使空气扩散到所需范围	肩膊麻木，肩膊部肌肉萎缩
膊中	肺门穴前下方，膊尖穴与肩井穴连线的中点处，左右侧各一穴	圆利针或火针沿肩胛骨内侧向后下方刺入3～5cm，毫针刺入8～10cm	肺气把膊，寒伤肩膊痛，肩膊麻木，肺气痛
肩井	肩端，臂骨大结节外上缘的凹陷中，左右侧各一穴	火针或圆利针向后下方刺入3～4.5cm，毫针刺入6～8cm	抢风痛，前肢风湿，肩臂麻木
肩髃	肩关节前下缘、臂骨大结节下缘的凹陷中，左右侧各一穴	火针或圆利针向内上方刺入2.5cm，毫针刺入3～4cm	肩膊痛，抢风痛，前肢风湿
肩外髃	肩关节后缘、臂骨大结节后缘的凹陷中，左右侧各一穴	火针或圆利针向内下方刺入3～4.5cm，毫针刺入6～7.5cm	肩膊痛，抢风痛，前肢风湿
抢风	肩关节后下方，三角肌后缘与臂三头肌长头、外侧头形成的凹陷中，左右侧各一穴	圆利针或火针直刺3～4cm，毫针刺入8～10cm	闪伤夹气，前肢风湿，前肢麻木
冲天	肩胛骨后缘中部，抢风穴后上方6cm，三角肌后缘的凹陷处，左右侧各一穴	圆利针或火针直刺3～4.5cm，毫针刺入8～10cm	前肢风湿，前肢麻木，肺气把膊

(续)

穴名	定位	针法	主治
肩贞	抢风穴前上方6cm处，与冲天穴同一水平线上，左右侧各一穴	火针或圆利针直刺3～4cm，毫针刺入6cm	肩胛闪伤，抢风痛，肩胛风湿，肩胛麻木
天宗	抢风穴正上方约10cm处，与抢风、冲天、肩贞呈菱形排列，左右侧各一穴	火针或圆利针直刺3～4cm，毫针刺入6cm	闪伤夹气痛，前肢风湿，前肢麻木
夹气	腋窝正中，左右侧各一穴	先用大宽针向上刺破皮肤，然后以涂油的夹气针向同侧抢风穴方向刺入20～25cm，达肩胛下肌与胸下锯肌之间的疏松结缔组织内，出针消毒后前后摇动患肢数次	里夹气
肘俞	臂骨外上髁与肘突之间的凹陷中，左右肢各一穴	火针或圆利针直刺3～4cm，毫针刺入6cm	肘部肿胀、风湿、麻痹
掩肘	肘突后上方3cm，前臂筋膜张肌后缘的凹陷中，左右肢各一穴	火针或圆利针向前下方刺入3cm，毫针刺入3～5cm	肘头肿胀，肘部风湿，肩肘麻木
乘镫	肘突内侧稍下方，掩肘穴下方6cm的胸后浅肌的肌间隙内，左右肢各一穴	火针或圆利针向前上方刺入3cm，毫针刺入3～5cm	肘部风湿，肘头肿胀，扭伤
乘重	桡骨近端外侧韧带结节下部、指总伸肌与指外侧伸肌起始部的肌沟中，左右肢各一穴	火针或圆利针稍斜向前刺入2～3cm，毫针刺入4.5～6cm	乘重肿痛，前臂麻木、风湿
前三里	前臂外侧上部，桡骨上、中1/3交界处，腕桡侧伸肌与指总伸肌之间的肌沟中，左右肢各一穴	火针或圆利针向后上方刺入3cm，毫针刺入4.5cm	脾胃虚弱，前肢风湿
膝眼	腕关节背侧面正中，腕前黏液囊肿胀处最低位，左右肢各一穴	提起患肢，中宽针直刺1cm，放出水肿液	腕前黏液囊肿
膝脉	腕关节内侧下方约6cm处的血管上，左右肢各一穴	小宽针顺血管刺入1cm，出血	腕关节肿痛，屈腱炎
前缠腕	前肢球节上方两侧，掌内、外侧沟末端内的血管上，每肢内外侧各一穴	小宽针沿血管刺入1cm，出血	球节肿痛，屈腱炎
前蹄头	前蹄背面，正中线外侧旁开2cm、蹄缘（毛边）上1cm处，每蹄各一穴	中宽针向蹄内刺入1cm，出血	五攒痛，球节痛，蹄头痛，冷痛，结症
前蹄臼（天平）	前蹄后面蹄球上方正中陷窝中，每蹄各一穴	中宽针向蹄尖方向直刺1cm，出血；圆利针或火针刺入2～3cm，毫针刺入4.5cm	蹄臼痛，蹄胎痛，前肢风湿
前蹄门	前蹄后面，蹄球上缘、蹄软骨后端的凹陷中，每蹄左右侧各一穴	中宽针直刺1cm，出血	蹄门肿痛，系凹痛，蹄胎痛
前垂泉	前蹄底正中间，蹄叉尖部，每蹄一穴	巧治。首先挖净坏死组织，然后用烙铁或激光烧烙；或用沸油浇灌、塞上碘酊棉，或用酒精冲洗、融化血竭填塞，最后用黄蜡封闭，包扎蹄绷带或盖上铁皮，装钉蹄铁	漏蹄

（四）后肢部穴位

穴 名	定 位	针 法	主 治
居髎	髋结节后下方的凹陷中，左右侧各一穴	圆利针或火针直刺3～4.5cm，毫针刺入6～8cm	雁翅痛，后肢风湿、麻木
环跳	髋关节前缘，股骨大转子前方约6cm的凹陷中，左右侧各一穴	圆利针或火针直刺3～4.5cm，毫针刺入6～8cm	雁翅肿痛，后肢风湿、麻木
大胯	髋关节前下缘，股骨大转子前下方约6cm的凹陷中，左右侧各一穴	圆利针或火针沿股骨前缘向后下方斜刺3～4.5cm，毫针刺入6～8cm	后肢风湿，闪伤腰胯
小胯	股骨第三转子后下方的凹陷中，左右侧各一穴	圆利针或火针直刺3～4.5cm，毫针刺入6～8cm	后肢风湿，闪伤腰胯
后伏兔	小胯穴正前方，股骨前缘的凹陷中，左右侧各一穴	圆利针或火针直刺3～4.5cm，毫针刺入6～8cm	掠草痛，后肢风湿、麻木
邪气	与肛门水平线相交处的股二头肌沟中，左右侧各一穴	圆利针或火针直刺4.5cm，毫针刺入6～8cm	后肢风湿、麻木，股胯闪伤
汗沟	邪气穴下6cm处的同一肌沟中，左右侧各一穴	圆利针或火针直刺4.5cm，毫针刺入6～8cm	后肢风湿、麻木，股胯闪伤
仰瓦	汗沟穴下6cm处的同一肌沟中，左右侧各一穴	圆利针或火针直刺4.5cm，毫针刺入6～8cm	后肢风湿、麻木，股胯闪伤
牵肾	仰瓦穴下6cm处的同一肌沟中，约在膝盖骨上方水平线上，左右侧各一穴	圆利针或火针直刺4.5cm，毫针刺入6～8cm	后肢风湿、麻木，股胯闪伤
肾堂	股内侧，大腿褶下12cm处的血管上，左右肢各一穴	吊起对侧后肢，以中宽针沿血管刺入1cm，出血	外肾黄，五攒痛，闪伤腰胯，后肢风湿
阴市	膝盖骨外上缘的凹陷中，左右侧各一穴	圆利针或火针向后上方刺入3cm，毫针刺入4.5cm	掠草痛，后肢风湿
掠草	膝关节前外侧的凹陷中，左右肢各一穴	圆利针或火针向后上方斜刺3～4.5cm，毫针刺入6cm	掠草痛，后肢风湿
阳陵	膝关节后方，胫骨外髁后上缘的肌沟中，左右侧各一穴	圆利针或火针直刺3cm，毫针直刺8～10cm	掠草痛，后肢风湿，消化不良
丰隆	膝关节后方，胫骨外髁后下缘的肌沟中，左右侧各一穴	圆利针或火针直刺3cm，毫针直刺8～10cm	掠草痛，后肢风湿，消化不良
后三里	小腿外侧，腓骨小头下方的肌沟中，左右肢各一穴	圆利针或火针直刺2～4cm，毫针直刺4～6cm	脾胃虚弱，后肢风湿，体质虚弱
曲池	跗关节背侧稍偏内的血管上，左右肢各一穴	小宽针直刺1cm，出血	胃热不食，跗关节肿痛
后缠腕	后肢球节上方两侧，跖内、外侧沟末端内的血管上，每肢内外侧各一穴	小宽针沿血管刺入1cm，出血	球节肿痛，屈腱炎

(续)

穴 名	定 位	针 法	主 治
后蹄头	后蹄背面正中，蹄缘（毛边）上1cm处，每蹄各一穴	中宽针向蹄内刺入1cm，出血	同前蹄头穴
后蹄白（天臼）	后蹄后面，蹄球上方正中陷窝中，每蹄一穴	同前蹄白穴	同前蹄白穴
后蹄门	后蹄后面，蹄球上缘、蹄软骨后端的凹陷中，每蹄左右侧各一穴	同前蹄门穴	同前蹄门穴
后垂泉	后蹄底正中间，蹄叉尖部，每蹄一穴	同前垂泉穴	漏蹄
滚蹄	前、后肢系部，掌/跖侧正中凹陷中，出现滚蹄时用此穴	横卧保定，患蹄推磨式固定于木桩，局部剪毛消毒，大宽针针刃平行于系骨刺入，轻症劈开屈肌腱，重症横转针刃，推动"磨杆"至蹄伸直，被动切断部分屈肌腱	滚蹄（屈肌腱挛缩）

马常发病针灸治疗简表

病名（西兽医病名）	穴位及针法
风寒感冒	白针：天门为主穴，伏兔、肺俞为配穴 血针：鼻俞或玉堂、血堂为主穴，耳尖、尾尖、蹄头为配穴 电针：大椎为主穴，百会为配穴；或风门为主穴，百会或尾根为配穴；或天门为主穴，鬐甲为配穴
风热感冒	白针：大椎、天门或鼻前为主穴，风门、肺俞、鼻俞为配穴 血针：鼻俞或血堂为主穴，耳尖、玉堂、颈脉为配穴 电针：大椎为主穴，百会或肺俞为配穴
肺热咳喘（肺炎）	血针：轻者以血堂为主穴，玉堂或胸堂为配穴；重者针颈脉穴 白针：大椎为主穴，肺俞、鼻前为配穴 电针：肺俞为主穴，鬐甲为配穴
肺风黄（遍身黄）	血针：颈脉穴 白针：肺俞、大肠俞 水针：两侧肺俞穴 日光灸：放颈脉血后，用塑料布密包颈、胸腹及臀股部，拴于避风而阳光充足的墙角处，施日光浴。当患畜体表微汗、风疹块消散后，即可逐步松解塑料布，避风处护养
嗓黄（喉炎）	血针：颈脉为主穴，鼻俞为配穴
心热舌疮（舌炎）	血针：通关为主穴，玉堂为配穴。重者可放颈脉血
黑汗风（中暑）	血针：颈脉为主穴，分水、尾尖、蹄头、太阳、三江、带脉、通关为配穴
肝热传眼（结膜角膜炎）	血针：太阳为主穴，眼脉、三江为配穴 白针：睛俞、肝俞穴 水针：垂睛穴，或睛俞、睛明穴 白针：睛俞为主穴，睛明、肝俞、垂睛等为配穴

(续)

病名（西兽医病名）	穴位及针法
骨眼症	血针：眼脉为主穴（膘壮者用颈脉），玉堂、太阳为配穴 巧治：割取骨眼
混睛虫病	巧治：开天穴
湿热黄疸	血针：眼脉、玉堂穴 白针：肝俞穴
脾虚慢草 （消化不良）	白针：脾俞、后三里穴 电针：脾俞、胃俞穴
翻胃吐草 （骨软症）	火针：百会、脾俞穴 水针：抢风、大胯穴
伤食纳呆	血针：玉堂、通关穴 白针：后海为主穴，关元俞、脾俞为配穴
胃 热	血针：玉堂或通关为主穴，唇内为配穴 白针：脾俞为主穴，关元俞、后三里、小肠俞、大肠俞、后海等为配穴 水针：关元俞、后三里或脾俞穴
胃 寒	火针：脾俞为主穴，百会、后三里等为配穴 电针：脾俞为主穴，后三里为配穴 血针：玉堂为主穴，唇内为配穴 白针：脾俞、后海为主穴，迷交感、百会为配穴
肚 胀	火针：脾俞为主穴，后海、百会、关元俞为配穴 血针：三江为主穴，蹄头为配穴 电针：两侧关元俞穴 白针：肷俞为主穴，脾俞为配穴 巧治：肷俞穴，急症放气
肠 黄 （急性胃肠炎、痢疾）	血针：带脉为主穴，三江、蹄头、尾尖为配穴 水针：大肠俞、百会为主穴，脾俞、后三里为配穴
冷 痛 （痉挛疝）	血针：三江为主穴，分水、耳尖、尾尖、蹄头为配穴 巧治：姜牙穴 火针：脾俞为主穴，百会、后海为配穴 电针：两侧关元俞、脾俞、后海、百会穴
结 症 （便秘疝）	电针：两侧关元俞穴 水针：后海穴 血针：三江为主穴，蹄头为配穴 巧治：捶结术，掏结术
脾虚泄泻	白针：脾俞为主穴，百会、胃俞、肝俞、后海、后三里为配穴 电针：脾俞或百会为主穴，胃俞或大肠俞，或后三里、后海为配穴 水针：脾俞、双侧膀胱俞 埋线：双侧膀胱俞、后海穴
脱 肛	巧治：莲花穴 电针：后海为主穴，肛脱为配穴 水针：两侧肛脱穴

(续)

病名（西兽医病名）	穴位及针法
尿血	白针或水针：断血穴
不孕症	电针：催情，选命门、阳关、百会、雁翅、后海等穴；胚胞萎缩，选阳关、百会穴；子宫弛缓，选后海、雁翅、百会穴；卵巢囊肿，选同侧肾棚为主穴，雁翅、肾俞为配穴 激光照射：阴蒂、阴俞、后海等穴
阴道脱和子宫脱	巧治：整复脱出的子宫或阴道 电针：阴脱穴为主穴，后海为配穴 水针：阴脱穴
破伤风	火针：大风门、风门、伏兔、百会穴，张口困难者加开关、锁口穴 血针：颈脉穴 烧烙：大风门、风门、伏兔、百会穴 电针：锁口、开关、抱腮、下关、风门、伏兔、九委等穴 水针：百会穴 醋麸灸：腰胯部
前肢风湿	血针：胸堂穴 火针：抢风为主穴，冲天、肩贞、肩外俞、肘俞为配穴 白针：抢风、乘重为主穴，冲天、肩贞、天宗为配穴 电针：抢风为主穴，膊尖、膊栏、膊中、冲天、肺门、肺攀为配穴 水针：抢风、冲天穴
后肢风湿	血针：肾堂穴 火针：巴山为主穴，掠草、大胯、小胯、汗沟为配穴 白针：巴山、阳陵为主穴，大胯、邪气、汗沟、百会、居髎、环跳和阿是穴为配穴 电针：巴山为主穴，阳陵或小胯、路股、邪气、汗沟、仰瓦、牵肾为配穴 水针：大胯、小胯、汗沟穴
寒伤腰胯痛	火针：百会、肾俞、腰前、腰中、上窨、次窨、巴山、汗沟、大胯、小胯穴，轮流交替施针 血针：尾本、肾堂穴 白针：百会、肾棚、肾角、腰后、巴山、居髎、环跳穴 电针：百会为主穴，腰前、腰中、腰后、中窨、命门为配穴 水针：百会为主穴，肾棚、肾俞为配穴。腰部肌肉僵硬时，加腰前、腰中、腰后穴 温针灸：百会、肾俞、肾棚、肾角等穴 醋酒灸或酒糟灸：灸腰胯部
五攒痛（蹄叶炎）	血针：蹄头为主穴，玉堂、通关为配穴，前肢病重加胸堂穴，后肢病重加肾堂穴
滚蹄（屈腱挛缩）	巧治：滚蹄穴 火针：前（后）臼、明堂（劳堂）穴。针前削蹄矫正蹄形，并装钉长唇蹄铁
漏蹄（蹄叉腐烂）	巧治：垂泉穴

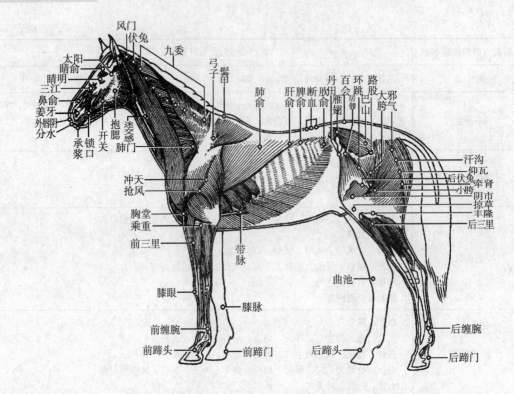

图 7-74 马的肌肉及穴位

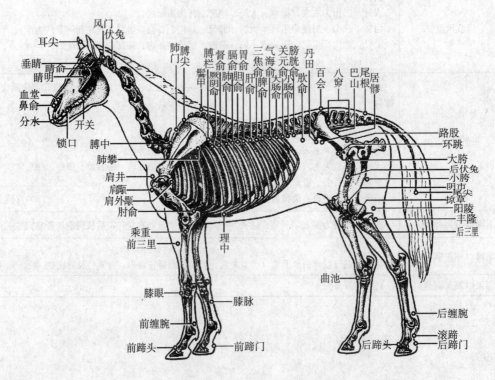

图 7-75 马的骨骼及穴位

四、羊的针灸穴位及针治

（一）头部穴位

穴名	定位	针法	主治
山根	鼻镜正中有毛无毛交界处，一穴	小宽针点刺出血，或毫针直刺1cm	感冒，中暑，腹痛
外唇阴	山根穴下，鼻唇沟正中，一穴	小宽针直刺0.5cm	口炎，慢草
唇内	上唇内面，唇系带两侧的血管上，左右侧各一穴	外翻上唇，三棱针直刺1cm，出血；或在肿胀处散刺	慢草，腹痛
顺气	口内硬腭前端，切齿乳头两侧的鼻腭管开口处，左右侧各一穴	用去皮、节的鲜细柳、榆树条，徐徐插入至眼下，剪去外露部分，治气胀时待气通后取出	肚胀，感冒，睛生翳膜
玉堂	口内上腭第三棱上，正中线旁开1cm处，左右侧各一穴	三棱针斜刺入1cm，出血	胃热，慢草，上腭肿胀
通关	舌体腹侧面，舌系带两旁的血管上，左右侧各一穴	将舌拉出，向上翻转，三棱针刺入1cm，出血	慢草，舌疮，心肺积热
鼻俞	鼻孔稍上方凹陷处，左右侧各一穴	掐紧鼻梁，用圆利针或三棱针迅速横刺，穿通鼻中隔，出血	感冒，肺热
开关	口角后上方6cm处，左右侧各一穴	圆利针或火针直刺1cm，毫针向后上方斜刺2~3cm	破伤风，歪嘴风，颊部肿胀
三江	内眼角下方约1.5cm处的血管分叉处，左右侧各一穴	小宽针顺血管刺入1cm，出血	腹痛
睛明	下眼眶上缘皮肤褶正中处，左右眼各一穴	上推眼球，毫针向内下方刺入2~3cm，或三棱针在下眼睑黏膜上散刺，出血	肝经风热，睛生翳膜
睛俞	上眼眶下缘正中的凹陷中，左右眼各一穴	下压眼球，毫针沿眶上突下缘向内上方刺入2~3cm	肝经风热，睛生翳膜
太阳	外眼角后方约1.5cm处的凹陷中，左右侧各一穴	毫针直刺2~3cm，或小宽针直刺出血	暴发火眼，肝经风热，睛生翳膜
龙会	两眶上突前缘连线正中处，一穴	艾灸10~15min	感冒，癫痫
耳尖	耳背侧距尖端1.5cm的血管上，左右耳各三穴	捏紧耳根，使血管怒张，小宽针或三棱针速刺血管，出血	中暑，感冒，腹痛
天门	两角根连线正中后方，即枕寰关节背侧的凹陷中，一穴	圆利针或火针向后下方斜刺1~2cm，毫针刺入2~3cm，或艾炷灸10~15min	感冒，癫痫
风门	耳后1.5cm、寰椎翼前缘的凹陷处，左右侧各一穴	毫针、圆利针或火针向后下方刺入1~1.5cm	感冒，偏头风，癫痫

（二）躯干部穴位

穴 名	定 位	针 法	主 治
颈脉	颈静脉沟上、中 1/3 交界处的血管上，左右侧各一穴	小宽针顺血管刺入 1cm，出血	脑黄，咳嗽，发热，中暑
鬐甲	第三、四胸椎棘突间的凹陷中，一穴	毫针或圆利针向前下方刺入 2～3cm	肚胀，脑黄，咳嗽，感冒
苏气	第八、九胸椎棘突之间的凹陷中，一穴	毫针、圆利针向前下方刺入 3～5cm，火针刺入 2～3cm	肺热，咳嗽，气喘
关元俞	最后肋骨后缘，距背中线 6cm 的凹陷中，左右侧各一穴	小宽针或圆利针向椎体方向刺入 2～4.5cm，毫针刺入 3～6cm	肚胀，泄泻，少食
六脉	倒数第一、二、三肋间，距背中线 6cm 的凹陷中，左右侧各三穴	小宽针、圆利针或火针斜向内下方刺入 2cm，毫针刺入 3～5cm	便秘，肚胀，积食，泄泻，慢草
脾俞	倒数第三肋间，距中线 6cm 的凹陷中，左右侧各一穴	同六脉穴	同六脉穴
肺俞	倒数第六肋间，距背中线 6cm 的凹陷中，左右侧各一穴	毫针、圆利针或小宽针斜向内下方刺入 3～5cm，火针刺入 1.5cm	感冒，肺火，咳嗽
腰中	第四、五腰椎棘突间旁开 3cm 的凹陷中，一穴	毫针或火针直刺 2～3cm	腰风湿，肚痛
肷俞	左侧肷窝中部，即肋骨后、腰椎下与髋骨翼前形成的三角区内，一穴	套管针向内下方迅速刺入瘤胃内，徐徐放气	急性瘤胃臌气
百会	腰荐十字部，即最后腰椎与第一荐椎棘突间的凹陷中，一穴	小宽针或火针刺 1.5cm，毫针刺入 3cm，或艾灸	后躯风湿，泄泻，尿闭
肾俞	百会穴旁开 3cm 处，左右侧各一穴	毫针或圆利针直刺 2～3cm，火针刺入 1.5cm	腰风湿，腰痿，肾经痛
肾棚	肾俞穴前 3cm 处，左右侧各一穴	同肾俞穴	同肾俞穴
肾角	肾俞穴后 3cm 处，左右侧各一穴	同肾俞穴	同肾俞穴
胸堂	胸骨两旁，胸外侧沟下部的血管上，左右侧各一穴	小宽针沿血管急刺 0.5～1cm，出血	中暑，热性病，前肢闪伤
脐前	肚脐前 3cm，正中一穴	毫针或圆利针直刺 1cm，或艾灸 10～15min	羔羊寒泻，胃寒慢草
脐中	肚脐正中，一穴	禁针，艾炷灸或隔盐灸、隔姜灸 10～15min	羔羊寒泻，肚痛，胃寒慢草
脐旁	肚脐旁开 3cm，左右侧各一穴	毫针直刺 1～1.5cm，或艾灸 10～15min	羔羊泄泻，肚胀

(续)

穴 名	定 位	针 法	主 治
脐后	肚脐后3cm,正中一穴	毫针直刺0.5~1cm,或艾灸10~15min	羔羊泄泻,肚胀
后海	肛门上、尾根下的凹陷中,一穴	毫针、圆利针沿脊椎方向刺入5~6cm,火针刺入3cm	便秘,泄泻,肚胀
尾根	荐椎与尾椎棘突间的凹陷中,一穴	毫针、圆利针向前斜刺0.5~1cm,或艾灸	便秘,泄泻,肚胀,肚痛
尾本	尾腹面正中,距尾基部3cm处的血管上,一穴	小宽针直刺0.5cm,出血	肚痛,中暑,便秘
尾尖	尾末端,一穴	小宽针直刺0.5cm,出血	肚痛,膁气,中暑,感冒

(三)前肢部穴位

穴 名	定 位	针 法	主 治
膊尖	肩胛骨前角与肩胛软骨结合处的凹陷中,左右侧各一穴	毫针向后下方刺入4~5cm,小宽针或火针刺入2~4cm	闪伤,脱膊,前肢风湿
膊栏	肩胛骨后角与肩胛软骨结合处的凹陷中,左右侧各一穴	毫针向前下方刺入4~5cm,小宽针或火针刺入2~4cm	同膊尖穴
肩井	肩关节前上缘,臂骨大结节上缘的凹陷中,左右肢各一穴	小宽针、圆利针或火针向内下方斜刺4~6cm,火针刺入1.5~3cm	闪伤,前肢风湿,肩膊麻木
抢风	肩关节后下方约9cm的凹陷中,左右肢各一穴	小宽针、圆利针或毫针直刺3~5cm,火针直刺2cm	闪伤,前肢风湿,外夹气
肘俞	臂骨外上髁与肘突之间的凹陷中,左右肢各一穴	毫针、圆利针或小宽针直刺1.5~2.5cm,火针刺入1cm	肘部肿胀,肘关节扭伤
前三里	前臂外侧,桡骨上、中1/3交界处的肌沟中,左右肢各一穴	毫针直刺2~3cm	脾胃虚弱,前肢风湿
膝眼	腕关节背外侧下缘的陷沟中,左右肢各一穴	小宽针向后上方刺入0.5~1cm	腕部肿胀
前缠腕	前肢球节上方两侧,掌内、外侧沟末端内的血管上,每肢内外侧各一穴	小宽针沿血管刺入0.5~1cm,出血	风湿,球节扭伤
涌泉	前蹄叉背侧正中稍上方的凹陷中,每肢各一穴	小宽针向后下方斜刺0.5~1cm,出血	热性病,少食,蹄叶炎,感冒
前灯盏	前肢两悬蹄之间后下方正中的凹陷处,左右肢各一穴	小宽针向前下方刺入0.5~1cm,出血	蹄黄,扭伤
前蹄头	第三、四指的蹄冠缘背侧正中,有毛与无毛交界处稍上方,每蹄内外侧各一穴	小宽针向后下方斜刺0.5cm,出血	慢草,腹痛,膁气,蹄黄

（四）后肢部穴位

穴 名	定 位	针 法	主 治
大胯	股骨大转子前下方的凹陷中，左右侧各一穴	毫针直刺4cm，圆利针或火针直刺2cm	后肢风湿，腰胯闪伤
小胯	髋关节下缘，股骨大转子正下方约3cm处的凹陷中，左右侧各一穴	同大胯穴	后肢风湿，腰胯闪伤
邪气	尾根旁开3cm的凹陷中，左右侧各一穴	毫针、圆利针或火针直刺2cm	后肢风湿，腰胯风湿
汗沟	邪气穴下4.5cm处的同一肌沟中，左右侧各一穴	同邪气穴	同邪气穴
仰瓦	汗沟穴下4.5cm处的同一肌沟中，左右侧各一穴	同邪气穴	同邪气穴
肾堂	股内侧，大腿褶下6cm处的血管上，左右肢各一穴	小宽针顺血管刺入1cm，出血	闪伤腰胯，肾经积热
掠草	膝关节背外侧的凹陷中，左右肢各一穴	圆利针或火针向后上方斜刺1～2cm	膝盖肿痛，后肢风湿
后三里	小腿外侧上部，腓骨小头下方的肌沟中，左右肢各一穴	毫针或圆利针向内后下方刺入2～3cm	脾胃虚弱，后肢风湿
曲池	跗关节背侧稍偏上，趾长伸肌外侧凹陷内的血管上，左右肢各一穴	小宽针直刺0.5～1cm，出血	跗关节肿痛，后肢风湿
后缠腕	后肢球节上方两侧，跖内、外侧沟末端内的血管上，每肢内外侧各一穴	小宽针沿血管刺入0.5～1cm，出血	风湿，球节扭伤
滴水	后蹄叉背侧正中稍上方的凹陷中，每肢各一穴	小宽针向后下方斜刺0.5～1cm，出血	热性病，少食，蹄叶炎，感冒
后灯盏	后肢两悬蹄之间后下方正中的凹陷处，左右肢各一穴	同前灯盏穴	同前灯盏穴
后蹄头	第三、四趾的蹄冠缘背侧正中，有毛与无毛交界处稍上方，每蹄内外侧各一穴	小宽针向后下方斜刺0.5cm，出血	慢草，腹痛，臌气，蹄黄

羊常发病针灸治疗简表

病名（西兽医病名）	穴位及针法
感冒	血针：鼻俞为主穴，耳尖、通关、山根、涌泉、滴水为配穴 水针：百会为主穴，肺俞为配穴 白针：苏气为主穴，肺俞、百会为配穴 电针：风门为主穴，肺俞、鬐甲、苏气、百会、大胯为配穴 巧治：顺气穴，插枝
肚胀	电针：两侧关元俞穴 巧治：顺气穴，插枝；或胈俞穴，套管针穿刺放气 白针：百会、脾俞为主穴，后海、关元俞、苏气为配穴 血针：尾尖为主穴，蹄头、涌泉、滴水、通关为配穴

(续)

病名（西兽医病名）	穴位及针法
宿草不转	电针：脾俞、后三里为主穴，百会、六脉、关元俞为配穴 白针：脾俞为主穴，后三里为配穴 水针：后三里为主穴，六脉、关元俞为配穴 血针：通关为主穴，涌泉、滴水、蹄头为配穴
冷肠泄泻	电针：脾俞为主穴，百会、后海、后三里为配穴 火针：脾俞为主穴，百会、后海为配穴 白针：脾俞为主穴，百会、后海、后三里、脐旁、脐前、脐后为配穴 水针：后三里为主穴，后海、脾俞为配穴 TDP疗法：照射后海穴
羔羊拉稀	白针、温针：脐前、脐后、脐旁为主穴，脾俞、后海为配穴；耳鼻四肢冰凉者，针柄加艾绒施温针灸 水针：百会为主穴，后海为配穴 激光针：后海穴
羔羊痢疾	白针：后海为主穴，脾俞、后三里为配穴 水针：百会为主穴，后海为配穴 血针：山根为主穴，涌泉、滴水、尾尖为配穴 激光针：后海穴
中暑	血针：太阳、山根、耳尖为主穴，通关、尾尖、涌泉、滴水为配穴 电针：天门为主穴，百会、风门、苏气为配穴 白针：百会为主穴，苏气、风门为配穴
肝热传眼（结膜角膜炎）	血针：太阳为主穴，眼脉为配穴 白针：睛明为主穴，睛俞为配穴 巧治：顺气穴，插枝 水针：太阳穴
破伤风	水针：百会、天门为主穴，开关为配穴 血针：颈脉穴
羊角疯	白针：天门为主穴，百会、龙会为配穴，百会穴可施温针灸 水针：天门为主穴，百会、尾根为配穴 艾灸：天门、龙会穴 电针：天门为主穴，百会、风门、鬐甲为配穴
脑包虫病	巧治：骨质高突或骨质软化区剪毛消毒，大宽针刺破皮肤，再用尖端钝圆的粗火针（直径3mm）刺通额骨，用长5cm的14号兽用注射针头经针孔刺入胞囊，见针孔有液体流出时连接注射器，抽吸胞囊液；感到有阻力时，是部分胞囊壁被吸入针头孔内，再用力抽吸并慢慢向外牵拉，见到胞囊时，立即用止血钳夹住，翻转头位，使创口向下，以牵扭的方式拉出胞囊 水针：百会为主穴，天门为配穴
产后风（产后瘫痪）	电针：百会为主穴，尾根、腰中、肾俞、肾棚为配穴 白针：百会、抢风、后三里为主穴，前三里、灯盏、脾俞为配穴 激光针：后海穴 水针：百会为主穴，前三里、后三里为配穴 火针、艾灸：百会为主穴，肾俞、肾棚、肾角为配穴 血针：通关为主穴，山根、蹄头、尾尖为配穴
四肢风湿	火针：百会为主穴，抢风、肾棚为配穴 电针：百会为主穴，鬐甲、肾棚、肾角、大胯为配穴 水针：百会为主穴，抢风、大胯为配穴 血针：胸堂、肾堂为主穴，涌泉、滴水为配穴 白针：前肢抢风为主穴，膊尖、肩井、肘俞为配穴；后肢百会、大胯为主穴，邪气、仰瓦为配穴

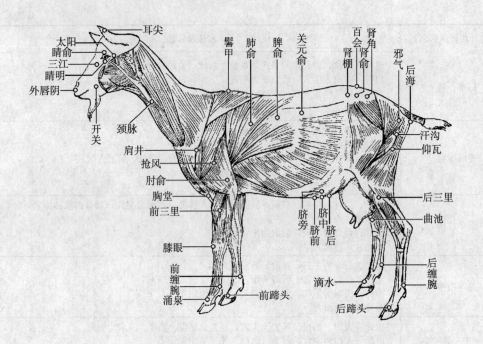

图 7-76 羊的肌肉及穴位

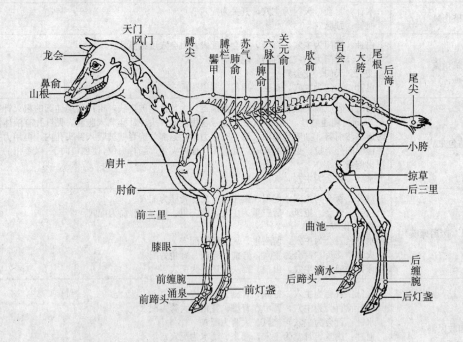

图 7-77 羊的骨骼及穴位

五、犬的针灸穴位及针治

（一）头部穴位

穴 名	定 位	针 法	主 治
水沟	上唇唇沟上、中1/3交界处，一穴	毫针或三棱针直刺0.5cm	中风，中暑，支气管炎
山根	鼻背正中有毛与无毛交界处，一穴	三棱针点刺0.2～0.5cm，出血	中风，中暑，感冒，发热
三江	内眼角下的血管上，左右侧各一穴	三棱针点刺0.2～0.5cm，出血	便秘，腹痛，目赤肿痛
承泣	下眼眶上缘中部，左右侧各一穴	上推眼球，毫针沿眼球与眼眶之间刺入2～3cm	目赤肿痛，睛生云翳，白内障
睛明	内眼角上下眼睑交界处，左右眼各一穴	外推眼球，毫针直刺0.2～0.3cm	目赤肿痛，眵泪，云翳
上关	下颌关节后上方，下颌骨关节突与颧弓之间，张口时出现的凹陷中，左右侧各一穴	毫针直刺3cm	歪嘴风，耳聋
下关	下颌关节前下方，颧弓与下颌骨角之间的凹陷中，左右侧各一穴	毫针直刺3cm	歪嘴风，耳聋
翳风	耳基部，下颌关节后下方的凹陷中，左右侧各一穴	毫针直刺3cm	歪嘴风，耳聋
耳尖	耳廓尖端背面的血管上，左右耳各一穴	三棱针或小宽针点刺，出血	中暑，感冒，腹痛
天门	枕寰关节背侧正中点的凹陷中，一穴	毫针直刺1～3cm，或艾灸	发热，脑炎，抽风，惊厥

（二）躯干部穴位

穴 名	定 位	针 法	主 治
大椎	第七颈椎与第一胸椎棘突间的凹陷中，一穴	毫针直刺2～4cm，或艾灸	发热，咳嗽，风湿症，癫痫
陶道	第一、二胸椎棘突间的凹陷中，一穴	毫针向前下方刺入2～4cm，或艾灸	神经痛，肩扭伤，前肢扭伤，癫痫，发热
身柱	第三、四胸椎棘突间的凹陷中，一穴	毫针向前下方刺入2～4cm，或艾灸	肺热，咳嗽，肩扭伤
灵台	第六、七胸椎棘突间的凹陷中，一穴	毫针稍向前下方刺入1～3cm，或艾灸	胃痛，肝胆湿热，肺热咳嗽
中枢	第十、十一胸椎棘突间的凹陷中，一穴	毫针直刺1～2cm，或艾灸	食欲不振，胃炎
悬枢	最后（第十三）胸椎与第一腰椎棘突间的凹陷中，一穴	毫针直刺1～2cm，或艾灸	风湿病，腰部扭伤，消化不良，腹泻

(续)

穴 名	定 位	针 法	主 治
胃 俞	倒数第一肋间、距背中线6cm的髂肋肌沟中，左右侧各一穴	毫针向内下方斜刺1～2cm，或艾灸	食欲不振，消化不良，呕吐，泄泻
脾 俞	倒数第二肋间、距背中线6cm的髂肋肌沟中，左右侧各一穴	毫针向内下方斜刺1～2cm，或艾灸	食欲不振，消化不良，呕吐，贫血
胆 俞	倒数第三肋间、距背中线6cm的髂肋肌沟中，左右侧各一穴	毫针向内下方斜刺1～2cm，或艾灸	黄疸，肝炎，眼病
肝 俞	倒数第四肋间、距背中线6cm的髂肋肌沟中，左右侧各一穴	毫针向内下方斜刺1～2cm，或艾灸	肝炎，黄疸，眼病
膈 俞	倒数第六肋间、距背中线6cm的髂肋肌沟中，左右侧各一穴	毫针向内下方斜刺1～2cm，或艾灸	膈肌痉挛，慢性出血性疾患
督 俞	倒数第七肋间、距背中线6cm的髂肋肌沟中，左右侧各一穴	毫针向内下方斜刺1～2cm，或艾灸	心脏疾患，腹痛，膈肌痉挛
心 俞	倒数第八肋间、距背中线约6cm的肌沟中，左右侧各一穴	毫针向内下方斜刺1～2cm，或艾灸	心脏疾患，癫痫
厥阴俞	倒数第九肋间、距背中线约6cm的肌沟中，左右侧各一穴	毫针向内下方斜刺1～2cm，或艾灸	心脏病，呕吐，咳嗽
肺 俞	倒数第十肋间、距背中线约6cm的肌沟中，左右侧各一穴	毫针向内下方斜刺1～2cm，或艾灸	咳嗽，气喘，支气管炎
命 门	第二、三腰椎棘突间的凹陷中，一穴	毫针斜向后下方刺入1～2cm，或艾灸	风湿症，泄泻，腰痿，水肿，中风
阳 关	第四、五腰椎棘突间的凹陷中，一穴	毫针斜向后下方刺入1～2cm，或艾灸	性机能减退，子宫内膜炎，风湿症，腰扭伤
关 后	第五、六腰椎棘突间的凹陷中，一穴	毫针直刺1～2cm，或艾灸	子宫内膜炎，卵巢囊肿，膀胱炎，大肠麻痹，便秘
百 会	腰荐十字部，即最后（第七）腰椎与第一荐椎棘突间的凹陷中，一穴	毫针直刺1～2cm，或艾灸	腰胯疼痛，瘫痪，泄泻，脱肛
三焦俞	第一腰椎横突末端相对的肌沟中，左右侧各一穴	毫针直刺1～3cm，或艾灸	食欲不振，消化不良，呕吐，贫血
肾 俞	第二腰椎横突末端相对的肌沟中，左右侧各一穴	毫针直刺1～3cm，或艾灸	肾炎，多尿症，不孕症，腰部风湿、扭伤
大肠俞	第四腰椎横突末端相对的肌沟中，左右侧各一穴	毫针直刺1～3cm，或艾灸	消化不良，肠炎，便秘
关元俞	第五腰椎横突末端相对的肌沟中，左右侧各一穴	毫针直刺1～3cm，或艾灸	消化不良，便秘，泄泻
小肠俞	第六腰椎横突末端相对的肌沟中，左右侧各一穴	毫针直刺1～2cm，或艾灸	肠炎，肠痉挛，腰痛
膀胱俞	第七腰椎横突末端相对的肌沟中，左右侧各一穴	毫针直刺1～2cm，或艾灸	膀胱炎，尿血，膀胱痉挛，尿潴留，腰痛
二 眼	荐椎两旁，第一、二背荐孔处，每侧各二穴	毫针直刺1～1.5cm，或艾灸	腰胯疼痛，瘫痪，子宫疾病

(续)

穴 名	定 位	针 法	主 治
胸堂	胸前,胸外侧沟中的血管上,左右侧各一穴	头高位,小宽针或三棱针顺血管急刺1cm,出血	中暑,肩肘扭伤,风湿症
中脘	胸骨后缘与脐的连线中点,一穴	毫针向前斜刺0.5～1cm,或艾灸	消化不良,呕吐,泄泻,胃痛
天枢	脐眼旁开3cm,左右侧各一穴	毫针直刺0.5cm,或艾灸	腹痛,泄泻,便秘,带证
后海	尾根与肛门间的凹陷中,一穴	毫针稍沿脊椎方向刺入3～5cm	泄泻,便秘,脱肛,阳痿
尾根	最后荐椎与第一尾椎棘突间的凹陷中,一穴	毫针直刺0.5～1cm	瘫痪,尾麻痹,脱肛,便秘,腹泻
尾本	尾部腹侧正中,距尾根部1cm处的血管上,一穴	三棱针直刺0.5～1cm,出血	腹痛,尾麻痹,腰风湿
尾尖	尾末端,一穴	毫针或三棱针从末端刺入0.5～0.8cm	中风,中暑,泄泻

(三)前肢部穴位

穴 名	定 位	针 法	主 治
肩井	肩峰前下方、臂骨大结节上缘的凹陷中,左右肢各一穴	毫针直刺1～3cm	肩部神经麻痹,扭伤
肩外髃	肩峰后下方、臂骨大结节后上缘的凹陷中,左右肢各一穴	毫针直刺2～4cm,或艾灸	肩部神经麻痹,扭伤
抢风	肩关节后方,三角肌后缘、臂三头肌长头和外头形成的凹陷中,左右肢各一穴	毫针直刺2～4cm,或艾灸	前肢神经麻痹,扭伤,风湿症
郄上	肩外髃与肘俞连线的下1/4处,左右肢各一穴	毫针直刺2～4cm,或艾灸	前肢神经麻痹,扭伤,风湿症
肘俞	臂骨外上髁与肘突之间的凹陷中,左右肢各一穴	毫针直刺2～4cm,或艾灸	前肢及肘部疼痛,神经麻痹
曲池	肘关节前外侧,肘横纹外端凹陷中,左右肢各一穴	毫针直刺3cm,或艾灸	前肢及肘部疼痛,神经麻痹
前三里	前臂外侧上1/4处肌沟中,左右肢各一穴	毫针直刺2～4cm,或艾灸	桡、尺神经麻痹,前肢神经痛,风湿症
外关	前臂外侧下1/4处的桡、尺骨间隙中,左右肢各一穴	毫针直刺1～3cm,或艾灸	桡、尺神经麻痹,前肢风湿,便秘,缺乳
内关	前臂内侧下1/4处的桡、尺骨间隙处,左右肢各一穴	毫针直刺1～2cm,或艾灸	桡、尺神经麻痹,肚痛,中风
阳池	腕关节背侧,腕骨与尺骨远端之间的凹陷中,左右肢各一穴	毫针直刺1cm,或艾灸	腕、指扭伤,前肢神经麻痹,感冒
膝脉	腕关节内侧下方,第一、二掌骨间的血管上,左右肢各一穴	三棱针或小宽针顺血管刺入0.5～1cm,出血	腕关节肿痛,屈腱炎,指扭伤,风湿症,中暑,感冒,腹痛

(续)

穴 名	定 位	针 法	主 治
涌泉	第三、四掌骨间的血管上，每肢各一穴	三棱针直刺1cm，出血	风湿症，感冒
指间	前足背指间，掌指关节水平线上，每足三穴	毫针斜刺1~2cm，或三棱针点刺	指扭伤或麻痹

(四) 后肢部穴位

穴 名	定 位	针 法	主 治
环跳	股骨大转子前方，髋关节前缘的凹陷中，左右侧各一穴	毫针直刺2~4cm，或艾灸	后肢风湿，腰胯疼痛
肾堂	股内侧上部的血管上，左右肢各一穴	三棱针或小宽针顺血管刺入0.5~1cm，出血	腰胯闪伤、疼痛
膝上	髌骨上缘外侧0.5cm处，左右肢各一穴	毫针直刺0.5~1cm	膝关节炎
膝下	膝关节前外侧的凹陷中，左右肢各一穴	毫针直刺1~2cm，或艾灸	膝关节炎，扭伤，神经痛
后三里	小腿外侧上1/4处的胫、腓骨间隙内，左右肢各一穴	毫针直刺1~2cm，或艾灸	消化不良，腹痛，泄泻，胃肠炎，后肢疼痛、麻痹
阳辅	小腿外侧下1/4处的腓骨前缘，左右肢各一穴	毫针直刺1cm，或艾灸	后肢疼痛、麻痹，发热，消化不良
解溪	跗关节背侧横纹中点、两筋之间，左右肢各一穴	毫针直刺1cm，或艾灸	后肢扭伤，跗关节炎，麻痹
后跟	跟骨与腓骨远端之间的凹陷中，左右肢各一穴	毫针直刺1cm，或艾灸	扭伤，后肢麻痹
滴水	第三、四跖骨间的血管上，每肢各一穴	三棱针直刺1cm，出血	风湿症，感冒
趾间	后足背趾间，跖趾关节水平线上，每足三穴	毫针斜刺1~2cm，或三棱针点刺	趾扭伤或麻痹

犬常发病针灸治疗简表

病 名	穴位及针法
中暑	血针：耳尖、尾尖为主穴，山根、胸堂、涌泉、滴水为配穴 白针：水沟、大椎为主穴，天门、指间、趾间为配穴
休克	白针：水沟为主穴，内关、后三里、指间、趾间为配穴 血针：山根、耳尖为主穴，尾尖、胸堂为配穴 艾灸：天枢穴
癫痫	白针：水沟、天门为主穴，大椎、翳风、心俞、百会、内关为配穴 水针：百会、大椎、心俞、身柱穴
感冒	白针：大椎为主穴，肺俞、百会、睛明、阳池为配穴 血针：山根、耳尖为主穴，膝脉、涌滴为配穴
嗓黄 (咽喉炎)	水针：喉俞穴 白针：大椎、肺俞为主穴，身柱、灵台为配穴

(续)

病　名	穴位及针法
气管炎、支气管炎和支气管肺炎	白针：大椎、肺俞为主穴，身柱、灵台、水沟为配穴 血针：耳尖、尾尖为主穴，涌泉、滴水为配穴 水针：喉俞穴
呕吐	白针：内关、外关、后三里为主穴，脾俞、三焦俞、中枢为配穴 艾灸：中脘、天枢穴
幼犬消化不良	白针：后三里、后海、脾俞为主穴，百会、大肠俞、小肠俞、三焦俞为配穴 艾灸：中脘、关元俞、天枢穴
肚胀	白针或电针：后三里、后海为主穴，百会、大肠俞、外关、内关为配穴 艾灸：中脘、后海、后三里、天枢穴
腹泻	白针：后三里、后海、脾俞为主穴，百会、大肠俞、胃俞、悬枢、中枢为配穴 艾灸：中脘、脾俞、后三里、天枢穴 水针：后三里、后海、关元俞、百会穴 血针：尾尖为主穴，涌泉、滴水为配穴
便秘	电针：双侧关元俞穴 白针：关元俞、大肠俞、脾俞为主穴，百会、后三里、外关、后海为配穴 血针：三江为主穴，尾尖、耳尖为配穴
脱肛	巧治：整复脱出的直肠 电针：百会、后海、肛脱穴
椎间盘脱出	白针：胸腰部发病，取身柱、灵台、中枢、悬枢、命门、肺俞、心俞、肝俞、脾俞、三焦俞、肾俞、大肠俞、关元俞、二眼等穴，配百会、尾根、后三里、后跟、指间、趾间等穴；颈椎发病，取天门、身柱、陶道等穴 水针：大椎、中枢、悬枢、百会等穴 TDP：患部照射
面神经麻痹	白针：锁口、开关、翳风为主穴，上关、下关、天门为配穴 电针：取锁口、翳风或锁口、上关穴组 按摩：沿面神经的走向进行
桡神经麻痹	白针：抢风、前三里、外关等为主穴，肩井、肩外髃、肘俞、内关、曲池、阳池、指间为配穴 电针：抢风为主穴，阳池、外关、六缝为配穴 水针：抢风、前三里穴
坐骨神经麻痹	白针：百会、后三里、环跳等为主穴，膝上、阳辅、解蹊、后跟、趾间为配穴 电针：百会、后三里、环跳、趾间穴
犬瘟热后遗症抽搐	白针：口唇抽搐者，选锁口、开关、上关、下关、翳风等穴；头顶部肌肉及双耳抽搐者，选翳风、开关、上关、下关穴；前肢抽搐者，选抢风、肩井、前三里、外关、指间等穴；后肢抽搐者，选百会、环跳、后三里、阳辅、解蹊、后跟、趾间等穴
神经性耳聋	白针或电针：翳风、上关、下关、外关、内关穴
风湿症	白针或电针：颈部风湿，选大椎、陶道、灵台、身柱等穴；腰背部风湿，选中枢、悬枢、命门、百会、肾俞、二眼、尾根、后海等穴；前肢风湿，选抢风、肩井、肩外髃、肘俞、郄上、前三里、外关、内关、指间等穴；后肢风湿，选百会、环跳、膝上、膝下、后三里、阳辅、解蹊、后跟、趾间等穴
挫伤	血针：病初应用。前肢选胸堂、膝脉、涌泉穴，后肢选肾堂、滴水穴 白针：肩肘挫伤，抢风、肘俞为主穴，肩井、肩外髃、郄上、曲池为配穴；腕系挫伤，前三里、外关、内关为主穴，阳池、指间等为配穴；髋膝挫伤，环跳、膝上为主穴，膝下、后三里、阳辅等为配穴；跗系挫伤，解蹊、后跟为主穴，趾间为配穴 水针：患部附近穴位或阿是穴

(续)

病　名	穴位及针法
结膜炎、角膜炎	血针：三江、耳尖穴 白针：睛明、承泣穴 水针：承泣穴
不孕症	白针：百会、后海为主穴，命门、肾俞、二眼、尾根为配穴 电针：百会、后海，或双侧肾俞穴

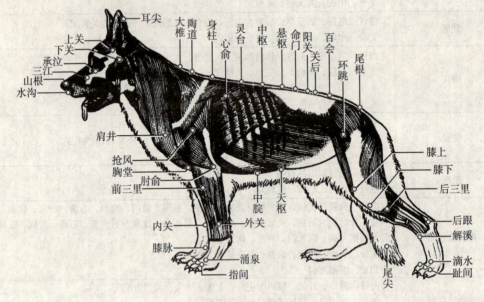

图 7-78　犬的肌肉及穴位

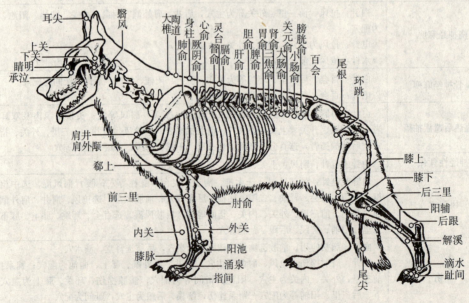

图 7-79　犬的骨骼及穴位

六、猫的针灸穴位及针治

（一）头部穴位

穴名	定位	针法	主治
水沟	鼻唇沟中点处，一穴	毫针直刺0.2cm	休克，昏迷，中暑，冷痛
素髎	鼻尖上，一穴	毫针或三棱针点刺	呼吸微弱，虚脱
开关	口角后方、咬肌前缘，左右侧各一穴	毫针向后上方平刺1.5～3cm	歪嘴风，面肌痉挛
睛明	眼内角，上下眼睑交界处，左右眼各一穴	外推眼球，毫针沿眼眶与眼球之间刺入0.2～0.5cm	各种眼病
太阳	外眼角后方的凹陷处，左右侧各一穴	毫针直刺0.2～0.3cm	眼病，中暑
耳尖	耳尖背面静脉上，左右耳各一穴	小三棱针点刺血管，出血	中暑，感冒，中毒，痉挛，眼病
伏兔	耳后1cm、背中线旁开2cm，即寰椎翼后缘的凹陷处，左右侧各一穴	毫针直刺0.5～1cm	颈部疾病，聋症

（二）躯干部穴位

穴名	定位	针法	主治
大椎	第七颈椎与第一胸椎棘突间的凹陷中，一穴	毫针直刺2～3cm	发热，咳喘
身柱	第三、四胸椎棘突间的凹陷中，一穴	毫针直刺2～3cm	咳嗽，气喘
脊中	第十一、十二胸椎棘突间的凹陷中，一穴	毫针直刺0.5～1cm	泄泻，消化不良
百会	腰荐十字部，即最后腰椎与第一荐椎棘突间的凹陷中，一穴	毫针直刺0.5～1cm	腰胯风湿，后肢麻木
肝俞	倒数第四肋间的髂肋肌沟中，左右侧各一穴	毫针向脊柱方向刺入1～1.5cm	胸腰部疼痛，排尿失常
脾俞	倒数第二肋间的髂肋肌沟中，左右侧各一穴	毫针向脊柱方向刺入1～1.5cm	脾胃虚弱，便秘，泄泻
次髎	第二背荐孔处，左右侧各一穴	毫针直刺0.5～1cm	髋部疼痛，便秘
后海	尾根与肛门间的凹陷中，一穴	毫针稍向前上方刺入3～5cm	腹泻，便秘，脱肛，阳痿
尾尖	尾部尖端，一穴	毫针直刺0.2cm	便秘，后躯麻痹，后躯疾病

(三)前肢部穴位

穴 名	定 位	针 法	主 治
膊尖	肩胛骨前角的凹陷中,左右侧各一穴	毫针向后下方刺入1cm	颈部疼痛,肩关节疼痛
膊栏	肩胛骨后角的凹陷中,左右侧各一穴	毫针向前下方刺入1cm	肩、胸部疼痛
肩井	肩关节前上缘的凹陷中,左右肢各一穴	毫针直刺0.5~1cm	肩部疼痛,前肢风湿,麻木
抢风	肩关节后方,三角肌后缘与臂三头肌长头和外头形成的凹陷中,左右侧各一穴	毫针直刺1~1.5cm	前肢疼痛,麻痹,便秘
肘俞	臂骨外上髁与肘突之间的凹陷中,左右肢各一穴	毫针直刺1~1.5cm	肘部肿痛,前肢麻木
曲池	肘窝横纹外端与臂骨外上髁之间,左右肢各一穴	毫针直刺0.5~1cm	前肢疼痛,麻木,发热
前三里	前臂上1/4处,腕外侧屈肌与第五指伸肌之间的肌沟中,左右肢各一穴	毫针直刺1~1.5cm,或艾灸	前肢疼痛、麻痹,肠痉挛
太渊	腕部桡侧缘的凹陷中,左右肢各一穴	毫针直刺0.5~1cm	腕部疼痛
指间	前足背指缝间,每足三穴	毫针直刺0.2~0.3cm	前肢麻痹,耳聋

(四)后肢部穴位

穴 名	定 位	针 法	主 治
环跳	股骨头和髋部连接处形成的凹陷中,左右侧各一穴	毫针直刺0.3~0.5cm	胯部疼痛
汗沟	股骨大转子与坐骨结节的连线与股二头肌沟的交点处,左右侧各一穴	毫针直刺1.5~2cm	荐骨痛,腰胯痛
掠草	膝盖骨与胫骨近端形成的凹陷中,左右肢各一穴	毫针斜刺1.5~2cm	膝关节疼痛,后肢麻痹
后三里	小腿外侧上部,髌骨下2cm的肌沟内,左右肢各一穴	毫针直刺1.5~2cm	食欲不振,呕吐,泄泻,后肢麻痹
太溪	内踝与跟腱之间,左右肢各一穴	毫针直刺0.5cm,或透刺跟端穴	排尿异常,难产
跟端	外踝与跟腱之间,左右肢各一穴	毫针直刺0.5cm,或透刺太溪穴	飞节肿痛
趾间	后足背趾缝间,每足三穴	毫针直刺0.2~0.3cm	后肢麻痹,泌尿器官疾病

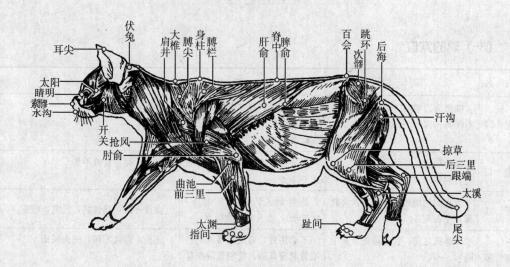

图 7-80 猫的肌肉及穴位

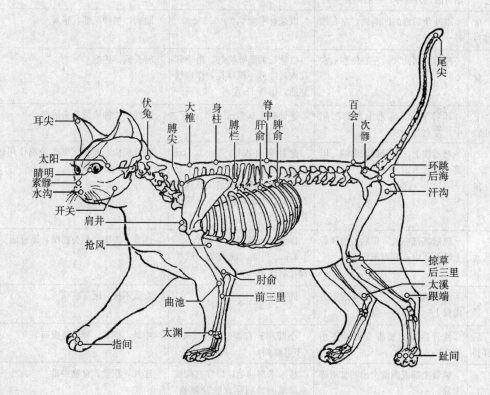

图 7-81 猫的骨骼及穴位

七、禽的针灸穴位及针治

(一) 鸡的穴位

穴 名	定 位	针 法	主 治
虎门	嘴角两边稍后方的凹陷中,左右侧各一穴	张开鸡嘴,毫针由外向口内斜下方轻轻点刺,并滴灌几滴食盐水	食欲不振,喉部疾病
锁口	嘴角后方,垂髯根部稍上方,左右侧各一穴	以毫针由外向口内斜下方刺入0.3cm	口舌干燥,食欲不振
舌筋	舌腹面两侧边缘上的索状突起部,左右侧各一穴	毫针刺入舌黏膜下0.1～0.25cm,滴入几滴食盐水	食欲不振,热性病,流涎,喉症
鼻隔	两鼻孔之间,穿过鼻瓣(鼻中隔),一穴	不必用针,可用病鸡翼羽的羽管刺穿鼻隔,使羽管留在鼻隔中数日	迷抱,肺气不畅,垂头呆痴
鼻俞	两鼻孔后约0.5cm处的鼻背与泪骨间的界缝中,左右侧各一穴	毫针刺入0.25cm	垂头呆痴
眼角(太阳)	眼外角后缘的凹陷处,左右侧各一穴	以毫针平刺0.1～0.25cm	眼病,精神沉郁,感冒
耳窝	两耳的耳孔穴,左右侧各一穴	以软长的毫针烧红,由一耳孔内对准另一侧耳孔,作直线穿通,留针1h左右	转头疯,迷抱
耳下(静脑)	耳后下方,耳垂上端的凹陷中,左右各一穴	毫针刺入0.2cm	热性病,抽搐或垂头呆痴
冠顶	鸡冠顶上,在冠齿的尖端,以第一冠齿为主,一穴	毫针垂直皮肤刺入0.5cm左右,见血为止。如刺后半分钟不见血,可将冠齿尖顶端顺次剪断。有的鸡冠缺齿,则可针次冠齿前部	热性疾病,精神沉郁,公鸡作用较显著,为鸡病常用基础穴
冠基	鸡冠基部中点,即贴近颅顶骨上缘的正中,左右侧各一穴	以毫针由前向后斜刺0.5～0.8cm,出血。或密刺,或作梅花状点刺	感冒,泻痢,鸡头摇摆,黑冠证
垂髯	整个鸡的肉垂上,即喙的下方肉髯上,左右各一穴	同冠基穴	食欲不振,喉部疾病
脑后(天门)	枕骨后缘与寰椎交接的正中处,一穴	小圆利针直刺0.2～0.3cm(不可深刺)	中暑,感冒,神经性疾病
嗉囊	嗉囊上部或胸前突出的食道膨大部,一穴	拔除术部羽毛,以穿有棕线或马尾的针刺穿皮肤及嗉囊,然后将穿线来回拉动,或消毒切开,取出积食或异物后缝合	胀气,积食,食物中毒

(续)

穴 名	定 位	针 法	主 治
背 脊	最后颈椎与第一胸椎、第一与第二、第二与第三胸椎棘突间的凹陷中，共三穴	毫针直刺0.5cm	感冒，上呼吸道疾患
尾 脂	尾根部与最后荐椎上方的尾脂腺上，一穴	以线香或艾卷施灸，或针刺挤压出血或流出黄色液体	便秘，下痢，感冒，迷抱
尾 根	摇动鸡尾，动与不动之间是穴，即第一尾椎与腰荐骨的交界处，一穴	毫针直刺0.5～1cm，稍加捻转，或用线香、艾卷施灸	泻痢，精神不振，产卵迟滞
后 海 (交巢)	肛门上方的凹陷中，一穴	用线香或艾卷施灸，或毫针刺入0.25～0.5cm，稍加捻转	母鸡生殖器外翻，小鸡精神沉郁
胸 脉	胸部龙骨突两侧，胸大肌上的小静脉管上，左右侧各一穴	拔去穴位附近羽毛，涂以酒精，使其静脉显露，再以毫针刺入血管，出血	肺炎，支气管炎，喉部疾患
飞 天	翅膀后下方与躯干交界处，即肱骨、乌喙骨及肩胛骨的多轴关节面上，左右侧各一穴	毫针平刺0.25cm	中暑，感冒，热性病，翼下垂
翼 根	翅膀上方与躯干交界处，即肱骨、锁骨、乌喙骨及肩胛骨的多轴关节面上，左右侧各一穴	同飞天穴	同飞天穴
展 翅	两翅肘头弯曲部，尺、桡骨与肱骨交界处后端关节面的凹陷中，左右侧各一穴	毫针平刺0.25cm	感冒，精神沉郁，食欲不振，热性病
翼 脉	翅膀内侧，桡、尺骨间的静脉上，左右侧各一穴	毫针沿静脉平刺0.1cm，流出一些污血	热性病
羽 囊	翅膀尖部，拔下几根主羽毛，羽囊内是穴，左右侧各取一穴	扯去翅膀边缘几根大羽毛，以钝针头或稻草秆在羽囊内旋刺	感冒，羽毛粗乱，母鸡换毛期施术可增加产卵量
股 端	股骨上端凹陷中，即股骨头与髂骨间的关节窝内，左右侧各一穴	毫针直刺0.5cm	翼下垂，软脚
膝 盖	膝盖骨（膝关节）前下方的凹陷中，左右侧各一穴	毫针浅刺0.25cm，以触及骨头为度	膝关节风湿，脚肿
膝 弯	膝弯缝中，股骨与胫腓骨的交界处，左右肢各一穴	毫针平刺0.25～0.5cm，刺入关节面的凹陷中	同膝盖穴
胯 内	腿内侧胫腓骨上肌肉丰满处的内侧静脉血管上，左右肢各一穴，专用于成年鸡	去毛消毒，找到血管后，以毫针刺透血管壁，出血	运动障碍，风湿，便秘
胯 外	腿外侧的微小静脉上，左右肢各一穴，专用于成年鸡	同胯内穴	同胯内穴
钩 前	跗关节前面的凹陷中，左右肢各一穴	毫针直刺0.2cm	热性病，雏鸡感冒，跗关节风湿
钩 后	跗关节后面的凹陷中，左右肢各一穴	毫针直刺0.2cm	同钩前穴
脚 脉 (活血)	脚管前下方，跖骨远端内侧的静脉管上，左右肢各一穴。专用于雏鸡	毫针沿血管刺入0.2cm，出血	血行凝滞，精神沉郁

(续)

穴 名	定 位	针 法	主 治
立地	两脚肉垫的后跟上,即跖骨最下端与趾骨的交接面处,左右脚各一穴	毫针浅刺 0.25cm	热性病,下痢
脚盘	鸡的足爪叉上,即趾骨的三个趾间,每趾间一穴	将脚掌举向光线,看清血管,用毫针或宽针将皮肤表层划破见血	感冒
脚底	脚掌底部肉垫稍前端,即脚趾底中心稍靠前方处,左右脚各一穴	毫针向上方斜刺 0.25cm,然后轻轻转动,1min 后出针	下痢,便秘,足趾瘤,迷抱

图 7-82 鸡的肌肉及穴位

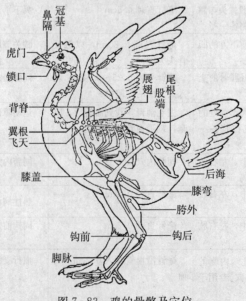

图 7-83 鸡的骨骼及穴位

（二）鸭的穴位

穴 名	定 位	针 法	主 治
上颌沟	上颌骨边缘纵沟的后 1/3 处，左右侧各一穴	小圆利针或毫针点刺，出血	中暑
下颌沟	在承浆穴两旁沟的顶端处，左右侧各一穴	小圆利针或毫针点刺，出血	食欲不振
承 浆	下喙前缘正中颏珠上，一穴	同上颌沟穴	食欲不振，并可预防热性病
虎 门	口角后缘凹陷处，左右侧各一穴	小圆利针或毫针顺口角延长线平刺 1.5～2.5cm，或向口内斜上方点刺	口闭，食欲不振，中暑，中毒，歪头（左歪刺右，右歪刺左）
锁 口	口角延长线上，口角穴后 0.3cm 处，左右侧各一穴	小圆利针或毫针顺口角延长线向后平刺 1cm	消化不良
舌 筋	舌底面两旁平行的血管上，左右侧各一穴	小圆利针或毫针点刺，出血	中暑，中毒，食欲不振
鼻 梁	鼻骨与额骨（即有毛与无毛）交界处的正中点，一穴	小圆利针或毫针直刺 0.3～0.5cm 或由下而上平刺 1～1.5cm，可透眉心穴，并可留针 5～10min	消化不良，食囊阻塞，泄泻
眉 心	两眼正中连线的中点，一穴	以毫针或小圆利针向鼻梁平刺 1～1.5cm，可透鼻梁穴	拐脚
眼 角	外眼角后缘的凹陷处，左右侧各一穴	以毫针或小圆利针点刺出血	流泪，精神不振
脑后（天门）	颅骨后缘正中与环椎交界处，一穴	以毫针或小圆利针沿枕骨嵴进针 0.3～0.5cm	中暑
颈 三	颈背侧正中线上，均匀取三穴	小圆利针或毫针直刺 0.3～0.5cm，也可沿颈椎线平刺 1～1.5cm	中暑，颈项强直
食 囊	食道膨大部上 1/3 处，一穴	圆利针或毫针直刺穿通食囊放气，或用剪刀纵行剪开翻转食囊，用清水洗，再行缝合	胀气，积食不化，中毒
背 脊	最后颈椎及第一、二棘突后缘的凹陷中，三穴	小圆利针或毫针刺入 0.2～0.3cm	感冒，呕吐，上呼吸道疾病
背 中	髂骨前端与胸椎交界的凹陷处，正中一穴	小圆利针或毫针向前下方斜刺 0.5～1cm	拐脚
髂 三	髂骨背面正中线上，均匀取三穴	小圆利针或毫针向前或向后平刺 1～1.5cm	中暑，风湿
胛 栏	肩胛骨末端背缘凹陷处，左右侧各一穴	小圆利针沿肩胛骨与椎间向前平刺约 3cm，留针 5～10min	中暑
苏 气	倒数第三肋间的上端，胛栏穴下方约 10cm 处，左右侧各一穴	小圆利针向前平刺 3～4cm，可留针 5～10min	上呼吸道疾病，精神不振

(续)

穴 名	定 位	针 法	主 治
尾 脂	尾部的尾脂腺上，正中一穴	小圆利针或毫针向前斜刺1~1.5cm 或用线香或艾卷施灸，或用手指挤压出血或流出黄液	精神不振，便秘，泄泻
尾 上	尾椎骨与尾综骨间隙处，正中一穴	小圆利针或毫针刺入1~1.5cm	感冒
尾 下（交巢）	尾椎骨下，肛门上的凹陷处，一穴	小圆利针沿尾椎骨向前平刺1.5cm，可留针1~2min，也可施灸	母鸭泄泻，生殖器外翻
肩 前	肩关节前缘，乌喙骨与锁骨衔接处的骨缝中，左右侧各一穴	小圆利针直刺1~1.5cm	呼吸困难
飞 天	翅膀后下方与身躯转弯交接处，即肱骨、乌喙骨与肩胛骨多轴关节处，左右侧各一穴	小圆利针或毫针直刺0.5~0.8cm	中暑，精神不振
翼 根	翅膀上方与身躯转弯交接处，即肱骨、锁骨、乌喙骨与肩胛骨多轴关节处，左右侧各一穴	同飞天穴	同飞天穴
展 翅	尺骨与肱骨交界处后端关节面的凹陷中，左右侧各一穴	小圆利针或毫针直刺约0.3cm	感冒
翼 脉	尺骨与桡骨间纵行的血管上，左右侧各一穴	小圆利针或毫针点刺，出血	中暑，中毒
羽 囊	翼尖上6~8根主羽的羽囊内	任选主羽两三根拔掉，用钝针或拔下的主羽在羽囊内旋刺几下	感冒，热性病，在换毛期促进提早产卵
膝 盖	膝关节前外侧的凹陷中，左右腿各一穴	小圆利针向后直刺，抵骨为度	风湿，拐脚
膝 弯	膝关节后缘凹陷中，左右腿各一穴	用手扣压，刺激胫腓神经	中暑，昏迷
胯 外	胫骨外侧上部血管上，左右腿各一穴	小圆利针或毫针顺血管刺入0.2cm	运动障碍，风湿，便秘
跖 脉	跖骨内侧血管上，左右脚各一穴	小圆利针或毫针点刺，出血	中暑，中毒
跖 谷	第一与第二趾之间，左右脚各一穴	小圆利针或毫针向上斜刺0.5~1cm	拐脚
立 地	两脚肉垫后跟上，左右脚各一穴	小圆利针直刺0.5cm或呈十字形划破，再用艾条熏灸5~10min，挤出黄水或毒血，以细食盐撒擦	脚底黄肿，热性病
趾 间	第二、第三、第四趾结合处的底面，每脚两穴	小圆利针或毫针向上刺入0.5~1cm	泄泻

(续)

穴 名	定 位	针 法	主 治
蹼脉	蹼间的血管上，每趾两穴	小圆利针或毫针点刺，出血	中暑，拐脚，脚生黄肿
趾脉	第三趾底面两侧血管上，任选一侧，左右脚各一穴	同蹼脉穴	脚底肿胀，拐脚

图 7-84 鸭的肌肉及穴位

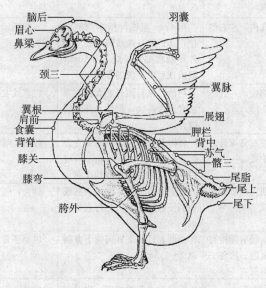

图 7-85 鸭的骨骼及穴位

(三)鹅的穴位

穴 名	定 位	针 法	主 治
虎门	嘴角两边,左右侧各一穴	张开鹅口,毫针向口内斜下方刺入2~2.5cm,针后滴几滴食盐水,针感为头向后缩	口闭或食欲不振
锁口	上下嘴骨之间,左右侧各一穴	小圆利针或毫针沿口角延长线向后平刺2~2.5cm,或直刺1cm,针感为缩颈、鸣叫,提插针后有吞咽反应	消化不良
舌尖	舌背尖端处,一穴	小圆利针与舌面呈15°角,向舌根方向斜刺0.1~0.2cm,见血为度	食欲不振
颌口(顺气)	上腭裂前方的两个小孔,左右侧各一穴	白针或血针均可,一般采用人用细银针平刺1~1.5cm,捻转时有眨眼和吞咽反应	食欲不振
鼻隔	在两鼻孔之间,一穴	巧治,取羽毛的羽管部穿过鼻隔(鼻瓣),使羽毛留在鼻孔上	头部神经麻痹,肺气不畅
鼻侧	鼻孔后侧方,有毛、无毛交界处,左右侧各一穴	毫针或小圆利针直刺1~1.5cm	食欲不振
眼脉	眼外角后缘的凹陷处,左右侧各一穴	小圆利针或毫针点刺出血,切忌入针过深	眼病,翳膜遮眼,瞌睡
耳侧	耳孔稍后下方0.2cm处的凹陷中,左右侧各一穴	毫针或小圆利针直刺0.1~0.3cm	缩颈,倒地,抽搐
耳窝	两耳后下方的耳孔内,左右侧各一穴	用1mm粗银针横穿两侧穴位,在针的一端或两端装上姜片和酒精棉球,烧1~3min,鹅出现后退、流泪等反应	头部活动失常或神经症状,如转头、歪头等
纺锤	食道纺锤形膨大部位,一穴	巧治,纵行切开膨大部,除去食道内容物,用清水冲洗后缝合	毒草或农药中毒,气胀,水胀
龙骨突(天突)	在纺锤体下方,左右乌喙骨之间的龙骨突前缘正中处,一穴	将鹅翻仰向上,沿龙骨突边缘正中斜刺0.5~1cm,不可过深;鹅有举翼和伸颈反应	吐涎、喘急,咽喉炎,气管炎
胸脉	龙骨突两侧胸大肌内的小静脉管上,左右侧各一穴	扯去附近被毛,涂以酒精或白酒使静脉显露,再行点刺出血	肺炎,气管炎,喉肿,喉痛
背脊	翼根处的前背部,最后颈椎与第一胸椎棘突间及其前、后各一棘突间的凹陷中,共三穴	小圆利针或毫针向前下方斜刺1~1.5cm	风寒感冒、呕吐、气管炎
尾脂	尾端(尻部)的尾脂腺上,一穴	用线香或艾卷施灸,也可以捏挤出血或流出一些黄水,亦可用小圆利针或毫针向前斜刺1~2cm	便秘,下痢,精神不振,抽搐

（续）

穴 名	定 位	针 法	主 治
尾 上	最后尾椎骨与尾综骨交界处的凹陷中，一穴	毫针直刺 1.5~2cm	食欲不振，精神萎顿
尾 本	在尾综骨的上方，也有在最后尾椎骨两侧选穴，共三穴	用线香或艾卷灸，也可用拇指和食指从穴的两侧掐捏，但应速掐速放，也可间歇掐捏，反复数次，往往有急救之功	昏迷，假死，泻痢或精神委顿
尾 下	尾椎下、肛门上凹陷处，一穴	小圆利针或毫针沿尾椎骨向前刺入 1.5cm，留针 1~2min	泄泻，食囊阻塞
翼 根	翅膀上方与躯干交接处，左右侧各一穴	毫针刺入 0.5~1.5cm	中暑发痧，精神委顿，翼下垂
飞 天	翅膀后下方与身躯转弯交接处，左右侧各一穴	毫针刺入 0.5~1cm	中暑发痧，翼下垂
展 翅	翅膀内侧，肘关节后缘，肱骨与尺骨交界处，左右侧各一穴	毫针刺入 0.5~1cm	风寒感冒，打喷嚏
翼 脉	翅膀内侧，桡骨与尺骨间的血管上，左右侧各一穴	毫针或小圆利针平刺 0.5~1cm，或水针，进行静脉注射	中毒，中暑，抽搐，精神不振
股 端	股骨上端窝中，左右侧各一穴	毫针刺入 0.5~1cm	两翼下垂及腿脚疾病
胯 内	腿内侧小静脉管上，左右脚各一穴	扯去羽毛，以酒精或白酒涂擦，使血管显露，小三棱针点刺出血	运动障碍，风湿，便秘
胯 外	腿外侧小脉管上，左右脚各一穴，专用于成鹅	同胯内穴	同胯内穴
膝 盖	膝关节前缘的凹陷中，左右侧各一穴	小圆利针浅刺 1cm 左右（直刺抵骨为度），亦可用香烟火、线香或艾卷施灸	软脚，风湿，拐脚，足肿
膝 弯	膝弯缝中，左右侧各一穴	用毫针刺入 0.5~1cm，以刺中关节面的陷中为度，亦可用艾灸	软脚病，风湿症
腿 后	膝关节后缘正中凹陷处，左右脚各一穴	毫针或小圆利针平刺 0.5~1cm	拐脚
钩 前	两脚前面屈处腕中，左右脚各一穴	毫针直刺 0.2~0.3cm，或用香烟火、线香或艾灸之，或紧贴穴位按摩或捋擦	热性病，感冒，拐脚
钩 后	两脚后面屈处腕中，左右脚各一穴	同钩前穴	热性疾病，脚麻痹症，水肿等
脚 脉	脚管前下方、跗骨前缘的脉管上，左右脚各一穴，专用于雏鹅	小圆利针或毫针沿血管刺入 0.5cm，出血	血脉凝滞，精神委顿
立 地	脚底肉垫后跟正中处，左右脚各一穴	毫针直刺 0.5~1cm，或切开、挤出毒血、再涂搽植物油	脚黄，脓肿
蹼 脉	足蹼血管上，左右足蹼上各二穴	将脚掌举向光线处，看清血管，用小圆利针或毫针点刺，或用瓷锋划破，出血	拐脚，中暑，中毒

(续)

穴 名	定 位	针 法	主 治
趾 节	脚爪背面的每个趾骨间,以及跖与趾之间,每脚十五穴	将趾骨节曲转成弓形,浅刺0.2cm,随即以点燃的香烟头或线香灸烧至缩腿反应为度,亦可单针或灸	风湿症,脚痹,冷痛,非外伤性瘫痪及虚脱症
趾 间	足背第二、三及第三、四趾骨之间,每足二穴	小圆利针或毫针向上刺入0.5~1.5cm	中暑,拐脚

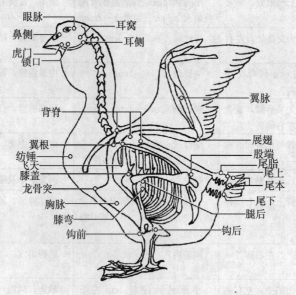

图7-86 鹅的骨骼及穴位

第四节 常用针刺疗法

一、白针疗法

白针疗法是使用圆利针、毫针或小宽针等,在白针穴位上施针,借以调整机体功能活动,治疗动物各种病证的一种方法,也是在临诊应用最为广泛的针法。

(一)术前准备

先将动物妥善保定,根据病情选好施针穴位,剪毛消毒,然后根据针刺穴位选取适当长度的针具,检查并消毒针具。

(二)操作方法

1. 圆利针术

(1)缓刺法。术者的刺手以拇、食指夹持针柄,中指、无名指抵住针体。押手,根据穴位的不同，采取不同的方法。一般先将针尖刺至皮下，然后调整好针刺角度，捻转进针达所需深度，并施以补泻方法使之出现针感（图7-87）。一般需留针10~20min，在留针过程中，每隔3~5min可行针1次，加强刺激强度。

（2）急刺法。圆利针针尖锋利，针体较粗，具有进针快、不易弯针等特点，对于不温顺的动物或针刺肌肉丰满部的穴位，尤其宜用此法。操作时根据不同穴位，采用执笔式或全握式持针，切穴或不用押手，按穴位要求的进针角度，依照速刺进针法或飞针法的操作要领刺至所需深度。进针后留针、运针同缓刺法。

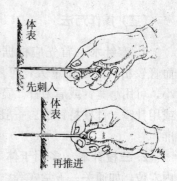

图7-87 圆利针缓刺法

退针时，可用左手拇、食指夹持针体，同时按压穴位皮肤，右手捻转或抽拔针柄出针。

2. **毫针术** 毫针术的具体操作与圆利针缓刺法相似，与其他白针术相比操作有以下特点：由于针体细、对组织损伤小、不易感染，故同一穴位可反复多次施针；进针较深，同一穴位，入针均深于圆利针、宽针、火针等，且可一针透数穴；针刺得气后，根据治疗的需要，为达到一定的有效刺激量，可运用插、捻、刮、捣、搓、弹等手法，刺激强度易于掌握。

3. **小宽针术** 因其有锐利的针尖和针刃，故易于快速进针，又有"箭针法"之称。施针时，常规消毒，左手按穴，右手持针，刺手的拇、食指固定入针深度，速刺速拔，不留针，不行针。适用于肌肉丰满的穴位，如抢风、巴山等穴。尤以牛体穴位多用。

（三）注意事项

施针前严格检查针具，防止发生事故；出针后严格消毒针孔，防止感染。

二、血针疗法

使用宽针和三棱针等针具在动物的血针穴位上施针，刺破穴部浅表静脉（丛），使之出血，从而达到泻热排毒、活血消肿，防治疾病的目的，称为血针疗法。

（一）术前准备

为了快速准确地刺破穴部血管并达到适宜的出血量，动物的保定非常关键。应根据施针穴位采取不同保定体位，以使血管怒张。如针三江、太阳等穴宜用低头保定法，针刺胸堂穴宜用抬头保定法，所谓"低头看三江，抬头看胸堂"。针刺颈脉穴宜在穴后方按压或系上颈绳使颈静脉显露（图7-88）。四肢下部施血针时，宜用提肢保定法。血针因针孔较大，且在血管上施术，容易感染，因此术前应严格消毒，穴位剪毛、涂以碘酊，针具和术者手指，也应严格消毒。此外，还应备有止血器具和药品。

图7-88 颈脉穴针刺法

（二）操作方法

1. **宽针术** 首先应根据不同穴位，选取规格不同的针具，血管较粗、需出血量大，可用大、中宽针；血管细，需出血量小，可用小宽针或眉刀针。宽针持针法多用全握式、手代针锤式或用针锤、针杖持针法。一般多垂直刺入约1cm左右，以出血为准。

2. **三棱针术** 多用于体表浅刺，如三江、分水穴；或口腔内穴位，如通关、玉堂穴等。根据不同穴位的针刺要求和持针方法，确定针刺深度，一般以刺破穴位血管出血为度。针刺出血后，多能自行止血，或待其达到适当的出血量后，用酒精棉球轻压穴位，即可止血（图7-89）。

图7-89 通关穴针刺法

（三）注意事项

（1）三棱针的针尖较细，容易折断，使用时应谨防折针。

（2）宽针施术时，针刃必须与血管平行，以防切断血管。针刺出血，一般可自行止血；或者在达到适当的出血量时，令动物活动或轻压穴位，即可止血。如出血不止时可压迫止血，必要时可用止血钳、止血药或烧烙法止血。

（3）血针穴位以刺破血管出血为度，不宜过深，以免刺穿血管，造成血肿。

图7-90 针刃须与血管平行

（4）掌握泻血量。泻血量直接影响针治效果，所谓"血针不效，血量不到"。泻血量的掌握应根据动物体质的强弱、病证的虚实、季节气候及针刺穴位来决定。一般膘肥体壮的动物放血量可大些，瘦弱体小的放血量宜小些；热证、实证放血量应大，寒证、虚证应少放或不放；春、夏季天气炎热时可多放，秋、冬季天气寒冷时宜少放或不放；有些穴位如分水穴，破皮见血即可。体质衰弱、妊娠、久泻、大失血的动物，禁施血针。

（5）施血针后，针孔要防止水浸、雨淋，术部宜保持清洁，以防感染。

三、火针疗法

火针疗法是用特制的针具烧热后刺入穴位，以治疗疾病的一种方法。它包括针和灸两方面的治疗作用。因为火针使穴位的局部组织发生较深的灼伤灶，所以能在一定的时间内保持对穴位的刺激作用。火针具有温经通络、祛风散寒、壮阳止泻等作用。主要用于各种风寒湿痹、慢性跛行、阳虚泄泻等证。

（一）术前准备

准备烧针器材，封闭针孔用橡皮膏。其他同白针术。

(二) 操作方法

1. 烧针法 有油火烧针法和直接烧针法两种。

(1) 油火烧针法。先检查针体并擦拭干净,用棉花将针尖及针身的一部分缠成枣核形,长度依针刺深度而定,一般稍长于入针的深度,粗 1～1.5cm,外紧内松;然后浸入植物油或石蜡油中(一般浸 2/3,太深时点燃后热油会流到针柄部而烫手),油浸透后取出,将尖部的油略挤掉一些,便于点燃,点燃后针尖先向下、后向上倾斜,始终保持针尖在火焰中,并不断转动,使针体受热均匀。待油尽棉花收缩变黑将要燃尽时,甩掉或用镊子刮脱棉花,即可进针(图 7-91)。

图 7-91 油火烧针法

(2) 直接烧针法。常用酒精灯直接烧红针尖及部分针体,立即刺入穴位。

2. 进针法 烧针前先选定穴位,剪毛,消毒,待针烧透时,术者以左手按压穴旁,右手持针迅速刺入穴位中,刺入后可留针(5min 左右)或不留针。留针期间轻微捻转运针。

3. 起针法 起针时先将针体轻轻地左右捻转一下(以防将组织带出),然后用一手按压穴部皮肤,另一手将针拔出。针孔用 5% 碘酊消毒,并用橡皮膏封闭针孔,以防止感染。

(三) 注意事项

(1) 火针穴位与白针穴位基本相同,但穴下有大的血管、神经干或位于关节囊处的穴位一般不得施火针。

(2) 施针时动物应保定确实,针具应烧透,刺穴要准确。

(3) 火针对穴位组织的损伤较重,针后会留下较大的针孔,容易发生感染。因此,针后必须严格消毒,并封闭针孔,保持术部清洁,要防止雨淋、水浸和患畜啃咬。

(4) 火针对动物的刺激性较强,一般能持续 1 周以上,10d 之后方可在同一穴位重复施针,故针刺前应有全面的计划,每次可选 3～5 个穴位,轮换交替进行。

四、电针疗法

电针疗法是将毫针、圆利针刺入穴位产生针感后,通过针体导入适量的电流,利用电刺激来加强或代替手捻针刺激以治疗疾病的一种疗法。这种疗法的优点是:①节省人力,可长时间持续通电刺激，减轻术者的劳累；②刺激强度可控，可通过调整电流、电压、频率、波型等选择不同强度的刺激；③治疗范围广，对多种病证如神经麻痹、肌肉萎缩、急性跛行、风湿症、马骡结症、牛前胃病、消化不良、寒虚泄泻、风寒感冒、垂脱证、不孕症、胎衣不下等，均有较好的疗效。④无副作用，方法简便、经济安全。

（一）术前准备

圆利针或毫针，电针机及其附属用具（导线、金属夹子），剪毛剪、消毒药品等。

（二）操作方法

1. **选穴扎针** 根据病情，选定穴位（每组2穴），常规剪毛消毒，将圆利针或毫针刺入穴位，行针使之出现针感。

2. **接通电针机** 先将电针机调至治疗档，各种旋钮调至"0"位，将正负极导线分别夹在针柄上；然后打开电源开关，根据病情和治疗需要，以及患病动物对电流的耐受程度来调节电针机的各项参数。

（1）波形。脉冲电流的波形较多，常见的有矩形波（方波）、尖形波、锯齿波等。临症多用方波，它既能降低神经的感受性，具有消炎、止痛的作用；还能增强神经肌肉的紧张度，从而提高肌腱张力，治疗神经麻痹、肌肉萎缩。复合波形有疏、密、疏密波、间断波等。密波、疏密波可使神经肌肉兴奋性降低，缓解痉挛、止痛作用明显；间断波可使肌肉强力收缩，提高肌肉紧张度，对神经麻痹、肌肉萎缩有效。

（2）频率。电针机的频率范围在10~550Hz。一般治疗时频率不必太高，只在针麻时才应用较高的频率。治疗软组织损伤，频率可稍高；治疗结症则频率要低。

（3）输出强度。电流输出强度的调节一般应由弱到强，逐渐进行，以患病动物能够安静接受治疗的最大耐受量为度。

各种参数调整妥当后，继续通电治疗。通电时间，一般为15~30min。也可根据病性和动物体质适当调整，对体弱而敏感的动物，治疗时间宜短些；对某些慢性且不易收效的疾病，时间可长些。在治疗过程中，为避免动物对刺激的适应，应经常变换波形、频率和电流。治疗结束前，频率调节应该由高到低，输出电流由强到弱。治疗完毕，应先将各档旋钮调回"0"位，再关闭电源开关，除去导线夹，起针消毒。

电针治疗一般每日或隔日一次，5~7d为1疗程，每个疗程间隔3~5d。

（三）注意事项

（1）针刺靠近心脏或延脑的穴位时，必须掌握好深度和刺激强度，防止伤及心、脑导致猝死。动物也必须保定确实，防止因动物骚动而将针体刺入深部。

（2）针柄若由经氧化处理的铝丝绕制时，因氧化铝为电绝缘体，电疗机的导线夹应夹在针体上。

（3）通电期间，注意金属夹与导线是否固定妥当，若因骚动而金属夹脱落，必须先将电流及频率调至零位或低档，再连接导线。

（4）在通电过程中，有时针体会随着肌肉的震颤渐渐向外退出，需注意及时将针体复位。

（5）有些穴位，在电针过程中，呈现渐进性出血或形成皮下血肿，不需处理，几日后即可自行消散。

五、水针疗法

水针疗法也称穴位注射疗法，它是将某些中西药液注入穴位或患部痛点、肌肉起止点来防治疾病的方法。这种疗法将针刺与药物疗法相结合，具有方法简便、提高疗效并节省药量的优点。适用于眼病、脾胃病、风湿症、损伤性跛行、神经麻痹、瘫痪等多种疾病，是兽医临诊应用广泛的一种针刺疗法。若注射麻醉性药液，称穴位封闭疗法；注射抗原性物质，称穴位免疫。

（一）术前准备

除准备注射器外，还要根据病情选取穴位，对穴位部剪毛消毒，并准备适当的药液。

1. 穴位选择　根据病情可选择白针穴位，或选择疼痛明显处的阿是穴。对一些痛点不明显的病例，可选择患部肌肉的起止点作为注射点。

2. 药物选择　可供肌肉注射的中、西药液均能用于穴位注射。临诊可根据病情，酌情选用。例如，治疗肌肉萎缩、功能减退的病证，可选用具有营养作用的药物，如生理盐水、林格氏液、各种维生素、5%～10%葡萄糖注射液、血清、蛋清、自家血等；治疗各种炎性疾病、风湿症等，可选用各种抗菌素、镇静止痛剂、抗风湿药以及中药注射剂黄连素、穿心莲、蟾酥等；治疗各种跛行、外伤性淤血肿痛等，可选用红花注射液、复方当归注射液、川芎元胡注射液、镇跛痛注射液等；穴位封闭，可选用0.5%～2%盐酸普鲁卡因注射液；穴位免疫，可选用各种特异性抗原、疫苗等。

（二）操作方法

穴位注射的方法基本同于普通肌肉注射，但若能按毫针进针的方法（包括深度、角度等）将注射针头刺入，待出现针感后再注射药物则效果更好。

（三）注射剂量

穴位注射的剂量通常依药物的性质、注射的部位、注射点的多少、动物的种类、体型的大小、体质的强弱以及病情而定，一般来说，每次注射的总量均小于该药的普通临诊治疗用量。每日或隔日一次，5～7次为一疗程；必要时隔3d后施行第二疗程。

（四）注意事项

（1）严格消毒，防止感染。

（2）关节腔及颅腔内不宜注射，妊娠动物一般慎用，脊背两侧的穴点不宜深刺，防止压迫神经。

（3）有毒副作用的药物不宜选用；刺激性强的药物，药量不宜过大；两种以上药物混合注射，要注意配伍禁忌。

（4）推药前一定要回抽注射器，见无回血时再推注药液，以防止将不宜做静脉注射用的药液误注血管内。葡萄糖（尤其是高渗葡萄糖）一定要注入深部，不要注入皮下。

（5）注射后若局部出现轻度肿胀、疼痛，或伴有发热，一般无需处理，可自行恢复。但为慎重起见，对原因不明的发热，应注意药物和穴位的选择，或停用水针。

六、气针疗法

向穴位内送入适量的空气，利用气体对俞穴或组织产生轻柔的刺激，使该部的末梢神经和血管兴奋或抑制，从而改善机体局部血液循环和营养的供应，增强其新陈代谢来治疗疾病的方法，称为气针疗法。对神经麻痹、肌肉萎缩、腰背风湿、泻痢等慢性疾患有一定疗效。

（一）术前准备

根据所采用的方法准备宽针或夹气针或 100ml 兽用注射器、针头、输液胶管等。施夹气针时，由于进针深，术前要仔细检查针具，若有破损不可使用，并做严格的煮沸消毒；动物要妥善保定；夹气穴要彻底剪毛消毒，防止发生意外和感染，或将被毛带入针孔内。

（二）操作方法

1. **提皮进气法** 最常用的穴位是弓子穴，用以治疗前臂神经麻痹、肌肉萎缩。首先将穴位剪毛消毒，用大宽针刺破皮肤后，术者双手配合，用力提起穴位周围皮肤，随即放松，如此一提一松反复数次，空气随之通过针孔而进入被提起的穴位皮下，然后用一手堵住针孔，另一手将进入的空气逐步挤压至病变部位，使该部充满，最后用碘酊消毒并用药膏封闭针孔。

2. **注射器注气法** 将注射针头刺入穴位，产生针感后，再接注射器注入适量（一般穴位 20~50ml）过滤的空气。操作时，穴位、针具应严格消毒，拔出针头后，应用酒精棉按压针孔，并做适当按摩。

3. **夹气针术** 是用于治疗马、牛等大动物前肢闪伤里夹气的一种传统气针疗法，又叫透胛，属针刺巧治术之一。操作时，先用大宽针刺破穴位部皮肤，将涂有润滑油（或经消毒的植物油）的夹气针从针孔刺入穴位内。进针时，针尖应对准同侧肩胛后角方向，向外上方徐徐刺入。待达到所要求的深度后，稍微退针，以刺手执针柄，上下拨动针尖数次，随即起针。起针后消毒针孔，将患肢前后左右摆动数次（图 7-92）。

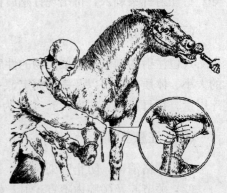

图 7-92 夹气针术

(三) 注意事项

（1）头部、四肢下部、关节腔部位的穴位不宜用气针，骨折、脱臼、关节扭伤、传染病等禁用气针。

（2）采用注射器注入气体时，在注气前应先回抽注射器，确无回血时，再注入气体，以免将气体注入血管内。

（3）气针治疗后，动物应避免剧烈运动，以防气体扩散，影响治疗效果。注入的气体约经10d才可吸收，如需第二次施术，应间隔10d以上。

（4）施夹气针术时，针尖应向外上方刺入。动物必须保定确实，若动物骚动不安，应暂停进针，以刺手贴紧穴位，护住针体，以防折针或将针刺入胸腔。如进针不顺利，可稍退针，适当调整动物体位后，再轻轻地推进。术后，动物需休养10～15d，每日做适当的牵遛。夹气针术一般只做1次，若效果不好，可改用其他治疗方法，如必须进行第二次治疗，需隔1个月后再次施术。

七、埋植疗法

将肠线或某些药物埋植在穴位或患部以防治疾病的方法，称为埋植疗法。由于埋植物在体内有其一定的吸收过程，因此对机体的刺激持续时间长，刺激强烈，从而产生明显的治疗效果。临诊可分为埋线疗法和埋药疗法两种。

(一) 埋线疗法

在穴位上埋植医用羊肠线，适用于动物的闪伤跛行、神经麻痹、肌肉萎缩、角膜炎、角膜翳、消化不良、下痢、咳嗽和气喘等。

1. 术前准备

（1）器材。埋线针，可用封闭针（针尖稍磨钝），针芯用除去针尖的毫针（针体稍短于封闭针），也可用16号注射针头或皮肤缝合针等；肠线，可用铬制1～3号医用羊肠线等。此外，还需准备持针钳、外科剪及常规消毒用品等。

（2）穴位。依据病证的不同，选用不同的穴位。马病常用脾俞、后海、后三里、睛俞、睛明、抢风、腰中、腰后、巴山、大胯等穴；猪病常用后海、脾俞、关元俞、后三里、三脘、尾干等穴。一般每穴只埋植一次，如需第二次治疗，应间隔一周后，另选穴位埋植。

施术前，先将羊肠线剪成1cm长的小段，或10～15cm长的大段，置灭菌生理盐水中浸泡；动物保定后，穴位剪毛消毒。

2. 操作方法

（1）封闭针埋线法。将针芯向后退出1cm，取肠线2～3小段，放置在封闭针腔前端；将针刺入穴位内，达所需深度后，在缓缓退针的同时，将针芯前推把肠线送入穴位内；然后退出封闭针，消毒针孔。

（2）注射针埋线法。将肠线大段穿入16号针头的管腔内，针外留出多余的肠线；将注射针头垂直刺入穴位,随即将针头急速退出,使部分肠线留于穴内;用剪刀贴皮肤剪断外露肠线,然后提起皮肤,使肠线埋于穴内,最后消毒针孔。

(3) 缝合针埋线法。用持针钳夹住带肠线的缝合针,从穴旁1cm处进针,穿透皮肤和肌肉,从穴位另一侧穿出;剪断穴位两边露出的肠线,轻提皮肤,使肠线完全埋进穴位内,最后消毒针孔(图7-93)。

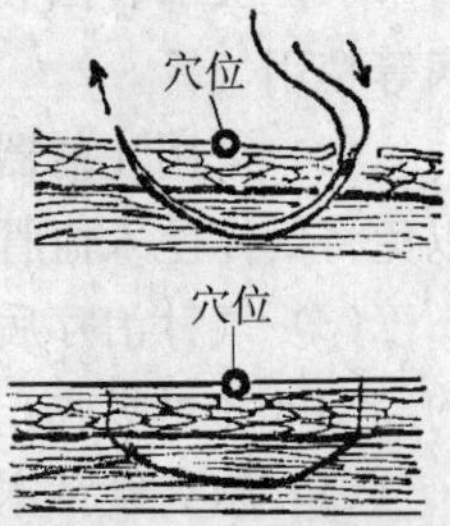

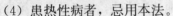

图7-93 埋线法

3. 注意事项

(1) 操作时应严密消毒,术后加强护理,防止术部感染。

(2) 注意掌握埋植深度,不得损伤内脏、大血管和神经干。

(3) 埋线后局部有轻微炎症反应,或有低热,在1~2d后即可消退,无需处理。如穴位感染,应做消炎治疗。

(4) 患热性病者,忌用本法。

(二) 埋药疗法

常用的是白胡椒和蟾酥,因所埋药物的种类和所选穴位主治的不同,其治疗作用也各不相同。

1. 术前准备

(1) 器材。手术刀或大宽针,止血钳,镊子,灭菌棉花、纱布,氧化锌胶布,铜钱等。

(2) 药品。消毒用酒精、碘酊、火棉胶;埋植用药物主要有白胡椒、蟾酥,明矾、松香、猫眼草(大戟科植物,又名耳叶大戟)根、羊蹄(蓼科植物土大黄)根、葛根及芫花根皮等。

(3) 穴位。膻中、卡耳(耳廓中、下部,内外侧均可,以外侧多用)、穿黄、通天、天门、百会、槽结等穴。

2. 操作方法

(1) 埋白胡椒法。常用于猪的膻中穴,主治猪气喘病。患猪仰卧保定,穴部消毒,以大宽针在穴位皮肤上做一切口,捏起皮肤做成皮肤囊,在囊内包埋白胡椒4~5粒,消毒后,切口以胶布封闭。

(2) 埋蟾酥法(卡耳疗法)。常用于猪的卡耳穴,主治猪支气管炎、猪气喘病、猪肺疫、猪丹毒等。患猪耳廓消毒,以大宽针在卡耳穴切开做一皮肤囊,在囊内埋入绿豆大蟾酥1粒,切口用胶布封闭。

(3) 埋明矾、松香法。常埋在疮黄患部,主治疮黄肿毒。取明矾、松香各等份,放锅内加热炼成膏,制成小圆粒状,桐子大,备用。患病动物站立保定,以宽针刺破患部皮肤,纳入药丸一粒,用胶布或火棉胶封闭。

(4) 埋铜钱法。常用于马的通天穴,主治马的热性病。以宽针切开穴位处皮肤,纳入铜钱一枚,外用胶布封闭。

(5) 埋羊蹄根法。常埋在马的疮黄处,主治马的外黄。以宽针在疮黄四周刺孔,将羊蹄根削成枣核状,植入孔中。如无羊蹄根,用葛根也可。

(6) 埋猫眼草根法。穴位根据病位而定,病在口唇部或项上,选槽结穴;病在前肢,选穿黄穴;病在后躯,选百会穴;病在肷窝或股内侧,选疮肿基部。一般是左病埋左,右病埋右。主治马的肺毒疮(为体表遍身瘙痒脱毛生疮之证)。将猫眼草根削成麦粒大锭子,每穴埋药一锭,用胶布或火棉胶封闭针孔。

3. 注意事项

(1) 实施埋药疗法时,应注意对所用器材、药品及术部的消毒,严防感染。

(2) 植入穴内的白胡椒,一般经 30d 左右可被吸收,不必取出。

(3) 埋植蟾酥时,因药物的刺激作用,可引起局部发炎、坏死,愈合后可能会造成疤痕或缺损。治体表黄肿时,应尽量在肿胀下方刺孔埋药,以便于炎性渗出物的排出。

八、激光针灸疗法

应用医用激光器发射的激光束照射穴位或灸烙患部以防治疾病的方法,称为激光针灸疗法。前者称为激光针术,后者称为激光灸术。由于激光具有亮度高、方向性精、相干性强和单色性好等特点,因此对机体组织的刺激性能良好,穿透力强,并具有优越的温热效应和电磁效应。激光针灸疗法具有操作简便、疗效显著、强度可调、无痛、无菌等特点,而且以光代针,无滞针、折针之忧,减少了针灸意外事故的发生,是安全可靠的新型治疗方法。

(一) 术前准备

医用激光器,动物妥善保定,暴露针灸部位。

(二) 操作方法

1. 激光针术 应用激光束直接照射穴位,简称光针疗法,或激光穴位照射。适用于各种动物多种疾病的治疗,如肢蹄闪伤捻挫、神经麻痹、便秘、结症、腹泻、消化不良、前胃病、不孕症和乳房炎等。一般采用低功率氦氖激光器,波长 632.8nm,输出功率 2～30mW。施针时,根据病情选配穴位,每次 1～4 穴。穴位部剪毛消毒,用龙胆紫或碘酊标记穴位,然后打开激光器电源开关,出光后激光照头距离穴位 5～30cm 进行照射,每穴照射 2～5min,一次治疗照射总时间为 10～20min。一般每日或隔日照射一次,5～10 次为一疗程。

2. 激光灸术 根据灸烙的程度可分为激光灸灼、激光灸熨和激光烧烙三种。

(1) 激光灸灼。也称二氧化碳激光穴位照射,适应症与氦氖激光穴位照射相同。CO_2 激光的波长 $10.6\mu m$,兽医临诊常用的输出功率一般为 1～5W,也有的高达 30W 以上。施术时,选定穴位,打开激光器预热 10min,使用聚焦照头,距离穴位 5～15cm,用聚焦原光束直接灸灼穴位,每穴灸灼 3～5s,以穴位皮肤烧灼至黄褐色为度。一般每隔 3～5d 灸灼一次,总计 1～3 次即可。

(2) 激光灸熨。使用输出功率 30mW 的氦氖激光器,或 5W 以上的二氧化碳激光器,以激光散焦照射穴区或患部。适用于大面积烧伤、创伤、肌肉风湿、肌肉萎缩、神经麻痹、肾虚腰胯痛、阴道脱、子宫脱和虚寒泄泻等病证。治疗时，装上散焦镜头，打开激光器，照头距离穴区20～30cm，照射至穴区皮肤温度升高，动物能够耐受为度。如用计时照射，每区辐照5～10min，每次治疗总时间为20～30min，每日或隔日一次，5～7次为一疗程。由于二氧化碳激光器功率大，辐照面积大，照射面中央温度高，必须注意调整照头与穴区的距离，确保给患部以最适宜的灸熨刺激。当病变组织面积较大时，可分区轮流照射，无需每次都灸熨整个患部。若为开放性损伤，宜先清创后再照射。

(3) 激光烧烙。应用输出功率30W以上的二氧化碳激光器发出的聚焦光束代替传统烙铁进行烧烙。适用于慢性肌肉萎缩、外周神经麻痹、慢性骨关节炎、慢性屈腱炎、骨瘤、肿瘤等。施术时，打开激光器，手持激光烧烙头，直接渐次烧烙术部，随时小心地用毛刷清除烧烙线上的碳化物，边烧烙边喷洒醋液，烧烙至皮肤呈黄褐色为度。烧烙完毕，关闭电源，烧烙部再喷洒醋液一遍，涂以消炎油膏，最后解除动物保定。一般每次烧烙时间为40～50min。

(三) 注意事项

(1) 所有参加治疗的人员应佩戴激光防护眼镜，防止激光及其强反射光伤害眼睛。
(2) 开机严格按照操作规程，防止漏电、短路和意外事故的发生。
(3) 随时注意患病动物的反应，及时调节激光刺激强度。灸熨范围一般要大于病变组织的面积。若照射腔、道和瘘管等深部组织时，要均匀而充分。
(4) 激光照射具有累积效应，应掌握好疗程和间隔时间。
(5) 做好术后护理，防止动物摩擦或啃咬灸烙部位，预防水浸或冻伤的发生。

表7-1 激光治疗常见疾病种类及参数

疾病名称	照射部位	激光种类和功率	照射时间和距离
卵巢机能不全	后海穴，阴蒂	氦氖，7～8mW	10min，40～60cm
子宫内膜炎	阴俞穴	氦氖，30mW	8min，50～60cm
奶牛乳房炎	滴明、阳明、通乳穴	氦氖，2～6mW	15min，10～20cm
仔猪白痢	后海、后三里、脾俞穴	氦氖，2～6mW 二氧化碳，30mW(聚焦)	10min，5～20cm 2s，5～10cm
犊牛白痢	后海、关元俞、脾俞穴	氦氖，10～30mW	15min，10～15cm
消化不良、腹泻	后海、后三里、大肠俞、脾俞穴	氦氖，20～30mW	20min，10～20cm
翻胃吐草（骨软症）	脾俞、巴山、百会、肾俞、肾棚、肾角穴	二氧化碳，30mW(聚焦)	5s，5～10cm
前胃弛缓	百会、脾俞、欣俞穴	氦氖，40mW	20min，40cm
便秘	关元俞、百会穴	氦氖，40mW	15min，40cm
创伤、脓肿	炎灶及病灶扫描	氦氖，10mW	10min，20～40cm
蜂窝织炎、齿槽炎	病灶照射	氦氖，30mW	30min，50～70cm
关节炎、腱鞘炎、蹄叶炎	炎灶周围扫描	氦氖，10mW	30min，30cm
睾丸炎	炎灶周围扫描	氦氖，10mW	30min，30cm

(续)

疾病名称	照射部位	激光种类和功率	照射时间和距离
颈风湿	九委穴	二氧化碳,30mW(聚焦)	10min,20～25cm
后躯瘫痪	百会、巴山、尾根穴	氦氖,7mW	10min,1～5cm
颜面神经麻痹	锁口、分水、承浆穴	氦氖,2mW	20min,1～5cm
骨折	患部扫描	氦氖,7mW	10min,40～60cm

九、TDP疗法

TDP是特定电磁波谱治疗器的汉语拼音简称,它是利用TDP发出的特定电磁波刺激穴位或患部,来治疗疾病的一种方法。一般认为它对生物具有热效应、酶效应和神经系统效应,能使局部微血管扩张,血流加快,抑制炎症反应过程中的损害因素,促进创伤愈合。适用于各种炎症,如关节炎、腱鞘炎、炎性肿胀、扭挫伤等;产科疾病,如子宫脱、阴道脱、胎衣不下、子宫炎及卵巢机能性不孕、阳痿等;对幼龄动物疾病也有较好的疗效。

(一)操作方法

施术前先打开TDP治疗器预热5～10min,动物妥善保定,暴露治疗部位。然后将机器定时器调整到所需照射的时间,照射头对准患区进行照射。照射距离一般为15～40cm,照射时间每次30～60min。照射次数视病情而定,一般每天或隔天1～2次,7d为1疗程。隔2～3d后,可进行第二个疗程。

(二)注意事项

严格按照操作规程进行操作,避免触电等意外事故的发生。照射时,应随时注意动物的反应,如动物骚动不安,应及时调整照射距离,避免烧伤。

表7-2 TDP治疗常见疾病及照射方法

疾病名称	照射部位	照射距离、时间及方法
仔猪白痢(治疗)	后海穴	40cm,30min,每天2次,连用2d
仔猪白痢(预防)	全身	25cm,30min,每天1次,连用3d
雏鸡白痢(预防)	全身	30～40cm,30min,每天1次,连用7d
羔羊下痢(治疗)	百会穴	30～40cm,40min,每天1次,连用3d
犊牛腹泻(治疗)	两侧胺部	20～30cm,40min,每天2次,连用4d
胎衣滞留	两侧胺部、会阴穴	40cm,1h,每天1次,连用3d
奶牛不孕	百会、后海穴	40cm,1h,每天1次,连用7d
奶牛乳房炎	乳区	30～40cm,40min,每天1次,连用4d
慢性子宫内膜炎	后海穴、阴蒂	30cm,1h,每天1次,连用4d
公猪不孕	睾丸	40cm,40min,每天1次,连用7d

十、穴位磁疗法

利用外加磁场或磁性物,作用于畜体经穴来治疗疾病的一种方法。

(一) 磁疗的种类和适应症

1. **磁片贴埋法** 用橡皮膏将直径8～10mm的永久磁铁(表面磁强300～1 200Gs)固定在体表穴位上,或直接将磁片埋植于穴位皮下,用于治疗某些慢性疾病。

2. **磁按摩疗法** 将电动磁按摩器的橡胶触头按在选定的穴位或患部上连续按摩,每次15～30min。用于治疗关节风湿症、肌肉风湿症、跌打损伤等。

3. **磁针疗法** 利用针和磁场同时作用于穴位治疗疾病的一种方法。将毫针刺入穴位后,露在体外的针柄上放一磁片,每日治疗20～30min,用于治疗疼痛性疾病。

4. **电磁针疗法** 毫针刺入穴位后,将电磁疗机上的磁片贴在针上,接通电源,可同时产生针、磁、电脉冲三种综合效应,每次通电30min,每日治疗1次,用于治疗颜面神经麻痹、肌肉风湿症等。

5. **旋磁疗法** 将旋转的磁疗机的机头对准穴位或患部,靠近或轻轻触压皮肤,每次20～30min,每日1～2次,用于治疗血肿、冻伤、急慢性肠炎、角膜炎、周期性眼炎及肌肉风湿症等。

6. **磁化水疗法** 将磁化器接在供水管上,使水按一定速度(5L/min)通过磁化器流出后,装于玻璃容器内即成磁化水。用磁化水在非铁容器内(木盆、瓦盆等)拌料或直接饮用,可预防牛、猪的泌尿器官疾病等。

(二) 注意事项

(1) 贴磁要牢固,治疗用针应能对磁产生吸引力。
(2) 放在针柄上的磁片,应用单片,不能用两块南北极对称的磁片将针夹注。
(3) 临诊应用时,磁场剂量(包括磁场作用面积的大小、磁块数量的多少、治疗时间的长短等)应逐渐增加。
(4) 皮肤有出血破溃、体质极度衰弱及高热者慎用。

思考与练习(自测题)

一、选择题(每小题2分,共10分)

1. 针具的消毒通常用(　　)
   A. 煮沸　　　　B. 75%的酒精浸泡
   C. 高压消毒　　D. 来苏儿溶液浸泡

2. 艾为施灸原料,其优点是(　　)
   A. 易于点燃　B. 火力温和　C. 温通血脉　D. 便于搓捏

3. 猪血针疗法,选的最多的穴位是(　　)

A. 尾尖、耳尖　　B. 蹄头、百会
　　C. 涌泉、锁口　　D. 山根、缠腕
4. 治疗前肢疾病的主穴是（　　）
　　A. 肩井　　B. 抢风　　C. 肘俞　　D. 胸堂
5. 牛前胃疾病的主选穴是（　　）
　　A. 六脉、反刍　　B. 关元俞、食胀
　　C. 顺气、脾俞　　D. 滴明、后海

二、填空题（每空1分，共20分）
1. 水针疗法主要分_____注射、_____和_____注射等。
2. 恒磁吸引器主要用来预防和治疗牛的_____。
3. 拔火罐方法一般用_____法、_____法、_____法等。
4. TDP具有促进_____，调整_____，增强_____，提高_____等作用。
5. 针刺配合治疗猪尿血、便血、阉割等出血的穴位是_____。
6. 兽医临诊主要采用的火针的烧针方法是_____。
7. 电针疗法的优点有_____、_____、_____和_____等。
8. 埋线的方法主要有_____、_____和_____等。

三、简答题（每小题5分，共40分）
1. 运针方法有哪些？
2. 简述治疗仔猪下痢的主、配穴位。
3. 激光针灸疗法对哪些病症疗效显著？
4. 简述马混睛虫病的针灸疗法。
5. 治疗肾经腰胯疾病，选配什么穴位？用什么针法？
6. 简述牛顺气穴的针法？
7. 气针疗法的适应症有哪些？
8. 火针疗法主要适用于哪些病证？注意事项是什么？

四、论述题（30分，不少于20个穴位）
比较猪、牛、马、犬，白针、火针、血针的常用穴位，进针深度及适应症。

[附]　兽医针灸歌赋
1.《马书》六脉明堂歌
　　六脉明堂歌，载之于后列：眼脉鹘脉血，胸膛并带脉，肾堂及尾本，同筋夜眼穴，缠腕及蹄头，曲尺膝脉节，都来十一针，名为六脉血。用针须用意，按典依经说，针皮针血筒，勿伤筋骨节。隔丝如隔山，偏较不见血，此法要精通，非通勿妄泄。
2. 湖南省农林局《兽医手册》：马骡针灸二十四特效穴
　　脾俞配曲池，脾胃有奇功。百会配后海，行气通便宁。玉堂配通关，开胃健脾灵。太阳眼脉血，善治肝胆热。神门与列缺，心肺两相宁。胸膛鹘脉血，能解心中热。鬐甲厥阴俞，止汗功效明。上关配颊车，开口立见功。肩井夹气穴，风痹与腿蹶。蹄头缠腕穴，蹄足缠腕痛。肾堂解溪穴，子经合子痛。丹田配阳陵，主腿麻木痛。二百有余穴，不出廿四针。

3. 常秉彝《牛十三灵针歌诀》

(1) 太阳穴歌诀：肝热眼昏肿，太阳针三分；出血疗头痛，肝毒即时轻。

(2) 气海穴歌诀：气海穴治腹胀痛，头痛热疫有奇功；刺穴中间须谨慎，针深莫要往里通。

(3) 血印穴歌诀：血印穴治牛时瘟，头痛身热及脑昏，连同一切眼睛昏，刺后出血当时松。

(4) 大脉穴歌诀：膘肥肉重热邪盛，满身生毒及黄肿；针刺大脉热壅尽，方显医者有奇功。

(5) 胸膛穴歌诀：膊直胸心痛，心热吃草停；针刺胸膛穴，凝滞自然通。此穴用锤打，手刺难刺中。

(6) 滴明穴歌诀：此穴治牛腹胀痛，肠结尿结气不通，针刺三分血流涌，胀痛时下急见功。

(7) 曲池穴歌诀：曲池阳明经，泻痢腹胀痛，不吃不倒沫，针刺出血灵；又能消血毒，腿痛掠草肿。

(8) 交当穴歌诀：腰痛胯肿并腿肿，一切黄毒后生痈，此穴针刺三分深，出血肿消痈病轻。

(9) 八字穴歌诀：蹄黄蹄肿毒，膝肿腿蹶病，或患肿中痛，刺穴也有功。

(10) 三空穴歌诀：针刺三分深，出血疗腿痛，若遇骨胀肿，蹶跛也有功。

(11) 开风穴歌诀：开风穴刺三分深，止泻止痢治腰痛，或补或泻遂已用，补泻不明不见功。

(12) 散珠穴歌诀：散珠出血治腹痛，小便不利肠中冷，腰痛脊痛卧难起，针刺血流有功能。

(13) 交巢穴歌诀：交巢穴治腹膨胀，冷气结聚火针灵，针入一寸用泻法，胀消痛止见奇功。

4. 江建堂：黄牛主针八穴临诊应用

前肢疼痛扎抢风穴，后肢疼痛扎掠草穴，全身疼痛扎百会穴，休克苏醒扎四蹄血，胃肠不和扎脾俞穴，血行障碍放大血，口烂胃炎放舌血，辨别吉凶扎尾尖。

5. 安徽省六安毛毯厂中学附属兽医站《猪体针灸穴位临症应用口诀》

猪体穴位体分四，头颈、躯干和肢体。卡耳、颈黄穴巧治，埋线脾、干、后三里。人中、耳根兴奋好，脑俞、二门心经治。锁口、二关松咬肌，太阳、二睛眼疾愈。上腭、玉堂加六脉，消化不良配合施。脊背穴位共十四，椎、台、身、苏灵依次，断血、肾、百、开、三尾，椎身清热感痈治。二台前肢风湿痹，断血施针血能断，尾根、交巢加三里，通便利尿又止痢。百会、追风后身起，开风肠胃泌尿系。三尾消化痢便秘，粪结电针关元俞。体侧穴位肋间肌，倒数肋间六脉起。一、二、三肋缝腕里，健胃增食消化记。左二、三肋缝脾俞，伤食腹胀膈痉愈。四、五肋缝穴肝胆，肝病眼疾扎针治。右六肋缝穴肺俞，七、八、九肋缝苏气。苏气主治同肺俞，润肺消炎又理气。三脘伤食冷痛咳，尿闭、乳炎明乳基。六眼髋坐是等距，风瘫、泌殖配合施。耳、尾四蹄有七穴，降温、排毒、风湿治。穴位配伍分主次，选穴针法要熟记。

6. 龚千驹《家禽针灸歌》

家禽针灸自古传，简便经济又安全。多种禽病皆可治，易于推广倒民间。
逢病须先识证详，主穴配穴选恰当。手法讲究分泻补，针刺反应得气良。
冠顶清高主心经，睛明双穴肝胆平，垂髻鼻俞肺气宣，虎门锁口脾胃兴，
翼部关节强刺激，能理翅垂肘痹疾，尾尖尾根应肠道，兼醒脑海舒腰脊，
戳破嗉囊消胀积，火灸莲花脱垂愈，刺络泄血调阴卫，更有尾脂百病宜，
风寒湿痹前后钩，角弓反张椎间求，静脑趾叉息风惊，钻山脚底醒抱优，
急解热闭扯翻灵，抢救难危耳穿通，水禽软颈乃时疫，承浆立地有异功。
古训用针药不丢，针药相辅效卓优。家禽针灸诚瑰宝，继承发扬昭千秋。

实训一　穴位的认定

[实训目的]
1. 进一步明确取穴的规律及方法。
2. 初步掌握兽医常用针灸穴位的部位。

[材料用具]　不同种类的实训动物各4头，保定栏具按实训动物配备，动物针灸挂图、消毒液、脸盆、毛巾等各1件，笔记本人手1本，技能单人手1份。

[内容方法]

（一）猪的常用穴位

1. **山根**　拱嘴上缘弯曲部向后第一条皱纹上，正中为主穴；两侧旁开1.5cm处为副穴，共三穴。

2. **鼻中**　两鼻孔之间，鼻中隔正中处，一穴。

3. **玉堂**　口腔内，上腭第三棱正中线旁开0.5cm处，左右侧各一穴。

4. **耳尖**　耳背侧，距耳尖约2cm处的三条血管上，每耳任取一穴。

5. **太阳**　外眼角后上方、下颌关节前缘的凹陷处，左右侧各一穴。

6. **大椎**　第七颈椎与第一胸椎棘突间的凹陷中，一穴。

7. **断血**（悬枢）　最后胸椎与第一腰椎棘突间的凹陷中，为主穴；向前、后移一脊椎为副穴，共三穴。

8. **百会**　腰荐十字部，即最后腰椎与第一荐椎棘突间的凹陷中，一穴。

9. **后海**　尾根与肛门间的凹陷中，一穴。

10. **尾尖**　尾巴尖部，一穴。

11. **肛脱**　肛门两侧旁开1cm，左右侧各一穴。

12. **三脘**　胸骨后缘与脐的连线四等份，分点依次为上、中、下脘，共三穴。

13. **抢风**　肩关节与肘突连线近中点的凹陷中，左右侧各

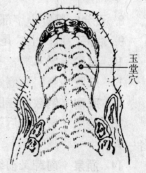

图7-94　猪的玉堂穴

一穴。

14. **涌泉** 前蹄叉正中上方约 2cm 的凹陷中,每肢各一穴。

15. **后三里** 髌骨外侧后下方约 6cm 的肌沟内,左右肢各一穴。

(二)牛的常用穴位

1. **耳尖** 耳背侧距尖端 3cm 的血管上,左右耳各三穴。

2. **山根** 主穴在鼻唇镜上缘正中有毛与无毛交界处,两副穴在左右两鼻孔背角处,共三穴。

3. **顺气** 口内硬腭前端,齿板后切齿乳头上的两个鼻腭管开口处,左右侧各一穴。

4. **通关** 舌体腹侧面,舌系带两旁的血管上,左右侧各一穴。

5. **承浆** 下唇下缘正中,有毛与无毛交界处,一穴。

6. **颈脉** 颈静脉沟上、中 1/3 交界处的血管上,左右侧各一穴。

7. **天平** 最后胸椎与第一腰椎棘突间的凹陷中,一穴。

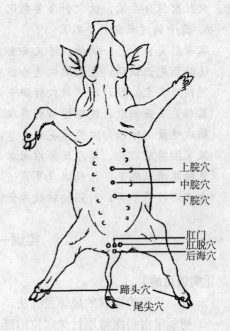

图 7-95 猪的三脘穴、后海穴、肛脱穴、尾尖穴、蹄头穴

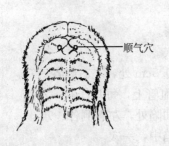

图 7-96 牛顺气穴

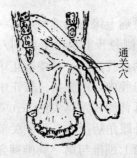

图 7-97 牛的通关穴

8. **百会** 腰荐十字部,即最后腰椎与第一荐椎棘突间的凹陷中,一穴。

9. **后海** 肛门上、尾根下的凹陷中,一穴。

10. **尾尖** 尾末端,一穴。

11. **肛脱** 肛门两侧旁开 2cm,左右侧各一穴。

12. **脾俞** 倒数第三肋间,髂骨翼上角水平线上的髂肋肌沟中,左右侧各一穴。

13. **抢风** 肩关节后下方,三角肌后缘与臂三头肌长头、外头形成的凹陷中,左右肢各一穴。

14. **涌泉** 前蹄叉前缘正中稍上方的凹陷中,每肢一穴。

15. **蹄头** 第三、四指的蹄匣上缘正中,有毛与无毛交界处,每蹄内外侧各一穴。

16. **后三里** 小腿外侧上部,腓骨小头下部的肌沟中,左右肢各一穴。

(三) 犬的常用穴位

1. **水沟** 唇沟上、中1/3交界处,一穴。
2. **山根** 鼻背正中有毛与无毛交界处,一穴。
3. **耳尖** 耳廓尖端背面的血管上,左右耳各一穴。
4. **大椎** 第七颈椎与第一胸椎棘突间的凹陷中,一穴。
5. **身柱** 第三、四胸椎棘突间的凹陷中,一穴。
6. **悬枢** 最后(第十三)胸椎与第一腰椎棘突间的凹陷中,一穴。
7. **脾俞** 倒数第二肋间、距背中线6cm的髂肋肌沟中,左右侧各一穴。
8. **百会** 腰荐十字部,即最后(第七)腰椎与第一荐椎棘突间的凹陷中,一穴。
9. **二眼** 荐椎两旁,第一、二背荐孔处,每侧各二穴。
10. **中脘** 胸骨后缘与脐的连线中点,一穴。
11. **后海** 尾根与肛门间的凹陷中,一穴。
12. **尾尖** 尾部腹侧正中,距尾根部1cm处的血管上,一穴。
13. **抢风** 肩关节后方,三角肌后缘、臂三头肌长头和外头形成的凹陷中,左右肢各一穴。
14. **环跳** 股骨大转子前方,髋关节前缘的凹陷中,左右侧各一穴。
15. **后三里** 小腿外侧上1/4处的胫、腓骨间隙内,左右肢各一穴。

实施时,先由指导教师示范在穴位处涂上广告颜料,然后由学生分组轮流进行定穴实践,使每个学生都能掌握上述穴位的定穴方法。实训过程中,教师要随时加以指导,使学生掌握定穴要领。

[**分析讨论**] 猪、牛、犬常用穴位的取穴认定方法有哪些,其常用穴位有什么分布规律?

[**作业**] 写出与填画猪的14个穴位,牛的16个穴位和犬的15个穴位。

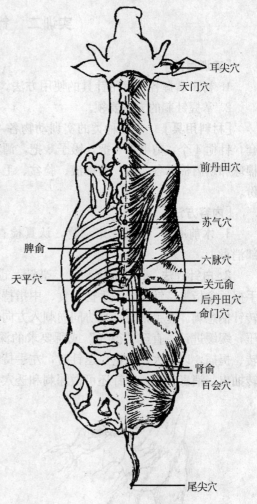

图 7-98 牛背正中线及其两侧穴位

实训二 针灸技术（1）

[实训目的]
1. 初步掌握各种常用针具的使用方法。
2. 掌握针刺的方法要领。

[材料用具] 不同种类的实训动物各4头，保定栏具按实训动物配备，兽用针具4套，针槌4个，剪毛剪4把，镊子8把，酒精灯4盏，脱脂棉500g，植物油0.5kg，酒精棉球和碘酒棉球各4瓶，消毒液、脸盆、毛巾等各1件，笔记本人手1本，技能单人手1份。

[内容方法]

1. 术前准备 妥善保定动物，认真检查针具，进行穴位剪毛，术者手指、针具和术部消毒。

2. 白针针法 针具为圆利针、毫针，也可用小宽针。圆利针和毫针的进针方法：右手拇、食指夹持针柄，左手拇、食、中指持酒精棉球包裹针身，以针尖对准穴位，右手旋转针柄急刺。左手把持针身协同向刺入方向用力。针尖刺入皮下之后，两手再协同旋转加压，缓缓进针，直至"得气"或所要求的深度时留针，视需要刮拨或震动针柄，或作捻转、提插，以增大刺激量。退针时，左手持酒精棉球包裹针身按在穴位上，右手持针柄捻转抽出，消毒针孔。毫针还可做深刺和透穴用，但必须在特定穴位上按要求运用。

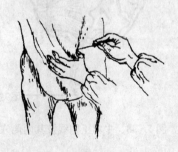

图7-99 指切押穴法

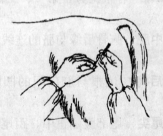

图7-100 骈指押穴法

图7-101 夹持押穴法

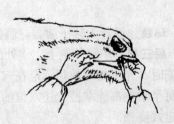

图7-102 舒张押穴法

3. 火针针法 按针刺深度选择好火针，用脱脂棉将针尖和针身裹成枣核形状，浸入植物油中并迅速取出，稍待片刻，使油浸透脱脂棉。火上点燃，待火快熄灭时，针即烧透

（或者在酒精灯上直接烧针，待针尖烧红即可）。轻轻搓动后甩掉燃烧的棉球，迅速刺入选定穴位。留针5min，中间捻转醒针1次。退针时，以酒精棉球压住穴位，在捻转中迅速抽出。出针后以药膏封闭针眼。

火针穴位与白针的穴位基本相同，但在血管和四肢关节上不得使用火针。

4. **血针针法** 持针方法可根据实际情况选用执笔式、拳握式、手代针锤持针法等。进针时，针刃必须与血管走向平行，不得切断血管。刺入要快速、准确，一次穿透皮肤和血管，做到针到血出。退针也要迅速，泻血量则可根据疾病性质、畜体强弱、季节地域、针穴部位等因素灵活决定。

本实训在于使学生掌握基本针法，指导教师应先示范，并随时指导。学生分组轮流进行前述三种针法的实训，做到持针、针法均无错误。

图7-103 针刺马蹄头穴

[分析讨论]
1. 谈谈个人对练习针法的体会。
2. 分析讨论几种常用针法的优缺点。

[作业]
1. 简述白针、火针、血针的针法。
2. 写出通关、蹄头穴的保定姿势和针法。

实训三 针灸技术（2）

[实训目的]
1. 进一步明确艾灸、醋酒灸和软烧法的临诊意义。
2. 掌握电针、水针的操作技能。

[材料用具] 不同种类的实训动物各4头，保定栏具按实训动物配备，艾灸条4根，兽用电针治疗仪4台，兽用针具4套，剪毛剪4把，镊子8把，脱脂棉500g，粗白布4m，麻袋4条，陈醋3kg，花椒0.5kg，酒精4kg，小木棒4根，纱布1kg，细铁丝若干，小扫帚4把，封闭针头4支，20ml注射器4支，5%葡萄糖注射液4瓶，酒精棉球和碘酒棉球各4瓶，消毒液、脸盆、毛巾等各1件，笔记本人手1本，技能单人手1份。

[内容方法]
1. **艾灸** 将牛、马保定于四柱栏内，将艾炷直接置于百会穴上，在其顶端点燃，待烧到接近底部时，再换一个艾炷。根据实际情况可采用无疤痕灸和有疤痕灸两种。

体侧部穴位用艾卷代替艾炷，可施温和灸、回旋灸和雀啄灸。

2. **醋酒灸** 实训动物确实保定后，用温醋将其腰背部皮毛充分润湿，盖上一块用温醋浸过的粗白布，用注射器均匀而适量地洒上70%酒精（或60度白酒），点火燃烧。火大时用注射器加醋，火小则加酒，控制火势，至耳根、腋下汗出之后灭火，覆以麻袋保温，切不可感受风寒。

3. 软烧法 动物在六柱栏内保定，健肢固定于栏柱侧。用小扫帚蘸醋椒液（醋20∶花椒1，共煮沸30min），在患部周围上下大面积地涂擦，使被毛湿透。取预先制好的软烧棒（先用脱脂棉适量，缠绕木棒的一端头部，再用2层脱脂纱布缠盖于脱脂棉之上，形成纺锤状，外用细铁丝扎紧），蘸醋后用手攥干，用注射器洒上酒精，点燃，先用文火对患部缓慢燎烧，待皮温增高后，改用武火有节律地将火焰直线地甩于患部及其周围，每次30～40min。软烧过程中要不断涂刷醋椒液，以防灼伤。

4. 水针疗法 确定穴位后（选抢风、前三里、肘俞、大胯、小胯、后三里穴等肌肉丰满部位的穴位），剪毛消毒。取18号针头按要求的深度进针，回血后再按治疗要求减量注入药液，注射宜慢。一般药液的用量，马、牛为每穴5～10ml，猪、羊每穴3～5ml，犬每穴1～2ml（实训时用5%葡萄糖注射液）。

5. 电针 根据实训要求，选取2～4个穴位，剪毛消毒。取毫针刺入得气后，把电疗机的正负极导线分别夹在针柄上，在输出调节刻度为"0"时接通电源。将输出由弱到强、频率由低到高，逐渐调至所需强度，以动物能安静接受治疗为度。通电15～30min，治疗完毕时，将输出和频率两个旋扭均调至"0"，关闭电源，去夹退针，消毒针孔。

［观察结果］ 观察醋酒灸后的效果，并将其结果填入病历。

［分析讨论］

1. 水针注射应注意哪些问题？谈谈你对水针疗法作用原理的看法。
2. 分析讨论电针的效果及操作注意事项。

［作业］ 写出艾灸、水针、电针等疗法的操作过程和技术要领。

实训技能考核（评估）项目

序号	项目	考核方式	考核要点	评分标准
1	针具的认识及使用	由教师和实验员带队在实验室分组进行	能正确地选择和使用各种针具。	正确完成90%以上考核内容评为优秀
				正确完成80%考核内容评为良好
				正确完成60%考核内容评为及格
				完成不足50%考核内容评为不及格
2	穴位认定	在实验实训场地利用实习动物进行操作	能正确取穴定位，掌握押穴、运针的方法。	正确完成90%以上考核内容评为优秀
				正确完成80%考核内容评为良好
				正确完成60%考核内容评为及格
				完成不足50%考核内容评为不及格
3	针刺疗法的操作	在动物医院选择典型病例进行操作	会用白针、火针、血针、水针等治疗动物疾病。	正确完成90%以上考核内容评为优秀
				正确完成80%考核内容评为良好
				正确完成60%考核内容评为及格
				完成不足50%考核内容评为不及格

第四篇

辨证基础与病证防治

第四篇

辐射基地的昆虫防治

第八章

四 诊 技 术

学习目标
1. 理解中兽医诊断的基本理论和基本知识。
2. 初步掌握四诊的基本技能。
3. 学会运用望、闻、问、切四种诊断方法,能较为客观、准确、系统地收集和分析动物疾病的各种信息,为正确进行辨证论治提供依据。

中兽医诊察疾病的方法主要有望、闻、问、切四种,简称四诊。通过"望其形,闻其声,问其病,切其脉",以掌握症状和病情,从而为判断和预防疾病提供依据。

望、闻、问、切四种诊断方法,每一种都有其独特的作用,如动物的神色、形态、舌苔变化等,只有通过望诊才能了解;动物的声音、气味变化,只有通过闻诊才能了解;动物的发病经过、病后症状、治疗经过等,只有通过问诊才能了解;动物的脉象、体表变化等,只有通过切诊才能了解。同时,四诊之间又是相互联系、相互补充的,在诊察疾病过程中,要做到全面运用,将它们有机地结合起来,综合分析,互相印证,即所谓的"四诊合参",才能全面而系统地了解病情,对疾病做出正确的判断。

当然,并不是对所有的疾病检查都要面面俱到,详略不分,而必须根据动物的具体情况有重点地检查,要避免无目的的"望",不必要的"闻",不当问的"问",可不切而"切"的现象。

第一节 望 诊

望诊,就是运用视觉有目的地观察患病动物全身和局部的一切情况及其分泌物、排泄物的变化,以获得有关病情资料的一种诊断方法。望诊时,一般不要急于接近动物,首先应站在距离动物适当的地方(1.5~2m),对动物全身各部做一般性观察,注意其精神、形体、皮毛、动态、呼吸、胸腹、站立姿势等有无异常,然后再由前向后、由左向右,有目的地进行局部望诊。

望诊的内容很多,可概括为望全身和望局部两个方面。察口色本来属于望局部的内容之一,但因其是中兽医诊断疾病的特色之一,内容丰富,故单独叙述。

一、望整体

(一) 望精神

精神是动物生命活动的外在表现,主要从眼、耳及神态上进行观察。

动物精神的好坏,能直接反映出五脏精气的盛衰和病情的轻重,故有"得神者昌,失神者亡"之说。

动物精神正常则目光灵活,两耳灵活,人一接近马上就有反应,称为有神,一般为无病状态,即使有病,也属正气未衰,病情较轻;反之,若动物精神萎靡,目光晦暗,头低耳耷,人接近时反应迟钝,称为失神,表示正气已伤,病情较重。精神失常主要表现为兴奋和抑制两种类型,具体有下面四种表现:

1. **兴奋**　烦躁不安,肉颤头摇,左右乱跌,浑身出汗,气促喘粗等。多见于心热风邪、黑汗风等。

2. **狂躁**　狂奔乱走或转圈,向前猛冲,撞墙冲壁,攀登饲槽,咬物伤人,急吃骤停等。多见于脑黄、心黄、狂犬病等。

3. **沉郁**　反应迟钝,耳耷头低,四肢倦怠,行动迟缓,离群独居,两眼半睁半闭等。多见于热证初期,脾虚泄泻,或中毒、中暑等。

4. **昏迷**　意识模糊或消失,神昏似醉,反应失灵,卧地不起,眼不见物,瞳孔散大,四肢划动等。多见于重症、脑炎后期,或中毒病、产后瘫痪等。

(二) 望形态

1. **形**　是指动物外形的肥瘦强弱。健康动物发育正常,气血旺盛,皮毛光润,皮肤富有弹性,肌肉丰满,四肢轻健。

一般来说,形体强壮的动物不易患病,一旦发病常表现为实证和热证;形体瘦弱的动物,正气不足较易发病,常表现为虚证和寒证。

2. **态**　是指动物的动作和姿态。正常情况下,各种动物均有其固有的动作和姿态。

正常情况下,猪性情活泼,目光明亮有神,鼻盘湿润,被毛光润,不时拱地,行走时不断摇尾,喂食时常应声而来,饱后多睡卧;牛常半侧卧,四肢屈曲于腹下,鼻镜上有四季不干的汗珠,眯眼,两耳扇动,不时反刍,或用舌舔鼻镜或被毛,听到响声或有生人接近时马上起立。起立时,前肢跪地,后肢先起,前肢再起;羊最富于合群性,采食或休息时常聚在一起,休息时亦为侧卧,人一接近即行起立;马习惯于多立少卧,站立时前蹄驻地,轮歇后蹄,稍有声响即竖耳静听。有时卧地,但人一接近马上站立。劳役后喜卧地翻转打滚,起立后抖动被毛。

患病以后,不同的动物,不同的病证有不同的动态表现。

(1) 猪。患病后首先表现精神不振,呆立一隅,或伏卧不愿起立,喂食时不想吃食,或走到食槽边闻一闻,又无精打采地离去。若突然不食,体表发热,呼吸喘促,眼红流泪,咳嗽,多为感冒;若气促喘粗,咳嗽连声,颔下气肿,口鼻流出黏液,行走不稳,甚至伸头低项，张口喘息，多为锁口风（猪肺疫）；若咳嗽缠绵不愈，鼻乍喘粗，两肷扇动，立多卧少，严重者张口喘息，气如抽锯，多为猪喘气病；若吃食减少，眼红弓背，粪便燥结，粪小成球，或弓腰努责，不见排粪，起卧不安，多为粪便秘结；若疼痛不安，蹲腰弓背，排尿点滴，常做排尿姿势而无尿者，多为尿结石；若卧地不起，四肢划动、冰凉，多属危证。

（2）牛、羊。患病后表现精神不振，食欲减退或废绝，反刍减少或停止，行走迟缓，两耳不扇。若眼急惊惶，气促喘粗，神昏狂乱，甚至狂奔乱跑，横冲直撞，吼叫如疯，口吐白沫，多为心风狂；若站立时前肢开张，下坡斜走，磨牙吭声，常为心经痛（多见于创伤性心包炎）；若喘息气粗，摇尾踏地，左侧腹胀如鼓，则为肚胀（瘤胃臌气）；若毛焦欹吊，鼻镜干燥，粪球硬小如算盘珠状，多为百叶干病（瓣胃阻塞）；若突然气喘，食欲、反刍停止，粪便干燥，有时带血，呻吟战栗，肩部、背部有气肿者，多为黑斑病甘薯中毒；若卧地不起，头贴于地或弯抵于肷部，磨牙呻吟，鼻镜龟裂，多为危重证。

（3）马。若肠鸣泄泻，连连起卧，回头顾腹，而后呈间歇性腹痛，则为冷痛；若肚腹胀痛，不时起卧，站立不安，摇头摆尾，回头顾腹，粪便难下，多为结症；若睛生翳膜，眵盛难睁，头低耳耷，牵行不动，逢物不见，左右乱撞者，多为肝热传眼；若束步难行，四肢如攒，多为五攒痛（蹄叶炎）；若产后腰胯疼痛，后脚难移，或腰瘫腿痪，卧地不起，多为胎风（产后瘫痪）；若突然停止采食，烦躁不安，伸头缩项，口鼻回涎，或带有草料残渣，咳嗽喘促，则为草噎（食管梗塞）；若精神萎靡，喘息低微，行走蹒跚，张口呼吸，汗出如水，鼻流粪水，多为危重证。

当然，也有不同的动物患同一疾病时，动态也基本一致的情况。如头项僵硬，四肢强直，行步困难，牙关紧闭，口流涎沫，多为破伤风；若腰背板硬，四肢如柱，转弯不灵，拘行束步，多为风湿病等。

（三）望皮毛

皮毛为一身之表，是机体抵御外邪的屏障。肺合皮毛，观察皮肤和被毛的色泽、状态，可以了解动物营养状况，气血盈亏和肺气的强弱。健康动物皮肤柔软而有弹性，被毛平顺而有光泽，随季节、气候的变化而退换。若皮肤焦枯，被毛粗乱无光，冬季绒毛到夏季不退，多为气血虚弱，营养不良；若皮肤紧缩，被毛逆立，常见于风寒束肺；若皮肤瘙痒，或起风疹块，破后流黄色液体，多为肺风毛燥；若被毛成片脱落，脱毛处结成痂皮，奇痒难忍，揩树擦桩，多见于疥癣；若牛背部皮肤有大小不等的肿块，患部脱毛，用力挤压常有牛皮蝇幼虫蹦出，则为蹦虫病；若羊被毛散乱，精神萎靡，在口、眼、鼻及四肢内侧等被毛稀少处皮肤发生红斑或丘疹、水泡、脓疱，最后结成痂皮者，多为羊痘。

汗孔布于皮肤，观察皮毛时还要注意出汗的情况。健康动物因气候炎热、使役过重、奔跑过急等常有汗出，属正常现象。若轻微使役或运动就出汗，称为自汗，多见于气虚、阳虚；若夜间休息而出汗称为盗汗，多为阴虚内热。若见起卧不安，耳根、胸前、四肢内侧等部位有汗者，多为剧烈疼痛。若在暑热炎天，汗出如油，多为中暑；若动物冷汗不止，浑身震颤，口色苍白，多属内脏器官破裂。

二、望局部

(一) 望眼

眼为肝之外窍，五脏六腑之精气皆上注于目，故从眼上不仅可反映出肝经病变，同时可反映出五脏精气的盛衰和精神好坏（图8-1）。

图8-1 望马眼及结膜色泽

健康动物眼珠灵活，明亮有神，结膜粉红，洁净湿润，无眵无泪。若两目红肿，羞明流泪，眵盛难睁，多为肝热传眼；若一侧红肿，羞明流泪，常为外伤或摩擦所致；两目干涩，视物不清或夜盲者，多为肝血不足；眼睑浮肿如卧蚕状，多为水肿；眼窝凹陷，多为津液耗伤；眼睑懒睁，头低耳耷，多为过劳、慢性疾病或重病；若瞳孔散大，多见于脱证、中毒或其他危证。

(二) 望鼻和鼻镜

鼻为肺之外窍，健康动物鼻孔清洁润泽，呼吸平顺，能够分辨出食物和饮水的气味；正常牛的鼻镜保持湿润，并有少许汗珠存在。

若鼻流清涕，多为外感风寒；鼻液黏稠，多系外感风热；一侧久流黄白色浊涕，味道腥臭，多为脑颡黄；若两侧流出脓性鼻液，下颌淋巴结肿大，多见于腺疫；若鼻浮面肿，松骨肿大，口吐混有涎沫的草团，多为翻胃吐草（骨软症）。

若牛的鼻镜过湿，汗成片状或如水珠下滴者，多为寒湿之证；若汗不成珠，时有时无者，多为感冒或温热病的初期；若鼻镜干燥龟裂，触之冰冷似铁者，多为重证危候。

(三) 望耳

耳为肾之外窍，十二经脉皆连于耳。耳的动态除与动物的精神好坏有关外，还与肾及其他脏腑的功能好坏有关。

健康动物，双耳灵活，听觉正常。若两耳下垂，常为肾气衰弱或久病重病；两耳竖立，有惊急之状，多为邪热侵心或破伤风；两耳背部血管暴起并延至耳尖者，常为表热证；两耳凉而背部血管不见者，多为表寒证；一耳松弛下耷兼嘴眼歪斜者，则为歪嘴风（颜面神经麻痹）；若呼唤不应，则为耳聋。

(四) 望口唇

口唇是脾的外应。健康动物口唇端正，运动灵活，口津分泌正常，一般不流出口外。如蹇唇似笑（上唇揭举），多见于冷痛；下唇松弛不收，为脾虚；嘴唇歪斜，多见于歪嘴风；口舌糜烂或口内生疮，多为心经积热。

若津液黏稠牵丝，唇内黏膜红黄而干者，多为脾胃积热；若口流清涎，口色青白滑利者，多为脾胃虚寒；若突然口吐涎沫，其中夹杂饲料颗粒，伸头直项，多为草噎；若口津减少，多为久病、热证引起的津液不足之证。

（五）望饮食

在疾病过程中，食欲的好坏能反映出"胃气"的强弱。健康动物胃气正常，食欲旺盛。如患病以后，病情虽重而食欲尚好，表明胃气尚存，预后良好；草料不进，说明胃气衰微，预后不良。故有"有胃气则生，无胃气则死"之说。

望饮食的主要内容有：饮食的多少及采食和饮水的方式，咀嚼、吞咽动作是否正常，以及有无呕吐等。对牛、羊、骆驼等反刍动物，应特别注意观察反刍和嗳气情况。若食欲减退，多见于疾病的初期；若食草而不食料，多为料伤；若喜食干草干料，多为脾胃寒湿；若喜食带水饲料，多为胃腑积热；若咀嚼缓慢小心，边食边吐，咽下困难，多为牙齿疾病或咽喉肿痛；如嗜食沙土、粪便、毛发等异物者，则为异食癖，常见于缺乏矿物质或微量元素的疾病；若患病动物饮食欲逐渐增加，则为疾病好转的象征。

反刍，俗称"倒嚼"。健康牛采食后 0.5～1.5h 开始反刍，每次持续时间 0.5～1h，每个食团咀嚼 40～80 次，每昼夜反刍 4～8 次。很多疾病如感冒、发热、宿草不转、百叶干等，都可引起反刍减少或停止。若反刍逐渐恢复，表示预后良好，若反刍一直停止，则表示预后不良。

嗳气，是反刍动物借瘤胃和腹肌的收缩，将瘤胃中产生的气体经口鼻排出的过程，其中常伴有特殊的声响和饲料的清淡气味。牛 1h 内嗳气数为 20～40 次。如嗳气频繁，表示瘤胃中发酵作用增强，产生了多量气体，多见于采食大量易发酵的草料、过食及瘤胃臌气的初期；嗳气减少，则表示前胃机能减弱，多见于前胃疾病、食道不完全阻塞以及热性病、传染病等病程中。

（六）望呼吸

出气为呼，入气为吸，一呼一吸，谓之一息。健康动物呼吸均匀，胸腹部随呼吸动作而稍有起伏，马的鼻翼微有扇动。健康动物每分钟的呼吸次数为：马、驴、骡 8～16，牛 10～30，水牛 10～40，猪 10～20，羊 12～20，骆驼 5～12，犬 10～30，猫 10～30，兔 50～60，禽 15～30。

呼吸由肺所主，并与肾的纳气作用有关。望呼吸时，应注意其次数、强度、节律以及姿势的变化。如呼吸缓慢而低微，或动则喘息者，多为虚证寒证；气促喘急，呼吸粗大亢盛，多为实证热证。呼吸时，腹部起伏明显，多见于胸部疼痛；若胸部起伏明显，多为腹部疼痛。若呼气延长而且紧张，在呼气末期腹部强力收缩，沿肋骨端形成一条喘线，呼气时胁部及肛门突出者，见于肺壅、气喘等证；若吸气长而呼气短，表示气血相接，元气尚足，病虽重而尚可治；吸气短而呼气长，则为肺气败绝，多属危证。

（七）望粪便

正常情况下，粪便的数量、颜色、气味、形态等是比较恒定的，因动物种类和饲养管理条件不同，其形态有所变化。健康猪粪便呈稀软条状或圆柱状，多为褐色；牛的粪便比较稀软，落地后平坦散开，或呈轮层状粪堆；马的粪便呈圆球形，落地后部分能碎，一般为浅黄色。同种动物因所吃的饲料和饮水量的不同，粪便也有所变化。如喂干料多，其粪便则硬些，若吃青草，粪便则较软等，察看粪便时要注意。

粪便的异常变化多与胃肠病变有关。胃肠有热，则粪臭而干燥，色呈黄黑，外包黏液；胃肠有寒，则粪稀软带水，颜色淡黄；脾胃虚弱，则粪渣粗糙，完谷不化，稀软带水，稍有酸臭；胃肠湿热，则泻粪如浆，气味腥臭，色黄污秽，脓血混杂，或呈灰白色糊状；排粪少而干小，颜色较深，腹痛不安，卧地四肢伸展者，则为结症；粪便带血，若血色鲜红，先血后便，多为直肠、肛门出血，若血色深褐或暗黑，先便后血或粪血相杂，多为胃肠前段出血。

（八）望尿液

观察尿液，应注意其颜色、尿量、清浊程度等方面的变化。正常猪、牛的尿液为淡黄色或无色，清亮如水，马的尿液为浊黄色。

尿液混浊多为病态，一般多见于肾、膀胱、尿道及生殖器官的疾病；尿频数而清白者，多为肾阳虚；排尿失禁，多为肾气虚；尿液短少、色深黄或赤黄（称尿短赤）且有臊味者，多为热证或实热证；尿液清长（色淡而多）且无异常气味者，多为寒证或虚寒证；若排尿赤涩淋痛，常见于膀胱积热（膀胱炎）、尿结等；久不排尿，或突然排不出尿，时作排尿姿势，且见腹痛不安者，多为尿闭或尿结；尿液色红带血，若先排血后排尿，多为尿道出血，先排尿而后尿中带血者，多属膀胱内伤。

（九）望二阴

即前阴和后阴。前阴指公畜的阴茎（又称肾筋）、睾丸（又称外肾）及母畜的阴门；后阴指肛门。

若阴囊、睾丸硬肿，如石如冰，为阴肾黄，阴囊热而痛者，为阳肾黄；若阴囊肿大而柔软，或时大时小，常伴有腹痛症状者，多为阴囊疝气；若阴茎勃起，未交配即泄精，称滑精，多属肾气虚精关不固；阴茎萎软，不能勃起，称为阳痿，多属肝肾不足；阴茎长期垂脱于包皮之外，不能缩回，称为垂缕不收，多属肾经虚寒。

检查阴门应注意其形态、色泽及分泌物的变化。动物发情时，阴门略红肿，并有少量黏性分泌物垂出，俗称"吊线"。产后阴门经久排出紫红色或污黑色液体，称为恶露不尽。若妊娠未到产期，阴门虚肿外翻，有黄白色分泌物流出，多为流产前兆；若阴户一侧内陷，有腹痛表现者，多为子宫扭转。

望肛门，应注意其松紧、伸缩和周围情况。若肛门松弛、内陷，多为气虚久泻；若直肠脱出于肛门之外，称为脱肛；若肛门瘙痒，揩树擦桩，尾毛脱落者，常见于马蛲虫病；肛周有紫红色溢血斑点，多为牛环形泰勒焦虫病；若肛周、尾根及飞节部有粪便污染，常见于泄泻。

（十）望四肢

望四肢，主要观察四肢站立、走动时的姿势和步态。健康动物四肢强健，运动协调，屈伸灵活有力，各部关节、筋腱和蹄爪形态正常。

若一前肢疼痛时，常呈"点头行步"，即当健肢着地时，头低下偏向健侧，当病肢着地时，头向健侧抬起，故有"低在健，抬在患"之说，同样，当后肢有病时，则呈"臀部升降运动"，即"降在健，升在患"；若运步时以抬举和迈步困难为主，其病多在肢体的上部；以踏地小心或不能着地为主者，其病多在肢的下部，即通常所说的"敢抬不敢踏，病必在脚下；敢踏不敢抬，病必在胸怀"。

另外，若四肢关节明显肿大，多为骨质增生或关节黄肿；关节变形，多为久治不愈的风湿病或闪伤重症；膘肥体壮，束步难行，四肢如攒，多为料伤五攒痛（蹄叶炎）。

《元亨疗马集·点痛论》中，对跛行诊断概括得十分简练，如"仰头点，膊尖痛；平头点，下栏痛；偏头点，乘重痛；低头点，天臼痛；悬蹄点，蹄心痛；直腿行，膝上痛；束脚行，肺把五攒痛；难移前脚抢风痛"，至今仍有很高的临诊参考价值。

三、察 口 色

察口色，是指观察口腔各有关部位的色泽，以及舌苔、口津、舌形等变化，以诊断病证的方法。口色是气血的外荣，是气血功能活动的外在表现，其变化反映了体内气血盛衰和脏腑虚实，在辨证论治和判断疾病的预后上有重要意义。

（一）察口色的部位

包括望唇、舌、口角、排齿（上下齿龈）和卧蚕（舌下方，舌系带前方两侧，颌下腺开口处的舌下肉阜），其中以望舌为主。脏腑在口色上各有其相应部位，即舌色应心，唇色应脾，金关（左卧蚕）应肝，玉户（右卧蚕）应肺，排齿应肾，口角应三焦。

动物种类不同，察口色的部位应有所侧重。马、驴、骡主要看唇、舌、卧蚕和排齿。牛、羊主要看仰池（卧蚕周围的凹陷部）、舌底和口角。猪主要看舌。骆驼主要看仰池及上唇内侧正中两旁黏膜的颜色。

（二）察口色的方法

察口色一般应在动物来诊稍事歇息，待气血平静后进行。检查时应敏捷，仔细。将舌拉出口外的时间不能过长，不宜紧握，以免人为地引起舌色的变化。猪、羊、犬、猫等中小动物可用开口器或棍棒将口撬开进行观察，但不得施以暴力，最好使其自然张开。

检查马属动物时，右手拉住笼头，左手食指和中指拨开上下嘴角，即可看到唇和排齿的颜色；然后，将这两指从口角伸入口腔，感觉口内温、湿度；再将两指叉开，开张口腔，观察口色、舌态和舌苔；最后将舌拉出口外，仔细观察舌苔、舌体、舌面及卧蚕的细微变化。

检查牛时，应站在牛头侧面，先看鼻镜，然后一手提高鼻圈（或鼻孔），另一手翻开上下唇，看唇和排齿，再用二指从口角伸入口腔，口即张开，即可查看舌面、舌底和卧蚕等（图 8-2）。

图 8-2 察牛口色的方法

(三) 正常口色

动物正常口色为舌质淡红，鲜明光润，舌体不肥不瘦，灵活自如；微有薄白苔，稀疏均匀；干湿得中，不滑不燥。

由于季节及动物种类和年龄等不同，正常口色也有一定的差异。如夏季偏红，冬季偏淡，故有"春如桃花夏似血，秋如莲花冬似雪"之说；猪的正常口色比马、骡红些，牛、羊、驼的口色比马、骡淡些；幼龄动物偏红，老龄动物偏淡。应注意的是，皮肤黏膜的某些固有色素或采食青绿饲料、灌服中草药、戴衔铁等，可引起口腔色染而掩盖真实口色，应注意区别。

(四) 有病口色

应从舌色、舌苔、舌津和舌形等方面进行综合观察。

1. 病色 常见的病色有白、赤、青、黄、黑五种。

(1) 白色。主虚证。是气血不足，血脉空虚的表现。其中淡白为气血虚弱，见于营养不良、贫血等；苍白（淡白无光）为气血虚衰，见于内脏出血和严重虫积等。

(2) 赤色。主热证。因血得热则行，热盛而致气血沸涌，舌体脉络充盈。其中微红为表热，见于温热病初期；鲜红主热在气分；绛红主热邪深入营血，见于温热病后期及喘气病、肠扭转、胃肠臌气等；赤紫为气血淤滞，见于重症肠黄、中毒等。

(3) 黄色。主湿证。因肝胆疏泄失职，脾失健运，湿热郁蒸，胆汁外溢所致。黄而鲜明为阳黄，多见于急性肝炎、胆道阻塞、血液寄生虫病等；黄而晦暗为阴黄，见于慢性肝炎等。

(4) 青色。主寒、主淤、主痛。寒性收引，凝滞不通，不通则痛，阳气郁而不宣，故为青色。青白为脏腑虚寒，见于脾胃虚寒、外感风寒等；青黄为内寒挟湿，见于寒湿困脾等；青紫为气滞血淤的表现。

(5) 黑色。主热极或寒极。其中，黑而无津者为热极，黑而津多者为寒极，皆属危重病候。

2. 舌苔 舌苔由胃气熏蒸而来。健康动物舌苔薄白或稍黄，稀疏分布，干湿得中。舌苔变化主要包括苔色和苔质两个方面。

(1) 苔色。分白苔、黄苔、灰黑苔三种。

白苔：主表证、寒证。苔白而润，表明津液未伤；苔白而燥，表明津液已伤；苔白而滑，表明寒湿内停。

黄苔：主里证、热证。淡黄苔而润者为表热；苔黄而干者，为里热耗伤津液；苔黄而焦裂者，多为热极。

灰、黑苔：主热证、寒湿证中的重症，多由黄苔转化而来。灰黑而润滑者多为阳虚寒甚；灰黑而干燥者多为热炽伤津。

(2) 苔质。是指舌苔的有无、厚薄、润燥、腐腻等。

有无：舌苔从无到有，说明胃气渐复，病情好转；舌苔从有到无，说明胃气虚衰，预后不良。

厚薄：苔薄，表示病邪较浅，病情轻，常见于外感表证；苔厚，表示病邪深重或内有积滞。

润燥：苔润表明津液未伤；苔滑多主水湿内停；舌苔干燥，表明津液已伤，多为热证伤津或久病阴液耗亏。

腐腻：苔质疏松而厚，如豆腐渣堆积于舌面，可以刮掉，为腐苔，主胃肠积滞、食欲废绝；苔质致密而细腻，擦之不去，刮之不脱，像一层混浊的黏液覆盖在舌面，称腻苔，多主湿浊内停。

3. **口津** 口津是口内干湿度的表现，可反映机体津液的盈亏和存亡。健康动物口津充足，口内色正而光润。

若口津黏稠或干燥，多为燥热伤阴；口津多而清稀，口腔滑利，口温低，多为寒证或水湿内停。但若口内湿滑、黏腻，口温高，则为湿热内盛；若口内垂涎，多为脾胃阳虚、水湿过盛或口腔疾病。

4. **舌体形态** 正常动物舌体柔软，活动自如，颜色淡红，舌面布有薄白稀疏，分布均匀的舌苔。

若舌淡白胖大，舌边有齿痕，多属脾肾阳虚；舌红、肿胀溃烂，多为心火上炎；苔薄而舌体瘦小，舌色淡白而舌体软绵，多为气血不足；舌质红绛，舌面有裂纹，多为热盛；舌体发硬，屈伸不便或不能转动，多为热邪炽盛、热入心包；若舌体震颤，多为久病气血两虚或肝风内动；若舌淡而痿软，伸卷无力，甚至垂于口外不能自行缩回者，表示气血俱虚，病情重危。

察口色，是中兽医诊断动物疾病的特色之一，临诊时，除了进行舌色、舌苔、舌津和舌形等方面内容的检查外，还要注意观察口内的光泽度。有光泽表示正气未伤，预后良好；若无光泽，多表示已伤正气，缺乏生机，预后不良。

第二节 闻 诊

闻诊包括听声音和嗅气味两个方面。听声音，是利用听觉以诊察动物的声音变化；嗅气味是通过嗅觉诊察动物分泌物、排泄物的气味变化，从而认识疾病。

一、听 声 音

（一）听叫声

健康动物在求偶、呼群、唤仔等情况下，可发出洪亮而有节奏的叫声。在疾病过程中，若新病即叫声嘶哑，多为外感风寒；久病失音，多为肺气亏损。若叫声重浊，声高而粗者，多属实证；叫声低微无力者，多属虚证。叫声平起而后延长者，病虽重而有救治的希望；叫声怪猛而短促者，多为热毒攻心，难治；如不时发出呻吟，并伴有空口咀嚼或磨牙者，多为疼痛或病重之征。

(二) 听呼吸音

健康动物肺气清肃，气道畅通，呼吸平和，不用听诊器听不到声音。但患病时则可出现不同的音响。若呼吸气粗者，为实证、热证；气息微弱者，多见于内伤虚劳；吸气长而呼气短者，正气尚存；吸气短而呼气长者，为正气亏伤，肺肾两虚；呼吸伴有鼻塞音者，为鼻漏过多，或鼻道肿胀、生疮；呼吸时伴有痰鸣音，多为痰饮聚积；若口张鼻乍，气如抽锯，或呼吸深重，鼻脓腥臭者，多属重症，难医。

呼吸时气息急促称为喘。若喘气声长，张口掀鼻者，为实喘；喘息声低，气短而不能接续者，为虚喘。

听肺呼吸音，可用直接听诊法和间接听诊法。现多用听诊器间接听诊，能更准确地判明呼吸音的强弱、性质和病理变化。正常动物肺呼吸音类似轻读"夫、夫"的声音。若肺呼吸音增强，常见于实证、热证和疼痛等；听到"丝丝"音，多为阴虚内热证；若听到水泡破裂音，多为寒湿、痰饮证；若有空瓮音，多见于肺痈等形成的肺空洞；若有捻发音，多为肺壅或过劳伤肺；若出现类似于手背摩擦音或拍水音，则为胸水、胸膜疾病等。

(三) 听咳嗽声

咳嗽是肺经疾病的重要证候之一。若咳嗽洪亮有力，多为实证，常见于外感风寒或外感风热的初期；咳声低微无力，多为虚证，常见于劳伤久咳；咳而有痰者为湿咳，多见于肺寒或肺痨；咳而无痰者为干咳，常见于阴虚肺燥或肺热初期；咳嗽时伴有伸头直颈，肋肷振动，肢蹄刨地等，多为咳嗽困难或痛苦的征象；如咳嗽连声，低微无力，鼻流浓涕，气如抽锯者，多为重症。

此外，其他脏腑功能活动失调，涉及于肺，也可引起咳嗽，所谓"五脏六腑，皆令兽咳"。

(四) 听胃肠音

健康动物小肠音如流水声，平均每分钟8～12次；大肠音如雷鸣声，平均每分钟4～6次。若肠音响亮，连绵不断，甚至如雷鸣，数步之外能闻者，称为肠音增强或亢进，常见于冷痛、冷肠泄泻等证；肠音稀少，短促微弱，称为肠音减弱，多为胃肠滞塞不通，常见于胃肠积滞便秘等；肠音完全消失，称肠音废绝，常见于结症、肠变位的后期；经治疗发现肠音逐渐恢复，则为病情好转的象征；如肠音一直不恢复，且腹痛不止，不见排粪，常为病情严重、预后不良的表现。

健康牛、羊等反刍动物，瘤胃蠕动音呈由弱到强、又由强转弱的沙沙声。瘤胃的蠕动次数，牛每2min 2～5次，山羊每2min 2～4次，绵羊每2min 3～6次，每次蠕动持续的时间为15～30s。若瘤胃蠕动音减弱或消失，可见于脾虚不磨、宿草不转、百叶干以及瘤胃急性臌气、真胃阻塞、肠秘结、创伤性网胃-心包炎等。

(五) 听咀嚼音

健康动物在咀嚼时发出清脆而有节奏的咀嚼音。若咀嚼缓慢小心，声音低，多为牙齿松动、疼痛、胃热等证；若口内无食物而磨牙，多为疼痛所致。

二、嗅气味

1. **口腔气味** 健康动物口内带有草料气味，无异常臭味。若口气秽臭，口热，伴食欲废绝者，多为胃肠积热；若口气酸臭，多为胃内积滞；若口内腥臭、腐臭，见于口舌生疮糜烂、牙根或齿槽脓肿等证。

2. **鼻腔气味** 健康动物鼻腔无特殊气味。如鼻流黄色脓涕，气味恶臭，多为肺热；鼻流黄灰色、气味腥臭的鼻液，多见于肺痈；鼻涕呈灰白色豆腐脑样，尸臭气味，多见于肺败；马若一侧鼻孔流出恶臭的脓涕，多为脑颡黄（鼻窦蓄脓）；羊一侧鼻孔流出黏稠腥臭的鼻液，多为羊鼻蝇幼虫病。

3. **粪尿气味** 正常动物的粪便都有一定的臭味。若粪便清稀，臭味不重，多属脾虚泄泻；粪便粗糙，气味酸臭者，多为伤食；粪便带血或夹杂黏液，泻下如浆，气味恶臭，多见于湿热证。

健康马的尿液有一定的刺鼻臭味，其他动物尿的气味较小。若尿液清长如水，无异常臭味，多属虚证、寒证；尿液短赤混浊，臊臭刺鼻，多为实证、热证。

4. **脓臭味** 一般地，良性疮疡的脓汁呈黄白色，明亮、无臭味或略带臭味。若脓汁黄稠、混浊，有恶臭味，多属实证、阳证，为火毒内盛；若脓汁灰白、清稀，气味腥臭，属虚证、阴证，为毒邪未尽，气血衰败。

第三节 问 诊

问诊，是通过询问畜主或饲养管理人员以了解病情的诊断方法。主要包括以下几个方面。

一、问发病情况

主要包括发病时间，病情发展快慢，患病动物的数目及有无死亡等。由此推测疾病新久、病情轻重和正邪盛衰、预后好坏、有无时疫和中毒等。如初病者，多为感受外邪，病在表多属实；病久者，多为内伤杂证，病在里多属虚；如发病快，患病动物数目较多，病后症状基本相似，并伴有高热者，则可能为时疫流行；若无热，且为饲喂后发病，平时食欲好的病情重、死亡快，可疑为中毒；如发病较慢，数目较多，症状基本相同，无误食有毒饲料者，则应考虑可能为某种营养缺乏症。

二、问发病及诊疗经过

主要包括发病后的症状、发病过程和治疗情况。要着重询问发病后的食欲、饮水、反刍、排粪、排尿、咳嗽、跛行、疼痛、恶寒与发热、出汗与无汗等情况。如食欲尚好，表示病情较轻；食欲废绝，表示病情较重；若咳嗽气喘，昼轻夜重，多属虚寒；昼重夜轻，多属实火；若病程较长，饮食时好时坏，排粪时干时稀，日渐消瘦，多为脾胃虚弱；若排粪困难，次数减少，粪球干小，多为便秘。若刚运步时步态强拘，随运动量增加而症候减轻者，多为四肢寒湿痹证。

如来诊前已经过治疗，要问清曾诊断为何种病证，采用何种方法、何种药物治疗，治疗的时间、次数和效果等，这对确诊疾病，合理用药，提高疗效，避免发生医疗事故有重要作用。如患结症动物，已用过大量泻下药物，在短时间内尚未发挥疗效，若不询问清楚，盲目再用大量泻下剂，必致过量，产生攻下过度的不良后果。

三、问饲养管理及使役情况

在饲养管理方面，应了解草料的种类、品质、配合比例，饲养方法以及近期有无改变，饮水的多少、方法和水质情况，圈舍的防寒、保暖、通风、光照等情况。如草料霉败、腐烂，容易引起腹泻，甚至中毒；过食冰冻草料，空腹过饮冷水，常致冷痛；厩舍潮湿，光照不足，日久可发生痹证；暑热炎天，厩舍密度过高，通风不良，易患中暑等。

在使役方面，应了解使役的轻重、方法，以及鞍具、挽具等情况。如长期使役过重，奔走太急，易患劳伤、喘证和腰肢疼痛等；鞍具、挽具不合身，易发生鞍伤、背疮等。使役后带汗卸鞍，或拴于当风之处，易引起感冒、寒伤腰胯等。

四、问既往病史和防疫情况

了解既往疾病发生情况，有助于现病诊断。如患过马腺疫、猪丹毒、羊痘等疾病，一般情况下，以后不再患此病。作过预防注射的动物，在一定时间内可免患相应的疾病。有些疾病可以继发其他疾病，如结症可继发肠黄，料伤可继发五攒痛等。

五、问繁殖配种情况

公畜采精、配种次数过于频繁，易使肾阳虚弱，导致阳痿，滑精等证；母畜在胎前产后，容易发生产前不食，妊娠浮肿，胎衣不下，难产等证；母畜在怀孕期间出现不安、腹痛起卧甚或阴门有分泌物流出，则为胎动不安之征，常可发生流产和早产；一些高产奶牛和饲养失宜的母猪，易患产后瘫痪。询问胎前产后情况，不仅有助于诊断疾病，而且对选方用药也有指导意义。如对妊娠动物，应慎用或禁用妊娠禁忌药。

第四节 切 诊

切诊，是医者依靠手指的感觉，在动物体的一定部位上进行切、按、触、叩，以获得有关病情资料的一种诊察方法。分为切脉和触诊两部分。

一、切　脉

切脉也叫脉诊，是用手指切按动物体一定部位的动脉，根据脉象了解和推断病情的一种诊断方法。《元亨疗马集·脉色论》中说："脉色者，气血也"。脉象和口色一样，也是动物机体气血盛衰盈亏的反映，而气血又是脏腑活动的物质基础和功能表现。因此，五脏六腑和动物机体各器官组织的状况，都能不同程度地由脉象反映出来。因此，通过脉象的变化，可推断疾病的部位，识别病性的寒热、虚实，判断疾病的预后。

（一）切脉的部位和方法

1. 切脉的部位　因动物种类不同，切脉的部位也不同。马传统上切双凫脉，目前多切颌外动脉；牛、驼切尾动脉；猪、羊、犬等切股内动脉。

2. 切脉的方法　切马颌外动脉时，诊者站在动物侧方，一手抓住笼头，另一手食指、中指、无名指，根据动物体格的大小，放置于适当的位置上，然后采取不同的指力进行触摸、按压，以体察脉象的变化（图8-3）。诊完一侧，再诊另一侧。

切诊牛、驼的尾动脉时，诊者站在动物正后方（诊驼时应先使骆驼卧地），左手将尾略向上举，右手食指、中指、无名指布按于尾根腹面，用不同的指力推压和寻找即得。拇指可置于尾根背面帮助固定（图8-4）。

图8-3　马的诊脉部位和方法

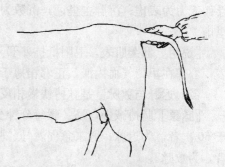
图8-4　牛的诊脉部位和方法

切诊猪、羊、犬的股内动脉时，诊者应蹲于动物侧面，手指沿腹壁由前到后慢慢伸入股内，摸到动脉即行诊察，体会脉搏的性状。

诊脉时，应注意环境安静。待动物停立安静，呼吸平稳，气血调匀后再行切脉。医者也应使自己的呼吸保持稳定，全神贯注，仔细体会。每次诊脉时间，一般不应少于3min。

切脉时常用三种指力，如轻用力，按在皮肤，为浮取（举）；中度用力，按于肌肉，为中取（寻）；重用力，按于筋骨，为沉取（按）。浮、中、沉三种指力可反复运用，前后推寻，以感觉脉搏幅度的大小，流利的程度等，对脉象做出一个完整的判断。

（二）脉象

脉象，是指脉搏应指的形象。包括脉搏显现部位的深浅、脉跳的快慢、搏动的强弱、流动的滑涩、脉管幅度的大小，以及脉跳的节律等。脉象一般可分为平脉、反脉和易脉三大类。

1. **平脉** 平脉即健康之脉。平脉不浮不沉，不快不慢，不大不小，节律均匀，连绵不断。

平脉受季节变化的影响而发生变化，前人总结为春弦、夏洪、秋毛（浮）、冬石（沉）。此外，还因动物的种类、年龄、性别、体质、劳役、饥饱等不同而略有差异。一般来说，幼龄动物脉多偏数，老弱动物脉多偏虚，瘦弱者脉多浮，肥胖者脉多沉，骑行、劳役后脉多数，久饿脉多虚，饱后脉多洪等。孕畜见滑脉，亦为正常现象。

正常动物脉搏至数一般为：马、骡一息（医者一呼一吸之间）三至，牛一息四至，猪、羊一息五、六至。每分钟脉搏次数为：马、骡30～45，牛40～80，猪60～80，羊60～80，骆驼30～60，犬70～120，猫110～130，禽120～200，兔120～140，鸡120～140，鸭140～200，鹅120～160。

2. **反脉** 反脉即反常有病之脉。由于疾病的复杂多样，脉象表现也相当复杂，现将临诊常见脉象归纳如下。

(1) 浮脉与沉脉。是脉搏显现部位深浅相反的两种脉象。

[脉象] 若脉位较浅，轻按即有明显感觉，重按反觉减弱，如水上漂木者，为浮脉；若脉位较深，轻按觉察不到，重按才能摸清，如石沉水者，为沉脉。

[主证] 浮脉主表证，常见于外感初起。浮数为表热，浮迟为表寒，浮而有力为表实，浮而无力为表虚；沉脉主里证，沉数为里热，沉迟为里寒，沉而有力为里实，沉而无力为里虚。

[说明] 邪袭肌表，卫阳抵抗外邪，则脉气鼓动于外，应指明显而出现浮脉，主病在表；邪郁在里，气血内滞，正邪相搏于里，故显沉脉，主病在里、在脏腑。

(2) 迟脉与数脉。是脉搏快慢相反的两种脉象。

[脉象] 脉搏减慢，马、骡每分钟少于30次，牛每分钟少于40次，猪、羊每分钟少于60次者，为迟脉；脉来急促，马、骡每分钟超过45次，牛、猪、羊每分钟超过80次者，为数脉。

[主证] 迟脉主寒证，迟而有力为实寒，迟而无力为虚寒，浮迟为表寒，沉迟为里寒；数脉主热证，数而有力为实热，数而无力为虚热，浮数为表热，沉数为里热。

[说明] 寒为阴邪，其性凝滞，易致气滞血淤，气血不畅，故显迟脉；邪热亢盛，鼓动气血，脉行加速，故令脉数。

(3) 虚脉与实脉。是脉搏力量强弱相反的两种脉象。

[脉象] 若浮、中、沉取时均感无力，按之虚软者，称虚脉；反之，浮、中、沉取时均表现充实有力者，为实脉。

[主证] 虚脉主虚证，多见于气血两虚；实脉主实证，多见于高热、便秘、气滞、血淤等。

[说明] 气不足以运其血，则脉来无力，血不足以充其脉，则按之空虚，故显虚脉；邪盛而正不虚，邪正相搏，脉管满实有力，故显实脉。

以上为最常见的脉象，如果从充盈度、流利度、紧张度和搏动节律等方面分析，又有洪、细、滑、涩、弦、促、结、代脉等脉象。

在临诊往往由于病情的复杂多变，两种或两种以上的脉象相兼出现，如表热证，脉见浮数，里虚寒证，脉见沉迟无力等等，因此，要把各种脉象及主证联系起来，加以综合分析，就能比较正确地判断病情。

3. **易脉** 即四时变异之脉，有屋漏、雀啄、釜沸、解索、虾游等，都是脉形大小不等，快慢不一，节律紊乱，杂乱无章的脉象，皆为危亡之绝脉。

二、触 诊

触诊是指医者用手对动物体一定部位进行触摸按压，以探察冷热温凉、软硬虚实、局部形态及疼痛感觉等方面的变化，获取有关病情资料的一种诊断方法。

（一）触凉热

以手的感觉为标准，触摸动物体表有关部位的凉热，以判断其寒热虚实。一般从口温、鼻温、耳温、角温、体表温、四肢温等方面进行检查。

1. **口温** 健康动物口腔温和而湿润。若口温低，口腔滑利，多为阳虚寒湿；口温低，口津干燥，多为气血虚弱；若口温高，伴有口津干燥，多为实热证；口温高，口津黏滑，多为湿热证。

2. **鼻温** 用手掌遮于动物鼻头（或鼻镜下方），感觉鼻端和呼出气的温度。健康动物呼出气均匀和缓，鼻头温和湿润。若鼻头热，呼出气亦热，多为热证；鼻冷气凉，多属寒证。

3. **耳温** 健康动物耳根部较温，耳尖部较凉。若耳根、耳尖均热多属热证，相反则多属寒证；耳尖时冷时热者，为半表半里证。

4. **角温** 健康牛、羊角尖凉，角根温热。检查时四指并拢，小拇指靠近角基部有毛处握住牛、羊角，如小拇指和无名指感热，体温一般正常；如中指也感热，则体温偏高；食指也感热，则属发热。若角根冰凉，多属危证。

5. **体表和四肢温** 健康动物体表和四肢不热不凉，温湿无汗。若体表和四肢有灼热感，乃属热证；皮温不整，多为外感风寒；体表和四肢温度低者，多为阳气不足；若四肢凉至腕（前肢）、跗（后肢）关节以上，称为四肢厥冷，为阳气衰微之征。

现在一般用体温表测定直肠温度，临诊时若能将直肠测温和手感触温结合起来，则更为准确。动物的正常体温（直肠）是：马、骡 37.5～38.5℃，牛 37.5～39.5℃，猪、羊 38.0～39.5℃，骆驼 36.0～38.5℃，犬 37.5～39.0℃，猫 38.5～39.5℃，兔 38～39.5℃。家禽的正常体温（翅下）是：鸡 40～42℃，鸭 41～43℃，鹅 40～41℃。

（二）触肿胀

主要查明肿胀的性质、大小、形状及敏感度。若肿胀坚硬如石，可见于骨瘤；肿胀柔软而有弹性，压力除去恢复较快者，多为血肿或脓肿；按压肿胀局部如面团样，指下留痕，恢复缓慢者，多为水肿；触压肿处柔软并有捻发音者，为气肿之征；若疮形高肿，灼热剧痛，多属阳证；漫肿平塌，不热微痛者，多属阴证。

(三) 触胸腹

叩压胸壁时动物敏感、躲避、咳嗽，则多为肺部或胸壁有病，多见于肺痈、胸膈痛等；仅一侧拒按，不咳嗽者，多为胸壁受伤；病牛拒绝触压剑状软骨部，胸前出现水肿，站立时前肢开张，下坡斜走，多为创伤性网胃-心包炎。

若腹部膨满，叩之如鼓，多为气胀；腹部膨满，按之坚实，多为胃肠积食；右侧肷下腹壁紧张下沉，撞击坚满而打手者，多为真胃阻塞；若两侧腹壁紧张下沉，推摇畜体时有拍水音和疼痛反应者，多为腹膜炎；母畜乳房肿胀，触之坚硬且有热痛感，多见于乳痈。

对猪、羊等动物可令其侧卧，医者的一手掌向上置于腹壁下侧，一手置于上侧，由两侧逐渐紧压，可查明肠管内有无宿粪以及胎儿的情况。

(四) 谷道 (直肠) 入手

谷道 (直肠) 入手，主要用于马、牛等大动物，是直肠检查和按压破结的手法，尤其是在马属动物结症的诊断和治疗上具有重要意义。

1. **谷道入手准备** 四柱栏站立保定，为防卧下及跳跃，在腹下用吊绳及鬐甲部用压绳保定；术者指甲剪短、磨光，戴上一次性长臂薄膜手套，涂肥皂水或石蜡油润滑；腹胀者应先行盲肠穿刺或瘤胃穿刺放气，以降低腹压；腹痛剧烈者，应使用止痛剂；用适量温肥皂水灌肠，可排除直肠内积粪，松弛、润滑肠壁，便于检查。

2. **操作方法** 术者站于动物的左后方，右手五指并拢成圆锥形，旋转插入肛门，如遇粪球可纳手掌心取出。如动物骚动不安或努责剧烈时，应暂停伸入，待安静后继续伸入。检手到达玉女关 (直肠狭窄部) 后，要小心谨慎，用作锥形的手指探索肠腔的方向，同时用手臂轻压肛门，诱使动物做排粪反应，使肠管逐渐套在手上。一旦检手通过玉女关后，即可向各个方向进行检查。在整个检查过程中，术者手臂一定要伸直，手指始终保持圆锥状，不能叉开，以免绉伤肠壁。检查结束后，将手缓缓退出。

3. **马属动物直肠检查及临诊意义** 直肠检查应按一定的顺序进行，一般先检查肛门，而后检查直肠，直肠之下即为膀胱。向前在骨盆腔前缘可摸到小结肠。手向左方移到胁腹区的中、下部，可摸到左侧大结肠。向左摸到左腹壁。再伸手向前于最后肋骨处可摸到脾脏。由此翻手向上，在左侧倒数第一肋骨与第一、第二腰椎横突之下可摸到左肾。再沿脊柱之下的后腹主动脉向前伸手，可摸到前肠系膜根部，并能感觉到前肠系膜动脉的搏动。在前肠系膜根部之后，可摸到十二指肠。在十二指肠之前偏左摸到扩张的胃壁。移手向右在最后2～3肋骨至第一腰椎横突之下可摸到右肾。在右肾之下与盲肠底部的前方为胃状膨大部。继续向右下方，可摸到盲肠。最后检查右腹壁。

检查时，若在直肠内有结粪，即为直肠结，若直肠内空虚而干涩，提示前段肠管不通；正常小结肠游离性较大，肠内有成串的鸡蛋大小粪球，若在小结肠内有拳头状结粪，即为小结肠结；若在腹腔左侧中下部摸到状如成人大腿粗样阻塞的肠管，由后向前逐渐变粗，肠袋明显可触，内容物压之成坑，此为左下大结肠结；在腹腔左侧中上部摸到形如粗臂，光滑较硬，肠袋不明显的阻塞肠管，此为左上大结肠结；在骨盆腔前下方，靠左侧摸到长椭圆形双拳头大结粪块所阻塞的肠管，无肠袋，仅能左右移动，内容物硬，并常伴有左下大结肠积粪者，为骨盆曲结；若在体中线右侧，盲肠底部前下方摸到半球形、大如排球的阻塞物，指压成坑，并能随呼吸运动而前后移动者，为胃状膨大部结；若在右腹胁区，骨盆腔口前摸到呈冬瓜样或排球样阻塞的粗大肠管，严重时可移到腹中线左侧，或后退入骨盆腔内，内容物压之成坑者，为盲肠结；若在前肠系膜根部之后，摸到如香肠样阻塞的肠管，则为十二指肠结；在耻骨前缘摸到由右肾后斜向右下方延伸的香肠样阻塞肠管，左端游离可动，右端连接盲肠，位置固定，为回肠结。

《元亨疗马集·起卧入手论》中对结粪破碎的手法等记有较详细的描述。如"凡有滑硬如球打手者，则为病之结粪也。得见病粪，休得鲁莽慌忙……。须当细意，从容以右手为度，就以大指虎口，或以四肢尖梢，于腹中摸定硬粪，应指无

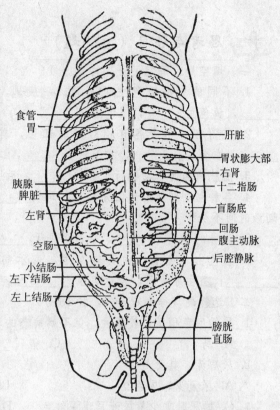

图 8-5　马的腹腔脏器示意图

偏，隔肠轻轻按切，以病粪破碎为验，但有一二破碎者，便见其效，无不通利矣"。至今仍对结症的诊断和治疗有现实的指导意义。

此外，本法还可用于肾脏、膀胱、子宫、卵巢等疾病，公畜肠入阴（腹股沟疝气），骨盆和腰椎骨折等的诊断，以及妊娠检查等。如尿闭时，膀胱充满，触之有波动感，若膀胱空虚，触之疼痛，多为膀胱湿热；若触摸肾脏肿大，压之疼痛不安，多为急性肾炎；若感觉子宫中动脉有搏动，则是妊娠的表现；若子宫角及子宫体肿大，子宫壁紧张而有波动，多为子宫蓄脓；若卵巢增大如球，有一个或数个大而波动的卵囊，多为卵巢囊肿。

4. 牛的直肠检查及其临诊意义　术者检手伸入直肠后，向水平方向渐次前进，达骨盆腔前口上界时，手向前下右方即进入结肠的最后端"S"状弯曲部，此时手可自由移动，检查腹腔脏器。

健康牛的耻骨前缘左侧是瘤胃上下后盲囊，感觉呈捏粉样硬度。当瘤胃上后盲囊抵至骨盆入口甚至进入骨盆腔内，多为瘤胃臌气或积食。

牛肠管位于腹腔右半部，盲肠在骨盆腔口前方，其尖端的一部分达骨盆腔内，结肠盘在右䏠部上方，空肠及回肠位于结肠盘及盲肠的下方。若发生肠套叠，则在耻骨前缘、右腹部可发现有硬固的长圆柱体，并能向各方移动，牵拉或压迫时，病牛疼痛不安。

在左侧第3～6腰椎下方，可触到左肾。如肾体积增大，触之敏感，见于肾炎。

此外，母牛还可触摸子宫及卵巢的形态、大小和性状；公牛可触摸骨盆部尿道的变化等。

思考与练习（自测题）

一、填空题（每空1分，共24分）

1. 不同的有病口色主证不同。一般地，白色主_____，红色主_____，青色主_____，黄色主_____，黑色主_____。
2. 脏腑在口色上各有相对应的部位，其中舌应_____，口唇应_____，排齿应_____，左金关应_____，右玉户应_____，口角应_____。
3. 前肢有病时，动物行走常呈_____，后肢有病时，其运步多表现为_____。
4. 各种动物切脉的部位分别是：马切_____，牛切_____脉，猪、羊、犬切_____。切诊时间不少于_____。
5. 浮脉的特点为_____，临诊多见于_____证候，治疗时多采用_____方法。
6. 苔色由白变黄，由黄转灰黑，表示病情_____；由灰转黄，由黄转白表示_____；苔由厚变薄，表示病邪_____，舌苔突然增厚，则表示_____。

二、选择题（每小题3分，共18分）

1. 尿的颜色稍黄，较混浊，但不属病态的动物是（ ）
   A. 马　　　B. 牛　　　C. 猪　　　D. 羊
2. 尿短赤，其意是指（ ）
   A. 尿量少、尿色红　　　　　B. 尿少、尿色深黄或赤黄
   C. 排尿时见少量尿液呈现深红色　　D. 以上都是
3. 口色发青者，其主证多为（ ）
   A. 寒证　　B. 虚证　　C. 湿证　　D. 热证
4. 按脉时，浮取即得，其脉象为（ ）
   A. 浮脉　　B. 数脉　　C. 实脉　　D. 迟脉
5. 口舌糜烂、生疮，最有可能是（ ）
   A. 心经有热　　　　B. 肝火上炎
   C. 脾胃虚寒　　　　D. 肺阴虚
6. 动物出现自汗，多属于（ ）
   A. 气虚　　B. 血虚　　C. 阴虚　　D. 阳虚

三、判断题（每小题2分，共20分）

1. "苔为胃之镜"，舌苔愈厚，说明胃气愈强。（　　）
2. 牛的鼻镜少汗或无汗为病态。（　　）
3. 病情重而食欲尚好者，一般预后较好。（　　）
4. 呼吸时，吸气短而呼气长者，说明元气尚存，预后良好。（　　）
5. 尿频数而清白者，多见于肾阳虚。（　　）
6. 察口色时，排齿偏红，多表示肝胆有热。（　　）
7. 苔质疏松且厚，容易刮去，称为腻苔。（　　）
8. 口色呈红黄或青紫者，为绝色。（　　）

9. 按脉时，应反复运用浮、中、沉三种指力以感觉脉象。（   ）
10. 触凉热时，牛、羊常采用触摸角温的方法。（   ）

四、简答题（每小题5分，共30分）

1. 如何理解"得神者昌，失神者亡"的含义？
2. 证候与症状有何区别？
3. 如何理解"证同治亦同，证异治亦异"？
4. 精神沉郁与兴奋如何区别？
5. 检查口色的部位和内容包括哪些？操作时应注意哪些事项？
6. 如何正确地进行各种动物的切诊？

五、论述题（8分）

试说明"四诊合参"的意义。

实训一　问诊与望诊

[实训目的]

1. 进一步明确问诊和望诊的基本内容。
2. 掌握问诊和望诊的基本操作技能。

[材料用具]　患病动物4头（匹）或实训动物4头（匹），动物保定栏4个，保定绳索4套，工作服每人1件，病历表或实训报告纸每人4份。消毒药液及洗涤用具4份，笔记本人手1本，技能单人手1份。

[内容方法]

（一）问诊

问诊首先应问一般情况，如畜主姓名、住址，患畜类别、年龄、性别、品种、毛色、用途。在认真听取主诉的基础上，进一步询问现病史，现在病状、既往病史、动物个体史和种群史、饲养管理、生产使役及母畜怀胎产仔情况，重点应抓住现病史和现在症状。

1. **现病史**　包括发病时间、地点、病因或诱因，症状出现的部位，症状的性质和程度，症状的变化，伴随的情况，治疗的经过等。
2. **现在症状**　包括寒热、精神、反应、食欲、反刍、粪便、尿液、腹痛、咳嗽、配种、胎产等。

问诊时应做到恰当准确，简要无遗。诊者对畜主的态度要和蔼诚挚，语言要通俗易懂，抓住畜主陈述的主要问题，从整体着眼，边询问边分析，用类比法迅速从相似证候中加以分析比较，如果觉得缺少哪些证据，则进一步补充询问，尽可能全面而准确地收集临诊资料，从而使自己头脑中有个清晰的印象。切忌与畜主泛泛交谈，缺乏重点，或草草敷衍。

（二）望诊

望诊包括整体望诊和局部望诊两部分。应先望整体，后看局部，依次进行。若系前来就诊的患病动物,应让其先休息片刻,体态自然后,诊者在距患畜数步远的地方,围绕其前后左右进行审视。如果需要可请畜主牵行患畜作前行后退、左向、右向转圈(根据问诊获得的情况有侧重的望诊)。

1. 整体望诊 包括神气、形体、皮毛、姿态等有无异常变化。

2. 局部望诊 包括眼、耳、鼻、口唇、饮食、反刍、呼吸、胸腹、二阴、粪便和口色,特别是观察口色。

察口色应注意观察口腔各个有关部位,特别是舌的色泽、舌苔、口津、舌形等四个方面的变化。

(1) 马属动物。诊者站在患畜头侧,一手握住笼头,一手轻翻上唇,即可看到唇和排齿的色泽。然后用食指和中指从口角伸进口腔,以感觉其温凉润燥;随即将二指上下撑开口腔,舌体就可自然暴露,如果仍不张口,可用食指刺激一下上腭;最后以两指钳住舌体,拉出口外,仔细观察舌苔、舌质及卧蚕等的变化(图8-6)。

(2) 牛。一手握住鼻环或鼻攥,一手食指和中指从口角伸进口腔,在感知其温凉润燥后,将上下腭轻轻撑开。如果口紧难以撑开的,则可将手掌从舌下插入,并横向竖起,把舌体推向口内,即可将口打开。注意观察其口角、舌体、草刺等的变化(图8-7)。

图8-6 望马口色

图8-7 望牛口色

察口色时应做到:

①打开患畜口腔的动作应尽可能轻柔,牵拉舌体的时间不宜过久,以免引起颜色的改变。

②应在充足的自然光线下观察,最好能面向光亮处,使光亮直接照射于口腔内。不要使用灯光,因白炽灯光的红黄成分多,日光灯光的青蓝成分多,不得已时也必须在翌日的白昼复查一次。

③养成按一定顺序进行观察的习惯,一般先看舌苔,次看舌质,再看卧蚕,无论看到何处,都要注意其色泽、润燥。

④注意排除各种物理的、化学的因素,如过冷过热的饮水饲料、带色药物等对口色、苔色的影响。

⑤注意季节、年龄、体质等因素对口色的影响。

[作业] 整理问诊和望诊所得资料,详细记入病历,并分别就各个病例和实训动物的口色及其主病做出分析。

实训二　闻诊与切诊

［实训目的］
1. 进一步明确闻诊和切诊的要领。
2. 初步掌握闻诊和切诊的基本操作技能。

［材料用具］　患病动物4头（匹）或实训动物4头（匹），动物保定栏4个，保定绳索4套，听诊器8具，体温计4支，工作服每人1件，病历表或实训报告纸每人4份。消毒药液及洗涤用具4份，笔记本人手1本，技能单人手1份。

［内容方法］

（一）闻诊

闻诊包括耳听声音、鼻嗅气味两个方面的内容。

1. **听声音**　在安静环境中，听取患畜的叫声、呼吸音、咳嗽声、喘息声、呻吟声、肠鸣声、嗳气声、磨牙声以及运步时的蹄声等。

2. **嗅气味**　结合局部望诊，对患畜的口气、鼻气、粪便、尿液、体气以及痰涕、脓汁等气味进行认真的区别。

闻诊时，周围环境一定要保持安静，听内脏器官运动音时，可借助听诊器（布），以进一步察其病理变化。嗅气味时，要靠近病变部位，或用棉签蘸取分泌物或排泄物，或用手掌煽动着去嗅取。

（二）切诊

切诊包括触按、切脉和测体温三部分。

1. **触按**　应仔细而有重点地触按官窍、肌肤、胸腹等部位，以判别口腔、鼻端或鼻镜、耳角、体表和四肢的寒热润燥；有无肿胀，以及肿胀的寒热、软硬、大小；咽喉和槽口有无异常变化；左侧肘后心区胸壁震动的强度和频率有无异常；腹部特别是肷部的寒热、软硬、胀满、肿块、压痛等情况；腧穴所在部位有无敏感反应等。

触按的手法，可以分为触、摸、按三种。触是用手指或手掌轻轻接触患部；摸是以手抚摸，力度稍重；按是适度用力按压，故其力度有轻重不同，操作时，要求手法轻巧，综合运用。此外可测患病动物的体温。

2. **切脉**

（1）颌下动脉。用于马。位置在下颌骨的颌外动脉切迹处。切脉时，诊者站在头侧，一手握住笼头，一手以无名指先布在颌下切迹处的颌外动脉上，然后顺序向里布下中、食指。右手诊左颌，左手诊右颌，交替进行。分别对应五脏六腑（图8-8）。

（2）尾根动脉。为牛、驼的传统切脉部位。位置在尾根腹面靠近肛门三节尾椎的尾动脉上。切脉时，诊者站在患畜的正后方，左手将尾略向上抬举，右手的食指、中指、无名指分别布在上述三节尾椎间的动脉上。分别配应下、中、上三焦（图8-9）。

（3）股内动脉。为猪、羊、犬等动物的切脉部位。位置在后肢内侧的股动脉上。切脉

   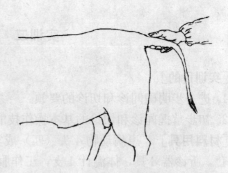

图 8-8　马的诊脉部位和方法　　　　　图 8-9　牛的诊脉部位和方法

时,诊者蹲在患畜侧面,一手保定后肢,另一手的手指沿腹壁由前至后慢慢伸入股内,摸到股动脉后,将手指均匀布于其上。左右侧交换进行(图 8-10)。

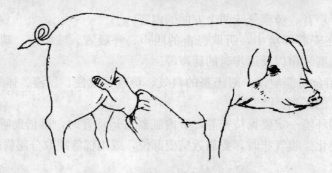

图 8-10　猪的诊脉部位和方法

切脉时应注意:
①保持一个安静的内外环境,即诊室肃然安静,患畜气血平静。
②患畜以站立姿势为宜,尽可能使切脉部位与心脏处于同一水平位置上。
③尽力地细心地体察轻、中、沉取三种指力下的脉搏形象。
④一次诊脉时间应不少于 3min。

[分析讨论]
1. 中兽医诊断的特点是什么?
2. 四诊各有什么诊断意义,为什么要四诊合参?

[作业]　整理闻诊和切诊所得资料,详细记入病历,并分别就各个病例和实训动物的脉象及其主病,做出分析。

实训技能考核(评估)项目

序号	项目	考核方式	考核要点	评分标准
1	问诊与望诊	在动物医院或实训场地分组抽签进行,学生独立操作,教师作出评判	问诊语言准确,方法得当,并能作出初步的分析判断;望诊从整体到局部都能有次序地进行,并能辨别正常与异常的口色	正确完成 90% 以上考核内容评为优秀
				正确完成 80% 考核内容评为良好
				正确完成 60% 考核内容评为及格
				完成不足 50% 考核内容评为不及格

(续)

序号	项目	考核方式	考核要点	评分标准
2	闻诊与切诊	在动物医院或实训场地分组抽签进行，学生独立操作，教师作出评判	通过嗅气味、听声音、触、摸、按等方法，能初步判断动物病症	正确完成90%以上考核内容评为优秀
				正确完成80%考核内容评为良好
				正确完成60%考核内容评为及格
				完成不足50%考核内容评为不及格

第九章

防治法则

学习目标
1. 明确中兽医学预防动物疾病的基本原则和涵义。
2. 掌握中兽医治疗疾病的基本特点和方法,并能够将其应用于具体疾病的防治中。

防治法则,包括治则和治法。治则,是防治疾病的总原则,它是在整体观念和辨证论治理论指导下制定的,对临诊治疗、处方、用药具有普遍的指导意义;治法,是在治则的指导下制定的治疗疾病的具体方法。治则和治法的关系,就如战略与战术的关系,治则是治法的前提依据,治法是治则的具体体现。例如,扶正祛邪是治则,具体可有补气、养血、滋阴、壮阳等方法以扶正,或用发汗、涌吐、攻下等方法来祛邪。本章主要介绍预防原则、治疗原则和治疗方法。

第一节 预 防

预防,就是预先采取必要的措施,防止动物疾病的发生和发展。早在《黄帝内经》中就指出:"圣人不治已病,治未病,不治已乱,治未乱"。古人这种"治未病"的预防为主的思想,在今天仍有重要的指导意义。所谓治未病,就是指未病先防和既病防变。

一、未病先防

未病先防,就是在未发病时,采取各种有效措施,以防止动物疾病的发生。中兽医认为,在疾病发生过程中,邪气入侵是外在条件,正气不足是内在因素,外因通过内因而起作用。所以,未病先防重在培养动物机体的正气,主要应从以下几方面着手。

(一) 加强饲养管理

提高饲养管理水平,合理使役,是增强动物机体的正气,防止外邪入侵,减少疾病发生的一个重要环节。在这方面,前人为我们留下了许多宝贵的经验。饲养上,有饥不暴食,渴不急饮,使役前后不饮喂过饱,饮水和草料不得混有杂物,出汗或喂料后不能立即饮水,膘大马、休闲马和夏季要减料;管理上,厩舍要冬暖夏凉,保持清洁;使役上,要先慢后快和快慢交替使用,役后不立即卸鞍和饮喂,久闲不重役,久役不骤闲,母畜初配不使役，临产不闲拴等。这些都是很好的经验，至今仍有很大的参考价值。动物健壮，疾病自然不易发生，这就是"正气存内，邪不可干"的道理。

（二）针药预防

运用针刺和药物预防疾病，是中兽医的传统方法，目前不少地区还在采用。

1. **针刺六脉血** 是用针刺胸堂、眼脉、带脉、肾堂、鹘脉、尾本六个穴位，使之出血，以调理阴阳，疏通经络。放血时一定要根据动物体质、季节而定。通常选取1～2穴，放血量（马、牛）50～150ml。

2. **灌四季药** 就是在不同的季节，给动物灌服调理阴阳、扶正祛邪的中草药，以预防疾病的发生。如四季灌"太平药"就是"春灌茵陈夏灌黄，秋理肺金冬茴香"（即春天灌茵陈散，夏天灌消黄散，秋天灌理肺散，冬天灌茴香散）以达防病目的。还有用安息香、苍术等芳香去秽的药物烟熏圈舍，或将贯众、明矾、苍术等药，用布包裹置于饮水槽内，让动物饮用，以预防疫病，都有较好效果。

3. **饲料添加剂的应用** 在动物日粮中添加一定量的中草药，以增加动物产品的产量、改善产品的质量、增强抵抗力和预防发病等，古已有之。近年来，更是中兽医学术研究的热点之一，并取得了一些可喜的成绩，有的已应用于生产。

（三）隔离免疫

中兽医对于疫病的认识可见于历代农书和兽医专著。许多兽医古籍记载把病畜和健康家畜加以隔离的理论和方法，《齐民要术》中便记载了栏前挖宽沟分隔病羊的具体做法。采取病料对动物或灌或敷，应该是一种原始的免疫方法。随着生物工程技术的发展，广泛采用生物防疫免疫制剂，使动物通过主动或被动免疫方式，提高机体对疾病的抵抗力，这对预防疫疠类疾病是非常重要和有效的。

二、既病防变

既病防变，是指如果动物已经发生疾病，就应早期诊断、早期治疗，以防止病邪深入、蔓延、发展和传变，力争治愈在初期阶段。

1. **早诊断、早治疗** 疾病初期，病情较轻，容易治疗。日久则病邪由表入里，侵犯内脏，正气严重耗损，此时虽有良医亦无能为力。这是防治的重要原则。

2. **防止疾病传变** 动物机体的各个脏腑之间密切相关，一脏有病可以影响他脏。因此，应根据疾病的发生发展规律和传变途径，有预见性地截断或阻止病变的发展。在用药上除治疗已患病的脏腑外，同时也用一些先安未受邪脏腑的药，以达到防传变的目的。所谓"见肝之病，则知肝当传之于脾，故先实其脾气"，就是这个道理。如临诊根据肝病传脾的病变规律，常在治肝的同时，配以健脾和胃之法，就是既病防变法则的具体应用。

第二节 治　则

治则，就是治疗疾病的法则。它是以四诊所收集的客观资料为依据，在对疾病综合分析和判断的基础上提出的临证治疗规律，是指导立法、处方、用药的总原则。它和一般所说的治疗方法不同。治法是指临证时对某一具体病证所确立的治疗方法，如风寒表证用辛温发汗法，里实证用攻下法等等；而治则是指临诊病证总的治疗原则，是中兽医学基础理论的重要组成部分之一。

治则的内容，包括扶正与祛邪、治标与治本、正治与反治、同治与异治及三因制宜等。这些原则，对于临诊具体立法和处方用药具有重要的指导意义。

一、扶正与祛邪

（一）扶正与祛邪的概念

"正"指动物机体的正气，邪指病邪或邪气。任何疾病的过程，都不外乎是正气与邪气矛盾双方斗争的过程。因此，在治疗法则上也就离不开"扶正"与"祛邪"两种方法，借以改变邪正双方力量的对比，恢复机体阴阳的相对平衡，使疾病向痊愈方面转化。扶正，就是用扶助正气的药物或其他疗法，增强动物的抗邪能力；祛邪，就是用驱逐邪气的方药，或采用针灸、手术等疗法，以祛除病邪。

扶正与祛邪二者是紧密联系，互相影响的。扶正是为了更好地祛邪；祛邪是为了保护正气。故有"扶正即可以祛邪，祛邪又可以安正"的说法。因为疾病的过程往往是错综复杂的，所以在临诊实践中应根据正邪在疾病矛盾中所占的地位，灵活地将扶正与祛邪两种措施分别进行或同时采用。

（二）扶正与祛邪的运用

在疾病过程中，正气是矛盾的主要方面，而且任何治疗措施都是通过动物的生理功能而起作用的，因此中兽医学非常重视机体的内在因素，在扶正与祛邪二者之中尤其强调扶正。然而，无论是扶正还是祛邪都应运用适当，尽力做到祛邪而不伤正，扶正又不留邪。

1. **扶正以祛邪**　即使用补益正气的药物及加强管理等，提高机体的抵抗力，从而达到祛除邪气，使有病动物康复的目的。临诊可根据具体情况，分别运用益气、养血、滋阴、助阳等方法。此法主要适用于以正虚为主、邪气不盛或邪气已除而正气未复的病证。

2. **祛邪以扶正**　就是采用攻逐邪气的药物或采用针灸、手术等疗法，以祛除病邪，从而达到邪去正复的目的。常用方法有解表、泻下、清热、祛寒、消积、行滞、利水、驱虫等，主要适用于邪盛为主而正气未衰的病证。

3. **扶正兼祛邪**　是指以扶正为主兼顾祛邪之法。主要适用于正虚为主，兼有留邪的病证，即在处方用药时应在补益剂中酌加祛邪药。例如，治疗阴亏津少所致便秘之增液承气汤，就是用玄参、生地、麦冬滋阴扶正为主，而用大黄、芒硝祛邪为辅。

4. **祛邪兼扶正** 就是以祛邪为主兼顾扶正之法。主要适用于邪盛为主，兼有正虚的病证，在处方用药时应在祛邪方药中稍加补益药。例如，白虎加党参汤，主要是以白虎汤清肺胃之邪热，而用党参以扶正。

总之，证有虚实，治有补泻，"补虚泻实"是扶正祛邪原则在临诊的具体运用。但是，由于在疾病过程中邪正虚实往往混杂出现，因此临诊时必须根据具体情况，或以扶正为主，或以祛邪为主，或攻补兼施，灵活应用。

二、治标与治本

是指根据病因、病位、病性和证候等因素，分别轻重缓急，抓住主要矛盾进行治疗的原则。

标与本是一组相对的概念，常用来概括说明事物的本质与现象，因果关系以及病变过程中矛盾的主次关系等。

"本"指疾病的本质；"标"指疾病的现象。标和本是一个相对的概念，用以说明矛盾双方的主次关系。如从正邪关系来说，正气是本，邪气是标；就病因与症状来说，病因是本，症状是标；就病因本身来说，内因是本，外因是标；就病变部位来说，脏腑为本，肌表为标；就发病先后来说，先病是本，后病是标。因此，不管疾病过程的矛盾多么错综复杂，都可以用标和本来加以概括。

在疾病过程中，一般来说，"本"是矛盾的主要方面，决定着疾病过程的性质，"标"是矛盾的次要方面。中兽医辨证施治的一个根本原则就是要抓住疾病的本质，并针对本质进行治疗，主要矛盾解决了，其他问题就迎刃而解了。这就是《内经》所说的"治病必求其本"。但是，疾病是错综复杂的。在一定的条件下非主要矛盾可以转化为主要矛盾，这时疾病的性质也就随之发生变化。某些情况下，标病甚急，如不及时解决，可影响治疗或危及生命。因此，在临诊治疗时，必须注意到原则性和灵活性的辩证关系，分析病证的标本主次和轻重缓急，从而确定正确的治疗步骤。

1. **急则治其标** 是指在疾病过程中标证紧急，如不及时治疗就会影响本病的治疗或危及生命时而采取的一种急救治标方法。例如，马患小肠阻塞而继发胃扩张时，结症为本，胃扩张为标。但胃扩张紧急，如不及时采取导胃等措施就会危及生命或影响直肠入手破结，这时就必须急救其标，待危象消除后再破结通肠以治其本。由此可见，急则治其标仅为权宜急救之法，待危象消除后还必须治本，才能拔除病根，而且治标能为治本创造有利条件。

2. **缓则治其本** 是指在一般情况下，凡病势缓而不急的，需从本论治。这个法则对因脏腑功能失调而致的慢性病或急性病的恢复期有着重要意义。因为标证生于本病，本病消除，则标证亦随之而愈。如对脾虚泄泻之证，在泄泻不甚，无伤津脱液的严重症状，只须健脾益气，脾虚之本得补，泄泻之标则自除。

3. **标本同治** 在病证标本俱急或标本并重的情况下，单纯治标或单纯治本都难以迅速取得疗效时，应采取标本同时治疗的方法。如果病势较轻，可用扶正治本为主，祛邪治标为辅的"标本兼顾"法。例如，脾胃虚弱而致的胃肠食滞，可采用健脾益胃为主，理气消滞为辅的治疗方法。如果标本俱急，可用"标本同治"的方法。例如外感风寒，发热，怕冷，无汗属表证，治宜发汗解表，但同时又有四肢发凉，肠鸣泄泻的里寒证，治应温里，在这表里俱急的情况下，即可用解表药和温里药同时治疗的方法。实践证明，这样标本同治，缓急兼顾的疗法，有助于提高疗效，缩短疗程，故为临诊所常用。

总之，在辨证论治中，分清疾病的标本缓急，是抓住主要矛盾，解决主要问题的重要原则。急则先治是基本要求，治病求本才是关键。若标本不明，主次不清，势必影响疗效，甚至延误病机，造成不良后果。

三、正治与反治

正治与反治是根据疾病的本质与表征所采取的总体治疗原则。

1. **正治** 正治法是逆其疾病的证候性质而治的法则。在临诊，多数疾病的证候与疾病的本质是一致的，即寒证表现寒象，热证表现热象，虚证出现虚象，实证出现实象。这时，就可采取"寒者热之"、"热者寒之"、"虚者补之"、"实者泻之"的治疗法则，以便用药物的温清补泻之偏来调整动物的阴阳虚实之偏。因为绝大多数疾病都可以采用此法进行治疗，故为临诊时最为常用之法。此法含有正常和常规治法之意，所以称为"正治法"；又因其所用药物的性质与疾病的证候相反，所以又称"逆治法"。

2. **反治** 反治法就是采用与疾病证候性质相同的药物，顺从其证候假象而治的方法。当病情严重时，机体往往不能正常反映邪正相争的实际情况，出现某些与疾病本质不符的假象，如寒证出现热象，热证出现寒象，虚证表现实象，实证表现虚象等。这时，要仔细观察，认真分析，透过现象，抓住本质，采用与疾病证候相同的药物进行治疗。因为此法与正治法相反，故称为"反治法"；又因其是顺从疾病的证候而治，故又称为"从治法"。反治法主要用于疾病的证候表现为假象的情况。临诊常用"热因热用"、"寒因寒用"、"塞因塞用"、"通因通用"等几种不同的具体治法。

"热因热用"是指用温热性药物治疗具有假热性病证的方法。适用于真寒假热证。如有些亡阳虚脱病证，呈现体表温热，苔黑舌红热象是假，而阳虚寒盛才是其本质，故仍应以温热性药物进行治疗。

"寒因寒用"是指用寒凉性药物治疗具有假寒性病证的方法。适用于真热假寒证。如热厥证，呈现四肢厥冷的寒象是假，而壮热、口渴贪饮、小便短赤的热盛才是其本质，故仍须用寒凉性药物进行治疗。

"塞因塞用"即用补塞的药物治其闭塞不通假实证的方法。适用于真虚假实证。如因中气不足，脾虚不运所致的脘腹胀满，用健脾益气，以补开塞的方法进行治疗。

"通因通用"即以通治通，是用通利药物治疗具有通泻症状的真实假虚证。如由于食积停滞，影响运化所致的腹泻，则不仅不能用止泻药，反而应当用消导泻下药以去其积滞，方能奏效。

这些治法是顺从疾病的表象而治，但因这些表象是与疾病本质不一致的假象，所以从其本质看，仍不失其"热以治寒"、"寒以治热"、"补以治虚"、"泻以治实"之意。因此，反治法在本质上和正治法是一致的，可以看作是正治法在特殊情况下的变法。

由此可见，正治法一般适用于病情比较简单、疾病本质与证候表现一致的病证；反治法一般适用于病情比较复杂，疾病本质与证候表现不一致的病证。所谓"微者逆之，甚者从之"，即为此意。

四、同治与异治

同治与异治，就是同病异治与异病同治，是针对同一疾病或不同疾病在发病过程中的病理机制和病变特点而制定的治疗原则。

1. **同病异治** 是指同一种疾病，由于病因、病机以及发展阶段的不同，采用不同的治法。例如，同为感冒，由于有风寒证与风热证的不同，治疗就有辛温解表和辛凉解表之分；即使是同一风热感冒，在初起阶段和疾病发展阶段，治法也不一样。又如同是喘证，但病的本质可以不同，故实热喘当用寒凉方药，清热透邪；虚热喘当用滋阴润肺方药。"一病多方"就是这个意思。

2. **异病同治** 所谓"异病同治"就是指不同的疾病，由于病理相同或处于同一性质的病变阶段（证候相同）而采用相同的治法。例如，久泻、久痢、脱肛和子宫脱垂等病证，凡属于气虚下陷的，都可以用益气补阳的方法治疗。又如虚喘、阳痿、顽固性腹泻、后肢浮肿等，它们都属于不同系统或不同脏腑的疾病，只要这些疾病在病程中有肾虚的见证，就可以用温补肾阳的方药治疗，即所谓"多病一方"。

五、三因制宜

三因制宜，是指治疗疾病要根据季节、地区和动物的体质、性别、年龄等不同制定适宜的治疗方法。动物体是一个既矛盾又统一的整体，而且与外界环境有着密切的关系。同一种疾病，由于个体差异以及所处的时令气候和地理环境不同等特点，其表现往往不一，而因时、因地、因动物制宜，就是根据这些不同条件所采取的相应的治疗措施。

1. **因时制宜** 根据不同季节的气候特点来考虑用药，谓之因时制宜。如夏季气候炎热，动物腠理疏泄，冬季气候寒冷，腠理致密，同是风寒感冒，夏季就不宜过用辛散之药，以防开泄太过伤津化燥；而冬季则可重用辛散之味，以使邪从汗解。又如暑季多雨，气候潮湿，病多挟湿，治疗时也应适当加入化湿、渗湿之品。

2. **因地制宜** 就是根据不同的地理环境特点，来考虑治疗用药的原则。如西北地高气寒，病多风寒，寒凉之剂必须慎用，而温热药的用量就可以稍重；东南地区，地势低而温热多雨，病多温热及湿热，温热及助湿之品必须慎用，而清凉及化湿之药就应稍重。又如同一风寒表证，需要辛温发汗，西北多用麻黄、桂枝、细辛，南方多用荆芥、苏叶、生姜、淡豆豉，湿重地区则多用羌活、防风、佩兰等。

3. **因动物制宜** 就是根据动物种类、年龄、性别、体质等不同特点，来考虑治疗用药的原则。如大动物或成年动物用药量大；小动物或年幼动物用药量小。年幼动物脏腑娇嫩，气血未充，用药量宜轻，忌投峻猛之药；老龄动物气血衰少，治宜扶正气为本；怀孕动物患病，必须考虑妊娠、分娩等情况，治疗时注意安胎、通经下乳和妊娠禁忌等事宜。

体质不同，治疗用药也要有所不同，一般说来，强壮者针药宜略重，虚弱者针药宜略轻。

从以上内容看来，因时、因地、因动物制宜的三个环节，是密切联系而不可分割的。因时、因地制宜，是说治疗时不仅要看到动物机体的整体，还要看到动物机体与自然环境不可分割的关系。因动物制宜，是说治疗时不能只孤立地看到病证，还要看到动物的整体和不同个体的特性。因此，在临证时只有全面考虑，才能更有效地治疗疾病。这正是中兽医学整体观念在治疗上的体现。

以上所述，是中兽医施治时应遵循的几项重要法则。要求在临诊时必须作全面具体的分析，透过疾病的现象，抓住疾病的本质，从而制订出有效的治疗方案。但在具体运用时，要正确处理原则性与灵活性的关系，不能千篇一律，生搬硬套。

第三节 治 法

治法即治疗疾病的方法。它与治疗原则是不同的，治疗原则是指导治法的，而治法是从属于一定治疗原则的。如发汗法就要掌握因时、因地、因畜制宜的原则，攻下法、补益法就要根据邪正盛衰而掌握祛邪与扶正的原则等。

治法包括治疗大法和具体治法两个方面。治疗大法也叫基本治法，它概括了许多具体治法中共性的东西，在临诊具有较普遍的意义。常用的治疗大法有汗、吐、下、和、温、清、消、补等八法。具体治法是针对具体病证进行治疗的具体方法，属于个性的东西，如辛温解表法、清热泄火法等，都属于具体治法。

一、内 治 法

（一）八法

八法即汗、吐、下、和、温、清、补和消法，具体内容详见方药有关章节。

（二）八法并用

汗、吐、下、和、温、清、消、补八种疗法，虽各有其适用范围，但疾病的发生发展，变化多端，在错综复杂的情况下，单用一种方法就难以达到治疗目的。为了适应复杂的病变，必须将八法配合使用，才会提高疗效。

1. **汗下并用** 病邪在表宜用汗法，病邪在里宜用下法，如既有表证，又有里证，按照一般的治疗原则，应先解表，后攻里。若不解表，单独攻里，则会造成里虚表邪乘虚入内的危险，这就是表邪未除，禁用攻法的道理。但在内外壅实，表里俱急的情况下，就不能遵守先表后里的常规，而必须采用汗、下并用的方法进行治疗。譬如，家畜在夏季内有实火，外受雨淋引起风寒感冒，其症状表现为恶寒体热，精神沉郁，食欲不振等表证症状，又有腹满粪干，多卧少立，慢性腹痛的里证表现，其治疗就应采取既解表又攻里的方法，这就是汗、下并用法，也就是表里双解法。临诊常用方剂为防风通圣散（见解表方）。

2. **温清并用** 温法和清法本来是两个互为对立的治疗方法，原则上不能混合而用。

但在一定条件下，二者又有合并应用的必要。如畜体受邪后，随着寒热虚实的变化，往往会产生上寒下热或下寒上热的复杂情况。如果用单纯的温法或清法治疗，就有偏盛的一面，引起变证，使病情加重。这时就可用温清并用的方法治疗。譬如，肺有火，表现气促喘粗，鼻液黏稠，口色鲜红；肾有寒，表现尿液清长，肠鸣便稀，舌根流滑涎。即为上热下寒的特有症状，正确的治疗只能温清并用。常用方剂为温清汤（知母、贝母、苏叶、桔梗、桑叶、杏仁、白芷、官桂、二丑、小茴香、猪苓、泽泻）。

3. **消补并用** 是把消导药和补养药结合起来使用的治疗方法。对正气虚弱，复患积滞之病，或积聚日久，正气虚弱，必须缓治而不能急攻的，皆可采取消补并用的方法进行治疗。如脾胃虚弱，消化不良，草料停积胃中，所形成的宿草不转，单用消导药效果不够显著，只有配合补益药，则可获得满意效果。临诊常将四君子汤和曲蘗散合用，就是这个道理。

4. **攻补并用** 虚证宜补，实证宜攻，这是单独治疗的常规。但这并不是一成不变的。当里实积结而又正气虚弱时，单纯攻邪则正气不支，单纯补虚又使实邪更壅，只有泻下与补虚并用，祛邪而又扶正，才是两全之计。如老弱体虚以及产后家畜的便秘，就不能单用攻法，这时可用攻补并用的治法。常用的方剂为当归苁蓉汤（见泻下方）。

除以上四种治疗方法的配合使用外，还有其他的配合方法，如汗补并用等，应在临诊辨证使用，灵活结合。

二、外治法

外治法是运用药物和手术器械直接作用于患畜的体表或孔窍（口、舌、眼、耳、鼻、阴道、肛门）的局部治法。外治法内容也相当丰富，主要有药物外治法、手术外治法以及针灸疗法等。

1. **药物外治法** 用药物制成不同的剂型，采用不同的给药方法，使药物直接作用于患处，从而达到治疗目的的方法。可分两类：

（1）外用药疗法。将药物配制加工后制成不同的剂型用以涂敷、粘贴、撒布、点眼、吹鼻、口噙、灌导、洗拭体表及孔窍等局部。

（2）药物理疗法。即将药物经燃烧、煎煮、热熨等加热后，产生温热作用，对局部进行熏、洗、热、烘等治法。有时也可治疗内脏疾病。

2. **手术外治法** 用各种医疗器械对患部切开、割除、刺破、烙、拔等治法。本法常用于外科痈疽、疮疡、眼病以及皮肤病等。此外，尚有夹板固定法，即用小夹板固定骨折局部及关节，治疗骨折等。

3. **针灸疗法** 是运用各种不同针具，或用艾灸、熨、烙等方法，对动物体表的某些穴位或特定部位施以适当的刺激，从而达到治疗目的的方法（详见第三篇针灸术）。

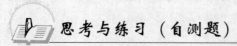
思考与练习（自测题）

一、填空题（每小题3分，共18分）

1. 预防工作总的原则是_____。

2. 标与本是相对的概念，就正邪关系讲，_____为本，_____为标；就病因与症状讲，_____为本，_____为标；就病变部位来说，_____为本，_____为标。

3. 因动物制宜是根据_____等不同情况来指导用药的原则。

4. "邪"指病邪或邪气，中兽医祛邪所常用的方法有_____等。扶正主要适用于_____的病证。在_____的情况下，应采取标本兼治法。

5. 反治法主要用于_____的情况，临诊常用的方法有_____等几种。"通因通用"适用于_____病症。

6. 八法是指_____八种治疗大法。治疗虚证，宜用_____法，治疗实证，多用_____法，对于半表半里证，应采取的治疗方法为_____。

二、选择题（每小题3分，共21分）

1. 疾病的发生，主要取决于（　　）
　　A. 正气盛衰　　B. 邪气强弱　　C. 是否免疫　　D. 正邪双方对比

2. 免疫接种可以预防（　　）所引起的疾病。
　　A. 风邪　　B. 寒邪　　C. 疫毒　　D. 痰饮

3. 下列不属于扶正法的是（　　）
　　A. 疏风　　B. 益气　　C. 补气　　D. 滋阴

4. "热因热用"在治则上属于（　　）
　　A. 治标　　B. 治本　　C. 正治　　D. 反治

5. "异病同治"的条件是（　　）
　　A. 疾病不同，症状相同　　B. 疾病相同，症状不同
　　C. 疾病不同，证候相同　　D. 疾病相同，证候不同

6. 扎放六脉血以预防疾病时，常选（　　）
　　A. 1~2穴　　B. 3~4穴　　C. 5个穴位　　D. 6个穴位

7. 对于以邪盛为主，兼有正虚的病证，其治法应为（　　）
　　A. 扶正以祛邪　　B. 祛邪以扶正　　C. 扶正兼祛邪　　D. 祛邪兼扶正

三、判断题（每小题2分，共16分）

1. 既病防变，就是采取各种措施，防止疾病的变化。（　　）
2. 动物正气旺盛，则疾病不易发生。（　　）
3. 祛邪法主要用于邪盛而正气未衰的病证。（　　）
4. 加强饲养管理，主要对内伤类疾病具有作用。（　　）
5. 对于外感病的预防，主要靠药物。（　　）
6. 对于阴阳偏盛偏衰的病证，可采取"补不足，泻有余"之法，使之平衡。（　　）
7. 反治法就是采用与病证相反的治疗方法，如"寒者热之"等。（　　）
8. 标本兼治适用于标本并重的病证，但也应分清主次，有所侧重。（　　）

四、简答题（每小题5分，共25分）

1. 如何防止疾病的发生和传变？
2. 何为"标"、"本"，怎样处理好治标和治本的关系？
3. 如何正确地应用三因制宜？

4. 扶正与祛邪主要适用于哪些情况？
5. 同病异治和异病同治的中兽医理论根据是什么？

五、论述题（每题 10 分，共 20 分）

1. 试述正治与反治的理论基础与临诊意义。
2. 如何理解"热因热用、寒因寒用、通因通用、塞因塞用"？

第十章

辨 证 论 治

学习目标

1. 理解中兽医学辨证论治的基本原理。
2. 重点掌握八纲辨证、脏腑辨证的基本方法；了解卫气营血辨证的基本知识。
3. 初步学会在四诊的基础上，能将所收集到的一系列症状加以综合分析、归纳，正确地辨明疾病的部位、性质，并确立适宜的治则及方药。

辨证论治是中兽医认识和分析疾病，确定治疗措施的法则和依据，是指导临诊实践的原则，又是认识和诊疗疾病的具体方法。

"证"是证候的简称，是疾病发展过程中病因、病机、病位、病性、邪正双方力量的对比等方面情况的概括，也是对与其相适应的疾病本身所反映的各种症状的概括。"症"则是指疾病的单个症状，乃疾病的外部现象。"病"是对疾病全过程的特点与规律所做的概括。可见，三者的概念是不能混同的。辨证，就是从整体观念出发，运用中兽医学理论，将四诊所收集的病史、症状、体征等资料进行综合分析，判断疾病的病因、病变的部位、性质、正邪盛衰等情况以及各种病变间的关系，从而作出诊断的过程。辨证的过程也就是认识疾病属于某种证候的过程，是决定治疗的前提和依据。它和西兽医的辨病是两种不同的认识疾病的方法。论治，则是根据辨证时对疾病性质的判断，再结合动物所在地区、气候、年龄、体质等具体情况，制定相应的治疗原则和采用合适的方药。

中兽医学的辨证方法，主要包括八纲辨证、脏腑辨证、卫气营血辨证等。就其内容来说，八纲辨证为总纲，是从各种辨证方法的个性中概括出来的共性；脏腑辨证是各种辨证的基础，主要应用于内伤杂症，以辨别患病的脏腑；而卫气营血辨证，则主要针对外感热性病，用于确定病邪属于哪个阶段。这些辨证方法，各有其特点和侧重，但在临诊实践中又互相联系、互相补充。

第一节 八纲辨证

将四诊所获得的症状和体征，分析、归纳为表、里、寒、热、虚、实、阴、阳八种具有普遍性的证候类型，用以说明疾病的性质、病变部位、正邪力量对比以及疾病类型的辨证方法，称为八纲辨证。

八纲辨证是最基本的辨证方法，是各种辨证的总纲。尽管疾病的表现错综复杂，但都可以用八纲来归纳。用表里确定病位的深浅，以寒热归纳疾病的性质，以虚实划分邪正的盛衰，以阴阳区别疾病的类型，其中阴阳又可以概括其他六纲，即表、热、实证为阳，里、寒、虚证为阴。因此，阴阳又是八纲中的总纲。

在一定的条件下，表里、寒热、虚实、阴阳之间可以互相转化。所以在临诊时，不仅要熟练地掌握八种证候的各自特点，还要注意它们之间的相互联系，灵活运用。在八纲辨证时，一般先辨别表里，确定病变部位；再辨寒热虚实，分清疾病性质，为论治提供依据。

一、表证与里证

表证与里证是辨别疾病的病位及病势深浅的两个纲领。病邪在表（皮肤、肌肉、经络）而病位浅，病情较轻者为表证；邪入脏腑、血脉、骨髓，病位深，病情较重为里证。

表证与里证不只是单纯根据病变的解剖部位来划分，而应根据证候特点加以区别。如有一些皮肤病和疮黄肿毒等，由于伴有内脏病变或由内脏发病而产生，属于里证的外在反映，故不能叫做表证。

（一）表证

表证是六淫外邪从皮毛、口鼻侵入机体所致的证候。多见于外感病的初期，起病急，病程短，病位浅。

诊断依据：发热，恶寒，苔薄，脉浮。常伴有肢体疼痛，咳嗽，流鼻涕等症状。

证候分析：由于六淫客于肌表，则郁而发热；卫气受遏，肌表失于温煦，而见恶寒；邪滞经络，气血不畅，则见肢体疼痛；肺主皮毛，鼻为肺窍，邪从皮毛、口鼻而入，肺气失宣，故鼻塞流涕，咳嗽气喘；邪未入里，正气奋起抗邪，脉气鼓动于外，故脉浮。

治疗方法：疏散表邪。

由于感受病邪的性质不同和机体抵抗力的强弱差异，表证又有寒、热、虚、实的不同类型。

表寒证：表现发热轻，恶寒重，咳嗽，被毛逆立，耳鼻发凉，四肢强拘，口色青白，口腔湿润，舌苔薄白，脉浮紧等。治宜辛温解表。

表热证：表现发热重，恶寒轻，咳嗽，耳鼻俱温，口干喜饮，口色偏红，舌苔薄白或薄红，脉浮数等。治宜辛凉解表。

表虚证：表现发热恶风，出虚汗，口色淡白，脉浮而无力等。治宜调和营卫，解肌发汗，益气固表。

表实证：表现发热恶寒，无汗，脉浮而有力等。治宜发汗解表。

（二）里证

是指病变部位深在脏腑、气血、骨髓的一类病证。多由表入里，或外邪直犯脏腑，或内伤饥饱劳逸等原因，引起气血功能失调所致。

诊断依据：因受邪脏腑不同，主证各异（参见脏腑辨证）。常见的症状如壮热或潮热，狂躁神昏，口渴贪饮；或畏寒肢冷，倦卧神疲，口流清涎；或粪便秘结，尿液短赤；或粪便稀溏，尿清长，苔厚脉沉等。

证候分析：热邪入里，里热炽盛，故见壮热；若内伤阴虚，虚火上炎，则见微热潮热；动物自身阳气不足，或寒邪内侵，损伤阳气，阳虚生寒，故畏寒肢冷；躁扰神昏是实热扰乱心神的表现；实热耗伤津液，则见口渴贪饮，尿液短赤；热结肠道，津液枯竭，传导失司，故粪便秘结；阳气不足的，多见倦卧神疲；虚寒者则见口流清涎；粪便稀溏，尿液清长，是里寒的标志；苔厚脉沉均为疾病在里之征。

治疗方法：有温里散寒，清热泻火，补虚，泻实等，依具体病证而定。

里证的证候极为复杂，范围甚广，多以脏腑证候为主。里证可分为寒、热、虚、实四种不同类型。

里寒证：表现为鼻寒耳冷，口流清涎，肠鸣腹泻，口色青白，舌苔白滑，脉象沉迟等。治宜温中散寒。

里热证：表现为精神倦怠，壮热口渴，大便干燥，小便短赤，呼吸促迫，咳嗽喘息，或咽喉肿胀，口色红燥，舌苔黄，脉象沉数或洪数等。治宜清热降火，或苦寒泻下。

里虚证：表现为头低耳耷，倦怠无力，食欲不振，四肢不温，卧多立少，口色淡白，脉象沉细无力等。治宜温补。

里实证：表现为大便秘结，小便短赤，肚腹胀满，疼痛不安，呼吸喘促，口腔干燥，口色红赤，舌苔黄厚，脉象沉实有力等。治宜泻下。

(三) 表证与里证的变化关系

表证与里证随着病情的发展，和病邪与机体抵抗力强弱的不同，而呈现出多种复杂的情况。

1. **半表半里证** 疾病既不在表，也不在里，而是介于表里之间的一种中间类型，叫半表半里证。它是表里转化过程中的一种病证。其主要证候为精神不振，饥不欲食，寒热往来或微热不退，耳尖时热时冷或皮温不整，口色淡红而干，舌苔淡黄或黄白相杂，脉弦等。治疗多用"和解法"，方用"小柴胡汤"加减。

2. **表里同病** 是指表证和里证同时出现。如表证未解，仍有恶寒发热，但又出现咳嗽气喘，粪干尿赤等里热证。又如，胃肠内有积滞，又感风邪，既见发热、汗出、恶风的表虚证，又见肚腹胀满、腹痛起卧、粪便秘结的里实证等等。治疗表里同病的原则，一般是先解表而后攻里或表里双解，但如里证紧急，则又不可拘泥，而须"即当救里"。

病例一 感　冒

感冒是由外邪伤及肺卫引起的以发热恶寒、咳嗽流涕、脉浮等为特征的疾病，常称为"伤风"。四季均可发生，但以冬春气候骤变、冷热变化剧烈时更为常见。

[病因病机]

1. **外感风寒** 多因气候突变，圈舍不温，贼风吹袭或遭雨淋，风寒之邪伤及肺卫，使外卫不固，腠理失疏，肺失宣发，风寒束表而发病。

2. 外感风热　风热之邪侵袭肌表，致腠理毛窍开阖失常，邪热内壅不得外泄而致病。

[辨证施治]

1. 风寒感冒

主证：恶寒重，发热轻，无汗，耳鼻发凉，拱背毛乍，皮温不均，鼻流清涕，口色淡白，舌苔薄白，脉浮紧等。

治则：辛温解表，疏风散寒。

方药：荆防败毒散（见解表方）加减。

针治：猪可取山根、鼻梁、耳尖、苏气、尾尖等穴；牛可取舌底、山根、耳尖、肺俞等穴；马可取玉堂、耳尖、尾尖等穴。

2. 风热感冒

主证：发热重，恶寒轻，汗出或无汗，口渴喜饮，气促喘粗，鼻涕黏稠，口色偏红，舌苔黄白，粪干尿赤，脉象浮数。

治则：辛凉解肌，兼清里热。

方药：柴葛解肌汤（柴胡、葛根、甘草、黄芩、羌活、白芷、白芍、桔梗、石膏、生姜、大枣，《伤寒六书》）；或银翘散（见解表方）加减。

针治：猪可取山根、鼻梁、耳尖、蹄叉、尾尖等穴；马可取鼻前、玉堂、耳尖，以及电针大肠俞、降温等穴。

[护理与预防]　注意圈舍防寒保暖，防止贼风侵袭，役后汗未干时勿拴于风口或寒凉处，勿露风霜。

病例二　湿　疹

湿疹，是一种急性或慢性过敏性皮肤病。属中兽医学中的湿毒范围。

[病因病机]　多因暑月炎天，使役出汗过多，失于刷洗，尘垢淤塞毛孔，湿热熏蒸，积于皮毛，致成其患；或因饲养管理不善，阴雨苦淋，畜舍潮湿，久卧湿地，复感风邪，风湿之邪，侵入肌肤，郁于皮毛，久之化热，湿热熏蒸，遂成此病。

[辨证施治]

主证：本病多发于胸腹部两侧，股部及系凹部，甚至蔓延全身。初起时皮肤温热，稍稍肿起，继而出现红斑、丘疹、水泡等；甚则瘙痒不安，揩树擦桩，摩墙擦壁，皮流黄水，味腥而黏，数日结痂，或逐渐糜烂；日久转为慢性，皮肤增厚而粗糙，皮纹加深，被毛脱落。色脉一般变化不大，严重时舌苔黄腻，脉滑数。

治则：急性者，清热、祛风、利湿；慢性者，养血、祛风、除湿。

方药：(1) 急性湿疹用①凉血消风散（当归、生地、知母、石膏、苦参、牛蒡子、蝉蜕、麻仁、防风、荆芥、苍术、木通、甘草，《外科大成》）；②防风通圣散（见解表方）。(2) 慢性湿疹用①四物消风散加减（当归、生地、川芎、苦参、白藓皮、苍耳子、地肤子、防风、荆芥，水煎加蜂蜜同调灌服，《现代中兽医大全》）；②当归、白芍各21g，生地30g，苦参、草薢、茯苓各24g，地肤子45g，白藓皮18g，甘草12g，共为末，开水冲调，马、牛一次灌服（《新编中兽医学》）。(3) 猪湿疹可取茯苓32g、黄柏、防风、荆芥、丹皮各10g，连翘13g，研末，分两次喂给（湖北民间验方）。

外治：急性期用青黛散外扑；慢性期可用青黛散油膏涂擦。

[护理与预防]　畜舍要经常打扫，保持清洁干燥；勿卧湿地，切忌雨淋，夏季要对畜体经常洗刷。

病例三　结　症

结症是粪便阻塞在肠管内不能移动，致使肠气不通，腹痛不安的一种病症。《元亨疗马集·起卧入手论》中说"结症者，实症也，停而不动，止而不行也。……料塞不通，遂成脏结之病"。本病在马属动物多发，牛有时也见。

[病因病机]

1. 饲养不当　多因长期饲喂营养单一、粗硬难以消化草料；或饲喂潮湿、霉败草料；或草料不洁，混有泥沙及其他杂物等；加之饲养管理不善，使役过重，饥饱不均，饮水不足，役后急饲，饱后重役；或突然更换草料，以及改变饲养方式等，致使肠胃受伤，津液受损，草料难以运化，大肠传导失常，使粪便阻塞肠道而发病。

2. 火热伤津　暑热炎天，劳役过度，出汗太多；或乘饥而喂热草热料，加之饮水不足，以致胃肠燥热；或于热病之后，余热未尽，致使津液渐耗，不能滋润肠道，导致肠道干涩，粪便干结，停而不动，而成为结症。

3. 寒邪内侵　如气候骤然变冷，或寒冷季节，厩舍不温，饲喂冰冻草料，致使寒邪内侵，损伤阳气，阴盛阳衰，升降失调，津液不行，传导失职，致成结症。

4. 气血虚衰　老弱及病后动物，由于阴亏、阳虚、气血不足，每因气候的影响或饮喂不节，常导致胃肠功能失常，传导失职，使糟粕内停，致成结症。

[辨证施治]

主证：精神不安，食欲大减或不食，粪球干小，常覆有黏液，肠音不整，继则肠音沉衰或者全无，粪便不通，腹痛起卧，回头顾腹，后肢踢腹，口内干燥，舌苔黄厚，脉象沉实。由于秘结部位不同，其表现也有差异。

1. 前结　多于食后不久突然发病，腹痛剧烈，前肢刨地，起卧滚转，继发大肚结（胃扩张）时，鼻流粪水，出汗颤抖。初期仍可排少量粪便，肠音微弱，口色赤紫，少津，脉沉细数。直肠入手仔细搜寻，常在右肾前方或右下方摸到秘结块。前结相当于小肠结。

2. 中结　发病较突然。初期腹痛轻微，站立不安，回头顾腹，继则腹痛加剧，连连起卧，有时滚转，排粪停止，容易引起肚胀。初期口色红而干，脉象沉涩；后期舌苔黄厚，舌有皱纹，口臭，脉沉细。直肠入手在耻骨前缘或骨盆腔可摸到拳头大或小臂粗的结粪。中结相当于小结肠结或骨盆曲结。

3. 板肠结　发病较缓慢，病程较长。腹痛较轻，回头顾腹，阵阵起卧，或站立呈"拉肚腰"的姿势（前肢前伸，后肢后伸）。初期可能排少量粪便，后期津少，有舌苔，口臭。直肠入手可在左腹下方、右前方或左后方摸到粗大而不移动的、充满粪便的肠管。板肠结相当于大结肠结或盲肠结。

4. 后结　腹痛轻微，间隙发作，常抬尾蹲腰做排粪姿势，但不见粪便排出，肚腹稍胀大。直肠入手可直接摸到积聚在直肠的粪便。后结相当于直肠便秘。

5. 牛盘肠结　病程发展较慢，拱腰努责，后肢蹄腹或交替踏地，摇尾，严重时起卧，粪便干硬难下，有时排少量黏液或带血液，反刍停止，肚腹稍胀，鼻镜干燥，口色赤红，口津黏腻，脉象沉涩。直肠入手在右侧骽窝下方，有时可触到硬结。

治则：肠结以通为主，但尚需具体分析，前结以理气、化食、润肠为主；中结、板肠结和牛的盘肠结以泻下通肠为主；后结以润肠通便为主。

方药：

1. 三消承气汤加味 [山楂、麦芽、六曲各60g（研末后下），大黄60g，枳实、厚朴各15g，槟榔10g，代赭石45g，水煎，小剂量灌服《中兽医学》]，本方主治前结。在继发食胀时，先用胃管导出胃内容物，再用食醋500ml加等量水投服；继发气胀时，用胃管先放气，然后投服食醋250ml，植物油500ml。待食胀或气胀症状基本消除后，再小剂量投服本方。

2. 枳实破结散 [枳实60g，番泻叶、大黄、二丑、厚朴、青皮、木香各30g，芒硝150g（后下），共研末，开水冲服（北京门头沟兽医站方）]，本方主治中结、板肠结和牛的盘肠结，也可配合1‰～2‰食盐水5 000～10 000ml，直肠深部灌肠。

3. 大承气汤（见泻下方）加植物油或猪油250～500g，也可治疗中结、板肠结和牛的盘肠结。

4. 当归苁蓉汤（见泻下方），主要用于后结。

5. 单验方　(1) 食盐150～250g，加水6 000～8 000ml，经胃管投服，常用于板肠结；(2) 小苏打120g，和水先灌服，隔20～30min后灌食醋500ml，每日一次，直到结粪消失。主要用于大肠秘结；(3) 芒硝300～500g，加水6 000～8 000ml，马一次灌服。主要用于板肠结和后结。

针治：针三江、姜牙、分水、蹄头、后海等穴，或电针关元俞穴，或用耳针疗法。

[掏结术]　即直肠入手破结法。将手伸入直肠（按直肠检查操作要领进行），隔肠使结粪变形，破碎或直接取出，以解除肠管阻塞，达到治愈目的。常用的手法有按压法、握压法、切压法、锤结法和直取法等。

1. 按压法　主要用于中结。将结粪肠段，隔肠牵引靠近腹侧壁，或骨盆腔前口，抵于耻骨前缘，拇指屈于掌内，其余四指并拢，用指腹按压结粪，以点连线，压成凹沟，使气体或液体通过即可，如能再进一步压扁或压碎更好。

2. 握压法　主要用于前结与中结。即隔肠将结粪肠段用手掌轻握，固定在腹壁或骨盆前缘，进行握压，使结粪松动破碎。

3. 切压法　主要用于板肠结。切压时，拇指屈于掌内，其余四指并拢，用指尖或掌侧缘，沿结粪纵轴，切压成沟，如粪块较大，必要时再沿横轴，切压成段。

4. 锤结法　主要用于中结。将结粪移到就近的腹壁固定，另手握拳，对准固定结粪部位捶击。若术者操作不便时，可让助手按指定部位用拳击或木槌捶之，以结粪变形、松动，感觉有气体或液体从结粪肠段通过为度。

5. 直取法　只用于后结。可先用食指、中指由结粪的中心慢慢挖开，并用指尖将碎粪一点一点地夹出，待结粪松动后，即可将结粪取出。直取时，极易引起直肠肿胀，应边取粪边用润滑剂灌肠。

另外，根据病因又可将结症分为热结、寒结和虚结等几种，详见"便秘"的辨证施治。

[护理与预防]　动物腹痛不安时，可适当牵遛，防止滚转、跌伤，避免继发肠变位。肠道疏通后，应禁食1～2顿，逐渐恢复正常饲养，以防复发。

平时应加强饲养管理，注意饲料清洁，饮水充足，并加喂食盐；适当运动，避免过劳或长期休闲，可预防或减少本病的发生。

最后需要指出的是，结症属于急症，必要时应采取中西结合的方法综合治疗，方能取得较好疗效。

病例四　乳　痈

乳痈是乳房呈现硬、肿、热，并拒绝幼畜吃奶或人工挤奶的一种疾病。常发生于产后母畜哺乳期间。此外，在妊娠后期临产之前亦偶见发生。多发生于乳用家畜，役畜和猪也有发生。

[病因病机]

1. **胃热壅盛**　多因母畜使役负重太过，奔走太急，或食料过多，致使胃热壅盛，气血凝滞；又因乳房乃胃之经脉所过之处，故胃热过盛，壅滞乳房，脉络受阻，遂成本病。

2. **气血淤滞**　多因母子分离等刺激因素，致使肝气郁结，气机不舒，气滞血凝，又因乳头乃肝经所过，故肝气郁结，乳房经气阻塞，遂成乳痈；或由于乳孔闭塞，乳汁蓄积，乳汁分泌过盛，幼畜吸乳量少，或产后幼畜死亡，乳汁未能消散，积聚于乳房之内，郁结而成本病。

3. **外邪入侵**　圈舍不洁，畜体卫生不良，或产乳家畜，挤乳技术不佳，操作失误，再加母畜产后正气虚弱，或高产乳牛消耗过度，外界毒邪乘机而入，致使乳房热毒壅盛，气、血、乳三者不通，遂成乳痈。

4. **外伤**　乳房受到创伤、压伤、咬伤、踢伤、打伤等，亦常发生本病。

[辨证施治]

1. **热毒壅盛型**

主证：乳房红、肿、热、痛，拒绝幼畜吃奶或人工挤奶，不愿卧地和行走，两后肢张开站立。乳量减少，乳汁变性，呈淡棕色或黄褐色，甚至乳中出现白色絮状物，并带血丝。如已成脓，触之有波动感，日久破溃出脓。严重者发热，水草迟细。口色赤红，苔黄，脉象洪数。

治则：治宜内、外同治，分期用药。

初期：以清热解毒，消肿止痛为主。（1）内服栝楼牛蒡汤（栝楼60g，牛蒡子、花粉、连翘、金银花各30g，黄芩、陈皮、栀子、皂角刺、柴胡各25g，生甘草、青皮各15g，《医宗金鉴》）加减。哺乳期间乳汁壅滞者，宜通乳，加漏芦、王不留行、木通、路路通等；断乳后乳房肿胀者，宜回乳，加焦山楂、焦麦芽；新产母畜恶露未净者，宜祛淤，加当归、川芎、益母草；有肿块者，宜调和营血，加当归、赤芍；恶寒者，加荆芥、防风。（2）双丁（蒲公英、紫花地丁）注射液经乳头管向乳房内注射；（3）金黄散（南星、陈皮、苍术、厚朴各25g，甘草15g，黄柏、姜黄、白芷、大黄、花粉各30g，《医宗金鉴》）共研末，醋调或水调外敷；也可用10%～20%芒硝溶液外敷，肿胀明显者冷敷，有肿块或青肿者热敷。

成脓期：以清热解毒、消肿排脓为主。脓成未溃可穿刺排脓，内服透脓散（黄芪60g，当归45g，甲珠、川芎、皂刺各30g，《外科正宗》）加金银花、连翘、蒲公英。外治用艾叶、葱、防风、荆芥、白矾各30g，煎水去渣，用药液洗患处。

溃后，气血双亏者可用八珍汤（见补益方）；久不收口者，可服内托生肌散（生黄芪120g，花粉100g，生杭芍、甘草各60g，乳香、没药各45g，丹参30g，《医学衷中参西录》）加减。

2. 气血淤滞型

主证：乳房内有大小不等的硬块，皮色不变，触之不热或微热，乳汁不畅，若延误不治，肿块往往溃烂，或成为永久性硬块，使乳房不能产奶。病畜躁动不安，口色黄，苔黄，脉弦数。

治则：舒肝解郁，清热散结。

方药：初期，内服逍遥散（见和解方）加枳壳、香附、青皮、瓜蒌、花粉等；外敷冲和膏（炒紫荆皮150g、独活90g、炒赤芍60g、白芷120g、石菖蒲45g，同葱汤、酒调敷，《外科正宗》），或用10%～20%芒硝溶液热敷。溃后，内服方同热毒壅盛型；外敷生肌散（见外用方）。

针治：针灸或氦氖激光照射阳明、带脉、肾堂、尾本、乳基等穴对各型乳痈皆有一定疗效；用TDP治疗仪照射患乳也有较好疗效。

[护理与预防] 经常挤奶，减少乳汁滞留，患病期尽可能隔离幼畜，暂停哺乳；保持厩舍卫生和挤奶卫生，防止外邪侵入。

二、寒证与热证

"阴盛则寒、阳盛则热"，寒热辨证，是辨别疾病性质的一对纲领，也是确定治疗时用温热药还是用寒凉药的重要依据。

1. 寒证 由阴盛所致者称为寒实证，由阳衰形成的称为虚寒证。

诊断依据：畏寒喜暖，肢冷倦卧，口不渴，粪便稀溏，尿液清长，口色青白，苔白而润滑，脉迟紧。

证候分析：阳气不足，或为外寒所伤，形体失于温煦，故见畏寒喜暖，肢冷倦卧。阳虚不能温化水液，涕涎尿液皆澄澈清冷。阴寒内盛，津液不伤，故口不渴。寒邪伤脾，或脾阳久虚，则运化失司而见粪便稀溏，尿液清长。阳虚不化，寒湿内生，则口色青白，苔白而滑润。寒主收引，受寒则脉道收缩而拘急，故见脉紧。

治疗原则：温中散寒或温补阳气。

2. 热证 由阳盛所致的热证为实热证，由阴虚形成的热证为虚热证。

诊断依据：发热喜凉，口渴喜冷饮，骚扰不安，粪便秘结，尿液短赤，口舌赤红，苔黄干燥，脉数。

证候分析：阳热偏盛，故发热喜凉。火热伤阴，津液被耗，故尿液短赤；津伤则需引水自救，故口渴喜冷饮。热扰心神，则见躁扰不安。肠热津亏，传导失司，故粪便秘结。舌红苔黄为热象，口干少津为阴伤；阳热亢盛，血行加速，故见脉数。

治疗原则：清热泻火或养阴清热。

病例一 冷 痛

冷痛又称伤水起卧、姜牙痛、脾气痛，西兽医称痉挛疝、卡他性肠痛。多因外感风寒、内伤阴冷而引起的一种急性、阵发性腹痛。主要发生于马属动物。

[病因病机]

1. 外感风寒　气温骤降，或遭阴雨苦淋；圈舍阴冷或夜露风霜，使寒邪内侵，寒湿停留，阴盛阳衰，寒凝气滞，经络不通，气血受阻，升降失常，致成本病。

2. 内伤阴冷　过劳身热，暴饮冷水或过食冰冻草料，寒邪伤于脾胃，脾阳受损，运化失常，气机不通，"不通则痛"，故腹痛起卧。

[辨证施治]

主证：发病急骤，肠鸣如雷，有时泄泻，腹痛起卧，回头顾腹，寒唇似笑，蹲腰摆尾，耳鼻俱凉，有时全身颤抖，口色青白，口津滑利，脉象沉迟。

治则：温中散寒，理气和血。

方药：(1) 橘皮散（见理气方）加减；(2) 单验方：大葱3枝、炒盐30~50g，水煎三沸，候温加白酒四两，马一次灌服。

针治：取蹄头、三江、分水、脾俞、百会等穴。

[护理与预防]　腹痛起卧时，要不断牵遛，防止摔伤，或继发肠变位。病好当天勿饮冷水，注意保暖。

平时要注意管理，拌草料不宜过湿，役后勿立即过饮冷水，休息要避风寒。

病例二　脾胃虚寒

脾胃虚寒是外感风寒，内伤阴冷，轻则胃冷吐涎，重则胃寒不食的一种疾病。

[病因病机]　多由饲养管理不良，被雨、露、雪、霜、寒、风侵入肌肤，传于脾胃；或遇气候寒冷，空肠误饮冷水太过，喂麸料时拌水过多，长时间饲喂冷冻饲草等。总之为外感风寒侵于脾，内伤阴冷滞于胃，内外合邪，使脾阳不振，胃火微弱，脾胃虚寒而发病。

[辨证施治]

主证：鼻寒耳冷，精神短少，重者浑身发颤，日益消瘦，毛焦欣吊，食欲饮水减少，口流清涎，粪便稀泻，尿液清长，脉迟细无力，口色青黄，舌苔白腻。外感风寒，多系口吐清涎，病较轻；内伤阴冷，多系胃寒不食，病较重。

治则：温脾祛寒，暖胃和中。

方药：(1) 理中汤加减（见温里方）；(2) 口吐清涎者可用"加味参苓平胃散"（党参、白术、茯苓、苍术、陈皮、厚朴、生姜、大枣、甘草、半夏、藿香、柿蒂、白蔻、木香、炒盐，《实用中兽医诊疗学》）；胃寒不食者可用"加减桂心散"（桂心、青皮、陈皮、白术、厚朴、益智仁、枳壳、赤芍、当归、砂仁、茯苓、五味子、炙甘草、大葱，《实用中兽医诊疗学》)。粪球干小者加生山药、蜂蜜,食欲减少者加焦三仙。

针治:白针脾俞、后三里穴;或火针脾俞穴。

[护理与预防] 将病畜拴于温暖厩舍,多喂富含营养的饲草。拌麸皮水要适当,少拌、勤拌,多喂米汤及温开水。

病例三 产后发热

产后发热是动物产后出现发热的一种疾病。一般而言,产后由于阴血骤虚,气血淤滞,常有短时的轻微发热,不属病变。但如果持续发热不减,并伴有其他症状者,则称为产后发热。本病以猪、马及奶牛多见。

[病因病机] 产后阴血骤虚,阳易浮散;产后气血亏虚,腠理不实,营卫不固,容易产生各种疾病而导致发热。其原因归纳起来有以下几种。

1. 血虚 由于产后气血俱虚,阳无所附,以至阳浮于外而发热。

2. 热毒内侵 产后气血亏损,正气虚弱,又因助产不当,或厩舍卫生不良,致使邪毒侵入胞宫,邪毒结聚,气血被郁,郁而发热。日久邪毒化火,走窜经脉,内陷营血,可出现火毒炽盛,内攻脏腑,气机衰败的危候。

3. 外感 多因分娩后气血骤虚,卫外之阳不固,腠理不密,以至外邪乘虚而入,正邪相争,故令发热。

[辨证施治] 临诊常见有血虚发热、热毒内侵、外感发热等几种病证。在治疗时,因产后虚多实少,既不宜过于发表攻里,又不可强调甘温除大热,应以调气血,和营卫为主。

1. 血虚发热

主证:精神倦怠,食欲不振,低热不退,自汗或盗汗,粪干尿黄,舌质淡红,无苔,脉细数。

治则:补益气血,养阴清热。

方药:八珍汤(见补益方)加地骨皮、知母、青蒿、鳖甲、丹皮。

2. 胞宫热毒

主证:发热,甚至高热不退,精神沉郁,食欲废绝,恶露量多而秽臭,色如败酱,粪便秘结,尿少色黄,舌红苔黄,脉数。

治则:清热解毒,凉血化淤。

方药:五味消毒饮(《医宗金鉴》)加减(金银花、连翘、蒲公英、紫花地丁各60g,生地、丹皮、赤芍、当归各30g,败酱草90g,益母草、车前子各45g,川芎15g)。

3. 外感发热

主证:产后不久,发热恶寒,鼻流清涕,咳嗽,精神不振,食欲减退,口色淡白或青白,苔薄白,脉浮数。

治则:养血疏风,调和营卫。

方药:四物汤加味(当归、生地、芍药、川芎、防风、荆芥、苏梗、桂枝、益母草、甘草、生姜)。

[护理与预防] 分娩助产时,要严格按操作规程,减少阴道损伤和感染,产后要加

强饲养管理，注意防止感冒和其他感染。

病例四 中 暑

中暑是由于高温环境或暑天感受暑邪所致，为心肺热极之证。《元亨疗马集》中"热痛"和"黑汗风"，均属中暑范围。病证较轻者为伤暑，病证较重者为中暑。

[病因病机]

1. 多因暑热炎天，役畜负重长途运输，奔走太急，或烈日当空，使役过重，上受烈日的暴晒，下受暑气的熏蒸而致中暑。

2. 由于天气闷热，厩舍、车舟狭窄，失于饮水，通风不良；或牧区夏季烈日直晒，而无风时将动物围挤在有高墙的圈内；或动物过度肥胖，不易散热等原因，使暑热之邪由表入里，卫气被遏，内热不得外泄，热毒积于心肺，致成本病。

[辨证施治]

1. 伤暑

主证：发病较快，精神恍惚，头低耳耷，四肢倦怠，行走无力，步态不稳，站立如醉，两目昏蒙，闭而不睁，有时流泪；喜伏卧呈昏睡状态，但不滚转。身热气喘，粪便干燥或泄泻，尿液短黄。口色初期鲜红，后期暗紫，口津干涩，脉象洪数。牛多突然发病，目瞪头低，口流白沫，尾不摇摆，身颤出汗，色脉同马。

治则：清心解暑，开郁理气。

方药：香薷散（见清热方）。配合针治和护理等急救措施对治疗本病可收良效。

2. 中暑

主证：猝然发病，病程短快，高热神昏，行如酒醉，浑身颤抖，汗出如油，目瞪头低，牵行不动，气促喘粗；口色初期鲜红，很快变为赤紫；脉象洪数，或细数无力。猪常见高热气喘，便秘，抽搐。此病如果掐耳不知，汗出不休，汗出如油，舌如煮豆（紫黑无光），则难以治愈。

治则：清热解暑，宁心镇惊。

方药：(1) 茯神散［茯神、朱砂、雄黄、猪胆汁（可以鸡蛋清代之），《元亨疗马集》］；(2) 白虎汤加味［生石膏、知母、甘草、香薷、佩兰、朱砂（另研）、郁金、石菖蒲］；(3) 单验方用西瓜5 000g、白糖250g捣烂灌服治疗本病。本法也可用治"伤暑"。

针治：鹘脉、三江、通关、带脉、耳尖、尾尖穴放血。

[护理与急救] 将患病动物迅速转移到荫凉通风处，用冷水浇头部（井水更佳），结合冷水灌肠；在用中药的同时，配合放鹘脉血（放大血）1 000～2 000ml，并即时输液，纠正酸中毒等综合治疗措施，以抢救危重病动物。

三、虚证与实证

畜体正气不足为虚，邪气亢盛为实。

(一) 虚证

虚证是正气虚弱所致的一系列症状的概括。原因有饲养管理不当，劳役过度，饮喂不足，或久病，虫积，失血，或年老体弱，使动物的阳气、阴精受损而形成。此外，先天不足的动物，其体质也往往虚弱。常见的有阴、阳、气、血虚证。

诊断依据：精神萎靡，倦怠乏力，心悸气短，形寒肢冷，自汗，粪便滑泄，尿液失禁，舌淡胖嫩，脉虚沉迟；或身瘦体弱，低热或潮热，口咽干燥，盗汗，舌红少苔，脉象细数。

证候分析：虚证的主要病机是伤阴或伤阳。伤阳者以阳气虚衰为主，由于阳失温运与固摄无权，故见神疲乏力，心悸气短，形寒肢冷，粪便滑泄，尿液失禁。伤阴者以阴精亏损为主，由于阴不制阳，失于滋润，故见低热或潮热，盗汗。阳虚则阴寒盛，故舌淡胖嫩，脉虚沉迟。阴虚则阳偏亢，故舌红少苔，脉象细数。

治疗原则：补气养血，滋阴壮阳。

(二) 实证

实证是感受外邪而正气未虚时呈现的一系列症状的概括。多因感受外邪或脏腑机能活动障碍以致食积、痰饮、水湿、淤血等实邪结滞在体内而成。实证多为急、暴、新病。常见于体壮的动物。

诊断依据：发热，肚腹胀痛，躁扰不安，或神志昏迷，呼吸气粗，粪便秘结，或痢下赤白，里急后重，排尿不利，淋漓涩痛，舌质苍老，舌苔黄腻，脉实有力。

证候分析：邪气过盛，正气与之抗争，故见发热。实热扰心，或蒙蔽心神，故神昏或躁动。邪阻于肺，宣降失调，则呼吸气粗。实邪停积于胃肠，腑气不通，故粪便秘结，肚腹胀痛；湿邪下攻，则下痢、里急后重。水湿内停，气化不行，故排尿不利；湿热下注膀胱，则尿淋漓涩痛。湿热蒸腾则舌苔厚腻。邪正相争，搏击于血脉，故脉实有力。

治疗原则：实证的治疗，应根据具体病证，治宜清热、泻下、行气、导滞等。

病例一 虚　劳

虚劳即虚损劳伤，也称瘦弱病。是后天失养、脏腑亏损、阴阳气血不足而致的多种慢性虚损劳伤病证的总称。

[病因病机]

1. 饲养不当　管理不善，营养不良，饥饱不均，日久脾胃受损，气血生化之源不足，伤于脏腑而致病。

2. 劳役过度　长期使役过度，饲料不足，或饱后重役，以至脾胃生化功能受损，气血不能生化，气血亏虚，外不能滋四肢百骸，内不能养五脏六腑，日久表里两虚，气血双亏而成本病。

3. 其他原因　外感失治或内伤调理不当，病邪久留，或慢性脾胃虚弱或寄生虫病，母畜孕育太多或公畜配种太过等，日积月累伤及脏腑、气血而致病。

[辨证施治]　虚劳证虽繁，但总不外乎五脏之伤；而五脏之伤，又不外乎气血阴阳

受损。因此,虚劳的辨证,应以气血阴阳为主,治疗中当以"虚者补之"为大法。又因脾为后天之本,肾为先天之本,故调补脾肾,当为治疗本病之根本。

1. 气虚型

主证:毛焦欣吊,神怠乏力,卧多立少,动则喘气,呼吸气短,咳嗽声低无力,食欲减少,不时泄泻,下唇松弛,舌质如绵,口色淡白,脉沉细。

治则:补肺固表,益气健脾。

方药:以脾虚为主者,用补中益气汤(见补虚方)加减;肺气虚为主者,加五味子、阿胶、紫菀等。

2. 血虚型

主证:除具有气虚型的一般症状外,兼见可视黏膜苍白,视力减退,蹄甲枯燥无光,或有裂纹,有时心悸怔忡,烦躁不安,善恐易惊,脉象细弱或结代。

治则:补血养肝,荣血安神。

方药:四物汤(见补益方)加味。心血虚为主者加黄芪、白术、龙眼肉等;肝血虚为主者加何首乌、女贞子、枸杞等。

3. 阳虚型

主证:具有气虚的一般症状,兼见形寒肢冷,耳鼻不温,四肢浮肿,腰肢软弱,公畜阳痿滑精,母畜不孕,食少泄泻或久泻不止,口色淡白,脉沉迟。

治则:补肾助阳,温中健脾。

方药:附子理中汤(见温里方)加减。兼心阳虚者加桂枝、炙甘草;腰胯无力加骨碎补、杜仲、牛膝、秦艽;阳痿滑精加枸杞、淫羊藿、巴戟天等。

4. 阴虚型

主证:体瘦毛焦,四肢无力,腰脊痿软,低热不退,易惊易恐,舌红少津,或干咳无痰,夜间出汗,粪干尿少,脉象细数。

治则:养阴生津,补肾益肺。

方药:六味地黄汤(见补益方)加减。

[护理与预防] 停止使役,增加草料,给以易消化及富有营养的饲料,适当牵遛运动或放牧。平时加强饲养管理,劳役适宜,厩舍要冬暖夏凉。

病例二 垂 脱

垂脱是指直肠、阴道或子宫脱出的一类病证。多发生于老弱动物,以冬春季节多见。

[病因病机]

1. 气虚下陷 老龄体瘦,元气衰弱,气血不足,固摄无权,致使直肠、阴道或子宫肌肉及其韧带松弛,约束无力而脱出体外,不能回缩。

2. 强力努责 阴虚津亏,粪便干结,排粪过度努责;负重奔跑用力过度,使直肠努出;胎儿过大,分娩时强力拉拽;或胎衣不下,努责过度而致。

3. 湿热下坠 多因湿热蕴结于肠道,久泻久痢,中气亏损,肛门松弛致使中气下陷而成本病。

[辨证施治]

1. 直肠垂脱（脱出）

主证：直肠翻出肛外，初期色泽淡红，久则渐变暗红，水肿，冷硬难收，甚至破溃坏死。患畜不时努责，拱腰揭尾，排粪困难，食欲减少，口色青黄，脉象迟细。

治法：以手术整复为主，脱出部分清洗回纳后进行四周袋口缝合，并注意留有适当的排粪空隙；配合天门穴敷贴蓖麻子泥，则效果更好。中药以补气升阳，清热利湿为主。

方药：补中益气汤（见补益方）加知母、黄柏。

2. 阴道脱及子宫脱

主证：有部分脱出和全部脱出之分。部分脱出者可见阴道或子宫部分脱出于阴户外，有的站立时可自动回复；全部脱出者可见阴道或子宫全部脱出于阴户外，大如排球，初期为粉红色，日久则变为暗红，并发生水肿，甚至坏死。患畜排尿不利或失禁，精神不振。

治法：将脱出部分用淡花椒水或2‰明矾水溶液清洗，病畜前低后高保定，手术还纳原位，并进行阴门缝合等。药物以补中益气，升阳举陷为主。

方药：补中益气汤加益母草、枳壳、香附、蒲公英、川芎。若四肢不温，腰膝无力，排尿不利或失禁之肾虚证，再加山药、熟地、杜仲、山茱萸、枸杞。

[护理与预防] 手术整复后，要减少运动和起卧，喂给易消化的饲料，平时注意劳役适度。

病例三 宿草不转

为过多草料积滞胃内，无力运化之证，西兽医称瘤胃积食，是牛、羊的常见病之一。

[病因病机]

1. 脾胃虚弱 长期饲养失调，劳役过重，脾胃受损，运化无力，草料难以消化，停滞于胃。

2. 过食伤胃 饥甚过食，咀嚼不充分，过食易膨胀或不易消化的粗硬饲料，饲料突然更换，贪食过多，超过胃的容纳，损伤脾胃，致草料停滞于胃腑而发病。

3. 其他 异物入胃，百叶干（瓣胃阻塞），某些中毒病等也可继发本病。

[辨证施治]

1. 宿草停滞

主证：发病急，精神不振，头低耳耷，食欲、反刍停止，肚腹臌大，尤以左肷突出，按压坚硬或有压痕，嗳气酸臭，四肢张开，立多卧少，回头顾腹，气促喘粗，口色赤红或青紫，津液黏稠，鼻镜干燥，脉沉涩。

治则：消积导滞，攻下通便。

方药：大戟散（见泻下方）加减。

2. 脾虚积食

主证：多见于消瘦、脾胃素虚的病牛。发病较缓，病势较轻，但易反复发作。左腹胀满，指压留痕，拱背呆立，神疲乏力，颤抖，粪干或间有拉稀，口干，色稍红，脉象细数。

治则：补脾健胃，消积导滞。

方药：四君子汤合曲蘖散（见补益方和消导方）加减。

[护理及预防] 平时节制草料，防止过食。停止使役，可反复揉摩瘤胃，停喂草料，供给饮水，适当牵遛；病初愈，反刍复常后，可饲喂易消化的青嫩草。

病例四 肚　胀

肚胀是指肚腹胀满的一类病证，常见的有气胀、食胀、水胀三种证型。

[病因病机]

1. 草料所伤　多因采食易发酵的饲料，在胃肠内产生大量气体而成。
2. 肠道阻塞　因马骡结症，结粪阻塞肠道，气机郁滞不能下降和气体不能排出所致。
3. 水饮停聚　因脾胃素虚，不能运化水湿，停滞肠道或溢于腹内，导致本病。

[辨证施治]

1. 气胀

主证：为腹胀中最常见的证型，多发生于马、牛、羊。发病快，病势急。症见腹胀如鼓，呼吸促迫，腹痛起卧不安，胃肠蠕动音减弱，排粪减少或停止，口色青黄，脉沉紧。

治则：破气消胀，宽肠通便。

方药：(1) 消胀汤（酒大黄、醋香附、木香、郁李仁、牵牛子各30g，木通、厚朴、五灵脂、青皮各20g，白芍、枳实、当归、滑石、大腹皮各25g，乌药、藿香各15g，莱菔子30g，麻油250g为引，《中兽医研究所研究资料汇集》)加减；(2) 单验方：食醋1 000～2 000ml 或加植物油500～1 000ml，牛一次灌服；飞盐60g，食醋250ml，葱白五支（切碎）、白酒60ml，加温水适量，马一次灌服。

针治：马可取后海、脾俞、关元俞、大肠俞等穴；牛可针苏气、顺气（巧治）、山根、脾俞等穴；病情紧急者应迅速于肷俞穴处放气。

2. 食胀

主证：精神不振，食欲大减或废绝，肚胀，起卧不安，伸头直颈；牛嗳气酸臭，左肷部胀满，按压坚实，口色红赤，口津干少，脉沉涩。

治则：消食导滞，破气消胀。

方药：曲蘖散（见消导方）或大戟散（牛）加减。

针治：取肷俞、关元俞、大肠俞、后海、脾俞等穴。

3. 水胀

主证：又称为宿水停脐，多见于羊、犬、猫等动物。症见精神不振，水草迟细，日渐消瘦，腹部逐渐膨大而下垂，触诊时有拍水音，口色青黄，脉象迟涩。

治则：行气逐水。

方药：(1) 舟车丸（黑丑、煨甘遂、醋炒芫花、醋炒大戟、大黄、青皮、陈皮、木香、槟榔、轻粉，《景岳全书》)；(2) 体质虚弱者宜健脾暖胃，温肾利水。方用健脾散（见理气方）加减，寒盛者加干姜、肉桂，体弱甚者加党参、黄芪。

针治：取脾俞、关元俞、带脉、后三里等穴，宿水停脐者，可云门穴放水。

[护理与预防] 实胀者应停食一天，开食后喂给易消化的草料；虚胀者应加强营养，喂给含蛋白的饲料。

四、阴证与阳证

一切病证，总不外乎阴阳两大类型。而诊病之要也须先辨明其阴阳属性。阴阳是概括疾病类别的一对纲领，即里证、虚证、寒证，多属于阴证，而表证、实证、热证，多属于阳证。因此，阴阳又是八纲辨证的总纲。

（一）阴证

凡表现为抑制、沉郁、衰退、晦暗、具有寒象的均为阴证。阴证的形成，由于老龄体弱，或内伤久病，或外邪内传五脏，以致阳虚阴盛，脏腑功能降低，每多见于里证的虚寒证。

阴证的主要临诊表现是无热畏寒，四肢厥冷，身瘦乏力，倦怠喜卧，气短声低，下利清谷，尿液清长，口津滑利，或流清涎，舌淡胖嫩，脉沉迟无力等。在外科疮疡方面，凡无红、肿、热、痛或不明显，脓液稀薄而少臭者，则属阴证。

（二）阳证

凡表现为兴奋、亢进、鲜明、具有热象的均为阳证。阳证的形成，多由于邪气盛而正气未衰，正邪相争处于亢奋阶段，所以常见于里证的实热证。

阳证的主要临诊表现是身热恶热，或发热恶寒，躁动不安，呼吸气粗，口渴贪饮，粪便秘结，尿液短赤，舌质红绛，苔黄而干，脉象洪大或浮数。在外科疮疡方面，凡红、肿、热、痛明显，脓液黏稠发臭者，则属阳证。

必须注意，阴证与阳证是就证候类型而言，与机体表现为不足的阴虚与阳虚的概念有所不同。阴虚是指阴液消耗或不足而引起的一些证候（即虚热证），阳虚是指机能活动减退所致的一些证候（即虚寒证）。它们均属于虚证。

（三）亡阴与亡阳

1. **亡阴** 也称阴脱，为阴液衰竭而出现的一系列证候，多见于大出血或脱水。表现兴奋、烦躁不安，耳鼻温热，气促喘粗，汗出如油，口渴贪饮，口干，舌红紫，脉疾数无力或大而虚。治宜益气救阴。

2. **亡阳** 也称阳脱，为阳气将绝所出现的一系列证候，多见于大汗、大泻、大失血、过劳等。表现极度沉郁或痴呆，鼻寒耳冷，肌肉颤抖，气息微弱，汗出如水，口腔干涩，舌质青白，脉微欲绝或浮数而空。治宜回阳救逆。

由于阴阳是互根的，阴竭则阳无所依附，阳竭则阴无以化生。所以亡阴可迅速导致亡阳，亡阳之后亦可出现亡阴。亡阴与亡阳都是危重证候，临诊中应注意分清主次，及时救治。

第二节 脏腑辨证

脏腑辨证是在脏腑学说指导下，以脏腑来归类病证的辨证方法。病证是脏腑功能失调的外在反映，脏腑的生理功能不同，它所反映出来的病证也就不同。根据不同脏腑的生理功能及其病理变化来分析病证，这就是脏腑辨证的基本特点。所以熟悉各脏腑的生理功能及其病变规律，则是掌握脏腑辨证的基本方法。

中兽医的辨证方法虽然有多种，且各有其特点和侧重面，但要确切地辨明疾病的部位、性质并指导治疗，都必须落实到脏腑上。故脏腑辨证是临诊诊断疾病的基本方法，是其他各种辨证的基础。

脏腑之间是互相联系的，脏腑的病变多种多样，而且是不断发展变化的。因此，在临诊时，一定要用整体观念综合分析病证，从变化中认识疾病的本质，做出正确的诊断。

一、心与小肠病证

心的生理功能主要是主血脉、藏神；小肠为"受盛之官"，主要功能是分清别浊。故心的病理变化主要反映为血脉和神志方面的异常；小肠病变多与粪尿的排泄正常与否有关。二者互为表里，所以脏腑间常互相影响。

（一）心气虚与心阳虚

主证：心悸，自汗，气短，神疲乏力，动则症状加重，或见胸腹下浮肿，口色淡白，脉细弱或结代。心阳虚者兼见畏寒，耳鼻四肢发凉，舌体胖嫩，口色青紫。若见大汗淋漓，四肢厥冷，呼吸微弱，脉微欲绝等症，多系心阳虚脱的危证。

病因病机：多因老龄脏气衰弱，久病体虚，过劳或汗、下太过等，使心气不足而成。

心藏神而主血脉，气为血帅。心气虚则运血无力，故心悸、气短、乏力；气血淤滞，液溢肌腠，故胸腹下水肿；气虚阳弱，卫表不固，故自汗；心气不足，阳气不畅，气滞则血涩，故血行无力脉象细弱，血脉不畅则脉呈结、代；心气虚则气血不能上荣，故口色淡白，心血淤阻则口色青紫；阳虚肌肤失于温煦，故肢冷不温而畏寒。

治则：补益心气，温补心阳，安定心神；心阳虚脱者，宜回阳救逆。

方药：养心汤（党参、黄芪、炙甘草、茯苓、当归、川芎、肉桂、茯神、柏子仁、酸枣仁、远志、五味子）加减；心阳虚者，加附子；心阳虚脱者，可用四逆汤（见温里方）加减。

（二）心血虚与心阴虚

主证：心悸易惊，躁动不安。心血虚者兼见可视黏膜苍白，脉细弱；心阴虚者兼见低热，盗汗，口干，舌尖红或口舌生疮，脉细数。

病因病机：多因热病伤阴或大失血，或慢性疾病、劳伤过度等，使营血亏损所致。

阴血不足，心失所养，则心悸、乏力；心神失养，神不内守则躁动、易惊；心血虚不能上荣则结膜苍白；血脉不充则脉细弱；心血虚发展可致心阴虚。心阴不足，不能制阳，虚火上炎，故见低热，口干，舌尖红或口舌生疮，脉细数等症；阴虚阳无所附，浮阳外越，津液随之外泄，故盗汗。

治则：心血虚者，宜养血安神；心阴虚者，宜滋阴安神。

方药：心血虚可用四物汤（见补益方）加减；心阴虚可用补心丹（党参、当归、丹参、生地、玄参、麦冬、天冬、桔梗、茯神、远志、柏子仁、酸枣仁、五味子、朱砂）加减。

（三）心热内盛（心火亢盛）

主证：高热，大汗，气促喘粗，神昏头低，甚者狂躁，粪干尿少，排尿疼痛或尿血，口渴贪饮，口舌糜烂、肿痛，口色赤红，脉洪数。

病因病机：多因暑热炎天，管理不当，致使热邪积于胸中，或六淫内郁化热，或过服温补之品所致。

心热内炽，心神受扰则神昏或狂躁；心开窍于舌，心火上炎，故口舌糜烂肿痛；心热波及于肺，故气促喘粗；心火亢盛，耗伤津液，故粪干尿少，口渴贪饮；心热移于小肠，故尿赤疼痛；高热、口色红、脉洪数，均为热盛之象。

治则：清心火，养心阴，安心神，生津液。

方药：白虎汤（见清热方）、泻心散（黄连、黄芩、大黄）加味；津液伤失重者，加玄参、生地、麦冬、天花粉；尿赤疼痛者加生地、木通、淡竹叶。

（四）痰火扰心

主证：眼急惊狂，登槽越桩，撞壁冲墙，甚者啃胸咬膝，采食时急吃骤停，空嚼喷鼻，口色赤红，舌苔黄腻，脉象滑数。

病因病机：多由火热久郁，或气郁化火，灼津成痰，痰与火结，内扰心神所致。

痰火扰心，故见神志错乱。火属阳，阳主动，故见一系列兴奋症状。色脉皆属火热痰湿之证。

治则：清心祛痰，镇惊安神。

方药：朱砂散（见安神与开窍方）加减。

（五）痰迷心窍

主证：神识痴呆，行如酒醉，口垂痰涎，或昏迷似睡，喉中痰鸣。若舌红、苔黄腻，脉滑数者属热痰；舌淡、苔白腻，脉缓滑者属寒痰。

病因病机：多由感受湿浊邪气，或痰湿内生，蒙蔽心窍而致。

心藏神，心窍为痰所阻，故见神识不清或昏迷嗜睡。痰浊壅盛，故口垂痰涎或喉中痰鸣；苔腻脉滑是痰涎内蕴之征。

治则：涤痰开窍。

方药：寒痰可用导痰汤（胆南星、枳实、陈皮、半夏、茯苓、炙甘草）加减；热痰可用涤痰汤（菖蒲、半夏、竹茹、陈皮、茯苓、枳实、甘草、党参、胆南星、干姜、大枣）加减。

病例一　口舌生疮

口舌生疮是心脾积热上攻口舌，造成口舌肿胀或破溃的一种疾病。

[病因病机]

1. **心经积热** 暑热炎天，劳役过重，心经积热，上注口舌，致舌体溃烂成疮。

2. **胃火熏蒸** 久渴失饮，饲草霉败，或乘热吃热草、热料等，使邪热积于胃腑，胃火熏蒸，导致口唇腐烂成疮。

3. **虚火上浮** 热病后期，久病伤阴；长期泄泻，阴液亏损；体质素虚，肾阴不足，致使阴虚火旺，虚火上炎导致本病。

4. **异物刺激** 饲料中混有木刺、铁丝等刺伤口舌；齿病或误食刺激性药品等，也可导致本病。

[辨证施治]

1. 心经积热型

主证：病初神倦，唇舌红赤，口内流涎。继则唇舌肿胀溃烂，口臭，流带血黏液，采食吞咽困难，口色赤红，粪干或秘结，尿短赤，脉象洪数。

治则：清心解毒。

方药：洗心散（见清热方）加减，粪便干燥者加枳实、大黄、芒硝。另外，口噙冰硼散或青黛散（均见外用方）外治。

2. 胃火熏蒸型

主证：口流涎沫，口温高，口臭，粪便干燥，唇颊、牙龈肿胀或有烂斑，舌面有绿豆大灰白色小泡或溃疡面，口色红，脉象洪数。

治则：清胃火，解热毒。

方药：白虎汤（见清热方）加味。粪干者加大黄、芒硝，津亏者加生地、麦冬、天花粉。

3. 虚火上炎型

主证：口腔黏膜有散在的溃疡面，不肿，常反复发作，连绵不愈，体弱形亏。一般不发热，重者可有低热，脉细弱。

治则：滋阴降火。

方药：知柏地黄汤（见补益方）加减。若久不愈者可加肉桂以引火归源。

4. 异物刺激型

主证：突然发病，流涎，口内有伤或异物。口温高，或呈弥漫性红肿。

治则：除去异物，冲洗口腔，清热解毒。

方药：用2%～3%的食盐水或明矾水冲洗口腔，撒上冰硼散或青黛散，或涂以碘甘油。肿胀严重者可服黄连解毒汤（见清热方）加减。

[护理与预防] 宜单独饲养，护理于阴凉处，用淡盐水冲洗口腔，喂给青嫩柔软和粥状的饲料。对不能采食的动物，可用胃管灌些粥状饲料，并给以充足饮水。若疫毒感染者，宜隔离消毒。

病例二 脑 黄

脑黄是心肺热极，热邪上注于脑，引起脑生黄的一种急性病证。故《元亨疗马集》中说："脑黄者，积热伤于心肺，久注脑中生黄也"。

[病因病机] 多因暑热炎天，劳役过度，久渴失饮，体内积热，热积心肺，耗津成痰，痰气上逆，神志迷蒙，不能自主，发为沉郁型脑黄。

若热邪蕴结，郁而化火，郁火灼伤津液，结为痰火，痰火上扰心神，致神志逆乱，发为狂暴型脑黄。

[辨证施治]

1. 沉郁型

主证：耳耷头低，两眼半闭，头抵墙壁呆立，吃草时草衔口中不咀嚼，饮水时水入口中不吞咽，待呼吸窒息才猛然抬头。甚则水草不进，双目失明，碰墙撞壁，斜走转圈，口唇麻痹，行走不稳，甚则倒地死亡。

治则：清热化痰，安神开窍。

方药：（1）天竺黄散［天竺黄、川黄连、郁金、栀子、生地、朱砂（另研）、茯神、远志、半夏、石菖蒲、枳实、香附、甘草，《中兽医内科学》］，共为细末，开水冲，候温引用蜂蜜、鸡蛋清同调灌服，先灌朱砂；（2）朱砂散加减（胆南星、天麻、钩藤各18g，石决明、旋覆花、石菖蒲、菊花、郁金各30g，细辛、白芷、藁本各15g，全蝎3g，《现代中兽医大全》）共为末，开水冲，候温灌服。

针治：放鹘脉、太阳血，火针大风门、伏兔穴。

其他疗法：常用新汲水淋头。

2. 狂暴型

主证：烦躁不安，白睛赤红，眼急惊狂，咬物伤人，刨地不安，不断喷鼻，啃胸咬膝，口色红，脉洪数；严重时肉颤出汗，直至昏迷死亡。

治则：开郁涤痰，泻火安神。

方药：（1）天竺黄散加减（天竺黄、生石膏、生地、黄连、郁金、栀子、远志、茯神、桔梗、防风、朱砂、甘草），水煎，引用蜂蜜、鸡蛋清同调灌服，抽搐者，加琥珀、丹皮、石决明、钩藤；粪便干燥、尿短赤者，加大黄、芒硝、木通；（2）经验方（大黄、芒硝、枳实、礞石、朱砂、茯神、远志、郁金、白芍、胆南星、石菖蒲、橘红、黄连、栀子、甘草，《中兽医内科学》），水煎去渣，候温灌服。

另外，还有可能出现混合型，即狂暴型和沉郁型交替发作。治疗时可根据发病当时的具体情况，选用上述两型的方药，分别治之。

针治：放鹘脉、太阳血；火针或火烙大风门、伏兔、小风门、百会等穴。

其他疗法：新汲水淋头。最好采取中西结合方法治疗。

[护理与预防] 将患病动物拴于荫凉安静、通风宽敞的圈舍，避免惊吓。无食欲的可灌服小米稀粥，以维持营养；有食欲者给以营养丰富易消化草料，勤给饮水；多卧的动物，应厚垫褥草，以防褥疮。

平时要加强饲养管理，合理使役，厩舍要通风良好，禁喂霉败草料，禁止在烈日下长时间劳役。

病例三 肠　黄

肠黄是热毒积于肠间，引起发热，泄泻，腹痛为主的疾病。

[病因病机]　暑月炎天，负重过度，奔走太急，感受暑湿之邪；或乘饥食谷料过多，或饲料霉变，饮水不洁，致使热毒积于肠内，脏腑壅热，升降失常，清浊不分，酿成其患。

[辨证施治]

1. 急肠黄

主证：发热神倦，食欲、反刍停止，荡泻腥臭或有脓血，喜饮冷水，口色红紫带黄，口臭，脉洪数。

治则：清热解毒，消黄止痛。

方药：郁金散（见清热方）加减。有脓血者，去白芍，加赤芍、槐花米、侧柏叶；泄泻不止者，去大黄，加诃子、石榴皮；伤津舌燥者，加玄参、麦冬、石斛；腹痛严重者，加元胡、姜黄。

2. 慢肠黄

主证：由急肠黄转变而来。患畜神差，毛焦欣吊，轻者腹微痛，水草减少，粪便稀薄。重者不时起卧，泻粪如水或有少量粪渣，颜色棕黑，气味腥臭。

治则：清热解毒，行气健脾。

方药：郁金散加焦三仙、乳香、青皮、陈皮、连翘、生甘草。

[护理与预防]　精心护理，若4～5天以上不进食，可灌服米汤或糖盐水，病情好转开食时，应给易消化的饲料。平时加强饲养管理，禁喂霉败草料，防止外邪侵袭。

病例四　痢　疾

痢疾是湿热毒邪郁结肠道，引起下痢赤白、腹痛不安、里急后重的病证。多发生于夏、秋两季。

[病因病机]

1. 疫毒、湿热内侵　暑热炎天，劳役过重，奔走太急，湿热、疫毒乘机侵入肠道，致使气血凝滞，传导失职，湿热下注而发本病。

2. 草料、饮食所伤　采食霉败草料，饮以污浊不洁之水，使热毒内侵，郁结熏蒸，化为脓血；或过食谷料，损伤脾胃，湿热内生，使气血郁阻，均可引起本病。

若痢疾迁延，邪留正衰则成久痢，久痢不愈，或反复发作，不但伤及脾胃，更能影响到肾，致使肾气虚衰，而成为虚寒痢。

[辨证论治]　常见的有湿热痢、虚寒痢和疫毒痢三种。

1. 湿热痢

主证：下痢稀糊，有时呈白色胶冻状，或粪中带血，赤白相杂；精神短少，蜷腰卧地，食少或不食，泻粪不爽，里急后重，尿短赤；口色赤红或赤紫，舌苔黄腻，脉象滑数。牛鼻镜无汗，甚至干裂。

治则：清热燥湿，调气行血。

方药：通肠芍药汤（大黄、槟榔、山楂、芍药、木香、黄连、黄芩、元明粉、枳实，《牛经备要医方》）加减。热重者，加银花、连翘；挟食滞者，加麦芽、六曲。

针治：针带脉、后三里、后海穴。

2. 虚寒痢

主证：虚弱久泻，水谷并下，呈灰白色，或呈泡沫状；毛焦欣吊，耳鼻俱凉，四肢发冷，严重的肛门失禁；口色淡白，舌苔白滑，脉象细弱。

治则：温补脾肾，收涩固脱。

方药：（1）四神丸（见收涩方）合参苓白术散（见补益方）加减。寒盛者加肉桂、干姜；腹痛甚者加木香；久泻不止加诃子；粪中带血者加地榆、血余炭等。（2）真人养脏汤[诃子、罂粟壳、肉豆蔻、当归、白术、白芍、党参（原方用人参）、木香、官桂、甘草，《卫生宝鉴》]加减。寒甚者，加附子、干姜；气虚下陷者，加黄芪、升麻；湿重者，加苍术、薏苡仁。

针治：火针脾俞、后海穴。

3. 疫毒痢

主证：发病急骤，高热，烦躁不安；泻粪黏腻，夹杂脓血，里急后重；（患畜）蜷腰卧地，有时腹痛起卧；舌色红绛，口干苔黄，脉象滑数。

治则：清热解毒，凉血止痢。

方药：白头翁汤（见清热方）加减。热毒甚者，加银花、连翘；里急后重明显者，加槟榔、枳壳；便血严重者，加丹皮、郁金；腹痛明显者，加木香、白芍；伤津者，加葛根、玄参、麦冬。

针治：同湿热痢。

[护理与预防] 应加强护理，厩舍内多铺些垫草，饮以米汤、温水，喂给营养丰富易消化的饲料。同时应将患病动物隔离，单独饲养，以防传染。平时注意饲料、饮水的清洁卫生。

二、肝与胆病证

肝藏血，主疏泄，主筋爪，开窍于目，与胆相表里；胆为清净之腑，贮藏胆汁。在发病上，肝胆多同病，主要表现为藏血和疏泄功能的异常。

（一）肝火上炎（肝热传眼）

主证：两目红肿，羞明流泪，眵多黏稠，痒痛难睁，甚则眼泡翻肿，云翳遮睛，视力障碍，躁动易惊，粪干尿赤，口干，舌红，苔黄，脉弦数。

病因病机：多因外感风热或肝气郁结化火而成。

肝开窍于目，肝经有火，火性上炎，故出现一系列眼部病变；肝火上扰心神，故躁动易惊；粪干尿赤，舌红，苔黄，脉弦数，均为肝经实热之象。

治则：清肝泻火，明目退翳。

方药：龙胆泻肝汤（见清热方）加减。

（二）肝胆湿热

主证：精神倦怠，食欲不振，发热，黄疸，尿液浓黄，粪便干燥或稀软。雌性动物外阴瘙痒，带下黄赤腥臭，雄性动物睾丸肿痛灼热。可视黏膜发黄，口色红黄，舌苔黄腻，脉象弦数。

病因病机：多因外感湿热或脾胃虚弱，湿邪内生，郁而化热，蕴结肝胆所致。

湿热内蕴，影响肝的疏泄，胆液外溢，故黏膜黄染；湿热郁阻，脾胃运化失常，清阳之气不升，故精神、食欲不振，粪便干燥或稀软；湿热下注于膀胱，气化不利，故尿色浓黄；肝脉络绕阴器，故带下色黄腥臭、外阴瘙痒，睾丸肿痛灼热；发热，口色红黄，脉弦数，均为肝经湿热之象。

治则：清利肝胆湿热。

方药：茵陈蒿汤（茵陈、栀子、大黄）或龙胆泻肝汤（见清热方）加减。

(三) 肝风内动

1. 热动肝风（热极生风）

主证：高热，颈项强直，痉挛抽搐，角弓反张，两眼上翻；或突然昏倒，神志昏迷，或躁扰如狂，目不视物，撞壁冲墙，转圈运动；舌质红绛，脉象弦数。

病因病机：多因外感风热之邪，引起肝火过旺，热极生风。

热邪蒸腾，则呈高热；邪热伤津，筋脉失养，又因热极生风，风性易动，故痉挛抽搐，角弓反张；热入心包，邪蒙心窍，则狂躁，转圈运动，撞壁冲墙，或神志昏迷；热灼肝经，筋脉失养，则见项强，抽搐；肝火上冲，目受其害，故目不视物；口色红绛，脉弦数，均为肝经热极的反应。

治则：清热息风，镇痉安神。

方药：可用羚角钩藤汤（羚羊角、钩藤、桑叶、贝母、生地、菊花、白芍、竹茹、茯苓、甘草）加减。

2. 血（阴）虚生风

证候：精神沉郁，视力减退，眼干，甚至出现夜盲、内障；或蹄甲干枯，喜卧，肢体麻木，四肢拘挛抽搐，站立不稳；口色淡白，脉弦细。肝阴虚者，兼见眼红流泪，眼泡稍肿，睛生翳膜，口干，舌红，脉弦细数等。

病因病机：多因重病久病或饲养管理不当，或失血过多，或体质素虚，使肾水不足，肝血亏少，失于濡养。

肝血不足，不能滋养筋爪，充盈色脉，故蹄甲干枯，喜卧，痉挛抽搐，口淡，脉弦细；血虚则生内风，故站立不稳，摇晃欲倒；肝开窍于目，肝阴血不足，不能上濡眼目，故视力减退，眼干，夜盲；肝阴不足，阴虚阳亢，虚火上炎，故出现眼目红肿，睛生翳膜以及阴虚内热之象。

治则：滋养肝肾，祛翳明目，平肝息风。

方药：杞菊地黄汤（见补益方），或天麻散（天麻、蝉蜕、当归、川芎、何首乌、党参、茯苓、荆芥、薄荷、防风、甘草）加减。

(四) 寒凝肝脉

主证：形寒肢冷，耳鼻发凉，外肾硬肿如石如冰，后肢运步困难，口色青，舌苔白滑，脉沉弦或迟。

病因病机：多因外寒客于后肢厥阴肝经，使气血凝滞而成。

肝脉绕阴器循少腹，当寒湿之邪客于后肢厥阴肝经，寒凝气滞，气滞血涩，致痰凝血滞，结着于内，故外肾硬肿如石如冰。形寒肢冷，口色青，脉沉弦或迟均为阴寒内盛之象。

治则：温肝暖经，行气破滞。

方药：茴香散（见温里方）加减。

病例一　肝经风热

肝经风热是指风热之邪侵犯肝经而引起眼睛的睑结膜和球结膜的急性炎症，兽医学称结膜炎。

〔病因病机〕　多因暑热炎天，使役过重，或长途运输，厩舍闷热，风热内侵，热不得外泻，风热相搏，交攻于眼；或外感风热，入内化火；或饮食不节，内伤料毒，致使热毒内盛，攻于心肺，流注于肝传之于眼而发病。

〔辨证施治〕

主证：发病急，两眼同时或先后发病。眼睑翻肿，羞明流泪，眦肉淤红，眵盛难睁，口色红，脉弦数。

治则：清肝明目，疏风消肿。

方药：防风散（防风、荆芥、黄连、黄芩、煅石决明、草决明、青葙子、龙胆、蝉蜕、没药、甘草，《元亨疗马集》）加减。热毒盛者加银花、连翘、菊花、蒲公英。外治用黄连素眼药水、硼砂水或1％明矾水洗眼。

针治：取太阳、睛俞、睛明、三江等穴。

〔护理与预防〕　将患病动物拴于清静避光的地方，多喂青嫩饲草；平时注意厩舍通风，暑季给予足够饮水。

病例二　黄　疸

黄疸是以眼、口鼻、阴道黏膜及尿液均呈现明显黄色的一类病证。各种动物都能发生，以马、骡较为多见。

〔病因病机〕

1. 湿热郁蒸　因气候炎热、潮湿，湿热时邪侵袭机体，淤滞脾胃，运化失常，郁久不解，湿得热而熏蒸，热得湿而愈炽盛，传之肝胆，使胆液为湿热所郁，不循常道疏泄，而外溢于皮肤、黏膜，遂发此病。

2. 寒湿内阻　多因脾胃素虚，误饮浊水或食入冰冻饲料，或病后脾阳受损，寒湿不化，郁滞中焦，使胆液内阻，外泄失常，浸淫于肌表、黏膜而发病。

3. 其他　胆道阻塞（胆道蛔虫、结石等），胆管痉挛，亦显现黄疸。

〔辨证施治〕　黄疸是以可视黏膜黄染为主证，故辨证中要抓住"发黄"这一特征，分清阳黄或阴黄。

1. 阳黄

主证：发病急，病程短，可视黏膜均黄染，色泽鲜明如橘皮。发热，精神沉郁，口渴欲饮，粪干小或泄泻，尿少色黄，口色红黄，舌苔黄腻，脉象弦数。

治则：清利湿热。

方药：热重于湿者，可选用加味茵陈蒿汤（茵陈、栀子、大黄、板蓝根、龙胆草、木通）。粪便干硬者，加芒硝；腹胀者，加枳壳。湿重于热者，可选用茵陈五苓散（茵陈、桂枝、茯苓、白术、泽泻、猪苓，《金匮要略》）加减。

2. 阴黄

主证：发病缓慢，可视黏膜黄色晦暗无光，耳鼻发凉，行走无力，恶寒喜热，食欲减退，粪便稀薄，口津滑利，舌苔白腻，脉沉迟无力。

治则：温中散寒，健脾利湿。

方药：茵陈术附汤（《医学心语》）加味（茵陈、附子、白术、干姜、甘草、茯苓、猪苓、泽泻、陈皮、菖蒲）或茵陈理中汤（即理中汤加茵陈）。

[护理与预防] 将病畜隔离饲养，喂给营养丰富、易消化的饲料，平时加强饲养管理，防止寒热湿邪侵袭。

病例三 月　盲

本病是一种反复发作的翳膜遮睛的疾病，因多为一月左右发作一次，故名月盲或月发眼，兽医学称为周期性眼炎。常发生于马，牛和骆驼偶尔发生。

[病因病机] 多因气候炎热，劳役过重，饱伤料毒，热毒伤肝，外传于眼；或外感邪毒，脏腑积热，热毒伤肝，外传于眼。畜舍潮湿，通风不良，湿热不得外泄，久则热毒郁结于肝经，也可引起本病。本病夏季多发，春季次之，冬季较少。由于本病常反复发作，阴液耗损，肝阴不足，目失滋养，故病势越来越重，最后常导致双目失明。

[辨证施治]

主证：本病开始多突然发病，后呈周期性反复发作，一眼或两眼同发，或两眼交错发病，或一眼失明后，另眼发病。

病初眼睑肿胀，羞明流泪，白睛微红，黑睛浑浊，呈蓝白色，瞳孔缩小，重者睛生翳膜。约经一周或10日后，上述症状逐渐减轻，貌似恢复。一月左右反复发作一次，每发作一次，眼的病变加重一次，最后可致眼球萎缩，形成白内障，完全失明。

治则：病初以清肝利湿，滋阴降火为主，中期以后以滋补肝肾，明目养血为主。

方药：病初用决明散（见平肝方）；中期以后用明目地黄散（熟地、山药、山茱萸、丹皮、当归、五味子、柴胡、茯神、泽泻，《中兽医学》）。外用拨云散（炉甘石、硼砂、青盐、黄连、铜绿、砌砂、冰片，《中兽医学》）点眼。

经验方：(1) 石决明、草决明、郁金、蒺藜、青葙子各20g，谷精草、蜈蚣、黄连藤各25g，生地15g，水煎服，一日一剂。(2) 明目地黄汤（熟地、生地、菊花各30g，山茱萸、山药、酒知母、茯神各25g，丹皮、泽泻各15g，五味子、薄荷、蝉蜕各12g，黑龙江经验方）共为细末，开水冲，马牛一次内服。

针治：可取眼脉、睛明、睛俞、太阳等穴。或用水针疗法，在睛俞等穴注射15%葡萄糖溶液10ml。

[护理与预防] 将患病动物系于暗厩，避免光线刺激，多喂青草。秋季多饮水，适度劳役，注意畜舍卫生和通风。

三、脾与胃病证

脾主运化，胃主受纳和腐熟水谷。脾主升，喜燥恶湿；胃主降，喜润恶燥。脾与胃相表里，脾升胃降，燥湿相济，共同完成水谷的消化、吸收和输布，为气血生化之源，后天之本。因此，脾胃病变主要表现为水谷的受纳、消化、吸收障碍和诸湿肿满，或升降失常、呕吐泄泻，或气虚下陷、统摄无权所致的内脏下垂、各种出血以及由此而引起的气血不足之证。

（一）脾气虚

主证：食欲减少，体瘦毛焦，倦怠无力，粪稀带渣，尿少而清，肠鸣，肚胀或肢体浮肿，舌淡苔白，脉缓而弱；牛则反刍减少或停止。

脾气下陷者，兼见久泻不止，脱肛，子宫脱或阴道脱，排尿淋漓难尽等证。脾不统血者，兼见各种慢性出血，如便血、尿血或皮下出血等，以及血色淡红，口色淡白或苍白，脉象细弱等证。

病因病机：多因素体虚弱，劳役过度，或饲养失调，或泄泻太过，或其他慢性疾患，病程较久，损伤脾气，以至形成脾气虚弱。

脾胃虚弱，受纳、运化失常，故食欲减少，肠鸣，粪稀带渣，尿短而清，肢体浮肿；脾失健运，清阳之气不升，浊阴不降，故肚腹微胀，牛则反刍减少或停止；脾虚气血生化之源不足，故体瘦毛焦，倦怠无力，舌淡苔白，脉缓而弱。

脾气虚极，中气升提无力而下陷，故见久泻不止，排尿淋漓及各种垂脱证。脾虚不能统血，血不归经而外溢，故见便血、皮下出血等出血诸证；口色淡白或苍白，脉象细弱，均为脾气不足，气血亏虚之象。

治则：脾虚不运，宜健脾和胃；脾气下陷，宜补气升阳；脾不统血，宜益气摄血，引血归经。

方药：脾虚不运用参苓白术散（见补益方）加减；脾气下陷用补中益气汤（见补益方）加减；脾不统血用归脾汤（四君子汤加黄芪、当归、龙眼肉、酸枣仁、木香、远志）加减。

（二）脾阳虚

主证：形寒怕冷，耳鼻四肢不温，食少腹胀，慢性腹痛，肠鸣泄泻，甚者久泻不止，食欲大减或废绝，口垂清涎，口色青白，脉象沉迟无力等。

病因病机：脾阳虚又称脾胃虚寒，多由脾气虚发展而来，或因过食冰冻草料，暴饮冷水，或苦寒药物服用过多，损伤脾阳所致。

脾阳不足，阳虚而生外寒，故见形寒怕冷，耳鼻四肢不温；阳虚脾失健运更甚，故食欲大减或废绝，肠鸣，久泻；阳虚寒凝气滞，不通则痛，故有慢性腹痛；口垂清涎，口色青白，脉象沉迟无力，均为虚寒之象。

治则：温中健脾。

方药：理中汤或桂心散（均见温里方）加减。

（三）寒湿困脾

主证：神疲倦怠，耳耷头低，四肢沉重，不欲饮食，腹胀粪稀，排尿不利，或见浮肿，口内黏滑或流清涎，口色青白，舌苔厚腻，脉象迟细。

病因病机：多因过食冰冻草料，或久卧湿地，或暴饮冷水，外感寒湿，内伤阴冷，寒湿停于中焦，困遏脾阳所致。

湿困中焦，清阳不升，则神疲倦怠；脾失健运，故食欲减退，大便稀薄，排尿不利；湿阻于上，蒙蔽诸阳，故耳耷头低，口内黏滑，渴不欲饮；湿阻于下，故见肚胀；湿侵肌表，则四肢沉重，湿停肌肤，则见浮肿；口色、舌苔、脉象，均为湿重和虚弱之象。

治则：温中健脾化湿。

方药：胃苓汤（即平胃散合五苓散）加减。

（四）胃热（胃火）

主证：耳鼻温热，食欲减少，粪球干小，尿少色黄，口干舌燥，渴而多饮，牙龈肿胀，口腔腐臭，口色鲜红，舌苔黄厚，脉象洪数或滑数。

病因病机：多因气候炎热，失于饮喂，外邪传内化热，或过食谷料，热积于胃，使胃燥失润而成。

胃内积热，热为阳邪，阳胜则热，故耳鼻温热；热邪犯胃，胃失和降，故食欲减少，口臭；热盛伤津，则口干喜饮，粪球干小，尿少；胃之经脉上络齿龈，胃热上冲，则牙龈肿痛，或唇肿生疮；口色、脉象均为胃热之象。

治则：清泻胃火。

方药：清胃解热散（知母、生石膏、玄参、黄芩、大黄、枳壳、陈皮、神曲、连翘、地骨皮、甘草）加减。

（五）胃寒

主证：形寒怕冷，耳鼻发凉，食欲减少，口腔滑利或口垂清涎，粪稀尿清，肠音较强，腹痛阵作，口色青白，舌苔白润，脉象沉迟。

病因病机：多因胃阳素虚，复感寒邪或内伤阴冷，如暴饮冷水，过食冰冻草料，伤及胃阳所致。

外感风寒或内伤阴冷，阴盛阳衰，故形寒怕冷，耳鼻发凉；寒伤阳气，胃受纳和腐熟功能失职，故食欲减少；寒气上逆，津液上泛，则口腔滑利或口垂清涎；胃寒则脾的运化失常，故肠鸣，粪软尿清；寒凝气滞，气血运行不畅，故见腹痛阵作；口色、脉象均为胃寒之象。

治则：温胃散寒。

方药：桂心散（见温里方）加减。

（六）胃实（胃食滞）

主证：饮食不进，牛则反刍停止，口内酸臭，肠音低沉，排粪迟滞或泻粪酸臭，肚腹胀满，重者前肢刨地，起卧滚转，气促喘粗，口色赤红，舌苔厚腻，脉象滑实。

病因病机：多因暴饮暴食，或采食粗硬草料，宿食停滞胃脘所致。

胃中积食，中焦阻塞，通降失和，故不食，肚腹胀满，腹痛起卧，排粪迟滞；胃气不降而浊气上逆，故嗳气酸臭，舌苔厚腻，牛则反刍停止；食滞于胃，脾运失常，清浊不分，下注大肠，故泻粪酸臭；母病及子，肺气不降，故气促喘粗；胃气不降，故后期排粪迟滞；积食化热，故口色赤红，脉象滑实。

治则：消食导滞。

方药：方用曲麦散（见消导方）或保和丸加减。

病例一　慢　草

慢草是指脾胃机能失常而引起的以消化不良、食欲减退为特征的一类疾病。本病为临诊常见病证，四季皆可发生。

[病因病机]

1. 内伤阴冷　多因外感风寒，夜露风霜，久卧湿地，使阴寒传于脾经；或由于过饮冷水，采食冰冻草料等，寒邪直中胃腑；脾胃受寒，阴盛阳衰，脾冷不能运化，胃寒不能受纳，故发生此病。

2. 热积于胃　多因劳役过度，奔走太急，饮水不足，或乘饥喂谷料过多，饲后立即使役；或暑热炎天，放牧使役不当，热气入胃；或因饲养太盛，谷料过多，胃失腐熟，聚而生热；热伤胃津，受纳失职，遂成此病。

3. 脾胃虚弱　多因劳役过度，耗伤气血；或老弱体虚，久病失治，或饲养不当，草料质劣，缺乏营养；或时饥时饱，劳役不均，损伤脾胃；均能造成脾阳不振，胃气衰弱，运化、受纳功能失常，导致慢草或不食。

4. 草料积滞　多因偷吃谷料太多，或突然饲喂精料太过；或突然更换草料，食之过饱，损伤脾胃，致使腐熟运化功能失常而成此病。

[辨证施治]　由于致病原因不同，动物体质强弱各异，可出现各种不同的证候类型。临证所见主要有胃寒、胃热、脾虚、食滞四种。

1. 胃寒

主证：毛焦欣吊，食欲减少，头低耳耷，鼻寒耳冷，寒战，粪稀，尿清长；口色青白或青黄，舌苔淡白，口津滑利，脉象沉迟。

治则：温中散寒。

方药：桂心散（见温里方）加减。食欲大减者，加神曲、麦芽、焦山楂；湿盛者，加半夏、茯苓、苍术；体虚者，加党参、黄芪；因外感寒邪而得者，加细辛、白芷等。

针治：针脾俞、后三里穴，猪还可针三脘穴；电针可取脾俞、胃俞、大肠俞等穴；也可火针脾俞穴。

2. 胃热

主证：精神不振，食欲减退，口臭，喜饮冷水，粪便干燥，尿液短赤，鼻镜干燥，口色赤红少津，舌苔黄，口温稍高，脉象洪数。猪多见胃火上逆而发生呕吐。

治则：清热开胃。

方药：(1) 白虎汤（见清热方）或清胃散（当归、生地、黄连、丹皮、升麻，《兰室秘藏》）加减。暑热季节可加藿香、佩兰；湿热发黄者加柴胡、茵陈；尿短赤者加滑石、木通；热盛伤津者加芦根、天花粉。(2) 经验方（黄芩、连翘、石膏、天花粉、枳壳、玄参、知母、地骨皮、大黄、神曲、陈皮、甘草，《中兽医治疗学》）。

针治：放玉堂、通关血。

3. 脾虚

主证：精神倦怠，毛焦肷吊，水草迟细，反刍减少，四肢无力，日渐羸瘦，粪便粗糙，口色淡白，舌质如绵，脉象沉细；严重者，肠鸣泄泻，四肢浮肿，双唇不收，难起难卧。

治则：治宜补中益气。

方药：(1) 补中益气汤、参苓白术散、四君子汤（均见补益方）加减。起卧困难者，加补骨脂、枸杞；粪便粗糙者，加神曲、麦芽；水肿者，加茯苓、防己；因肠道寄生虫引起者，加槟榔、使君子等。(2) 益气黄芪散（党参、黄芪、白术、甘草、升麻、青皮、茯苓、酒黄柏、生地、泽泻、生姜，《元亨疗马集》）加减。

4. 食滞

主证：精神倦怠，厌食，肚腹饱满；粪便粗糙或稀软，粪味酸臭有时完谷不化；口色偏红，舌苔厚腻，口臭，脉象沉而有力。

治则：消食导滞。

方药：曲蘖散（见消导方）加减。郁而化热者，加黄连、连翘；肚腹胀痛者，加木香、莱菔子、玄胡、槟榔；食滞较重者，加大黄、枳实、芒硝等。

针治：针后海、玉堂、脾俞等穴。

[护理与预防]　停止使役，喂给柔软易消化富有营养的草料，每日适当牵遛，给以充足饮水。平时要加强饲养管理，不喂冰冻、霉变劣质的草料，避忌风寒，合理使役。

病例二　百叶干

百叶干又称津枯胃结，是百叶内津液枯干，食物不能运转的一种腹实证。西兽医学称为瓣胃阻塞。本病多见于老龄体弱的牛，羊偶见。常发生在冬末春初，尤其是气候干燥、缺水干旱的年份和地区多见。

[病因病机]　本病主要是由于饮水缺乏、饲料粗劣以及长期过劳、津液不足所致。

1. 饲喂失调　多因饲养不当，长期饲喂粗硬、难以消化的草料；或饲料中混有大量泥沙、塑料等；加之长期饮水不足，以致脾胃升降失职，使食物停于百叶间，胃津日渐枯竭，难以运转，遂发此证。

2. 劳役过度　多因管理不善，劳役过度，损伤脾胃，加之饮水不足，津液亏虚，百叶干燥，食物停滞，致成本病。

此外，脾虚、宿草不转或其他热性病也可继发本病。

[辨证施治]

1. 腑实证

主证：病初精神沉郁，食欲不振，反刍变慢，鼻镜少汗，粪干色深；中期鼻镜干燥，食欲废绝，反刍停止，粪便干硬；后期鼻镜龟裂，排粪停止，消瘦，皮枯毛焦，头颈伸直贴于地面，触压百叶部位，可引起磨牙，不安；口色红燥，舌起芒刺，脉沉涩。

治则：养阴润胃，通便清热。

方药：(1) 猪膏散（见泻下方）。(2) 单验方：①麻油1 000ml、蜂蜜250g，加温水5 000ml，同调灌服；②食醋4 000ml、食盐120g，加温水1 000~2 000ml混合溶解，一次灌服。

2. 腑燥证

主证：毛焦草细，反刍停止，粪干如栗，腹不胀或微胀或上缩，直检黄牛摸不到瓣胃后壁。

治则：润燥滋阴，消导健胃。

方药：(1) 增液汤（《温病条辨》）加味（玄参、麦冬、生地、黄芪、陈皮、川芎、白术、桔梗、杏仁、菊花、厚朴、当归、茯苓、麻仁、甘草）研末加清油调服。(2) 当归苁蓉汤（见泻下方）加清油调服。

当百叶干严重，服药后效果不明显时，可向百叶内注入10%~20%的芒硝溶液2 000~3 000ml，加植物油300~500ml。

[护理与预防]　停止使役，多给饮水，水内加少量食盐，每天用温水灌肠一次，喂给多汁、易消化的草料。平时加强饲养管理，合理使役，饮喂定时，供给充足的饮水，勿喂粗硬难消化草料。

病例三　脾虚不磨

脾虚不磨是因脾胃气虚，运化无力，导致前胃蠕动减弱，水草迟细，反刍减少的病证。为牛、羊等反刍动物的常见病。

[病因病机]　多因饲养管理不良，饥饱不均，劳役过度；或外感寒湿燥热，内伤阴冷或体质素虚，气血不足，命门火衰，均可导致脾胃升降失和，运化无力，精少神乏而发病。其他疾病如宿草不转、瘤胃臌胀、百叶干、产后瘫痪、肝病、慢性中毒等也可导致本病的发生。

[辨证施治]

1. 湿困脾土

主证：由湿伤脾胃而成。证见食欲异常，喜吃干草或粗饲料，不喜饮水，食欲、反刍减少，瘤胃蠕动缓慢，持续时间短，缺乏蠕动高峰音。触压瘤胃壁回复缓慢而乏力，内容物柔软。精神倦怠，喜卧懒动，粪便溏泻。口色稍黄，苔腻，舌滑，脉象濡缓。

治则：燥湿健脾，消食开胃。

方药：平胃散（见理气方）加减。偏寒者加干姜、肉桂；偏热者，加黄芩、黄连；食滞不化者，加三仙；肚胀者，加木香、槟榔、莱菔子；体虚者，加党参、黄芪。

针治：白针脾俞、关元俞、后三里等穴；也可用电针、火针、水针、激光针或TDP

穴区辐射。

2. 寒伤脾胃

主证：寒邪内侵或内伤阴冷而成。证见全身寒战，喜卧暖处，食欲大减，瘤胃蠕动弱，持续时间短，耳鼻及角均冷，皮温低，口吐清涎。口色淡白或青白，舌津多而滑利，舌苔薄白，脉象沉迟。

治则：温中散寒，健脾消食。

方药：理中汤合消食平胃散（见温里方和理气方）加减。

针治：参考湿困脾土取穴。

3. 热燥伤脾

主证：暑热燥邪或劳伤过甚而发。证见体热，耳鼻及角温热，鼻镜干，食欲、反刍减少，喜吃青草，口渴喜饮。瘤胃蠕动弱，持续时间短，触压瘤胃回复缓慢，精神委顿。口色红，舌津黏稠，舌苔黄，口温高，脉象洪大或洪数。

治则：清热养阴，开胃健脾。

方药：白虎汤合消食平胃散（见清热方和理气方）加减。热盛者，加黄芩、黄连、栀子；热燥伤津者，加石斛、麦冬、生地；气胀者，加木香、枳实、槟榔。

针治：血针带脉、通关、尾本穴，白针脾俞、关元俞、后三里等穴。

[护理与预防]　病初须节制饲喂，给予优质干青草，或青草及多汁饲料，饮以淡盐水，忌冷水及冰冻饲料。按摩瘤胃，适当牵行运动。役畜应立即停止使役，喂养于温暖、空气流通的畜舍中，寒夜注意防寒保暖。

病例四　泄　泻

泄泻俗称拉稀，是指排粪次数增多，粪便稀薄，甚至泻粪如水的一类病证。

[病因病机]

1. 湿热内侵　暑热炎天，使役过度，暑湿热毒伤于外，水草不洁，污水霉料伤于内，使湿热蕴结胃肠，脾胃受损，传导失常，湿热下注，而成泄泻。

2. 外感寒湿　外感寒湿，传于脾胃，或内伤阴冷，直中胃肠，致使脾阳不振，运化无力，清浊不分，寒湿下注大肠而泄泻。

3. 脾胃虚弱　长期饮喂失调，使役不节，脾胃失养而致虚弱。脾虚则不运，胃虚则不化，故运化失职，清浊不分而成泄泻。

4. 宿食内停　过食不易消化的饲料或霉败饲料，或饲料更换贪食过多，以至气机受阻，饲料宿滞胃肠，腐污而成泄泻。

寄生虫、瘟疫及其他病证，也可引起本证。

[辨证施治]

①湿热泄泻

主证：泄粪稀而腥臭，混有黏液，体热口渴，口红津干，舌苔黄腻，尿液短赤，口臭，精神沉郁，脉洪数。后期肛门松弛，失禁下痢，耳鼻发凉，眼球下陷，唇舌红赤，脉细数。

治则：清热解毒，燥湿止泻。

方药：郁金散（见清热方）加减。热盛者去诃子，加银花、连翘；水泻严重者，加车前子、茯苓、猪苓，少用或不用大黄；腹痛者，加木香等。

针治：针带脉穴。

②寒湿泄泻

主证：泻粪如水，肠鸣如雷，耳鼻俱冷，口津滑利，舌苔白腻，口色青白或青黄，脉象沉迟。

治则：温中散寒，健脾利湿。

方药：(1) 胃苓散（即平胃散加五苓散，分别见理气方和祛湿方）加减。寒盛者加附子、干姜。(2) 藿香正气散（藿香、紫苏、白术、白芷、茯苓、大腹皮、厚朴、半夏、陈皮、桔梗、甘草，《和剂局方》）加减。寒重者，加肉桂、干姜；有表证者，加香薷；舌苔厚腻者，白术易苍术。

针治：取后海、后三里、脾俞等穴。

③脾虚泄泻

主证：病势缓，病期长，证见毛焦体瘦，精神倦怠，四肢无力，粪稀不成形，草渣粗大或完谷不化，重则肛弛粪淌，口色淡白或青黄，舌绵无力，苔白，脉沉细。

治则：补益脾气，利水止泻。

方药：(1) 参苓白术散（见补益方）加减。气虚甚者，加黄芪；久泻不止者，加升麻、柴胡；湿重者，加苍术、木香、厚朴；寒重者，加附子、肉桂、干姜。(2) 升阳益胃散（党参、白术、茯苓、甘草、黄芪、泽泻、防风、羌活、独活、白芍、黄连、柴胡、半夏、陈皮，《东垣十书》）加减。

针治：针脾俞、后海、后三里穴。

④伤食泄泻

主证：多发生于猪、犬、猫。证见食呆腹满，泄粪酸臭，粪便中带有未消化的食物，微有腹痛，泻后痛减，牛则反刍停止，嗳气酸臭，口色红，舌苔厚腻，脉象滑数。

治则：消食导滞，和胃健脾。

方药：(1) 曲蘗散（见消导方）或保和丸（山楂、神曲、半夏、茯苓、陈皮、莱菔子、连翘，《丹溪心法》）加减。食积重者，加大黄、枳实、芒硝；水泻者，加木通、泽泻；热甚者，加黄芩、黄连等。(2) 木香导滞丸（木香、槟榔、枳实、大黄、神曲、茯苓、黄连、黄芩、白术、泽泻，《松崖医经》）加减。

⑤肾虚泄泻

主证：久泻不止（多在夜间尤其凌晨），形寒肢冷，腰胯痿软，肛门松弛；口色淡白，脉象沉细无力。

治则：温肾健脾，涩肠止泻。

方药：四神丸（见固涩方）加减。气虚者，加党参、黄芪；寒甚者，加附子、肉桂；泻甚者，加诃子、乌梅；腹下及四肢浮肿者，加茯苓、泽泻、车前子、苍术。

针治：火针脾俞、百会、后海等穴。

[护理与预防]　改善饲养管理，饲喂易消化的草料，给予清洁饮水，保持圈舍清洁卫生，避风保暖。平时加强饲养管理，饲喂定时定量，忌喂腐败及霉烂草料。

四、肺与大肠病证

肺主气，司呼吸，主宣降，通调水道，外合皮毛，开窍于鼻，与大肠相表里；大肠为"传导之官"，传导体内的糟粕。故呼吸及水液代谢异常主要责之于肺；传导失常如粪便秘结或泄泻及腹胀、腹痛等多归咎于大肠。

肺的病证有虚实之分。实证由外邪侵袭所致，如风寒束肺、风热犯肺、肺热咳喘等；虚证为肺本身功能不足所致，如肺气虚、肺阴虚等。

（一）肺气虚

主证：精神倦怠，咳喘无力，声音低微，动则咳喘更甚，畏风自汗，易于感冒，日渐消瘦，皮燥毛焦，口色淡白，脉象细弱。

病因病机：多因久咳久喘，耗伤肺气，或因脾、肾气虚，气之化源不足，累及肺气所致。故前人有"五脏六腑皆令兽腔，非独肺也"的说法。

肺主气，肺气亏损，宗气不足，则精神倦怠，咳喘无力；动则耗气，故咳喘更甚；肺合皮毛，肺气虚则卫气不充，肌表不固，故畏寒，易感冒；自汗、口色淡白、脉细弱等，均为气虚之象。

治则：补益肺气，止咳平喘。

方药：理肺散（见止咳平喘方）加减。

（二）肺阴虚

主证：毛焦不顺，低热盗汗，干咳日久，痰少黏稠，咳声低沉，日轻夜重，动则气喘，鼻液黏稠，口干咽燥，舌红无苔，脉象细数。

病因病机：多因过劳或邪热久恋于肺，或发汗太过而损伤肺阴所致。

阴虚津亏，皮毛失养则毛焦不顺；肺阴亏损，虚火逼津外越则盗汗；肺失清肃，故干咳日久，日轻夜重；阴虚阳亢而生内热，故低热不退；肺虚则咳声低沉，动则气喘；津液被虚火煎炼成痰则鼻液黏稠；肺津不足，不能上润，故口干咽燥；舌红无苔，脉细数，均为虚火之征。

治则：滋阴润肺。

方药：百合固金汤（生地、熟地、麦冬、贝母、百合、当归、芍药、甘草、玄参、桔梗）加减。

（三）风寒束肺（〈略〉见八纲辨证表证）

（四）风热犯肺（〈略〉见八纲辨证表证）

（五）燥邪伤肺（肺燥咳嗽）

主证：干咳无痰，或痰少而黏，咳而不爽，被毛焦枯，唇焦鼻燥，咽喉疼痛，耳鼻稍热，发热微恶寒，口红而干，舌苔薄黄少津，脉浮细数。

病因病机：多因外感燥热之邪，使肺津耗伤而成。

燥邪伤肺，津伤则肺失清肃，故干咳无痰，咳而不爽；气道失于濡润，故唇、鼻、咽、喉、口等皆见干燥；燥邪在肺卫，故发热微恶寒；燥邪化热，故舌红，苔薄黄，脉浮细数。

治则：清燥润肺。

方药：清燥救肺汤（桑叶、石膏、党参、胡麻仁、阿胶、麦冬、杏仁、枇杷叶、甘草）加减。

（六）肺热咳喘（肺实热）

主证：发病急，高热，咳声洪亮，气喘息粗，呼吸浅快，出汗，口渴贪饮，耳鼻、四肢、呼吸俱热，鼻液黄黏腥臭，粪干尿赤，口色红燥，苔黄，脉洪数有力。

病因病机：多因外感风热或风寒之邪郁而化热，致使肺气宣降失常而成。

肺有实热，热阻肺气，肺失清肃，则咳声洪亮；肺气不降，故气急而喘，呼吸浅快；热盛煎蒸津液为痰则鼻液黄黏；热邪入肺，故发热，耳鼻、四肢、呼气俱热，口渴贪饮，出汗，脉洪数有力；热邪伤津，故口渴，口色红燥，粪干尿赤。

治则：清肺化痰，止咳平喘。

方药：麻杏石甘汤（见止咳化痰平喘方）或清肺散（见清热方）加减。

（七）大肠燥结（食积大肠）

主证：粪便不通，肚腹胀满，回头顾腹，不时起卧，口内酸臭，食欲废绝，口色赤红，舌苔黄厚，脉沉有力。

病因病机：多因过饥暴食，或草料突换，或久渴失饮，或老畜咀嚼不全，草料结滞，阻塞肠道所致。

肠道阻滞不通，故粪便不通，肚腹胀满；气机不通则痛，故回头顾腹不时起卧；胃失和降，浊气上泛，则口内酸臭，食欲废绝；色脉均为里实化热之征。

治则：攻下通便，行气消痞。

方药：大承气汤（见泻下方）加减。

（八）大肠湿热

主证：发热，腹痛起卧，泻痢腥臭甚至脓血混杂，排粪不畅，尿液短赤，口舌干燥，口色红黄或赤紫，舌苔黄腻或干黄，脉象滑数。

病因病机：外感暑热或疫疠，饲料饮水不洁，损伤胃肠，暑湿热毒内犯蕴结，下注大肠，损伤气血而成。

湿热积于肠中，气血受阻，传导失常，故腹痛起卧，泻痢腥臭；湿热伤及气血则下痢脓血；热盛伤津，故口干舌燥，尿液短赤；湿热蕴结，气机阻滞，故排粪不畅；湿重者苔黄腻，热重伤津者苔黄干；发热，口色赤红而黄，脉滑数，均为湿热之象。

治则：清热利湿，调和气机。

方药：郁金散或白头翁汤（均见清热方）加减。

（九）大肠寒泻

主证：鼻寒耳冷，肠鸣腹痛，起卧不安，粪便稀薄，或泻粪如水，尿少而清，口色青白或青黄，舌苔白润，脉象沉迟。

病因病机：多由外感风寒或内伤阴冷，脾阳不足而发病。

大肠受寒，传化糟粕失职，小肠受寒清浊不分，水入大肠从粪而出，故便稀，尿少而清；肠中冷气冲击，故肠鸣；寒凝气滞，气血不通则痛，故腹痛起卧；口色青白或青黄，舌苔白润，脉象沉迟均为寒象。

治则：温中散寒，渗湿利水。

方药：橘皮散或五苓散（见理气方和祛湿方）加减。

病例一 咳 嗽

咳嗽是指肺失宣降，呼吸不畅，痰涎异物壅滞于肺或喉管而发生的病证。咳嗽是临诊常见的症状，也是肺经疾病的主要证候之一。各种动物皆可发生，但以马、骡、牛多见。

[病因病机] 多因外感或内伤，引起肺卫受损，清肃失常，气逆痰生而发咳嗽。

1. 外感 外邪入侵，邪犯肺卫，肺失宣降，气机逆乱而致咳嗽。六淫之邪犯肺，均可使肺失宣降而致咳嗽，其中以风、寒、燥、热之邪侵袭，最易引起咳嗽。

2. 内伤 饲养失节，脾失健运，水湿内停，聚湿生痰，上犯于肺，壅塞肺气而致咳嗽；劳伤太过，气血亏损，肺肾阴虚，气津两伤，均可导致咳嗽。

此外，肝火犯肺，异物呛肺，某些传染病或寄生虫病均可损伤肺经而致咳嗽。

[辨证施治] 咳嗽的辨证，首先应分辨外感与内伤。外感咳嗽多是新发病，常伴有外感症状；内伤咳嗽起病缓慢，往往有较长的咳嗽史和脏腑失调的证候。

1. 风寒咳嗽

主证：鼻流清涕，微热寒战，咳嗽连声，咳声洪亮，遇暖则轻，遇寒加重，口色青白，苔薄而润，脉象浮紧。

治则：疏风散寒，宣肺止咳。

方药：杏苏散（杏仁、紫苏、法半夏、茯苓、甘草、前胡、桔梗、枳壳、陈皮、生姜、大枣《温病条辨》）。

针治：可取苏气、山根、肺俞、耳尖、尾尖、鼻俞等穴。

2. 风热咳嗽

主证：咳嗽不爽，口干身热，鼻液黏稠，呼吸灼热，口色偏红，舌苔薄黄，脉象浮数。牛可见鼻镜干燥，口热涎黏，反刍减少。

治则：疏风清热，宣肺止咳。

方药：桑菊饮（桑叶、菊花、杏仁、连翘、甘草、桔梗、芦根《温病条辨》）加减。热重者加黄芩、栀子；咽喉肿痛者，加玄参、豆根。

针治：可取苏气、肺俞穴，放鹘脉血、通关血。

3. 肺燥咳嗽

主证：风燥伤肺，干咳而无鼻涕，口鼻干燥，舌红少津，苔薄黄，脉数。

治则：清热润燥，宣肺止咳。

方药：(1) 桑杏汤（杏仁、桑叶、沙参、贝母、栀子、豆豉，《温病条辨》）；(2) 清燥救肺汤（石膏、桑叶、沙参、麦冬、阿胶、杏仁、甘草、天花粉、炙杷叶，《医门法律》）。

4. 肺气虚咳嗽

主证：咳嗽声低无力，呼吸气短，动则喘甚，易出虚汗，消瘦乏力，口色淡白，脉象虚弱。

治则：补益肺气，敛肺止咳。

方药：补肺汤（党参、黄芪、熟地、紫菀、桑白皮、五味子，《永类钤方》）加减。喉中痰鸣者，加半夏、陈皮；脾虚食少者，加白术、山药。

针治：可取苏气、肺俞等穴。

5. 肺阴虚咳嗽

主证：咳嗽较重，干咳无痰，或鼻有少量黏稠鼻涕，毛焦肷吊，口干色红，脉细无力，或有低热，昼轻夜重，出虚汗，舌质红，脉细数。

治则：滋阴养肺。

方药：百合固金汤（百合、麦冬、生地、熟地、川贝、当归、白芍、玄参、桔梗、甘草，《医方集解》）加减。气喘甚者，去桔梗；低热不退者，加地骨皮、胡黄连。

[护理与预防] 停止使役，给予易消化富有营养的饲料，多给清洁饮水。平时加强饲养管理，合理使役。

病例二 肺 痈

肺痈是以咳嗽，鼻液多而稠，杂有脓血，气味腥臭为特征的一种肺经疾病。本病多见于马、骡。

[病因病机] 多因使役不当，感受风热邪毒，热毒侵肺，郁结化痈，败而成脓；或内热壅盛，上蒸于肺，致使肺气不足，表卫失护，腠理不密，复感风热病邪，外犯皮毛，内迫于肺而发病。

[辨证施治]

1. 初期

主证：发热寒战，咳嗽气喘，咳则胸痛不安，鼻液少而黏，口舌干燥，舌苔薄黄，脉浮数而滑。

治则：清热宣肺。

方药：银翘散（见解表方）加减。鼻液稠而多者加贝母、瓜蒌皮；咳重者，加杏仁。

针治：取胸堂、肺俞等穴。

2. 成脓期

主证：发热不退，咳嗽气喘，胸痛不安，鼻流浊涕，腥臭难闻，烦躁不安，口色红，苔黄腻，脉象滑数。

治则：清热解毒，化痰消痈。

方药：葶苈大枣泻肺汤（《伤寒论》）加味（葶苈子、大枣、桔梗、金银花、连翘、桃仁、知母、黄芩、甘草）。

3. 溃脓期

主证：咳嗽，鼻流脓涕，涕如米粥，腥臭异常，或鼻涕带血，胸痛不安，喘促不能卧，烦渴喜饮，身热脉数，苔黄腻，口色赤红。

治则：清热解毒，排脓利肺。

方药：桔梗汤（《金匮要略》）合苇茎汤（《千金方》）加减（桔梗、生甘草、芦根、薏苡仁、冬瓜子、桃仁、鱼腥草、败酱草、连翘、金银花、知母、石膏）。若鼻液带血多者，去桃仁，加丹皮、栀子。

若病之后期，邪势已衰，但正气亏耗，脓疡不愈者，治宜清养补肺，方用沙参补肺汤（沙参、黄芪、合欢皮、白芨、党参、桔梗、薏苡仁、冬瓜子、甘草《中兽医内科学》）加减。

[护理与预防] 病畜专人护理，应单槽饲养，给予容易消化的富有营养的草料，保证有充分的清洁饮水。

病例三 便 秘

便秘是指粪便干燥，阻塞于肠道，致使排便困难或秘结不通的病证。马、骡的结症也属于便秘的范畴，但便秘与结症的概念有所不同。便秘是指粪干，排粪困难尚能排出，牛、羊和猪多见。结症是指顽固性便秘，肠道阻塞不通，并伴有明显的腹痛起卧症状，马、骡多见。

[病因病机] 便秘主要是由于大肠传导功能失常和津液不足而成，原因是多方面的，但饲养不当，热结胃肠，气血亏损和寒邪内侵是其主要原因。

1. 饲养不当 饲料加工不好，营养单一或突然更换饲料；草料变质或质量低劣，不易消化；饲喂不定时，饥饱不均，或役后急饲，或饱后重役；或采食过多，咀嚼不充分等，使胃肠受伤，津液受损，大肠传导失常，粪便停滞肠道而致病。

2. 热结胃肠 劳役过重，出汗过多，饮水不足，使胃肠燥热；热病之后，余热未清，耗伤津液，胃肠失于濡润，使肠道干涩，粪便干结，停而不通。

3. 气血亏虚 家畜素日体虚，或病后、产后气血不足，气虚则大肠传导无力，血虚津亏则肠道失于濡润，传导失常，使糟粕内停，遂成秘结。

4. 寒邪内侵 气候骤变或寒冷季节，厩舍不温，饲喂冰冻草料，致使寒邪内侵，阳气受损，阴盛阳衰，气不升降，津液不行，传导失职，形成秘结。

[辨证施治]

1. 粪结

主证：腹痛起卧，排粪停止，肚腹胀满，肠音减弱或消失，食欲废绝，口色偏红而干，苔厚，脉象沉涩。大多见于马、骡的结症，病情较危急。

治则：峻下通肠。

方药：枳实破结散（枳实、大黄、番泻叶、二丑、厚朴、青皮、木香、芒硝）加减。牛可加大戟、滑石、当归等。

2. 热秘

主证：多发生于暑热季节。症见拱腰努责，粪干硬或不能排粪，肚腹胀满，身热，尿短赤，口干舌红，苔黄，口有臭味，脉洪大。猪鼻盘干燥，有时在腹部可摸到粪球；牛鼻镜干燥甚至龟裂，反刍停止，皮毛干燥。

治则：泻热通便。

方药：大承气汤（见泻下方）加味。腹胀者加青皮、槟榔、牵牛子；粪结不下者，加植物油、火麻仁、郁李仁；津伤者，加玄参、生地、石斛。

3. 寒秘

主证：多发生于初春或严冬季节。症见排粪艰涩，时有腹痛起卧，恶寒颤抖，鼻寒耳冷，四肢发凉，口色青白，苔白，脉象沉迟。

治则：温通行滞。

方药：(1) 温脾汤（大黄、附子、干姜、党参、甘草，《千金方》）加厚朴、牵牛子、芒硝、木通、花生油。(2) 济川煎（当归、牛膝、泽泻、肉苁蓉、升麻、枳壳，《景岳全书》）加肉桂。

针治：取关元俞、后海等穴。

4. 虚秘

主证：多见于产后或老龄动物。症见精神短少，腹痛轻微，不时拱腰，排粪困难，努责无力，口色淡白，舌质软绵无力，脉沉细。

治则：润肠通便，益气养血。

方药：当归苁蓉汤（见泻下方）加减。气虚者，加党参、黄芪；粪球干小者，加玄参、木通。

针治：针脾俞、后三里、关元俞、后海等穴。

[护理与预防]　平时注意供水，适当运动，勿喂粗硬难消化的草料，喂给多汁或易消化的草料。

病例四　便　血

排粪时粪中带血，或便前、便后下血，或单纯下血，统称为便血。本病各种动物皆可发生，但牛较为常见。临诊分为两种：先便后血，血色暗红者，称为远血；先血后便，血色鲜红者，称为近血。远血者，病在小肠或胃腑；近血者，病在直肠或肛门。正如古人所指出："血在便后来者其来远，血在便前来者其来近"。

本病一年四季均可发生，尤以夏、秋两季更为多见，预后一般良好，病情严重，便血较多者应慎重。

[病因病机]

1. 热邪内侵　多因暑热炎天，使役过重，久渴失饮；或喂腐败霉烂草料，以及饮污浊不洁之水，致使热毒积于胃肠，热盛则迫血妄行，使血离经络，溢于胃肠，随便而下，即成便血。

2. 脾虚不摄　多因久病体弱，或长期饲养管理不当，劳役过重，损伤脾胃，脾气不足，失于统摄，血无所归，溢于胃肠，而成便血。

[辨证施治]

1. 实热便血

主证：发病较急，精神沉郁，鼻镜干燥，耳、鼻俱热，口渴贪饮，食欲、反刍减少或停止，尿短赤，排粪不畅，粪中带血，气味腥臭，或单纯下血，血色鲜红，排粪时有疼痛现象，口干舌燥，口色赤红，脉象洪数。

治则：清热解毒，凉血止血。

方药：槐花散（见理血方）合地榆散（地榆、茜草、黄柏、黄连、当归、山栀，经验方）加减。便秘者加大黄；热盛者加银花、连翘、黄芩、苦参等。

针治：可取断血、后三里、交巢等穴。

2. 脾虚便血

主证：发病缓慢，精神不振，身形羸瘦，被毛无光，头低耳耷，食欲、反刍日渐减少，粪便溏泻，粪中带血，多先便后血或血粪混下，严重者可纯下血水，血色暗红，行走无力，口色淡白或有黏涎，脉象迟细无力。

治则：补脾摄血。

方药：归脾汤（党参、白术、黄芪、当归、龙眼肉、酸枣仁、茯神、远志、木香、炙甘草、生姜、大枣，《济生方》）加减。下血严重者加地榆、槐花、侧柏叶。

若排粪失禁，下血不止以及有肛门松弛者可用补中益气汤（见补虚方）加减。若下血日久，中焦虚寒，脉沉细者，可用黄土汤（灶心土、附子、白术、熟地、阿胶、黄芩、甘草，《金匮要略》）加减。

针治：针脾俞、后三里、百会、断血、后丹田、交巢等穴。

[护理与预防] 停止使役，喂以易消化富有营养的饲料，忌喂粗硬饲料。平时要合理使役，饮水要清洁，饲料要干净，忌喂霉烂饲料。

五、肾与膀胱病证

肾为先天之本，其主要生理功能是藏精、主水、主骨、主纳气、开窍于耳及司二阴，所以肾的病变主要表现在生长发育、水液代谢和粪尿的异常上。肾所藏之真阴、真阳，为动物生殖发育之根本，只宜固秘，不宜耗泄，耗则诸病由此而生。肾的病变以虚证为多，常见的有肾阳虚、肾阴虚、肾不纳气和肾虚水泛等证型。

膀胱的生理功能为贮存和排泄尿液，其病变主要反映在排尿的异常上，如膀胱湿热等。

（一）肾阴虚

主证：精神沉郁，体瘦形弱，腰胯四肢无力，被毛干燥易脱落，午后低热，盗汗，粪便干燥，尿频而黄，视力减退，不孕、不育，口干、色红、少苔，脉细数。

病因病机：管理不当，劳役过度，配种次数过频，日久亏损肾精；久病或急性热性病耗伤肾阴所致。

肾阴亏虚，精髓不足，骨骼失养，故形体瘦弱，腰胯四肢无力；肾阴不足，上不能濡养眼目，外不能荣润皮毛，下不能滋补大肠，故视力减退，被毛干燥易脱，粪便干燥；阴虚不能制阳，虚火内动，故低热，口红燥无苔，脉细；阴虚阳无所附，汗液随之外泄则盗汗；阴虚阳亢蒸动肾关，故尿频而黄；肾精亏虚，冲任不固而不孕、不育。

治则：滋补肾阴。

方药：六味地黄汤（见补益方）加减。

（二）肾阳虚

主证：神倦身瘦，形寒怕冷，耳鼻四肢不温，腰腿不灵，难起难卧；性欲减退，重者阳痿，甚至垂缕不收，宫寒不孕，或白带清稀；慢草，粪便稀软，泄泻不止或五更泄；舌淡苔白，脉象沉细无力。

病因病机：多因素体阳虚，或久病伤肾，或劳损过度，或年老体弱，下元亏损，均可导致肾阳虚衰。

肾阳虚不能温煦机体，故形寒怕冷，耳鼻四肢不温；腰为肾之府，肾阳不足，故腰腿不灵，起卧困难；命门火衰，则生殖机能降低，性欲减退，垂缕不收，宫寒不孕；肾阳虚，温煦无权，大肠燥化失职，则粪便软，泄泻不止；口色淡，舌苔白，脉沉细无力，均为肾阳虚衰的虚寒表现。

治则：温补肾阳。

方药：金匮肾气丸（六味地黄汤加附子、肉桂，见补益方）加减。

（三）肾气不固

主证：腰腿萎弱，精神疲乏；尿频数而清，或余沥不尽，甚则淋漓失禁；滑精早泄，白带清稀，胎动易滑；舌淡苔白，脉象沉细。

病因病机：多由肾阳素亏，劳损过度，或久病失养，肾气亏耗，失其封藏固摄之权而致。

肾气不足，则腰弱神疲；肾与膀胱相表里，肾气虚而膀胱失约，故尿频数而清，甚则淋漓失禁；气虚排尿无力，则尿后余沥不尽；肾藏精，肾气虚衰，精关不固，则滑精早泄；任脉失养，胎元不固，则胎动不安；带脉失固，则带下清稀；舌淡苔白，脉沉细，是肾气虚的表现。

治则：固摄肾气。

方药：膀胱失约者，用缩泉丸（乌药、益智仁、山药）加味；滑精早泄者，用金锁固精丸（见固涩方）加减；带下清稀者，用金匮肾气丸（见补益方）合完带汤（白术、山药、党参、白芍、苍术、车前子、甘草、陈皮、柴胡、荆芥穗）；胎动易滑者，用寿胎丸（菟丝子、桑寄生、续断、阿胶、山茱萸、熟地，《医学衷中参西录》）加减。

（四）肾不纳气

主证：久咳久喘，呼多吸少，气不得续，动则喘甚，腰腿软弱。偏阳虚者，兼见自汗，神疲声低，舌淡苔白；偏阴虚者，兼见低热，口燥咽干，舌红，脉细弱。

病因病机：由于劳役过度，伤及肾气或久病咳喘，肺损及肾或肾虚及肺，肺肾气虚所致。

肺为气之主，肾为气之根，咳喘日久不愈，肺肾气虚，肾虚摄纳无权，气不归元，故咳喘，呼多吸少，气不得续；动则气耗，则喘气益甚；肾虚腰腿失养，故腰腿软弱乏力；阳虚气弱生寒，卫表不固，则见自汗，神疲等证，重则可见肢冷，口青；阴虚则生内热，故低热，口燥，舌红，脉细数。

治则：补肾纳气。

方药：都气丸（见补益方）加减。阴虚者，加麦冬；阳虚者，加附子、肉桂等。

（五）肾虚水泛

主证：四肢腹下水肿，尤以两后肢浮肿较为多见，重者宿水停脐或阴囊水肿，腹满，尿少，或心悸动，咳喘痰鸣，耳鼻四肢不温，舌质胖淡，苔白，脉沉细。

病因病机：多由素体虚弱，久病失调，肾阳亏损，不能温化水液，致水邪泛滥而上逆，或外溢所致。

肾阳衰微，气化失常，不能化气行水，故尿量减少；水液外溢，故四肢腹下浮肿；水液内停，故宿水停脐或阴囊水肿；若兼心阳不振，水气凌心，则心悸动；阳虚水泛为痰，痰阻肺气，肺失肃降，故喘咳痰鸣；肾阳衰微，不能温煦，故耳鼻四肢不温；舌质胖淡，苔白，脉沉细，均为肾阳虚，阳虚水泛之象。

治则：温阳利水。

方药：肾气丸（见补益方）加车前子、牛膝。

（六）膀胱湿热

主证：尿频而急，淋漓不畅，排尿困难，常作排尿姿势，痛苦不安，尿液短赤，浑浊，或带有脓血、砂石。口色红，苔黄腻，脉滑数。

病因病机：多由湿热下注膀胱所致。

湿热蕴结于膀胱，气机被阻，故排尿不畅，常作排尿姿势；湿热下注，引起排尿障碍，故尿频而急，尿淋漓；湿热煎灼水液，损伤脉络，故尿液短赤，浑浊，甚则带有脓血；湿热煎熬日久可形成砂石，故尿中有砂石；口色红，苔黄腻，脉滑数，均为湿热内蕴之征。

治则：清热利湿。

方药：八正散或滑石散（均见利湿方）加减。

病例一　不　孕

不孕是指成年雌性动物不发情或发情后多次配种而不能受孕的病证。本病在各种动物都有发生，以马、牛、猪多见。

[病因病机]　不孕有先天性不孕和后天性不孕之分。先天性不孕多因生殖器官的先天性缺陷所致，难以治疗；后天性不孕，多由疾病或饲养管理不当等原因造成。本节主要讨论后天性不孕，其病因病机较为复杂，但主要有以下几个方面。

1. 宫寒　多因动物机体素虚，或感受寒邪，或遭阴雨苦淋，久卧湿地，或过食冰冻草料，寒邪客于胞中，致使肾阳不足，宫寒不能养精；或寒湿困脾，脾虚不能化生营血为精，而不能受孕。

2. 虚弱　多因饲养不当，饮食不节，使役过重，挤奶过度，或脾胃虚弱不能运化水谷精微，均可造成气血生化之源不足，或耗伤过度导致气血亏虚，命门火衰，胞脉失养，冲任空虚而不孕。

3. 痰湿　多因蓄养太盛，运动不足，致使痰湿内生，气机不畅，冲任受阻而不孕；或躯脂丰盛，阻塞于胞不能摄精成孕。

4. 血瘀　舍饲期间运动不足，或长期发情不配，或胞宫原有痼疾，或情期气候突变，致使胞宫气滞血凝，瘀阻胞宫，气机不畅，冲任受阻而不孕。

[辨证施治]

1. 宫寒不孕

主证：患病动物不发情，或发情周期不正常，发情表现不明显，屡配不孕；精神沉郁，耳鼻四肢不温，喜热恶冷，腹内肠鸣，便溏尿清，带下清稀；口色青白，脉沉弱或沉迟。

治则：暖宫散寒，温肾壮阳。

方药：(1) 艾附暖宫丸（艾叶、醋香附、当归、生地、续断、白芍、吴茱萸、川芎、肉桂、炙黄芪，《沈氏尊生方》）加减。(2) 单验方：①硫磺6g、鸡蛋3～5个加温水适量，马一次灌服；②韭菜60g切碎、红糖100g、酒糟适量同调灌服。

2. 虚弱不孕

主证：患病动物消瘦，精神倦怠，四肢无力，发情迟缓或不发情，屡配不孕，口色淡白，脉沉细无力。

治则：益气补血，健脾温肾。

方药：毓麟珠（党参、白术、茯苓、白芍、川芎、当归、熟地、杜仲炭、菟丝子、川椒、鹿角胶、炙甘草，《景岳全书》）。发情不明显或不发情者加催情散（见补益方）。

3. 痰湿不孕

主证：患畜体肥膘满，不耐劳役，动则气喘，发情前后不定期，屡配不孕，口色微黄，舌苔白腻，脉滑。

治则：燥湿化痰。

方药：启宫丸（制香附、苍术、炒神曲、茯苓、陈皮、制半夏、川芎，《沈氏尊生方》）加滑石、益母草、当归。

4. 血瘀不孕

主证：发情周期反常或持续发情，自行接近公畜，过多爬跨，有慕雄狂之状。舌质紫暗，脉沉涩有力。

治则：活血化瘀。

方药：(1) 血府逐瘀汤（见理血方）加减；(2) 调经散（当归、白芍、熟地、覆盆子、枸杞子、川芎、红花、菟丝子、知母、炒泽泻、炙甘草、制香附、女贞子，《全国中兽医经验选编》）。

针治：取雁翅、百会、后海等穴，电针或白针；也可用氦氖激光照射后海、阴蒂、会阴等穴，每天一次，每次10～20min，连续3～5d。

[预防与护理]　平时应加强饲养管理，合理使役（奶牛、奶羊要合理利用）；体瘦者减轻使役，增加营养；肥胖者适当使役或增加运动；同时掌握发情时机，适时配种。

病例二　淋　浊

淋浊是淋证与浊证的总称。淋证是指尿频短涩，淋漓不畅，排尿疼痛者；浊证指尿液浑浊，白如泔浆，排尿无疼痛的病证。两者合称为淋浊，各种动物均可发生。

[病因病机]

1. 湿热内侵　湿热蕴结下焦，尿道不洁等，使膀胱气化失司，水道不利而致；或心火炽盛，下移小肠，灼伤脉络所致。

2. 脾肾气虚　劳伤太过，脾虚气陷，肾虚不固；或脾虚不能摄纳，使湿浊流注膀胱，膀胱气化不利，清浊不分；或配种过度，肾关不固而致。老弱者多见。

[辨证施治]

1. 热淋

主证：发热，排尿时拱腰努责，跺蹄摆尾，尿淋漓不畅，尿频量少，色黄灼热，触诊膀胱胀满，口色赤红，苔黄腻，脉滑数。

治则：清热降火，利湿通淋。

方药：八正散（见祛湿方）加减。内热盛，加蒲公英、金银花、知母等；大便干者，加大黄；尿血者，加小蓟、白茅根等。

2. 砂石淋

主证：排尿困难，尾高举，尿少淋漓，混有少量砂石或血丝；严重尿闭者，常作排尿姿势，但无尿排出，痛苦不安，后腹逐渐膨大；口色红，苔黄腻，脉弦滑数。

治则：清热利湿，通淋排石。

方药：(1) 八正散（见祛湿方）加海金沙、金钱草、鸡内金。(2) 石苇散（石苇、金钱草、冬葵子、瞿麦、滑石、车前子，《普济方》）加减。大便秘结者，加大黄、芒硝；尿中带血者，加丹皮、藕节、大小蓟；热盛者，加黄芩、蒲公英。(3) 用药无效时，可行手术疗法。

3. 血淋

主证：排尿困难，疼痛不安，尿中带血，尿色鲜红，口色红，苔黄，脉数。兼血淤者，血色暗紫，混有血块。

治则：清热利湿，凉血止血。

方药：小蓟饮子（生地黄、小蓟、滑石、炒蒲黄、淡竹叶、藕节、栀子、炙甘草，《济生方》）加减。

4. 尿浊

主证：尿液混浊，状如米泔或混有凝结的白片，淋漓不畅；尿中混有血液者为赤浊，无血液者为白浊；患病动物倦怠无力，毛焦无光，日渐消瘦。若因脾胃湿热下移者，则见口干喜饮，舌苔黄腻，脉洪数之象；若为肾气虚者，则兼见身寒喜卧，舌淡苔腻，脉细弱之征。

治则：湿热尿浊者，清热利湿；肾虚尿浊者，补肾固涩。

方药：（1）湿热尿浊者，用治浊固本丸（黄柏、黄连、茯苓、猪苓、姜半夏、砂仁、益智仁、甘草、莲须，《新编中兽医学》）加减。（2）肾虚尿浊者，用茴香散加减（盐茴香、胡芦巴、炒杜仲、巴戟、官桂、补骨脂、生二丑、吴茱萸、苍术、柴胡、甘草，《新编中兽医学》）。

[护理与预防]　应停止使役，给予清洁饮水，饲以营养丰富的草料。平时注意积极防治泌尿生殖系统的炎症。为避免结石的发生，除供给充足饮水外，还应注意饲料的钙、磷比例以及饮水的质量。

病例三　尿　血

凡尿中混有血液、血丝或血块的病证，称为尿血。各种动物均可发生，夏季较多见。

[病因病机]

1. 热邪内侵　炎天酷热，劳役过重，邪热积于心经，下移小肠，传于膀胱，血热妄行，迫血外溢，随尿排出。

2. 脾肾气虚　饮喂失调，使役不当，损伤脾胃，脾虚中气下陷，统摄无权，肾虚封藏失职，血液下注而成血尿。

3. 其他　腰部外伤、某些寄生虫、传染病等，均可引起脉络损伤而尿血。

[辨证施治]

1. 心火亢盛型

主证：发热口渴，躁动不安，点滴尿血，口色红赤，苔黄，脉洪数。

治则：清心泻火，凉血止血。

方药：（1）秦艽散（见理血方）；（2）导赤散（《小儿药证直诀》）加味（生地、木通、淡竹叶、甘草梢、滑石、金钱草、车前草）。

针治：可取断血穴。

2. 脾肾两亏型

主证：精神不振，头低耳聋，水草迟细，腰胯无力，尿中带血，尿色淡红，口色淡白，脉象虚弱。

治则：健脾益气，补肾固涩。

方药：（1）补中益气汤（见补益方）加减；（2）无比山药丸（山药、肉苁蓉、熟地、山茱萸、茯苓、菟丝子、五味子、赤石脂、巴戟天、泽泻、杜仲炭、牛膝，《千金方》）加减。

针治：可取脾俞、断血、肾俞、足三里等穴。

3. 外伤尿血

主证：有损伤史，腰胯疼痛，排尿拱腰，尿始有血块，口色淡紫或青紫，脉弦细数。

治则：活血化瘀，止血止痛。

方药：（1）止血散（蒲黄炭、棕榈炭、地榆炭、艾叶炭、茅根炭、炒槐花、五倍子、木通、酒知母、酒黄柏、甘草，《中兽医内科学》）加减。气虚者，加党参、黄芪；血虚者，加当归、生地；腰痛甚者，加乳香、没药。（2）单验方：①当归、红花煎服；②醋元胡、刘寄奴、骨碎补研末，童便、酒为引灌服；③牛可用牛膝、甘草煎服。

针治：可取断血穴。

[护理与预防] 停止使役，喂以易消化富有营养的草料。平时应合理使役，防止打伤腰部或损伤尿道。

病例四 胎 动

胎动也叫胎动不安，是指动物在妊娠期间由于气血衰弱不能固胎，或因跌扑损伤等因素，致使胎动不安，出现腹痛等症状的一种疾病。

[病因病机]

1. 体虚 多因劳役过度，营养不良，或机体素虚，以至气血虚弱；或外感风寒，内伤阴冷，以至肾阳虚衰，冲任不固，胎元失养，而发本病。

2. 血热 多因素体阳盛，或肝郁化热，阳热下扰血海损伤胎气；或热邪内侵，伏于冲任，扰动胎元而发病。

3. 损伤 多因跌扑闪挫，惊狂奔跑，挤压逐斗，劳役过度；或饲喂霉败草料；或误投大辛大热、破气破血等峻猛药物，损伤冲任，以至胎元不固，均可造成胎动不安的病证。

[辨证施治]

1. 体虚胎动

主证：体瘦毛焦，微有腹痛，胎动不安，蹲腰努责，频频排尿，有时从阴门流出浊液或血水，舌质淡白，苔薄白，脉沉细。

治则：补气养血，安胎。

方药：白术安胎散（白术、当归、白芍、川芎、党参、陈皮、黄芩、阿胶、生姜、紫苏、砂仁、熟地、甘草，《元亨疗马集》）加减。腹痛加元胡。

2. 血热胎动

主证：多在妊娠的初期或中期发生。患病动物突然发生起卧不安，回头顾腹，或蹲腰努责，阴唇翻动，频频排尿，有时从阴道流出浊液或血水，口渴喜饮，口色赤红，舌苔微黄，脉象滑数。

治则：清热安胎。

方药：保阴煎（生地、熟地、白芍、山药、续断、黄芩、黄柏、生甘草，《景岳全书》）加减。胎坠甚者，加桑寄生、杜仲炭；流血过多者，加旱莲草、炒地榆、阿胶。

3. 损伤胎动

主证：有跌打损伤病史。症见胎动不安，腹痛剧烈，起卧不安，不断努责，频频排尿，阴门流出带血黏液，口色暗红，脉滑。

治则：理气活血安胎。

方药：(1) 胶艾汤（阿胶、艾叶、当归、川芎、白芍、熟地、甘草，《金匮要略》）加杜仲、桑寄生、骨碎补。(2) 圣愈汤（党参、黄芪、熟地、当归、川芎、白芍《东垣十书》）加杜仲、砂仁、续断、桑寄生；若下血较多，胎动甚者，去当归、川芎，加阿胶、炒艾叶、苎麻根。

［护理与预防］ 给患病动物用软草垫圈，由专人管理，饲喂营养丰富的饲料；平时加强饲养管理，防止损伤，勿用过于寒热辛燥的药物。

第三节 卫气营血辨证

卫气营血辨证，是用于外感温热病的一种辨证方法。温热病是由温热病邪引起的急性热性病的总称。特点是发病较急，发展迅速，热势偏盛，易于化燥伤阴、伤津和伤血，多流行传播。

卫气营血，是温热病四类不同证候的概括或病位深浅不同的四个阶段。它说明了温热病发展过程中病位深浅、病情轻重、发展趋势和传变规律，从而为治疗提供可靠的依据。温热病邪从口鼻而入，首先犯肺，由卫及气，由气入营，由营入血，病邪步步深入，病情逐渐加深。就其病变部位来说，卫分证主表，病在肺和皮毛，治宜辛凉解表；气分证主里，病在胸膈、胃肠和胆等脏腑，治宜清热生津；营分证是邪热入于心营，病在心与心包络，治宜清营透热；血分证则热已深入肝肾，重在动血（血热妄行的出血、发斑）、耗血（血不养筋之动风、津水乏竭之亡阴），治宜凉血散血。

一、卫气营血证治

（一）卫分病证

主证：发热，微恶风寒，咳嗽流涕，咽喉疼痛，口津干燥，口色偏红，舌苔薄黄，脉浮数。

病因病机：气候骤变，饲养管理不良，温热疫毒侵犯肌表，外卫受损所致。一般见于外感病的初期，是温热病在表的阶段，属于表热证。

温热之邪侵犯肌表，卫气被郁，故发热重，恶寒轻；卫气与肺气相通，卫气被郁则肺气不宣，故咳嗽；热邪损伤阴液，而口干舌燥；热邪扰于卫分，故见口色微红，舌苔黄，脉浮数。

卫分病证又有温热在皮毛和温热在肺两种类型。临诊虽难截然分开，但症状有所侧重。邪在皮毛，证以发热，微恶风寒，脉浮数为主；邪在肺，症以咳嗽为主。

治则：辛凉解表。

方药：热在皮毛而发热重者，方用银翘散（见解表方）；热在肺而咳嗽重者，方用桑菊饮（桑叶、菊花、薄荷、杏仁、桔梗、连翘、芦根、甘草）。

（二）气分病证

气分病证是温热之邪从卫分传来，或温热之邪直入气分而引起。温热之邪已内入脏腑，属于里热证。由于邪犯气分所在脏腑不同，因此表现的证候也有所不同，一般多见温热在肺、热入阳明、热结肠道三种类型。

1. 温热在肺

主证：高热，咳嗽，气促喘粗，口色鲜红，舌苔黄燥，脉洪数。

病因病机：温热病邪入于气分，正邪相争激烈，里热已盛，故见发热；里热亢盛，肺失清肃，故气促喘粗，咳嗽；口色鲜红，舌苔黄燥，脉洪数均为里热炽盛之象。

气分之温热在肺与卫分证热邪在肺之区别是：前者属里热证，但热不恶寒；后者属表热证，发热而恶寒。

治则：清热化痰，止咳平喘。

方药：麻杏石甘汤（见止咳化痰平喘方）加减。

2. 热入阳明

主证：身热，大汗，口渴喜饮，口津干燥，尿短赤，口色鲜红，舌苔黄燥，脉洪大。

病因病机：热盛于内，并不断向外蒸腾，故见身热，大汗；热盛伤津，故见口渴喜饮，口津干燥，尿短赤；口色鲜红，舌苔黄燥，脉洪大均为阳明燥热亢盛之象。

治则：清热生津。

方药：白虎汤（见清热方）加减。

3. 热结肠道

主证：有两种不同表现。肠燥便秘型见发热，肠燥便干，腹痛，尿短赤，口津干燥，口色深红，舌苔黄厚，脉沉实有力；肠热下痢型见泻痢频繁，热结旁流，气味腐臭，渴而喜饮，苔黄燥，脉数。

病因病机：燥热炽盛，结于胃肠，故发热；热盛伤津，故肠燥便秘，口干燥，尿短赤；腑气不通，则腹痛不安；肠内燥热迫津下注，故见粪稀旁流，呈泄泻状；口色深红，舌苔黄厚，脉沉实有力均为里热亢盛的表现。

治则：滋阴增液，通便泄热。

方药：便秘型可用增液承气汤（玄参、生地、麦冬、大黄、芒硝）加减；下痢型可用葛根芩连汤（葛根、黄芩、黄连、甘草）加减。

（三）营分病证

营分证是温热病邪入血的轻浅阶段，介于气分和血分之间，病位在心和心包络。营分证以营阴受损，心神被扰的病变为特点，表现为高热，神昏，舌质红绛，斑疹隐隐。

营分病证的形成有三个方面：一是由卫分不经气分而直入营分，称"逆传心包"；二是由气分传入营分，即先见气分热象，而后出现营分证的症状；三是温热之邪直入营分，即温热病邪侵入机体，致使机体起病出现营分症状。营分病证一般有热伤营阴和热入心包两种类型。

1. 热伤营阴

主证：高热不退，夜晚尤甚，躁动不安，呼吸喘促，口干饮少，舌质红绛，斑疹隐隐，脉细数。

病因病机：邪热入营，热势更猖，故高热不退；热伤营血，夜间阴气复来，正邪相搏有力，故夜间热甚；热扰心神，故神昏躁动；舌为心之苗，邪热入营伤阴，阴虚内热，故见舌质红绛，脉细数；热邪灼伤脉络，迫血外溢，故见斑疹隐隐；邪热波及肺经，则呼吸喘促。

治则：清热解毒，透热养阴。
方药：清营汤（见清热方）加减。

2. 热入心包
主证：高热神昏或狂躁不安，气促，四肢厥冷或抽搐，舌绛无苔，脉数，出血，甚者发斑。

病因病机：热入营分，里热炽盛，故见高热；热入心包，扰乱心神，故神昏或狂躁；热邪闭遏于内，不能布达四肢，故见四肢厥冷；热邪伤津，筋失所养，故见抽搐；热灼脉络，故出血，甚至发斑；舌绛，脉数是里热炽盛之征。

治则：清心开窍
方药：清宫汤（玄参、莲子、犀角、麦冬、连翘、竹叶心）加减。

（四）血分病证

血分病证是温热病邪入血的深重阶段，其病位主要在肝肾，或由气分直入血分，或由营分而传来。一般多见血热妄行、气血两燔、肝热动风和血热伤阴等四种类型。

1. **血热妄行**
主证：身热，神昏，黏膜、皮肤发斑，尿血，便血，口色深绛，脉数。

病因病机：热在血分，里热炽盛，故见身热；热扰心神，故高热神昏；邪热炽盛，损伤脉络，血热妄行，故见皮肤、黏膜发斑，尿血，便血；口色深绛，脉数是血中热邪亢盛的表现。

治则：清热解毒，凉血散瘀。
方药：犀角地黄汤（犀角、生地、芍药、丹皮）加减。

2. **气血两燔**
主证：身大热、口渴喜饮，狂躁不安，舌质红绛，苔焦黄，衄血，便血，发斑，脉洪大而数或沉数。

病因病机：热毒亢盛，灼炽气分，故身大热，脉洪大而数；高热耗伤津液，故口渴喜饮，苔焦黄；邪热炽盛，迫血妄行，故见发斑，衄血，便血；热盛入心，故见舌质红绛，脉沉数。

治则：清气分热，凉血解毒。
方药：清瘟败毒饮（生石膏、生地、犀角、黄连、栀子、桔梗、黄芩、知母、玄参、连翘、甘草、丹皮、鲜竹叶）加减。

3. **肝热动风**
主证：高热，项背强直，阵阵抽搐，口色深绛，脉弦数。

病因病机：热在血分，里热炽盛，故见高热；热邪燔灼肝经，肝血被耗，筋脉失养，故见项背强直，阵阵抽搐；口色深绛是血分热盛的表现，脉弦数为肝热亢盛之象。

治则：清热，平肝息风。
方药：羚羊钩藤汤（羚羊角、霜桑叶、川贝、生地、钩藤、菊花、茯神、白芍、生草、竹茹）加减。

4. **血热伤阴**

主证：低热不退或午后发热，精神倦怠喜卧，口干舌燥，舌红无苔，粪干尿赤，脉细数无力。

病因病机：邪热久留，劫灼肝肾之阴，虚热内扰，故低热不退；耗血伤津，故口干舌燥，舌红，尿赤，粪干；血虚气弱，心神失养，故见精神倦怠；阴精亏耗，故脉细数无力。

治则：清热养阴。

方药：青蒿鳖甲汤（青蒿、鳖甲、生地、知母、丹皮）加减。

二、卫气营血的传变规律

外感温热病多起于卫分，渐次传入气分、营分、血分，这是温热病发展的一般规律。如《外感温热篇》说："大凡看法，卫之后方言气，营之后方言血"。

但是这种转变规律不是固定不变的。由于四季气候的不同，病邪盛衰的差异，动物体质强弱的不同，可出现起病不经卫分而从气分或营分开始，或卫分不经气分而直入营分，或气分不经营分而直入血分。因此，在临诊辨证时，应根据疾病的不同情况，具体分析，灵活运用。

病例一 仔猪白痢

仔猪白痢是哺乳仔猪以泄泻乳白色腥臭稀粪为特征的一种肠道传染病，故名仔猪白痢。本病主要由致病性大肠杆菌引起，病原经消化道感染。是仔猪的常见病和多发病，多见于10~30日龄的仔猪，发病率高，死亡率较低。一年四季均可发病，但以早春、严冬和炎热夏季多见。

[病因病机] 初生仔猪正当"稚阴稚阳"、气形不足、卫气不固之际，很容易感受疫毒或外邪而引起腹泻。当饲养管理不善，如猪舍阴冷、潮湿、闷热，吃食粪尿、脏水等物；或气候骤变，感受寒邪；或母猪乳汁不清，仔猪食乳过多；或母猪吃食营养不全或霉败饲料，以及年老、瘦弱、泌乳不足，致使仔猪先天发育不良，后天营养不足等均可导致仔猪脾胃虚弱和抵抗力降低，暑湿热毒乘虚侵入胃肠，引起脾胃腐熟、运化失职，清浊不分，混杂而下，而成拉稀。毒邪滞留肠中，使肠道气滞血瘀，化为脓血，故下痢色白或带脓血。健康的猪吃食了被病猪粪便污染的食物，也可引起感染。

[辨证施治]

主证：同窝1月龄仔猪多相继发病，病后很快出现拉稀，粪呈白色、灰白色或灰褐色，稀糊状，有腥臭味并混有黏液，有时带血。病初精神、食欲正常，一般无热或仅有微热。随后精神沉郁，食欲减退，饮欲增加，逐渐消瘦，被毛粗乱，行走摇摆，畏寒发抖，肛门周围、尾巴和后腿被稀粪沾污。病至后期，肛门松弛，排便失禁，食欲废绝，阴液亏耗，眼窝凹陷，四肢厥冷，最后卧地不起，极度衰竭而死亡。能耐过的，生长发育受阻，变为僵猪。

治则：病初以清热解毒为主，病久以健脾固涩为主。

方药：（1）白头翁汤（见清热方）研细末灌服或水煎服，每日2次，每次6g；（2）

白龙散（白头翁6g、龙胆草3g、黄连1g，《中兽医治疗学》）研细末用米汤调成糊状作为舔剂或水煎服；(3) 乌梅散（见固涩方）煎服。

民间验方：

(1) 黄连3g、苦参4g、木香3g，煎服。

(2) 黄柏3g、百草霜2g，共末调灌。

(3) 苦参3g，水煎灌服。

(4) 鲜松针3g，捣汁灌服。

(5) 大蒜1.5g、百草霜4g，捣碎加水灌服。

(6) 杨树花250g，拌料饲喂母猪，或杨树花煎液（每毫升含药1g）5～10ml。喂小猪。

(7) 地胡霜：地榆（酒炒）15g、白胡椒3g、百草霜15g，共为细末，每次每头仔猪6g调服。

(8) 白头翁5～15g，煎汁喂母猪，也可用于仔猪。

(9) 二丑500g，红糖75g，二丑文火炒至膨胀发圆时，加入红糖，继用文火炒至不见糖汁而二丑粒粒发光闪亮时，冷却后研末，母猪每次30～150g，有预防作用；如用于治疗时，1～1.5kg仔猪用1～2g，1.5～2.5kg猪用2.5g，2.5～3kg猪用3～4g。

(10) 地榆炒黄研粉，每天2次喂母猪，每次120g，连用1～2剂。

(11) 二花100g，煎汁，连药渣喂母猪，每天早晚各1次，疗效达90%以上。

针治：取后海、百会、脾俞、后三里穴，采用毫针、电针均可；二氧化碳激光照射交巢穴，亦有较好疗效。水针用穿心莲注射液交巢穴注射，每次2ml，每天一次，连用3d。

[护理与预防] 对病猪应及时隔离治疗，并对猪舍进行清扫消毒，防止扩大传播。

为了防止本病的发生，要加强对孕猪和哺乳仔猪的饲养管理。猪舍保持干燥、清洁、阳光充足、通风良好，注意避免风寒，圈舍定期消毒；仔猪应多晒太阳，多运动，适当提前补饲；母猪哺乳期保持乳头清洁，给予易消化富有营养的饲料，定时定量饲喂，以增强仔猪的抗病力。

病例二 羔羊痢疾

羔羊痢疾是由湿热疫毒引起的，以羔羊剧烈腹泻和小肠发生溃疡为特征的急性病证。其病原是B型魏氏梭菌，主要危害7日龄以内的羔羊，以2～3日龄发病率最高，冬春产羔季节常引起羔羊的大批死亡。

[病因病机] 母羊怀孕期营养不良，初生羔羊体质瘦小，脾胃娇弱，圈舍、饲喂器具或食乳不洁，天气骤变，寒热侵袭，或饥饱不均，乳食所伤等因素，使湿热疫毒侵犯胃肠，以至脾胃不调，大肠传导失司所致。

[辨证施治]

主证：证见精神不振，头低耳耷，发热恶寒，不食，腹泻，腹痛，粪便恶臭，状如面糊，或稀薄如水，呈黄绿、黄白或灰白色，小便短赤，热在气分。后期粪便带血，或成血痢，口色红燥，舌苔黄腻，脉象滑数或细数。有的患病羔羊只有腹胀而不见下痢，或仅排少量稀便，甚至四肢瘫痪，卧地不起，呼吸促迫，口吐白沫，角弓反张，四肢厥冷，口色青紫，脉象细数，邪陷心营，常在短期内昏迷死亡。

治则：清热化湿，凉血止痢。

方药：(1) 白头翁汤（见清热方）加减；(2) 乌梅散（见固涩方）加减；(3) 增减承气汤（大黄、酒黄芩、焦栀、枳实、厚朴、青皮、甘草、朴硝），用于病初排便不畅者。

民间验方：

(1) 苦参2g、穿心莲1g、罂粟壳1g、神曲3g，水煎浓汁10ml，一次投服，日服2次。

(2) 马齿苋粉100g、干姜粉10g，加水1500ml，煎熬至1000ml，取汁冲红糖200g，每服20ml，日服2次，连用2d。

(3) 杨树花3g，水煎服。

(4) 苦参30～100g，白头翁60～300g，共为末，开水冲服，每天一次，每次5g，连服2～3d，疗效显著。

针治：针刺或激光照射交巢、脾俞、后三里等穴。

[护理与预防] 产前加强母羊的饲养管理，适当补饲青草。圈舍及羔棚要清洁、干燥、保暖。圈舍通风良好，阳光充足，定期消毒。初生羔羊应尽早食用初乳，防止喂奶间隔时间过长，过饥过饱。病羔应及时隔离治疗。

病例三 流 感

流行性感冒简称"流感"，是由疫毒引起的疾病，临诊表现与感冒大致相似，但发病急，症状复杂，有较强的传染性，多见于冬春两季。

[病因病机] 与普通感冒相似。气候骤变，冷热不均，卫表不固，风邪疫毒乘虚侵入，致卫气郁结，肺气不宣，症见恶寒，发热，咳嗽，流涕。

[辨证施治]

主证：发病急，传染快，往往有多个动物发病，症状相似。患病动物精神不振，被毛逆立，食欲减退或废绝，发热重，恶寒轻，咳嗽喘息，先流清涕，后流黏稠脓涕，眼结膜发红、水肿，流泪怕光，口色赤红，口干舌燥，苔黄白，脉浮数或洪数，牛鼻镜无汗。甚者出现四肢僵硬，关节肿胀、疼痛，跛行，或有腹泻。

治则：流感为疫毒所致，多为风热型，故宜辛凉解表，佐以清热解毒药物。

方药：(1) 麻杏石甘汤、黄连解毒汤、清肺散合方（麻黄、杏仁、生石膏、甘草、黄连、黄芩、黄柏、栀子、板蓝根、葶苈子、浙贝母、桔梗、陈皮）；(2) 高热神昏，舌色紫红者，用清瘟败毒散［生石膏、知母、犀角（可以水牛角代之）、生地、元参、黄连、丹皮、黄芩、栀子、连翘、甘草、竹叶、桔梗、赤芍，《疫诊一得》］。

[护理与预防] 隔离患病动物，及时治疗，改善饲养管理和卫生条件，给予容易消化的饲料，圈舍要清洁、干燥、温暖，并对圈舍和饲槽进行消毒。

平时要加强饲养管理，定期消毒圈舍。

病例四 疮黄疔毒

疮、黄、疔、毒是皮肤与肌肉组织发生肿胀和化脓性感染的一类病证，简称疮黄。

1. 疮　疮是局部化脓性感染的总称。

[病因病机]

（1）外感六淫之邪　六淫之邪侵入经络，阻碍经络中气血的运行，致使气血凝滞，壅于肌腠而成疮肿。如《内经·痈疽篇》曰："寒邪客于经络之中则血泣，血泣则不通，不通则卫气归之，不得复反，故痈肿。寒气化为热，热盛则肉腐，肉腐则为脓。"

（2）内伤饥饱劳役　由于劳役过度，饮喂失调，久之气血衰弱，营卫不和，气血凝结而发病。如《元亨疗马集·疮黄疔毒论》曰："疮者，气之衰也，气衰而血瀍，血瀍而侵入肉理，肉理淹留而肉腐，肉腐者，乃化为脓，故曰疮也"。

（3）其他　诸如外伤或外物压迫，使肌腠受损，淤血凝结不散，肉理淤血腐化而成脓。

[辨证施治]

主证：初期患部肿胀，灼热疼痛，严重的可出现发热，精神不振，食欲减退，脉象洪数等全身反应；成脓期见患部柔软，触之甚至有波动感；后期皮肤逐渐变薄而破溃，流出浓稠的黄色或绿色脓液，或夹血丝血快，疮面呈赤红色，有时疮面被覆痂皮。

若疮毒内陷，形成败血，则可见气促喘粗，食欲大减或废绝，粪干尿赤，躁扰不安，神志昏迷，舌红脉数等。此时病情危急。

治则：以祛除毒邪，疏通气血为主，并根据病程的发展阶段、病变的部位，分别采用内治和外治相结合的方法。初起尚未成脓者，采用消法，以散风清热、行淤活血为主；若成脓迟缓，则采用托法，以托里透脓为主；溃后若无全身症状，则只用外治即可；若气血虚弱，久不收口，则采用补法，以补气养血为主。

方药：初期脓未成者，内服黄连解毒汤（见清热方）、仙方活命饮（见清热方）、五味消毒饮（金银花、野菊花、蒲公英、紫花地丁、紫背天葵，《医宗金鉴》）等方均可，外敷如意金黄散（天花粉、黄柏、大黄、白芷、姜黄、生南星、苍术、厚朴、陈皮、生甘草，研细末醋或蜂蜜调，《外科正宗》）或雄黄散（见外用方）；成脓迟缓者，内服透脓散（生黄芪、炮甲珠、川芎、当归、皂角刺，《外科正宗》）加减；脓已成，未破口者，应切开排脓，然后外用生肌散（见外用方）；若疮毒内陷，宜凉血解毒，清心开窍，方用清营汤（见清热方）加减；若溃后气血亏虚，久不收口，可内服八珍汤（见补虚方）加减，外敷生肌散或冰硼散（均见外用方）。

2. 黄　黄是皮肤完整性未被破坏的软组织肿胀。根据《元亨疗马集》记载，共有三十六种，其中恶黄十二种，普通黄二十四种，范围比较广泛。这里仅介绍外科黄肿的一般证治方法。

[病因病机]　多因饲养失调，劳役过度，外感病邪，正邪相搏于肌肤，卫气受阻，经络郁塞，气血凝滞而成。《元亨疗马集·疮黄论》中说："黄者，气之壮也，气壮使血离经络，血离经络溢于肌腠，肌腠郁结而血淤，血淤者，而化为黄水，故曰黄也"。

[辨证施治]

主证：初起患部肿硬，间有疼痛或局部发热，继则面积扩大而变软，有的出现波动，刺之流出黄水。黄发于不同的部位，有不同的名称，常见的如胸黄、肘黄、肚底黄等。

治则：清热解毒，消肿散淤。

方药：消黄散加减。

针治：局部消毒后，用大宽针散刺肿胀最低位，以排出黄水。

3. 疔　属于鞍伤感染，因其坚硬、根深、形状如钉而得名。

[病因病机]　多因乘骑负重过久，鞍具未及解卸，淤汗积于毛窍，败血凝于皮肤；或鞍具不适当，磨伤体表，邪毒侵入所致。如《元亨疗马集》说："疔毒者，疮黄之异名，虽形殊名异，其理一也"。

[辨证施治]

主证：根据鞍伤感染后发展的不同阶段及所受损害的程度不同，可分为黑疔、血疔、筋疔、气疔、水疔五种。若经久不愈，则可形成瘘管。

(1) 黑疔。皮肤浅层组织损伤，疮面被覆混有血液的分泌物，变干后形成黑色痂皮，形似钉盖，坚硬色黑，不红不肿，无血无脓。如《元亨疗马集》说："干壳而不肿者伤其皮，曰黑疔也"。

(2) 筋疔。脊间皮肤破溃而有淡黄色水外渗者，疮面溃烂不结痂，显露出灰白色而略带黄色的肌膜。

(3) 气疔。疮面溃烂不堪，不易收口，排出带有泡沫状的脓汁或黄白色的渗出物。

(4) 水疔。鞍伤初期伤浅，局部漫肿无头，渗出物似水，量多。

(5) 血疔。皮肤组织破溃，久不结痂，色赤常流脓血。

治则：以外治为主。未溃者，可针其周围，以防走窜；已溃者，用防风汤（防风、荆芥、花椒、薄荷、苦参、黄柏，《元亨疗马集》）洗，然后根据情况用药，干则润之，湿则燥之，肿则消之，腐则脱之，毒则解之。如形成瘘管，则以拔毒去腐之药腐蚀之。

方药：黑疔，可先揭去盖，用防风汤洗，然后撒布生肌散（见外用方）。筋疔，可外用丹矾散（诃子、黄丹、枯矾，《元亨疗马集》）。气疔，可按疮治疗，必要时可内服仙方活命饮（见清热方），外敷生肌散（见外用方）。水疔，必要时可内服消黄散，外敷雄黄拔毒散（雄黄、龙骨、大黄、白矾、黄柏、透骨草、樟脑，《河北验方》）。血疔，外用莐苈散（草乌、山甲、虻虫、硇砂、莐苈子、龙骨《元亨疗马集》）。瘘管，可用五五丹（石膏、升丹各等份）撒布，或以纱布条裹药塞入瘘管。

4. 毒　为脏腑毒气积聚，反映于体表的病证。毒有好多种，其中阴毒和阳毒具有特殊性，其他种类的毒基本与疮相似。

(1) 阴毒。

[病因病机]　乃阴邪结毒，阴火挟痰而成。《元亨疗马集》说："阴毒浑身生瘰疬"。

[辨证施治]

主证：多在前胸、腹底或四肢内侧发生瘰疬结核，累累相连，硬肿如石，不发热，不易化脓，难溃，或敛后复溃。

治则：消肿解毒，软坚散结。

方药：内服土茯苓散（土茯苓、茵陈、蒲公英、金银花、苦参、昆布、海藻各30g，白藓皮、川草藓、海桐皮各25g，苍术、荆芥、防风各15g，花椒6g，共为末，冲服，民间验方）。慢性虚弱性阴毒，可服阳和汤（熟地、白芥子、肉桂、鹿角胶、炮姜、麻黄、甘草，《外科全生集》）加黄芪、忍冬藤、苍术，外用斑蝥酒（斑蝥10个，研末，加白酒30ml）涂擦，每日一次，一般可涂3～5次。

（2）阳毒。

[病因病机] 多由于体壮膘肥，热毒内蕴，加之鞍具不适，或气候骤变，劳役中汗出雨淋，湿热交结，郁于肤腠而成肿毒。

[辨证施治]

主证：两前膊、梁头、脊背及四肢外侧发生肿块，大小不等，发热疼痛，脓成易溃，溃后易敛。

治则：清热解毒，软坚散结；溃后排脓生肌。

方药：内服昆海汤（昆布、海藻、金银花、连翘、蒲公英、酒知母、酒黄柏、大黄各30g，酒炒黄芩、酒栀子各20g，桔梗25g，酒炒黄连、木通、薄荷、甘草各15g，荆芥、防风各12g，芒硝60g，研末，加麻油120ml，调灌，隔日一剂，民间验方），外敷雄黄散（见外用方）。

病例五 犬瘟热

犬瘟热是由犬瘟热病毒引起的犬科动物的一种急性传染病。临诊以发热、皮疹、消化道和呼吸道卡他性炎症为特征。本病主要发生于3～6月龄的幼犬，冬季多发。纯种犬的抵抗力较杂种犬差，死亡率很高。

[病因病机] 主要通过接触感染，疫毒经呼吸道和消化道侵入体内，大伤正气而导致本病的发生，进而继发细菌感染。首先是肺、脾功能障碍，进一步导致毒血症而危及全身。

[辨证施治]

主证：病犬突然发热，体温达39.5～41℃，精神不振，呕吐，鼻塞，喷嚏，结膜发红等，约持续2d，随后体温降至正常。2～3d后再度发热，精神委顿，食欲不振，鼻腔充血，分泌物增多，呈脓性，咳嗽，气喘，鼻镜干燥甚至龟裂。股内侧和腹壁皮肤出现皮疹。眼结膜有多量黏液脓性分泌物。呕吐和腹泻，粪便混有黏液和血液，恶臭。有肺炎症状。中后期病毒侵入中枢神经，出现痉挛、癫痫、抽搐或转圈运动等神经症状，有的导致瘫痪。出现神经症状的病犬多以死亡转归，仅有少数抵抗力较强的病犬症状逐渐减轻，得以存活，但往往留有神经性的后遗症。

治则及方药：本病目前尚无特效疗法，将病犬隔离，应用中兽医学理论根据病程发展阶段的不同进行辨证施治，并结合西药，早期注射犬瘟热高免血清以及抗感染、解热、对症等支持疗法，可取得一定疗效。

初期邪在卫分，以发热、鼻塞、喷嚏、结膜充血为主，治宜清热解毒，辛凉解表。方用（1）银翘散（见解表方）加减，热盛者加栀子、黄芩、石膏，水煎灌服或灌肠；（2）银花、连翘、黄芩、甘草各4g，葛根3g，山楂、山药各5g，水煎灌服。

热盛期，邪在气分，以高热口渴，咳嗽气喘为主。治宜清热，生津，宣肺。方用（1）

麻杏石甘汤、黄连解毒汤、清肺散（均见清热方）合方；(2) 二母丹地散（知母、贝母、丹皮、生地、桔梗、半夏、白术各4g，龙胆草、茵陈、陈皮、白芍、当归、甘草各3g，《现代中兽医大全》）水煎服。

中后期，邪在营血，以高热或低热不退，皮疹、便血、呕血、鼻镜龟裂，抽搐为主。治宜清热凉血，扶正固本。方用 (1) 清瘟败毒散（见流感）加减；(2) 清营汤（见清热方）加减；(3) 安宫牛黄丸 [牛黄、郁金、犀角（可以水牛角代之）、黄芩、黄连、山栀、朱砂、冰片、麝香、珍珠，《温病条辨》] 加减。以上方在选用时可加黄芪以扶正祛邪。当呈现肝风内动症状时，多数预后不良，难以救治。

针治：针刺山根、肺俞、脾俞、百会、尾尖、后三里等穴。

[预防] 加强饲养管理，增强机体抗病能力。定期接种犬瘟热疫苗。

思考与练习（自测题）

一、名词解释（每小题3分，共15分）

1. 宿草不转
2. 卫分证
3. 气血两燔
4. 脾虚不磨
5. 八纲辨证

二、填空（每小题3分，共15分）

1. 病程短，发热恶寒并见，苔薄黄者，多属于_____证，治疗的代表方剂为_____；恶寒重发热轻，无汗，皮温不整，口色淡白者，为_____证，治疗时可选方剂_____。

2. 在寒热辨证中，由阴盛引起的称_____，由阳虚所致的称_____；虚实辨证中，由于机体正气不足所致者，称_____，邪气亢盛而致者称_____。

3. 气分病证的三种类型是_____等。营分病证包括_____，血分病证可分为_____。

4. 实热证时，患畜表现为口色_____，舌苔_____，粪便_____，尿液_____，脉象_____。

5. 阴阳是八纲中的_____，在八纲中_____为阴，_____为阳。

三、选择题（每小题2分，共16分）

1. 证见发热，恶风，自汗，舌淡红，脉浮缓等，多为（　　）
   A. 表虚证　B. 表寒证　C. 表热证　D. 表实证

2. 若见身热喜饮，口红苔黄，粪干尿赤，脉洪数，其证多为（　　）
   A. 里实热证　B. 表实热证　C. 表虚热证　D. 里虚热证

3. 证见消瘦气短，口干舌红，潮热盗汗，最可能的是（　　）
   A. 气虚　B. 阴虚　C. 血虚　D. 阳虚

4. 心火上炎者，最易引起（　　）

A. 目赤肿痛　　B. 口舌生疮　　C. 口眼歪斜　　D. 牙龈肿痛
5. 引起大肠寒泻最有可能的病因是（　　）
　　A. 寒邪客肺　　B. 心阳虚　　C. 脾阳不足　　D. 肺气虚
6. 下列不属于脾气虚的是（　　）
　　A. 慢性便血　　B. 久泻不止　　C. 四肢不温　　D. 脱肛
7. 造成久咳久喘、动则喘甚，最可能的原因是（　　）
　　A. 肾不纳气　　B. 燥邪伤肺　　C. 肺阴虚　　D. 心血虚
8. 家畜中暑表现高热、神昏、气促喘粗，应选择方剂（　　）
　　A. 银翘散　　B. 黄连解毒汤　　C. 清肺散　　D. 白虎汤加味

四、判断题（每小题2分，共10分）
1. 在温热病中，邪在气分时，应以理气为主。　　　　　　　　　　　（　　）
2. 对于肾经病的治疗，只能补其不足，不能伐其有余。　　　　　　（　　）
3. 脾喜润恶燥，治疗脾病时，应多配以润通之药。　　　　　　　　（　　）
4. 寒凝肝经时，可见睾丸硬肿，如冰如石。　　　　　　　　　　　（　　）
5. 对于肺气虚所致的咳喘，可用补脾益肺法治疗。　　　　　　　　（　　）

五、简答题（每小题4分，共20分）
1. 表证、里证的特点和区别有哪些？
2. 何谓真虚假实证？如何鉴别？
3. 简述腹胀的证型、治法及方药。
4. 说明脾与胃病的主要病证和特点。
5. 什么是温热病和卫气营血辨证？

六、论述题（第1、2小题各6分，第3小题12分，共24分）
1. 泄泻各证型的临诊特点和辨证治疗。
2. 试述八纲辨证、脏腑辨证及卫气营血辨证各自的特点和意义。
3. 对下列病例进行辨证施治。

(1) 某村一成年奶牛，体况中等，食欲反刍废绝，经当地兽医用青、链霉素治疗数次无效，前来校附属兽医院求治。检查：体温39.2℃，呼吸78次/min，精神沉郁，呼吸促迫，左腹部膨胀，瘤胃中下部硬实，上部有少量积气，听诊瘤胃无明显蠕动波，眼结膜暗红，鼻镜干燥，有时空口磨牙，口津黏滑，口臭，舌苔黄厚。

(2) 一牛犊刚出生三天，出现发烧，气喘现象，前来就诊。检查，精神稍差，呼吸急促，口温高，鼻镜干，口色红，脉数。

实训一　辨证（1）

[实训目的]
1. 了解辨证的意义。
2. 初步掌握辨证的基本方法。
3. 重点掌握表证与里证、寒证与热证、虚证与实证的辨证要点与技能。

[材料用具] 典型病例若干头，保定栏及绳具相应配套，听诊器数具（数目根据学生分组情况而定，至少每组一具），体温计数支（每组一支），消毒药及洗涤用具每组各1份，病例表每人1份，笔记本人手1本，技能单人手1份。

[内容方法]

1. 内容 由指导教师根据实际情况，选择具有八纲辨证或脏腑辨证意义的典型病例若干例，参照八纲辨证的有关内容进行实训。

2. 方法 根据典型病例将学生分成若干个小组，每组选一名主诊人，二名记录员，按四诊的要求，轮流检查所有典型病例。

（1）在认真听取主诉之后，有重点有目的地提出询问，边询问边分析，从问诊中抓住有诊断价值的临诊资料。

（2）各组的主诊人，对患病动物进行望诊、闻诊和切诊的全面检查。检查务必细致、准确，努力收集有诊断价值的症状和体征，从而培养学生严谨的工作作风。为了避免疏漏，应允许其他组员对主诊人进行适当的提示，但要注意保持现场安静。

（3）记录员对主诊人的检查所获，要及时而准确地填写在病例表上，文字力求精简。其余组员也应笔记重要内容，做到动手动脑。

（4）临诊症状收集完毕，小组进行讨论，确认主要症状，分析病因病机，归纳证候，作出初步诊断。

（5）指导教师小结。

[注意事项]

1. 认真选好病例，主症要明显，证候要单纯，切忌要求过高，否则学生不易接受。

2. 分组检查时，教师应巡回指导，并给予适当提示。小组讨论中，则给予适当引导，不可包办代替，妨碍学生进行独立的思考，也不应该放任自流，导致多数人作出错误判断而失去自信。

3. 严明实习纪律，注意安全，防止事故发生。

[作业]

1. 详细填写病历，并作出诊断结论。

2. 写出实训体会，着重讨论所辨证候的病因及诊断要点，并说出你对八纲辨证的认识。

附一 八纲各证鉴别参考表

		临床表现	口色	脉象
阳	表证	发热恶寒同时并见	苔薄白	浮
	热证	恶热喜寒，渴喜冷饮，四肢温热，粪便秘结，尿液短赤	舌红苔黄	数
	实证	新病体壮，精神兴奋，声高息粗，腹满疼痛，或热或寒	舌苍老苔厚腻	有力
阴	里证	无发热恶寒并见症状，或发热或恶寒	苔多有变化	沉
	寒证	恶寒喜热，口不渴，四肢厥冷，粪便稀溏，尿液清长	舌淡苔白润	迟
	虚证	久病体虚，精神萎靡，声低息微，低热不退，或畏寒	舌质嫩，苔少或无	无力

附二 常见脏腑病证鉴别参考表

1. 心气虚、心阳虚鉴别表

证候	相同症状	不同症状
心气虚	心悸,气短,自汗,动则症状加重	倦怠多卧,舌质淡白,脉虚
心阳虚		畏寒肢冷,舌质淡胖,苔白滑,脉细数

2. 风寒束肺、寒邪客肺、痰湿阻肺鉴别表

证候	性质	主证	兼证	口色	脉象
风寒束肺	实证	不时咳嗽,痰涕清稀	鼻塞,恶寒发热,无汗	舌青白,苔薄白	浮紧
寒邪客肺	实证	咳嗽气喘,痰涕稀白,口吐白沫	但寒不热	舌淡苔白	迟缓
痰湿阻肺	急性为实证 慢性为虚证	咳嗽,痰多黏稠,容易咳出	气喘,胸胁疼痛,不敢卧下	舌淡苔白腻	滑

3. 风热犯肺、燥邪伤肺、肺热咳喘鉴别表

证候	多发季节	主证	兼证	口色	脉象
风热犯肺	冬春	咳嗽痰稠,色黄	身热恶风,咽喉痛	舌微红,苔微黄	浮数
燥邪伤肺	秋	干咳少痰质黏,唇焦鼻燥	恶寒发热	口红苔白或薄黄	浮细数
肺热咳喘	春夏	高热,咳嗽气喘,痰黄	口渴,鼻翼煽动,鼻液黄黏,或腥臭	舌红,苔黄	洪数有力

4. 大肠湿热、大肠寒泻鉴别表

证候	主证	兼证	口色	脉象
大肠湿热	下痢黏胨或黄色稀水	腹痛,里急后重,口渴,尿短,或有寒热	舌红黄,苔黄腻	滑数
大肠寒泻	肠鸣如雷,泻粪如水	鼻寒耳冷,腹痛,尿少而清	舌青黄,苔白滑	沉弱

5. 脾病四虚证鉴别表

证候	主证	兼证	口色	脉象
脾气虚	腹胀纳少,倦怠,便溏	浮肿,体瘦,肚胀	舌淡苔白	缓弱
脾阳虚		肠鸣腹痛,泄泻,形寒肢冷,尿少,或浮肿,或带下清稀	舌青白,苔白滑	沉迟
脾气下陷		久泻不止,垂脱,尿淋漓难尽	舌淡苔白	弱
脾不统血		便血,尿血,皮下出血,子宫出血	口苍白苔白	细弱

6. 胃病三证鉴别表

证候	主证	兼证	口色	脉象
胃寒	纳少,粪溏软	形寒怕冷,口流清涎,尿清	舌淡苔白滑	沉迟
胃热	纳少,粪秘结	耳鼻温热,口渴贪饮,口臭,齿痛	舌红苔黄	滑数
胃实	不食,粪干或泻	肚腹胀满,前肢刨地,起卧滚转,嗳气酸臭	舌红苔厚腻	滑实

7. 肝风二证鉴别表

证候	主证	兼证	口色	脉象
热极生风	痉挛抽搐,颈项强直,角弓反张	高热神昏,目不视物,冲墙撞壁,转圈	舌红绛	弦数
血虚生风	四肢震颤,关节拘急不利,肢体麻木	爪甲不荣	舌淡苔白	细弱

8. 肾病四证鉴别表

证候	症状	口色	脉象
肾阳虚	腰胯疼痛,起卧困难,公畜阳痿,母畜宫冷不孕,或五更泻,或浮肿	舌淡胖,苔白	沉弱
肾阴虚	腰腿酸痛,阳强易举,遗精早泄,低热盗汗,视力减退,口咽干燥,粪干尿黄	舌红少津	细数
肾气不固	腰腿痿软,尿频而清,或淋漓失禁,滑精早泄,胎动易滑	舌淡苔白	沉弱
肾不纳气	久咳久喘,呼多吸少,动则喘甚,气不得续,自汗神疲,腰腿痿软	舌淡苔白	沉弱

实训二 辨证（2）

[实训目的]
1. 理解卫气营血辨证方法的临诊意义。
2. 初步学会温热病卫气营血辨证的基本技能。

[材料用具] 典型温热病例若干头,保定栏绳具相应配套,其余同实训一。

[内容方法]

1. **内容** 由指导教师选择具有温热病卫气营血辨证意义的典型病例若干头,参照卫气营血辨证内容进行实训。

2. **方法** 将学生按病例数分成若干个小组,每组选出主诊人与记录员,根据四诊要求和温热病的特点,对所有典型病例轮流进行全面检查。

（1）在听取主诉之后,重点询问发病经过、发病数量、患病动物来源、防疫接种等有关情况,借以初步推断是属于传染性的或非传染性的热病。

（2）由主诊人对患病动物进行包括望、闻、切诊的全面检查,检查时,尤其要注意口色、脉象的变化,以及皮毛、眼、鼻、二阴、粪尿等的异常变化,缜密地收集有诊断价值的临诊症状。

（3）其他方法见实训一。

[注意事项]
1. 选择病例更应慎重,不但要主证明显,而且还应考虑其治疗价值。
2. 温热病传变迅速,变化多端,临诊证候错杂者甚为常见,初学者较难抓住要领。

指导教师应多加指导,引导学生去认清具有关键意义的症状、口色以及脉象,但应避免作出结论,做到引而不发。

3. 实习病例如果是传染病,则应严格消毒,以防扩散。同时,要严明纪律,保障安全。

[作业]　详细填写病历,并作出诊断结论。

附　卫气营血辨证参考表

证候	主要症状	口色	脉象
风热犯卫	发热,微恶风寒,无汗或少汗,微咳,口微渴	舌红苔薄	浮数
邪热壅肺	发热,呼吸喘粗,咳嗽,汗出,口渴	舌鲜红,苔黄燥	洪数
热入阳明	壮热,躁扰不安,汗多,口渴贪饮	舌苔黄燥	洪大
热结肠道	发热,粪燥不通,或热结旁流,腹痛,尿赤	舌干,苔黄燥	数沉实
热伤营阴	高热夜甚,躁扰不安,呼吸喘粗,斑疹隐隐	口干,舌红绛	细数
热入心包	高热神昏,或狂躁不安,出血,发斑	舌绛无苔	脉数
血热妄行	身热,神昏,斑疹透漏,便血或尿血,	口色深绛	脉数
气血两燔	壮热口渴,躁动,出血,发斑	舌红绛,苔焦黄	洪数
肝热动风	高热,项背强直,抽搐	口色深绛	弦数
血热伤阴	低热不退,或午后发热,神倦,口干,粪干尿赤	舌红无苔	细数无力

实训三　辨证施治(1)

[实训目的]
1. 掌握动物食欲不振(慢草)、宿草不转、气胀等任一病证辨证施治的基本技能。
2. 进一步理解辨证的基本理论及治疗的基本方法。

[材料用具]　见实训一。

[内容方法]　见实训一。在认真辨证的基础上,实施恰当地治疗。

[观察结果]　各组观察辨证治疗后的情况,并分析讨论。

[注意事项]　见实训一。

[作业]　书写一个完整的病案。

附　辨证施治参考表

1. 食欲不振辨证施治参考表

证型	病因病机	色脉及主证	治法	方例
胃寒	外感寒邪，内伤阴冷，中焦受侵，脾阳不振	口色淡青，苔白，脉沉细，口淡滑利，粪便稀软，量少不臭，鼻寒耳冷，少食或不食	温中祛寒，健脾理气	桂心散，平胃散
胃热	乘饥热食，口渴失饮，热积脾胃，损伤胃阴而致阳盛阴衰，运化失调	口色红燥，舌中黄或黑苔，脉洪数，口干津少，粪球干小，口气微臭，鼻唇发热，唇舌生疮，少量饮水	清胃生津	清胃散
食伤	饥后暴食精料过多，胃腑积滞，运化失调	口色红，苔厚腻，脉沉涩或滑实，口气酸臭，肚腹微胀，精神倦怠，少食或不食，粪不成形	消积化滞	曲麦散
脾虚	体质素虚，气血不足，饲养失调，久病失养，致脾胃虚弱，运化无力	口色青白或淡白，舌苔薄白，口津滑利，四肢浮肿，粪便带水，完谷不化，口唇松弛	补脾益气	补中益气汤，参苓白术散

2. 宿草不转辨证施治参考表

证型	病因病机	色脉及主证	治法	方例
饱伤胃腑	过食草料，胃腑积滞，升降失调，脾不健运	口色暗红，舌苔黄，脉沉实，肚腹胀大，左侧坚实，触压成坑，发病急骤，回头顾腹，反刍停止	消食理气，导滞除满	大戟散
胃腑燥热	久渴失饮或热伤津液，胃阴不足，阳明燥实，运转失常	口色红燥，舌苔黄黑，脉沉数有力，腹围胀大，左侧尤显，鼻干无汗，喜饮冷水，反刍减少，时有疼痛	消食理气，清热生津	和胃消食汤（注），增液汤，白虎汤三方加减化裁
脾胃虚弱	体质素虚，气血不足，秸秆粗硬，咀嚼不良，脾胃功能衰弱，草料充塞胃肠	口色淡红，脉象沉涩，左腹时消时胀，食欲、反刍大减，体质瘦弱，病程较长	消食和胃，健脾补气	四君子汤合曲麦散加减

注：和胃消食汤（厚朴、木通、神曲、枳壳、刘寄奴、木香、槟榔、茯苓、青皮、山楂、甘草，《牛经备要医方》）

3. 气胀辨证施治参考表

证型		病因病机	色脉及主证	治法	方例
牛羊气胀	原发性	过食青嫩、易发酵草料，急速产气，升降运动失调，浊气积于瘤胃	口色暗紫，脉沉涩，腹围增大，左肷尤甚，叩诊鼓音，肚胀明显，呼吸急促	消胀理气，宽肠导滞	丁香散加减化裁
	继发性	寒凝气滞，宿草不转，胃肠受伤，清气不升，浊气不降，运转失常	口色淡青，脉沉细，左腹胀大，时胀时消，病势缓和，病程较长	治原发病证为主，消胀理气为辅	
马骡肠胀	原发性	多为发酵的草料所伤	口色暗红，脉象沉涩，腹围增大，起卧不安，排粪减少或粪尿皆停	消胀理气	
	继发性	肠道积滞不通，浊气不降，积聚于肠所致	症状同上，但用消胀药或盲肠穿刺效果不明显	治疗原发病证为主，消胀理气为辅	

实训四 辨证施治（2）

[实训目的]
1. 初步学会对动物泄泻、痢疾、结症、便秘等任一病证辨证施治的基本技能。
2. 进一步掌握辨证施治的技能。

[材料用具]　见实训一。
[内容方法]　见实训一。
[观察结果]　见实训一。
[注意事项]　见实训一。
[作业]　书写一个完整病案。

附　辨证施治参考表

1. 马骡结症辨证施治参考表

证型	病因病机	色脉及主证	治法	方例
热结	久渴失饮，热病伤阴，血热津枯，肠燥不润	口色红燥，舌苔黄厚，脉象沉数，起卧不宁，口臭津少，粪便不通	清热润燥，通肠泻下	大承气汤
寒结	阴寒侵袭，冷饮冷喂，寒凝气滞，传导失常	口色青白，苔白，脉象沉迟，起卧重剧，耳鼻发凉，畏寒颤抖，腹胀口干，粪便不通	温中导滞，通肠泻下	温脾汤加减
虚结	老弱病畜，气血两亏，草料粗硬，运化无力	口色淡青，舌软苔白，脉虚无力，口燥少津，慢性起卧，食少粪干	润肠通下，兼补气血	当归苁蓉汤

2. 泄泻辨证施治参考表

证型	病因病机	色脉及主证	治法	方例
湿热泄泻	渴饮污水，草料热毒，郁积胃肠，致成此病	口色黄红，舌苔黄腻，脉象洪数，粪便黏浊，气味恶臭，口鼻发热，常伴腹痛	清热利湿，除秽解毒	郁金散加减
脾虚泄泻	老幼瘦弱，脾虚无力，运化失常	唇色淡白，舌软淡黄，脉象沉细，粪渣粗大，溏泻稀水，经久不愈	补脾益气，和中止泻	参苓白术散
寒湿泄泻	冰冻草料，空腹冷饮，寒湿内侵，脾阳受损，腐熟无力，运化失常	口色淡青，脉象沉迟，肠鸣水泻，口鼻发冷，粪稀不臭，完谷不化	温中利水，燥湿健脾	藿香正气散加减
肾虚泄泻	肾阳虚损，命火不足，火衰土虚，熟化无力	口唇青白，脉沉滑无力，泄泻不止，凌晨明显，日中减轻，咀嚼缓慢，经久不愈	补肾壮阳，健脾止泻	四神丸加味
肝木乘脾	脾气素虚，而又肝郁气滞，肝气横逆，脾胃受乘，运化失常	口色青黄，脉弦，精神沉郁，食欲、反刍减少，腹痛即泻，每当惊吓，紧张则泻	抑肝扶脾	痛泻要方加味
伤食泄泻	饲料更换，乘饥贪食，草料宿滞胃肠，运化不及，腐污而成	口色红，苔厚腻，脉象滑数，腹满纳呆，泻粪嗳气酸臭，粪中带有未消化饲料	消食导滞，和胃健脾	保和丸加减

3. 痢疾辨证施治参考表

证型	病因病机	色脉及主证	治法	方例
湿热	湿热蕴结，下注大肠，气血凝滞，传导失职	口色赤红，舌苔黄腻，脉象滑数，痢下赤白胶胨，里急后重，泻粪不爽，倦怠喜卧	清热化湿调气行血	通肠芍药汤
疫毒	疫毒内侵，下注大肠，气血淤滞，传导失常	口色红绛，苔黄，脉象滑数，突然高烧，躁扰不安，泻粪黏腻，夹杂脓血，里急后重，或有腹痛	清热燥湿凉血解毒	白头翁汤
虚寒	久痢伤正，脾虚下陷，固摄无权，滑脱不禁	口色淡白，舌苔白滑，脉象细弱，久泻不止，水谷并下，粪色灰白，或带泡沫，或失禁，形寒肢冷，身瘦神疲	温补脾肾敛肠固脱	真人养脏汤

实训五　辨证施治（3）

[实训目的]
1. 掌握动物感冒、咳嗽、气喘等任一病证辨证施治的基本技能。
2. 初步会用中兽医理、法、方、药的辨证论治方法防治动物疾病。
[材料用具]　见实训一。
[内容方法]　见实训一。
[观察结果]　见实训一。
[注意事项]　见实训一。
[作业]　书写一个完整的病案。

附　辨证施治参考表

1. 感冒辨证施治参考表

证型	病因病机	色脉及主证	治法	方例
风寒感冒	气候突变，风寒侵袭，伤及肺卫，致毛窍阻塞，腠理不开	舌苔薄白，脉象浮紧，恶寒重，发热轻，无汗，咳嗽，鼻流清涕，毛乍发抖	辛温解表	麻黄汤
风热感冒	风热侵袭，伤及肺卫，致宣降失常，气机失调	舌苔黄白，脉象浮数，发热重，恶寒轻，有汗，干咳，口渴喜饮，重则咽喉疼痛，鼻涕黄稠	辛凉解表	银翘散
时疫（流感）	畜体正虚，外卫不固，疫毒侵袭，肺卫受邪，互相传染而致病	舌红苔黄，脉浮洪数，发病急，传染快，咳嗽流涕，高热气喘，食欲大减，懒动喜卧，毛乍颤抖	风寒型：辛温解表，疏风散寒。风热型：辛凉解表，祛风清热	荆防败毒散 银翘散

2. 咳嗽辨证施治表

证型	病因病机	色脉及主证	治法	方例
风寒咳嗽	风寒侵袭，致宣降功能失常，肺气上逆	口色偏淡，脉象浮紧，高声阵咳，遇寒加重，鼻流清涕，皮温不均	辛温解表，宣肺止咳	杏苏散
肺热咳嗽	热邪犯肺，肺气壅塞，宣降失调，痰涎上冲	口红苔黄，脉数有力，咳声洪亮，气急且热，体热目赤，鼻涕黄稠，口渴喜饮，咽喉肿痛	清热泻肺，化痰止咳	清肺散
肺虚咳嗽	劳伤脾肺，气血不足，湿痰壅塞，上扰肺络	口色淡白，舌质软绵，脉虚无力，咳声低微。肺气虚者，畏寒喜暖，痰涎清稀；肺阴虚者，日轻夜重，干咳无痰，舌绛，脉细	肺气虚：益气化痰 肺阴虚：养阴润肺	肺气虚：补肺益气汤 肺阴虚：补肺阿胶汤

3. 气喘辨证施治表

证型	病因病机	色脉及主证	治法	方例
风寒束表	风寒袭表，内合于肺，肺失宣降	口色淡白，舌苔薄白，脉象浮紧，气促喘粗，伴有咳嗽，鼻流清涕，恶寒发热，无汗	疏风散寒，宣肺平喘	麻黄汤
风热犯肺	风热袭表，内合于肺，热盛气壅，肺失宣降	口色赤红，舌苔薄黄，脉象浮数，气促喘粗，鼻翼煽动，咳嗽不爽，鼻液黄稠，发热恶风，粪干尿赤	疏风清热，宣肺平喘	麻杏石甘汤
痰浊阻肺	肺失输布，聚津成痰；或脾失健运，湿聚成痰，上壅于肺	舌苔白腻，脉滑，喘促气粗，喉内痰鸣，伴有咳嗽，痰稠，胸胁胀痛，食纳呆滞	祛痰降气平喘	三子养亲汤（苏子、白芥子、莱菔子）合二陈汤
肺气虚衰	肺气虚衰，宣降无力	口色稍淡，脉虚无力，咳喘日久，喘息无力，咳声低微，神疲乏力，有时自汗畏风	益气定喘	生脉散加味
肾气亏虚	肾阳不足，摄纳无权，气不归元	口色淡白，舌苔薄白，脉象沉细，喘促日久，气息短促，呼多吸少，气短难续，动则更甚，伴有腰腿痿软	补肾纳气	肾气丸加味

实训技能考核（评估）项目

项目	考核方式	考核要点	评分标准
辨证施治	在动物医院或实训场地选择典型病例，学生独立完成诊断、辨证分析、确定治则、开写处方，教师作出评判。	能正确运用辨证方法辨别疾病的表、里、寒、热、虚、实及所在脏腑；能对常见病症作出正确的诊断，并能恰当地立法、选方、用药。	正确完成90%以上考核内容评为优秀
			正确完成80%考核内容评为良好
			正确完成60%考核内容评为及格
			完成不足50%考核内容评为不及格

［附］经济动物、观赏动物常见病证的辨证施治

犬椎间盘突出症

椎间盘突出是指椎间盘变性向背侧突出压迫脊髓而引起的以运动障碍为主要特征的脊

椎疾病。为犬临诊常见病，常发生于胸椎、腰椎和颈椎。临诊主要表现疼痛、共济失调、麻木、运动障碍或感觉运动麻痹等。多见于体型小、年龄大的犬，如北京犬、西施犬等。

[病因病机]　椎间盘突出的病因尚不明确，可能有以下原因：

1. 气滞血淤　跌扑闪挫，损伤经脉气血，或因久病气血运行不畅，气滞血淤，经脉阻滞，而致本病。

2. 肾经亏损　禀赋不足，久病体虚，老龄体衰，精血亏损，不能濡养经脉；或肾气困惫，督脉壅阻，骨质增生，而致本病。

[主证]

1. 气滞血淤型　腰背疼痛剧烈，痛有定处，痛处拒按，颈部痛者不愿抬头，轻者行走小心，重者运步困难，共济失调，甚者截瘫。舌质紫暗或有淤斑，脉涩。

2. 肾虚型　腰背疼痛，不愿挪步或运步困难，进而后肢软弱无力，甚至麻痹，小便失禁，肛门反射迟钝。偏阳虚者，四肢不温，舌淡，脉沉细；偏阴虚者，体瘦毛焦，舌质红，脉细数。

3. 督脉壅阻型　腰背疼痛，转侧俯仰不便，前肢或后肢运步困难，X线检查可见骨质增生。脉沉弱，苔薄白。

[治则及方药]

（1）内治。气滞血淤者，宜活血化淤。方用身痛逐淤汤（当归、川芎、桃仁、红花、羌活、没药、牛膝、香附、五灵脂，《医林改错》），水煎候温，深部保留灌肠。

肾虚者，宜补肾壮腰。偏阳虚者用右归丸加减（熟地、山药、山茱萸、枸杞子、杜仲、附子、肉桂、当归、菟丝子）；偏阴虚者用左归丸加减（熟地、山药、山茱萸、茯苓、泽泻、丹皮、枸杞子、龟板）。用法同上。

督脉壅阻者，宜通督补肾，消淤止痛。方用椎病活血汤（黄芪、当归、白芍、川芎、鸡血藤、骨碎补、山甲珠、续断，《实用中医内科学》）。疼痛较甚者，加乳香、没药。

（2）针灸治疗。病变在颈部者，针大椎、前六逢、身柱等穴，平补平泻，隔日一次；病变在胸腰段者，电针百会、命门、肾俞、膀胱俞、阳陵、后三里、尾根、尾尖、六缝等穴，并在背部选取阿是穴，每日1次，痊愈为止。后肢瘫痪者，可在命门、百会穴处水针，当归注射液0.2ml/kg，配合2%普鲁卡因注射液0.1ml/kg，每日1次，连用2～3d。尿失禁者每天定时挤压膀胱排尿2～3次。

（3）西药治疗。配合皮质激素类药物治疗，同时增加钙质有较好疗效。

[护理]　强制休息，限制活动，尤其是剧烈的上窜下跳运动。

犬细小病毒病

犬细小病毒病是由犬细小病毒引起犬的一种急性致死性传染病。其特征是呈现出血性肠炎或非化脓性心肌炎症状。多发生于3～6月龄的幼犬，常常同窝爆发。

[病因病机]　染病犬是主要的传染源，其粪便、尿液、呕吐物及唾液中均含有多量病毒，并不断向外排毒。仔犬断奶前后正气不足，脾胃虚弱，若与病犬直接接触或食入被污染的饲料，病毒便可乘虚而入，伤及脾胃特别是小肠下段，郁而化热，侵淫营血，迫血妄行，呈现出血性肠炎症状；伤及心肺，肺失宣发肃降，心肌受损，扰乱心神，呈现心肌

炎症状。

[主证]

(1) 肠炎型。各种年龄的犬均可发生，但以3～4月龄的幼犬更为多发。病初体温升高或不高，食欲减退或废绝，继之出现呕吐、腹泻，粪便稀薄、恶臭，呈黄色或灰黄色，被覆有多量黏液及伪膜，而后粪便呈番茄汁样，带有血液，甚至频排血便，腥臭难闻。小便短黄，眼窝凹陷，皮肤弹性明显下降。口干，口臭，舌色赤红或绛，舌苔黄腻，脉滑数或细数。最终因阴液耗尽，自体中毒，心衰而死亡。

(2) 心肌炎型。多见于4～6周龄的幼犬。突然起病，呼吸困难，脉沉细数，有的病犬表现呕吐。常离群呆立，可视黏膜苍白，口色淡。常因急性心力衰竭突然死亡。

[治则及方药] 心肌炎型多因来不及救治而导致死亡。肠炎型宜清热解毒，凉血止痢。结合西兽医强心、补液、解毒、防止继发感染，可取得较好疗效。中药治疗可用下列方剂。

方一，白头翁汤：白头翁、秦皮各20g，黄连、黄柏各10g。煎汤去渣，浓缩至100ml，候温灌服或清肠后深部保留灌肠。里急后重者，加木香、槟榔；夹食滞者，加枳实、山楂。

方二，四黄郁金散：黄连、黄芩、黄柏、大黄、栀子、郁金、白头翁、地榆、猪苓、泽泻、白芍各30g，诃子20g（《现代中兽医大全》）。水煎，分2次灌服。呕吐者加半夏、生姜；里热炽盛者加金银花、连翘；热盛伤阴者，加玄参、生地、石斛；下痢脓血较重者，重用地榆、白头翁；气血双亏者，减黄芩、黄柏、栀子、大黄，加党参、黄芪、白术。

方三，加味葛根芩连汤：葛根40g，黄芩、白头翁各20g，山药、甘草各10g，地榆、黄连各15g。水煎服，每天1剂，分3～4次，每次50～100ml。幼犬药量酌减。便血者加侧柏炭15g；津伤者加生地、麦冬各20g；里急后重者加木香10g；呕吐剧烈者加竹茹15g。

[护理与预防] 病犬要隔离，犬舍要大消毒；平时加强管理，合理饲养，定期免疫接种。

犬猫绦虫病

犬猫绦虫病是由绦虫寄生于犬猫的肠道而引起的常见寄生虫病。犬猫轻度感染时，无明显的症状，当大量感染时，表现消瘦、贫血、腹泻等症状。有的种类绦虫的成虫或幼虫期尚可感染人，因此，本病为人畜共患病，受到医学界的高度重视。

[病因病机] 寄生在犬猫肠道的绦虫主要有复孔绦虫、泡状带绦虫、豆状带绦虫、多头绦虫、细粒棘球绦虫等。绦虫在肠道排出孕卵节片或虫卵，被中间宿主（家畜、鱼、人和野生动物等）吞食并在中间宿主体内发育为囊尾蚴，犬猫吞食含有绦虫蚴的鱼、家畜或野生动物的肉、内脏等感染发病。绦虫寄生在犬、猫小肠，以小钩和吸盘损伤肠黏膜，影响消化吸收；虫体吸收宿主营养，使犬猫生长不良；大量感染时，虫体聚集成团，堵塞肠腔，甚至引起肠破裂；虫体产生代谢产物或分泌内毒素作用于血液和神经，出现神经症状。

[主证] 轻度感染时，临诊不表现明显症状，有时在粪便中可见活动的孕卵节片。严重感染时，则出现消化不良、食欲不振或贪食、异嗜、呕吐、腹泻、腹痛、便秘与腹泻交替发生，有时还会出现神经症状。动物消瘦、贫血，乃至高度衰竭。虫体成团时，可堵塞肠管，导致肠梗阻、肠套叠、肠扭转甚至肠破裂而死亡。

[治则及方药] 治宜攻积杀虫。

方一，万应散（见驱虫方）。

方二，槟榔、大蒜各30g，水煎，犬分2次空腹服。

方三，生南瓜籽250～300g，捣烂研细，再与面粉加热水混合，成年犬1次喂服，喂前让犬停食12～14h。

方四，槟榔50g，捣碎加水1 000ml煎煮，过滤后再浓缩至200ml，猫每只20～30ml直肠给药，疗效安全可靠。

[护理与预防] 犬猫不喂生肉、生鱼和未煮熟的动物内脏；杀灭犬猫身上的蚤和毛虱，保持环境和身体清洁；粪便无害化处理；每季度对犬猫进行一次预防性驱虫。

犬 螨 病

螨病又称癞皮病，是由疥螨和痒螨寄生在皮肤而引起的以剧痒、脱毛和湿疹性皮炎为特征的寄生虫病。本病广泛分布于世界各地，多发生于冬季、秋末和初春，多见于皮肤卫生条件很差以及经常到处奔跑找食的犬。另外其他动物也会发生各自的螨病。

[病因病机] 主要由于病犬与健犬直接接触或通过间接接触而感染。在犬舍潮湿、犬体卫生条件不良、皮肤表面湿度较高和肺卫功能低下的条件下，可促使本病的发生。螨虫发育的四个阶段（卵、幼虫、若虫、成虫）都在犬身上度过。螨虫在患病动物的皮肤表皮挖凿隧道，吸取营养并分泌毒素刺激皮肤，使患部剧痒、渗出、皮肤脱屑、角质增生、皮肤肥厚和脱毛等。同时患犬搔抓、摩擦、啃咬皮肤，易造成皮肤创伤。

[主证] 病变常开始于鼻梁、颊部、耳根及腋间等处。初起皮肤出现红色小结节，以后变成水疱，疱破后流出黄色黏水，继而干燥形成鳞状痂皮。患部剧痒，病犬时常以爪抓挠、擦墙、擦树桩等物，患部脱毛或见擦伤，烦躁不安，影响正常采食和休息，日渐消瘦，迅速衰竭甚至死亡。

耳痒螨寄生在犬的外耳部。局部皮肤发炎，有大量浆液渗出，发出臭味，往往继发化脓；患犬不停地摇头搔耳，甚至引起外耳道出血，有时向病变较重的一侧作旋转运动，后期病变可能蔓延到额部及耳壳背面。

[治则及方药] 治宜杀虫止痒，以外治为主。可选用以下方药。

方一，雄黄、硫磺各10g，豆油100ml，将豆油烧开，放入研细的药粉，搅匀候温，用以局部涂擦。

方二，硫磺粉500g，用棉油熬成软膏，涂擦患部。

方三，白藓皮、硫磺、川花椒、苦参各30g，椿白皮45g、枯矾90g（《现代中兽医大全》），共研细末，先用花椒、艾叶各45g，煎汤洗净皮屑，再用此药剂涂擦。

另外，其他各种动物也可发生各自的螨病，可参照治疗。

[护理与预防] 病犬隔离治疗，注意皮毛清洁卫生，消毒周围环境，烧毁污染垫草，

犬舍注意通风透光。百部水煎取汁（2‰浓度）药浴对皮肤寄生虫病有很好的防治作用。

猫泛白细胞减少症

本病又称为猫瘟热或猫传染性肠炎，是由猫泛白细胞减少症病毒引起的一种高度接触性传染病。特征是高热、呕吐、腹泻、高度脱水和白细胞减少。本病常见于家猫、野猫、虎、豹、山猫、豹猫也可感染。各种年龄的猫均可发生，主要见于1岁以下的猫。

[病因病机] 病猫和康复猫是主要传染源。可通过呕吐物、唾液、粪尿、鼻液等排毒，污染环境、用具、饲料，直接或间接接触传染，引起本病的发生和流行。另外，跳蚤、虱、螨等吸血昆虫可成为本病的传播媒介。

[主证] 潜伏期2～9d。急性病例，无前驱症状而突然死亡，死后仅见尸体脱水。一般病例，病猫精神沉郁，体温升高，可达41℃，持续24h左右降至常温，经2～3d后再次上升；食欲减退或废绝，喜卧暗处；前肢屈曲，后肢伸直，腹部紧贴地面；喜饮水，流涕，流泪；剧烈呕吐，开始呕吐物多为未完全消化的食物，随后吐出带白沫液体，最后吐出物为淡黄色、黄绿色或粉红色黏液；日渐消瘦，后期呼吸缓慢，体温下降而死；怀孕母猫可发生流产。

[治则及方药] 治宜清热解毒，凉血止泻，结合西药防止继发感染和对症治疗可取得一定疗效。中药用：(1) 郁金散（见清热方）加减，热甚加金银花、连翘，泄泻去大黄，重用诃子、白芍，加乌梅、石榴皮；(2) 党参、黄芪、酒知母、酒黄柏、郁金、甘草各4g，二花5g，荆芥5g，半夏3g，水煎，早晚各1次，每次5ml，呕吐不止加生姜、厚朴各3g，口渴喜饮加麦冬、五味子、生地各3g，口舌生疮者加牛蒡子、射干、山豆根各3g，体温低者加肉桂、附子、干姜各2g（《中兽医学》）。

[针治] 取后海、后三里、脊中、大椎穴。

[护理与预防] 定期接种疫苗。

兔球虫病

兔球虫病是由艾美耳属的多种球虫寄生于兔小肠或胆管上皮细胞内引起的以幼兔消瘦、黄疸、贫血、腹胀、腹泻、粪血为特征的一种寄生虫病。多雨潮湿的季节发病率高。不同年龄的兔均可感染，但1～4月龄的幼兔易感，发病率和死亡率很高，成年兔感染成为带虫者。

[病因病机] 病兔将球虫卵囊随粪便排出体外，在适宜的温度和湿度下，卵囊发育为具有感染性的卵囊，健康兔食了被感染性卵囊污染的饲料或饮水后发病。球虫侵入肠上皮细胞或胆管内生长繁殖，造成肠黏膜或胆管损伤，而引起肠炎和胆管炎症状。

[主证] 病兔食欲减退，精神沉郁，体温略升高。结膜、口色苍白，眼鼻有大量分泌物；被毛粗乱，消瘦，生长停滞。腹泻，或腹泻与便秘交替发生，肛门周围有粪便污染。经常伏卧，腹部膨胀，肝肿大，肝区切诊有疼痛。最后衰竭死亡。

[治则和方药] 治宜清热解毒、杀灭虫体、调理脾胃。

方一，四黄散（黄连4g、黄柏6g、黄芩5g、大黄5g、甘草8g，《现代中兽医大全》），共为末，每只兔内服2g，日服2次，连用3d。

方二，兔球虫九味散（僵蚕、生大黄、桃仁、土鳖虫、生白术、桂枝、茯苓、猪苓、泽泻，《现代中兽医大全》）共为末，每只兔喂3g，每天2次，连喂3d。本方对肝型或混合型兔球虫病疗效较好。

方三，大蒜1份，洋葱4份，切碎拌料饲喂，每只幼兔5g，每天2次，连服3d。

方四，青蒿1 000g，加水煎汁，使每毫升含生药1g，按每千克体重10g拌料饲喂或饮水服。

[护理与预防] 保持圈舍清洁干燥；无害化处理粪便；幼兔与成年兔分开饲养；平时可用药物添加预防。

兔流涎病

是热毒经口传入，以幼兔口舌生疮、大量流涎为特征的一种急性传染病，故称为传染性水疱性口炎，俗称流涎病。本病常在兔场广泛流行，多发生于1~3月龄的小兔，春秋两季发病较多，发病率与死亡率较高，给养兔业带来一定的经济损失。

[病因病机] 多因采食被污染的饲料经口传染，或饲喂霉烂、粗硬饲料，引起口腔黏膜受伤而更易感染发病。

[主证] 病兔高热不退（40~41℃），唇舌生疮。初起唇、舌、硬腭黏膜潮红、充血，随后出现粟粒大至扁豆大的水疱，不久破溃形成小溃疡，同时大量流涎，使唇外、颌下、胸前和前爪的被毛湿润；大量失水，精神沉郁，食欲不振，腹泻不止，逐渐消瘦，卧地不起，衰竭而死，病程2~10d。

[治则及方药] 治宜清热消肿。

方一，六神丸（麝香、牛黄、冰片、珍珠、蟾酥、雄黄）成兔3粒，幼兔两粒，每天2次，连用3~5d。

方二，解毒消炎丸（公丁香、牛黄、蟾酥、朱砂，《现代中兽医大全》）成兔3粒，幼兔两粒，每天2次，连用3~5d。

方三，金银花、野菊花煎水拌料饲喂，每天2次，连服3d。

方四，紫花地丁、大青叶、鸭跖草、陈皮，煎水拌料饲喂，每天2次，连服3d。

外治用冰硼散撒布患处。

[护理与预防] 注意隔离治疗，防止本病传播蔓延。给病兔饲喂优质柔软易消化的饲料。兔笼、兔舍、场地和用具用2%烧碱水或20%热草木灰水消毒。

禽痘

禽痘是由禽痘病毒引起禽类的急性传染病，特征是无羽毛处皮肤形成痘疹，或在口腔、咽喉黏膜形成纤维蛋白性坏死的假膜。各种禽类（大约20个科60多种鸟类）皆可感染，家禽中以鸡最易感，笼养鸟中的鹦鹉、金丝雀、八哥、鸽子等常有发生。任何季节都可发生，秋冬发病率最高。

[病因病机] 本病的病原是痘病毒。病禽脱落的痘痂、皮屑、喷嚏、咳嗽的飞沫以及粪便，都含有病毒。病毒一般由皮肤、呼吸道或消化道黏膜的伤口侵入机体，带毒蚊虫的叮咬也可传播。饮喂失调，管理不当，禽舍拥挤可使动物易感发病。病毒通过血液循环

在无羽毛处皮肤或咽喉黏膜繁殖，引起局部的痘样炎症。

[主证]

(1) 皮肤型。在冠、髯、脸、颈、腿、足等无羽毛处生痘、结痂，病程3~4周。全身症状一般轻微，病重者可伴有体温升高、精神委顿、少食或不食等症状，蛋鸡产蛋量减少或停产。夏、秋季节此型多发。

(2) 白喉型。痘疹发生在口咽部甚至气管，有纤维素和坏死组织形成的"假膜"，故又称禽白喉。常阻碍呼吸和采食，重剧者可引起呼吸窒息而死亡。少部分病禽的痘疹可发生在鼻部和眼部，引起结膜炎和鼻炎。

(3) 混合型。以上两种类型病变同时发生。

[治则和方药]

(1) 皮肤型。治宜疏散风热，透疹解毒。方用金银花、连翘、薄荷、蝉蜕、荆芥、防风、升麻、甘草各1份，共为细末，日粮中添加4%，混匀喂之（《现代中兽医大全》）。

(2) 白喉型。治宜滋阴凉血，利咽解毒。方用金银花、连翘、板蓝根、生地各2份，丹皮、山豆根、苦参、升麻、赤芍各1份，石膏3份，用法同皮肤型（《现代中兽医大全》）。

(3) 混合型。治宜清热解毒，疏风解表。方用金银花、连翘、板蓝根、赤芍、葛根各2份，蝉蜕、竹叶、桔梗、甘草各1份，用法同上（《中兽医学》）。

(4) 单验方。鲜鱼腥草每只鸡4g，切碎自食；干品按1%添加于饲料中饲喂。

(5) 外治。用冰硼散少许吹入咽喉部位，重剧者用镊子轻轻拭去假膜，涂以碘甘油。

[护理与预防] 搞好禽舍的清洁卫生，并注意做好病禽的隔离、死禽的无害化处理等工作；新购进的禽要隔离观察；对种禽场和年年发生本病的地区，应按时接种疫苗。

禽新城疫

是由新城疫病毒引起的一种主要侵害鸡和火鸡的急性高度接触性传染病。主要特征是高热、呼吸困难、下痢、神经机能紊乱以及黏膜、浆膜出血。对养禽业危害严重。

[病因病机] 病原是副黏病毒科副黏病毒属的鸡新城疫病毒。鸡、火鸡、珠鸡及野鸡均易感。多种鸟类对新城疫都易感，但主要发生于雉、鹧鸪、鹌鹑、鸽、鹦鹉、雀形目的鸟类以及包括猫头鹰在内的食肉禽等。一般幼龄禽比成禽易感。传染来源主要是病禽及带毒禽，家禽的病毒可以传给鸟类，引起后者发病；同时，观赏鸟类也可引起家禽发病。本病主要经过呼吸道和消化道传播，创伤及交配也可引起感染，非易感的野禽、外寄生虫、人畜等均可机械性地传播本病原。一年四季均可发生，但以春秋两季较多。

[主证] 鸡感染本病的潜伏期一般为3~5d，主要取决于病毒数量、毒力的强弱、感染途径和鸡抵抗力的大小。根据病毒毒力的强弱和病程的长短，可分为最急性、急性和亚急性或慢性3种类型。

最急性型：病鸡常常尚未表现任何症状而突然死亡。

急性型：病初体温升高达43℃，食欲减少或废绝，渴欲增加，精神不振，缩颈闭眼；鸡冠、肉髯呈紫红色或暗紫色；呼吸困难，张口甩头，发出"咯咯"声；嗉囊内积液，倒提流出淡白色液体；拉稀，粪便呈黄绿色或墨绿色，有时带血；蛋鸡产蛋量减少或停止。

病程1～5d，多以死亡告终。

亚急性和慢性型：初期与急性型相似，不久后减轻，但同时出现神经症状。患鸡翅腿麻痹，跛行或站立不稳，头颈向后或一侧扭转，或伏地旋转，动作失调，反复发作。一般经10～20d死亡，少数可以耐过。成年鸡特别是经过免疫的鸡发病多为慢性型或非典型型，症状较轻。除表现精神不振，拉墨绿色稀粪，有的有呼吸道症状外，还表现产蛋下降，产软蛋、砂皮蛋或无壳蛋。

其他鸟类感染后，由于易感性和病毒毒力的不同，其表现也各异。易感性较强的如鸽子、鹧鸪、雉等，出现症状与家鸡的类似；某些种类的鸟如鹦鹉等感染后症状较轻，仅表现精神略沉郁，下痢，眼鼻分泌物增多，一侧翅、腿麻痹，颈扭曲等。

剖检变化：最急性型往往看不到病理变化。急性型的变化较典型，主要表现为嗉囊中充满酸性的液体；腺胃黏膜水肿，乳头之间出血，有的在肌胃角膜层下有出血斑点；盲肠扁桃体肿大、出血、坏死；小肠黏膜有枣核样纤维素性坏死灶；直肠黏膜出血。慢性型的腺胃出血有时见不到，可见到小肠黏膜有枣核样肿胀、盲肠扁桃体肿大和直肠黏膜充血。

[治则及方药] 本病的急性型由于发病急死亡率高，因此应该采取综合性防制措施。(1) 紧急消毒鸡舍及环境，禁止病禽及其产品和场内外人员的流动；(2) 对健康鸡群进行紧急免疫预防接种；(3) 妥善处理病死禽及其产品；(4) 对于发病鸡群，尚有治疗价值者，可注射新城疫高免卵黄抗体注射液进行治疗。

对于慢性型尤其是经过免疫的产蛋鸡群，在做好卫生消毒工作的基础上，经过中西结合治疗可取得较好效果。治宜清热解毒，扶正祛邪。选用下方治疗：(1) 新城疫Ⅳ系疫苗4～5羽份量紧急免疫，然后每1 000羽鸡取黄芪500g，煎水让鸡自由饮服（也可用黄芪多糖口服液）；(2) 有呼吸道症状者用麻杏石甘汤、黄连解毒汤、清肺散合方（均见清热方），煎汤自由饮水，或拌料饲喂，鸡按每羽每日2g用量；(3) 发病中后期精神不振，鸡冠发绀者用"清瘟败毒散"[生石膏、知母、犀角（可以水牛角代之）、生地、元参、黄连、丹皮、黄芩、栀子、连翘、甘草、竹叶、桔梗、赤芍，《疫诊一得》] 加黄芪，水煎让鸡自由饮服，或按4％拌料饲喂。

其他鸟类治法可参照上方，剂量酌情增减。

[护理与预防] 本病重在预防。平时加强饲养管理，搞好卫生消毒工作，定期预防接种疫苗。免疫计划根据本地情况而定，一般的免疫计划是鸡在7日龄用Ⅳ系（弱毒）疫苗一免，20～30日龄加强免疫；60日龄用Ⅰ系（中毒）疫苗免疫，开产前加强免疫；以后每季度以及高发季节到来前用弱毒苗（如Ⅳ系或C_{30}）免疫一次。其他鸟类的疫苗用法，除鸽子、鹧鸪、鹌鹑和雉等可用鸡的弱毒和中等毒力的疫苗外，余者可用灭活苗、核酸苗等。

禽流行性感冒

本病俗称禽流感，又称真性鸡瘟或欧洲鸡瘟，是鸡的一种急性、高度致死性的传染病。本病以鸡和火鸡最易感，其次是珠鸡、野鸡和孔雀。野禽常可成为带毒者。

[病因病机] 本病的病原为禽流感病毒，是正黏病毒科A型流感病毒，具有易变

性。病禽、带毒禽是重要的传染源，常通过消化道、呼吸道、皮肤和损伤的黏膜传染，也可经卵垂直传播，吸血昆虫也可传播病毒。

[主证]　潜伏期3~5d，分为急性型和温和型。

急性型突然爆发，可无任何症状而突然死亡。病程稍长的表现体温升高，呼吸困难，精神委顿，昏睡，食欲下降或废绝，饮欲增加，肿头，眼分泌物增多，冠与肉髯发绀、出血，有的出现下痢，拉黄绿色稀粪，产蛋急剧下降，（腿部鳞片发紫或出血，）部分病鸡出现神经症状，惊厥、瘫痪，病程1~2d，死亡率达50%~100%。笼养鸟中的金丝雀和雀科中的鸣鸟也有类似的症状，野鸟多呈隐性感染，但也有大量燕鸥发病死亡及严重腹泻和不能飞翔的记录。

剖检变化：口腔、腺胃、肌胃角质下和十二指肠出血，胸骨内面、胸部肌肉、腹部脂肪和心脏有散在出血点，头、眼睑、肉髯、颈和胸等部位肿胀，组织呈淡黄色，胸腺出血，胰腺出血坏死，气管、支气管充血、出血（腿部肌肉和跖部鳞片出血），卵泡变形、破裂，腹腔充满卵黄物质。

温和型　症状较轻，病程较长，母鸡产蛋明显下降。死亡率为0~15%。

[治则]　因本病为人畜共患病，特别是近年来流行于世界许多国家的H5N1型高致病性禽流感，已有大量感染人和引起人死亡的报道，已经引起了全世界的广泛关注。因此，怀疑为本病时，应立即上报并采病料送相关实验室诊断；若确诊为高致病性禽流感，则要迅速按照国家有关规定，采取隔离、捕杀、消毒等措施，以防止本病蔓延。

[预防]　平时加强饲养管理，做好卫生、防疫、检疫工作，可用灭活苗免疫接种。

鸽血变原虫病

本病是由血变原虫寄生于鸽红细胞内引起的一种血液寄生虫病。血变原虫与疟原虫同属于疟原虫科，故又称为鸽疟疾。

[病因病机]　鸽血变原虫的生活史较复杂，分为无性生殖和有性生殖两个阶段。无性生殖的裂殖生殖在鸽体内完成，先在鸽的肺泡中隔血管内皮细胞中产生裂殖子，此为裂殖生殖阶段；裂殖子侵入红细胞，逐渐发育为小滋养体（环状体），其后呈阿米巴运动称为大滋养体（阿米巴样体），最后发育成雌配子体和雄配子体，雌配子体较大呈月牙形，雄配子体较小呈短腊肠形；进入第二宿主鸽虱蝇或蠓的体内后进行有性生殖和孢子生殖。当第二宿主吸食病鸽的血浆时同时吸入了配子体，雌雄配子体在第二宿主的肠道内结合为合子，然后进入上皮细胞形成卵囊，随后逸出梭状的子孢子，随血液进入第二宿主的唾液腺。第二宿主叮咬鸽子时，虫体又感染鸽子，重复在鸽体内发育繁殖。

[主证]　成鸽感染后症状较轻，表现为食欲减退，精神不振，有饮欲，不爱活动，经数天后可恢复。转为慢性时，逐渐消瘦、贫血，繁殖力下降，不愿孵化和哺乳幼鸽。幼鸽感染后多呈急性经过，缩颈，羽毛松乱，呆立，食欲废绝，贫血，疲劳乏力，不能作飞翔训练，精神沉郁。作血片镜检，若发现红细胞内有香肠样的配子体即可确诊。

[治则和方药]　西药可用磷酸伯氨喹治疗。中药用青蒿粉按5%浓度混于保健砂中，任鸽自由食用，有预防作用，简便易行。

[护理与预防]　消灭鸽虱蝇和其他中间宿主，加强卫生管理，淘汰病鸽。

鱼 常 见 病

鱼病防治中采用化学药品和抗生素等，易使病原产生抗药性，并且药物在水中的残留使环境遭到恶化，对人类和生物都会造成危害。因此，应尽可能采用中草药防治鱼病和其他水产疾病。

1. 出血病　本病由草鱼疱疹病毒引起。主要危害草鱼，青鱼、鲫鱼、鲢鱼、鳙鱼也感染此病。每年5~9月为主要流行季节，水温27℃以上最为流行，水温25℃以下，病情逐渐消失。主要症状为离群、缓慢独游水面，反应迟钝，不食；典型变化是充血、出血，表现为红肌肉型、红鳍红鳃盖型和肠炎型三种类型。

防治：方用（1）大黄、黄芩、板蓝根各250g，食盐250g，研末，用热水浸泡过夜，与饵料混合投喂，连用5d。（2）大黄或枫树叶，研末或煎汁做成药饵投喂，每万尾鱼用药500g，连续投喂5d；然后每立方米水体用0.7g硫酸铜全池泼洒，便可控制。（3）大头蒜7.5kg捣碎，拌入50kg饵料1次喂完。

2. 烂鳃病　本病由噬纤维菌科柱状屈挠杆菌引起，主要危害草鱼。水温在20℃以上开始流行，25~35℃是流行盛期，流行季节为5~9月。病鱼常离群、缓慢独游，食欲减退或不食；头部变得乌黑，俗称"乌头瘟"；鳃盖内发炎充血，部分常糜烂成透明小窗，俗称"开天窗"；鳃上黏液增多，鳃丝肿胀，有出血点，严重时鳃小片坏死脱落，鳃丝软骨外露，鳍的边缘色泽变淡，呈"镶边"状。

防治：方用（1）漂白粉每立方米水体用1g，发病季节全池遍洒。（2）五倍子每立方米水体用3g，煎汁全池遍洒。（3）每立方米水体用大黄3g，全池遍洒；或每千克大黄用0.3%氨水20kg浸泡12h后，药液呈红棕色，连同药汁、药渣一起用池水稀释后，全池遍洒。

3. 肠炎病　本病由肠型点状产气单胞菌引起，主要危害草鱼、青鱼、鲤鱼等多种淡水鱼。水温在20℃以上开始流行，25~35℃是流行高峰期，流行季节为4~9月。病鱼常离群、缓慢独游，鱼体发黑，食欲减退或不食，肛门红肿，排出黄色黏液状粪便；剖开肠管，肠壁充血，内无食物而有多量黏液，腹腔内有淡黄色腹水。

防治：方用（1）每立方米水体用漂白粉1g，全池遍洒，同时每50kg鱼用大蒜500g做成糊状，拌料投服，连用6d。（2）每50kg鱼用干地锦草250g（鲜草1.5kg）煎煮后取汁拌饵投喂，3d为1个疗程，连用1~3个疗程。（3）每50kg鱼用鱼腥草干草250~500g（鲜草1~2kg），煎汁拌饵投喂。（4）穿心莲每100kg鱼用药2kg，再加食盐200g，拌料投喂，连用3d。

4. 鱼头槽绦虫病　头槽绦虫体细长带状，头节呈心脏形，两侧各有一深的吸沟。成虫寄生于鱼肠内，主要危害草鱼，从育苗初期开始感染，越冬期对草鱼危害最大，死亡率可达90%。

[病因病机]　成虫寄生于鱼的肠内，虫卵随鱼的粪便排入水中，孵化出钩球蚴，被中间宿主剑水蚤吞食，在体内发育成尾蚴，剑水蚤被鱼吞食后发育为成虫。对体长10cm以下的草鱼危害最大，体长10cm以上者感染率下降。

[主证]　大量寄生时可引起鱼体发黑、瘦弱、严重贫血、游动缓慢、腹部膨胀、较硬，

剖开腹部，前肠膨大如胃，剪开肠管，可见虫体阻塞肠腔。病鱼少食，呼吸困难，漂浮于水面，张口不安。

[治疗] 方用（1）每千克饲料中加入槟榔粉200g，制成药饵，连喂7d。（2）每万尾鱼种（鱼长9cm的鱼种）取南瓜子250g研粉，拌入1倍量的饲料中投服，连喂3d。（3）使君子2.5kg，捣烂煎水，将药汁拌入7.5kg米糠，连喂4d。

护理与预防　彻底清塘，消灭池中虫卵和中间宿主。

蜜蜂病

1. 蜜蜂孢子虫病　本病又称微粒子疾病，是一种常见的侵袭病，为目前世界上流行最广泛的成年蜂疾病。我国各地发病率很高，使蜜蜂寿命缩短，采集力下降，造成严重的经济损失。病原是原生动物微孢子虫，孢子呈颗粒状。

[病因病机] 一年四季都可发病，春季多发，晚秋多雨、潮湿环境易发生，高山地区初夏亦很严重，越冬场所潮湿、日照短亦易发病。寄生部位在蜜蜂中肠的上皮细胞上，高温环境孢子虫停止繁殖，呈休眠状态。孢子虫最适繁殖温度为30～32℃。蜂下痢，孢子虫随粪排出，不断污染巢脾。

[主证] 病蜂初期腹部膨大，中期行动迟缓，后期体质衰弱，翅膀发抖，腹部瘦小，失去飞翔能力，提脾检查常离脾落下，冬季下痢，春天死亡，腹部末端和前胸背板变黑，蜂王死前腹部发亮。

[治疗]（1）山楂200～300g；（2）大黄10～15g；（3）生姜、大黄、甘草各10g。以上方任选一方加糖浆适量饲喂，每天1次，连喂3d。

[护理与预防] 保持正常越冬，室温保持在2～4℃，室内干燥，通风良好，及时更换老劣蜂王，及时对蜂箱、蜂具、蜂脾、蜂巢进行消毒。

2. 蜂螨病　蜂螨不仅危害幼蜂，也危害成蜂，使蜂群失去生产力，甚至引起全群死亡。有大蜂螨和小蜂螨两种，寄生于蜂体外，亦可寄生于体内。大蜂螨几乎遍及全球，成为世界养蜂业之大敌。

[病因病机] 大蜂螨最适生长温度为32～35℃，43～45℃时或低温均使大蜂螨死亡。大蜂螨在蜂群内传播，接触、合并、调脾、放蜂均可感染。

[主证] 蜜蜂发育不良，体质衰弱，采集力不强，寿命缩短，群势减弱，巢门外发现一些无翅或翅残缺的幼龄蜂四处爬行，不能回巢，暗褐色蜂蛹死后被工蜂拖出，堆积在巢门前，夜间拖出堆积较多，提出封盖幼蜂脾检查，在封盖巢房中发现个别已蛹化，未封盖的幼蜂呈乳白色，死蛹附有白色蜂螨，又称为"白头病"。在成蜂身上发现蜂螨，在脾巢上可见小蜂螨快速爬行，巢房底部有大小蜂螨。

[治疗] 在无封盖脾或极少封盖子脾时是最好的治疗时机。

方一，硫磺熏烟，对治蜂螨效果良好，是首选药物之一。碗装木炭燃烧过程中洒上硫磺，放在箱内的土坑里，每熏一次，用硫磺10～20g，一般只熏2min，超过3min，幼蜂易中毒。

方二，芋叶0.5kg，加水2.5L，浸泡2～5d，取汁，直接喷射蜂体，安全有效，无残毒，常年可用。

护理与预防：早春繁殖之前，是防止蜂螨的关键时刻，最好全面消毒箱、脾、蜂具，有利于治螨，也有利于防治其他疾病。

3. 蜜蜂囊状幼虫病　本病是一种世界范围普遍发生的病毒病，俗称"倒蛆病"。病原为囊状幼虫病毒。

[病因病机] 此病毒通过接触和空气传播，被污染的饲料、巢脾、蜂箱、蜂具、衣物等也可传染。本病一年四季均可发生，南方流行于3～5月，北方流行于7～9月，越冬期较少发生。蜜粉源缺乏易发本病，强群哺育蜂多，发病更严重，意蜂对本病的抗病性比中蜂强。年轻工蜂容易感染，在搬运病死幼蜂时常常被感染病毒，再哺育幼蜂就传染给健康幼蜂，2～3日龄的幼蜂最易感。蜂群染病后可导致整群死亡。

[主证] 大幼蜂和封盖幼蜂不能化蛹，虫体表面渗出液增多，体色苍白（健康幼蜂呈乳白色）。虫体逐渐变成浅褐色略为带黄，柔软且呈小囊袋样，袋口向上而尖细，头脑部发黑，有一黑褐色小点，袋内有颗粒状水液，幼蜂不腐烂发臭，无特殊气味，幼蜂尸体呈深褐色。逐渐干枯皱缩，头部上翘呈龙船状。

[治则及方药] 治宜清热解毒

方用（1）虎杖16g，紫草16g，甘草108g；（2）射干、贯众、生侧柏各16g；（3）半支莲50g；（4）五加皮50g，金银花25g，甘草6g，桂枝15g；（5）贯众、金银花各50g，甘草10g；（6）虎杖25g，甘草10g。以上方任选一方，加水煮沸，过滤，按1∶1加入白糖，配成糖浆喂蜂，每方剂量可喂10～15框蜂（《现代中兽医大全》）。

注：标准蜂箱有10个巢框，横可排78个工蜂房，竖可排45个工蜂房，一个巢框两面，每框应有7 020个工蜂房，一箱10框则有7万个左右的巢房。

[护理与预防] 坚持每年选用未染病的蜂群作为繁育用，淘汰染病蜂群，保留抗病蜂群，可培育出抗病品系；严格检疫，杜绝病群入境；已发病地区，要进行隔离治疗；不用来历不明的蜂具，春季注意加强保温，人工补充饲料，尤其是蛋白质饲料和多种维生素，如脱脂奶粉、天然花粉、黄豆粉、酵母粉等，以提高蜂群的抗病力。

4. 蜜蜂死蛹病　本病流行较为广泛，我国南方危害较北方为重。

[病因病机] 本病病源为病毒。蜂王是主要传染源，被污染的巢脾、饲料也能传染，蜜蜂间的接触和工蜂哺育幼蜂是主要的传染方式。一年中，春、秋两季是发病高峰期，夏季发病轻，时冷时热易诱发本病和加重病情。中蜂不易发病，意蜂容易发病。潮湿环境比干燥环境容易发病。

[主证] 封盖子脾颜色变暗，封盖下陷，部分封盖被工蜂咬伤，漏出死蛹，死蛹由白色变成暗褐色，无臭味；感病幼虫干燥、萎缩、无光泽，俗称"干蛆"；部分幼蜂发育不良，体质衰弱，有的无翅，有的只有1对翅或3只翅。

[治则及方药] 本病应采取综合防治。（1）抗病育种，避免采用近亲育种方式育王造成蜂种退化；（2）创造良好的卫生条件，应选择向阳、干燥、清洁、蜜粉源丰富的场地，蜂箱、蜂具、巢脾经常保持清洁、干燥，要定期消毒；（3）加强饲养管理，注意保温，保证优质蜜粉饲料，换掉病群蜂王；（4）药物治疗，方用黄柏、黄芩、黄连、大黄、金不换、雪胆各10g，党参、桂圆、五加皮各5g，麦芽15g，红参2g，加水1 000～1 500ml，煎煮取汁，按1∶1加入白糖，或按1∶2加入蜂蜜，配成糖浆，每晚喂1次，每剂药喂

30群蜂，连喂3d为一个疗程，隔3d再喂一个疗程。有病可治，无病可防（《现代中兽医大全》）。

[护理与预防] 蜂场引种时，必须对蜂王进行隔离观察，确认无病才能作为育王；及时换掉病群蜂王；加强饲养管理，注意清洁卫生，加强保温，防止春寒秋凉和巢内温度变化过大。

主 要 参 考 文 献

[1] 姜聪文. 中兽医基础. 北京：中国农业出版社，2001
[2] 杨致礼. 中兽医学. 杨凌：天则出版社，1990
[3] 于船. 中兽医学（上、下册）. 北京：农业出版社，1979
[4] 于船，陈子斌. 现代中兽医大全. 桂林：广西科学技术出版社，2000
[5] 刘钟杰，许剑琴. 中兽医学（第三版）. 北京：中国农业出版社，2005
[6] 张登本. 中医学基础. 北京：中国中医药出版社，2003
[7] 颜水泉. 中兽医药研究进展. 杨凌：西北农林科技大学出版社，2003
[8] 孙永才. 中兽医学. 北京：中国农业出版社，2000
[9] 孙振生. 中兽医内科学. 北京：农业出版社，1979
[10] 李德成. 实用中兽医诊疗学. 西安：陕西科学技术出版社，1980
[11] 范学科. 药用植物栽培. 西安：西安地图出版社，2004
[12] 黄定一. 中兽医学（第二版）. 北京：中国农业出版社，2001
[13] 蔡宝祥. 家畜传染病学. 北京：农业出版社，1980
[14] 郭铁. 家畜外科学（下册）. 北京：农业出版社，1980
[15] 中国农业科学院中兽医研究所等. 新编中兽医学. 兰州：甘肃人民出版社，1979
[16] 杨医亚. 中医学. 北京：人民卫生出版社，1984
[17] 戴永海，王自然. 中兽医基础. 北京：高等教育出版社，2002
[18] 杨本登. 中兽医药物学. 成都：四川科学技术出版社，1987
[19] 何静荣. 中兽医方剂学. 北京：北京农业大学出版社，1993
[20] 阎文玫. 实用中药彩色图谱. 北京：人民卫生出版社，1992
[21] 胡元亮. 实用动物针灸手册. 北京：中国农业出版社，2003
[22] 赵阳生. 兽医针灸学. 北京：中国农业出版社，1993
[23] 中国农业百科全书. 中兽医卷. 北京：农业出版社，1991